GESCHICHTE

DER

ELEMENTAR-MATHEMATIK

IN SYSTEMATISCHER DARSTELLUNG

VON

DR. JOHANNES TROPFKE,
OBERLEHRER AM FRIEDRICH-REAL-GYMNASIUM ZU BERLIN.

ZWEITER BAND.

GEOMETRIE. LOGARITHMEN.
EBENE TRIGONOMETRIE. SPHÄRIK UND SPHÄRISCHE TRIGONOMETRIE. REIHEN. ZINSESZINSRECHNUNG. KOMBINATORIK UND WAHRSCHEINLICHKEITSRECHNUNG. KETTENBRÜCHE. STEREOMETRIE. ANALYTISCHE GEOMETRIE. KEGELSCHNITTE. MAXIMA UND MINIMA.

MIT FIGUREN IM TEXT.

LEIPZIG
VERLAG VON VEIT & COMP.
1903

Druck von Metzger & Wittig in Leipzig.

Vorwort.

Dem ersten Bande, der die Geschichte des Rechnens und der Algebra enthält, folgt nunmehr nach Jahresfrist der zweite, in dem die weiteren Kapitel der Elementarmathematik behandelt sind.

Der Begriff der Elementarmathematik ist durchgängig so gefaßt worden, daß er allein das mathematische Pensum der höheren Lehranstalten umschließt; darüber hinausgehende Gebiete sind nur ausnahmsweise berücksichtigt worden.

Die gewählte Anordnung in einzelne Teile macht keinen Anspruch auf strenge Folgerichtigkeit; sie schließt sich im großen und ganzen dem Verlaufe des Schulpensums an.

Die herangezogene Literatur erstreckt sich in beiden Bänden bis zum Jahre 1900; mit diesem Zeitpunkte wurde die Ausarbeitung abgeschlossen. Neuere Forschungen wurden nur, wo es die Drucklegung gestattete, verwertet. v. Braunmühl's Geschichte der Trigonometrie war bei Fertigstellung des Manuskriptes noch nicht im ersten Bande erschienen; jedoch konnten die von ihm gebotenen wichtigen Resultate, soweit sie über die bereits niedergeschriebenen Darstellungen hinausgingen, nachträglich verarbeitet werden. Der zweite Band des erwähnten Werkes wurde leider zu spät veröffentlicht, um noch in gleicher Weise benutzt werden zu können.

Berlin, im Sommer 1903.

Der Verfasser.

Zu dem vorliegenden zweiten Bande sind aus dem soeben erschienenen zweiten Teil der *Vorlesungen über Geschichte der Trigonometrie* von v. BRAUNMÜHL, Leipzig 1903, noch folgende Ergänzungen nachzutragen:

S. 130 Z. 1: NEWTON bemerkte bereits in einem Briefe vom 24. X. 1676 an OLDENBURG, daß, wenn man π mit dieser Reihe auf 20 Stellen erhalten wolle, man 5000 Millionen Glieder zusammenziehen müsse; bei Anwendung der Arcus-sinus-reihe wären von arc sin 45° nur 55—60 Glieder zu nehmen. (v. BR. II, S. 65.)

S. 130 Z. 6 v. u.: VEGA benutzte auch noch die von EULER aufgestellte Beziehung

$$\frac{\pi}{4} = 5 \operatorname{arc} \operatorname{tg} \frac{1}{7} + 2 \operatorname{arc} \operatorname{tg} \frac{3}{79};$$

BUZENGEIGER (1771—1835) empfahl

$$\frac{\pi}{4} = 8 \cdot \operatorname{arc} \operatorname{tg} \frac{1}{10} - 4 \cdot \operatorname{arc} \operatorname{tg} \frac{1}{515} - \operatorname{arc} \operatorname{tg} \frac{1}{239}.$$

(v. BR. II, S. 155.)

S. 130—131: Es wäre noch die Reihe

$$\frac{\pi}{3} = 1 + \frac{1}{2 \cdot 3 \cdot 2^2} + \frac{3}{2 \cdot 4 \cdot 5 \cdot 2^4} + \frac{5}{2 \cdot 4 \cdot 6 \cdot 7 \cdot 2^6} + \cdots$$

anzuführen, die F. C. MAIER 1726 bei seiner Berechnung von π verwendet hat. 5 Glieder liefern 3,1415; jedes weitere erhöht die Genauigkeit um eine neue Stelle. (Comm. Petr. III; v. BR. II, S. 81.)

S. 131: Die Berechnungen RUTHERFORD's (1798—1871) finden sich in den Phil. Transact. 1841, 283; benutzt ist die Formel

$$\frac{\pi}{4} = 4 \cdot \operatorname{arc} \operatorname{tg} \frac{1}{5} - \operatorname{arc} \operatorname{tg} \frac{1}{70} + \operatorname{arc} \operatorname{tg} \frac{1}{99}.$$

GAUSS (Opera II, 497) legte die Formeln

$$\frac{\pi}{4} = 12 \cdot \operatorname{arc} \operatorname{tg} \frac{1}{18} + 8 \cdot \operatorname{arc} \operatorname{tg} \frac{1}{57} - 5 \cdot \operatorname{arc} \operatorname{tg} \frac{1}{239}$$

$$= 12 \cdot \operatorname{arc} \operatorname{tg} \frac{1}{38} + 7 \cdot \operatorname{arc} \operatorname{tg} \frac{1}{239} + 20 \cdot \operatorname{arc} \operatorname{tg} \frac{1}{57} + 24 \cdot \operatorname{arc} \operatorname{tg} \frac{1}{268}$$

zu Grunde. (v. BR. II, S. 225.)

S. 153: Es ist hinzuzufügen, daß JOHN SPEIDELL (1607—1646) zuerst eine Tafel (1619) mit den (NEPER'schen) Logarithmen aller sechs trig. Funktionen und mit einer kleinen reinlogarithmischen Tabelle (1—1000) veröffentlichte. (v. BR. II, S. 26.)

S. 157 Z. 21: Die älteste vierstellige Tafel ist die *Tabula compendiosa Logarithmorum sinuum,* Upsalae 1698 von PETRUS ELVIUS. (ENESTRÖM, Bibl. math. 1884, 121; v. BR. II, S. 37.)

S. 167 Anm. 648: Diesen Fehler hat bereits URSINUS (1624)[595a] gefunden und verbessert. (v. BR. II, S. 19 Anm. 2.)

S. 175 Anm. 667: Das logarithmische Komplement verwendete schon GUNTER 1620 in seinem *Canon triangulorum* (vgl. S. 153). (v. BR. II, S. 30.)

S. 178: Einen Hilfswinkel zur Erleichterung logarithmisch-trigonometrischer Rechnungen benutzte zum erstenmal ROB. ANDERSON; seine Behandlungsart teilt TH. STREETE (1626—1696) in der *Astronomia Carolina* 1661 mit. (v. BR. II, S. 44.)

S. 178: Den Logarithmus der Summe oder Differenz zweier Zahlen aus den Logarithmen derselben leitete bereits CAVALIERI im *Compendio delle*

Regole Trigonometriche, Bologna 1639, probl. 92, S. 486—492, auf trigonometrischem Wege ab. (v. Br. II, S. 37.)

S. 215 Z. 2: Die Schreibart co. sinus ist von Gunter 1620 in seinem *Canon triangulorum* benutzt (vgl. S. 153). (v. Br. II, S. 30.)

S. 219: Gleichungen (statt der bis dahin üblichen Proportionen) verwendet in der Trigonometrie zuerst Neper, der durch die logarithmische Umwandlung zu dieser Neuerung veranlaßt wurde. (v. Br. II, S. 11.)

S. 219: Schon Jakob Bernoulli (1654—1705) verwendete 1691 die Schreibweise sin. *A C* — ähnlich bei tang. und sec. —, die man als Funktionsbezeichnung für veränderliche Bogen auffassen kann. (v. Br. II, S. 67.)

S. 224: Die richtige Vorzeichenbestimmung des Tangens in den verschiedenen Quadranten gelang zuerst de Lagny 1705 (Hist. et Mém. de Paris). (v. Br. II, S. 72.)

S. 228: Das Additionstheorem der Tangens- und Secansfunktion scheint zuerst von Jakob Hermann, einem Schüler Jakob Bernoulli's, ausgesprochen zu sein, und zwar in der Form

$$\operatorname{tg}(\alpha+\beta):(\operatorname{tg}\alpha+\operatorname{tg}\beta)=r^2:(r^2-\operatorname{tg}\alpha\cdot\operatorname{tg}\beta)$$
$$\sec(\alpha+\beta):r=\sec\alpha\cdot\sec\beta:(r^2-\operatorname{tg}\alpha\cdot\operatorname{tg}\beta),$$

die er geometrisch ableitete. (Acta Erudit. 1706; v. Br. II, S. 72.)

S. 229: Die Reihe

$$\sin n\varphi = n\cdot\sin\varphi + \frac{(1-n^2)\cdot n}{3!}\sin\varphi^3 + \frac{(1-n^2)(9-n^2)\cdot n}{5!}\sin\varphi^5 + \ldots$$

ist zuerst von Newton 1676 (Comm. ep. 106)[583] aufgestellt worden. Einen Beweis fügte de Moivre 1698 zu. (v. Br. II, S. 68—69.)

S. 229 Z. 8—9: Die angegebenen Formeln für $\sin n\alpha$ und $\cos n\alpha$ sind schon 1701 (April, Acta Eruditorum) von Johann Bernoulli veröffentlicht worden. Die entsprechenden Formeln für $\operatorname{tg} n\alpha$ und $\sec n\alpha$ stellte 1705 (Hist. et Mém. de Paris) de Lagny auf. (v. Br. II, S. 69—70.)

S. 230 Z. 14 v. u.: Die Notizensammlung ist von einem Schüler Tycho's geschrieben. (v. Br. II, S. VIII.)

S. 233 Z. 11 v. u.: Die Formel für die Tangente des doppelten Winkels ist zuerst von Pell aufgestellt worden:

$$(r^2-\operatorname{tg}^2\alpha):2r^2=\operatorname{tg}\alpha:\operatorname{tg}2\alpha$$

(nach F. v. Schooten, *Tractatus de concinnandis demonstrationibus geometricis ex calculo Algebraico,* Amst. 1661, S. 368; v. Br. II, S. 43).

S. 240: Die erste rechnerische Ableitung der Formel für

$$\sin\frac{\alpha}{2},\ \cos\frac{\alpha}{2},\ \operatorname{tg}\frac{\alpha}{2},\ \operatorname{ctg}\frac{\alpha}{2}$$

geschah durch Caswell, *Trigonometria plana et sphaerica*[849] (vor 1685). (v. Br. II, S. 47.)

S. 240: Die Formel

$$\sin\gamma = \frac{2}{a\cdot b}\sqrt{s(s-a)(s-b)(s-c)}$$

findet sich erst in Newton's *Arithmetica universalis* 1707,[364] Probl. XI, XII. (v. Br. II, S. 87.)

S. 241: Aus Th. Simpson's *Trigonometry* (1765, 2. Aufl.) sind noch als neu die Formeln zu erwähnen

$$(b+a):(p-q)=\cos\frac{\gamma}{2}:\sin\frac{\beta-\alpha}{2},$$
$$(b-c):(p-q)=\sin\frac{\gamma}{2}:\cos\frac{\beta-\alpha}{2},$$

wo p, q die durch die Höhe auf c entstandenen Abschnitte bedeuten. (v. Br. II, S. 93.)

S. 258 u.: Daß der Cosinussatz allein ausreicht, hatte schon F. C. Maier 1727 behauptet, ohne aber einen Beweis beizubringen. (v. Br. II, S. 96.)

S. 266 Z. 29ff.: Auf Grund der trigonometrischen Formeln hatte G. HEINSIUS (1709—1769, Leipzig) die Doppeldeutigkeit erschöpfend untersucht. (Acta Eruditorum 1756; v. BR. II, S. 128—129.)

S. 278: P. CRÜGER (1634)[598] verwendet den Cosinussatz unter logarithmischer Umwandlung in der Form

$$\cos\alpha = \frac{c - \dfrac{(a+b)\cdot(a-b)}{c}}{2c}.$$

(v. BR. II, S. 25.)

S. 284 Z. 7—8 v. u.: NEPER deutet den Beweis nur kurz an. Eine vollständige Ableitung giebt erst CAVALIERI im *Directorium generale*, Bologna 1632. (v. BR. II, S. 35.)

S. 285 Z. 1: Die Formel für $\operatorname{tg}\frac{\alpha}{2}$ ist schon in der Vorrede GELLIBRAND's zur *Trigonometria Britannica* (1633)[600] enthalten. (v. BR. II, S. 29.)

S. 285 Z. 6: Die Polarformel

$$\cos\frac{a}{2} = \sqrt{\frac{\cos(\sigma-\beta)\cdot\cos(\sigma-\gamma)}{\sin\beta\cdot\sin\gamma}}$$

ist zuerst von KEPLER abgeleitet. (Opera VII, S. 364; v. BR. II, S. 22—23.)

S. 286: Weder NEPER noch BRIGGS geben Beweise für die angeführten Formeln. Die erste vollständige Ableitung findet sich in OUGHTRED's *Trigonometria*, 1657. (v. BR. II, S. 42—43.)

S. 286: In der uns geläufigen Form treten die NEPER'schen Analogien zum erstenmal in GELLIBRAND's *Trigonometria Britannica*[600] (93, 99, 100, 105) auf. (v. BR. II, S. 30.)

S. 286: Die Formeln

$$\sin(a+b):\sin(a-b) = \operatorname{ctg}\frac{\gamma_1+\gamma_2}{2}:\operatorname{tg}\frac{\gamma_1-\gamma_2}{2}$$

$$\operatorname{tg}\frac{a+b}{2}:\operatorname{tg}\frac{a-b}{2} = \operatorname{tg}\frac{\alpha+\beta}{2}:\operatorname{tg}\frac{\alpha-\beta}{2}$$

$$\operatorname{ctg}\frac{\gamma_1+\gamma_2}{2}:\operatorname{tg}\frac{\alpha+\beta}{2} = \operatorname{tg}\frac{\alpha-\beta}{2}:\operatorname{tg}\frac{\gamma_1-\gamma_2}{2}$$

$$\operatorname{tg}\frac{c_1+c_2}{2}:\operatorname{tg}\frac{a+b}{2} = \operatorname{tg}\frac{a-b}{2}:\operatorname{tg}\frac{c_1-c_2}{2},$$

wo γ_1 und γ_2 bezw. c_1 und c_2 die durch die Höhe entstandenen Teile von γ und c sind, fand CASWELL (vgl. zu S. 240) in den hinterlassenen Papieren des THOMAS BAKER (1625—1690). (v. BR. II, S. 48.)

S. 305: Die ersten umfangreichen Neuberechnungen unter Benutzung unendlicher Reihen sind von SHARP (1651—1742) unternommen worden. Seine Werte wurden von GARDINER in einer Neuauflage von SHERWIN's Logarithmentafel 1741 veröffentlicht. (v. BR. II, S. 85.)

Bd. I, S. 264: Eine trigonometrische Lösung quadratischer Gleichungen giebt bereits CAVALIERI im *Compendio delle Regole Trigonometriche*, Bologna 1639. (v. BR. II, S. 37.)

Inhalt.

Dritter Teil. **Die Geometrie.**

Vierter Teil. **Die Logarithmen.**

Fünfter Teil. **Die ebene Trigonometrie.**

Sechster Teil. **Die Sphärik und die sphärische Trigonometrie.**

DRITTER TEIL

DIE GEOMETRIE

A. Allgemeiner Teil.

I. Überblick der geschichtlichen Entwicklung der Elementargeometrie.

Zwei Jahrtausende auf- und abwogender Geschichte haben an dem System der Elementargeometrie nicht zu rütteln vermocht. Was der Alexandriner EUKLID um 300 vor unserer Zeitrechnung schrieb, ist auch heute in Inhalt und Form der eiserne Bestand der Schulmathematik; ja, sein Lehrbuch wird noch zuweilen unmittelbar dem Unterricht untergelegt. Nur wenige Zusätze und Fortsetzungen sind dem euklidischen System eingegliedert, mehreres Unnötige ausgeschieden worden. Stolzer als ein Denkmal von Stein, schärfer und reiner in der Linienführung als irgend ein Kunstwerk, hat es sich der Jetztzeit erhalten. Was der junge Grieche, der erwartungsvoll an die Thür mathematischer Weisheit klopfte, durchdenken, lernen und üben mußte, das arbeitet mit gleicher Andacht in der heutigen Zeit der strebsame Quartaner und Tertianer durch.

Welch bewunderungswürdiges Genie — einzig in der Geschichte der Mathematik — muß EUKLID's Hand geführt haben, als er ein solches Meisterstück, wie aus einem Gusse, zu schaffen vermochte! Solche Fragen staunender Anerkennung drängten und drängen sich jedem seiner Jünger unwillkürlich auf. — Der Historiker ist kritischer. Nie ist eine Geistesthat unvermittelt in die Welt getreten, sondern Forscher auf Forscher trugen, jeder nach seiner Kraft, das Ihrige dazu bei, bis das Werk im Glanze dastand! Ist der, der es schließlich krönte, der Baumeister?

Die kritische Sonde hat auch bei EUKLID diese Erfahrung bestätigt. Nicht der vermeintliche HOMER ist er, dessen Geistesflug den Griechen das Nationalepos schenkte, sondern der wahre HOMER, der die Seele seines Volkes an der Quelle der Erzählung, in der Überlieferung, studierte und das Gesammelte zum harmonischen Ganzen vereinigte.

Griechische Mitteilungen verweisen selbst den Ursprung der Geometrie in das Land der Nilanwohner, nach *Ägypten*. Die Erzählung, daß bei diesen die Geometrie allmählich durch die stets zu wiederholenden, von den jährlichen Überschwemmungen bedingten Landvermessungen entstand, ist bei HERODOT[1] als Hypothese, bei Späteren[2] als Thatsache überliefert worden. Der Anblick der majestätischen Pyramiden- und Tempelbauten (bis 4000 v. Chr.), ihre genaue Durchforschung in Bauart, Ausschmückung und Inschriften, die wissenschaftliche Durchsicht der gefundenen Papyrusrollen, besonders des unter dem Namen des „Rechenbuches des AHMES“ bekannt gewordenen Papyrus Rhind[3] (2000—1700 v. Chr.) geben überraschende Aufschlüsse über ägyptische Kenntnisse in der Geometrie. Ziemlich genaue Versuche der Kreisquadratur, schwierigere Flächenberechnungen, wie am gleichschenkligen Dreieck und gleichschenkligen Trapez durch Näherungsformeln, Zerlegung von Figuren in leichter zu berechnende, ja Anfänge einer Ähnlichkeitslehre in der Rekonstruktion konstanter Neigungswinkel bilden den Gipfelpunkt der gefundenen Resultate. Aber hierin besteht nach der Ansicht bewährter Forscher nicht das einzige Verdienst der Ägypter; man muß annehmen, daß sie schon geometrische Lehrbücher besessen haben, wie uns ein solches für das Rechnen durch einen glücklichen Zufall erhalten ist, und in diesen muß sich im Zusammenhang mit dem gleichsam schon fachmännisch erteilten geometrischen Unterricht eine feste, berufsmäßige formale Sprache und Satzanordnung herausgebildet haben, deren Anfänge im Rechenbuch des AHMES nachzuweisen sind, deren Ausläufer jene starr gefügte euklidische Form bildet, die in ihrer Zweckmäßigkeit zu allen Zeiten rühmend anerkannt ist.

Durch den Geist der lernbegierigen, wissensdurstigen *Griechen* trat eine Neugeburt ägyptischer Wissenschaft ein. Zur Erweiterung trug auch das Eindringen *babylonischer* Gelehrsamkeit bei. Aus dieser stammt so mancherlei, das zu den Grundlagen griechischer Mathematik gehört, wie die Lehre von den Eigenschaften paralleler Linien, die Konstruktion des regelmäßigen Sechseckes, die Einteilung des Kreises in 360 Teile, Sätze aus der Kreis- und Dreieckslehre.

In besseren Boden als den griechischen konnte die Geometrie

---

[1] HERODOT, lib. II, cap. 109, ed. DIETSCH, Leipzig 1882, S. 168. — [2] HERON, *Geometria*, cap. 2, ed. HULTSCH, Berlin 1864, S. 43 Z. 12—22; cap. 106, § 1 S. 138 Z. 31 bis S. 139 Z. 13. STRABONIS, *Geographica*, lib. 16, cap. 2, § 24, ed. MÜLLER-DIDOT, Bd. II, Paris 1877, S. 644 Z. 48—50, lib. 17, cap. 1, § 3, S. 699 Z. 54 bis S. 670 Z. 7. EUDEMI, *Fragmenta*, ed. SPENGEL, Berl. 1866, S. 113 (Anm. 4). DIODORI *Bibliotheca Historica*, I. 81, ed. DINDORF-VOGEL, Bd. I, Leipzig 1888, S. 136. — [3] *Ein mathematisches Handbuch der alten Ägypter*, Papyrus Rhind des British Museum, übersetzt und erklärt v. AUG. EISENLOHR, Leipzig 1877.

nicht verpflanzt werden. Mit Feuereifer gaben sich die aufstrebenden griechischen Schulen dem neuen Studium hin, das berühmte Gelehrte, wie THALES von Milet (um 624—548) und PYTHAGORAS (um 580 Samos — 501 Megapontum), von ihren Reisen aus fremden Ländern mitgebracht hatten. Zu den Erfindungen und Entdeckungen, die diesen Reisenden als Eigentum zugeschrieben werden, haben der Hauptsache nach solche gesammelten Mitteilungen besonders aus Ägypten und Babylon den Anstoß gegeben.

Die Schule des PYTHAGORAS löste zuerst Geometrie als reine, selbständige Wissenschaft von der steten Verbindung mit der Praxis los. Sie beherrschte die Lehre von den Parallellinien, die Winkelsätze des Dreieckes, die Kongruenz und Flächengleichheit von Dreiecken, verwandte diese zu den sogenannten Verwandlungsaufgaben, erfand den pythagoreischen Lehrsatz und die stetige Teilung. Die Beweisart war bis über die Mitte des fünften Jahrhunderts hinaus altertümlich, wie wir aus den uns überlieferten Bruchstücken des HIPPOKRATES (um 440 v. Chr., Chios)[4] wissen. Die Beweise waren mehr Erfahrungsbeweise, zerlegt in viele einzelne Sonderfälle, denen der Zusammenhang fehlte. Erst mit HIPPOKRATES setzt die vielgerühmte griechische Strenge ein. In peinlichster Genauigkeit wird die Voraussetzung gefaßt, mit ängstlicher Erwägung aller nur möglichen Einwürfe die Konstruktion der entsprechenden Figuren entworfen, auf jeden Hilfssatz beim Beweis mit breiter Umständlichkeit eingegangen, da man sein Bekanntsein bei dem Zuhörer nicht voraussetzen durfte. Diesem äußerst fühlbaren Mangel jeder Vorkenntnisse half HIPPOKRATES selbst ab, indem er zum erstenmal *„Elemente“* zusammenstellte. Ganz besonders widmete sich der Athener PLATON (429—348 v. Chr.) der Grundlegung der Mathematik. Indem er jeden Satz auf Vordersätze zurückführte, gelangte er schließlich zu den Definitionen, Axiomen und Postulaten; es ist sein Verdienst, diese aus der Gesamtheit herausgeschält und einzeln formuliert zu haben. Ihm wird ferner die Erfindung der analytischen Methode wie die der indirekten Beweisform zugeschrieben. Als weitere Elementenschreiber nennt die Überlieferung den LEON (um 370; Schüler des PLATON) und den THEYDIOS (um 320 v. Chr., Magnesia). Alles bis dahin Geleistete trat aber in den Schatten, als EUKLID (um 300

[4] Überliefert in den Fragmenten des EUDEMUS von Rhodos (um 334 v. Chr., Schüler des ARISTOTELES), der eine Geschichte der Mathematik schrieb. — *Eudemi fragmenta, quae supersunt*, ed. L. SPENGEL, Berlin 1866, S. 122ff. — Über HIPPOKRATES vgl. noch BRETTSCHNEIDER, *Die Geometrie und die Geometer vor Euclid*, Leipzig 1870.

v. Chr., Alexandria) sein großes Werk (*στοιχεῖα, elementa*)[5] der Öffentlichkeit übergab. Aus der Formvollendung, in der er seine Zusammenstellung ausführte, ist zu erklären, daß die Werke seiner Vorgänger innerhalb der nächsten Menschengeneration verschwanden und kaum die Namen ihrer Verfasser übrig ließen. EUKLID ist der Elementenschreiber *κατ' ἐξοχήν, ὁ στοιχειωτής*! Er scheint sich ziemlich streng an die Originalarbeiten der ersten Bearbeiter auf den einzelnen Teilgebieten angeschlossen zu haben: Buch I, II und im wesentlichen IV und VI dürften die geometrischen Resultate der Arbeiten in der pythagoreischen Schule, Buch VII—IX deren arithmetische Untersuchungen wiedergeben. Eine zweite, verallgemeinerte Zahlenlehre (Buch V und zum Teil VI) wird auf EUDOXUS v. KNIDOS (408—355 v. Chr., Schüler des ARCHYTAS und PLATON) zurückzuführen sein. Buch X fußt auf Vorarbeiten des THEÄTET (um 390 v. Chr., Heraklea), enthält jedoch gewiß auch viel Originalarbeiten EUKLID's selbst (Bd. I, S. 224—225); zu seinem Eigentum gehört u. a. auch noch der heutige Schulbeweis des pythagoreischen Lehrsatzes.

Anderseits hat aber auch EUKLID nicht alles aufgenommen, was an elementarmathematischen Sätzen zu seiner Zeit bekannt war; so unterdrückte er u. a. den Satz von den Lunulae des HIPPOKRATES — wohl in Erkenntnis seiner Nichtverwendbarkeit bei der Kreisquadratur (s. S. 111). Solche nicht aufgenommenen Sätze, deren elementarer Charakter jedoch feststand, nannte die Folgezeit *στοιχειώδη*.[6]

Die schnelle Verbreitung und ausschließliche Anerkennung des euklidischen Werkes ist oben erwähnt. Die auf uns gekommenen Handschriften haben als gemeinsamen Ausgangspunkt eine Bearbeitung des THEON von Alexandria (um 365 n. Chr.), der an der ursprünglichen Fassung Änderungen, durch Einfügung von Zusätzen, kleinen Erläuterungen u. s. w., vornahm.

Die Wichtigkeit solcher Zusammenfassungen pflegt darin zu liegen, daß hinterher die systematisierte, in ihrem Bestand gefestigte Wissenschaft einen ungeahnten Aufschwung nimmt. Man vergleiche die glänzenden Leistungen des ein Halbjahrhundert nach EUKLID lebenden ARCHIMEDES (287—212 v. Chr., Syrakus), die in einer Reihe einzelner, hochwichtiger Abhandlungen verteilt sind. Seine Quadratur des Kreises, der Ellipse und der Parabel, die erschöpfende

[5] Vgl. HEIBERG, *Litterargeschichtliche Studien über Euclid*, Leipzig 1882. —
[6] Procli Diadochi *in primum Euclidis Elementorum librum commentarii*, ed. FRIEDLEIN, Leipzig 1873, S. 72. (PROKLUS 410—485 n. Chr.; Byzanz, Athen.)

Aufstellung der halbregelmäßigen Körper, die Kubatur der Kugel und anderer Rotationskörper zeugen von einer Gewandtheit, die in der damaligen Zeit und noch heute geradezu bewunderungswürdig erscheint, — man vergleiche ferner die Erfolge seines jüngeren Zeitgenossen APOLLONIUS von Pergä (zwischen 250 und 200 in Alexandria, dann in Pergamum), des Verfassers jenes großen Fundamentalwerkes in der Geometrie der Kegelschnitte, und man wird ermessen können, welch hohe Stufe der Entwicklung die Mathematik auf euklidischer Grundlage erreichte.

Mit HERON von Alexandria (erstes Jahrh. v. Chr.), dem Vertreter der praktischen und technischen Geometrie (siehe Bd. I, S. 97—98, 151, 209) wird der Gipfelpunkt griechischer Mathematik überschritten; wir erwähnen von ihm nur jene bekannte Vorschrift, den Flächeninhalt eines Dreiecks aus den drei Seiten zu berechnen, der neben vielen anderen Berechnungs- und Ausmessungsregeln zum erstenmal in seinem Werke zu finden ist. Nach dem Beginn unserer Zeitrechnung werden die Namen bedeutenderer Vertreter der Geometrie immer seltener. Nur MENELAOS von Alexandria (um 98 n. Chr.), dem wir in der Geschichte der sphärischen Geometrie wiederbegegnen werden, KLAUDIUS PTOLEMAEUS (beobachtete zwischen 125 und 151 n. Chr. in Alexandria), dessen Hauptverdienste auf dem Gebiete der Astronomie liegen, und schließlich PAPPUS (Ende des dritten Jahrhunderts n. Chr., Alexandria), der in der Hauptsache eine kompilatorische Thätigkeit entwickelte, vermochten ihre Namen in der Geschichte der Geometrie in Erinnerung zu halten, wie die nach ihnen benannten Lehrsätze beweisen.

Griechenlands Blüte war vorbei. Die *Römer* wußten als Erben das Überkommene nicht zu bewahren, geschweige denn fortzubilden. Bedauerlich schwach ist das Verständnis, das in den Kreisen römischer Agrimensoren heronischer Feldmeßkunst entgegengebracht wird. Zu besserer Entwicklung gelangte ein anderer Ausläufer griechischer Geometrie, der in *Indiens* fruchtbarem Boden Wurzeln schlug. Es ist viel gestritten worden, ob die indische Mathematik griechische Bestandteile aufweist, ob sie aus sich allein entstanden ist oder ob sie sogar überschüssige Kraft nach Alexandrien hat abfließen lassen. An das letzte ist indes für die Geometrie sicher nicht zu denken, da die jetzt zugänglichen indischen Schriften von mannigfacher Ähnlichkeit mit heronischer Mathematik, deren höheres Alter feststeht, Zeugnis ablegen. Zwar lernten wir die indischen Mathematiker für Rechenkunst und Algebra als hochbegabte Erfinder kennen (vgl. Bd. I, S. 5, 10, 41—42, 98, 128, 225, 296—297), für die Geometrie ist ihnen jedoch gleiche Erfindungskraft nicht zuzuerkennen. Immerhin ist die Art, wie der ihnen zuströmende Stoff behandelt wird, original. Der Inder kennt nicht das Zurückgehen auf Definitionen, Axiome u. s. w. Was ihm an Spekulation fehlt, ergänzt er in glücklichster Weise durch die Anschauung, so daß bei gar nicht leichten Sätzen das einzige Wort „Siehe!", das der anschaulich gezeichneten Figur beigefügt ist, den ganzen Beweis für die ausgesprochene Behauptung ersetzen kann — ein Verfahren, unmöglich für strenge, griechische Geometrie! Ein zweites, für die Mathematik der Inder charakteristisches Hilfsmittel ist die algebraische Behandlung geometrischer Probleme, die den Vorzug besitzt, ihre anerkannte Meisterschaft in der algebraischen Analysis auf ein, ihnen weniger genehmes Gebiet übertragen zu können. Dennoch sind wirkliche Erweiterungen des Bestandes der Elementargeometrie in Indien nicht zu verzeichnen; nur auf eine Verallgemeinerung der heronischen Dreiecksformel für Sehnenvierecke wird aufmerksam zu machen sein.

Die mathematischen Untersuchungen der Inder bilden eingeschaltete Kapitel in den großen astronomischen Werken, die von Aryabhatta (geb. 476 n. Chr.), Brahmagupta (geb. 598 n. Chr.), Bhaskara (geb. 1114 n. Chr.) verfaßt sind. Eine Fundgrube für indische Geometrie stellen auch die Çulvasûtras dar, eine Sammlung geometrischer Vorschriften, die der indische Ritus bei Bauten von Altären und Tempeln auf das strengste innehalten mußte.

Seltener wird in der Geschichte der Elementargeometrie auf spätere Zeiten zu verweisen sein. Die *Araber* pflegten griechische und indische Kenntnisse mit großem Interesse. Ihre Erfolge in der Geometrie der Kegelschnitte gehören indes nicht mehr der Elementargeometrie an; für diese finden wir nur in der Theorie der Vielflächner und der Konstruktionsaufgaben erwähnenswerte Resultate.

Was das *Abendland* unmittelbar aus dem Altertum durch Vermittlung von Boëthius (480 Rom — 524 Pavia; Staatsmann und Gelehrter) und Gerbert (940 Auvergne — 1003 Rom; seit 999 Papst Sylvester II) übernahm, ist herzlich wenig und beschränkt sich auf praktische, ausmessende Geometrie, wie sie die römischen Agrimensoren schon dürftig genug aus Heron's Schriften entlehnt hatten. Erst über arabische Autoren hinweg gelangte griechische Geometrie in reinerer Form zum Abendlande. Auch hier, wie in anderen Gebieten der so weiten Mathematik, muß Leonardo von Pisa (1220 *Practica geometriae*) und ganz besonders Jordanus Nemorarius († 1237, Ordensgeneral; *De triangulis*) wegen der selbständigen Behandlung des von ihren Vorgängern übernommenen Stoffes rühmend genannt werden. Sie sind die Bahnbrecher einer neuen, freilich sehr langsam fortschreitenden Periode mathematischer Wissenschaft. Für lange Zeit bilden sie die Gewährsmänner abendländischer Gelehrten, die aus ihnen ihre ganze Weisheit entlehnen. Unter dem durch sie vermittelten Einfluß arabischer Geometrie stand die mittelalterliche Gelehrsamkeit bis zur zweiten Hälfte des fünfzehnten Jahrhunderts. Jetzt endlich eröffnete die Zeit des Humanismus ein direktes Zurückgehen auf die alten Quellen, zunächst auf die Schriften der römischen Agrimensoren, schließlich auch auf die älteren Originale.

Die erste in deutscher Sprache geschriebene Geometrie stammt aus dem Ende des vierzehnten Jahrhunderts und ist unter dem Namen der *Geometria Culmonensis* bekannt.[7] Der unbekannte Verfasser, der zu ihrer Niederschrift von dem Hochmeister Konrad von Jungingen angeregt wurde, fügte der ursprünglich lateinischen Ausarbeitung eine ziemlich freie deutsche Übersetzung bei. Der Inhalt ist rein feldmesserischer Natur und nur dazu bestimmt, die Regeln und Vorschriften der damals sehr handwerksmäßig betriebenen Feldmeßkunst zusammenzufassen.

Während die Arbeiten Peurbach's (1423—1461, Universität Wien) und Regiomontanus' (1436 Königsberg in Unterfranken — 1476 Rom; Wien, Italien, Nürnberg) ein eifriges Studium guter römischer und griechischer Quellen verraten, zeigen die geometrischen Kapitel des Widmann'schen Rechenbuches von 1489 [7a] nur Spuren direkter Beschäftigung mit den römischen Agrimensoren. Wurde auch allmählich der alte Bestand wiedergewonnen, so blieb doch das Tempo in der Weiterbildung ein sehr langsames. Erst das siebzehnte Jahrhundert brachte einen wesentlichen Fortschritt. Descartes' große Entdeckung (1637 *Géométrie*) verband die Geometrie mit der Algebra und schuf in der analytischen Geometrie (siehe die Geschichte derselben: Teil XII) ein fruchtbares Mittel, das der Mathematik zu ungeahnten Triumphen verhalf. Infinitesimalbetrachtungen, deren erste Verwendung uns in Keplers' *Stereometria doliorum* von 1615 und in Cavalieris' *Geometria indivisibilibus continuorum nova quadam ratione promota* 1635 entgegentreten, vereinigten sich mit der analytischen Geometrie, um schließlich als herrlichste Frucht die Differential- und Integralrechnung zu zeitigen. Aber auch auf dem Wege der antiken Geometrie lernte man weiterwandern und schuf in der pro-

7. *Geometria Culmonensis. Ein agronomischer Traktat aus der Zeit des Hochmeisters Conrad von Jungingen (1393—1407)*, herausg. v. D. H. Mendthal, Leipzig 1886 (Publikationen des Vereins für die Geschichte von Ost- und Westpreußen). — 7a Vgl. Bd. I, Anm. 55.

jektivischen Geometrie eine neue Wissenschaft, die die tiefsten Einblicke in das Wesen der Raumlehre erschloß. Das neunzehnte Jahrhundert brachte philosophische Durcharbeitungen der Grundlagen und entwickelte eine allgemeine, von den speziellen Eigenschaften unseres Raumes unabhängige, absolute Geometrie.

2. Die Sprache der Geometrie. Figuren.

Im Gegensatz zu der Algebra ist die Ausdrucksweise, deren man sich in der Geometrie bedient, wenig ausgebildet; sie ist in der Periode stecken geblieben, in der sich die Algebra von der Zeit DIOPHANT's bis zum Auftreten VIETA's befand (vgl. Bd. I, S. 124—127). Die Beweise werden in mehr oder minder breiten Auseinandersetzungen vorgeführt, unter Benutzung abkürzender Zeichen, stellenweis unterbrochen von algebraähnlichen Rechnungen. Das Ideal einer symbolischen Geometrie, das mannigfach angestrebt ist, wird sich kaum erreichen lassen. Die Algebra geht bei ihren Rechnungen immer wieder auf die wenigen Grundoperationen zurück, deren Anwendung fast stets ohne weitere Einschaltung eines begleitenden Textes aus den Rechnungsresultaten selbst klar ist; bei komplizierteren Operationen genügt die Anführung der gerade benutzten Formel. Anders in der Geometrie. Die Zusammenziehung vieler Schlüsse in eine Denk- oder Anschauungsoperation, die Formulierung von Lehrsätzen, die stete Berufung auf bereits bewiesene Sätze, die nicht in der durchsichtigen Gestalt einer Formel uns entgegentreten, machen es vielfach unmöglich, ohne erläuternden Wortlaut auszukommen. Die beigefügten Zeichnungen können zwar erheblich zur Kürzung des Beweises beitragen. Doch bedürfen auch sie zumeist einer Beschreibung, da verwickeltere Figuren über den Verlauf der vorgenommenen Konstruktion nur wenig unmittelbar verraten; hierin tritt aber gerade der außerordentliche Vorteil algebraischer Formeln klar zu Tage.

So weit als möglich sollte man algebraische Schreibweise heranziehen; ohne Zweifel wird hierdurch die Übersicht außerordentlich erhöht und damit das Verständnis erleichtert, besonders wenn, wie in der Schule, mündlicher Unterricht hinzukommt.

Figuren kannte bereits das altägyptische Rechenbuch des AHMES[8] (zwanzigstes bis achtzehntes Jahrhundert v. Chr.). In ihm begegnet dem Leser u. a. die Figur eines gleichschenkligen Drei-

[8] EISENLOHR, S. 125 (Anm. 3).

eckes, das eigentümlicher Weise nicht auf der Basis stehend, wie wir es gewöhnt sind, sondern liegend, mit der Spitze nach rechts, gezeichnet ist und an seinen Seiten die betreffenden Maßzahlen trägt. Zuweilen wird auch die Maßzahl des Inhaltes einer Figur eingeschrieben. Das Hineinschreiben der Maßzahlen finden wir auch bei dem griechischen Feldmesser HERON (erstes Jahrhundert v. Chr.); es bestärkt dies den Geschichtsforscher, die HERON'sche Sammlung als aus ägyptischen Quellen stammend aufzufassen. Bei den Griechen hatte sich, vielleicht seit der Zeit der Pythagoreer, die Gewohnheit herausgebildet, die Ecken der Figuren mit Buchstaben zu bezeichnen. Man hat Grund anzunehmen,[9] daß HIPPOKRATES von Chios (um 440 v. Chr.) diese Übung bereits besaß. Bei EUKLID (um 300 v. Chr.) ist der Buchstabe Jota, I, in der Figurenbezeichnung grundsätzlich ausgeschlossen, wohl um Verwechslungen mit einem einfachen Strich zu vermeiden. In jenen altertümlichen Bruchstücken, die man auf HIPPOKRATES zurückführen zu können meint,[9] ist dies noch nicht der Fall. — Die griechische Sitte, Buchstaben an die Ecken zu schreiben, drang nach Indien und wurde später von den Arabern übernommen. Sehr oft verrät die Reihenfolge der in arabischen Schriften benutzten Buchstaben, zu denen wohl arabische Zeichen, aber in der Reihenfolge des griechischen Alphabetes, verwendet sind, die Anlehnung an griechische Quellen.[10] Auch mittelalterliche Mathematiker, wie REGIOMONTANUS (1436—1476), wählten häufig noch statt a, b, c, d u. s. w. die Reihenfolge a, b, g, d. Einen gewissen Abschluß fand diese Auswahl der Buchstaben, wenigstens für Dreiecke, im achtzehnten Jahrhundert, indem nach Vorgang von EULER die Ecken bezw. Winkel ständig mit A, B, C, die gegenüberliegenden Seiten mit a, b, c gekennzeichnet wurden; die zugehörige Winkelbezeichnung α, β, γ ist nicht vor Beginn des neunzehnten Jahrhunderts allgemein üblich geworden (vgl. Trigonometrie, Teil V, B. 8). — Ist es nötig, für eine gewisse Gruppe von Punkten einer Figur eine gemeinsame Eigenschaft äußerlich durch die Bezeichnung anzudeuten, so bedient man sich heute eines und desselben Buchstabens unter Hinzufügung von Indices, wie sie LEIBNIZ 1675/76 zum erstenmal benutzt hatte (vgl. Bd. I, S. 151). Vor LEIBNIZ, und bevor sein Vorschlag weitere Verbreitung fand, mußte man sich in solchem Falle

[9] BRETSCHNEIDER S. 114, Note 2 (Anm. 4); vgl. auch CANTOR, *Vorlesungen über Geschichte der Mathematik*, Bd. II, 2. Auflage, Leipzig 1894 (von hier ab kurz mit II^b bezeichnet), S. 194. — [10] CANTOR, I^b, S. 681, vgl. daselbst, Anm. 2.

begnügen, denselben Buchstaben mehrfach zu setzen.[11] Nicht unzweckmäßig ist das Verfahren, das SIMON STEVIN (1548 Brügge — 1620 Leiden; Kaufmann, später im Staatsdienst als Ingenieur) befolgt, wenn er bei Gelegenheit des trigonometrischen Fundamentalfalles b, c, γ die Doppeldeutigkeit des Punktes B dadurch hervorhebt, daß er die sich ergebenden Punkte B mit $\dot{B}$, $\ddot{B}$ bezeichnet.[12] Man könnte hierin übrigens auch die ersten Anfänge von Buchstaben mit Indices erkennen.

Zeichen für oft wiederkehrende Worte finden sich bereits in alten Handschriften, wie in einem Manuskript der heronischen Dioptra: ▽ für Dreieck, $\underset{=}{\text{ον}}$ für Parallelogramm, ▭ für Rechteck,[13] oder in einer Pappushandschrift: ○ für Kreis, = für parallel, □ für *τετϱάγωνον*, △ oder ▽ für *τϱίγωνον*;[14] auch in mittelalterlichen Drucken begegnet uns zuweilen △ für Dreieck, ∢ für Winkel, ⊥ für senkrecht, ∥ für parallel.[15] Eine systematische Verwendung dieser Zeichen, wie sie in der Neuzeit anzutreffen ist, bleibt aber dabei ausgeschlossen. Eine Ausnahme macht im Mittelalter das weiter unten (S. 13) noch hervorzuhebende Werk HÉRIGONE's von 1634, *Cursus mathematicus*, in dem solche Zeichen ständig und zweckbewußt benutzt sind. Das moderne Zeichen ∼ für ähnlich, aus einem liegenden s (= similis) entstanden, ist von LEIBNIZ vorgeschlagen worden.[16] Von demselben ist die Zeichenzusammenstellung ≃ für das euklidische „ähnlich und gleich", unser „kongruent", gewählt worden.[17] CHR. v. WOLFF schreibt in seinen *Elementa Mattheseos universalis* (Halle 1717) noch „= et ∼".[18]

Die Abhandlung, in der diese Zeichen zum erstenmal gegeben sind, wurde von LEIBNIZ im August 1679 niedergeschrieben.[16] Sie

[11] So bei GREGORIUS von St. Vincentius, *Opus geometricum*, Antwerpen 1847, S. 27 u. öfters. BL. PASCAL (1623—1662), Oeuvres, ed. FAUGÈRE (Hachette), Paris 1882, Bd. III, S. 370—446. JOHANN BERNOULLI (1667—1748), Acta Eruditorum, Mai 1697, Opera omnia, Lausanne-Genf 1742, I, S. 192; Figurentafel IX, Nr. 37, 2. JOH. WALLIS (1656—1703), *de sectionibus conicis*, 1655, Opera math., I, Oxford 1695, S. 303ff. — [12] Les oeuvres math. de SIMON STEVIN, augment. par ALB. GIRARD, Leiden 1634, II, S. 15. — [13] Notices et extraits des Manuscrits de la Bibliothèque imperiale, Bd. 19, Paris 1858, S. 173. — [14] Pappi Alexandri collectiones (*συναγωγή*), Gr. lat. c. comment. ed. F. HULTSCH, Berlin 1876—78, Bd. III^b, Anhang S. 129—132. — [15] WALLIS, *Algebra*, 1693, Opera omnia Bd. II, Oxford 1695, S. 347. — [16] LEIBNIZ, *Characteristica geometrica* (Manuskript 10/VIII 1679); Werke, ed. GERHARDT, 3. Folge, Bd. V, S. 153 Z. 9 v. u.: „*Similitudinem ita notabimus:* ∼." — [17] LEIBNIZ (ebendaselbst) schreibt: „*A B C* ≃ *C D A. Nam* ∼ *mihi est signum similitudinis, et* = *aequalitatis, unde congruentiae signum compono, quia quae simul et similia et aequalia sunt, ea congrua sunt.*" — [18] Bd. I., Geometrie, § 236 (Anm. 68).

hat den Hauptzweck, eine Art geometrischen Kalküls der algebraischen Symbolik an die Seite zu stellen. Leider ist dieser eigenartige Versuch in den Anfängen stecken geblieben. LEIBNIZ selbst hat ihn nicht einmal der Öffentlichkeit übergeben, vielleicht weil er bei befreundeten Mathematikern wie HUYGENS[19], mit denen er über seinen Vorschlag in Briefwechsel trat, keine Gegenliebe fand.[20]

Für die Elementargeometrie hatte PIERRE HÉRIGONE in seinem eben erwähnten *Cursus mathematicus* von 1634 eine solche, von LEIBNIZ ganz allgemein angestrebte Begriffsschrift aufgestellt und durchgeführt. Seine Ausdrucksweise ähnelt auch in der äußeren Anordnung, der Trennung von Voraussetzung, Behauptung, Beweis, außerordentlich der modernen Form. Die Lehrsätze sind doppelsprachig, lateinisch und französisch, abgefaßt; die Durchführung des Beweises bedarf dessen nicht, da seine Zeichensprache allgemein verständlich ist. Ein Beispiel aus seinem Werke,[21] dem wir die moderne Form beifügen, wird das Verfahren HÉRIGONE's am besten erläutern. (Die Figur ist ein Parallelogramm mit den im Umkreis gesetzten Buchstaben *ACDB*, die Diagonale *CB* wird gezogen.)

L. I, Theor. XXIII, Schol. I. Omne quadrilaterum habens latera opposita aequalia, est parallelogrammum. Tout quadrilatere qui a les costez opposez égaux, est parallelogramme.	Ein Viereck, in dem die Gegenseiten paarweise gleich sind, ist ein Parallelogramm.

	Hypoth.	
	ab 2/2 *cd*	Vor. $AB = CD$
	ac 2/2 *bd*	$AC = BD$
	Req. π. demonstr.	Beh. $ABCD$ ⌗
	ad est ◇	Bew. Zum Bew. verbinde man *B* mit *C*, dann ist
	Praeparatio	
1. p. 1	*bc* est ——	1. $AB = CD$ (nach Vor.)
	Demonstratio	2. $BC = BC$ (Jede Größe ist sich selbst gleich)
hyp.	*ab* 2/2 *cd*	
	bc est commun.	3. $AC = BD$ (nach Vor.)
hyp.	*ac* 2/2 *bd*	$\triangle ABC \cong \triangle DCB$ (S. S. S.)[22]
8. 1	< *abc* 2/2 *bcd*, α	∢ ABC = ∢ BCD (hom. Stücke)
8. 1	< *bca* 2/2 *cbd*, β	∢ BCA = ∢ CBD (hom. Stücke)
α. 27. 1	*ab* = *cd*	$AB \parallel CD$ (an gleichen Wechselw.)
β. 29. 1	*ac* = *bd*	$AC \parallel BD$ (an gleichen Wechselw.).
concl.	*abcd* est ◇	

[19] LEIBNIZ, Werke, ed. GERHARDT, Bd. II, Berl. 1850, S. 19 ff. — [20] Daselbst. S. 27. — [21] Bd. I, S. 43. — [22] S. S. S. ist eine empfehlenswerte Abkürzung

Die hier auftretenden Zeichen HÉRIGONE's sind: 2/2 für gleich (vgl. Bd. I, S. 138), ◇ für Parallelogramm, ___ für gerade Linie, = für parallel, π. für *ad* (aus der Proportionslehre entnommen). Req. π. dem. heißt *requisitum ad demonstrandum*, d. h. Behauptung. Die am linken Rand stehenden Vermerke sind Hinweise auf die benutzten Sätze.

3. Axiome, Definitionen. — Allgemeine Fachausdrücke.

Strengere Untersuchungen über die Grundlegung der Geometrie stellte zuerst die Schule PLATON's an. Die nach und nach auftauchenden Grundsätze und Erklärungen wurden genau formuliert und an die Spitze des geometrischen Systems gesetzt, in der Art, wie eine solche Sammlung den Elementen EUKLID's vorausgeschickt ist (siehe unten S. 15). Eine große Anzahl dürfte auf PLATON (429 bis 348 v. Chr.; Athen) selbst zurückzuführen sein; einige lassen sich in platonischen Dialogen nachweisen, für andere ist ARISTOTELES (384—322 v. Chr.; Athen) Gewährsmann.[23]

Im Dialog „*Menon*"[24] begegnet uns die Definition: „Figur ist die Grenze des Körpers"; an anderer Stelle[25] heißt es: „Gerad ist, dessen Mitte die beiden Enden deckt" eine Erklärung, die auch bei ARISTOTELES[26] vorkommt und so aufzufassen ist, daß, wenn man die Strecke längs ihrer Richtung betrachtet, sie nur als Punkt sichtbar ist. Die in fast keinem modernen Lehrbuch fehlende Erklärung des Punktes als Grenze einer Linie, der Linie als Grenze einer Fläche, der Fläche als Grenze eines Körpers ist ebenfalls als platonisch von ARISTOTELES überliefert.[27] Die Linie als eindimensionales Gebilde, „Länge ohne Breite", heißt bei ARISTOTELES nach PLATON's Vorgang „*μῆκος ἀπλατές*",[28] die Fläche entsteht ihm aus dem Breiten und Schmalen „*ἐπίπεδον ἐκ πλάτεος καὶ στενοῦ*",[29] der

für die Berufung auf den Kongruenzsatz: „Dreiecke sind kongruent, wenn sie in den drei Seiten übereinstimmen" (analog: S. W. S. — W. S. W. — etc.) — vorgeschlagen von dem am 4. III. 1895 verstorbenen Gymnasialprofessor WORPITZKY (FRIEDR. WERDER'sches Gymn. zu Berlin). — [23] Vgl. HANKEL, *Zur Geschichte der Mathematik im Altertum und Mittelalter*, Leipzig 1874, S. 135—136. — [24] PLATON, *Menon*, 76 A, ed. STALLBAUM, Vol. VI, sect. II, Gothae et Erfordiae 1836, S. 45 Z. 7: „*στερεοῦ πέρας σχῆμα εἶναι.*" — [25] PLATON, *Parmenides*, 137 E., ed. ASTIUS, Leipzig 1821, Bd. III, S. 32 Z. 2—3: „*καὶ μὴν εὐθύ γε, οὗ ἂν τὸ μέσον ἀμφοῖν τοῖν ἐσχάτοιν ἐπίπροσθεν ᾖ.*" — [26] ARISTOTELES, *Topica*, VI 11, Berl. Akademieausgabe 1831, Bd. I, S. 148 rechts 30: „*εὐθύ, οὗ τὸ μέσον ἐπιπροσθεῖ τοῖς πέρασιν.*" — [27] ARISTOTELES, *Topica*, V I4, Berl. Akad.-Ausg., I, S. 141 rechts 19—20. — [28] ARISTOTELES, *Topica*, VI 6, S. 143 rechts 12. — [29] ARISTOTELES, *Met.*, I 9, Akad.-Ausg. 1831, Bd. II, S. 992 links 12. —

Körper ist durch den Besitz der drei Dimensionen charakterisiert: „σῶμα τὸ ἔχον τρεῖς διαστάσεις".[30] Auch euklidische Grundsätze lassen sich bei ARISTOTELES nachweisen; mehr als einmal bringt er vor, daß Gleiches, von Gleichem subtrahiert, wieder Gleiches giebt.[31] Ebenso findet sich für den allgemeinen Begriff Axiom bei ARISTOTELES zum erstenmal eine Definition.[32]

Die euklidischen Elemente liefern uns diese Definitionen in strenger, kunstgerechter, abgeschlossener Fassung. Der praktische Geometrieunterricht kann sich mit dieser starren Form nicht begnügen; es stellen sich Zusätze und Erläuterungen als notwendig heraus, um dem Zuhörer oder Schüler die abstrakten Wahrheiten verständlicher zu machen. Derartige Umschreibungen und Ergänzungen sind uns schon aus dem Altertum bekannt. Wie wir oft bemerken konnten, vertritt auch hier die Geometrie des Alexandriners HERON (erstes Jahrhundert v. Chr.) die Praxis, im Gegensatz zu der reinen Theorie. Wir stellen im folgenden die Definitionen EUKLID's und HERON's zusammen, um den Unterschied recht klar zu zeigen.

EUKLID (ed. HEIBERG, Leipzig 1883, S. 2).	HERON (ed. HULTSCH, Berlin 1864, S. 7 ff.).
1. *Σημεῖόν ἐστι, οὗ μέρος οὐθέν.* Punkt ist, was keinen Teil hat. 3. *Γραμμῆς δὲ πέρατα σημεῖα.* Die Grenzen der Linie sind Punkte.	1. *Σημεῖόν ἐστιν οὗ μέρος οὐθὲν ἢ πέρας ἀδιάστατον ἢ πέρας γραμμῶν.* Punkt ist, was keinen Teil hat, oder eine dimensionslose Grenze oder Grenze einer Linie.
2. *Γραμμὴ δὲ μῆκος ἀπλατές.* Linie, eine Länge ohne Breite. 6. *Ἐπιφανείας δὲ πέρατα γραμμαί.* Die Grenzen der Fläche sind Linien.	2. *Γραμμὴ δέ ἐστι μῆκος ἀπλατὲς καὶ ἀβαθές... γίγνεται δὲ σημείου ῥυέντος ἄνωθεν κάτω ἐννοίᾳ τῇ κατὰ τὴν συνέχειαν, περιέχεταί τε καὶ περατοῦται σημείοις, πέρας ἐπιφανείας αὐτὴ γενομένη...* Linie ist eine Länge ohne Breite und Tiefe ... sie entsteht, wenn ein Punkt von

[30] ARISTOTELES, *Topica*, VI 5. Berl. Akad.-Ausg., Bd. I, S. 142 rechts Z. 24/25. — [31] Z. B. ARISTOTELES, *Met.*, XI. 4, Berl. Akad.-Ausg., Bd. II, S. 1061 Z. 20: „Ἀπὸ τῶν ἴσων ἴσων ἀφαιρουμένων ἴσα λείπεσθαι." — [32] ARISTOTELES, *Metaph.*, III, cap. 3, Berl. Akad.-Ausg., Bd. II, S. 1005 links Z. 19 ff. —

oben nach unten ohne Unterbrechung fortbewegt wird (fließt); sie wird zusammengesetzt und begrenzt durch Punkte und ist selbst die Grenze einer Fläche.

4. *Εὐθεῖα γραμμή ἐστιν, ἥτις ἐξ ἴσου τοῖς ἐφ' ἑαυτοῖς σημείοις κεῖται.* Eine Gerade ist eine Linie, die zwischen den in ihr befindlichen Punkten immer gleichmäßig (in derselben Anordnung und Richtung) liegt.

4. ... wie Euklid, dann: *ἥτις δύο δοθέντων σημείων ἡ μεταξὺ ἐλαχίστη ἐστι τῶν τὰ αὐτὰ πέρατα ἐχουσῶν γραμμῶν;* ... zwischen zwei gegebenen Punkten ist sie die kürzeste der Linien, die diese beiden Punkte als Grenze haben.

5. *Ἐπιφάνεια δέ ἐστιν, ὃ μῆκος καὶ πλάτος μόνον ἔχει.* Fläche ist, was nur Länge und Breite hat.

5. ... wie Euklid, dann: *ἢ πέρας σώματος καὶ τόπου . . . γίγνεται δὲ ῥύσει ὑπὸ γραμμῆς κατὰ πλάτος ἀπὸ δεξιῶν ἐπ' ἀριστερὰ ῥεούσης* . . . sie ist die Grenze eines Körpers . . . und entsteht durch Fortbewegen (Fließen) einer Linie längs der Breite von rechts nach links.

7. *Ἐπίπεδος ἐπιφάνειά ἐστιν, ἥτις ἐξ ἴσου ταῖς ἐφ' ἑαυτῆς εὐθείαις κεῖται.* Ebene ist eine Fläche, die zwischen den in ihr befindlichen Geraden immer gleichmäßig (Nr. 4) liegt.

7. ... wie Euklid, dann: *ἧς ἐπειδὰν δύο σημείων ἅψηται εὐθεῖα, καὶ ὅλη αὐτῇ κατὰ πάντα τόπον παντοίως ἐφαρμόζεται* ..., wenn eine Gerade zwei ihrer Punkte enthält, so liegt diese Gerade gänzlich in ihr.

7a. *Στερεόν ἐστι σῶμα τὸ μῆκος καὶ πλάτος καὶ βάθος ἔχον . . . περατοῦται δὲ πᾶν στερεὸν ὑπὸ ἐπιφανειῶν.* Körper ist, was Länge, Breite, Tiefe hat . . . begrenzt wird jeder Körper von Flächen.

8. *Ἐπίπεδος δὲ γωνία ἐστὶν ἡ ἐν ἐπιπέδῳ δύο γραμμῶν ἁπτομένων καὶ μὴ ἐπ' εὐθείας κειμένων πρὸς ἀλλήλας τῶν γραμμῶν κλίσις.* Ebener Winkel ist die Neigung zweier sich in einer Ebene treffenden und nicht in einer Geraden liegenden Linien.

9. *Ὅταν δὲ αἱ περιέχουσαι τὴν γωνίαν γραμμαὶ εὐθεῖαι ὦσιν, εὐθύγραμμος καλεῖται ἡ γωνία.* Sind die einschließenden Linien Gerade, so heißt der Winkel geradlinig.

10. *Ὅταν δὲ εὐθεῖα ἐπ' εὐθεῖαν σταθεῖσα τὰς ἐφεξῆς γωνίας ἴσας ἀλλήλαις ποιῇ, ὀρθὴ ἑκατέρα τῶν ἴσων γωνιῶν ἐστι, καὶ ἡ ἐφεστηκυῖα εὐθεῖα κάθετος καλεῖται, ἐφ' ἣν ἐφέστηκεν.* Wenn eine Gerade, die eine zweite schneidet, gleiche Nebenwinkel erzeugt, so heißt jeder dieser gleichen Winkel ein Rechter und die schneidende Gerade heißt senkrecht zu der Geschnittenen.

8. *Γωνία ἐστὶ συναγωγὴ πρὸς ἓν σημεῖον ὑπὸ κεκλασμένης ἐπιφανείας ἢ γραμμῆς ἀποτελουμένη.* Winkel ist die Einengung an einem Punkte, die durch eine geknickte Fläche oder Linie gebildet wird.

10. *Ὀρθὴ μὲν οὖν ἐστι γωνία ἡ τῇ ἀντικειμένῃ ἴση. ἀντικείμεναι δέ εἰσιν ἃς ποιεῖ εὐθεῖα ἐπ' εὐθεῖαν σταθεῖσα.* Recht ist der seinem Nebenwinkel gleiche Winkel. Nebenwinkel sind diejenigen Winkel, die eine auf einer zweiten stehende Gerade erzeugt.

Es ist kaum anzunehmen, daß die angegebenen Zusätze Eigentum HERON's sind. Zum Teil sind Lehrsätze, wie in 7., in die Erklärung mit hineingenommen, zum Teil haben wir es aber auch mit neuen, zu den euklidischen im Gegensatz stehenden Definitionen zu thun. Man vergleiche die Winkeldefinitionen 8., vor allem die genetische Definition der Linien und der Flächen in 2. und 5., die mit Hinzunahme des Begriffes der Begrenzung aufgestellt sind. Die letzten Definitionen erscheinen uns zwar in der erhaltenen griechischen Litteratur hier zum erstenmal; doch würde es zu weit gegangen sein, zu behaupten, daß sie heronischen oder wenigstens nacheuklidischen Ursprunges sind. Die genetische Definition liegt zu nahe, um nicht auch in platonischer oder pythagoreischer Zeit vorhanden gewesen zu sein; nur wird sie dem strengen Theoretiker nicht bestimmt genug erschienen sein und darum keinen Platz in den Elementen EUKLID's, sondern etwa nur im mündlichen Vortrag der in der Geometrie unterrichtenden Gelehrten gefunden haben.

Zusatz 4., daß die gerade Linie die kürzeste Verbindung zwischen zwei Punkten darstellt, ist der einzige Satz, der vor HERON (erstes Jahrhundert v. Chr.), aber immer noch nach EUKLID (um 300 v. Chr.) nachweisbar ist. In seiner Abhandlung über die Kugel und den Cylinder[33] geht ARCHIMEDES (287—212 v. Chr., Syrakus) von diesem Satze als Axiom aus und sagt: „*Λαμβάνω δὲ ταῦτα· τῶν τὰ αὐτὰ πέρατα ἐχουσῶν γραμμῶν ἐλαχίστην εἶναι τὴν εὐθεῖαν*“ (Ich nehme an, daß von den Linien, die gleiche Endpunkte besitzen, die gerade Linie die kürzeste sei).

Über die Grundlagen der Geometrie ist noch oft im Altertum geschrieben worden; eingehenderen Bericht giebt uns darüber PROKLUS (410—485 n. Chr.; Byzanz, Athen) in seinem Kommentar zu dem ersten Buche der Elemente EUKLID's.[6] Angelpunkte bleiben immer die euklidischen und heronischen Definitionen. Darüber hinaus kamen auch die arabischen Gelehrten nicht. Die Scholastik des frühen Mittelalters bevorzugte die heronischen Bewegungsdefinitionen und leitete aus ihnen den Begriff der Kontinuität ab. Ganz modern klingt die Erklärung des JORDANUS NEMORARIUS (Deutscher; † 1237, Ordensgeneral der Dominikaner), die aussagt, daß eine Linie ein stetiges Gebilde erster Ordnung, Fläche und Körper solche höherer Ordnung seien: „*Simplex autem continuitas in linea est, duplex quoque in superficie, triplex in corpore. Punctus est fixio simplicis continuitatis.*“[34]

In späterer Zeit geht man wieder auf die euklidischen Sätze zurück. Es dürfte interessant sein, ältere deutsche Fassungen kennen zu lernen. JOHANNES WIDMANN von Eger, der Verfasser des ältesten deutschen gedruckten Rechenbuches (Leipzig 1489; vgl. Bd. I, Anm. 55), das auch Geometrie enthält, sagt wörtlich:

„punctus ist eyn kleyn Dingk dz nicht zu teylen ist.
linea ist eỹ ausstreckung die alleyn zu messen ist ynn die leng.
Superficies ist eỹ aufztreckũg die man mist nach der leng vñ nach der preyt.

[33] ARCHIMEDES, ed. HEIBERG, Leipzig 1880—81, *Περὶ σφ. καὶ κύκλ.* I., Bd. I, S. 8 Z. 22—24. Übersetzung von NIZZE, Stralsund 1824, S. 44. — [34] *De triangulis*, lib. I, def., ed. M. CURTZE, Heft VI der Mitteilungen des Coppernicusvereins zu Thorn, 1887, S. 3.

Corpus ist eyn ausztreckung die man mist nach leng preyt vnd tieff ader dick.

Angulus ist ein Winckel der do gemacht ist von zweyen lini."

In dem Rechenbuch des SIMON JACOB 1565, einem der verbreitetsten Lehrbücher des sechzehnten Jahrhunderts, heißt es viel ausführlicher:

„Ein Punct ist ein vntheilbares reines stüpfflein | welches mit keinem Instrument mag gemacht | sondern muß allein mit dem verstandt gefaßt werden |

Ein Lini ist ein langer riß | der kein breiten hat | wirt im werck nicht gesehen | sondern allein mit dem verstandt gefaßt.

Ein Flech oder Ebne ist die | so allein in die leng vnd breit gemessen wird.

Eine ebne oder wasserrechte Flech ist ein ebner platz zwischen zweyen Linien der kürtzte begriff.

Ein Corpus ist eine grösse so in die leng | breit und tieff gemessen wirt.

Ein ebner Winckel ist wann zwo Linien bey einem Punkt einander also anrüren | daß wa solche fortgezogen würden | lieffen sie creutzweiß vber einander.

Ein Circkelronde Linien [Kreis] ist ein ronder rissz | der in der Mitte ein pünctlein hat | von welchem zu der ronden Linien allenthalben eine gleiche weite ist."

Je mehr wir uns der Neuzeit nähern, desto verschiedenartiger werden die Formulierungen, in die jeder Verfasser — wenigstens in neuester Zeit — sein geometrisches Glaubensbekenntnis hineinzulegen sucht. Es ist eine sehr dankenswerte, aber die Kräfte des einzelnen fast übersteigende Arbeit, eine systematische Übersicht dieser Fassungen zu geben, wie sie für das letzte Jahrhundert von SCHOTTEN[35] in Angriff genommen ist. Ein weiteres Behandeln des sehr umfangreichen Stoffes würde über den hier gesteckten Rahmen hinausgehen.

Auf einige Fachausdrücke sei noch im folgenden eingegangen.

Unter *μαθήματα* faßte PLATON's Akademie alle Lehrgegenstände des wissenschaftlichen Unterrichtes zusammen. Die Schule des ARISTOTELES spezialisierte das Wort und faßte mit ihm nur die Logistik (Rechenkunst) und Arithmetik (wissenschaftliche Zahlenlehre), Geometrie der Ebene und des Raumes, Musik und Astronomie zu-

[35] SCHOTTEN, *Inhalt und Methode des planimetrischen Unterrichtes. Eine vergleichende Planimetrie.* Leipzig 1870.

sammen. Die Trennung zwischen praktischer und theoretischer Wissenschaft, die Plato in der Scheidung zwischen Logistik und Arithmetik eingeführt hatte, nahm Aristoteles bei der Geometrie vor, indem er die Geodäsie der reinen Geometrie gegenüberstellte.[365]

Das Wort Punkt ist lateinischen Ursprungs. Das eigentliche *punctum* gen. neutr. (*σημεῖον*, bei Aristoteles *στιγμή*) wurde allmählich durch die männliche Form *punctus, puncti* (bei Plinius, *punctus, punctūs*) verdrängt. Die Form *punctus* findet sich schon in den Schriften der Agrimensoren[36] (erstes und zweites Jahrh. n. Chr.), des Boëthius (480—524),[37] des Jordanus Nemorarius († 1237)[38] und erst recht bei Späteren wie Luca Paciuolo 1494,[39] Widmann 1489[40] u. a. Auch in den deutschen geometrischen Schriften hieß es anfangs „das Punkt", so in der *Geometria Culmonensis*: „in dasselbige punkt f lege das rechte winkelmose unde strecke eyne linie."[41]

Das Wort Linie ist das lateinische *linea* (griech. *γραμμή*). Die Gerade heißt bei Euklid *εὐθεῖα* (sc. *γραμμή*; *recta linea*).

Für Fläche gebrauchen die Pythagoreer *χροιά*, die Mathematiker bis Aristoteles *ἐπίπεδον*. Nach Aristoteles spezialisiert sich das Wort auf den Begriff „Ebene" (*planum*), während für das allgemeine „Fläche" (*area*) — wie behauptet wird, nach Vorgang Platon's — *ἐπιφάνεια* üblich wird.[42]

Der **Raum** wird bei Euklid mit *στερεόν* bezeichnet.

σχῆμα ist jede **Figur**, sei sie räumlich oder flächenhaft.

B. Besonderer Teil.

I. Die gerade Linie. Der Winkel.

Ein erheblicher Fortschritt in der Theorie der Geraden über die euklidische Lehre hinaus gehört erst den letzten Jahrhunderten an. Seit dem Anfang des siebzehnten Jahrhunderts werden negative Strecken anerkannt, allgemeiner seit der Schöpfung der analytischen Geometrie durch Descartes. In die Elementargeometrie wurde der Unterschied zwischen der Geraden AB und der entgegengesetzten BA

---

36 *Die Schriften der römischen Feldmesser*, ed. Blume, Lachmann u. Rudorff, Berl. 1848, 360, 29; 374, 13. — 37 Boëtius, *instit. arithm.*, II. 30, ed. Friedlein, Leipzig 1867, S. 121 Z. 23 u. öfters. — 38 *De triangulis*, S. 3 Z. 3 (Anm. 34). — 39 Luca Paciuolo, *Summa de Arithmetica Geometria Proportioni et Proportionalita*, Venedig 1494, Teil II, S. 1ᵃ. — 40 Rechenbuch, Leipzig 1489, das dritte vñ letzte teyl u. s. w. (202. Blatt, Vorderseite). — 41 S. 66 (Anm. 7). — 42 Laërtius Diogenes, III. 24, § 19. ed. Cobet, Paris 1850, S. 74 Z. 15 v. u.

im neunzehnten Jahrhundert durch MOEBIUS (1790—1868 Leipzig) gebracht und daraus eine neue geometrische Behandlungsart gewonnen, die bedeutende Resultate erzielte.[43] Auf der anderen Seite hatte DESARGUES (1593—1662; Paris, Lyon, Baumeister) ganz neue Wege eingeschlagen, indem er Büschel von Geraden (*ordonnance de droites*), die sich im Endlichen oder Unendlichen schneiden, seinen Untersuchungen zu Grunde legte[44] und damit die Anfänge einer projektivischen Geometrie (siehe S. 94) schuf, die in STEINER (1796 bis 1863; Berlin) ihren größten Meister sieht.

In der Definition des Winkels (*γωνία, angulus*) ist bis heutzutage keine Einigkeit erzielt. In der Hauptsache sind es zwei Erklärungsversuche, die in verschiedensten Formen auftreten. Die Auffassung des Winkels als Neigung oder, genauer gesagt, als Richtungsunterschied zweier Geraden geht auf EUKLID (lib. I. def. 8 — vgl. S. 17), durch ihn wahrscheinlich auf die platonische Schule (viertes Jahrh. v. Chr.) zurück. Eine Modifikation hiervon stellt den Winkel als Drehungsgröße hin,[45] zieht also noch mechanische Prinzipien hinein. Demgegenüber versteht BERTRAND[46] (1778) unter Winkel das unendliche Ebenenstück, das durch zwei von einem Punkte ausgehende Strahlen gebildet wird. Ihm schließt sich BALTZER (1818 bis 1887, Prof. in Königsberg) in seinen *Elementen*[47] an und verbreitet dadurch diese Definition in Deutschland.[48]

Die Hervorhebung des Drehungssinnes veranlaßte MOEBIUS, entsprechend seiner Auffassung einer Strecke, zwischen den Winkeln ABC und CBA streng zu scheiden (vgl. oben).[49]

Einer der ältesten geometrischen Begriffe ist der Begriff des rechten Winkels (*γ. ὀρθή, angulus rectus*, bei BOËTHIUS auch *a. normalis*), da er aus der senkrechten Stellung irgend eines Gegenstandes zum Erdboden, aus der aufrechten Haltung des Menschen

[43] MOEBIUS, *Der barycentrische Kalkül*, Leipzig 1827, § 1. MOEBIUS, Werke, Bd. I, ed. BALTZER, Leipzig 1885, S. 26. — [44] DESARGUES, 1639, *Brouillon project d'une atteinte aux événemens des rencontres d'un cone avec un plan*, ed. POUDRA, Paris 1864, I, S. 104. — [45] THIBAUT, *Grundriß der reinen Mathematik*, 2. Aufl. Göttingen 1809, S. 168. — [46] BERTRAND, *Développement nouveau de la partie élémentaire des math.* Genève 1778. Bd. II, S. 6: „*Un angle est une portion de superficie plane contenue entre deux lignes droites, qui se coupent et sont terminées à leur point de section.*" — [47] BALTZER, *Die Elemente der Mathematik*, Bd. II (3. Aufl. Leipzig 1870. S. 5). — [48] Vgl. die sehr eingehende Darstellung bei SCHOTTEN, Bd. II, 1893, S. 94—183 (Anm. 35). — [49] MOEBIUS, *Über eine neue Behandlungsweise der anal. Sphaerik*, § 1, Leipzig 1846. Werke, II, ed. KLEIN, Leipzig 1886, S. 4/5. *Die Theorie der Kreisverwandtschaft in rein geom. Darstellung*, § 8. Abh. der Kgl. Sächs. Akad. der Wissenschaften, math.-phys. Klasse, Bd. II, 1855. Werke, II, S. 255.

selbst folgte. Jüngeren Datums ist seine Übertragung in eine beliebige Ebene. Allmählich werden sich Verfahren eingestellt haben, rechte Winkel auf dem Erdboden abzustecken, etwa für Grundrisse von Tempeln und anderen Gebäuden. Eine solche Methode ist zum Beispiel die Bildung eines rechtwinkligen Dreieckes mit den Seiten 3, 4 und 5 mittels eines in solche Abschnitte geteilten Seiles. Es ist sehr wahrscheinlich, daß sowohl die alten Ägypter, als auch die Babylonier Kenntnis gerade von diesem Verfahren besaßen.[50]

Die Definition, die Euklid für eine Senkrechte (*κάθετος πρὸς ὀρθὰς* sc. *γωνίας* oder kurz *κάθετος*) giebt (lib. I, def. 10, vgl. S. 17) — als solche Linie, die eine andere Gerade so schneidet, daß gleiche Nebenwinkel entstehen —, ist die noch jetzt übliche. Sie ist ebenso, wie die Einteilung der Winkel in spitze, stumpfe und rechte auf vorplatonische Zeit anzusetzen, vielleicht ägyptischen Ursprungs (Euklid: *γωνία ὀξεῖα, ἀμβλεῖα, ὀρθή* — bei Boëthius [fünftes Jahrh. v. Chr.] *angulus acutus, obtusus* oder *hebes, rectus* oder *normalis* — Leonardo von Pisa 1220: *angulus acutus, amplus vel obtusus, rectus* — Widmann 1489: scharpfer, (gescheffter) weyter, rechter Winckel).

Der Satz von den Nebenwinkeln (Euklid: *αἱ ἐφεξῆς γωνίαι* I, def. 10; Heron: *ἀντικείμεναι* vgl. S. 17 Nr. 10 — *deinceps positi*) muß, mindestens praktisch, den Ägyptern bekannt gewesen sein. Euklid behandelt ihn im ersten Buch unter Nr. 13, die Umkehrung in I, 14. Der Satz von den Scheitelwinkeln (Euklid: *αἱ κατὰ κορυφὴν γωνίαι*;[51] *anguli verticales, a. ad verticem*) soll nach Proklus[52] (410—485 n. Chr.; Byzanz, Athen), dem Kommentator Euklid's, von Thales (um 640 Milet — 548 Athen) erfunden worden sein. Proklus beruft sich dabei auf Eudemus (um 334 v. Chr.; Rhodos, Schüler des Aristoteles), der die erste Geschichte der Mathematik geschrieben haben soll. Der Beweis Euklid's (lib. I, 15; unser Schulbeweis) sei der erste strenge gewesen. Trotz dieser bestimmten Überlieferung ist mit Sicherheit anzunehmen, daß Thales den Satz in Ägypten kennen gelernt, ihn vielleicht aber als erster in Griechenland mitgeteilt haben mag. Das deutsche Wort Scheitelwinkel ist durch

---

[50] Cantor, I[b], S. 62, 102. — [51] Ed. Heiberg, Leipzig 1883, Bd. I, S. 40 Z 7. — [52] Proklus S. 299 Z. 1 ff. (Anm. 6): „*Τοῦτο τοίνυν τὸ θεώρημα δείκνυσιν, ὅτι δύο εὐθειῶν ἀλλήλας τεμνουσῶν αἱ κατὰ κορυφὴν γωνίαι ἴσαι εἰσιν, εὑρημένον μὲν, ὡς φησὶν Εὔδημος, ὑπὸ Θαλοῦ πρώτου, τῆς δὲ ἐπιστημονικῆς ἀποδείξεως ἠξιωμένον παρὰ τῷ στοιχειωτῇ* . . .“ (Dieser Satz sagt aus, daß, wenn zwei Gerade einander schneiden, die Winkel an dem Schnittpunkt gleich sind. Gefunden ist er, wie Eudemus mitteilt, zuerst von Thales; eines leichtfaßlichen Beweises wurde er von dem Elementenverfasser (Euklid) gewürdigt.)

KÄSTNER's *Anfangsgründe*[53] allgemein üblich geworden; bis dahin findet man in der Regel Vertikalwinkel. Das Wort Nebenwinkel verwendet bereits v. WOLFF in seinem gleichnamigen Lehrbuch.[54]

Die Wörter Komplement- und Supplementwinkel gehören ursprünglich nicht der Geometrie, sondern der Trigonometrie an. Es scheint, als ob arabische Astronomen wenigstens für einen Bogen, der einen anderen zu einem Viertelkreis ergänzt, eine besondere Bezeichnung hatten, für die im Lateinischen complementum eintrat. Dieses Wort kommt zwar in einer lateinischen Übersetzung, die PLATO VON TIVOLI im zwölften Jahrhundert von dem sehr bedeutenden astronomischen Werke *De motu stellarum* des Ostarabers ALBATTANI († 929; Damaskus) anfertigte, nicht vor, sondern wird durch Umschreibungen, wie *quod ad perficiendum 90 deficit* (was zur Vollendung von 90° fehlt)[55] ersetzt; auch in den Schriften des LEONARDO PISANO (1202 *liber abaci*; 1220 *practica geometriae*) ist es nicht nachweisbar — aber den beiden großen deutschen Astronomen GEORG v. PEURBACH[56] (1423—1461, Wien) und REGIOMONTANUS[57] (1436—1476; Wien, Italien, Nürnberg), denen gute arabische Quellen zur Verfügung standen, ist es so geläufig, daß man auf älteren Ursprung schließen muß. Durch sie gelangte *Complementum* auch in den sich mit dem Ende des sechzehnten Jahrhunderts in größerer Fülle einstellenden trigonometrischen Lehrbüchern zur Einführung, so bei LANSBERGE 1591, VIETA 1593–4, PITISCUS 1600, SCHWENTER 1618, SNELLIUS 1627, CAVALIERI 1643 u. a. — Das Wort supplementum für einen Bogen (bezw. Winkel), der einen anderen zu einem Halbkreis (180°) ergänzt, ist wahrscheinlich ein von CAVALIERI (1591?—1647, Bologna) erfundenes Kunstwort. Von keinem anderen der eben angeführten Verfasser wird es erwähnt, selbst nicht von SCHWENTER (*Geometria practica*, 1. Aufl. 1618; 2. Aufl. 1627), der eine umfassende Zusammenstellung von Erklärungen damals gebräuchlicher Fachwörter giebt. LANSBERGE (1591, *Geometria*

[53] A. G. KÄSTNER, *Anfangsgründe der Arithmetik, Geometrie* . . ., 1. Aufl. 1759, 2. Aufl. 1764 Göttingen. — [54] CHR. Freiherr v. WOLFF, *Anfangsgründe aller mathematischen Wissenschaften*, 1. Aufl. 1710 Magdeburg, Aufl. v. 1750, S. 133. — [55] *Rudimenta astronomiae Alfragani; item Albategnius astronomus peritissimus de motu stellarum cum demonstr. geom. et addit. Johannis de Regiomonte*, Norimbergae 1537, ed. SCHÖNER, S. 14 (aus dem Nachlasse REGIOMONTAN's). — [56] *Tractatus Georgii Peurbachii super propositiones Ptolemaei de Sinubus et chordis. Item compositio tabularum Sinuum per Joannem de Regiomonte. Adjectae sunt et Tabulae sinuum duplices per eundem Regiomontanum*, Norimbergae 1541. — [57] *De triangulis omnimodis* libri quinque (verfaßt um 1464) — ed. SCHÖNER, Norimbergae 1533.

triangulorum) benutzt sogar an einer Stelle die Wendung „*complementum ad semicirculum*".[58] Hingegen definiert CAVALIERI 1643 sofort am Anfang seines trigonometrischen Lehrbuches[59] ausdrücklich nicht nur *complementum*, sondern auch *supplementum* und zwar in dem Sinne, in dem wir es heute noch verwenden. Eingang fand das neue Wort nur schwer. Es fehlt noch im *Lexicon mathematicus* von VITALIS (1668) und im *Cursus mathematicus* von SCHOTT (1674, Frankfurt a. M.).

Die Theorie der Parallellinien gehört zu den Kapiteln der Mathematik, die fast zu allen Zeiten schwebende Fragen bildeten. Ebenbürtig tritt sie hierin der Quadratur des Kreises an die Seite; beide wurden erst im neunzehnten Jahrhundert erledigt.

Der Begriff paralleler Linien (*παράλληλος*, eigentlich *εὐθεῖαι παρ' ἀλλήλας ἠγμέναι* — ähnlich wie proportio aus *pro portione*) wird in dreifacher Weise aufgestellt. EUKLID (I, def. 35 nach LORENZ' Übersetzung) sagt: „Parallel sind gerade Linien, die, so weit man sie auch an beiden Seiten verlängern mag, doch an keiner Seite zusammentreffen."[60] Auf dasselbe kommt hinaus, wenn gefordert wird, daß die Linien sich nicht schneiden, daß sie sich im Unendlichen treffen oder daß sie im Unendlichen einen Punkt gemeinsam haben. Den letzten Formulierungen begegnen wir erst vom siebzehnten Jahrhundert an. So hatte KEPLER (1571—1630; Graz, Prag, Linz, Ulm) gelegentlich (1609) die parallelen Geraden als solche bezeichnet, die sich im Unendlichen schneiden.[61] Endgültig führt den unendlich fernen Punkt erst DESARGUES (1593—1662; Paris, Baumeister) ein;[62] wieder aufgenommen hat ihn NEWTON (1643 bis

[58] *Geometria Triangulorum*, Lugd. Batav. 1591, lib. IV, Satz 16, S. 197 Z. 7 bis 8. ADRIAN METIUS (*Doctrinae sphaer. libri V*, 1593) sagt bei der Definition des Komplementwinkels noch ausdrücklich: „*Anguli obtusi complementum appellamus residuum quod ipsi deest ad duos rectos.*" (Das Komplement eines stumpfen Winkels ist der Rest, der ihm an zwei Rechten fehlt) (Ausg. Amsterdam 1632, V. Nr. 14, S. 75.) Ähnlich PITISCUS, *Trigonometria*, Aufl. 1600, lib. I, Nr. XII, S. 3; SNELLIUS, *Doctrina triangulorum canonica*, Lugd. Batav. 1627, I, prop. III, S. 5. — [59] F. B. CAVALIERI, *Trigonometria plana et sphaerica, linearis et logarithmica*, Bononiae 1643, S. 2, XII. Noch in der Descriptio von NEPER (Anm. 1077) wird supplementum durch *reliquus ad semicirculum angulus* umschrieben. — [60] EUKLID, ed. HEIBERG, I. def. 33, S. 8 Z. 3—5: „*παράλληλοί εἰσιν εὐθεῖαι, αἵτινες ἐν τῷ αὐτῷ ἐπιπέδῳ οὖσαι καὶ ἐκβαλλόμεναι εἰς ἄπειρον ἐφ' ἑκάτερα τὰ μέρη ἐπὶ μηδέτερα συμπίπτουσιν ἀλλήλαις.*" [61] *Paralipomena in Vitellionem* IV. 4, KEPLER's Werke, ed. FRISCH, Vol. II, Frankfurt a. M. und Erlangen 1859, S. 186 unten. — [62] ed. POUDRA, I, S. 105 (Anm. 44).

1727; Cambridge, London) in seinen *Principien* von 1687,[63] in größerem Umfange verwendet ihn 1832 STEINER (1796—1863; Berlin).[64] — Die zweite Erklärung hebt hervor, daß die beiden Linien, die man parallel nennt, immer dieselbe Richtung haben oder, besser ausgedrückt, mit einer Transversalen gleiche Winkel bilden. Zum erstenmal findet sich diese Fassung bei VARIGNON (1654—1722, Paris) in seinen nachgelassenen, 1731 im Druck erschienenen *Elementen*;[65] er ist von späteren Verfassern oft wiederholt worden. — Die richtigste Definition dürfte diejenige sein, die die Konstanz des Abstandes zwischen den beiden Geraden hervorhebt. Von POSIDONIUS (128—44 v. Chr.; Rhodos) bereits vorgeschlagen,[66] ist sie doch nicht vor dem sechzehnten Jahrhundert in die Lehrbücher eingedrungen. Sie ist zuerst wieder enthalten in der Geometrie des PETRUS RAMUS (1515—1572; Paris),[67] von dieser aus ist sie dann in eine größere Anzahl von Lehrbüchern des sechzehnten bis achtzehnten Jahrhunderts eingedrungen; vor allem gelangte sie durch WOLFF's *Elemente* zu weiterer Verbreitung.[68]

Das elfte Axiom des ersten Buches EUKLID's (richtiger in anderer Ausgabe: Das fünfte Postulat) sagt aus, daß zwei gerade Linien, die von einer dritten so geschnitten werden, daß die beiden inneren an einer Seite liegenden Winkel zusammen kleiner als zwei Rechte sind, sich genugsam verlängert an ebenderselben Seite schneiden.[69] Schon die Schöpfer der Grundlagen der Geometrie, deren Resultate EUKLID, wie wir betont, nur zusammenfaßte, mußten die Unmöglichkeit eines Beweises für diesen Satz eingesehen haben; sonst würden sie ihn nicht an die Stelle gesetzt haben, wo wir ihn heute finden. Aber zu allen Zeiten hat es Gelehrte gegeben, die sich mit der Entdeckung seines Beweises abquälten. Den Reigen der uns bekannten Bearbeiter eröffnete PTOLEMÄUS[70] (beobachtete zwischen 125 und 151

[63] *Philosophiae naturalis principia mathematica*, Londini 1687, Lib. I, Lemma 22, S. 87 Z. 17—18 „*Lineae parallelae sunt quae ad punctum infinite distans tendunt.*" — [64] STEINER, *Systematische Entwicklung der Abhängigkeit geometrischer Gestalten von einander*, Berl. 1832, cap. I, § 2. — Gesammelte Werke, Berl. 1881—82, I, S. 241. — [65] *Élémens de mathématique*, Paris 1731, II, S. 17 nach CANTOR, III², S. 506. — [66] PROKLUS, ed. FRIEDLEIN, S. 176 Z. 6ff. (Anm. 6). — [67] *Petri Rami Arithmeticae libri duo, geometriae XXVII a Lazaro Schonero recogniti*, Francofurti 1592. — [68] CHR. v. WOLFF, *Elementa Matheseos universae*, Halle 1717, Teil I, Geom. § 78. — [69] EUKLID, ed. HEIBERG, I, S. 8 Z. 15—19: „*Καὶ ἐὰν εἰς δύο εὐθείας εὐθεῖα ἐμπίπτουσα τὰς ἐντὸς καὶ ἐπὶ τὰ αὐτὰ μέρη γωνίας δύο ὀρθῶν ἐλάσσονας ποιῇ, ἐκβαλλομένας τὰς δύο εὐθείας ἐπ' ἄπειρον συμπίπτειν, ἐφ' ἃ μέρη εἰσὶν αἱ τῶν δύο ὀρθῶν ἐλάσσονες.*" — [70] PROKLUS, ed. FRIEDLEIN, S. 362 Z. 12 ff. (Anm. 6).

n. Chr. in Alexandria), dem vermeintlichen Ziele am nächsten kam LEGENDRE (1752—1833; Paris).[71]

PTOLEMÄUS zeigte, daß, wenn zwei innere entgegengesetzte Winkel an zwei von einer dritten geschnittenen Geraden zusammen zwei Rechte betragen, dann dies auch auf der anderen Seite der Schneidenden der Fall sein müsse. Liegt demnach auf der einen Seite ein Schnittpunkt, so muß auch auf der anderen Seite ein solcher liegen, d. h. die beiden Geraden müßten zusammenfallen, was nicht eintritt. Dieser ptolemäische Beweis ist neuerdings (BERTRAND, 1778)[72] wieder von der Elementargeometrie aufgenommen worden und wird oft in den Schulen so behandelt, daß man die Kongruenz, also die Deckungsmöglichkeit der beiden, von den Parallelen eingeschlossenen, ebenen Streifen links und rechts von der Schneidenden anschaulich zu machen sucht.

Schon das Altertum (PROKLUS) hatte den inneren Zusammenhang des elften Axioms mit dem Satze von der Winkelsumme im Dreiecke erkannt. Hierauf baute LEGENDRE weiter und wies unanfechtbar nach[71], daß die Winkelsumme nicht größer als 180° sein kann, und daß, wenn die Winkelsumme bei einem Dreiecke 180° beträgt, dies dann bei jedem der Fall sei. Der fehlende Nachweis, daß die Winkelsumme auch nicht kleiner als 180° sein könne, mißlang ihm ebenso, wie allen seinen Vorgängern.

Man hatte einen Ausweg aus der schwierigen Lage darin zu finden gesucht, daß man das Parallelenaxiom fallen ließ und andere Forderungen dafür aufstellte, ein Mittel, durch das man indes nichts besserte, sondern nur die Schwierigkeit auf ein anderes Gebiet übertrug. So ersetzte WALLIS (1616—1703, Prof. der Geometrie in Oxford) das elfte Axiom durch die Forderung, daß sich zu jedem Dreieck ein ähnliches in beliebig großem Maßstabe zeichnen lasse;[73] diesen Gedanken nahmen CARNOT und LAPLACE, in neuester Zeit DELBOEUF wieder auf.[74] Auch LEGENDRE

[71] LEGENDRE, 3. Aufl. der *Élémens* (1. Aufl. Paris 1794), Géométrie Note 2 und Mém. de Paris Bd. XII, 1833, S. 365 ff. Es hat sich durch Untersuchungen BELTRAMIS (*Un precursore italiano di Legendre et di Lobatschefsky.* Atti della Reale Academia dei Lincei, 1889, Serie IV, Vol. V, S. 441—448) herausgestellt, daß die Sätze LEGENDRE's wie auch eine Anzahl der Resultate von LOBATSCHEFSKIJ und BOLYAI schon einmal in einem Werke des Jesuiten SACCHERI (1687—1733, Turin, Pavia): *Euclides ab omni naevo vindicatus*, Mediolani 1733, abgeleitet sind. Vgl. hierzu und überhaupt für die Geschichte der Parallelentheorie: STÄCKEL u. ENGEL, *Die Theorie der Parallellinien von Euclid bis Gauß*, Leipzig 1895. — [72] *Développement nouveau* etc. Bd. II, prop. VII, S. 17 (Anm. 46). — [73] *De postulato quinto et definitione quinta lib. 6 Euclidis disceptatio geometrica.* Werke Bd. II, Oxoniae 1693, S. 665—678. — [74] LAPLACE, *Exposition du système*

(1828)[75] machte einen derartigen Vorschlag und nahm an, daß, wenn innerhalb eines Winkelraumes irgend ein Punkt gegeben ist, es stets möglich sei, durch ihn eine Gerade zu ziehen, die die beiden Schenkel des Winkels schneiden; er hatte aber auch hierin in Lorenz (1791) schon einen Vorgänger.[76]

Überall vergebliches Bemühen! Die Lösung brachte Gauss (1777—1855, Göttingen). Ihm war es (seit 1792)[77] zur Gewißheit geworden — was andere bloß ahnten[78] —, daß das elfte Axiom nur eine Erfahrungsthatsache sei, ein Beweis somit zu den Unmöglichkeiten gehöre. Das elfte Axiom deckt sich mit der eindeutig zu lösenden Forderung, durch einen Punkt außerhalb einer Geraden eine Parallele zu dieser Geraden zu ziehen. Gauss[79] und nach ihm

du monde, 5 éd., Paris 1824, L. V, chap. 5 note. Delboeuf, *Prolegomènes philosophiques de la géométrie et solution des postulats*, Liège 1860. Delboeuf, *L'ancienne et les nouvelles géométries, Revue philosophique*, dirigée per Th. Ribot, Bd. 36, 1893, S. 449—484. Bd. 37, 1894, S. 353—383 — nach Engel u. Stäckel, S. 19. — [75] In der 12. Aufl. seiner Elemente, 1828. — [76] Lorenz, *Grundriß der reinen Mathematik*, Helmstedt 1791; vgl. Baltzer, *Über die Hypothese der Parallelentheorie*, Crelle's Journal, Bd. 73, Berlin 1871, S. 372—373. — [77] Nach Andeutungen in Briefen an Bessel und Schumacher 1829, 1831 und an Wolfgang Bolyai 1799 — vgl. Stäckel u. Engel, S. 215. — [78] So G. S. Klügel, *Conatuum praecipuorum theoriam parallelarum demonstrandi recensio*, Dissertation, Göttingen 1763, S. 19: „*Möglich wäre es freilich, daß Gerade, die sich nicht schneiden, von einander abweichen. Daß so etwas widersinnig ist, wissen wir nicht infolge strenger Schlüsse oder vermöge deutlicher Begriffe von der Geraden und der krummen Linie, vielmehr durch die Erfahrung und durch das Urteil unserer Augen*"; nach Stäckel und Engel, S. 140. Auch in Lambert (1728—1777; Oberbaurat in Berlin) ist ein Vorgänger in den Theorien von Gauss, Lobaschefskij und Bolyai entdeckt worden. Seine Untersuchungen sind in Hindenburg's Archiv für reine und angewandte Mathematik nach seinem Tode durch Joh. Bernoulli veröffentlicht (Jahrg. 1786, II, S. 137—164, III, S. 325 bis 358), später aber gänzlich in Vergessenheit geraten. (Stäckel u. Engel, S. 139—207). Dasselbe Schicksal traf die Untersuchungen Schweikart's (1780—1857; Marburg, Königsberg) und seines Neffen Taurinus (1794—1874, Köln); nur der letztere publizierte seine Resultate: 1825 *Theorie der Parallellinien*; 1826 *Geometriae prima elementa* (Stäckel u. Engel, S. 239 ff.) — [79] *α*) Brief v. Gauss an Bolyai, 1799, Gött., Berichte, Bd. 22, 1877. *β*) Gauss' Anzeigen in den Götting. gelehrt. Anzeigen, Bd. II, 1816, S. 617—622 (Werke IV, 364 ff.) zu Schwab, *Commentatio in primum elementorum Euclidis librum*, und Metternich, *Vollständige Theorie der Parallel-Linien*, in den Gött. gel. Anzeigen Bd. III, 1822, S. 1725—1726 (Werke IV, S. 368 ff.) zu C. R. Müller, *Das Parallelenaxiom. γ*) Gauss' Briefe an Bessel u. umgekehrt, 1829—1830, Gött. Berichte, Bd. 22; 1877. *δ*) Gauss' Briefe an Schumacher und umgekehrt (1831, 1846). (Briefwechsel, herausgegeben v. Peters, Bd. II, Altona 1860, S. 255, 266, Bd. V, Altona 1863, S. 246). Vgl. Stäckel u. Engel, S. 219 ff.

Lobatschefskij[80] (1793—1856; Kasan) und J. Bolyai[81] (1802—1860; Klausenburg, Maros-Vásárhely) nahmen an, daß zwei Parallelen möglich seien, und entwickelten auf Grund dieser Annahme eine neue Geometrie, in der sie auf keinen Widerspruch stießen (hyperbolische Geometrie). Ähnlich setzte Riemann (1826—1866, Göttingen) 1854 voraus,[82] daß keine Parallele durch einen Punkt zu einer Geraden gezogen werden könne, und vermochte auch mit dieser Annahme eine einwurfsfreie Geometrie (elliptische G.) zu begründen. Felix Klein[83] lehrte 1871 die Unmöglichkeit von Widersprüchen in den nicht-euklidischen Geometrieen, womit das Suchen nach Beweisen für das euklidische Axiom endgültig abgeschnitten wurde. — —

Werden zwei gerade Linien von einer dritten geschnitten, so entstehen an den zwei Schnittpunkten im ganzen acht Winkel, die paarweis betrachtet, je einer an je einem Schnittpunkt, verschiedene Lagen zu einander besitzen. In der Benennung dieser Winkel herrscht bedauerlicherweise noch heute ziemliche Uneinigkeit, die für den Schulunterricht durchaus verwerflich ist. Es scheint, als ob man sich jetzt auf die Namen

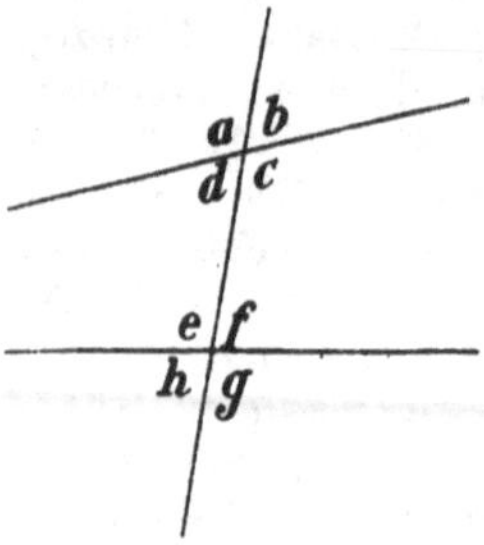

Fig. 1.

1. Gegenwinkel (*a*, *e* — *b*, *f* — *c*, *g* — *d*, *h*),
2. Wechselwinkel (*a*, *g* — *b*, *h* — *c*, *e* — *d*, *f*),
3. entgegengesetzte Winkel (*a*, *h* — *b*, *g* — *c*, *f* — *d*, *e*),
4. verschränkte Winkel (*a*, *f* — *b*, *e* — *c*, *h* — *d*, *g*)

einigen will. Schön sind diese Namen nicht; äußerlich haben schon 1. und 3. den Gleichklang gegen sich. Aber wenn in jedem Lehrbuch neue Vorschläge gemacht werden, kommt man erst recht nicht zum

[80] Lobatschefskij *Neue Anfangsgründe mit einer vollständigen Theorie der Parallelen* (im Kasanschen Boten 1829; in den gelehrten Schriften der Universität Kasan, 1835 bis 1838); *Géométrie imaginaire* 1837 (Crelle's Journal, Bd. 17, Berlin 1837, S. 295—320); *Geometrische Untersuchungen zur Theorie der Parallellinien* (Berlin 1840; franz. v. Houël, Paris 1866); *Pangeometria* (2. Aufl., Neapel 1874). — Collect. compl. d. Oeuvres géométr. Bd. I, Kasan 1883, Bd. II, Kasan 1886. — [81] I. Bolyai, Appendix zu *Tentamen in elementa mattheseos*, Maros-Vásárhely, 1832 (franz. v. Houël: *La science absolue de l'espace* etc. Paris 1868; deutsch durch Frischauf, Leipzig 1872). — [82] *Über die Hypothesen, welche der Geometrie zu Grunde liegen*, Habilitationsschrift, 10. VI. 1854. Ges. Werke, Leipzig 1876, S. 254 ff. — [83] F. Klein, *Über die Nicht-Euklidische Geometrie*, Gött. Nachrichten 1871, Nr. 17; Math. Annalen 4, Leipzig 1871, S. 575—625; Bd. 6, Leipzig 1873, S. 112—145.

Ziel. Einheit in der Nomenklatur thut not; darum nehme man an, was am meisten verbreitet ist. — Der Name Wechselwinkel geht auf Euklid I, 27 selbst zurück: *αἱ ἐναλλάξ γωνίαι*[84] (*alterni anguli*); doch werden darunter bei ihm nur die inneren Paare *d, f* bezw. *c, e* verstanden. Die Gegenwinkel *b, f* (analog die drei anderen Paare) nennt Euklid „den äußeren Winkel *b* und den ihm an derselben Seite gegenüberliegenden inneren Winkel *f*".[85] Von Gruppe 3. kennt er nur *c, f* und *d, e* als „die beiden an einerlei Seite liegenden inneren Winkel".[86] Der Name „entgegengesetzte Winkel" erscheint in Kästner's *Anfangsgründen*;[87] ob zum erstenmal, ist nicht sicher. Das Wort Gegenwinkel[88] kannten weder Sturm 1707,[168] Wolff 1750[54] noch Kästner 1764,[53] Karsten 1767,[164] Segner 1773,[301] Klügel 1798,[162] Bugge-Tobiesen 1800[104] in ihren Lehrbüchern; bei Kosack 1852 ist es bereits in Übung.[89]

Die Sätze von den Winkeln an geschnittenen Parallelen sind bei Euklid (I, 27—30) bereits vollständig vorhanden; sie sind in der pythagoreischen Schule ausgebildet worden, die zu den Flächenanlegungen ihrer sicher bedurfte.

2. Das Dreieck. — Die Kongruenz.

Die Einteilung der Dreiecke nach den Seiten und Winkeln hatte Euklid (um 300 v. Chr.) bereits vorgefunden (*ἰσόπλευρον, ἰσοσκελές, σκαληνόν = aequilaterum, aequicrurum, scalenum; ὀρθογώνιον, ἀμβλυγώνιον, ὀξύγωνιον = rectangulum, obtusiangulum, acutiangulum*). Vielleicht ist diese Gruppierung schon bei den Ägyptern gebräuchlich gewesen; wenigstens enthält das altägyptische Rechenbuch des Ahmes (zwanzigstes bis siebzehntes Jahrhundert v. Chr.)[3] eine größere Reihe von Aufgaben, die speziell das gleichschenklige Dreieck zu Grunde legen.

Die Höhe eines Dreiecks führt Euklid nicht vor Beginn der Flächenlehre ein (lib. VI, def. 4);[90] selbstverständlich wird er

84 Ed. Heiberg, I, S. 66 Z. 19 — bei Leonardo Pisano, *Pract. geom.* 1220, II, S. 2 (Anm. 38): „*anguli, qui permutati sunt, sibi invicem equantur.*" — 85 Ed. Heiberg, I, S. 68 Z. 14—15: „*ἡ ἐκτὸς γωνία καὶ ἡ ἐντὸς καὶ ἀπεναντίον καὶ ἐπὶ τὰ αὐτὰ μέρη.*" — 86 Daselbst. Z. 16: „*αἱ ἐντὸς καὶ ἐπὶ τὰ αὐτὰ μέρη δύο γωνίαι.*" — 87 II. Aufl. 1764, S. 180 (Anm. 53). — 88 Leonardo von Pisa, 1220, *Practica geometriae*, ed. Boncompagni, Rom 1862, II, S. 2: „*exterior angulus est interiori anguli sibi opposito equalis.*" — 89 Kosack, *Beiträge zu einer system. Entwicklung der Geometrie aus der Anschauung*, Nordhausen 1852 (nach Schotten, II, S. 376, vgl. Anm. 35). — 90 VI, def. 4, ed. Heiberg, II, Leipz. 1884, S. 72 Z. 11—12: „*Ὕψος ἐστὶ πάντος σχήματος ἡ ἀπὸ τῆς κορυφῆς*

auch die verschiedenen Lagen einer Höhe (innerhalb oder außerhalb des Dreiecks) gekannt haben, wenn auch erst HERON (erstes Jahrhundert v. Chr.) eingehender darüber spricht.[91] Die Projektion einer Seite auf eine andere nennt HERON *ἀποτομή*[92] oder, falls sie auf die Verlängerung fällt, *ἐκβληθεῖσα*.[93] Im Mittelalter stellt sich dafür seit LEONARDO v. PISA (1220 *Practica geometriae*)[94] und JORDANUS NEMORARIUS († 1237)[95] allgemein das Wort *casus* ein (z. B. bei REGIOMONTAN, WIDMANN). Für Höhe sagt WIDMANN (1489) *cathetus*, gelegentlich auch *diameter*.

Für Basis wird das deutsche Wort Grundlinie seit SIMON JACOB (1565, Rechenbuch) üblich.[96]

Für das rechtwinklige Dreieck sind jetzt die Namen Hypotenuse und Kathete üblich. Das Wort *ὑποτείνουσα* (die darüber spannende) wird von den Alten im eigentlichen Sinne des Wortes gebraucht. So bezeichnet HERON, nachdem er die Maße zweier Seiten eines Dreiecks genannt hat, die dritte Seite als *ὑποτείνουσα*, ganz gleich, ob das Dreieck schiefwinklig,[97] recht- oder stumpfwinklig[98] ist; jedoch ist die Reihenfolge in den letzten beiden Dreiecksgattungen immer so, daß die größte Seite zuletzt genannt, nie also etwa eine Kathete oder eine kleinere Seite im stumpfwinkligen Dreieck mit *ὑποτείνουσα* aufgeführt wird. Auch beim Viereck wird *ὑποτείνουσα* ähnlich für die vierte Seite verwendet, wenn drei andere Seiten zuerst ins Auge gefaßt sind.[99] — Bei BOËTHIUS (480 Rom — 524 Pavia; römischer Staatsmann und Gelehrter) ist die Bezeichnung *hypotenusa* bereits für die dem rechten Winkel gegenüberliegende Seite fest geworden. Bezeichnet er die einem spitzen (bezw. stumpfen) Winkel gegenüberliegende Seite gelegentlich[100] mit *hypotenusa major* und *minor*, so thut er dies nur, nachdem er durch Fällen eines Lotes zwei rechtwinklige Dreiecke erhalten hat, in denen die betreffenden Seiten nun wirklich Hypo-

ἐπὶ τὴν βάσιν κάθετος ἀγομένη." (Höhe ist bei jeder Figur das von der Spitze auf die Grundlinie gefällte Lot.) — [91] HERON, *Geometrie*, cap. 24 ff.; für die aus dem Dreieck herausfallende Höhe siehe cap. 32, ed. HULTSCH, Berl. 1863, S. 72. — [92] HERON, *Geometrie*, cap. 12, § 4; ed. HULTSCH, S. 56 Z. 23 u. ö. — [93] Daselbst cap. 32, § 2, S. 73 Z. 5. — [94] LEONARDO PISANO, II, S. 35 Z. 4, 5 u. ö. (Anm. 88). — [95] JORDANUS NEMORARIUS, *De triangulis* IV, prop. 25; ed. CURTZE, S. 45 (Anm. 34). — [96] Rechenbuch, 1565, Frankfurt a. M., S. 282: „Basis wirt genennet ein jede Lini | so gantz im grundt ligt | wirdt derhalben etwan genennet ein Grundtlini." — [97] HERON, *Geometrie*, cap. 24, S. 63 Z. 28 (Anm. 2); so auch bei PTOLEMAEUS (zwischen 125 u. 151 n. Chr. in Alexandria), z. B. ed. TALMA, Paris 1813—1816, S. 36 Z. 16. — [98] HERON, *Geometrie*, cap. 32, S. 72 Z. 25. — [99] Daselbst cap. 82, S. 109 Z. 8. — [100] BOËTIUS, *Ars geom.* II, S. 413 Z. 18, S. 414 Z. 19—20 (Anm. 37).

tenusen sind. Dieselbe spezielle Verwendung des Wortes findet sich auch in den feldmesserischen Schriften des M. JUNIUS NIPSUS (um 180 n. Chr.).[101] Im Mittelalter erscheint hypotenusa (oft hypothenusa, wie bei WIDMANN 1489, im *Lexicon mathematicum* von VITALIS, Paris 1668) nur in Verbindung mit dem rechtwinkligen Dreieck. PITISCUS (*Trigonometrie,* Aufl. v. 1610, I, 30) definiert geradezu: *„In triangulis rectangulis subtendens rectum speciatim hypotenusa dicitur, includentia uero rectum perpendiculum et basis: pro libitu."*

Das Wort Kathete hat seine spezielle Bedeutung sehr spät erhalten. *Κάθετος* (ἡ *κάθετος* sc. *εὐθεῖα γραμμή*, die herabgelassene Gerade; ἡ *κάθετος*, techn. Senkblei) ist ursprünglich ein Fachausdruck für „Lot" und wird so bereits vom ältesten, uns vollständig erhaltenen griechischen Schriftsteller AUTOLYKOS v. Pitane (um 330 v. Chr.)[102] gebraucht (siehe auch EUKLID, S. 22). Seit ältesten Zeiten, vielleicht schon bei ägyptischen Mathematikern, stellte man sich ein rechtwinkliges Dreieck so hin, daß der eine Schenkel des rechten Winkels Grundlinie ist, wodurch der andere Schenkel die Höhe wird. So erklärt sich die von HERON ab bis zum achtzehnten Jahrhundert hin gebräuchliche Zusammenstellung *βάσις, κάθετος, ὑποτείνουσα* (*basis, cathetus, hypoteinusa*) für die Seiten eines solchen Dreieckes. *Cathetus* behielt dabei seine Bedeutung Lot völlig bei, wird daher bei mittelalterlichen Mathematikern (wie VIETA) oft durch *perpendiculum* ersetzt. Merkwürdigerweise wird von BOËTHIUS an[103] *cathetus* als masculinum angesehen. Noch das achtzehnte Jahrhundert sagt der *cathetus* (so v. WOLFF, *Elementa* 1717,[68] LAMBERT 1765,[544] KARSTEN 1767 *Anfangsgründe*[163]). Im *Vollständigen mathematischen Lexikon,* Leipzig 1747, GLEDITSCH'sche Buchhdlg., S. 283 (Verfasser ungenannt) ist noch die Trennung zwischen der *basis* und dem *cathetus* im rechtwinkligen Dreieck gemacht, aber betont, daß jeder der beiden Schenkel des rechten Winkels der *cathetus* sein könne. Demgemäß entscheidet sich der Sprachgebrauch am Ende des achtzehnten Jahrhunderts für die Mehrzahl „die Katheten"; für den Singular stellt sich mit Beginn des neuen Jahrhunderts daraus „die Kathete" ein.[104] — —

Die Lehre von dem Dreieck, den Größenverhältnissen von Seiten und Winkeln, der Kongruenz mit ihren Anwendungen ist

[101] ed. BLUME etc. S. 297 (Anm. 36). — [102] Autolycus, ed. HULTSCH, Leipzig 1885, vgl. Index. — [103] BOËTIUS, *Ars geom.*, lib. II, S. 408 Z. 12 (Anm. 37): *„cathetus pari numero insignitus, id est VIII pedibus mensuratus"*. — [104] So *„Anfangsgründe"* von BUGGE, deutsch v. TOBIESEN, 1800, Altona S. 332.

von PYTHAGORAS und seinen Schülern in der Hauptsache durchgeführt worden. Ihre Forschungen hat EUKLID in dem ersten Buche seiner Elemente zusammengestellt.

Genaueres wissen wir nur von einzelnen Sätzen, wie über den Satz von der Winkelsumme im Dreieck (EUKLID, I, 32). PROKLUS, der Kommentator EUKLID's,[6] erzählt,[105] daß EUDEMUS zufolge (Rhodos, um 334 v. Chr., Schüler von ARISTOTELES; Verfasser der ersten Geschichte der Mathematik) die Pythagoreer diesen Satz entdeckt und mittels einer Parallelen, die sie durch eine Ecke zu der Gegenseite zogen, bewiesen haben. Eine andere Überlieferung führt uns noch weiter in die Vorgeschichte zurück. Der Bericht des GEMINUS,[106] von EUTOKIUS (ASKALON, 480 v. Chr. geboren) mitgeteilt,[107] sagt, daß die Alten das Theorem der Winkelsumme für jede besondere Form des Dreiecks, zuerst für das gleichseitige, dann für das gleichschenklige und zuletzt für das ungleichseitige getrennt bewiesen haben. Es würde sich hieraus eine Hinaufdatierung bis in die Zeit des THALES (um 624 Milet — 548 Athen), vielleicht sogar in die ägyptische Zeit, rechtfertigen. EUKLID beweist in dem Teil seines ersten Buches, dessen Sätze vom Parallelentheorem unabhängig sind, zunächst (I, 17), daß zwei Winkel zusammen kleiner als zwei Rechte sind, dann später (I, 32) präzisiert er ihn dahin, daß die Winkelsumme zwei Rechte beträgt. Den Beweis vollführt er mit Benutzung des Satzes vom Außenwinkel, indem er diesen durch eine Parallele zu der Gegenseite in passende Stücke zerlegt.

Der moderne Beweis für die Winkelsumme mit Hilfe einer Geraden, die, der Reihe nach an je einem Endpunkte um den zugehörigen Außenwinkel gedreht, wieder in die Anfangslage zurückkommt — woraus sich die Gesamtdrehung über die Außenwinkel hinweg gleich vier Rechten, also die Summe der Innenwinkel gleich 180^0 ergiebt — erscheint zum erstenmal in THIBAUT's *Grundriß der reinen Mathematik*[45] (2. Aufl. 1809, S. 177—179; noch nicht in der 1. Aufl. von 1801). Seine Verallgemeinerung auf Vielecke ist durch HOFFMANN 1873[108] vorgenommen worden.

105 PROKLUS, ed. FRIEDLEIN, S. 379 Z. 1—16 (Anm. 6). — 106 GEMINUS (Γεμῖνος oder Γέμινος) lebte wahrscheinlich um 77 n. Chr. auf Rhodus. Aus einem uns unbekannten Werk desselben entlehnen sowohl PROKLUS (410—485 n. Chr.) wie EUTOKIUS (geb. 480 n. Chr.) geschichtliche Notizen. CANTOR, I^b, S. 378 bis 381. — 107 EUTOKIUS, Kommentar zu den *Conica* des APPOLONIUS, ed. HALLEY, Oxford 1710, S. 9 Z. 7 ff. APOLLONIUS, ed. HEIBERG, Leipzig 1891 bis 1893, Bd. II, S. 170 Z. 4 ff.; vgl. HANKEL, S. 95 f. (Anm. 23). — 108 HOFFMANN's Zeitschrift, IV, 1873, S. 106; gegen SCHOTTEN, I, S. 366 (Anm. 35).

Den Satz vom Außenwinkel soll PHILIPPUS v. Mende (Ägypten; um 378 v. Chr., Schüler PLATON's) gefunden haben.[109] Das Wort Außenwinkel entstand erst im neunzehnten Jahrhundert; die Elementarmathematiker des achtzehnten Jahrhunderts, v. WOLFF 1750,[54] KARSTEN 1767,[164] BUGGE 1800[104] u. a. sagen nach dem Vorbilde EUKLID's (*ἡ ἐκτὸς γωνία*)[110] „der äußere Winkel".

Der Satz von den Basiswinkeln im gleichschenkligen Dreiecke gehört zu den mathematischen Elementartheoremen, deren Erfindung von den Alten dem THALES von Milet zugeschrieben wird.[111] So wörtlich wird diese Überlieferung aber nicht zu verstehen sein. THALES hat den Satz wahrscheinlich während seines ägyptischen Aufenthaltes kennen gelernt und wird ihn nur seinen Landsleuten zuerst überbracht haben; vielleicht ist aber der erste strenge Beweis sein Eigentum. — Der Beweis EUKLID's (I, 5) ist ziemlich umständlich. Er verlängert die Schenkel AB und AC um die gleichen Stücke BF und CG und folgert zunächst die Kongruenz der Dreiecke AFC und AGB. Mit Hilfe der dadurch erhaltenen Gleichheiten $FC = BG$ und $\sphericalangle BFC = \sphericalangle CGB$ wird nun die Kongruenz der Dreiecke FBC und GCB, dadurch die Übereinstimmung der Winkel FBC und GCB und sonach auch ihrer Nebenwinkel ABC und ACB nachgewiesen.

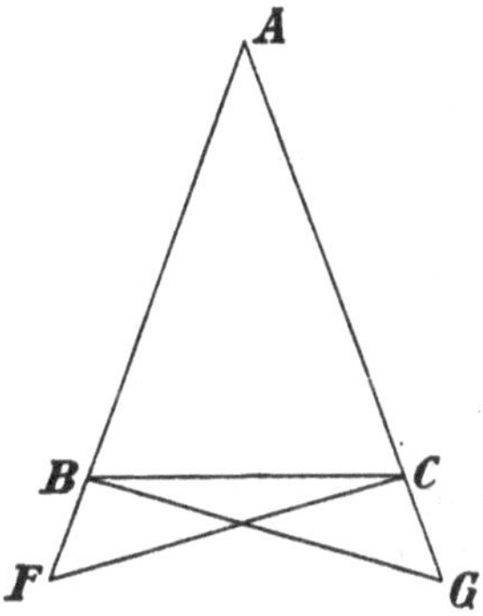

Fig. 2.

Die Beweismethode, nach der das Dreieck ABC umgeklappt und auf sich selbst zur Deckung gebracht wird, scheint PAPPUS (Ende des dritten Jahrhunderts n. Chr., Alexandria) in seinen Bemerkungen zu EUKLID zuerst angewendet zu haben; wenigstens deuten neuere Forscher[112] eine Stelle bei PROKLUS,[113] die aus dem nicht erhaltenen Kommentar des PAPPUS stammt, in diesem Sinne. Das Drehungsprinzip wird im Mittelalter nur vereinzelt gebraucht, z. B. von VARIGNON (1654

[109] FELIX MÜLLER, *Zeittafeln*, Leipzig 1892, S. 13. — [110] ed. HEIBERG, I, S. 76 Z. 15. — [111] PROKLUS, S. 250 Z. 20 ff. (Anm. 6): „*Τῷ μὲν οὖν Θαλῇ τῷ παλαιῷ πολλῶν τε ἄλλων εὑρέσεως ἕνεκα καὶ τοῦδε τοῦ θεωρήματος χάρις. λέγεται γὰρ δὴ πρῶτος ἐκεῖνος ἐπιστῆσαι καὶ εἰπεῖν, ὡς ἄρα παντὸς ἰσοσκελοῦς αἱ πρὸς τῇ βάσει γωνίαι ἴσαι εἰσίν.*" (Dem alten THALES dankt man die Erfindung vieler anderer, insbesondere auch dieses Satzes. Er soll nämlich zuerst erfaßt und ausgesprochen haben, daß in jedem gleichschenkligen Dreiecke die Winkel an der Grundlinie gleich sind). — [112] HEIBERG, *Litterarische Studien über Euclid*, S. 163 (Anm. 5). — [113] PROKLUS, S. 249 Z. 20 — S. 250 Z. 20 (Anm. 6).

bis 1722, Paris) in seinen *Elementen* von 1731;[114] in der Neuzeit ist es zu einem wichtigen und anschaulichen Beweismittel geworden.[115]

Die Umkehrung des Satzes von den Basiswinkeln giebt Euklid Gelegenheit zu dem ersten bei ihm auftretenden indirekten Beweis (I, 6). —

Der Begriff der Kongruenz von ebenen Figuren wird von Euklid, also auch von seinen Vorgängern, nicht scharf aufgestellt. Unter gleich versteht Euklid stets nur flächengleich. Vorhanden ist der Begriff indes; denn er operiert mit den ihm bekannten drei Kongruenzsätzen genau so, wie wir es heute zu thun pflegen. Heißt es Buch I, Satz 4: „Wenn in zwei Dreiecken zwei Seiten des einen zwei Seiten des anderen, jede für sich, gleich sind und ein Winkel einem Winkel gleich ist, der nämlich, den die gleichen Seiten einschließen: dann ist auch die dritte Seite der dritten gleich; auch sind die Dreiecke selbst einander gleich; und von den übrigen Winkeln sind die, welche gleichen Seiten gegenüberliegen, ebenfalls einander gleich",[116] so fehlt eben zu dem Begriff der Kongruenz nur das Wort. Dagegen tritt in der Stereometrie bei Euklid ein Fachausdruck auf, der zugleich auch den Begriff des Symmetrisch-Kongruenten umfaßt; in der zehnten Definition des 11. Buches heißt es nämlich: „Gleiche und ähnliche Körper (*ἴσα καὶ ὅμοια στερεά*) sind die, welche von gleich vielen gleichen und ähnlichen Ebenen begrenzt werden."

Der Fachausdruck kongruent ist abzuleiten von dem Worte congruere (= übereinstimmen), das in den lateinisch geschriebenen Lehrbüchern verwendet wird. v. Wolff (1717, *Elementa*)[68] definiert: „*Congruere dicuntur, quorum iidem termini esse possunt*", Karsten 1760[299] (*Mathesis theoretica* § 14): „*Extensa congruere dicuntur, quorum extrema, per quae terminantur, omnia coincidunt*", und (daselbst § 15): „*Extensa, quae sibi mutua congruunt, sint aequalia.* Bei beiden kommt aber in den eigentlichen Kongruenzsätzen das Wort *congruens* nicht vor. In den deutschen Bearbeitungen von Wolff 1750,[54] Kästner 1764,[53] Karsten 1767,[164] Segner 1773,[301] Bugge 1800[104] fehlt dieser terminus ebenfalls noch; für ihn tritt das euklidische gleich und ähnlich ein.

[114] *Élémens de mathématique*, Teil II, S. 10; nach Cantor, III^a, S. 506. — [115] Vgl. Dr. Fresenius, Hoffmann's Zeitschrift, II, 1871, S. 1. — [116] ed. Heiberg, I, S. 16: „*Ἐὰν δύο τρίγωνα τὰς δύο πλευρὰς δυσὶ πλευραῖς ἴσας ἔχῃ ἑκατέραν ἑκατέρᾳ καὶ τὴν γωνίαν τῇ γωνίᾳ ἴσην ἔχῃ τὴν ὑπὸ τῶν ἴσων εὐθειῶν περιεχομένην, καὶ τὴν βάσιν τῇ βάσει ἴσην ἕξει, καὶ τὸ τρίγωνον τῷ τριγώνῳ ἴσον ἔσται, καὶ αἱ λοιπαὶ γωνίαι ταῖς λοιπαῖς γωνίαις ἴσαι ἔσονται ἑκατέρα ἑκατέρᾳ, ὑφ' ἃς αἱ ἴσαι πλευραὶ ὑποτείνουσιν.*"

Erst mit dem neunzehnten Jahrhundert beginnt sein allmählicher Einzug in die Sprache der Elementargeometrie, so bei THIBAUT, *Grundriß der reinen Mathematik,*[45] 1. Aufl. 1801, S. 163; v. FORSTNER, *Sphärik,* 1827, S. 10, u. a. Über das Kongruenzzeichen siehe S. 12.

Den Kongruenzsatz, der die Gleichheit einer Seite und der beiden anliegenden Winkel voraussetzt (kurz: W.S.W.-satz),[22] weist EUDEMUS,[4] wie PROKLUS[6] erzählt,[117] dem THALES zu; die Kenntnisse des THALES sind aber, wie wiederholt bemerkt, ägyptischer Herkunft. EUDEMUS folgert seine Behauptung aus den Entfernungsbestimmungen, die jener vollzogen habe, da bei ihnen die Kenntnis dieses Satzes Voraussetzung sei. THALES soll nämlich gezeigt haben, wie man die Entfernung eines Schiffes aus dem Komplement des Depressionswinkels, unter dem es von der Spitze eines Turmes mit bekannter Höhe erscheint, finden könne. Nach anderer Überlieferung[118] habe THALES auch die Höhen von Gegenständen (wie einer Pyramide) angeben können, indem er ihren Schatten zu einer Zeit maß, zu der die Größe aller Gegenstände ihrer Schattenlänge gleich ist. Dritte Quellen[119] wollen wissen, daß er die Anwendbarkeit dieser Methode für jede beliebige Zeit erweitert habe, indem er Vergleiche mit einem der Länge nach bekannten Stabe und der Größe seines Schattens anstellte. Schon daß diese feldmesserische Aufgabe bei HERON[120] (erstes Jahrhundert v. Chr.), der sich sehr eng ägyptischen Mustern anlehnt, wieder auftaucht, läßt die Bezugsquelle des THALES klar erkennen.

Fest steht, daß schon die Pythagoreer einige Sätze zum Nachweis der Kongruenz, die sie zu ihren Flächenanlegungen brauchten, gekannt haben. Bei EUKLID sind es ihrer drei: S.W.S., S.S.S. und

[117] PROKLUS, S. 352 Z. 13—18 (Anm. 6): „*Εὔδημος δὲ ἐν ταῖς γεωμετρικαῖς ἱστορίαις εἰς Θαλῆν τοῦτο ἀνάγει τὸ θεώρημα. τὴν γὰρ τῶν ἐν θαλάττῃ πλοίων ἀπόστασιν δι' οὗ τρόπου φασὶν αὐτὸν δεικνύναι τούτῳ προσχρῆσθαί φησιν ἀναγκαῖον.*“ (EUDEMUS führt in seiner Geschichte der Geometrie diesen Satz auf THALES zurück; er behauptet, daß jener ihn bei dem Verfahren, mittels dessen er dem Bericht nach die Entfernung der Schiffe auf dem Meere bestimmte, notwendigerweise gebraucht habe.) — [118] LAERTIUS DIOGENES I, 27, ed. COBET, Paris 1830, S. 6 letzte Zeilen; ferner PLINIUS, *Historia naturalis,* XXXVI, cap. 17, ed. DETLEFSEN, Vol. V, Berlin 1873, lib. VII, § 82, S. 170 Z. 82—84: „*Mensuram altitudinis earum* (sc. pyramidum) *omnemque similem deprehendere invenit Thales Milesius umbram metiendo qua hora par esse corpori solet.*“ (Die Höhe der Pyramiden oder eine ähnliche zu bestimmen, gelang dem Milesier Thales dadurch, daß er ihren Schatten zu der Zeit maß, zu der er dem Körper gleich zu sein pflegt.) — [119] PLUTARCH, Moralia, *Septem sapientium convivium,* ed. DÜBNER-DIDOT, Bd. III, Paris 1885, Moralia, Bd. I, S. 174 Z. 39 ff. — [120] HERON, *Stereometrie,* cap. 31, S. 180 Z. 6—18 (Anm. 2).

S.W.W. (bezw. W.S.W.); er leitet sie jedoch nicht im Zusammenhange ab.[121] An der Spitze steht der S.W.S.-satz, Buch I, Nr. 4; er wird durch Aufeinanderlegen der Dreiecke, so daß Punkt für Punkt und Seite für Seite sich deckt, bewiesen. Der S.S.S.-satz, der im Satz 8 folgt (mit einem Hilfssatz Nr. 7), wird ebenso wie der erst im 26. Satz gegebene S.W.W.-satz auf indirektem Wege erledigt. Proklus fügt in seinen Scholien zum W.S.W.-satz einen Beweis durch Aneinanderlegen der beiden Dreiecke mit zwei entsprechenden Seiten hinzu; er führt ihn durch eine Hilfslinie auf die Betrachtung zweier Paare gleichschenkliger Dreiecke zurück — vgl. die modernen Schulbeweise für den S.S.S.- und S.S.W.-satz.

Merkwürdig ist, daß der sogenannte vierte Kongruenzsatz, der die Gleichheit zweier Seitenpaare und eines Gegenwinkelpaares erfordert, S.S.W.-satz, in Euklid's Elementen fehlt; um so auffallender ist das, als der entsprechende Ähnlichkeitssatz in seiner vollen Allgemeinheit, nicht nur unter der Annahme, daß der Winkel der größeren Seite gegenüberliegt, sondern auch mit der Bedingung, daß die anderen Gegenwinkel gleichartig sind, ausgesprochen wird (Buch VI, Satz 7).[122] Man könnte hervorheben, daß Euklid nur solche Sätze — dem Charakter von Elementen gemäß — zusammengestellt habe, auf die man sich bei Beweisen späterer Sätze des Systems zu berufen hat; da der S.S.W.-satz nirgends herangezogen zu werden braucht, rechtfertige dies sein Weglassen. Aber das Gleiche kann man von dem zugehörigen Ähnlichkeitssatz aussagen, und doch ist dieser, obgleich an keiner Stelle eine Zurückbeziehung auf ihn zu finden ist, in das VI. Buch aufgenommen. Vielleicht liegt eine Erklärung in der historischen Entstehung der Elemente. Im ersten Buch giebt Euklid pythagoreische Forschungen wieder; im sechsten hat er die Arbeiten des Eudoxus (Knidos, 408—355 v. Chr.) zu Grunde gelegt — und nun ist es möglich, daß, während Pythagoras nur drei Kongruenzsätze kannte, Eudoxus die Zahl der Ähnlichkeitssätze auf vier ergänzte, und Euklid sich mit Pietät streng den Vorarbeiten anschloß. Die Einschiebung eines späteren Bearbeiters kann der

[121] Euklid, ed. Heiberg, I, S. 16, 26, 62. — [122] ed. Heiberg, II, S. 94 Z. 16 bis 21: „*Ἐὰν δύο τρίγωνα μίαν γωνίαν μιᾷ γωνίᾳ ἴσην ἔχῃ, περὶ δὲ ἄλλας γωνίας τὰς πλευρὰς ἀνάλογον, τῶν δὲ λοιπῶν ἑκατέραν ἅμα ἤτοι ἐλάσσονα ἢ μὴ ἐλάσσονα ὀρθῆς, ἰσογώνια ἔσται τὰ τρίγωνα καὶ ἴσας ἕξει τὰς γωνίας, περὶ ἃς ἀνάλογόν εἰσιν αἱ πλευραί.*“ (Wenn in zwei Dreiecken ein Winkel einem Winkel gleich ist, die Seiten aber, welche ein anderes Winkelpaar einschließen, proportioniert sind, von den übrigen Winkeln jeder zugleich kleiner oder nicht kleiner als ein Rechter ist, dann sind die Dreiecke gleichwinklig, und zwar sind die Winkel einander gleich, welche von den proportionierten Seiten eingeschlossen sind.)

vierte Ähnlichkeitssatz kaum sein, da sich dieser die Gelegenheit, auch mit einem vierten Kongruenzsatz zu glänzen, schwerlich hätte entgehen lassen. Im Gegenteil wird in späteren Scholien zu EUKLID I. 26[123] mit falsch angebrachtem Scharfsinn und großem Überfluß an Worten nachzuweisen versucht, daß überhaupt nur die drei euklidischen Hauptsätze möglich seien.

Die drei Kongruenzsätze S.W.S. — S.S.S. — S.W.W. bilden bis zum achtzehnten Jahrhundert einen festen Bestandteil der Elementargeometrie: ihre Dreizahl wird typisch. So sagt CHR. v. WOLFF (1679—1754; Halle) in seinen *Anfangsgründen* von 1710[64] — einem Buche, das viele Auflagen erlebte und bis über die Mitte des achtzehnten Jahrhunderts hinaus das herrschende Lehrbuch war — im Vorwort: „Die meisten Beweise sind aus den drei Lehrsätzen von der Gleichheit der Triangel hergeleitet." Demzufolge führt er auch nur jene drei Sätze und die zugehörigen Fundamentalkonstruktionen im eigentlichen Texte auf. In der Ausgabe von 1750 erscheint mit einem Mal der S.S.W.-satz[124] in seinem ganzen Umfange, ohne daß übrigens die angeführte Stelle in der Vorrede geändert ist! KÄSTNER's *Anfangsgründe* (Ausgabe von 1764)[63] übergehen ihn wieder. KLÜGEL's *analytische Geometrie* (1770, Braunschweig) betont die Doppeldeutigkeit der Konstruktion und hebt hervor, daß die trigonometrische Formel ebenfalls Zweideutigkeiten enthalte, also kein Widerspruch in der Geometrie entstehe (daselbst S. 18—21). SEGNER lehnt sich in seinen *Anfangsgründen* (1773, Halle)[301] an WOLFF's Verbesserung an, fordert aber, daß die dem Winkel gegenüberliegende Seite die größere sei. „Man brauche aber diesen Satz zu selten, als daß es nötig wäre, sich dabei aufzuhalten" (daselbst S. 191). In BERTRAND's *Développement nouveau de la partie élémentaire des math.* Genf 1778, II. S. 40, begegnet uns die Fassung, daß das andere Gegenwinkelpaar gleichartig sein müsse (*de même nom*). LEGENDRE's *Elemente* (I. prop. 18, 2. Aufl. Paris 1808) geben nur den Fall des rechtwinkligen Dreieckes und lassen den entsprechenden Ähnlichkeitssatz fort; BALTZER bevorzugt in seinen *Elementen* (6. Aufl., Leipzig 1883, § 5. 4. S. 34) die Formulierung mit der größeren Seite, und nach ihm die meisten neueren Verfasser.

---

[123] ed. HEIBERG, Bd. V, Berl. 1888, S. 168—170. — [124] S. 150, Lehrs. 5: „Wenn in zween rechtwinklichten Triangeln ABC und abc, $AB = ab$ und $BC = bc$ oder auch in zween spitzwinklichten oder stumpfwinklichten über dieses der Winkel $A = a$, so sind die ganzen Triangel einander gleich und $AC = ac$, $B = b$ und $C = c$."

3. Die Konstruktionsaufgaben.

Konstruktionsaufgaben bildeten sicher den ersten Ausgangspunkt geometrischer Kenntnisse überhaupt. Selbst bei tief stehenden Völkern werden gewisse, unbewußt in ihnen schlummernde Grundbegriffe durch die Praxis ausgelöst. Gerade Linien durch gespannte Fäden darstellen, Pfähle senkrecht in den Boden einsetzen, Zeltstangen geneigt im Boden so befestigen, daß sie gleich lang sind, möglichst rechteckige oder kreisrunde Plätze als Grundriß für primitive Bauten auf dem Boden aufreißen, stellen die ersten Spuren konstruktiver Thätigkeit dar. Nicht unwahrscheinlich ist, daß sich allmählich auch Regeln für solche technischen Aufgaben in der Praxis herausbildeten, auf die der Zufall die Bauenden führte. Besonders wird das der Fall sein können, wenn ein Volk seßhaft geworden ist und sich Bedürfnisse nach festen Bauten geltend machen. Lange vor jeder uns zugänglichen Überlieferung werden sich solche Regeln vererbt haben müssen, ehe sie zu einer bewußten Anwendung gelangten, wie wir sie bereits in den ältesten ägyptischen Bauten vorfinden, die heute noch mit größter Bewunderung über ihre mathematische Genauigkeit betrachtet werden.

Das Technische in diesen Aufgaben muß von der theoretischen Behandlung getrennt gehalten werden. Zu theoretisch-mathematischen Aufgaben wurden die Konstruktionen erst, als der abstrakte Geist griechischer Geometer sie zur heutigen Gestalt verarbeitete. In diesem Sinne ist es zu verstehen, wenn Griechen, die nur Überlieferer und Verarbeiter ägyptischer Wissenschaft waren, als Erfinder unserer Fundamentalkonstruktionen genannt werden.

Gehen wir zu den einzelnen Aufgaben über, so können selbstverständlich die wirklichen Erfinder nicht genannt, sondern nur ihr erstes Erscheinen in mündlicher oder schriftlicher Überlieferung angegeben werden.

Die ersten beiden Aufgaben, Eine gegebene Strecke oder einen gegebenen Winkel halbieren, werden in der griechischen Litteratur nicht einmal mit bestimmten Namen verknüpft, wie die späteren Gelehrten es so gern zu thun pflegen. Euklid behandelt Buch I, Satz 9 die Winkelhalbierung und erst mit ihrer Hilfe zeigt er die Halbierung einer Strecke (I. 10).

Ebenso wie diese beiden, ist auch die dritte Fundamentalaufgabe, In einem gegebenen Punkt ein Lot errichten, sicher ägyptischen Ursprungs. Die bekannte zweite Lösungsart mittels des Peripheriewinkels im Halbkreis ist, soweit bekannt, zuerst von REGIOMONTANUS (JOH. MÜLLER aus Königsberg i. Franken, 1436 — Rom 1476; Wien, Italien, Nürnberg) angegeben worden, und findet sich als Anmerkung zu III. 30 in dem von ihm benutzten Euklidexemplar.[125]

Die vierte Aufgabe, Von einem gegebenen Punkte auf eine gegebene Gerade ein Lot fällen, trägt bereits einen bestimmten Namen. PROKLUS (410—485 n. Chr.; Byzanz, Athen), der ausführliche Kommentarien zu EUKLID's erstem Buch verfaßt hat,[6] nennt den OENOPIDES von Chios, einen jüngeren Zeitgenossen des ANAXAGORAS (also um 465 v. Chr.), als denjenigen, der diese Aufgabe gelöst habe;[126] damit kann aber höchstens gesagt sein, daß die bei EUKLID gegebene Lösungsart (I, 12) dem OENOPIDES zuzuschreiben ist,[127] da anderweitige Lösungen, dem Bedürfnis der Praxis entsprechend, längst bei Griechen und Römern bekannt gewesen sein müssen.

Auch die weitere Aufgabe, An eine gegebene Gerade einen gegebenen Winkel antragen (EUKL. I, 23), soll Eigentum des OENOPIDES sein.[128] Mit ihrer Hilfe löst EUKLID (I, 31) die Aufgabe, Durch einen gegebenen Punkt zu einer gegebenen Geraden eine Parallele ziehen.

Einen mächtigen Aufschwung nahmen die geometrischen Konstruktionsaufgaben unter der Macht griechischer Abstraktion. Zuerst nur gebraucht, um dem bedächtig in seinen Schlußfolgerungen vorwärts schreitenden Mathematiker die nötige Sicherheit und Gewißheit von der Existenz der abstrakten Begriffe zu geben, wie wir es bei EUKLID sehen, der mit ihnen die Existenz eines Halbierungspunktes auf einer Strecke, eines Lotes zu einer Geraden u. s. w. zeigt, werden sie schließlich Selbstzweck. Es bildet sich eine Theorie ihrer Behandlung heraus, die unter PLATON's (429—348 v. Chr., Athen) Händen ihre Vollendung empfing. Nach zwei Richtungen setzte dieser hochgeniale Mathematiker und Philosoph ein. Er schuf als fruchtbares Werkzeug für die Invention die analytische Methode und begrenzte anderseits den Umfang des Gebietes durch die Forderung, nur Zirkel und Lineal zu benutzen. In der Akademie PLATON's fand ferner die Festlegung der äußeren Form statt, in der wir heute noch geometrische Konstruktionsaufgaben behandeln. An die Spitze tritt die Stellung der Aufgabe, in der *πρότασις* allgemein gefaßt, in der *ἔκϑεσις* mit Bezug auf die vorliegende bestimmte Figur. Die

125 CANTOR, II^b, S. 280. — 126 PROKLUS, ed. FRIEDLEIN, S. 283 (Anm. 6). — 127 BRETTSCHNEIDER, S. 65 (Anm. 4). — 128 PROKLUS, S. 333 Z. 5 (Anm. 6).

ἀνάλυσις setzt die Lösung als bekannt voraus und versucht, rückwärtsgehend, Schlüsse zu ziehen, die ein Zurückführen auf bekannte Konstruktionen bezwecken. Ist dieses erreicht, so kann nunmehr auf entgegengesetztem Wege in der *κατασκευή* die eigentliche Lösung gegeben werden, deren Richtigkeit dann in der *ἀπόδειξις* nachgewiesen wird. In den meisten Fällen könnte die *ἀνάλυσις* zur Erledigung der Aufgabe genügen; die synthetische Behandlung in der *ἀπόδειξις* bringt dann nur das Gefundene in umgekehrter Reihenfolge noch einmal. Wohl bewußt aber, daß die analytische Methode auch zu nicht passenden Nebenlösungen kommen kann, da nicht jeder Schluß umkehrbar ist, verlangt die strenge griechische Behandlung jeder Zeit den synthetischen Beweis hinterher.

In der Hand geschickter Mathematiker hat diese Platon'sche Methode die größten Erfolge gehabt und eine Mannigfaltigkeit der Aufgaben gezeitigt, von denen uns nur der geringste Teil überliefert ist. Die Konstruktionsaufgaben bildeten einen Hauptstoff für die griechische Mathematik und jeder werdende Mathematiker mußte sich in ihrer Lösung Gewandtheit verschaffen. Eine Sammlung vorbereitenden Übungsstoffes war in dem *τόπος ἀναλυόμενος* (Sammelwerk analytischer Natur) von Aristaeus dem Älteren (um 320 v. Chr., Athen), Euklid (um 300 v. Chr., Alexandria) und Apollonius von Pergä (beobachtete zwischen 250 u. 200 v. Chr. in Alexandria, dann in Pergamum) niedergelegt, ist aber leider nicht auf uns gekommen. Erhalten ist eine Sammlung von Pappus (Ende des dritten Jahrh. n. Chr.), in der die zum Verständnis und Gebrauch notwendigen Sätze zusammengestellt sind.[129]

Zweierlei Errungenschaften flossen aus der Anwendung der analytischen Methode. Erstens gab sie Gelegenheit zu untersuchen, unter welchen Bedingungen die gestellte Aufgabe lösbar ist. Diese Frage war von Platon zuerst angeregt, dann von seinem Schüler Leon (um 370 v. Chr.) in ihrer Notwendigkeit erkannt worden, so daß seitdem der Behandlung der geometrischen Aufgabe noch ein *διορισμός* (determinatio) folgte. In diesem *διορισμός* liegen die Keime einer Theorie der Maxima und Minima (siehe Abschnitt XIV); Apollonius ist der erste, der solche Untersuchungen als „würdig, auch ihrer selbst wegen vorgenommenen zu werden", bezeichnet. — Zweitens hat sich der Begriff des „geometrischen Ortes" beim Gebrauch der analytischen Methode in der platonischen Schule allmählich entwickelt. Das Wort *τόπος* kommt zwar schon bei Archytas

129 Pappus, *Συναγωγή*, lib. VII, ed. Hultsch, II, S. 634 ff. (Anm. 14).

(um 430—365, Tarent) vor, wie uns Eutokius (geb. 480 n. Chr. zu Askalon) aus der Geschichte der Mathematik, die Eudemus (Rhodos, um 334 v. Chr.; Schüler des Aristoteles) verfaßt hatte, überliefert,[130] hat aber bei ihm noch nicht den Wert eines anerkannten Fachausdruckes. Später unterschieden die Alten drei Arten geometrischer Örter,[131] deren Trennung natürlich heute nicht mehr aufrecht erhalten wird: 1. *τόποι ἐπίπεδοι* (ebene Örter): Gerade und Kreis, 2. *τόποι στερεοί* (körperliche Örter): Kegelschnitte, 3. *τόποι γραμμικοί*, nach unserer Bezeichnung: höhere Kurven.

Als ein weiteres Verdienst Platon's in der Theorie der Konstruktionsaufgaben wurde oben erwähnt, daß er bei ihrer Ausführung nur Lineal und Zirkel zulassen wollte. Die Benutzung des Lineals beim Zeichnen dürfte uralt sein, weniger die des Zirkels, dessen Erfindung die griechische Sage dem Neffen des Dädalus, Talus, zuschreibt.[132] Im altägyptischen Rechenbuch des Ahmes (zwanzigstes bis siebzehntes Jahrh. v. Chr.) finden sich Figuren, bei denen man erkennen kann, daß sie mit Benutzung des Lineals, aber ohne die eines Zirkels gezeichnet sind. Wenn Platon die genannte Forderung aufstellte, so wandte er sich gegen die Zulassung höherer Kurven, wie der Kegelschnitte, und gegen die Anwendung der sogenannten instrumentalen oder Bewegungsgeometrie. Plutarch überliefert zwei Stellen,[133] in denen sich Platon tadelnd über ein Hinausgehen über Zirkel und Lineal ausspricht, „weil so der Vorzug der Geometrie verdorben und aufgehoben werde, sofern man sie wieder auf den sinnlichen Standpunkt zurückführe, statt sie in die Höhe zu heben und mit ewigen und körperlosen Bildern zu beschäftigen".[134] Übrigens wird trotz der Überlieferung angezweifelt, daß gerade Platon diese Forderung aufgestellt habe, da er selbst für das Problem der Würfelverdoppelung nach Eutokius[135] eine Lösung (siehe unten), die auf Bewegungsgeometrie beruht, angegeben hat. Mag dem sein, wie es will, — nach Platon ist die Forderung nach alleiniger Benutzung von Zirkel und Lineal da und wird streng innegehalten, wie uns auch Euklid's *Elemente* besonders im zehnten Buche bei der Behandlung der Irrationalitäten zeigen.

---

130 Archimedes, ed. Heiberg, III, S. 100 Z. 10 (Anm. 33). — 131 Nach Pappus, VII, cap. 22, 29, ed. Hultsch, S. 662 Z. 6—7, S. 672 Z. 6ff. — 132 Ovid, *Metamorphos.*, VIII, 247—249. — 133 Plutarch, *Quaestionum convivalium*, lib. VIII, cap. 1, ed. Dübner-Didot, Vol. IV, Moralia, Bd. II, Paris 1890, S. 876 Z. 9—12 und *Vita Marcelli*, cap. 14, § 5, ed. Doehner-Didot, Vol. I, Vitae. I, S. 364 Z. 46 ff. — 134 Hankel, S. 155—156 (Anm. 23). — 135 Archimedes, ed. Heiberg, III, S. 66 Z. 21—S. 70.

Unter **Bewegungsgeometrie** versteht man eine Lösungsmethode, in der ein oder mehrere Lineale durch Probieren, teils gleitend, teils drehend, in eine solche Stellung geschoben werden, daß sich ein Schnittpunkt irgendwie bestimmter Art ergiebt. Das älteste, uns überlieferte Beispiel dieses Lösungsverfahrens wird, wie eben erwähnt, von Eutokius als platonisch mitgeteilt. Die hierzu nötige Vorrichtung besteht aus einem festen rechten Winkel MZN und einem beweglichen, rechtwinkligen Kreuz B, VW, PQ. Zwei

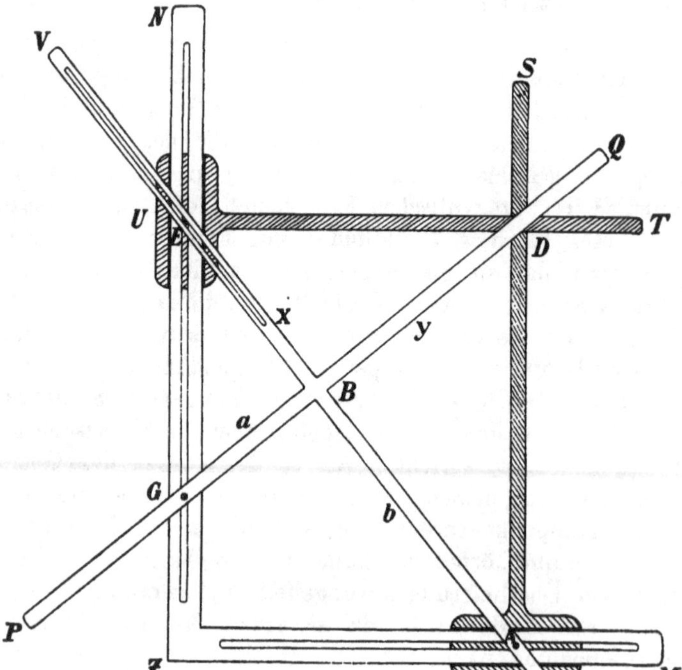

Fig. 3.

weitere Lineale RS und TU dürfen nur senkrecht zu den Schenkeln des rechten Winkels verschoben werden. Auf dem Kreuz sind feste Punkte G und A so anzunehmen, daß $GB = a$ und $BA = b$ vorgeschriebene Längen sind. Nunmehr ist durch Bewegen des Kreuzes, dessen Punkte A und G aber auf den Schenkeln MZ bzw. NZ verbleiben müssen, und Verschieben der beiden Lineale RS und TU der Apparat in eine solche Lage zu bringen, daß ein Rechteck $ADEZ$ entsteht, durch dessen drei Ecken ADE die Schenkel BW, BQ, BV

des Kreuzes hindurchgehen. Eine solche Anordnung ist stets möglich. Ist sie gelungen, so ist $a:x = x:y = y:b$, woraus, wenn etwa $b = 2a$,

$$x^3 = 2a^3$$

gefolgert werden kann, so daß sich x als Kante des Würfels ergiebt, der das doppelte Volumen des Würfels a^3 besitzt (vgl. Bd. I, S. 208, 270).

Noch zwei andere, zu gleichem Zwecke ersonnene Apparate werden uns aus dem Altertum mitgeteilt. Der Erfinder des einen ist ERATOSTHENES (276 Kyrene — 194 v. Chr., Alexandria),[136] der des anderen HERON (erstes Jahrh. v. Chr.).[137] Auch in späteren Zeiten hat man dieser instrumentalen Geometrie Interesse entgegengebracht. Aus arabischen Schriften können ebenfalls Beispiele angeführt werden; so treffen wir in einer geometrischen Abhandlung der sogenannten „Drei Brüder" (um 865 n. Chr., Bagdad) — *liber trium fratrum de geometria*[138] — auf eine solche Aufgabe. Sogar der Name Bewegungsgeometrie (Géométrie mobile) ist arabischen Ursprungs; er findet sich zum erstenmal in einer Abhandlung des ALSIDSCHZI (um 972 n. Chr.).[139] Schließlich erwähnen wir noch aus dem Mittelalter eine Lösung der Winkeldreiteilung, die JORDANUS NEMORARIUS (Deutscher, † 1237; Ordensgeneral der Dominikaner) mit Zuhilfenahme einer sich bewegenden Geraden ausführt.[140]

Die Forderung PLATON's, nur mit Zirkel und Lineal zu konstruieren, kann noch weiteren Beschränkungen unterworfen werden. So kann erstens verlangt werden, nur mit dem Lineal zu zeichnen, zweitens, ausschließlich den Zirkel zu benutzen.

Die alleinige Verwendung des Lineals war eine Forderung, die sich in der französischen Schule CARNOT's (1753—1823), des Verfassers der *géométrie de position* (Paris 1803) einstellte. Es leuchtet ein, daß nur solche Aufgaben damit ausführbar sind, die, in Gleichungen umgesetzt, auf rationale Ausdrücke führen. In einer Abhandlung BRIANCHON's (1785—1870; Paris) *Les applications de la théorie des transversales* (1818) werden viele Fälle gezeigt, in denen man mit dem Lineal auskommt. BRIANCHON selbst legte Wert darauf

[136] Vgl. Anm. 135; ferner PAPPUS, *Συναγωγή*, III, cap. 23, ed. HULTSCH, I, S. 56 Z. 18 ff.; III, cap. 21, S. 54 Z. 31.; VITRUVIUS, *De architectura libri decem*, ed. ROSE, MÜLLER-STRÜBING, Leipz. 1867, S. 217 Z. 6; vgl. CANTOR, I[b], S. 315—316. — [137] *Ἥρωνος Κτησιβίου βελοποιικά* in *Veterum mathematicorum Athenaei, Bitonis, Apollodori, Heronis, Philonis et aliorum opera*, Paris 1693, S. 143 ff.; ferner PAPPUS, III, cap. 26—27, ed. HULTSCH, Bd. I, S. 62—64; vgl. CANTOR, I[b], S. 350 —351. — [138] Vgl. CANTOR, I[b], S. 690—691. — [139] *L'algèbre d'Omar Alkhayjâmî* ed. WOEPCKE, Paris 1851, Abhandlung E: *Traité de la trisection de l'angle rectiligne* par ... Alsidjzî, S. 120 Z. 2. — [140] JORDANUS NEMORARIUS, *De triangulis*, IV, 20; ed. CURTZE, S. 38—39 (Anm. 34).

zu betonen, daß seine Methode gerade für Vermessungsarbeiten praktische Bedeutung besitzt.

Der Italiener MASCHERONI (1750—1800; Pavia, Paris) suchte, dem entgegengesetzt, das Lineal ganz zu vermeiden und nur mit dem Zirkel zu zeichnen. In der *Geometria del compasso* giebt er 1797[141] eine Durchführung seines Prinzips und zeigt, daß nach seiner Methode alle euklidischen Aufgaben ausführbar sind. Auch er weist auf die praktische Seite seines Verfahrens hin, das in der Technik, besonders der Mechanik, gut anwendbar sei und sehr genaues Arbeiten gestatte.

Ist bei dem Zeichnen mit dem Lineal noch ein einziger fester Kreis zugestanden, so sind, wie PONCELET (1788—1867, Paris) bemerkt,[142] auch alle Quadratwurzelausdrücke konstruierbar. In der PONCELET'schen Arbeit fehlt es an systematischer Durchführung des Prinzipes. In dieser Beziehung vollendet ist eine Arbeit des großen deutschen Geometers STEINER (1796—1863; Berlin), die selbst Schülern zugänglich gemacht werden kann.[143]

Eine letzte Möglichkeit ist noch die, das Lineal zu gestatten, den Zirkel aber mit unveränderlicher Spannweite anzunehmen. Mit solchen Konstruktionen beschäftigte sich bereits das Altertum. In den Kommentaren des Arabers AN-NAIRIZI zu EUKLID's Elementen,[144] zu denen die mathematischen Abhandlungen HERON's (erstes Jahrh. v. Chr.) stark benutzt worden waren, finden sich Konstruktionen HERON's mit konstanter Zirkelöffnung, z. B. im Endpunkt einer Strecke ein Lot errichten, eine Strecke in eine vorgeschriebene Anzahl gleicher Teile zerschneiden u. a. Eine Bemerkung von PAPPUS[145] (Ende des dritten Jahrhunderts n. Chr.; Alexandria) läßt sich auch dahin auslegen, daß man die Kenntnis solcher Konstruktionen bei ihm annehmen kann. Ob eine in jüngster Zeit in anderem Sinne vorgenommene neue Auslegung[146] der betreffenden Stelle mehr Berechtigung hat, kann hier gleich-

[141] MASCHERONI, *La geometria del compasso*, Pavia 1797; französisch v. CARETTE, ed. I, Paris 1798, ed. II, Paris 1828; deutsch von GRÜSON (*Gebrauch des Zirkels*, Berlin 1825); vgl. HUTT, *Die Mascheronischen Konstruktionen*, Halle 1880. — [142] PONCELET, *Traité des propriétés project. des figures*, Paris 1822, Sect. III, chap. I, Nr. 351—357, S. 187—190. — [143] STEINER, *Geometrische Konstruktionen ausgeführt mittels der geraden Linie und Eines festen Kreises, als Lehrgegenstand auf höheren Unterrichtsanstalten und zur praktischen Benutzung*, Berlin 1833; STEINER's Werke, Berlin 1881/2, Bd. I, S. 461 ff. — [144] Vgl. Zeitschrift f. Math. u. Phys. 1900, Bd. 45, hist. litt. Abt. S. 13. — [145] Buch VIII, cap. 28, ed. HULTSCH, S. 1074 Z. 11; vgl. CANTOR, I^b, S. 421. — [146] M. KUTTA, *Zur Geschichte der Geometrie mit konstanter Zirkelöffnung*, Acta LEOPOLD., Bd. 71, Nr. 3, S. 74.

gültig sein, da die Verwendung eines festen Zirkels bei HERON, also lange vor PAPPUS, gesichert ist. Viel Interesse scheint den Aufgaben dieser Gattung von den Arabern entgegengebracht worden zu sein. Unter ihnen muß auf ABUL WAFA (940 Persien — 998; Bagdad) aufmerksam gemacht werden. Ist auch kein eigenes Werk über unseren Gegenstand von ihm auf uns gekommen, so hat sich doch eine persisch geschriebene Nachschrift seiner Vorlesungen, die einer seiner Schüler verfaßt hat, erhalten, *Buch der geometrischen Konstruktionen,*[147] und in dieser sind nicht weniger als 18 Abschnitte mit solchen Zeichnungen gefüllt. Zu einer ganz besonderen Liebhaberei bildete sich das Konstruieren mit konstanter Zirkelöffnung gegen das Ende des fünfzehnten und in der ersten Hälfte des sechzehnten Jahrhunderts bei den italienischen Mathematikern heraus. Auch namhafte Künstler und Architekten, wie LEONARDO DA VINCI (1452—1519)[148] und ALBRECHT DÜRER (1471—1528, Nürnberg)[149] suchen mit Erfolg das gerade für die Praxis geeignete Prinzip in ihrem Fache zu verwenden. Eine hohe Vollendung wird erreicht durch SCIPIONE DEL FERRO (von 1496 bis 1526 Professor in Bologna), den glücklichen Entdecker der ersten Lösung kubischer Gleichungen, durch TARTAGLIA (1500—1567; Brescia, Venedig), der bei derselben Gelegenheit eine weniger schöne Rolle spielte (siehe Bd. I, S. 274ff.), und vor allem durch FERRARI (1522 bis 1565, Bologna), den Bezwinger der biquadratischen Gleichung. Konnte TARTAGLIA alle Konstruktionsaufgaben EUKLID's mit einem festen Zirkel ausführen, so machte sich FERRARI anheischig, auch die Richtigkeit der Lehrsätze EUKLID's auf diesem Wege anschaulich nachzuweisen.[150] Unabhängig von beiden behandelte BENEDETTI (1530 —1590; Schüler TARTAGLIA's) die euklidischen Konstruktionen und veröffentlichte seine Resultate in einem 1533 (Venedig) gedruckten Werke *De resolutione omnium Euclidis problematum* etc.

4. Das Viereck.

EUKLID (um 300 v. Chr., Alexandria) teilte die Vierecke lib. I, def. 30—34, nach den Seiten und Winkeln ein in 1. Quadrat (τετράγωνον), 2. Rechteck (ἑτερόμηκες oder ὀρθογώνιον;

147 WOEPCKE, *Extrait du traité des constructions géométriques par Aboûl Wafâ,* Journal Asiatique, Sér. V, Tome V, Paris 1855, S. 318—359; vgl. CANTOR, I^b, S. 699f. — 148 CANTOR, II^b, S. 295 ff. — 149 DÜRER, Underweysung der messung mit dem zirckel vñ richtscheyt, 1525; vgl. CANTOR, II^b, S. 462. — 150 Vgl. FERRARI und TARTAGLIA, *Cartelli e risporte,* 1876 von GIORDANI neu herausgegeben; TARTAGLIA, *General trattato,* parte V, Venedig 1560, lib. III, S. 64 ff.

rectangulum, *oblongum*), 3. Rhombus (*ῥόμβος*) und 4. Rhomboid (*ῥομβοειδές*), denen er als fünfte Klasse die allgemeinen Vierecke, bei ihm *τραπέζια* (*mensulae*) genannt, hinzufügt. Für die ersten vier Gruppen hat er das gemeinsame Wort *παραλληλόγραμμον*, das ihm von Proklus als neue Wortbildung sogar zugeschrieben wird.[151] Das Wort *ῥόμβος* ist älter: es bedeutet ursprünglich den Doppelkegel (*ῥ.* = Kreisel, von *ῥέμβω*, drehen). Als man anfing, den Achsenschnitt des Doppelkegels so zu nennen, fügte man für diesen das Adjektivum *στερεός* hinzu.[152] — Heron's (erstes Jahrhundert v. Chr.) Einteilung weicht von der euklidischen etwas ab. Zunächst stellte er für die Vierecke (*τετράπλευρα*; *Geom.*, def. 50, 51) zwei Hauptgruppen her: I. *παραλληλόγραμμα*[153] und II. *οὐ παραλληλόγραμμα* (def. 54). I. zerfällt in 1. *τετράγωνα* (allgemeine Rechtecke, nach *Geom.* cap. III, § 22) und 2. *ῥόμβοι* (allgemein schiefwinklige Parallelogramme, nach *Geom.* III, § 22). Dabei besteht 1. aus zwei Untergruppen a) *τετράγωνα*, im speziellen = Quadrate (def. 52), b) *ἑτερομήκη* (wörtlich: ungleich lang), im speziellen = Rechtecke (def. 53); ebenso 2. aus a) *ῥόμβοι*, im speziellen = Rhomben (def. 54) und b) *ῥομβοειδῆ* = Rhomboide (def. 55; vgl. für beide auch noch *Geom.* III, § 22). In der zweiten Hauptgruppe II unterscheidet Heron *τραπέζια* (Paralleltrapeze; def. 60) und *τραπεζοειδῆ* (unregelmäßige Vierecke; def. 61).

Ein Unterschied liegt zunächst in dem Wort für Rechteck vor. Während Euklid (ebenso Apollonius) fast nur *ὀρθογώνιον* gebraucht, schließt sich Pappus dem heronischen *ἑτερόμηκες* an; beide Worte dringen in das Lateinische mit hinüber. Boëthius sagt (S. 376 ed. Friedlein)[153] *tetragonus parte altera longior*; Gerhard v. Cremona (zwölftes Jahrhundert),[153a] ferner Campanus in der ersten Euklidausgabe (um 1270) und Tartaglia (1560) benutzen *tetragonus longus*.

[151] Proklus, S. 392 Z. 20—23 (Anm. 6): „*ἔοικεν καὶ αὐτὸ τὸ ὄνομα τῶν παραλληλογράμμων ὁ στοιχειωτὴς συνθεῖναι τὴν ἀφορμὴν λαβὼν ἀπὸ τοῦ προειρημένου θεωρήματος . . .*“ (Es scheint, als ob der Verfasser der Elemente die Veranlassung zu der Bildung des Namens „Parallelogramm“ von dem oben angeführten Satz genommen habe.) Für die Vermutung des Proklus spricht auch, daß das Wort Parallelogramm bei Euklid noch kein fester, anerkannter Terminus ist; wenigstens wird es in keiner Definition erwähnt oder erklärt, sondern tritt im 34. Satz des ersten Buches unvermittelt zum erstenmal auf (vgl. Heiberg, I, S. 80 Z. 24). — [152] J. H. T. Müller, *Beiträge zur Terminologie der griech. Mathematik*, Leipzig 1860, S. 20. — [153] Hierfür giebt Heron die erste Definition, *Geom.* def. 56, ed. Hultsch, S. 20 Z. 12—13: „*παραλληλόγραμμα μὲν οὖν τὰ τὰς ἀπεναντίον πλευρὰς παραλλήλους ἔχοντα, οὐ παραλληλόγραμμα δὲ τὰ μὴ οὕτως ἔχοντα.*“ (Parallelogramme heißen die Vierecke, die parallele Gegenseiten haben, Nichtparallelogramme die, bei denen das nicht der Fall ist.) — [153a] Anaritii Comm., ed. Curtze, Leipzig 1899, S. 23.

In ALSTEDT's Enzyklopädie von 1620 wird *oblong*, wie heute noch in England, gebraucht; in MERSENNE's (1588—1648) *De la vérité des sciences* heißt es *rectangle.*[154] Das deutsche Wort *Rechteck* (längliches Rechteck) begegnet uns erst bei L. STURM 1707 (*Kurtzer Begriff der gesambten Matthesis*).[163]

Einen erheblicheren Unterschied zeigt die Bedeutung des Wortes Trapez bei EUKLID und HERON. Die Verallgemeinerung des Wortes Trapez für alle Nichtparallelogramme scheint EUKLID's Eigentum zu sein; das läßt sich wenigstens annehmen, wenn man die bestimmte Fassung in der Definition eines Quadrates, Rechtecks, Rhombus und Rhomboides: „Unter den vierseitigen Figuren heißt diejenige ein Quadrat, welche gleichseitig und rechtwinklig ist, etc." mit der Erklärung der Trapeze: „Alle übrigen vierseitigen Figuren sollen Trapeze heißen" vergleicht.[155]

Wahrscheinlich herrschte vor EUKLID's Zeiten große Verwirrung in dieser Bezeichnung. Anscheinend entspricht *τραπέζια* einem ägyptischen Fachwort für Paralleltrapez oder trapezähnliches Viereck, eine Vierecksform, die der allgemein üblichen Näherungsformel $\frac{a+c}{2} \cdot \frac{b+d}{2}$ in der ägyptischen Meßkunde (vgl. S. 66) für den Flächeninhalt zu Grunde lag. Der präzise griechische Geist will diese unklare Gruppe nicht, und so kommt EUKLID auf den Ausweg, *τραπέζια* für alle unregelmäßigen Vierecke zu gebrauchen, HERON aber zu der Unterscheidung zwischen *τραπέζια* (Paralleltrapeze) und *τραπεζοειδῆ* (unregelmäßige Vierecke), den wir heute auch angenommen haben. Vollständig streng führte HERON diese Trennung nicht durch. Bald definiert er *τραπέζια* als Paralleltrapez (Def. Nr. 61, ed. HULTSCH S. 21) und folgerecht *τραπεζοειδῆ* als allgemeine Vierecke (Def. Nr. 62), zuweilen aber ist *τραπέζια* allgemeines Viereck (*Geometrie* cap. 85 und 86; S. 112), hinwiederum mit dem Zusatz *ὀρθογώνιον*,[156] *ἰσοσκελές*,[157] *ἀμβλυγώνιον*[158] ein Paralleltrapez, dann

---

154 Nach CHASLES, *Aperç. hist.*, Bruxelles 1837; deutsch von SOHNKE, *Geschichte der Geometrie*, Halle 1839, Note XII, S. 468, Anm. 94. — 155 „*Τῶν δὲ τετραπλεύρων σχημάτων τετράγωνον μέν ἐστιν, ὃ ἰσόπλευρόν τέ ἐστι καὶ ὀρθογώνιον . . . τὰ δὲ παρὰ ταῦτα τετράπλευρα τραπέζια καλείσθω*"; ed. HEIBERG, I, S. 6 Z. 15ff. — 156 HERON, *Geometrie*, ed. HULTSCH (Anm. 2), cap. 62, S. 98; cap. 64—67, S. 99; cap. 68—69, S. 102; cap. 70—71, S. 102 (vier Beispiele). — 157 Daselbst, cap. 76—78, S. 105; cap. 79, S. 107; cap. 80, S. 107 (drei Beispiele). — 158 *τρ. ἀμβλυγώνιον* kommt nur zweimal vor, 1. in der unklaren Aufzählung der Vierecksarten § 22, S. 46; 2. in einem Beispiel cap. 82, S. 109, das sicher ein Paralleltrapez ist, da es durch vier Stücke, die Seiten 16, 10, 7, 17 bestimmt wird.

an anderer Stelle τραπέζιον ὀξυγώνιον,[159] τρ. ἄνισον[160] ein allgemeines Viereck. Bei ARCHIMEDES (287—212 v. Chr., Syrakus), der wie HERON ein Vertreter der rechnenden Mathematik ist, wird τραπέζια im Sinne von Paralleltrapez verwendet;[161] desgleichen bei PAPPUS.

Die meisten mittelalterlichen Mathematiker von BOËTHIUS ab schließen sich dem Vorbild EUKLID's an, so daß Trapez bei ihnen gleichwertig mit unregelmäßigem Viereck ist.[161a] Erst im achtzehnten Jahrhundert nahm man die Einteilung HERON's von neuem auf. Während v. WOLFF (1717),[68] KÄSTNER (1764),[53] KLÜGEL 1798[162] (*Anfangsgründe*), BUGGE-TOBIESEN[104] (1860) das euklidische Trapezium allein kennen, hat Trapez bei L. STURM (1707),[163] KARSTEN (1767, *Anfangsgründe*),[164] THIBAUT (1801, *Grundriß der reinen Mathematik*)[45] die neue Bedeutung. Eine Mittelstellung nimmt v. SWINDEN (1816)[165] ein, der zwischen Trapez (dem heronischen Trapezoid) und dem Paralleltrapez unterscheidet. Das letzte Wort, das noch oft in der heutigen Mathematik gebraucht wird, ist der Überrest des alten Zwiestreites. —

Oben wurde das Auftreten des Wortes Rechteck (L. STURM 1707)[163] erwähnt. Älter ist das allgemeinere Wort Viereck, das HARSDÖRFER (1651)[166] neben Vierung und anderen Bildungen vorschlägt. Seltener ist heute das Wort Raute, das SCHMID (1539)[167] zuerst verwendet.[168] Im übrigen blieb es trotz weiterer Vorschläge bei den Fremdwörtern. — Auch das Wort Diagonale (ἡ διαγώνιος sc. εὐθεῖα bei HERON)[169] ließ sich nicht durch „Überecklinie", wie L. STURM 1707 schreibt,[163] dauernd ersetzen. —

159 Auch τρ. ὀξυγώνιον erscheint nur zweimal, 1. vgl. Anm. 158, Nr. 1; 2. in einer Figur cap. 81, S. 108, bei der alle vier Seiten 5, 6, 12, 13 und die kleinere Diagonale 5 gegeben ist, die demnach ein unregelmäßiges Viereck sein muß. Es ist nicht einzusehen, warum HERON dieses Viereck τρ. ὀξυγώνιον, das in Anm. 158 ἀμβλυγώνιον nennt. — 160 Daselbst, cap. 83, 84, S. 100 ff. — 161 ARCHIMEDES, ed. HEIBERG, I, S. 40 Z. 22; I, S. 56 Z. 3; I, S. 310 Z. 3 u. ö. (Anm. 33). — 161a Die Enzyklopädie von GEORG VALLA, *De rebus expetendis et fugiendis*, Romae 1501, ALDUS, giebt lib. X, cap. 52, beide Einteilungen. — 162 G. S. KLÜGEL, *Anfangsgründe der Arithmetik, Geometrie u. Trigonometrie nebst ihren Anwendungen* (1. Aufl. 1798), 5. verb. Aufl., Berlin-Stettin 1809. — 163 LEONHARD STURM, *Kurtzer Begriff der gesambten Matthesis*, Frankfurt a. O. 1707. — 164 KARSTEN, *Lehrbegriff der gesamten Mathematik*, Greifswald 1767—75. — 165 VON SWINDEN, *Geometrie*, 2. Aufl., Amsterdam 1816, deutsch von JACOBI, Jena 1834. — 166 HARSDÖRFFER, *Mathematische Erquickungsstunden*, 1651. — 167 SCHMID, *Das erste Buch der Geometrie*, Nürnberg 1539. — 168 Nach FELIX MÜLLER, Ztschr. f. Math. u. Phys., Supplem. 1899. — 169 HERON, ed. HULTSCH (Anm. 2), *Geometrie*, def. 68, S. 22; auch einmal

Die euklidische Einteilung wurde von den *Arabern* übernommen.[170] Die Klassifizierung der Vierecke bei den *Indern* in 1. gleichseitige Vierecke (Quadrate), 2. paarweis gleiche (Rechtecke), 3. „mit zweien gleichen“ (Paralleltrapeze), 4. „mit dreien gleichen“ (Paralleltrapeze mit drei gleichen Seiten) ist durchaus nicht erschöpfend.[171]

Die Eigenschaften der später unter dem Namen Parallelogramm zusammengefaßten Vierecke waren den Pythagoreern (sechstes bis fünftes Jahrhundert v. Chr.) bekannt, vielleicht schon den Ägyptern. Euklid beschränkte sich in seinen Elementen auf zwei Sätze. An der Spitze steht bei ihm der Satz (I, 33), den wir als Umkehrung aufzufassen gewohnt sind: Wenn zwei gerade Linien gleich und parallel sind, so sind die geraden Linien, durch die man ihre Endpunkte an einerlei Seite verbindet, auch gleich und parallel. Dann erst folgt unser Hauptsatz von der Gleichheit der Seiten, der gegenüberliegenden Winkel und der durch eine Diagonale entstehenden Dreiecke (I, 34). In losem Zusammenhange steht hiermit noch die Konstruktion eines Quadrates über einer gegebenen Strecke (I, 46). Es fehlt der Satz, daß die Diagonalen sich gegenseitig halbieren. Daß Euklid diesen Satz nicht kannte, ist nicht anzunehmen; er hielt ihn wohl nur nicht für wichtig genug, ihn in seinen Elementen einzureihen. In der Litteratur erscheint das Diagonalentheorem zuerst bei Archimedes[172] (287—212 v. Chr., Syrakus) in der Fassung, daß sich der Schnittpunkt der Diagonalen mit dem Mittelpunkt derjenigen Geraden deckt, die die Mitten der gegenüberliegenden Seiten miteinander verbinden.

Den Satz, daß ein Viereck, in dem das eine Paar Seiten gleich, das andere parallel ist (unter Voraussetzung gleichartiger Neigungen), ein Parallelogramm ist, holt Pappus nach.[173]

Systematische Behandlung der Parallelogrammlehre wird in den

διάγωνος lib. Geepon. S. 199. Zu Platon's Zeiten (429—348 v. Chr., Athen) sagte man *διάμετρος*, vgl. *Menon*, 85 A—B: „*αὕτη ἡ γραμμὴ ἣ ἐκ γωνίας εἰς γωνίαν τείνει… καλοῦσι δέ γε ταύτην διάμετρον οἱ σοφισταί*“ (vgl. Cantor, Ztschr. f. Math. u. Phys., XIII, 1868, S. 11). Auch Euklid kennt nur *διάμετρος* (z. B. I, 34, ed. Heiberg, I, S. 81, oben). Bei Pappus findet sich *διάμετρος* häufiger als *διαγώνιος*. Johannes Widmann von Eger sagt in seinem Rechenbuch, 1489) Leipzig), *linea diagonalis*. — 170 So in der *Algebra* des Muhammed ibn Musa Alchwarizmi (um 820 n. Chr.; Bagdad, Damaskus), ed. F. Rosen, London 1831, S. 75, § 55. Der heronischen Einteilung folgt Alkarchi (um 1010, Bagdad), *Kâfî fîl ḥisâb*, ed. Hochheim, Programm, H. Gewerbeschule, Magdeburg 1878—1880, II, S. 19. — 171 Kommentar zu Brahmagupta, *Gaṇita*, ch. XII, sect. IV., ed. Colebrooke, London 1817, S. 295, Anm. 1. — 172 Archimedes, *ἐπιπ. ἰσορρ.*, II, ed. Heiberg, Leipzig 1880/1; II, S. 190 Z. 8 ff. — 173 Pappus, *Συναγωγή*, VII., prop. 114, ed. Hultsch, S. 844, § 179 (Anm. 14).

Lehrbüchern des achtzehnten Jahrhunderts begonnen, jedoch erst im neunzehnten durchgeführt.

Sätze vom Paralleltrapez sucht man bei EUKLID vergebens; er kann sie, wie etwa den Satz von der Mittellinie, als nicht zum Aufbau der Elemente dringend nötig, fortgelassen haben. Vielleicht liegt hier aber auch wieder ein bewußter Gegensatz des theoretischen Mathematikers zu dem praktischen, dem Feldmesser, vor, den wir öfters beobachten konnten (Bd. I, S. 30, 75, 97f., 151f., 209, 236, 245, 252ff., Bd. II, S. 15, 47). Das gleichschenklige Trapez ist eine bevorzugte Figur der alten Ägypter. Sie erscheint im Rechenbuch des AHMES[174] (zwanzigstes bis siebzehntes Jahrhundert v. Chr.), der die falsche Berechnungsformel $\frac{g_1+g_2}{2}\cdot a$ (g_1, g_2 die parallelen Seiten, a der Schenkel) für ihren Inhalt benutzt; AHMES ist demnach der Satz von der Größe der Mittellinie im Verhältnis zu den parallelen Seiten, $m = \frac{g_1+g_2}{2}$, bekannt. Sie erscheint in Inschriften des Tempels zu Edfu (Oberägypten),[175] die etwa aus dem Jahre 100 v. Chr. stammen und Vermessungen der priesterlichen Grundstücke enthalten, und zwar zugleich mit anderen Trapezen und ganz unregelmäßigen Vierecken, deren Inhalt auch nur nach angenäherten Formeln, wie $\frac{a+c}{2}\cdot\frac{b+d}{2}$ (siehe S. 47 u. 66), berechnet wird. Sie erscheint auch in griechischen Schriften, deren Abhängigkeit von ägyptischer Wissenschaft feststeht, wie in der feldmesserischen Sammlung des Alexandriners HERON (erstes Jahrhundert v. Chr.), in der eine ganze Reihe von Abschnitten[176] mit Berechnung von Trapezen allerhand Art angefüllt ist (siehe S. 47f. u. 68). Verweisen wir noch auf die Untersuchungen des HIPPOKRATES von Chios[177] (um 440 v. Chr.), der Trapeze mit drei gleichen Seiten seinen Untersuchungen über die Berechnung der Kreisfläche unterlegte, von ihnen u. a. bewies, daß sie einem Kreise eingeschrieben werden können (vgl. die *lunulae*

---

174 EISENLOHR, *Papyrus Rhind*, S. 129 (Anm. 3). — 175 LEPSIUS, *Über eine hieroglyphische Inschrift am Tempel zu Edfu*, Abh. d. Berl. Akademie 1855, S. 69—114; vgl. CANTOR, I^b, S. 67ff. — 176 *Geometrie*, cap. 62—86, ed. HULTSCH, S. 98—114 (Anm. 2). Bei HERON findet sich die genaue Formel $\frac{g_1+g_2}{2}\cdot h$; jedoch kennt er auch die altägyptische Näherungsformel für das allgemeine trapezähnliche Viereck (z. B. mit den Seiten $g_1 = 32$, $a_1 = 18$, $g_2 = 30$, $a_2 = 17$, wo g_1 wahrscheinlich beinahe parallel g_2 ist), $J = \frac{g_1+g_2}{2}\cdot\frac{a_1+a_2}{2}$, *liber Geeponicus*, § 49, ed. HULTSCH, S. 212 Z. 15—20. — 177 *Eudemi fragm.*, S. 123ff. (Anm. 4); vgl. BRETTSCHNEIDER, S. 111 (Anm. 4).

Hippocratis, S. 74), so steht zweifellos fest, daß die Kenntnis der Eigenschaften eines Trapezes in Ägypten und in Griechenland vorhanden war, also auch EUKLID nicht fremd gewesen sein kann. Freilich waren es rechnende Mathematiker wie HIPPOKRATES, Feldmesser wie HERON, bei denen sich die Trapezlehre forterbte; es waren zumeist nicht genaue, sondern nur angenäherte, indes für die Zwecke der Praxis ausreichende Methoden in Übung — Grund genug immerhin, daß der strenge Mathematiker ihre Aufnahme in sein Werk von sich wies.

Auch von der Winkelsumme im Viereck, die in EUKLID's Elementen übergangen ist, kann man nicht glauben, daß die damalige Zeit ihren Wert nicht gekannt habe. Wissen wir doch, daß die Pythagoreer die Zerlegung einer jeden geradlinigen Figur in Dreiecke, eines jeden Dreieckes in rechtwinklige Dreiecke lehrten, wobei sich der Satz von der Winkelsumme im Viereck ganz von selbst ergeben mußte. — In der Überlieferung erscheint der Satz zuerst in den Kommentarien des PROKLUS'[6] zu EUKLID's erstem Buche.[177a] Eigentümlich ist sein Auftreten in einer im zehnten Jahrhundert n. Chr. zu Byzanz entstandenen feldmesserischen Abhandlung, die sich ziemlich genau an alte, echt heronische Schriften anschließt; in ihr wird nämlich nicht vom Dreieck zum Viereck, sondern vom Viereck zum Dreieck übergegangen. Die Stelle lautet: „Daß aber jedes gedachte oder gegebene Dreieck die Winkelsumme von zwei Rechten besitzt, geht daraus hervor, daß jedes Viereck Winkel von zusammen vier Rechten besitzt, durch eine Diagonale aber in zwei Dreiecke mit sechs Winkeln zerschnitten werden kann.“[178]

Der Satz, daß die Verbindungslinien aufeinander folgender Mitten eines beliebigen Viereckes ein Parallelogramm bilden, ist mit seinen Spezialisierungen von TH. SIMPSON, *Elements of Geometry* (2. Ausgabe, London 1760), I, 29, der Elementargeometrie hinzugefügt.[179]

Die Winkelsumme beliebiger Vielecke der Reihe nach zu finden, zeigte bereits PROKLUS[177a] (410—485 v. Chr.; Byzanz, Athen). Eine allgemeine Berechnung lehrte indes erst REGIOMONTANUS (JOH. MÜLLER

[177a] PROKLUS, ed. FRIEDLEIN, S. 382 Z. 18—19 (Anm. 6). — [178] Notices et extraits des manuscrits de la Bibliothèque Impériale de Paris, Tome XIX, Partie 2, S. 368—369: „Ὅτι δὲ καὶ πᾶν τὸ νοήσει τε καὶ αἰσθήσει καταλαμβανόμενον τρίγωνον τὰς τρεῖς γωνίας δυσὶν ὀρθαῖς ἴσας ἔχει, δῆλον ἐνταῦθά ἐστιν· εἰ γὰρ πᾶν τετράγωνον τέτρασιν ὀρθαῖς ἔχει τὰς γωνίας, ὑπὸ δὲ τῆς διαγωνίου εἰς δύο ἀφορίζεται τρίγωνα καὶ γωνίας ἕξ . . .“ — [179] Vgl. v. SWINDEN's *Geometrie*, übers. v. JACOBI, Jena 1834, S. 26.

aus Königsberg in Franken; 1436 — Rom 1476; Wien, Italien, Nürnberg). Seiner Euklidhandschrift[180] hatte dieser hochbedeutende Mathematiker eine Reihe von Randbemerkungen beigefügt. In einem dieser Zusätze (zu I, 32) wird der Begriff der Rangordnung eines Vieleckes, ($n-2$) — das Dreieck ist das erste, das Viereck das zweite u.s.w. —, aufgestellt und behauptet, daß die Winkelsumme soviel Rechte betrage, wie das Doppelte der Rangordnungszahl, also gleich $2(n-2)$ ist. Die beiden angehängten Beweise sind dieselben, die wir heute in der Schule lehren; der erste bedient sich der Zerlegung in ($n-2$) Dreiecke von einem Eckpunkt aus, der zweite der Zerlegung in n Dreiecke durch Verbindungslinien aller n Ecken mit einem beliebigen Innenpunkt. Im Anschluß hieran giebt Regiomontanus auch den Satz von der Summe der Außenwinkel eines Vieleckes; die Kenntnis dieses Satzes hat man neuerdings schon bei Aristoteles nachweisen können.[181] Proklus sprach ihn bereits ganz allgemein aus,[181a] bewies ihn aber nur am Drei-, Vier- und Fünfeck. Siehe auch den Thibaut'schen Beweis S. 32.

Einen Ausdruck für die Anzahl der Diagonalen eines beliebigen n-eckes stellte Lexell (1740—1784, Petersburg) in den Petersburger Akademieberichten von 1774 auf.[182]

Eine Erweiterung erfuhr die Viereckslehre in der sog. neueren Geometrie. Hier führte Carnot (1753—1823) den Ausdruck Vollständiges Vierseit (*quadrilatère complet*) ein.[183]

Vierecke mit einspringendem Winkel werden schon im Altertum erwähnt; der für sie vorhandene Ausdruck *κοιλογώνιον* (hohlwinklig) stammt nach Proklus von Zenodorus (um 180 v. Chr.), der ihn in seiner Abhandlung über isoperimetrische Figuren benutzt habe.[184] Eine ähnliche Figur bezeichnet Leonardo von Pisa (1180—1250?) in der *Practica geometriae* 1220 mit dem Namen *Figura barbata*.[185]

Die dritte mögliche Form von Vierecken sind die sogenannten überschlagenen Vierecke. Die Einteilung der allgemeinen Vierecke in diese drei Formen und damit die erste Erwähnung der überschlagenen Vierecke (*quadrangle croisé*) findet sich (1608) bei dem holländischen Mathematiker Stevin (1548 Brügge — 1620 Leiden;

[180] Noch vorhanden in der Nürnberger Stadtbibliothek; vgl. Cantor, II^b, S. 277. — [181] Vgl. Zeitschr. f. Math. u. Phys. 1900, hist.-litt. Abt. S. 10. — [181a] Proklus, S. 383 Z. 2—3 (Anm. 6). — [182] Novi comment. Petropolit. Bd. XIX, 1774 (gedr. 1775), Lexell, *De resolutione polygonorum rectilineorum*, § 27, S. 231—233. — [183] Carnot, *Géométrie de position*, Paris 1803, cap. 103, S. 120 Z. 20/21. — [184] Proklus, S. 165 Z. 24 (Anm. 6). *Commentaire de Théon d'Alexandrie*, ed. Halma, Paris 1821, I, S. 43 letzte Zeile. — [185] Leonardo Pisano, II, S. 83 Z. 12 v. u. (Anm. 88.).

Kaufmann, später Ingenieur im Staatsdienst).[186] ALBERT GIRARD (1590—1632; Lehrer der Mathematik in Leiden), der eine französische Ausgabe der Werke STEVIN's vorbereitete (erst 1634 erschienen), übernahm die STEVIN'sche Einteilung und erweiterte sie in der Einleitung zu seinen trigonometrischen Tafeln (1626) auch auf Fünf- und Sechsecke. Seine Einteilung der Vierecke beruht auf dem Verhalten der Diagonalen, je nachdem sie beide in das Viereck hineinfallen oder nur eine innerhalb, die andere außerhalb oder beide außerhalb verlaufen. Erst in neuester Zeit hat man die Aufzählung der einzelnen Gruppen bei allgemeinen Vielecken durchzuführen versucht. Der auch um die Geschichtsforschung in der Mathematik verdienstvolle schweizer Astronom R. WOLF[187] fand 1841 induktiv die Anzahl aller möglichen $2n$-ecke in dem Ausdruck $(n^2 - 1)$ und die aller möglichen $(2n + 1)$-ecke in $(n^2 + n - 1)$. Einen Beweis für diese Formeln suchte 1875 KRUSE zu geben, jedoch nicht mit vollem Erfolg.[188] Die Gruppen aller möglichen Fünfecke würden z. B. auf folgende Figuren führen ($n = 2$, also Anzahl $= 5$):

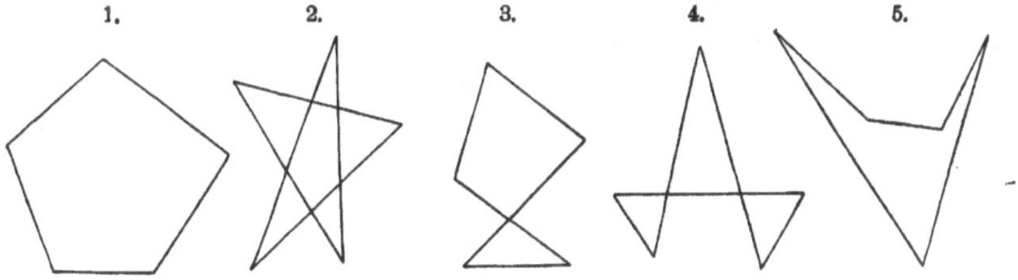

Fig. 4.

Enthalten sind unter diesen Gruppen natürlich auch die sog. Sternvielecke (z. B. Nr. 2), die zu allen Zeiten, von der pythagoreischen Schule an, die Aufmerksamkeit auf sich lenkten.[189]

5. Der Kreis.

Der Kreis gehört zu den ältesten geometrischen Figuren. Seine Herstellung durch ein gespannt zu haltendes Seil, dessen eines Ende an einem festen Stabe befestigt ist, lehren die Wörter κέντρον

[186] STEVIN, *Hypomnemata mathematica,* Lugd. Batav. 1605—1608, nach VON BRAUNMÜHL, *Geschichte d. Trigon.*, Leipz. 1900, S. 228. Les œuvres mathématiques de STEVIN, ed. GIRARD, II, S. 21 (Anm. 11). — [187] R. WOLF, *Handbuch der Astronomie*, Bd. I, Zürich 1890, S. 148 f. — [188] KRUSE, *Elemente der Geometrie*, Berlin 1875 (nach R. WOLF; vgl. Anm. 187) — [189] Vgl. GÜNTHER, *Verm. Untersuchungen zur Geschichte der mathem. Wissenschaften*, Leipzig 1876, Kapitel I.

(*centrum*; eigentlich = Stab) für den Mittelpunkt und περιφέρεια (von περιφέρειν = herumtragen) für den Umfang. Die Bedeutung des letzten Wortes für den ganzen Kreisumfang ist erst später hinzugekommen; ursprünglich bezeichnete περιφέρεια irgend ein Bogenstück.[190] Für den Vollkreis trat περίμετρος ein. Der Durchmesser hieß διάμετρος[191] (*dimetiens*).

Einen Fachausdruck für Halbmesser (Radius) kennt das Altertum überhaupt nicht; nirgends läßt sich ein Wort wie ἡμιδιάμετρος nachweisen, stets wird die Umschreibung ἡ ἐκ τοῦ κέντρου sc. εὐθεῖα[192] (die Gerade aus dem Mittelpunkt) genommen, die sich noch weit ins Mittelalter hinein bei getreuen Nachahmern der griechischen Elemente wiederfinden läßt.[193] Bei Boëthius (480 Rom — 525 Pavia; röm. Staatsmann und Philosoph) erscheint in der *Ars geometriae*[194] zuerst das Wort semidiameter, ohne daß man in der griechischen Litteratur, auf die die Bildung des Wortes hinweist, eine Bezugsquelle entdecken kann. Allein bei indischen Mathematikern ist ein Fachwort „Halbmesser“ (*ardha-vishkamba*) bekannt,[195] das aus dem ganzen Durchmesser (*vishkamba*) sich ebenso abgelöst hat, wie *ardha-jyâ* (= *sinus*) aus *jyâ* (= Sehne) abgeleitet ist (vgl. hierzu *Trigonometrie* V. B. 1 u. 4). Wir glaubten schon einmal bei Boëthius indischen Einfluß in der Angabe der Zifferzeichen (*apices*; vgl. Bd. I. S. 12—13) annehmen zu können; hier würde sich eine zweite Abhängigkeit darbieten. Die griechische Form giebt zugleich einen Fingerzeig, daß die Entlehnung nicht unmittelbar, sondern über die griechische

---

190 So bei Autolykus (IV. Jahrh. v. Chr.) ed. Hultsch, S. 6 Z. 9 u. ö., (Anm. 102); so auch noch bei Ptolemaeus (II. Jahrh. n. Chr.) und Pappus (Ende des III. Jahrh. n. Chr.) — 191 Z. B. Euklid (um 300 v. Chr.) I, def. 17, ed. Heiberg I, S. 4. — 192 So bei Euklid (um 300 v. Chr.), ed. Heiberg-Menge, IV, S. 286 Z. 11 u. ö., Archimedes (287—212 v. Chr.), ed. Heiberg, I, Leipz. 1880, S. 60 Z. 7 u. ö. (sehr häufig), bei Heron (I. Jahrh. v. Chr.), ed. Hultsch, S. 236 Z. 3, bei Apollonius (zu 250 u. 200 in Alexandria), ed. Heiberg, Leipz. 1891, Bd. I, S. 122 Z. 17 u. ö., bei Ptolemaeus (II. Jahrh. n. Chr.), *Μαθηματικὴ σύνταξις*. I, ed. Halma, S. 27 Z. 9 v. u.; häufig selbst noch bei Theon v. Alexandrien (zweite Hälfte des IV. Jahrh. n. Chr.) im Kommentar zu Ptolemaeus (ed. Halma, Paris 1821). — 193 So auch in den ältesten deutschen Bearbeitungen, wie in der *Geometria Culmonensis* (um 1400 n. Chr.), wo S. 65 (Anm. 7) statt Radien gesagt wird: „alle linien, dy von dem centrum gezogen werden bys an den vmmesweyff“ (Umschweif=Peripherie); so definiert Johannes Widmann in Eger (1489): „mittel punckt ist, von welchen all lini auf gestreckt pis an dy circuferenz gleich sey“ (Blatt 203; vgl. S. 18) und Simon Jakob sagt im Rechenbuche v. 1565: „der halbe Diameter oder die Lini so auß dem centro zur circumferentz gezogen wird“. — 194 Boetius, ed. Friedlein, S. 424 Z. 3 u. 5 (Anm. 37); an anderen Stellen heißt es nach reingriechischem Muster *lineae a centro ductae*, z. B. S. 379 Z. 13. — 195 L. Rodet, *Leçons de calcul d'Aryabhata*, Journ. Asiatique, VII. Folge, Bd. XIII, Paris 1879, S. 398, VII^{a}.

Hochschule Alexandria hinweg erfolgt ist. — Daß die Araber[196] eine besondere Bezeichnung, die sich auch inhaltlich mit unserem „Halbmesser" deckt, besaßen, nimmt nicht wunder, da wir sie oft als gute Schüler indischer Wissenschaft kennen lernten. Aus arabischen Schriften drang sie in die abendländische Litteratur ein: PLATO von Tivoli (Anfang des zwölften Jahrhunderts), der das astronomische Werk *De motu stellarum* des Ostarabers AL-BATTANI († 929; Damaskus) übersetzte, schrieb zwar noch *medietas diametri* oder *dimidium diametri*;[197] bei LEONARDO von Pisa (1220, *Practica geometriae*) und JORDANUS NEMORARIUS († 1237; *De triangulis*) steht aber *semidyameter*[198] bzw. *semidiameter*,[199] ebenso bei PEURBACH[200] (1423—1461; Wien) und REGIOMONTANUS[201] (1436—1476; Wien, Italien, Nürnberg), während LUCA PACIUOLO (1494, *Summa*) das altgriechische *„linee recte producte dal centro a la periferia"* wieder aufnimmt;[202] MAUROLYCUS (1558),[202a] TARTAGLIA[203] (1560) und PEDRO NUNEZ[204] (1567) verwenden *semidiameter*. Nunmehr aber wird der Gebrauch von *semidiameter* seltener — es erscheint mit einem Mal ein neues Wort: *radius*! Das älteste Buch, in dem sich *radius* finden ließ,[204a] in dem es sogar schon mit einer gewissen Vorliebe gewählt wird, ist die *Geometria rotundi* von FINK 1583, ein trigonometrisches Werk, das seiner Zeit große Anerkennung genoß. In einem anderen trigonometrischen Handbuch, das PHILIPP V. LANSBERGE zum Verfasser hat

[196] Vgl. *L'Algèbre d'Omar Alkhayyâmî*, ed. WOEPCKE, Paris 1851, S. 108 Z. 4 v. unten (u. öfters). Daß das hier benutzte (dem Verfasser nicht lesbare) arabische Wort Halbmesser bedeutet, geht aus S. 113 Anm. 3 hervor. — [197] ed. SCHÖNER, Nürnberg 1537, S. 6 u. 9 (Anm. 55). — [198] Z. B. LEONARDO PISANO, II, S. 85 (Anm. 88), neben *dimidium diametri*, II, 86 Z. 19. — [199] *De triangulis*, ed. CURTZE lib. III, S. 23 Z. 8/9 (Anm. 34). — [200] *Super propositiones* etc. (Anm. 56), gedruckt 1541. — [201] *De triangulis* (1464, gedr. 1533) (Anm. 57). — [202] *Summa*, II, S. 1ᵃ Z. 2 v. u. — [202a] *Maurolyci Siculi sphaericorum lib. II*, Messanae 1558, I, def., S. 45ᵇ. — [203] *General trattato*, Parte III, S. 56 Z. 3 v. u. — [204] *Livro de Algebra en Arithmetica e Geometria*, Antwerpen 1567. — [204a] Gemäß einer Notiz in der Bibl. math., 3. Folge, Bd. II, Leipzig 1901, S. 361, die erst nach Fertigstellung des obigen Abschnittes veröffentlicht wurde, verwendete bereits PETRUS RAMUS in seinen *Scholae mathematicae* von 1569 das Wort *radius*. Diese seltene ältere Ausgabe war dem Verfasser nicht zugänglich. In der von LAZ. SCHONER 1599 redigierten Neuausgabe heißt es S. 148: *„hae lineae ἀκτῖνες Platoni, Ciceroni radii sunt.* Die Bezugnahme auf Plato ist, wie oben auseinandergesetzt wird, falsch, die Berufung auf Cicero legt in das von Cicero thatsächlich gebrauchte Wort (Anm. 208) mehr hinein, als mit ihm wirklich gemeint ist. Mit dieser irrtümlichen Auffassung des RAMUS, der auf philologischem Gebiete seiner Zeit als erste Autorität galt, beginnt also die Geschichte des Wortes *radius*. Von RAMUS übernimmt es FINK, dessen Verehrung für Ramus bekannt ist, und wahrscheinlich auch VIETA (vgl. oben).

(1591), ist es bereits ein so gebräuchlicher Fachausdruck geworden, daß sogar *semiradius* gebildet wird.[205] Sehr interessant ist das Auftreten von *radius* bei VIETA (1540—1603; Paris, franz. Staatsbeamter). Als gut geschulter Philologe benutzt er fast ausschließlich *semidiameter*, nur ganz gelegentlich, und gleich wieder verbessert, entschlüpft ihm das handlichere *radius.*[206] In dem *Variorum de rebus mathematicis responsorum liber VIII* (1593)[207] bespricht er aber einige mathematische Fremdwörter, wie *μεσόγραμμον, δύναμις* etc., und dabei wird auch ein kleiner Abschnitt dem Worte *radius* gewidmet. „*Radius elegans est verbum, quo dimidia dimetiens circuli significetur*", sagt er anerkennend und bemüht sich nun, für das, ihm anscheinend gefallende, neu aufgekommene Fachwort Belege aus dem Altertum anzugeben. Einige aus OVID und VERGIL genommenen Citate passen nicht, da in ihnen *radius* die Bedeutung Strahl bez. Speiche eines Rades besitzt. Anders liegt es scheinbar mit einer von ihm angeführten Stelle aus CICERO, *De univers.*:[208] „*(Mundum) globosum fabricatus est (deus) quod σφαιροειδὲς Graeci vocant, cuius omnis extremitas paribus a medio radiis attingitur*" (Gott schuf die Welt in Kugelform, die die Griechen ein Sphäroid nennen, dessen gesamte Oberfläche von gleichen strahlenförmigen Geraden von der Mitte aus getroffen wird). CICERO aber denkt gar nicht daran, hier mit *radius* einen mathematischen Fachausdruck zu benutzen; dazu war er selbst viel zu wenig mathematisch durchgebildet. Er will nur sein Original, das er in der betreffenden Schrift zu übersetzen sucht, den tiefphilosophischen, schwer verständlichen Dialog PLATON's *Timäus*, in recht leicht faßlichen, klaren Worten wiedergeben, um ihn seinem Publikum näher zu rücken. Die betreffende platonische Stelle:[209] „*διὸ καὶ σφαιροειδὲς ἐκ μέσου πάντῃ πρὸς τὰς τελευτὰς ἴσον ἀπέχον, κυκλοτερὲς αὐτὸ ἐτορνεύσατο*" (darum verlieh er ihr (der Welt) die kugelige, vom Mittelpunkt aus in allen Endpunkten gleichweit abstehende, kreisförmige Gestalt) enthält ebenfalls kein mathematisches Kunstwort für unsern Begriff. Wie sollte also CICERO zu einem solchen kommen! Zum mindesten müßte es sich doch in wirklich mathematischen Schriften, wenn auch nur in griechischer Form, wie *ῥάβδος* oder *ἀκτίς*, nachweisen lassen, was nicht möglich ist. —

[205] *Triangulorum geometriae libri quatuor*, Lugd. Bat. 1591, S. 6. — [206] Werke, ed. SCHOOTEN (Lugd. Bat. 1646), S. 301, Probl. I: „*Posito X radio seu semidiametro circuli, B subtensa anguli subsecandi E subtensa segmenti . . .*" — [207] Werke, ed. SCHOOTEN, S. 351 (cap. IV). — [208] *Ciceronis opera*, ed. ORELLI; Bd. IV, Turici 1861, S. 1000 Z. 8—9. — [209] PLATON, *Timaeus*, § 33, ed. SCHNEIDER-BIOT, Paris, Bd. II, S. 206 Z. 50.

Nach VIETA greift die Benutzung von *radius* immer weiter um sich. KEPLER (1571—1630) verwendet zwar noch in seiner *Mysterii cosmographici praefatio ad lectorem*[210] hin und wieder *semidiameter*, aber viel häufiger *radius*. Bei ADRIAN METIUS (1598, *Doctrinae sphaer. libr. V*),[210a] PITISCUS (1600, *Trigonometrie*), SNELLIUS (1627, *Doctrina triangulorum*), GULDIN (1635, *De centro gravitatis*) u. a. finden wir ausschließlich *radius*; es fällt geradezu auf und macht den Eindruck beabsichtigter altphilologischer Strenge, wenn wir bei einem oder dem anderen Schriftsteller *semidiameter* vorgezogen sehen (so bei SCHWENTER 1618, *Geometria practica nova et aucta*; HUYGENS 1654, *De circuli magnitudine inventa*; DE LA HIRE 1685, *Sect. conicae*). In lexikalischen Werken des siebzehnten Jahrhunderts ist *radius* als Fachwort bereits aufgenommen; nach VITALIS (*Lexicon mathematicum*, Paris 1668, S. 420) stellt *radius* ursprünglich einen Ausdruck für den *sinus maximus* dar; das große enzyklopädische Werk von SCHOTT (1674, Frankfurt a. M.) definiert:[211] *„Semidiameter circuli est recta quaecumque a centro ad circumferentiam ducta. Appellatur etiam radius circuli ob similitudinem cum radio rotae“* (Halbmesser eines Kreises ist jede Gerade, die vom Mittelpunkt zum Umfang gezogen wird. Sie wird auch Radius des Kreises genannt infolge der Ähnlichkeit mit der Speiche eines Rades). — Von NEWTON an (1707, *Arithm. universalis*) ist *radius* so zur Vorherrschaft gelangt, daß selbst das deutsche Wort Halbmesser ihm gegenüber unterliegt. Auch in der neuesten Zeit ist es dabei geblieben. —

Eine ähnliche Geschichte verknüpft sich mit dem Worte Sehne. Das Altertum besitzt kein entsprechendes Fachwort; entweder heißt es *βάσις τοῦ τμήματος* (Grundlinie des Segments) oder häufiger *ἡ ἐν τῷ κύκλῳ* (sc. *εὐθεῖα γραμμή*).[212] Wieder sind es die Inder, auf die unser „Sehne“ zurückgeht. ARYABHATTA (geb. 476 n. Chr.) hat das gleichbedeutende Wort *jyâ*[213] (oder *jîva*; *jyâ-ardha* oder *ardhajyâ* halbe Sehne = *sinus*), dessen wörtliche Übersetzung wir bei den Arabern[214] und durch diese bei abendländischen Gelehrten in *chorda* antreffen. BOËTHIUS (480 Rom —524 Pavia) hat weder *chorda* noch *subtensa* (das dem klassischen *ἡ ὑποτείνουσα*[212]) entspräche, sondern nur

[210] KEPLER's Werke, ed. FRISCH, Bd. I, Frankfurt a. M. — Erlangen 1858, S. 107; vgl. auch S. 148. — [210a] lib. V, Ausg. 1632, Amsterdam, S. 92 ff. — [211] Lib. I, cap. III, Art. III, Nr. 8, S. 5. — [212] THEON v. Alexandria (Kommentar zu PTOLEMÄUS) sagt z. B. *ἡ τὴν ἡμίσειαν τῆς αὐτῆς περιφερείας ὑποτείνουσα* für „die Sehne des halben Bogens“ oder kürzer „*ἡ ὑπὸ τὴν γ′*“ für „die Sehne von 3°“ (ed. HALMA, Paris 1821, I, S. 190). — [213] RODET, IX^b, (Anm. 195). — [214] AL-KHAYYAMI, S. 119 Z. 8 (Anm. 196).

rectae lineae in circulo.[215] Zum erstenmal findet sich *corda* bei PLATO von Tivoli (Anfang des zwölften Jahrhunderts) in der Übersetzung der ALBATTANI'schen Schrift *De motu stellarum.*[55] LEONARDO von Pisa (*Practica geometriae*, 1220) sagt bald *corda,*[216] bald *linea subtendens;*[217] bei JORDANUS NEMORARIUS († 1237) wechselt *corda* mit *subtensa* ab.[218] Ihnen folgen sämtliche lateinisch schreibenden Mathematiker des Mittelalters; nur bei FINK (1583, *Geometria rotundi*) wird *inscripta* (sc. *recta*) neugebildet, womit er freilich ohne Nachahmung blieb.

Der Kreisabschnitt hieß bei EUKLID τμῆμα (*segmentum, portio circuli*);[219] der Kreisausschnitt τομεύς (*sector*).[220] Der Peripheriewinkel wurde — wie noch in Elementarbüchern des achtzehnten Jahrhunderts; so KARSTEN 1767[164] — als „Winkel im Abschnitt" (ἡ ἐν τμήματι γωνία),[221] der Sehnentangentenwinkel als „Winkel des Abschnitts" (ἡ τμήματος γωνία)[222] gekennzeichnet. Für das Berühren eines Kreises durch eine Gerade wurde in der Regel ἅπτεσθαι, ἐφάπτεσθαι (ἡ ἐφαπτομένη sc. εὐθεῖα γραμμή = *tangens recta linea* = Tangente) benutzt, ψαύειν (ἐπιψαύειν) kommt bei THEODOSIUS (um 55 v. Chr.; *sphaericorum libri III*) nirgends, bei EUKLID (um 300 v. Chr.) selten, öfters bei ARCHIMEDES vor, und wird hauptsächlich von Ebenen gesagt.[223]

Die Verdeutschungsversuche des sechzehnten und siebzehnten Jahrhunderts erhielten nur zum Teil Anerkennung durch den Sprachgebrauch. Es finden sich zum erstenmal:[224]

Kreis, bei HARSDÖRFFER 1651.[166] JOHANNES STURM (1670, Nürnberg, Übersetzung des ARCHIMEDES) unterscheidet zuerst im Ausdruck streng zwischen Kreislinie und Kreisfläche — sonst: Cirkel, runder Riß, ſcheublich (Scheibe) oder runde Linie; älteste deutsche Bezeichnung für Peripherie: vmmeſweyff[198] (= Umschweif) in der *Geometria Culmonensis* (um 1400).[7]

Durchmesser, ebenso Halbmesser, Halbkreis bei JOH. STURM (1670) — sonst: Mittelriß, Durchzug, Durchschneider, Durchschlag.

Sehne (Senne), bei SCHMID (1539, Das erſt Buch der Geometrie) — sonst: Unterzug, unterzogener Riß.

[215] BOËTIUS, S. 379 Z. 1 (Anm. 37). — [216] LEONARDO PISANO, II, S. 85 (Anm. 88). — [217] Daselbst, S. 92 Z. 10 u. ö. — [218] *De triangulis*, S. 19, lib. III, S. 1 (Anm. 34). — [219] EUKLID, lib. III, def. 6; ed. HEIBERG, I, S. 164 — *portio circuli* bei BOËTHIUS, GERHARD v. Cremona (*Anaritii comment.*) und LEONARDO v. Pisa. — [220] EUKLID, lib. III, def. 10; ed. HEIBERG, I, S. 166. — [221] EUKLID, lib. III. def. 8; ed. HEIBERG, S. 166. — [222] Daselbst, III, def. 7. — [223] J. H. T. MÜLLER, S. 11 (Anm. 152). [224] Nach FELIX MÜLLER, Zeitschr. f. Math. und Phys., Suppl. 1899, S. 328f. —

Mittelpunkt, bei demselben — sonst Centrum.

Bogen, bei Kepler (1616, deutsche Übersetzung seiner Doliometrie).

Kreisausschnitt, bei Pirkenstein (1699, Euklidübersetzung) — sonst: Ausschnitz eines Zirkels, Zirkelzahn (Kepler), Kreisteil, Kreisschnitt.

Kreisabschnitt, bei Simon Marius (1610, Euklidausgabe) — sonst: Kreisschnitt, Kreisstück.

Bei einigen Wörtern, wie Centriwinkel, Peripheriewinkel, Tangente, Sekante, Radius ziehen wir heute noch die Fremdwörter vor, obgleich Ersatzwörter in Genüge vorgeschlagen worden sind; so sagte Pirkensteiner (1699) sehr gut Mittelpunktswinkel für Centriwinkel, das auf Euklid's *ἡ πρὸς τῷ κέντρῳ γωνία* = *angulus ad centrum* zurückgeht, u. s. w. — Eigentümlich berühren uns Worte, wie Anstreicher (Kepler 1616), Anrührer (Reyher 1697) für Tangente, Durchschneider (Kepler 1616), Zerschneider (Xylander 1562) für Sekante. —

Die erste Definition des Kreises formuliert Platon (429—348 v. Chr., Athen) in seinem Dialog *Parmenides*:[225] „Rund ist doch wohl das, dessen äußerste Teile überall vom Mittelpunkt aus gleich weit entfernt sind.“ Sehr ähnlich drückt sich Euklid (lib. I, def. 15) aus:[226] „Kreis ist eine ebene, von einer einzigen Linie gebildete Figur, in welcher die von dieser Linie nach einem innerhalb der Figur befindlichen Punkte gezogenen Geraden sämtlich einander gleich sind.“

Daß ein Kreis durch einen Durchmesser halbiert wird, soll — nach Proklus[227] — eine Entdeckung des Thales sein. Es wird hiermit ebenso, wie mit den anderen mitgeteilten Forschungen des Thales sich verhalten: ihn haben die Griechen nur als Überbringer der auf seinen Reisen, besonders in Ägypten, erworbenen Kennt-

225 Platon, *Parmenides*, 137 E, ed. Astius, Bd. III, Leipzig 1821, S. 32 Z. I: „*Στρογγύλον γέ πού ἐστι τοῦτο, οὗ ἂν τὰ ἔσχατα πανταχῇ ἀπὸ τοῦ μέσου ἴσον ἀπέχῃ.*“ — Übersetzung v. H. Müller, Bd. III, Leipzig 1852, S. 334. — 226 Euklid, I, def. 15, ed. Heiberg, Bd. I, Leipzig 1883, S. 4 Z. 9—13: „*Κύκλος ἐστὶ σχῆμα ἐπίπεδον ὑπὸ μιᾶς γραμμῆς περιεχόμενον, πρὸς ἣν ἀφ᾿ ἑνὸς σημείου τῶν ἔντος τοῦ σχήματος κειμένων πᾶσαι αἱ προσπίπτουσαι εὐθεῖαι ἴσαι ἀλλήλαις εἰσίν.*“ Ebenso Heron, *Geometrie*, def. 29, ed. Hultsch, S. 15 (Anm. 2). — 227 Proklus, S. 157 Z. 10—11: (Anm. 6): „*Τὸ μὲν οὖν διχοτομεῖσθαι τὸν κύκλον ὑπὸ τῆς διαμέτρου πρῶτον Θαλῆν ἐκεῖνον ἀποδεῖξαί φασιν*“ (daß der Kreis durch einen Durchmesser in zwei gleiche Teile zerlegt wird, soll der bekannte Thales zuerst bewiesen haben).

nisse zu verehren. Übrigens hat man auf Baudenkmälern der älteren Herrscherdynastien Ägyptens verzierende Figuren gefunden, die die Teilung des Kreises in 2, 4 und mehr gleiche Teile als sehr früh bekannt beweisen.[228]

Die Sätze von der Lage der Sehnen zum Mittelpunkt und den Größenverhältnissen mehrerer Sehnen in Bezug auf ihre Abstände vom Mittelpunkt bilden einen wichtigen Bestandteil des dritten Buches der euklidischen Elemente. Die hier gegebene Rekonstruktion des verloren gedachten Mittelpunktes eines Kreises unterscheidet sich von der unsrigen, die zwei Sehnen voraussetzt, darin, daß das Mittellot auf nur einer Sehne errichtet, beiderseitig bis zur Peripherie verlängert und der so entstehende Durchmesser halbiert wird. Der erforderliche Beweis (III, 1) wird indirekt geführt. — Euklid untersucht dann die Längen der Verbindungsstrecken eines inneren oder äußeren Punktes mit den Punkten des Kreisumfanges und stellt ihre Maxima und Minima fest (III, 7, 8). Ferner besitzt Euklid die Lehrsätze, die von der Tangente eines Kreises handeln (III, 16—19). Wieder verschieden von der unsrigen ist seine Zeichnung einer Tangente von einem gegebenen Punkte A an einen Kreis mit dem Mittelpunkt M: Euklid (III, 17) schlägt um M mit MA einen konzentrischen Kreis und errichtet im Schnittpunkte B der Geraden MA mit dem gegebenen Kreise ein Lot, das den Hilfskreis in C trifft. Die Verbindungslinie MC liefert dann den gesuchten Berührungspunkt D. — Unsere moderne Konstruktionsart, die den Punkt D durch einen über MA zu errichtenden Halbkreis ermittelt, scheint zuerst in der schon mehrere Male rühmend hervorgehobenen *Geometria rotundi* von Fink (1583)[229] vorzukommen. Die Elementarbücher des achtzehnten Jahrhunderts schließen sich bald an Euklid

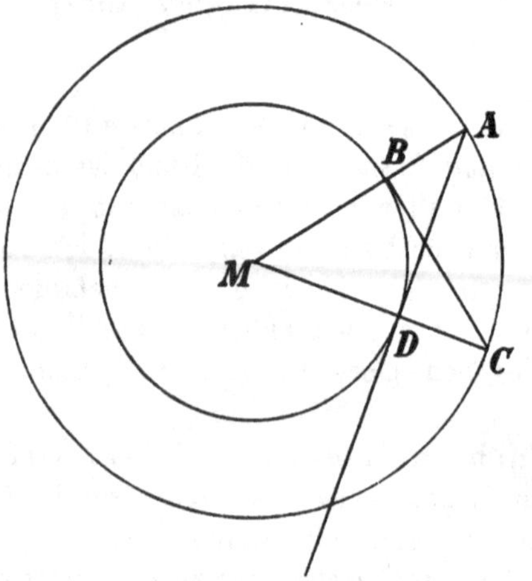

Fig. 5.

228 Cantor, I[b], S. 67. — 229 Basel 1583, lib. II, § 8, S. 32.

an, wie KÄSTNER (1764)[53] und noch THIBAUT (1801)[45] (siehe S. 32); bald bringen sie die moderne Konstruktion, wie KARSTEN[299] (1760 *Matthesis theoretica*, § 156, 1767 *Geometria* I, § 216), SEGNER (1773),[301] BUGGE[104] (1800) u. a.

Dieser Abschnitt der Kreislehre ist bestimmt schon in der Schule des PYTHAGORAS (sechstes bis fünftes Jahrhundert v. Chr.) abgehandelt worden, wenn wir auch bestimmte Überlieferung dafür nicht besitzen. Das einzige, was sich als durchaus sicher annehmen läßt, ist, daß ARCHYTAS von Tarent (um 430—365 v. Chr.) gelegentlich — bei seiner Konstruktion der Würfelverdoppelung[230] — den Satz von dem rechten Winkel zwischen der Tangente und dem Berührungsradius voraussetzt. Anders verhält es sich mit dem allgemeinen Satze vom Peripheriewinkel und Centriwinkel auf gleichem Bogen, den EUKLID (III, 20 und 21) in der uns am geläufigsten Form durch Zerlegung mittels eines Durchmessers von der Spitze des Peripheriewinkels aus und Zurückführen auf den Satz vom Außenwinkel an der Spitze eines gleichschenkligen Dreieckes behandelt. Von diesem Satz, ebenso von dem dazugehörigen über die Summe der gegenüberliegenden Winkel in einem Sehnenviereck (EUKLID III, 22) und demjenigen vom Sehnentangentenwinkel (EUKLID III, 32) müssen wir vermuten, daß sie zur Zeit des HIPPOKRATES v. Chios (um 440 v. Chr.) noch nicht zum vorhandenen Bestande der Elementargeometrie gehörten.[231] Während EUKLID unter ähnlichen Kreisabschnitten solche versteht, die gleiche Peripheriewinkel haben (III, def. 11), scheint HIPPOKRATES sie als gleichvielte Teile eines Kreises zu erklären. Bei der Konstruktion solcher Abschnitte benutzt er das gleichschenklige Dreieck, das die Sehne als Basis hat und dessen Spitze in der Peripherie liegt, verwendet also einen ganz speziellen Peripheriewinkel, ohne den viel einfacheren Weg mit irgend einem Peripheriewinkel einzuschlagen, der hätte betreten werden müssen, wenn HIPPOKRATES die Gleichheit der Peripheriewinkel innerhalb desselben Abschnittes gekannt hätte. Ähnlich umständlich verfährt er bei einem anderen Beweis,[232] durch den er zeigen will, daß ein Paralleltrapez mit drei gleichen Seiten ein Sehnenviereck ist. — Den Satz vom Sehnenviereck beweist EUKLID, indem er die Diagonalen AC

230 ARCHIMEDES, III, S. 98 ff. (Anm. 33); vgl. CANTOR, I^b, S. 215. — 231 BRETTSCHNEIDER, S. 131 ff. (Anm. 4). Diese Annahme wird durch neuere Untersuchungen des Originaltextes wieder in Zweifel gezogen; vgl. RUDIO (Anm. 475), S. 41—46. Danach ist die Kenntnis der angegebenen Sätze viel älter. — 232 *Eudemi fragm.*, S. 123 ff. (Anm. 4); BRETTSCHNEIDER, S. 111 (Anm. 4).

und DB zieht und darauf aufmerksam macht, daß die Winkel BDC und BAC, ebenso die Winkel BDA und BCA gleich sind, daß man also, statt die Winkel ADC und ABC zu addieren, auch die drei Winkel BAC und BCA und ABC zusammenlegen könne; als Winkel eines Dreieckes betragen diese aber zusammen zwei Rechte.

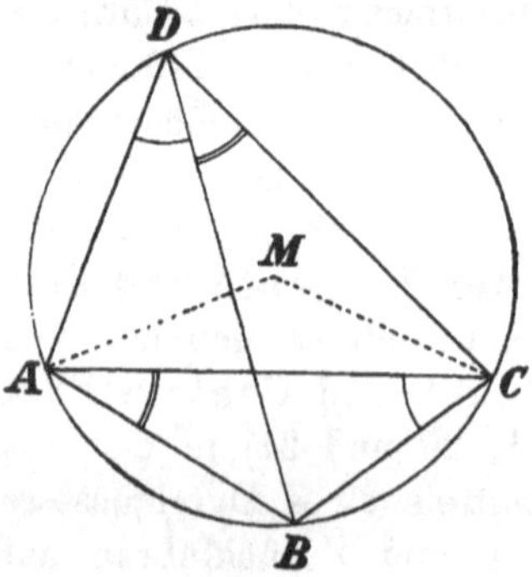

Fig. 6.

Der heute zumeist übliche Gang des Beweises, demgemäß der Mittelpunkt des Kreises M mit A und C verbunden und die beiden entstehenden Centriwinkel mit den Peripheriewinkeln ADC und ABC in Verbindung gebracht werden, setzt voraus, daß der Satz vom Centriwinkel und Peripheriewinkel über gleichem Bogen auch auf konvexe Centriwinkel ausgedehnt ist. Dies ist in Euklid's Elementen noch nicht geschehen, sondern wird erst durch Heron (erstes Jahrh. v. Chr.) nachgeholt, bei dem wir dann auch den zweiten Beweis vom Sehnenviereckssatz zuerst antreffen.[233] — Den Satz vom Sehnentangentenwinkel beweist Euklid (III, 32), wie wir heute auch, mit Hilfe eines vom Berührungspunkte ausgehenden Durchmessers, durch den Komplementwinkel entstehen; hier giebt er auch sofort die Verallgemeinerung auf den stumpfen Sehnentangentenwinkel und im Anschluß daran die Konstruktion, über einer Sehne einen Kreis zu zeichnen, der einen gegebenen Peripheriewinkel umfaßt (Euklid III, 33).

Die Umkehrung des Sehnenviereckssatzes ist im Altertum nicht anzutreffen. Vieta (1540—1603; Paris, franz. Staatsbeamter) geht auf ihren Beweis im *Pseudomesolabum* von 1596[234] so ausführlich ein, daß man annehmen darf, der Satz erscheine hier zum erstenmal.

Sehr alt ist der specielle Fall des Peripheriewinkelsatzes, daß der Winkel im Halbkreis ein Rechter ist. Diesmal ist es nicht Proklus, sondern eine Geschichtsschreiberin zur Zeit Nero's, Pamphile,[235] die ihn, als von Thales herrührend, mitteilt. Das Anekdotenhafte der Erzählung geht schon aus dem unvermeidlichen Opfer eines

[233] *Anaritii Commentarii in Euclidem*, ed. Curtze, *Euclides*, Opera Suppl., Leipzig 1899, S. 133. — [234] *Adjuncta capitula*, Prop. II; opera, ed. Schooten, Lugd. Bat. 1646, S. 275—276. — [235] Laërtius Diogenes, I, 24, ed. Cobet, Paris 1850, § 3 S. 6 Z. 26—27.

Stieres hervor, zu dem sich der Entdecker aus Freude aufgeschwungen haben soll. — Unmöglich ist es jedoch nicht, daß die besondere Eigenschaft des Winkels im Halbkreis der Zeit des THALES, vielleicht schon vor THALES, geläufig war, nachdem es sich als nicht unwahrscheinlich herausgestellt hat, daß der Satz von der Winkelsumme im Dreieck vorpythagoreisch ist. — EUKLID's historische Treue konnte schon mehrfach hervorgehoben werden; auch hier dürfte sie uns nicht im Stiche lassen, wenn er von zwei angeführten Beweisen (III, 31) jenen an die Spitze stellt, der nichts als die Gleichheit der Basiswinkel eines gleichschenkligen Dreieckes und die Größe der Winkelsumme im Dreieck als bekannt voraussetzt; es liegt nahe, diese Beweisanordnung als eine altertümliche, als die thaletische anzusehen. Möglich ist indes auch, daß die erste Beweisart die des HIPPOKRATES (um 440 v. Chr.) ist, von der EUDEMUS einmal gelegentlich spricht.[236] — Im zweiten Beweis des EUKLID wird der Satz vom Peripheriewinkel benutzt, freilich noch nicht in der einfachsten Form, die der moderne Unterricht giebt, der den zugehörigen Centriwinkel als gestreckten Winkel erkennen lehrt.

Nacheuklidisch, oder wenigstens in die Elemente EUKLID's nicht aufgenommen, ist der Satz von der Gleichheit der beiden Tangentenstrecken, die von einem Punkte an den Kreis gezogen werden können. Bei ARCHIMEDES[237] (287—212 v. Chr.) sehen wir ihn aber bereits angewendet; als selbständiger Satz tritt er uns erst bei HERON (erstes Jahrhundert v. Chr.) entgegen.[238] Die Umkehrung, daß der Mittelpunkt des Kreises auf der Halbierenden des Tangentenwinkels liegt, holt PAPPUS im siebenten Buche seiner *Συναγωγή* nach,[239] ebenso wie eine noch weitere, mögliche Umkehrung.[240] — Bei EUKLID kann nun natürlich auch nicht der Satz vom Tangentenviereck gesucht werden, der aussagt, daß die Summen je zweier Gegenseiten einander gleich sind. Vor dem dreizehnten Jahrhundert ist sein Auftreten nicht nachzuweisen; erst bei JORDANUS NEMORARIUS (Deutscher; † 1237, Ordensgeneral der Dominikaner) wird er abgeleitet.[241] Eine Verallgemeinerung dieses Satzes auf Sechsecke u. s. f. ist durch

236 *Eudemi fragm.*, S. 129 Z. 5—6; vgl. S. 128 Z. 26 (Anm. 4). — 237 ARCHIMEDES, *κυκλ. μετρ.*, prop. I; Werke, ed. HEIBERG, I, S. 260; Nizze, S. 110 (Anm. 33). In EUKLID's *Phaenomena* (prop. XXIV, ed. GREGORIUS, Oxoniae 1703, S. 618) ist er auch angedeutet. — 238 *Anaritii comm. in Euclidem*, S. 130 (Anm. 233). — 239 PAPPUS, VII, prop. 97, ed. HULTSCH, § 159, S. 822 Z. 5 ff. (Anm. 14). — 240 PAPPUS, VII, prop. 112, ed. HULTSCH, S. 842. — 241 *De triangulis*, IV, 5, ed. CURTZE, S. 30 (Anm. 34): „*Omnis quadrilateri circa circulum descripti duo quaelibet latera opposita sunt equalia reliquis pariter acceptis.*"

den französischen Mathematiker PITOT 1725 erfolgt,[242] desgleichen für den Winkelsatz im Sehnensechseck 1803 durch CARNOT (1753—1823).[243]

Als historisch wichtig, wenn auch dem Stoff nach nicht hergehörig, sei die Geschichte der erst nach langen Mühen gelösten Aufgabe, aus vier Seiten a, b, c, d ein Sehnenviereck zu konstruieren, hier eingeschaltet. Gestellt hat sie im Mittelalter REGIOMONTANUS[244] (1464) in einem Briefe an den Astronomen BIANCHINI in Ferrara; dabei zeigt er eine Berechnungsart für die Diagonalen. Bei anderer Gelegenheit suchte REGIOMONTANUS sogar Schwerpunkt und Fläche zu bestimmen. Die Auswertung des Flächeninhaltes war indes, wie wir später sehen werden (Trigonometrie V, D 6 und E), bereits dem Inder BRAHMAGUPTA (geb. 598) durch die Formel $F = \sqrt{(s-a)(s-b)(s-c)(s-d)}$, wo $s = \frac{a+b+c+d}{2}$ ist, gelungen. — Eine allgemeine Lösung ersann 1585 der italienische Mathematiker BENEDETTI (1530—1590).[245] Mit Zirkel und Lineal führte endlich VIETA (1540—1603, Paris, franz. Staatsbeamter) in einer Abhandlung vom Jahre 1596, *Pseudomesolabum et alia quaedam adjuncta capitula,*[246] die erstrebte Konstruktion durch. Eine besondere Schrift widmete 1598 JOHANNES RICHTER (gen. PRAETORIUS; 1537—1616, Professor der Mathematik in Wittenberg und Altdorf) diesem Gegenstande;[247] er stellte die bisherigen Lösungen zusammen, zeigte eine neue rechnerische Behandlung und erörterte besonders die Frage nach solchen Sehnenvierecken, die rationale Seiten und Diagonalen haben. Auf analytischem Wege bearbeitete SNELLIUS (1581—1626, Professor an der Universität Leiden) die Aufgabe (siehe Trigonometrie V, E), ferner 1626 ALBERT GIRARD (1590?—1632, Leiden, Lehrer der Mathematik). Der letzte legte das Hauptgewicht auf die Berechnung des zugehörigen Kreisradius.[248] Von neueren konstruktiven Lösungen ist die des französischen Mathematikers LAMÉ (1793—1870; Mathematiker und Ingenieur in Paris) in erster Reihe zu erwähnen.[249]

242 Hist. de l'Acad. de Paris, 1625 (Paris 1627); Mém., S. 45—47 *Propriétés élémentaires des polygones irréguliers circonscrits autour du cercle.* — 243 CARNOT, *Géométrie de position,* Paris 1803, cap. 304, théor. 35, S. 346. — 244 CANTOR, II^b, S. 281—282; Bibl. math., 3. Folge, Bd. II, S. 353. — 245 *Diversarum speculationum mathematicarum et physicarum liber*, Taurini 1585; vgl. CHASLES, *Aperç. hist.*, übers. v. SOHNKE, S. 496 (Anm. 154). — 246 VIETA, ed. SCHOOTEN, Lugd. Bat. 1646, S. 258—285, besonders S. 275—279, cap. I, *De construendo quadrilatero, quod sit in circulo*; vgl. CANTOR, II^b, S. 587—588. — 247 CHASLES, *Aperç. hist.*, SOHNKE, S. 497—499 (Anm. 154). — 248 CANTOR, II^b, S. 709. — 249 LAMÉ, *Examen des diff. méth. ...* S. 18, nach BALTZER, *Elem.*,

Der Zusammenhang zwischen gleichen Bogen, Centriwinkeln, Peripheriewinkeln und Sehnen in gleichen Kreisen wird von EUKLID in den Sätzen 26.—29. des dritten Buches seiner Elemente behandelt, das gegenseitige Verhalten zweier Kreise zu einander, je nach ihrer Lage, in den Sätzen 10.—13., speziell in Satz 11. und 12. das Berühren zweier Kreise. Über die Berührung von Kreisen soll ARCHIMEDES (287—212 v. Chr., Syrakus) ein besonderes Buch geschrieben haben.[250] Vielleicht enthielt es schon Aufgaben, die man als Apollonisches Taktionsproblem zusammenfaßt. In diesem wird verlangt, einen Kreis zu zeichnen, der drei Bedingungen erfüllen soll, deren jede sein kann, entweder erstens durch einen gegebenen Punkt zu gehen, zweitens eine gegebene Gerade oder drittens einen gegebenen Kreis zu berühren. Das apollonische Buch *περὶ ἐπαφῶν* ist auch nicht erhalten. Als man im Mittelalter den Versuch machte, die Lösungen der Alten wieder zu finden, war es kein geringerer, als VIETA, der eine allgemeine Auflösung mit Zirkel und Lineal lieferte.[251] Die Aufgabe, zu drei gegebenen Kreisen den äußeren Berührungskreis zu finden, hatte auch PAPPUS (Ende des dritten Jahrhunderts n. Chr., Alexandria) im vierten Buche seiner *Συναγωγή* behandelt.[252] — Interessant ist eine andere Aufgabe des PAPPUS,[253] von drei Punkten einer Geraden drei neue Gerade so zu ziehen, daß dieselben in einem gegebenen Kreise ein eingeschriebenes Dreieck bilden. In der schwierigeren Form, daß die drei gegebenen Punkte beliebige Lage erhalten und auch ihre Zahl erhöht werden kann, so daß es sich nicht um ein eingeschriebenes Dreieck, sondern um ein ebensolches Viereck, Fünfeck u. s. w. handelt, wurde sie erst im achtzehnten Jahrh. von ANNIBALE GIORDANO aus Ottajano gelöst.[254] PONCELET (1788—1867, Paris) führte eine weitere Verallgemeinerung durch, indem er statt des Kreises einen anderen Kegelschnitt zu Grunde legte (1822).[255]

6. Die Flächenberechnung und Flächenvergleichung.

Flächenberechnungen stellen ein Hauptkapitel altägyptischer Geometrie dar. Rechtecke, gleichschenklige Dreiecke, ebenso Parallel-

Bd. II, 3. Aufl., Leipz. 1870, IV, § 14, S. 131, Anm. 2. — [250] HEIBERG, *Quaestiones Archimedeae*, Hauniae 1879, S. 29. — [251] *Apollonius Gallus*, 1600; VIETA, Opera, ed. SCHOOTEN 1646, S. 325—346; vgl. CANTOR, II^b, S. 590. — [252] PAPPUS, *Συναγωγή*, lib. IV, § 15, ed. HULTSCH, Bd. I, S. 200 (Anm. 14). — [253] Daselbst, lib. VII, § 182, Bd. II, S. 848. — [254] Bd. IV der Memorie della società italiana, nach CHASLES-SOHNKE, Note XI (Anm. 154); vgl. Zeitschrift f. Math. u. Phys., Bd. 37, Leipz. 1892, Hist.-litt. Abt., S. 216—217. — [255] PONCELET, Paris 1822, *Traité des propr. proj.*, Sect. IV, Chap. III, Nr. 557 f., S. 349 f. (Anm. 142).

trapeze, dann auch unregelmäßige Vierecke, die sich nicht wesentlich von der Quadratform unterscheiden, bilden die Grundfiguren, auf deren Berechnung jede beliebige Figur durch Zerschneiden zurückgeführt wurde. Den praktischen Feldmessern standen Näherungsformeln zu Gebote, die bei vorsichtiger Wahl der Figuren nur unwesentliche, jedenfalls noch zulässige Abweichungen ergeben. Haben die gleichschenkligen Dreiecke und Trapeze (Schenkel a, Basis g, bzw. g_1 und g_2) steile Basiswinkel, so liefern die unrichtigen Formeln $\frac{g}{2} \cdot a$ bzw. $\frac{g_1 + g_2}{2} \cdot a$, nach denen im Rechenbuch des AHMES (zwanzigstes bis siebzehntes Jahrhundert v. Chr.) verfahren wird,[256] ganz annehmbare Werte. HERON von Alexandria (erstes Jahrhundert v. Chr.), dessen feldmesserische Schriften auf ägyptischer Überlieferung beruhen, führt gelegentlich dieselben Vorschriften an,[257] macht auch einmal für allgemeine Vierecke Gebrauch von der Formel $\frac{a + c}{2} \cdot \frac{b + d}{2}$[258] — wo $a\,b\,c\,d$ die vier Seiten in der angegebenen Reihenfolge bedeuten — bzw. für das allgemeine Dreieck von der Formel $\frac{a + c}{2} \cdot \frac{b}{2}$, indem eine vierte Seite d als Null angenommen wird. Vermessungsinschriften, die man in einem ägyptischen Tempel vorgefunden hat, bestätigen den rein ägyptischen Ursprung sowohl dieser allgemeinen Vierecksformel als auch der aus ihr abgeleiteten Dreiecksformel[259] (siehe S. 49, 50). Selbstverständlich kennt HERON auch die genaue Berechnung eines allgemeinen Dreieckes durch die Formel $\frac{1}{2} g h$, die beim gleichschenkligen Dreieck zu $\frac{1}{2} g \cdot \sqrt{a^2 - \left(\frac{g}{2}\right)^2}$ wird.[260]

So grundfalsch die erwähnten Näherungsformeln sind, so verwertbar sind sie, wenn man sie auf unregelmäßige Vierecke von nahezu quadratischer Form beschränkt. Man wird es erklärlich finden, daß der praktische, nur wenig mathematisch durchgebildete Feldmesser an diesen Formeln — unter unbewußter Beobachtung bald größerer bald geringerer Vorsicht in der Auswahl der berechneten Figuren — immer noch festhielt, nachdem von den Theoretikern längst die genaueren Formeln entwickelt worden waren, besonders da diese,

256 EISENLOHR, *Papyrus Rhind*, Aufgabe 51, 52, S. 126, 129 (Anm. 3). — 257 HERON, *Mensurae*, § 55, ed. HULTSCH, S. 207 Z. 1—5 (Anm. 2). — 258 HERON, *liber Geeponicus*, § 49, ed. HULTSCH, S. 212 Z. 15—20. — 259 LEPSIUS, S. 82—83 (Anm. 175). — 260 $\frac{1}{2} g h$, *Geometrie*, cap. 24, § 3, S. 64 Z. 19—23; $\frac{1}{2} g \sqrt{a^2 - \left(\frac{g}{2}\right)^2}$, *Geometrie*, cap. 18 u. 19, S. 61; *liber Geeponicus*, cap. 52, § 2, S. 213 Z. 11—18.

wie die richtige Formel für das gleichschenklige Dreieck oder die allgemeine, unter dem Namen HERON's bekannte Formel $\sqrt{s(s-a)(s-b)(s-c)}$, meist Quadratwurzelausziehen bedingten, eine Operation, die freilich schon lange vor der Zeit des ARCHIMEDES († 212 v. Chr.) bekannt war (vgl. Bd. I, S. 209), aber doch immerhin für die Techniker ihre erhebliche Schwierigkeit besaß.

Ganz so wie die ägyptischen und griechischen Vermesser arbeiteten die indischen,[261] arbeiteten die römischen Agrimensoren.[262] Wie ein roter Faden läßt sich die uralte Praxis der näherungsweisen Vierecksberechnung über BOËTHIUS (fünftes Jahrhundert n. Chr.)[263] bis zum Mittelalter, z. B. in WIDMANN's Rechenbuch von 1489,[264] verfolgen.

Der Feldmesser durfte sich mit Annäherungen begnügen, nicht der reine Theoretiker. Der streng abstrakte Geist des griechischen Mathematikers vergrößerte diese Kluft noch mehr. Die Zurückhaltung vor irgend einer praktischen Anwendung der reingeometrischen Resultate ging schließlich so weit, daß nirgends in EUKLID's Elementen die Berechnung von Flächen gelehrt wird. Die Untersuchungen werden bis zu dem Satze geführt, daß sich Flächen beliebiger Parallelogramme wie die Produkte von Grundlinie und Höhe verhalten — dann wird das Thema abgebrochen! Dasselbe geschieht bei den Flächen der Kreise, den Volumina der Parallelepipeda, Pyramiden und Kugeln. Es mag auch griechische Lehrbücher gegeben haben, die die praktische Seite, die *Geodäsie*, wie man im Gegensatz zur *Geometrie* seit ARISTOTELES[265] sagte, behandelten; außer der Sammlung des Alexandriners HERON[2] ist indes nichts auf uns gekommen.

Erschöpfend ist bei HERON (erstes Jahrhundert v. Chr.) die Behandlung von Berechnungsaufgaben geradliniger Flächen. HERON beginnt methodisch mit dem Quadrat, dessen Fläche und Diagonale aufgesucht werden;[266] bei dem Rechteck erledigt er dieselben Fragen, bestimmt aber noch umgekehrt aus dem Inhalt und

261 Die Näherungsformel für das Viereck hat der Inder BRAHMAGUPTA (geb. 598 n. Chr.) *Gaṇita*, ch. XII, sect. IV, S. 21, ed. COLEBROOKE, London 1817, *Algebra with Arithmethic and Mensuration from the Sanscrit of Brathmagupta and Bhâscara*, S. 295. — 262 Vgl. M. CANTOR, *Die römischen Agrimensoren*, Leipzig 1875. — 263 BOËTIUS, *Ars Geom.*, lib. II, S. 417 Z. 20—28 (Anm. 37). — 264 Rechenbuch (Bd. I, Anm. 58), Leipzig 1489, Blatt 220 (mit falscher Figur! Die in der Zeichnung gewählte Größe der Seiten läßt die falsche Anordnung der angeschriebenen Maßzahlen erkennen). — 265 ARISTOTELES, *Metaphys*, II, 2, Berl. Akademieausg., Bd. II, 1831, S. 997 rechts, Z. 26—27, 32. — 266 HERON, *Geometrie*, cap. 5, ed. HULTSCH, S. 49—52 (Anm. 2).

der einen Seite die andere.[267] Nun kommt das rechtwinklige Dreieck an die Reihe. Er nimmt zwei Seiten als gegeben an, berechnet damit die dritte Seite und den Inhalt, geht aber auch vom Inhalt und einer Kathete aus, während er den Fall, daß Hypotenuse und Inhalt bekannt sind, übergeht. Insbesondere weiß er, daß man den Inhalt durch das halbe Produkt der beiden Katheten finden kann.[268] Beim gleichseitigen Dreieck lehrt HERON, aus der Seite Inhalt und Höhe finden, wobei abgerundete Wurzelwerte (siehe S. 103) benutzt werden.[269] Die entsprechenden Aufgaben, Inhalt und Höhe aus den Seiten zu finden, behandelt er auch beim gleichschenkligen Dreieck.[270] Beim allgemeinen Dreieck wird, wenn die drei Seiten gegeben sind, erst die Höhe (siehe S. 76—77) und dann der Inhalt gesucht oder aber der sogenannte heronische Satz unmittelbar angewendet.[271] Nunmehr folgen wieder Vierecksberechnungen. Aus einer Seite und einer Diagonale findet HERON beim Rhombus die andere Diagonale und den Inhalt.[272] Neue Rechtecksaufgaben schließen sich an, wobei oft die Rechtecke in verschiedenartige Teile zerschnitten werden.[273] Der Inhalt allgemeiner Parallelogramme wird aus den Seiten und einer Diagonale bestimmt, indem erst wie beim Dreieck eine Höhe gesucht und dann jedes Teildreieck berechnet oder das Parallelogramm durch Senkrechte in drei Teile, ein Rechteck und zwei rechtwinklige Dreiecke, deren Flächen einzeln ausgewertet werden, zerschnitten wird.[274] Bei Paralleltrapezen verfährt HERON nach der Formel $\frac{g_1 + g_2}{2} \cdot h$, macht aber auch von Zerlegungen vielfältigen Gebrauch. So schlägt er bei einem rechtwinkligen Paralleltrapez vier Wege ein: zuerst benutzt er die oben angeführte Formel, dann zerlegt er die ganze Figur in ein Rechteck und ein rechtwinkliges Dreieck, zuletzt durch jede der beiden Diagonalen in zwei Dreiecke.[275] Bei gleichschenkligen Trapezen wird nach Berechnung der Höhe ähnlich vorgegangen.[276] Das Zerschneiden allgemeiner Vierecke paßt sich ihrer Form an; besondere Aufmerksamkeit wird auf etwa vorhandene rechte Winkel gerichtet.[277]

Die im vorstehenden gegebene Übersicht über die Flächenberechnungen HERON's läßt es unnötig erscheinen, in ähnlicher Weise über die betreffenden Verfahren indischer Mathematiker, wie ARYABHATTA (geb. 476 n. Chr.) und BRAHMAGUPTA (geb. 598

---

[267] cap. 6, S. 52—53. — [268] cap. 7, S. 53 Z. 12—19; *Geodaesie*, cap. 7, S. 144 Z. 17—23; *liber Geeponicus*, cap. 50, S. 212 Z. 21—25. — [269] *Geometrie*, cap. 14—17. — [270] Bis cap. 23. — [271] cap. 24 ff. — [272] cap. 37—42. — [273] cap. 42—52. — [274] cap. 53—61. — [275] cap. 62—71. — [276] cap. 72—80, 82. — [277] cap. 81, 83—86.

n. Chr.), Bericht zu erstatten, da gerade bei diesen Aufgaben die indischen Schriften die Entlehnung von HERON auf das deutlichste zeigen. So wiederholt sich die angenäherte Vierecksformel, dann HERON's genaue Dreiecksformel $\sqrt{s(s-a)(s-b)(s-c)}$ (siehe Trigonometrie V. D. 5), ferner die Berechnung der Rhombusfläche durch das halbe Produkt der Diagonalen[278] und vieles andere. Charakteristisch für die indische Geometrie ist die Benutzung geschickt gezeichneter Figuren, durch die die gegebene Berechnungsformel von selbst klar und ein genauerer Beweis erspart wird. So ist der Berechnung eines Dreieckes durch das halbe Produkt aus Grundlinie und Höhe die nebenstehende Figur beigezeichnet und kein anderer Vermerk zugefügt, als das einfache Wort: „Sehet". Offenbar soll der Leser aus der sofort ersichtlichen Kongruenz der beiden durch die Höhe entstandenen Dreieckspaare die Gleichheit des Dreiecks mit dem Rechteck von halber Höhe und gleicher Grundlinie von selbst ersehen.[279] — Dieselbe Figur benutzte in seiner *Practica geometriae* von 1220[280] auch der italienische Mathematiker LEONARDO von Pisa, dem das Abendland erst wieder eingehendere mathematische Kenntnisse verdankt. Natürlich braucht bei derartigen Übereinstimmungen noch nicht ein historischer Zusammenhang angenommen zu werden.

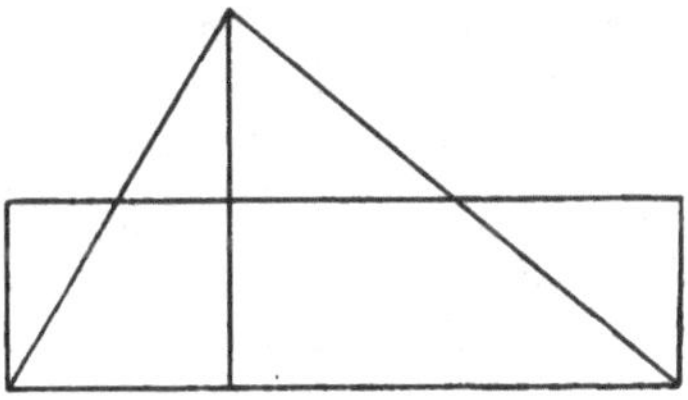

Fig. 7.

Die Sätze von der Flächengleichheit der Parallelogramme und Dreiecke sind bereits den Pythagoreern (sechstes bis fünftes Jahrhundert v. Chr.) geläufig gewesen, wie wir aus ihren Flächenanlegungen ersehen werden. EUKLID hat sie am Schluß des ersten Buches zusammengestellt; er beweist die Hauptsätze über Parallelogramme und Dreiecke erst für dieselben Grundlinien (I. 35, 37), dann für gleiche (I. 36, 38), zeigt, daß flächengleiche Dreiecke auf gleichen Grundlinien zwischen Parallellinien gelegt werden können (I. 39, 40) und stellt das Größenverhältnis von Parallelogrammen und Dreiecken fest (I. 41). In VI. 1 wird gelehrt, daß sich die Flächen gleich hoher Dreiecke wie die Grundlinien verhalten; aber es fehlt der entsprechende Satz für gleiche Grundlinien. Bis ARCHIMEDES

278 HERON, *Geom.*, cap. 37, S. 82 Z. 21—29; BHASKARA, *Lîlâvatî*, ch. VI, sect. 174, S. 74. — 279 Bei GANEÇA (um 1545 n. Chr.), einem Kommentator des BHASKARA; *Lîlâvatî*, ch. VI, S. 164., ed. COLEBROOKE, S. 70 Note 4 (Anm. 261). — 280 LEONARDO PISANO, II, S. 35 unten am Rand (Anm. 88).

(287—212 v. Chr., Syrakus), der ihn mehrfach benutzt,[280a] stellt er sich indes ein. —

Der Satz von den Ergänzungsparallelogrammen (EUKLID I. 43) führte bei den Alten seit EUKLID den Namen Satz vom Gnomon; er ist spätestens zur Zeit des PYTHAGORAS entstanden. Unter Gnomon verstand man ursprünglich einen senkrecht gestellten Stab, aus dessen Schattenlinie die Zeit erkannt werden konnte; dann übertrug man Gnomon allgemein auf ein Lot und weiter auf einen künstlich hergestellten rechten Winkel, wie er beim Zeichnen benutzt wird. Die Pythagoreer nannten infolge der Ähnlichkeit mit diesem Instrument Gnomon diejenige Restfläche, die man erhält, wenn man aus einem Quadrat an einer Ecke ein kleineres Grenzquadrat herausschneidet, eine Bezeichnung, die EUKLID schließlich auf entsprechende Parallelogrammfiguren verallgemeinerte. —

Das erste Buch EUKLID's wird gekrönt durch den pythagoreischen Lehrsatz (I. 47; Umkehrung I. 48).[281] Der von EUKLID

[280a] ARCHIMEDES, *τετραγ. παραβ.*, XVII, ed. HEIBERG, II, S. 336 Z. 5—8; *περὶ κωνοειδ.*, XXIII, ed. HEIBERG, I, S. 406 Z. 7ff.; *περὶ κων. κ. σφαιρ.*, ed. HEIBERG, Bd. I, S. 306 Z. 2ff. — [281] EUKLID, I, 47, ed. HEIBERG, I, Leipzig 1883, S. 110 Z. 10—13: „*Ἐν τοῖς ὀρθογωνίοις τριγώνοις τὸ ἀπὸ τῆς τὴν ὀρθὴν γωνίαν ὑποτεινούσης πλευρᾶς τετράγωνον ἴσον ἐστι τοῖς ἀπὸ τῶν τὴν ὀρθὴν γωνίαν περιεχουσῶν πλευρῶν τετραγώνοις.*“ (In den rechtwinkligen Dreiecken ist das Quadrat über der den rechten Winkel überspannenden [gegenüberliegenden] Seite gleich den Quadraten über den den rechten Winkel einschließenden Seiten.) Bei HERON, *Geometrie*, cap. 9, § 1, ed. HULTSCH, S. 54 Z. 19—21 (auch *Geom.*, cap. 3, § 24, S. 46 Z. 18—21), in algebraischer Form: „*Ἰστέον δὲ ὡς παντὸς ὀρθογωνίου τριγώνου οἱ πολυπλασιασμοὶ τῶν δύο πλευρῶν τῆς ὀρθῆς γωνίας ἴσοι εἰσι τῷ πολυπλασιασμῷ τῆς λοιπῆς τῆς ὑποτεινούσης.*“ (Wisse, daß bei jedem rechtwinkligen Dreiecke die Produkte der zwei Seiten am rechten Winkel [mit sich selbst] gleich sind dem Produkt der letzten, gegenüberliegenden Seite [mit sich selbst].) Bei BOËTHIUS (V. Jahrh. n. Chr.), ed. FRIEDLEIN, S. 384: „*In triangulis, in quibus unus rectus est angulus, quadratum quod a latere rectum angulum subtendente describitur, aequum est his quadratis, quae a continentibus rectum angulum lateribus conscribuntur.*“ Bei dem Araber AN-NAIRIZI (ANARITIUS um 900 n. Chr.) in einer lateinischen Übersetzung durch GERHARD von Cremona, Anfg. d. XII. Jahrh., ed. HEIBERG, S. 84 (Anm 233): „*Omnis trianguli orthogonii quadratum factum ex latere subtenso angulo recto equale est coniunctioni duorum quadratorum, que fiunt ex duobus lateribus, que continent angulum rectum.*“ *Geometria Culmonensis* (um 1400), ed. MENDTHAL, S. 33 (Anm. 7): „Alzo wirt das vierkante veld, gemeſſen vs der langen want, alzo gros alz dy beyde virkante, dy do werden gemeſſen von den czwen wenden des geren, dy do czuſamene treten in dem rechten wynkel.“ *Rechenbuch* des SIMON JACOB, Frankfurt 1565, S. 284: „Es iſt zu mercken | daß in einem jeden triangulo Orthogonio | die beyde quadrat baſis vnd catheti ſammentlich ſo viel thun als das quadrat Hypothenuſe.“ HOLZMANN, *Euclidübersetzung*, Basel 1562, Buch I, Fürgab 47: „In den winkelrechten triangeln iſt das quadrat der ſeitten, ſo vnder den gerechten winckel gezogen wird, gleich ſo groß als beyde quadrat ſambtlich der

angeführte Beweis, der noch heute allgemein üblich ist, zeigt die Gleichheit eines jeden Kathetenquadrates mit den aus der Hypotenuse und den entsprechenden Kathetenprojektionen gebildeten Rechtecken, die zusammen gerade das Hypotenusenquadrat bilden. Nach Aussage des PROKLUS[282] (410—485 n. Chr.; Byzanz, Athen) ist dieser Beweis Eigentum EUKLID's. Von den beiden bekannten Hilfslinien, die für den Flächengleichheitsbeweis des Quadrats und Rechtecks kongruente Dreiecke liefern, weisen arabische Mathematiker später nach, daß sie aufeinander senkrecht stehen.[283]

Die überlieferten Stellen aus alten Schriftstellern,[284] die den Satz auf PYTHAGORAS selbst zurückführen, sind so zahlreich, daß man sie nicht von der Hand weisen kann. Man nimmt an,[285] daß PYTHAGORAS an dem speziellen Fall eines Dreiecks mit den Seiten 3, 4 und 5 seinen Satz entdeckte, indem er mit der ihm von Ägypten bezw. Babylon her gekommenen Kenntnis, daß ein solches Dreieck rechtwinklig sei, die arithmetische Thatsache verband, daß die Quadrate der beiden Zahlen 3 und 4 zusammen dem Quadrate von 5 gleich sind; es ist bekannt, daß solche Zahlenspekulationen in der pythagoreischen Schule eine Hauptrolle spielten. Nach zwei Richtungen hin konnte PYTHAGORAS seine Entdeckung erweitern: erstens stellte er sich die arithmetische Aufgabe, andere ganze Zahlen zu finden,

andern zweier seitten, welche den gerechten winckel begreiffen." SAMUEL REYHER, *Euclidübersetzung*, Kiel 1697: „In jedwedem rechtwinklichten Dreyeck, ist das gleichseitige und gleichwinklichte Viereck, welches von dem Strich, so dem rechten Winckel entgegenstehet, gemacht wird, ebenso groß, als die beeden Vierecke zusammen, welche von den beeden Seiten, so den rechten Winckel begreiffen, gemacht werden" (vgl. FELIX MÜLLER, Zeitschr. f. Math. u. Phys. 1899, Suppl., S. 327). Eine eigenartige Fassung erhält der pyth. Lehrsatz durch VIETA (1540—1603; Paris, franz. Staatsbeamter) in den Proportionen

$$(AB + AC) : CB = CB : (AB - AC)$$
$$(AB + CB) : AC = AC : (AB - CB),$$

wo CB die Hypotenuse, AB und AC die Katheten sind. 1579 *Universalium inspectionum ad canonem mathematicum liber singularis*; vgl. HUNRATH, Zeitschr. f. Math. u. Phys., Suppl. 1899, S. 227. — 282 PROKLUS, S. 426 Z. 6 ff. (Anm. 6). — 283 ANARITIUS, ed. CURTZE, S. 78 ff. (Anm. 233). — 284 PROKLUS, S. 426 Z. 7; PLUTARCHUS, *Convivium*, VIII, quaestio 2, cap. 4 und *Non posse suaviter vivi sec. Epic.*, XI, § 4, ed. DÜBNER, Bd. 4, Moralia, Bd. 2, Paris 1890, S. 877 Z. 32—35 u. S. 1338 Z. 25 ff.; LAËRTIUS DIOGENES, VIII, 12, ed. COBET, Paris 1850, S. 207 Z. 37—40 — für den Fall 3, 4, 5: VITRUVIUS, IX, 2, ed. ROSE, MÜLLER-STRÜBING, Leipz. 1867, S. 214; PLUTARCHUS, *De Iside et Osiride*, 56, ed. DÜBNER-DIDOT, Moralia, Bd. I, Paris 1885, S. 457 (die letzte Stelle führt die Kenntnis des Falles 3, 4, 5 auf die Ägypter zurück). — 285 CANTOR, I^b, S. 168 ff.; der erste, der diese Ansicht aussprach, war CLAVIUS (*Euclidis Elementa*, ed. CLAVIUS) in den Opera Clavii, Moguntiae 1612, Bd. I, S. 76.

die dieselbe zahlentheoretische Eigenschaft und dieselbe geometrische Verwendung besaßen; zweitens mußte er danach streben, den allgemeinen geometrischen Satz geometrisch zu beweisen. Auf beiden Wegen waren seine Arbeiten erfolgreich. Für die Auffindung rechtwinkliger Dreiecke mit rationalen Seiten — wie wir heute das erste Problem aussprechen — vermochte er ein Lösungsverfahren anzugeben, das ihm beliebig viele der verlangten Zahlengruppen lieferte (siehe Bd. I, S. 304). Was den geometrischen Nachweis der Gültigkeit seines Satzes an jedem rechtwinkligen Dreieck betrifft, so wissen wir nur, daß er gelungen war; wir wissen nicht, welches der Beweisgang war. Wie wir es beim Satz von der Winkelsumme im Dreieck kennen lernten (siehe S. 32), so wird wohl auch hier der altertümliche Beweis aus mehreren Sonderfällen bestanden haben. Zuerst wird er am gleichschenklig-rechtwinkligen Dreieck durchgeführt worden sein, wo er sich durch die Anschauung sehr leicht ergiebt; zufällig sind uns solche Betrachtungen in PLATON's *Menon*[286] erhalten. Über die weiteren Fälle können nur Vermutungen angestellt werden.[287] Es ist auch klar, daß sich solche Sonderfälle um so schneller aus der Erinnerung der Mathematiker nach EUKLID verwischten, je einfacher und zwingender der euklidische Beweis war. Ausgeschlossen ist indes auch nicht, daß schon in der pythagoreischen Schule der Beweis nach der Art des euklidischen vereinfacht war, da, wie wir sehen werden, die Pythagoreer wohl im stande waren, ein Rechteck in ein Quadrat mit Hilfe des rechtwinkligen Dreieckes zu verwandeln; von hier aber bis zum euklidischen Beweis ist kein großer Schritt.

Andere Beweise des pythagoreischen Lehrsatzes hat es im Laufe der Zeit noch eine große Menge gegeben. Eine Spezialschrift aus dem Anfange des neunzehnten Jahrhunderts zählt 32, eine neuere sogar 46 Beweise auf.[288] Der Beweis, der aus der Ähnlichkeit der durch die Höhe entstehenden Dreiecke und den dabei auftretenden Proportionen folgt, ist indisch und findet sich in der *Vîjagaita* des Inders BHASKARA (geb. 1114 n. Chr.);[289] er wiederholt sich in LEONARDO's *Practica geometriae* (1220).[290] Im Mittelalter ist

286 PLATON, *Menon*, 82*B*—85*B*, ed. STALLBAUM, Vol. VI, sect. II, Gotha u. Erfurt 1836, S. 66—76; vgl. CANTOR, I^b, S. 204 ff. — 287 BRETSCHNEIDER, S. 82 (Anm. 4); HANKEL, S. 98 (Anm. 23). — 288 IGNAZ HOFFMANN, Mainz 1819, *Der pythagor. Lehrsatz mit 32 Beweisen;* JURY WIPPER, *Sammlung von Beweisen für den pythagoreischen Lehrsatz*; aus dem Russischen übersetzt von F. GRAAP, Leipzig 1880 (beide Bücher waren dem Verfasser nicht zugänglich). — 289 BHASKARA, *Vîjagaṇita*, ch. V, 146, ed. COLEBROOKE, S. 220—222 (Anm. 261). — 290 LEONARDO PISANO, II, S. 32 (Anm. 88).

er von dem Engländer Wallis (1616—1703; Prof. der Geometrie in Oxford) neu aufgestellt worden.[291] Indischen Ursprunges ist auch ein Anschauungsbeweis mit der untenstehenden Fig. 8:[292] das ganze Quadrat (c^2) besteht aus vier Dreiecken (je $\frac{1}{2}ab$) und einem kleinen Quadrat $(a-b)^2$; sonach ist

$$c^2 = 4 \cdot \tfrac{1}{2} ab + (a-b)^2$$
$$c^2 = a^2 + b^2.$$

Von den Indern entlehnen die Araber diesen Beweis. Eine Nachschrift der Vorlesungen Abu'l Wafa's (940—998, Bagdad) bietet

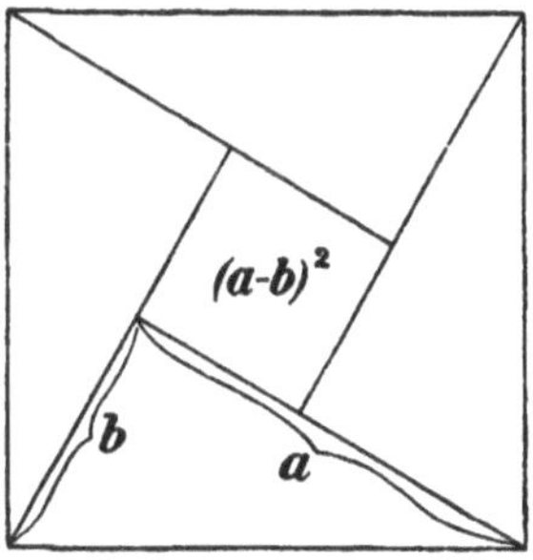

Fig. 8.

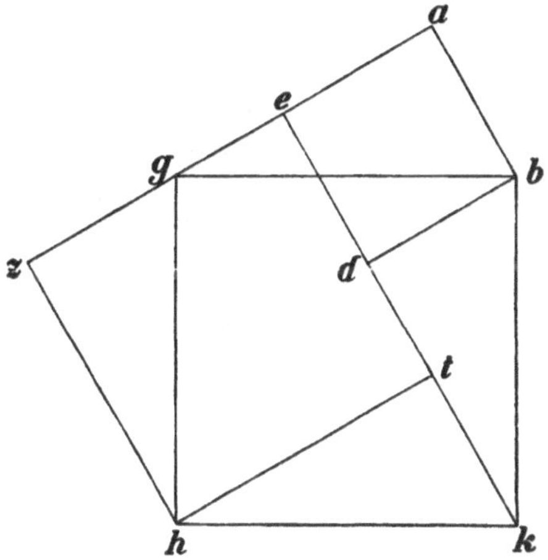

Fig. 9.

uns genau dieselbe Zeichnung.[293] Übersichtlicher ist die Anordnung des An-Nairizi (Anaritius; um 900 n. Chr.),[294] der vor den Augen des Schülers direkt die Verwandlung des Hypotenusenquadrates in die Summe der beiden Kathetenquadrate vornimmt. Dazu ist nur nötig (Fig. 9), von dem Hypotenusenquadrat $hkbg$ das Dreieck htk wegzunehmen und als gab wieder anzulegen, ferner das Dreieck kdb an die Stelle von hzg zu bringen. — Denselben Zweck, durch Zerlegung des Hypotenusenquadrates und Wiederzusammensetzung der Teile in anderer Anordnung die beiden Kathetenquadrate unmittelbar zu bilden, hat ein moderner Beweis (Fig. 10), der 1824 von Göpel[295]

291 Nach Cantor, Zeitschr. f. Math. u. Phys., Bd. 8, 1863; Litteraturzeitung, S. 44. — 292 Colebrooke, S. 222 (Anm. 261). — 293 *Buch der geometrischen Konstruktionen;* Journ. Asiatique, Sér. V, Tome V, Paris 1855: Woepcke, *Extrait du traité des constructions géométriques par Aboûl Wafâ,* S. 346. — 294 Anaritius, ed. Curtze S. 85 (Anm. 238). — 295 Grunert's Archiv, Bd. 4, Greifswald 1844, S. 237.

angegeben ist. Durch ähnliche Zerlegung (Fig. 11) läßt sich auch die Gleichheit eines Kathetenquadrates mit dem aus der Hypotenuse und der Kathetenprojektion gebildeten Rechteck durch Anschauung zeigen.

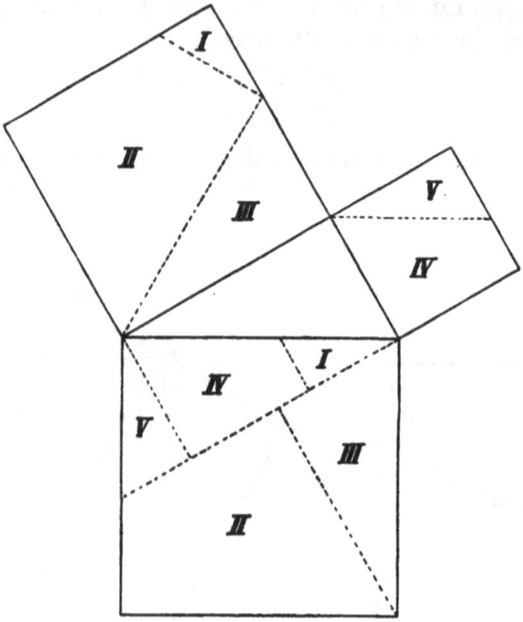

Fig. 10.

Rechnerische Anwendungen des pythagoreischen Lehrsatzes werden ebenso alt sein, wie der Satz selbst. In Heron's Schriften treffen wir an den verschiedensten Stellen auf solche Rechnungen, in denen aus irgend zwei Seiten eines rechtwinkligen Dreieckes die dritte hergeleitet wird.[296]

Die Verallgemeinerung des pythagoreischen Lehrsatzes auf ähnliche und ähnlich liegende Figuren, die über der Hypotenuse und den Quadraten zu konstruieren sind, giebt Proklus[297] als Eigentum Euklid's (VI, 31) an. Die Erweiterung auf Halbkreise, die zu dem sogenannten Satz von den lunulae Hippocratis führt, ist nicht von Hippokrates (um 440 v. Chr.), sondern erst von Neueren ausgesprochen worden. Hippokrates[298] stellt den Satz nur für den Fall eines gleichschenklig-rechtwinkligen Dreieckes

[296] Z. B. Heron, *Geometrie*, cap. 9, S. 54 Z. 19—30; *Geodaesie*, cap. 9, S. 145 Z. 12—14; *Liber Geeponicus*, cap. 50, S. 212 Z. 25—28 (Anm. 2). — [297] Proklus, ed. Friedlein, S. 426 Z. 9 ff. (Anm. 6). — [298] *Eudemi fragm.*, S. 122—123 (Anm. 4); Rudio, S. 14 u. 19 (Anm. 475).

auf und behauptet, daß das Möndchen auf einer Kathete gleich der Hälfte des Dreiecks ist. Seine Erweiterungsversuche auf dreiseitig-gleiche Trapeze, die dem Halbkreis einzuschreiben sind, haben uns in

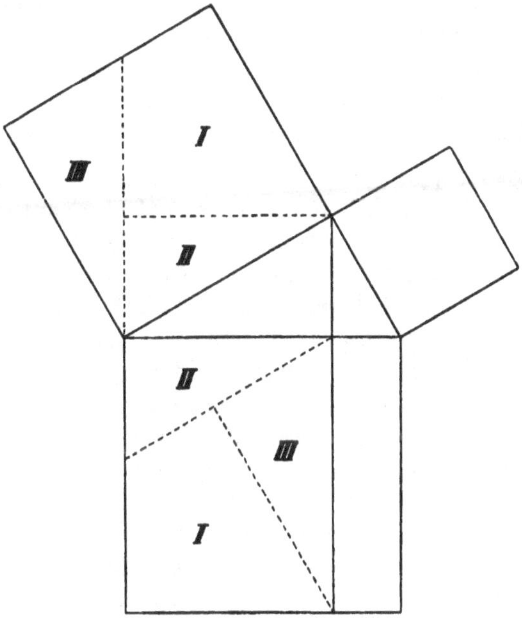

Fig. 11.

der Geschichte der Kreisquadratur zu beschäftigen (S. 111). Die Lunulae werden in den Elementarbüchern von STURM (1707),[163] v. WOLFF (1717),[54] KÄSTNER (1764),[53] KLÜGEL (1798)[162] nicht erwähnt. KARSTEN

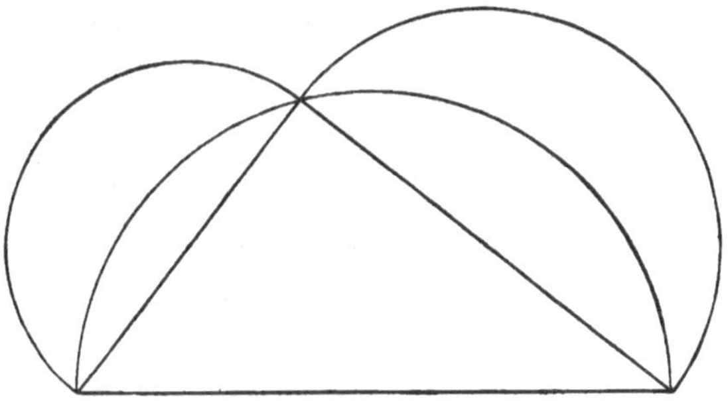

Fig. 12.

streift in seiner *Matthesis theoretica* den Gegenstand und stellt jenen allgemeinen Satz auf,[299] den wir heute fälschlich nach HIPPOKRATES be-

[299] *Matthesis theoretica*, Greifswald 1760, § 226. Nachtrag: Nach briefl. Mitteilung

nennen, daß die Summe der Kathetenmonde gleich dem Dreieck ist; er bezeichnet aber ganz richtig[300] nur die Monde am gleichschenklig-rechtwinkligen Dreiecke als *lunulae Hippocratis.* SEGNER[301] (1773) nimmt KARSTEN's allgemeinen Satz auf, erwähnt aber den Namen des HIPPOKRATES überhaupt nicht. BUGGE's Lehrbuch (1800)[302] schließt sich eng an KARSTEN an. Der Ursprung der falschen Namengebung ist demnach erst im neunzehnten Jahrhundert zu suchen. Die Darstellung in BALTZER's Elementen[303] ist historisch richtig.

Ein Ergebnis pythagoreischer Untersuchungen scheint auch die Erweiterung des Quadratensatzes auf das schiefwinklige Dreieck zu sein. Über Vermutung geht indes nur die Nachricht hinaus, daß HIPPOKRATES v. Chios (um 440 n. Chr.) sich bei anderen Untersuchungen darauf beruft, das Quadrat der einem spitzen bezw. stumpfen Winkel gegenüberliegenden Seite sei kleiner bezw. größer, als die Summe der anderen beiden Seitenquadrate.[304] Bei EUKLID II, 12, 13 steht der Satz fertig vor uns; sein Beweis ist hier nicht die Modifikation des euklidischen Beweises am rechtwinkligen Dreieck, wie wir ihn kennen, sondern wird unter Hinzuziehung einer Höhe durch Anwendung des pythagoreischen Satzes und des Satzes von dem Quadrat über der Summe zweier Strecken durchgeführt. Daß EUKLID unsere Beweisform nicht gekannt hat, ist unwahrscheinlich; es muß Absicht vorliegen, daß er diesen mehr rechnerischen Beweis gebracht hat, und diese Absicht kann man dadurch erklären, daß das ganze zweite Buch der Elemente eigentlich eine Zusammenstellung algebraischer Operationen in geometrischer Einkleidung ist, wie es Bd. I, S. 178f. geschildert wurde. — Sehr verschieden ist die Form, die diesem verallgemeinerten pythagoreischen Lehrsatz von den einzelnen Schriftstellern gegeben wird. Bei HERON (erstes Jahrhundert v. Chr., Alexandria) tritt er auf in der Berechnung der Abschnitte, in die eine Seite durch die zugehörige Höhe zerlegt wird. Fällt diese Projektion der Nachbarseite auf die Dreiecksseite selbst, so hat HERON den Fachausdruck *ἀποτομή* (*praecisura*) und rechnet nach der Vorschrift

$$p = \frac{b^2 + a^2 - c^2}{2a};$$ [305]

des Herrn Dr. WIELEITNER (Speier) schon in den Acta Erud. 1710 durch v. HERBERTSTEIN angegeben. — 300 *Lehrbegriff d. ges. Mathematik*, § 258, S. 387 (Anm. 164). — 301 JOH. ANDR. v. SEGNER, *Anfangsgründe d. Arithmethik, Geometrie u. s. w.*, aus dem Lateinischen übers., 2. Aufl., Halle 1773. — 302 § 202; § 218. 4. — 303 *Elemente*, Bd. II, Buch 4, § 12, 3; 3. Aufl., Leipzig 1870, S. 84. — 304 Vgl. BRETSCHNEIDER, S. 112; auch Anm. 3. — 305 HERON, *Geometrie*, cap. 12, § 4, liegt die Höhe aber außerhalb des Dreieckes, so heißt das betreffende Projektionsstück ἐκβληθεῖσα (*ejectura*) und ist durch

$$p = \frac{c^2 - a^2 - b^2}{2a}$$ [306]

zu bestimmen. Wie HERON verfuhren später einerseits die römischen Agrimensoren[307] (erstes und zweites Jahrhundert n. Chr.) und BOËTHIUS[308] (480 Rom — 524 Pavia), andrerseits aber auch die indischen Mathematiker wie BRAHMAGUPTA (geb. 598 n. Chr.) und BHASKARA (geb. 1114 n. Chr.).[309] PAPPUS[310] (Ende des dritten Jahrhunderts n. Chr., Alexandria) kennt die Form

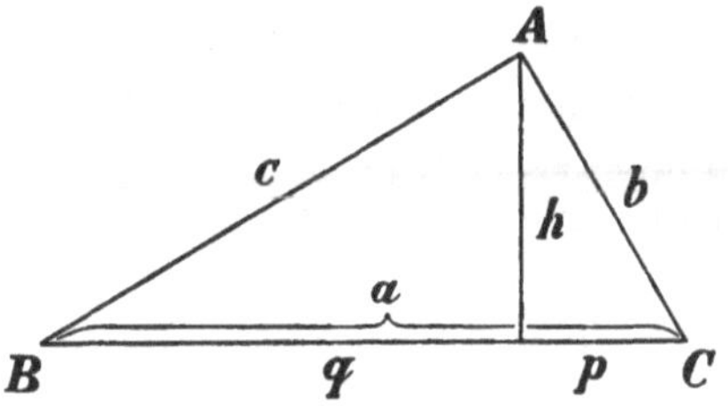

Fig. 13.

$$b^2 - c^2 = p^2 - q^2,$$

die auch bei dem Westaraber DSCHABIR IBN AFLAH (um 1145, Sevilla) nachzuweisen ist.[311]. In der „Essenz der Rechenkunst" des Persers BEHA-EDDIN (1547—1622)[312] tritt uns die Fassung

$$a + \frac{(b+c)\cdot(b-c)}{a} = 2p$$

$$a - \frac{(b+c)\cdot(b-c)}{a} = 2q$$

entgegen. Die Mathematiker des Mittelalters ziehen Proportionsform vor, so RHAETICUS (1514—1576, Wittenberg):[313]

$$a:(c+b) = (c-b):(a-2q),$$

VIETA (1540—1603; Paris, franz. Staatsbeamter) im *Canon mathematicus* 1579 und P. CRÜGER in der *Synopsis trigonometriae* 1612:

$$a:(c+b) = (c-b):(p-q).$$

Die letzte Form kommt auch bei JORDANUS NEMORARIUS († 1237) vor.[314] Es braucht nicht erwähnt zu werden, daß bei allen diesen

S. 56 Z. 23 — S. 57 Z. 2; cap. 27, § 2—4, S. 68 Z. 3—12; *Geodaesie*, cap. 17, S. 149—150 und öfters in zusammengesetzten Aufgaben, z. B. S. 92 (Anm. 2). — 306 HERON, *Geometrie*, cap. 32, S. 72 Z. 30 — S. 73 Z. 5 (Anm. 2). 307 Vgl. CANTOR, I^b, S. 516. — 308 BOËTIUS, *Ars geom.*, ed. FRIEDLEIN, S. 407 Z. 10 ff.; S. 414 Z. 22 ff. (Anm. 37). — 309 BRAHMAGUPTA, *Gaṇita*, ch. XII, 22, ed. COLEBROOKE, S. 297; BHASKARA, *Lîlâvatî*, ch. VI, 163—166; S. 69—72 (Anm. 261). — 310 Συναγωγή, lib. VII, prop. 120, § 186, ed. HULTSCH, Bd. II, S. 854 Z. 5 ff. (Anm. 14). — 311 Nach SUTER, *Bibl. math.* 1893, S. 3. — 312 Arabisch und deutsch von NESSELMANN, Berlin 1843; cap. VI, Meßkunst, Abschn. 1, deutsch S. 31. — 313 RHAETICUS, *De triquetris rectarum linearum in planitie*, S. 102 nach PFLEIDERER, *Ebene Trigonometrie*, Tübingen 1802, S. 90 und 373. — 314 *De triangulis*, IV, 25, ed. CURTZE, S. 45 (Anm. 34).

Schriftstellern die angeführten Formeln nicht selbst, sondern in langatmigen Sätzen oder gar nur in Berechnungen vorgeführt werden.

Die Umkehrung des pythagoreischen Lehrsatzes für rechtwinklige Dreiecke giebt EUKLID im letzten Satze des ersten Buches (I, 48); für spitz- und stumpfwinklige holt sie sein arabischer Kommentator AN-NAIRIZI nach[315] (um 900 v. Chr.).

Der Satz vom Höhenquadrat, das gleich dem Rechteck aus den Hypotenusenabschnitten ist, wird von EUKLID (II, 14) in einer Konstruktionsaufgabe benutzt. Der eingeschlagene Beweis ist, wie beim allgemeinen pythagoreischen Lehrsatz, mehr algebraisch als geometrisch.

Die geometrische Behandlung der Formel

$$(a + b)^2 = a^2 + 2ab + b^2$$

steht in EUKLID's Elementen im zweiten Buche Satz 4; die Umkehrung bringt AN-NAIRIZI.[316] Bei beiden vermißt man die entsprechende Durchführung der Formel $(a - b)^2$. Sie fehlt auch noch in den Elementarbüchern des achtzehnten Jahrhunderts und scheint erst von LEGENDRE (1752—1833, Paris) in die Elemente (1. Aufl. Paris 1794; Buch III, Satz 9) aufgenommen zu sein.

Für die Größe der Seitenhalbierenden t_a gilt die Formel

$$b^2 + c^2 = 2\left(\frac{a}{2}\right)^2 + 2t_a^2.$$

In EUKLID's Elementen sucht man einen entsprechenden Satz vergeblich. Erst PAPPUS (Ende des dritten Jahrhunderts v. Chr., Alexandria) fügt ihn dem Bestand der Elementarmathematik als Ergänzung hinzu.[317]

Den Namen des letzten, „Satz des PAPPUS", trägt noch heute ein Satz, der ähnlich, wie der pythagoreische Lehrsatz Quadrate addieren lehrt, so Parallelogramme zu einem neuen Parallelogramm zusammenzusetzen zeigt. PAPPUS hatte ihn seiner Sammlung am Anfang des vierten Buches eingereiht.[318]

Es ließen sich noch eine größere Anzahl weiterer Flächensätze aus den Schriften der verschiedensten Autoren sammeln und hier anführen. Sie haben indes in den Elementen zu selten einen Platz gefunden, als daß wir hier näher auf sie einzugehen brauchen. Wir beschränken uns auf Erwähnung des ganz allgemeinen Satzes

[315] ANARITIUS, ed. CURTZE, S. 109—110 (Anm. 233). — [316] ANARITIUS, S. 93—94. — [317] Συναγωγή, lib. VII, prop. 122, § 188, ed. HULTSCH, Bd. II, S. 856—858 (Anm. 14). — [318] Daselbst, lib. IV, § 1, ed. HULTSCH, Bd. I, S. 176—178.

(Gerwien, 1833), daß zwei flächengleiche, geradlinig begrenzte Figuren sich durch Hilfslinien stets so in Einzelstücke zerschneiden lassen, daß je einem Stück der einen Figur ein kongruentes Stück der anderen Figur entspricht und also die zweite Figur aus den Teilfiguren der ersten Figur unmittelbar zusammengesetzt werden kann.[319] Eine derartige Zerschneidung ist S. 74 für den pythagoreischen Lehrsatz angegeben worden. Derselbe allgemeine Satz gilt auch für sphärische Figuren, läßt sich aber nicht auf volumengleiche Körperstücke übertragen.

Eine sehr bedeutende Neuerung, die die Lehre von der Flächengleichheit Moebius (1790—1868, Leipzig) verdankt, ist die strenge Unterscheidung zwischen einem positiv und einem negativ zu nehmenden Inhalt, je nachdem der Umfang der betreffenden Figur in dem einen oder anderen Sinne durchlaufen wird.[320]

Die ersten Untersuchungen über den Flächeninhalt überschlagener Vielecke enthält eine Abhandlung des Göttinger Professors Fr. Meister (1724—1788) *Generalia de genesi figurarum planarum et independentibus earum affectionibus* (1769).[321] Eine für alle Arten von Figuren passende Flächenberechnungsformel stellt Gauss (1777—1855, Göttingen) auf.[322] Ausführlich geht Moebius auf diesen Gegenstand ein.[323]

Das Hauptanwendungsgebiet der Flächensätze lag bei den Alten in den Flächenverwandlungs- und -teilungsaufgaben. Es scheint bereits in der Schule des Pythagoras (sechstes bis fünftes Jahrhundert v. Chr.) die Verwandlung eines beliebigen Polygons in ein Quadrat (Euklid II, 14), wie die Herstellung einer Figur, die einer gegebenen Figur ähnlich, zugleich aber einer zweiten Figur flächengleich ist (Euklid VI, 25), geleistet worden zu sein. So beruft sich Antiphon (um 430 v. Chr.) bei seiner Kreisquadratur, die er geometrisch durch ein sich dem Kreise möglichst eng anschmiegendes regelmäßiges Polygon zu er-

[319] Gerwien, Crelle's Journal, Bd. X, Berlin 1833, S. 228—234; für sphärische Figuren S. 235—240; vgl. ferner Göpel, *Über Teilung und Verwandlung einiger ebenen Figuren*; Grunert's Archiv, Bd. IV, Greifswald 1844, S. 237. — [320] Moebius, *Der barycentrische Calcül*, Leipzig 1827, Abschn. I, cap. 2, § 27; Werke, I, S. 39—40 (Anm. 43). — [321] Novi comment. Gotting., Bd. I f. d. Jahre 1769—1770 (gedr. 1771), S. 144—180. — [322] Zusätze zu Carnot's *Geometrie der Stellung*, übersetzt von Schuhmacher, Altona 1810, II, S. 362, nach Baltzer, *Elemente*, Bd. II, 3. Aufl., Leipzig 1870, Buch IV, § 9, 10, Anm., S. 69. — [323] Moebius, *Der barycentrische Calcül*, Abschn. II, cap. 4, § 165, Anm.; Ges. Werke, I, S. 200—201 (Anm. 43).

reichen suchte, darauf, daß man ein solches Polygon in ein Quadrat zu verwandeln bereits in den Elementen lerne.[324]

Einesteils bot diese Aufgabengruppe an und für sich durch die an den Bearbeiter gestellte Anforderung großer Gewandtheit im Konstruieren eine ungemeine Fülle von Anregung — von Euklid ist eine ganze Schrift allein über Teilungsaufgaben verfaßt worden, die uns leider nur in arabischen Auszügen bekannt ist,[325] — andernteils aber muß man annehmen, daß gerade dieser Teil der Geometrie den Griechen ein Mittel in die Hand gab, Aufgaben geometrisch zu lösen, denen die Mathematik erst allmählich auf algebraischem Wege beizukommen sich gewöhnte. Eine derartige algebraisch-geometrische Verwendbarkeit weisen die meisten Sätze des zweiten Buches Euklid's auf (siehe Bd. I, S. 178 f.); ja man kann aus den Aufgaben VI, 28, 29 eine Methode zur Behandlung quadratischer Gleichungen herauslesen (siehe Bd. I, S. 254). Wählt man nämlich in diesen beiden Sätzen Rechtecke statt der Parallelogramme, so wird verlangt: An eine gegebene gerade Linie $AB = a$ eine gegebene Fläche b so als Rechteck $ACED$ antragen (*παραβάλλειν*), daß es nicht AB direkt als Seite besitzt, sondern ein Quadrat $CBFE$ übrig läßt (*ἔλλειψις*), beziehentlich um ein solches zu groß ist (*ὑπερβολή*). Wählt man die heute übliche algebraische Schreibweise, so erhält man die Gleichungen

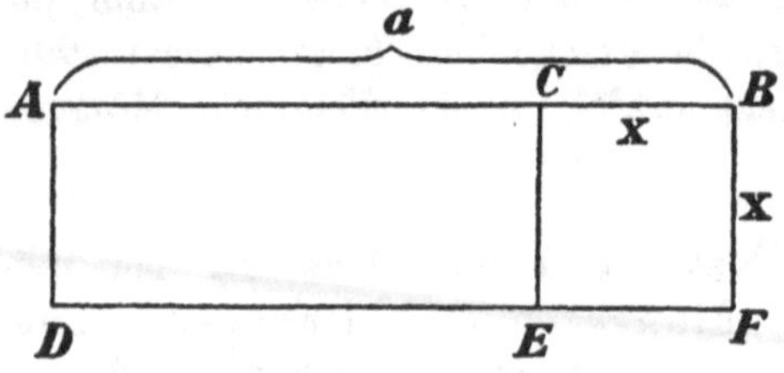

Fig. 14.

$$ax \mp x^2 = b,$$

deren reelle und positive Wurzel die gesuchte Strecke CB liefert. Euklid fügte der geometrischen Aufgabe eine Determination bei, $b < \left(\frac{a}{2}\right)^2$, die, algebraisch gesprochen, ein Imaginärwerden der Wurzel verhindert.

Eine Zeitbestimmung für die Entdeckung dieser beiden in der Geschichte der Algebra hochwichtigen Konstruktionen ist nicht möglich. Nach einigen seien es schon Errungenschaften der pythago-

324 *Eudemi fragm.* S. 121 Z. 21—22 (Anm. 4): „*παντὶ δὲ πολυγώνῳ ἴσον τετράγωνον δυνάμεθα θέσθαι, ὡς ἐν τοῖς στοιχείοις παρελάβομεν.*“ (Jedem Polygon können wir ein Quadrat gleich setzen, wie wir in den Elementen gelernt haben.) —
325 Heiberg, *Euklidstudien,* S. 36, *περὶ διαιρέσεων βιβλίον* (Anm. 5).

reischen Schule, andere nehmen sie als Originalsätze EUKLID's an. Vielleicht liegt die Wahrheit in der Mitte.

7. Die Lehre von der Ähnlichkeit.

In einer unvollendet gebliebenen Grabkammer des Vaters von RAMSES II. (neunzehnte Dynastie) ist uns erhalten, wie die alten Ägypter den Reliefschmuck der Wände vorbereiteten.[326] Sie überzogen die zu bearbeitende Wand mit einem regelmäßigen Netze sich quadratisch schneidender Geraden und übertrugen die vorher entworfene Skizze, die entsprechend enger karriert war, in vergrößertem Maßstabe auf dieses Netz — genau, wie wir es heute noch zu thun pflegen. Daß hierin eine erste Anlage einer geometrischen Proportionslehre zu finden ist, liegt auf der Hand, aber auch nur der erste Anfang; denn von einer genaueren Einsicht in das Wesen der Vergrößerungsmethode ist diese praktische Anwendung noch sehr weit entfernt. — Zu ähnlichen Erwägungen führt uns die Betrachtung der Pyramidenbauten selbst. Es muß uns auffallen, daß die Seitenkanten der Pyramiden immer dieselbe Neigung zum Erdboden besitzen. Wie dieser Winkel stets wieder gebildet wurde, verrät uns das altägyptische Rechenbuch des AHMES (Papyrus Rhind; zwanzigstes bis siebzehntes Jahrhundert v. Chr.). In einigen stereometrischen Aufgaben, die die Pyramiden betreffen, tritt ein eigentümliches Kunstwort *seqt* auf,[327] das sich als Bezeichnung einer Verhältnisgröße zweier an der Pyramide vorzunehmenden Abmessungen deuten läßt. Man vermutet, daß es das Verhältnis der halben Grunddiagonale zur Seitenkante darstellt, also unserem *cosinus* entsprechen würde. Der Winkel bleibt konstant, wenn der Wert des *seqt* derselbe ist; diesen Wert mußte daher nicht nur der Baumeister für die Anlage des ganzen Baues kennen, sondern auch der Steinmetz zur Behauung der Bekleidungssteine, die in die rechtwinkligen Stufen des Rohbaues passend einzufügen sind. Wiederum sind hier Keime einer Ähnlichkeitslehre enthalten, wenn man will, sogar einer Trigonometrie, ohne daß freilich sich die Technik der besonderen Wissenschaft bewußt ist.

Noch nicht einmal so viel, wie aus Ägypten, wissen wir von den Anfängen einer Ähnlichkeitslehre in Griechenland. Nicht anzunehmen ist, daß THALES von Milet (um 624 Milet — 548 Athen) bei seinen Höhenmessungen, die er durch Vergleichung der Schattenlänge eines bekannten Gegenstandes mit der des zu messenden

326 CANTOR, I^b, S. 66. — 327 EISENLOHR, S. 135 (Anm. 3); vgl. CANTOR, I^b, S. 58—60.

(siehe S. 35) vornahm, Kenntnis der zu Grunde liegenden Proportionssätze hatte — unsicher, wie weit die Forschungen der Pythagoreer, für die die Flächensätze von der Verwandlung eines Rechteckes in ein Quadrat (II, 14), sogar die Flächensatzformulierung der stetigen Teilung und damit die Konstruktion des regelmäßigen Fünfeckes in Anspruch zu nehmen sind, aus der Flächenlehre zu einer Ähnlichkeitslehre gelangten und wie weit sie die Übertragung der ihnen geläufigen Zahlenproportionen auf geometrische Verhältnissätze vollzogen. Fest steht erst, daß Hippokrates von Chios (um 440 v. Chr.) Kenntnisse einer wissenschaftlichen Ähnlichkeitslehre besaß, da wir ihn gelegentlich[328] aus der Übereinstimmung zweier gleichschenkligen Dreiecke in dem Basiswinkel auf die Proportionalität der Seiten schließen sehen. Erheblich größer ist der Bestand an Sätzen, den wir bei Archytas von Tarent (430—365 v. Chr.), einem verdienstvollen Förderer der Proportionslehre (siehe Bd. I, S. 233), nachweisen können; dieser zieht bei seiner Lösung des Würfelverdoppelungsproblems[329] die Proportionaleigenschaft der Abschnitte sich schneidender Sehnen heran und zeigt damit auch seine Kenntnis des allgemeinen Satzes von der Ähnlichkeit der Dreiecke aus der Gleichheit der Winkel, den er übrigens für rechtwinklige Dreiecke bei demselben Problem auch mehrfach unmittelbar benutzt. Platon's (Athen 429—348 v. Chr.) Lösung des Würfelverdoppelungsproblems (siehe S. 41—42) lehrt, daß er in den Proportionalitätssätzen am rechtwinkligen Dreieck bewandert ist, da er wiederholt von dem Satze Anwendung macht, daß die Höhe die mittlere Proportionale zwischen den Hypotenusenabschnitten ist.

Das Hauptverdienst in der Schöpfung einer geometrischen Proportionalitätslehre scheint dem Eudoxus von Knidos (um 408—355 v. Chr.), einem Schüler der beiden vorgenannten, zuzukommen. Ihm gehört nach alter Überlieferung[330] das ganze fünfte Buch der euklidischen Elemente an und wahrscheinlich nicht wenig vom sechsten Buche, das eine Sammlung, Überarbeitung und Ergänzung der seit der Zeit der Pythagoreer allmählich aufgefundenen Sätze darstellt.

Vieles, was in Euklid's Elementen nicht enthalten ist, kann bei nacheuklidischen Mathematikern, besonders in den Schriften des Archimedes, nachgewiesen werden, ohne daß es darum zur Zeit Euklid's nicht auch schon bekannt gewesen wäre. Wir haben des öfteren

328 Hankel, S. 113 (Anm. 23). — 329 Nach Eudemus (Anm. 4), von Eutokius überliefert; Archimedes, ed. Heiberg, III, 98 ff. (Anm. 33). — 330 Cantor, I^b, S. 228.

bemerkt, daß bei Euklid Sätze der Elementarmathematik fehlten, deren Aufnahme ihm nicht nötig erschien, deren Kenntnis er aber sicher besessen haben muß.

Euklid's Definition des Begriffes ähnlicher Figuren deckt sich mit der unsrigen: Ähnliche geradlinige Figuren sind solche, die, einzeln verglichen, gleiche Winkel und an diesen gleichen Winkeln proportionierte Seiten haben (IV, def. 1).[331]

Den Fundamentalsatz der Ähnlichkeitslehre, daß eine Parallele zu einer Dreiecksseite die beiden anderen in proportionale Stücke schneidet (VI, 2), leitet Euklid (oder vielmehr Eudoxus) nicht wie wir aus jenem Satze, der der bekannten Konstruktion der Teilung einer Strecke in *n* gleiche Teile zu Grunde liegt, ab, sondern er beruft sich auf einen vorausgeschickten Satz (VI, 1), nach dem sich Dreiecke von gleicher Höhe wie ihre Grundlinien verhalten. Eine ganze Reihe hieraus abzuleitender Sätze vermißt man bei Euklid. Mehrere stellen sich als von Archimedes benutzt heraus, so der Zusatz, daß die Proportionalität auch besteht, wenn die schneidende Gerade nicht die Seiten des Dreieckes selbst, sondern ihre Verlängerungen trifft,[332] und die Erweiterungen, daß zwei Gerade von mehreren Parallelen[333] und zwei Parallelen von mehreren Geraden[334] ebenfalls in proportionale Teile zerschnitten werden; ferner der Satz, daß die Grundlinie sich zu einer von den Nachbarseiten begrenzten parallelen Strecke verhält, wie eine ganze Nachbarseite zu ihrem, nach der Dreiecksspitze zu gelegenen Abschnitt.[335] Einiges holt Pappus (drittes Jahrhundert n. Chr.) nach; so beweist er (nebst Umkehrung), daß, wenn man die Endpunkte einer Parallelen zur Grundlinie wechselseitig mit den Endpunkten der letzteren verbindet und durch den Durchschnittspunkt dieser Verbindungsgeraden und die Gegenecke eine Transversale legt, dann die von der Parallelen nicht getroffene Seite durch diese Transversale halbiert wird.[336]

---

331 ed. Heiberg, Bd. II, S. 72: „*Ὅμοια σχήματα εὐθύγραμμά ἐστιν, ὅσα τάς τε γωνίας ἴσας ἔχει κατὰ μίαν καὶ τὰς περὶ τὰς ἴσας γωνίας πλευρὰς ἀνάλογον.*“ — 332 Archimedes, *περὶ σφαιρ. κ. κυλ.*, I, 21, ed. Heiberg, I, S. 98 Z. 3, *περὶ ἑλίκων*, prop. V u. VII, ed. Heiberg, II, S. 22 Z. 18, S. 28 Z. 1—2. — 333 Archimedes, *ἐπιπ. ἰσορρ*, II, 4, ed. Heiberg, II, S. 200 Z. 8; *περὶ κωνοειδ.*, IX, ed. Heiberg, I, S. 332 Z. 20 f. — 334 Archimedes, *τετραγ. παραβ.*, V u. XVI, ed. Heiberg, II, S. 304 Z. 14—16 u. S. 332 Z. 2—3. — 335 Archimedes, *περὶ σφαιρ. κ. κυλ.*, I, 30 u. 40, ed. Heiberg, I, S. 126 Z. 6 u. S. 166 Z. 27 ff. — 336 Pappus, *συναγωγή*, VII, 132, ed. Hultsch, II, S. 876, § 200 (Anm. 14).

In Satz 4—7 des sechsten Buches sind die vier Ähnlichkeitssätze — darunter auch der sogenannte vierte in seiner vollen Allgemeinheit (siehe S. 36—37) — gegeben. Ebenso bilden Satz 10, 11 und 12 eine zusammengehörige Gruppe. Satz 10 löst die Aufgabe, eine Strecke in gegebenem Verhältnis teilen, Satz 11 lehrt die Konstruktion der dritten Proportionalen ($a:b = b:x$), Satz 12 die der vierten ($a:b = c:x$), jedesmal unter Anwendung des oben erwähnten Hauptsatzes. Eine Zufügung des Alexandriners PAPPUS (drittes Jahrhundert n. Chr.) ist die heute noch übliche Konstruktion der inneren und äußeren Teilung einer Strecke nach vorgeschriebenem Verhältnis: die gegebenen Verhältnisstrecken werden an den Endpunkten der zu teilenden Strecke parallel zu einander angetragen, die kleinere nach beiden Seiten; die Verbindungslinien der drei Endpunkte miteinander liefern die gesuchten Teilpunkte.[337]

Die Proportionssätze am rechtwinkligen Dreieck leitet EUKLID im achten Satze (Zusatz) ab, wiederholt sie dann in Buch X Satz 33 als Flächensätze, beidemal unter Anwendung von Ähnlichkeitsbeweisen. Die Konstruktion der mittleren Proportionalen erfolgt (VI, 13) mittels des Höhensatzes. Der Beweis des pythagoreischen Lehrsatzes durch diese Seitenverhältnisse ist bei griechischen Mathematikern nirgends zu finden; er begegnet uns erst erheblich später in indischen Schriften, wie in der *Vîja gaṇita* des BHASKARA (geb. 1114),[338] und etwa gleichzeitig auch im Abendland bei LEONARDO von Pisa (1220 *Practica geometriae*);[339] arabische Schriftsteller werden hier die Brücke von einem zum andern geschlagen haben.

Die Sätze von dem Flächenverhältnis ähnlicher Dreiecke und ähnlicher Polygone sind bei EUKLID im sechsten Buche unter Nr. 19 und 20 eingereiht. Eine Ergänzung von PAPPUS[340] verallgemeinert den Satz für beliebige Dreiecke, die in einem Winkel übereinstimmen, und sagt aus, daß ihre Flächen sich wie die Produkte der diesen Winkel einschließenden Seiten verhalten; dasselbe wird für Parallelogramme nachgewiesen.[341]

Die Beziehungen, die zwischen den Abschnitten zweier sich schneidenden Sehnen eines Kreises bestehen, drückt EUKLID

337 Daselbst, III, 9—11, ed. HULTSCH, I., S. 74—77, § 34—36. — 338 Vgl. Anm. 289. — 339 Vgl. Anm. 290. — 340 PAPPUS, Συναγωγή, lib. VII, prop. 146, ed. HULTSCH, II, § 214, S. 894—896; *Umkehrung*, VII, 190, ed. HULTSCH, S. 944 (Anm. 14). — 341 Für Parallelogramme, daselbst VII, 172; ed. HULTSCH, § 241, S. 928.

durch einen flächengeometrischen Satz (III, 35) aus; er dürfte damit die altertümliche Form uns aufbewahrt haben, in der mindestens ARCHYTAS (430—365 v. Chr.; Tarent) ihn schon kannte.[342] Den Fall, daß die Sehnen sich in ihren Verlängerungen schneiden, übergeht EUKLID, wahrscheinlich, weil der in III, 36 enthaltene Satz von der Tangente und Sekante (Umkehrung III, 37) seine besondere Behandlung überflüssig macht. Der durchsichtigere Ähnlichkeitsbeweis ist dem Altertum vielleicht nicht unbekannt gewesen, EUKLID mag ihn aus historischer Treue nicht aufgenommen haben; in der Literatur des Altertums tritt er indessen nirgends auf. Erst im Mittelalter ist er nachweisbar; so bevorzugt ihn der Engländer OUGHTRED (1631, *Clavis mathematica*) sowohl für das Schneiden der Sehnen innerhalb als auch außerhalb des Kreises.[343] Auch die deutschen Elementarbücher des achtzehnten Jahrhunderts verwerfen den euklidischen Beweis, ändern aber zugleich den Satz selbst in Proportionsform um.[344] Bei KARSTEN (1760, *Matthes. theoretica*)[299] werden alle drei Sätze in einen zusammengefaßt; an Stelle des Ähnlichkeitsbeweises tritt im Falle der Tangente die einfache Überlegung, daß die Tangente als Sonderfall einer Sekante aufgefaßt werden kann, also ein besonderer Beweis unnötig ist.

Das neunzehnte Jahrhundert kehrt zu der euklidischen Produktform, aber unter Beibehaltung des Ähnlichkeitsbeweises, zurück; für den Wert dieses Produktes, der sich nur mit der Lage des Schnittpunktes ändert, führt STEINER (1796—1863, Berlin) den Kunstausdruck „Potenz des Punktes in Bezug auf den Kreis“ ein.[345] Man betrachtete den geometrischen Ort aller derjenigen Punkte, für die die Potenz in Bezug auf zwei Kreise immer dieselbe Größe besitzt; die sich ergebende gerade Linie wurde von GAULTIER (1812), der auf ihre Eigenschaften zuerst aufmerksam machte, *axe radical*,[346] von PONCELET (1788—1867, Paris) *gemeinschaftliche Sehne* (*reale* oder *ideale*),[347] von STEINER[345] *Linie gleicher Potenzen*, von PLÜCKER[348] (1801—1868; Bonn) *Chordale* der beiden Kreise genannt. MONGE (1746—1818; Paris) hatte zuerst bemerkt,[349] daß es für drei Kreise

342 ARCHIMEDES, ed. HEIBERG, III, 98 ff.; vgl. CANTOR, I[b], S. 216. — 343 *Clavis mathematica*, cap. XVIII, theor. 16, Ausg. v. 1667, Oxoniae, S. 69. — — 344 Z. B. v. WOLFF, 1717, *Elementa Mattheseos, Geometrie*, § 317 (Anm. 68). — 345 CRELLE's Journal, Bd. I, Berlin 1826, S. 164—165. — 346 Journal de l'École polytechn., cah. 16 (gedruckt 1813), S. 139, in einer Abhandl. vom 15. VI. 1812. — 347 PONCELET, *Traité des propr. proj.* (1822), Sect. I, Chap. 2, § 56, S. 30 (Anm. 142). — 348 PLÜCKER, *Analytisch-geometrische Entwickelungen*, Essen 1828—31, Bd. I, § 93, S. 49. — 349 Vgl. PONCELET, *Traité d. pr. pr.*, Sect. I, chap. II, § 71, S. 40, Anm. (Anm. 142).

im allgemeinen nur einen Punkt gleicher Potenz (Potenzcentrum) giebt, daß in diesem sich die gemeinschaftlichen Sehnen bezw. Tangenten schneiden und er zugleich Mittelpunkt desjenigen Kreises ist, der die drei gegebenen Kreise rechtwinklig schneidet.

Der Satz von den Mittellinien war den Alten nur zum Teil bekannt. ARCHIMEDES (287—212 v. Chr.; Syrakus) wußte, daß der Schnittpunkt zweier Seitenhalbierenden den Schwerpunkt des Dreieckes bildet, und wußte demnach auch, daß die dritte Mittellinie ebenfalls durch diesen Punkt hindurchgeht. Dadurch gesellte sich zu dem Mittelpunkt des umgeschriebenen und dem des eingeschriebenen Kreises, die bereits die Pythagoreer betrachteten, der Schnittpunkt der Mittellinien als dritter merkwürdiger Punkt im Dreieck. Auch das Schnittverhältnis der Mittellinien, deren Abschnitte sich wie 2 : 1 verhalten, kann ARCHIMEDES nicht fremd gewesen sein, da er gelegentlich den Satz benutzt, daß die durch den Schwerpunkt zu einer Dreiecksseite gezogene Parallele (FG) auf einer anderen Seite genau ein Drittel abschneidet ($BF = \frac{1}{3} BA$)[350] und daß S der Halbierungspunkt dieser Parallelen FG ist.[351] Thatsächlich ausgesprochen sind diese Eigenschaften der Mittellinien erst durch HERON von Alexandria (erstes Jahrhundert v. Chr.) in seiner *Mechanik*.[352] Daselbst wird nicht nur der Schwerpunkt von Dreiecken, sondern auch von Vierecken und Fünfecken bestimmt. — Im Mittelalter bespricht LEONARDO von Pisa (1220, *Practica geometriae*)[353] das Schnittverhältnis der Mittellinien zuerst. In eigentümlicher Weise kommt sein Zeitgenosse JORDANUS NEMORARIUS († 1237; Ordensgeneral) im zweiten Buch seines Werkes *De triangulis* auf den Schnittpunkt der Mittellinien zu sprechen, indem er den im Dreieck befindlichen Punkt aufsucht, dessen Verbindungslinien mit den Ecken drei flächengleiche Dreiecke entstehen lassen.[354] In den mittelalterlichen

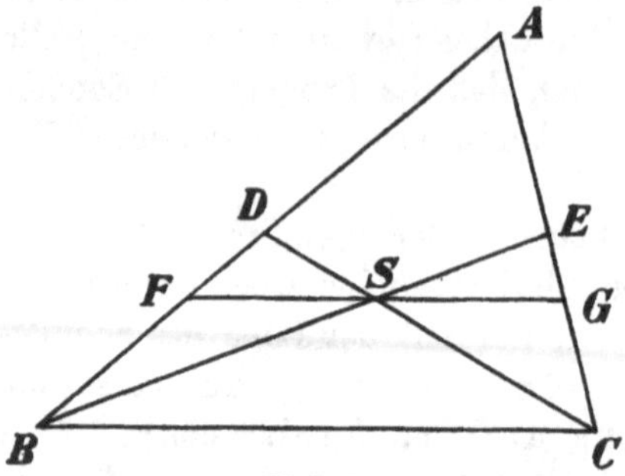

Fig. 15.

[350] ARCHIMEDES, *ἐπιπ. ἰσορρ.*, I, 15, ed. HEIBERG, II, S. 186 Z. 3, vgl. dazu den Kommentar des EUTOKIUS, Archimedis opera, ed. HEIBERG, III, S. 321; ferner *ἐπιπ. ἰσορρ.*, II, 5, ed. HEIBERG, II, S. 202 Z. 13. — [351] ARCHIMEDES, *τετραγ. παραβ.*, 6, ed. Heiberg, II, S. 306 Z. 13 ff. — [352] *Mechanik*, ed. NIX u. SCHMIDT, Leipzig 1901, S. 190—191. — [353] LEONARDO PISANO, II, S. 112—113 (Anm. 88); vgl. CANTOR, II^b, S. 39. — [354] *De triangulis*, ed. CURTZE, lib. II, S. 18:

Lehrbüchern trifft man den Satz von den Mittellinien sehr selten, wie in Simon Jacob's *Rechenbuch* von 1565; auch die Elementarwerke des achtzehnten Jahrhunderts übergehen ihn. Erst im neunzehnten Jahrhundert tritt er zum Bestande der Elementargeometrie hinzu.

Dasselbe ist der Fall mit dem Satz vom Höhenschnittpunkt. Weder Wolff (1717)[54] noch Kästner (1764),[53] weder Klügel (1798)[162] noch Legendre (1800)[71] oder Thibaut (1801)[45] führen ihn in ihren Elementen auf. Wiederum kann man die Kenntnis des Satzes, daß die Höhen eines Dreieckes durch einen und denselben Punkt gehen, bei Archimedes nachweisen. In einer Sammlung geometrischer Sätze, *liber assumptorum*, die Archimedes zugeschrieben wird, uns aber nur in einer arabischen Überarbeitung erhalten worden ist, wird (Lemma V.) erwähnt, daß die Linie, die den Schnittpunkt zweier Höhen mit der dritten Ecke verbindet, die dritte Höhe ist;[355] ein arabischer Scholiast fügt einen Beweis hinzu. Im fünften Jahrhundert n. Chr. führt Proklus (410—485; Byzanz, Athen), der Kommentator Euklid's, den Höhensatz als ein Beispiel für solche Sätze an, die Euklid, obgleich sie zu den Elementen gehören (στοιχειῶδες), nicht aufgenommen hat (vgl. S. 6).[356] Ebenso nebensächlich erwähnt unseren Satz der große mittelalterliche Mathematiker Regiomontanus (1436—1476; Rom, Wien, Italien, Nürnberg) in seinem trigonometrischen Hauptwerk *De triangulis omnimodis libri quinque* (1464); er beruft sich dabei auf einen an anderer Stelle gegebenen Beweis, der uns jedoch unbekannt geblieben ist.[357] In neuerer Zeit ist durch Carnot's (1753 Nolay — 1823 Magdeburg) *Géométrie de position* eine andere Fassung aufgekommen, die das Viereck $ABCH$ — H Höhenschnittpunkt — zu Grunde legt: Wenn in einem Viereck die gegenüberliegenden Seiten senkrecht zu einander sind, so sind auch die Diagonalen senkrecht zu einander.[358] Die Übersetzung des Carnot'schen Werkes von Schuhmacher bringt zum erstenmal den heute üblichen Beweis, der durch die Eckpunkte des Dreieckes ABC Parallelen zu den Gegenseiten zieht, so daß die

„*Infra datum triangulum a puncto uno signato tres lineas, que triangulum per equalia diuidant, protrahere.*" — 355 Archimedes, *Lemmata* (*liber assumptorum*), Satz 5, ed. Heiberg, II, S. 434; deutsch v. Nizze, S. 256—257, besonders S. 256 Anm. (Anm. 33). — 356 Proklus, ed. Friedlein S. 72 Z. 17—19 (Anm. 6): „ . . . οἷον τοῖς τριγώνοις τὰς ἀπὸ τῶν γωνιῶν καθέτους ἐπὶ τὰς πλαγίας καθ' ἓν σημεῖον συμπίπτειν . . ." (z. B., daß in den Dreiecken die von den Ecken auf die Gegenseiten gefällten Lote in einem Punkte zusammenfallen). — 357 Regiomontanus, *De triangulis omnimodis*, Nürnberg 1533 (verfaßt um 1464), Buch I, Satz 32, S. 28 Z. 8—6 v. u. — 358 Carnot, *Géométrie de position*, Paris 1803, cap. 130, S. 162—163.

Höhen des ursprünglichen Dreieckes in dem neuen Dreiecke Mittellote sind; diese Beweisführung stammt von keinem Geringeren, als GAUSS (1777—1855, Göttingen).[359]

Die Eigenschaften des Fußpunktsdreieckes, in dem die Höhen des Hauptdreieckes Winkelhalbierende sind, spricht FEUERBACH (1800—1834, Erlangen) zuerst in der Form aus, daß sowohl der Höhenpunkt als auch die drei Eckpunkte von den Seiten des Fußpunktsdreieckes gleich weit entfernt sind.[360]

Nur in einigen neuesten Lehrbüchern werden die Proportionen zwischen zwei Höhen und den zugehörigen Seiten, wie zwischen den Höhenabschnitten untereinander als besondere Sätze in die Elementargeometrie aufgenommen. Die meisten begnügen sich — und mit Recht — damit, sie als Übungsbeispiele zur besseren Einprägung der Ähnlichkeitssätze und ihrer Anwendung kurz anzuführen.

Was den Satz von den Winkelhalbierungslinien in einem Dreieck betrifft, so haben wir schon erwähnt, daß die Pythagoreer deren gemeinsamen Schnittpunkt bei der Konstruktion des eingeschriebenen Kreises gekannt haben. Das Schnittverhältnis einer Seite durch die Winkelhalbierende des gegenüberliegenden Winkels lehrt EUKLID im dritten Satz des sechsten Buches (Umkehrung ebendaselbst), während er den ebenso wichtigen Satz beim halbierten Außenwinkel übergeht. Unbekannt kann dieser dem Altertum nicht gewesen sein; denn PAPPUS von Alexandria (Ende des dritten Jahrhunderts n. Chr.), der im großen und ganzen nur eine Blütenlese der bedeutendsten mathematischen Schriften des Altertums, zuweilen mit eigenen Ergänzungen, bringt, verwendet ihn ohne weitere Bemerkung im Satz 39 des siebenten Buches.[361] Im Sinne EUKLID's hat ROB. SIMSON (1687—1768, Glasgow) in seiner englischen Ausgabe der Elemente von 1756 den fehlenden Satz hinzugefügt.[362] In den neueren Elementarbüchern erscheint diese Erweiterung jedoch wiederum erst nach Beginn des neunzehnten Jahrhunderts.

Sucht man die Spitzen aller derjenigen Dreiecke auf gegebener Grundlinie, in denen die Halbierungslinie des Winkels (bezw. Außenwinkels) an der Spitze einen bestimmten Punkt dieser Grundlinie (bezw. ihrer Verlängerung) treffen sollen, so erhält man als geometrischen Ort

359 GAUSS' Werke, IV, Göttingen 1873, S. 396. — 360 FEUERBACH, *Das geradlinige Dreieck*, Nürnberg 1822, § 24, S. 18. — 361 PAPPUS, *Συναγωγή*, VII, § 92, ed. HULTSCH, II, S. 730 Z. 25; vgl. die Anmerkung S. 731 (Anm. 14). — 362 VI, 3. A; nach LORENZ, *Übersetzung der euklidischen Elemente*, Halle 1798, Teil II, S. 77—78.

einen Kreis — den sogenannten apollonischen Kreis —, der die Entfernung jener gegebenen Punkte als Durchmesser besitzt. Dieser Kreis wird von APOLLONIUS selbst (zwischen 250 und 200 v. Chr. in Alexandria, dann in Pergamum)[363] als geometrischer Ort aller derjenigen Punkte definiert, deren Entfernungen von zwei gegebenen Punkten ein konstantes Verhältnis haben. In moderner Form behandelt NEWTON (1643—1727; Cambridge, London) diesen Ort in seinen Vorlesungen.[364]

Es ist hier die Gelegenheit, von den merkwürdigen Punkten des Dreieckes und ihren Eigenschaften im Zusammenhang zu sprechen.[365] Im Altertum fanden diese Punkte noch nicht die Berücksichtigung, die man ihnen heute zu teil werden läßt. Bei der Konstruktion des ein- und umgeschriebenen Kreises zieht EUKLID (IV, 4, 5) nur zwei Winkelhalbierende bezw. Mittellote; daß die dritte Linie gleicher Art durch denselben Punkt hindurchgeht, wird als selbstverständlich übergangen, geschweige denn als merkwürdig betont. Auch ARCHIMEDES faßte den Satz, daß der Schwerpunkt im Schnittpunkt der drei Mittellinien liegt, nicht als besonderes geometrisches Problem auf (siehe S. 86). Der Satz vom Höhenpunkt wird kaum mehr als gestreift (S. 87). Aus der Zeit des Mittelalters können nur wenige Notizen beigebracht werden, weil EUKLID's *Elemente* die Elementarmathematik so ausschließlich beherrschen, daß nur selten die Aufmerksamkeit auf Sätze, die nicht in seinem Werke enthalten sind, gelenkt wird. Im Anfang des achtzehnten Jahrhunderts begann man das bis dahin vernachlässigte Thema selbständig in Angriff zu nehmen. 1723,[366] wurde die Aufgabe angeregt, aus der Lage des Schwerpunktes *S*, des Mittelpunktes *J* des eingeschriebenen Kreises und des Höhenschnittpunktes *H* das zugehörige Dreieck zu konstruieren. Die sehr umständlichen Rechnungen führten zu nicht nennenswerten Resultaten. EULER (1707—1783; Petersburg, Berlin, Petersburg) machte sich 1765,[367] in der entgegengesetzten Folge ausgehend an die Arbeit; er berechnete in sehr übersichtlicher Weise aus den Seiten *a*, *b*, *c* des Dreiecks die Entfernungen der Punkte *H*, *S* und *J* untereinander und ihre Abstände vom Mittelpunkt *M* des umgeschriebenen Kreises. Aus

363 Im zweiten Buch der „*Ebenen Örter*“ des APOLLONIUS, nur auszugsweise durch PAPPUS überliefert. PAPPUS, VII, ed. HULTSCH, II, S. 666 Z. 18—19. — 364 NEWTON's Vorlesungen (etwa aus dem Jahr 1685) wurden von einem Zuhörer WILLIAM WHISTON 1707 unter dem Namen *Arithmetica universalis* veröffentlicht. *Ar. univ.*, S. 151—152, probl. 26. — 365 Vgl. hierzu J. LANGE, *Geschichte des Feuerbach'schen Kreises*, Programm Nr. 114, Berlin 1894. — 366 Miscellanea Berolinensia, II, Berlin 1723, S. 89—128, *Problema geometricum.* — 367 Novi comment. Petrop. XI, ad annum 1765 (gedr. 1767), S. 103—123: *Solutio facilis problematum quorundam geometricorum difficillimorum.*

den aufgestellten Formeln erkannte er, daß *HSM* eine gerade Linie bilde und daß $SM = \frac{1}{2} HS$ sei.[368] Die Gerade wurde später ihm zu Ehren die Euler'sche Gerade genannt. Einen geometrischen Beweis hierfür gab 1803 der französische Staatsmann und Gelehrte Carnot (1753 Nolay — 1823 Magdeburg).[369] — Von der Betrachtung der gleichseitigen Hyperbel, die einem Dreieck umgeschrieben ist, gingen 1821 Poncelet (1788—1867, Paris) und Brianchon (1785—1870, Paris)[370] aus und teilten die weitere Thatsache mit, daß die Mitten der Dreiecksseiten, die Fußpunkte der Höhen, die Mitten der oberen Höhenabschnitte auf einem und demselben Kreise liegen. Diesen Kreis hatte 1822 auch Feuerbach (1800—1834, Erlangen) gefunden und bemerkt, daß sein Mittelpunkt *M'* die Strecke *MH* halbiere,[371] daß ferner sein Radius gleich dem halben Radius des umgeschriebenen Kreises $\left(\frac{r}{2}\right)$[372] sei. Nach ihm heißt dieser Kreis bei den deutschen Mathematikern der Feuerbach'sche Kreis, während die Engländer den Namen Neunpunktkreis bevorzugen. Feuerbach zeigte auch, daß der gefundene Kreis den eingeschriebenen Kreis von innen, die angeschriebenen Kreise von außen berühre und daß die Strecke *HS* auf der Euler'schen Geraden durch den Mittelpunkt *M'* im Verhältnis von 2 zu 1 geteilt werde. Unter allgemeinen Gesichtspunkten, von der Lehre der Ähnlichkeitspunkte aus, legte Steiner 1833 den Zusammenhang aller dieser Sätze dar.[373] In der Folgezeit ist noch eine große Anzahl, zum Teil recht vereinfachter Beweise für die einzelnen Sätze geliefert worden, auf die hier nicht näher eingegangen werden kann. In geometrische Elementarbücher ist der Feuerbach'sche Kreis zum erstenmal durch C. F. A. Jacobi 1834 eingeführt worden.[374] —

Bei den Anwendungen der Ähnlichkeitslehre am Dreieck darf der sog. ptolemäische Lehrsatz am Sehnenviereck nicht fehlen, ganz besonders mit Rücksicht auf seine Verwendbarkeit in der Goniometrie. Klaudius Ptolemaeus (beobachtete zwischen 125 und 151 n. Chr. in Alexandria) leitete mit seiner Hilfe[375] jene be-

368 Daselbst S. 114. — 369 *Géom. de pos.*, cap. 131, S. 163—164 (Anm. 358). — 370 Annales de Math. p. Gergonne XI, 1820/21; Brianchon et Poncelet, *Recherches sur la détermination d'une hyperbole équilatère au moyen de quatre conditions donnés*, S. 215, Probl. IX. — 371 Feuerbach, § 54 (Anm. 360). — 372 Feuerbach, § 26. — 373 Steiner, *Die geometrischen Konstruktionen, ausgeführt mittelst einer geraden Linie und Eines festen Kreises*, Berlin 1833. — Steiner's *Werke*, Berlin 1881 bis 82, Bd. I, S. 489 Anm. — 374 C. F. A. Jacobi, Übersetzung der *Elemente der Geometrie* von van Swinden (Anm. 165), Anhang zum V.—VII. Buch, Nr. 515—519, S. 236. — 375 Ptolemaeus, ed. Halma, Paris 1813, I, 29—31 vgl. Anm. 865).

rühmten Sehnentafeln ab, die ein Jahrtausend überdauerten, ja endgültig erst im fünfzehnten Jahrhundert n. Chr. verdrängt wurden (vgl. S. 226). Der Beweis des Ptolemaeus ist der heute gebräuchliche. In der neuesten Zeit sind Erweiterungen des Lehrsatzes vorgenommen worden. Moebius (1790—1868, Leipzig) sprach ihn unter Berücksichtigung des Richtungssinnes einer Strecke allgemein für irgend vier Kreispunkte $ABCD$ in der Form aus[376]

$$AB \cdot CD + AC \cdot DB + AD \cdot BC = 0.$$

Liegen die vier Punkte in einer Geraden, so bleibt diese Gleichung dennoch bestehen; es ergiebt sich eine Identität, die Euler gelegentlich einmal schon benutzt hatte.[377]

Für beliebig viele Punkte eines Kreises $ABCDE\ldots$ stellte Carnot (1753—1823) eine Verallgemeinerung auf, die für fünf Punkte folgendermaßen lautet[378]

$$\frac{CB}{AB \cdot AC} = \frac{CD}{AC \cdot AD} + \frac{DE}{AD \cdot AE} + \frac{EB}{AE \cdot AB}. \text{ —}$$

Die Transversalensätze am Dreieck sind mit den Namen des Alexandriners Menelaus (Ende des ersten Jahrhunderts n. Chr.) und des Italieners Ceva (zweite Hälfte des siebzehnten Jahrhunderts) innig verknüpft. Über das erste Auftreten des Satzes, daß eine gerade Linie die Seiten eines Dreieckes in Abschnitte $a_1, a_2, b_1, b_2, c_1, c_2$ teilt, die durch die Gleichung

$$a_1 \cdot b_1 \cdot c_1 = a_2 \cdot b_2 \cdot c_2$$

miteinander verbunden sind, ist die Geschichte lange Zeit im Irrtum gewesen. Der Umstand, daß er in der *Μαθηματικὴ σύνταξις* (*Almagest*) des Ptolemaeus[379] ohne Nennung eines Gewährsmannes als Fundamentalsatz der Trigonometrie verwertet wurde, ließ bis zum siebzehnten Jahrhundert den Glauben herrschen, er wäre Ptolemaeus' geistiges Eigentum. Ein gelehrter Franziskaner des siebzehnten Jahrhunderts, Pater Mersenne (1588—1648), war der erste,[380] der auf das Vorkommen des Satzes bei Menelaus in dessen *Sphärik* hinwies.[381] Neuere Forscher (Chasles) wollen sogar den Ursprung

---

376 Moebius, *Die Theorie der Kreisverwandtschaft in rein geometrischer Darstellung*, Abh. der Kgl. sächs. Ges. d. Wissensch., math.-physik. Klasse, Bd. II, 1855; *Gesammelte Werke* II, S. 280 u. 307 (Anm. 49). — 377 Nov. comment. Petrop. ad annos 1747—48 (gedruckt 1750), Bd. I, S. 49 ff. — 378 Carnot, *Géom. de pos.*, § 2, chap. 215, théor. IV, S. 273 (Anm. 358). — 379 Ptolemaeus, ed. Halma, I, cap. XI, S. 50—51 (Anm. 375). — 380 Chasles, *Aperç. hist.*, Note VI, deutsch v. Sohnke, S. 295 ff. (Anm. 154). — 381 Menelaus, *Sphärik*, III, 1, lemma 1, ed. Halley, Oxf. 1758, S. 83.

des Satzes bis zu Euklid (drittes Jahrhundert v. Chr.) verfolgen können und vermuten, er habe in Euklid's verloren gegangenen *Porismen* seinen Platz gehabt.[382]

Hervorzuheben ist, daß die Form des Satzes, in der Menelaus und seine Nachfolger ihn aussprechen, stets eine Proportion mit zusammengesetzten Verhältnissen ist — bekannt unter dem Namen der *regula sex quantitatum*:

$$a_1 : a_2 = b_2 c_2 : b_1 c_1 ;$$

erst seit dem sechzehnten Jahrhundert erscheint die jetzt geläufige Gestalt $a_1 b_1 c_1 = a_2 b_2 c_2$.[383]

Die Figur, die zum Satze des Menelaus gehört, kann als vollständiges Vierseit aufgefaßt werden. Sie enthält im ganzen vier Dreiecke, auf die sämtlich die obige Formel anzuwenden ist. Zwei dieser Relationen hatte Menelaus angeführt, vier weitere fügte Theon von Alexandria in seinem Kommentar zu Ptolemaeus hinzu;[383a] zwei von ihnen sind mit denen des Menelaus in Übereinstimmung zu bringen. — Ob der Araber Tabit ibn Kurrah (836—901, Bagdad), dem eine besondere Abhandlung über diese Figur zugeschrieben wird, die Erkenntnis hatte, daß nicht mehr als vier Formen möglich sind, ist zweifelhaft; nachweisbar ist das erst bei dem Perser Nasir Eddin (1201—1274 n. Chr., am Hofe des Mongolenfürsten Hulagu), der mit Hilfe der abgeleiteten Sätze eine vollständige Trigonometrie aufstellte.[384]

Im Mittelalter wird der Satz des Menelaus häufig verwendet.[380] Als Theorem des Ptolemaeus fand er in den bedeutendsten Schriften seinen Platz, wie bei Regiomontan, Stifel, Cardano, Stevin. In ganz eigenartiger und durchaus selbständiger Weise leitete ihn Giovanni Ceva 1678[385] mittels Schwerpunktsbestimmungen von neuem ab. Merkwürdig ist, daß der Satz während der nächsten Jahrhunderte ziemlich in Vergessenheit geriet; Beachtung fand er erst wieder gegen Ende des achtzehnten Jahrhunderts in den Petersburger Berichten durch Schubert (1794) und Nic. Fuss (1797).[386]

---

382 Chasles-Sohnke, S. 298 (Anm. 154). — 383 Cantor, I^b, S. 386. — 383a *Comment. de Théon*, ed. Halma, Paris 1821, S. 234 u. 238; vgl. v. Braunmühl, S. 16, Anm. 1 (Anm. 186). — 384 v. Braunmühl, *Nassîr Eddîn Tûsi und Regiomontanus*, Abh. d. Kais. Leop. Karol. deutschen Akademie der Naturforscher, Bd. 71, Nr. 2, 1897, S. 36. — 385 *De lineis rectis se invicem secantibus statica constructio*, Mailand 1678; Chasles-Sohnke, Note VII, S. 299—302 (Anm. 154). — 386 Nova acta Petrop. XII ad annum 1794 (gedr. 1801), Schubert, *Trigonometria sphaerica e Ptolemaeo*, S. 165—175. Nova acta Petrop. XIV ad annos 1797—1798 (gedr. 1805), N. Fuss, *Démonstrations de quelques théorèmes de Géométrie*, Lemma I, S. 140.

In der neueren Geometrie wird ihm ein stark bevorzugter Platz eingeräumt.

Von demselben CEVA[387] ist ein ähnlicher Produktensatz auch für die Abschnitte aufgestellt worden, die von drei durch einen Punkt gehenden Ecktransversalen auf den Gegenseiten gebildet werden. Sein Beweis wird ebenfalls auf Grund von Schwerpunktsuntersuchungen durchgeführt; ihm läßt aber CEVA noch zwei reingeometrische Beweise folgen. Dieser „Satz des CEVA" wurde später noch einmal von JOHANN BERNOULLI (1667—1748, Basel) aufgestellt,[388] oft auch später diesem selbst zugeschrieben.

Der PASCAL'sche Satz vom Sehnensechseck eines Kegelschnittes kommt in der Schulmathematik nur in dem Sonderfalle vor, daß der Kegelschnitt ein Kreis ist. BLAISE PASCAL (1623—1662, Paris) hatte sich bereits als Knabe — anfangs sogar als Autodidakt — eingehend mit mathematischen Untersuchungen abgegeben. Als sechzehnjähriger Jüngling verfaßte er eine größere Abhandlung über Kegelschnitte, die leider, auch nicht nach seinem Tode, im Druck erschien, obgleich LEIBNIZ, dem sie zur Begutachtung vorgelegen hatte, angelegentlichst darauf drang. Nur ein Teil, *Essai sur les coniques,*[389] wurde veröffentlicht, und in diesem ist der Fall des Kreissehnensechseckes enthalten.[390] Auszüge, die sich LEIBNIZ aus der Gesamtschrift gemacht hatte,[391] zeigen, daß PASCAL auch den Fall des allgemeinen Kegelschnittes gekannt hat.

Entartet der Kegelschnitt in zwei Gerade, so ergiebt sich eine weitere Vereinfachung, die schon im Altertum bekannt war; der betreffende Satz findet sich in der Sammlung des PAPPUS (Ende des dritten Jahrhunderts n. Chr.) im siebenten Buch.[392]

Dem eben angeführten Satz von dem Sehnensechseck entspricht ein solcher von dem Tangentensechseck, der aussagt, daß die Geraden, die die gegenüberliegenden Punkte des Polygons miteinander verbinden, einen gemeinsamen Schnittpunkt haben. Man verdankt ihn dem Franzosen BRIANCHON (1785—1870, Paris), der ihn 1806 veröffentlichte;[393] sein Name ist dem Theoreme ver-

387 CHASLES-SOHNKE, Note VII, S. 299—302 (Anm. 154). — 388 JOHANN BERNOULLI, Opera, IV, Laus. et Gen. 1742, S. 33, prop. I. — 389 PASCAL, Oeuvres, ed. BOSSUT, La Haye 1779, Bd. IV, S. 1—7. — 390 Daselbst S. 2, *Essai p. l. con.*, Lemma I. — 391 PASCAL, Oeuvres, ed. BOSSUT, Bd. V, S. 460; vgl. die Bemerkung über das Hexagramme mystique. — 392 PAPPUS, *Συναγωγή*, lib. VII, prop. 138, 139, ed. HULTSCH, II, § 206, 207, S. 884—886 (Anm. 14). — 393 Journal de l'écol. polytechn., cah. 13, Paris 1806, *Mémoire sur les surfaces courbes du second Degré*, chap. X, S. 301.

blieben. Für den speziellen Fall zweier Geraden statt des Kegelschnittes stellte Poncelet (1788—1867, Paris) einen besonderen Satz 1822 auf.[394]

Mit den letzten Sätzen sind wir allmählich, indem wir von der Ähnlichkeitslehre ausgingen, zu einem anderen großen Gebiete, dem der neueren synthetischen Geometrie (projektivischen Geometrie, Geometrie der Lage) gelangt. In der historischen Schilderung desselben können wir uns erheblich kürzer fassen, als in den vorstehenden Kapiteln, da sie in ihren weiteren Entwicklungsstufen die Grenzen der Schulmathematik überschreitet. Die jahrtausendlange Entwicklung der Geometrie hatte Satz auf Satz in der Lehre von den geradlinigen Figuren, dem Kreise und den Kegelschnitten erzeugt. Der Zusammenhang zwischen diesen Einzeltheoremen tritt aber nur vereinzelt hervor. Das euklidische Lehrgebäude mit seinen Ergänzungen ist besser eine Sammlung interessanter, zum Teil sehr scharfsinniger Sätze, als ein System der Geometrie zu nennen. Es ist das Verdienst der Schöpfer der projektivischen Geometrie, hier gemeinsame Gesichtspunkte aufgefunden zu haben. Monge (1746—1818, Paris) war der Bahnbrecher für die neue Auffassung, wie von Frankreich überhaupt der Aufschwung der modernen Geometrie ausging. Unter Monge's Schülern nehmen Carnot (1753—1823) und Poncelet (1788—1867) die hervorragendste Stelle ein. Vielfach wird der letzte durch sein wichtiges Werk *Traité des propriétés projectives des figures* (Paris 1822) als Begründer des neuen Systems angesehen. Im eigenen Lande wenig anerkannt, waren seine Untersuchungen von größtem Einfluß auf eine deutsche Schule, zu deren Vorkämpfer sich Jakob Steiner (1796—1863, Berlin) aufschwang, jener hochbegabte Mathematiker, der sich aus einfachsten Verhältnissen (er lernte erst mit 14 Jahren schreiben) zu den höchsten Gipfeln der Mathematik hindurchgerungen hatte. Ihm zur Seite stehen Plücker (1801—1868, Bonn), v. Staudt (1798—1867, Erlangen), Moebius (1790—1868, Leipzig) und viele andere.

Auf die Trennung der Geometrie in zwei Gebiete, je nachdem nur die Lage der Raumgebilde zu einander (Geometrie der Lage) oder nur die Maßverhältnisse zwischen gegebenen Größen (Geometrie des Maßes) untersucht werden, war schon früher (Aristoteles,[395] Descartes[396]) hingewiesen worden. Diese Zweiteilung nimmt indes

[394] Poncelet, *Trait. d. pr. pr.*, Sect. II, Chap. I, § 169—170, S. 90 (Anm. 142). — [395] Aristoteles, *Τῶν μετὰ τὰ φυσικὰ K.*, XI, 3, Berl. Akademie-Ausg., Bd. II, 1831, S. 1061, links, Z. 28 ff. — [396] Oeuvres de Descartes, ed. Cousin, XI, Paris 1826, S. 222 Z. 1 v. u. ff.: *„J'ai découvert que toutes les sciences qui ont*

erst im neunzehnten Jahrhundert greifbarere Gestalt an. Poncelet schafft die Gegensätze „graphisch-metrisch“.[397] v. Staudt's *Geometrie der Lage* (1847, Nürnberg) ist das erste Lehrbuch, das grundsätzlich jede Maßbeziehung ausschließt.

Ein Hauptwerkzeug der synthetischen Geometrie ist das Prinzip der Dualität geworden: jedem Lagensatz, der für Punkte und gerade Linien gilt, läßt sich sofort ein zweiter dadurch beigesellen, daß man in ihm die Begriffe Punkt und Gerade miteinander vertauscht. Die ersten Anfänge dieses Prinzipes erblickt man in der Verwendung des Polardreieckes bei Ableitung wichtiger Sätze aus der sphärischen Trigonometrie, die wir bei Vieta 1593 (siehe *Teil VI, B. 3*) antreffen. Eine wesentliche Ausbildung erhielt es durch Poncelet (1822) in der Theorie der Pole und Polaren. Zur Allgemeinheit wurde es durch einen anderen französischen Mathematiker, Gergonne, erhoben.[398]

Die Theorie der reziproken Polaren nimmt ihren Ursprung in der Lehre von den harmonischen Punkten und Strahlen. *Harmonisch* nannte man schon im Altertum (siehe Bd. I, S. 234) eine Reihe von Gliedern, deren reziproken Werte eine arithmetische Proportion bilden. So ist (nach Pythagoras und seinen Schülern) b das harmonische Mittel zwischen a und c, wenn $\frac{1}{a} - \frac{1}{b} = \frac{1}{b} - \frac{1}{c}$ oder $\frac{a-b}{b-c} = \frac{a}{c}$ ist. Teilt man eine Strecke AB durch einen Punkt X innen und durch Y aussen nach demselben Verhältnis, so ist die Strecke XY das harmonische Mittel zwischen AY und BY. Das Wort *harmonisch* ist aus der Musiklehre genommen. Giebt AY als gespannte Saite den Grundton, BY die Quinte, so bildet XY die große Terz — diese drei setzen aber den harmonischen Grundakkord zusammen. Gregorius von St. Vincentius schlug in seinem *Opus Geometricum* von 1647 (S. 2, Scholien) für diese Teilung der Strecke AB durch X und Y die besondere Bezeichnung *sectio lineae secundum mediam et extremam rationem proportionalem* im Anschluß an die allgemein übliche Bezeichnung der stetigen Teilung (vgl. S. 101) vor; bei seinen Untersuchungen drang er schon ziemlich weit in der Theorie dieser Punkte und der durch sie von einem Centrum aus gezogenen Strahlen vor. Diese Strahlen

pour but la recherche de l'ordre et de la mesure se rapportent aux mathématiques“ (ich habe gefunden, daß alle Wissenschaften, die die Untersuchung über Ordnung und Maß zum Ziel haben, sich auf die Mathematik beziehen). — [397] Poncelet, *Traité des pr. proj.*, Sect. I, Chap. I, § 6—7, S. 5 (Anm. 142). — [398] Annales de Math. pures et appl. par Gergonne, Bd. XVII, Nismes 1826/7, S. 214 ff., Gergonne, *Recherches sur quelques lois générales qui régissent les lignes et surfaces algébriques de tous les ordres.*

nannte De La Hire 1685[399] *Harmonikalen*; seit Brianchon (1817) heißen sie *faisceau harmonique*,[400] harmonisches Strahlenbündel, während die Punkte $ABXY$ nunmehr *harmonische Punkte* genannt wurden. Der wichtige Satz, daß ein harmonisches Strahlenbündel durch irgend eine Gerade stets in einer harmonischen Punktreihe geschnitten wird, ist inhaltlich bereits in der *συναγωγή* des Pappus (drittes Jahrhundert n. Chr.)[401] unter den Zusätzen zu Euklid's *Porismen* zu finden. An einer anderen Stelle wird auch von Pappus bewiesen, daß ein Strahl, der den Winkel zweier zugeordneten Strahlen halbiert, auf dem vierten senkrecht steht.[402]

Ein weiteres Beispiel für die harmonische Teilung liefert das vollständige Vierseit (vgl. S. 52, 92). Für dasselbe gilt der Satz, daß jede Diagonale durch die beiden anderen Diagonalen harmonisch geschnitten wird. Diese Eigenschaft muß bereits im Altertum bekannt gewesen sein; Pappus überliefert wenigstens in seinen Auszügen aus Euklid's *Porismen* die Umkehrung als eigenen Zusatz.[403] Der Satz selbst taucht erst im Mittelalter in den Schriften Desargues' (1593—1662, Paris, Lyon; Baumeister) auf,[404] aus denen De La Hire (1640—1718, Paris) ihn in seine *Sectiones conicae* (1685) übernahm.[405] In neuerer Zeit hat Carnot (1753—1823) wiederum die Aufmerksamkeit auf ihn gelenkt[406] und ihm zu einer umfassenden Verwendung innerhalb der neueren Geometrie verholfen.

Schreibt man einem Kreise ein Viereck ein, in dem zwei gegenüberliegende Seiten einen festen Durchschnittspunkt P besitzen, so treffen sich die anderen beiden Seiten (bezw. die Diagonalen) in einem veränderlichen Punkt S, dessen geometrischer Ort für alle solche Sehnenvierecke eine Gerade s ist. Der Punkt P heißt nach Servois (1810) *Pol der Geraden s*,[407] die Gerade s nach Gergonne (1813) *Polare des Punktes P*,[408] beidemal in Bezug auf den zu Grunde ge-

[399] De La Hire, *Sectiones conicae*, Paris 1685, lib. I., S. 5, *Harmonicalium definitio.* — [400] Brianchon, *Mém. sur l. lignes du deux. ordre*, V, nach Baltzer, *Elem.*, II, Buch IV, § 8, 7, Anm. — [401] Pappus, *Συναγωγή*, lib. VII, prop. 129—130 u. prop. 145, ed. Hultsch (Anm. 14), Bd. II, § 196—197, S. 872 ff. und § 213, S. 894. [402] Pappus, *Συν.*, VI, prop. 52, ed. Hultsch, Bd. II, § 99, S. 586 Z. 20 ff.; dann erst wieder in De La Hire's *sectiones conicae* 1685, lib. I, prop. XVI, S. 7. — [403] Pappus, *Συν.*, VII, prop. 131, ed. Hultsch, II, § 200, S. 876 Z. 16 ff. — [404] Desargues, 1639, *Brouillon project d'une atteinte aux événemens des rencontres d'un cone avec un plan*, ed. Poudra, Paris 1864, I, S. 186. — [405] De La Hire, *Sectiones conicae*, 1685, lib. I, pr. 20, S. 9. — [406] Carnot, 1803, *Géom. de pos.* chap. 225, théor. VIII, S. 282 (Anm. 358). — [407] Gergonne, Annales d. Math., I, 337 (1810—11). — [408] Gergonne, Annales, III, 297 (1812—13).

legten Kreis.[409] Schon im Altertum fand diese Gerade *s* Beachtung; ihre metrischen Eigenschaften waren im zweiten Buch der ebenen Örter des APOLLONIUS (zwischen 250 und 200 v. Chr. in Alexandria), das uns leider nicht erhalten ist,[410] untersucht worden. APOLLONIUS[411] und PAPPUS[412] (Ende des dritten Jahrhunderts, Alexandria) wußten, daß eine Sekante, die durch den Punkt *P* gelegt wird, von dem Kreise und der Geraden *s* harmonisch geschnitten wird. Den Sonderfall, daß statt des Kreises zwei Gerade zu Grunde gelegt werden, sprach SERENUS von Antinoeia (viertes Jahrhundert n. Chr.) in dem Satz aus: Werden zwei Seiten eines Dreieckes und die durch den zugehörigen Eckpunkt gezogene Transversale so von einer durch den beliebigen Punkt *P* gehenden Geraden geschnitten, daß die innerhalb des Dreiecks gelegene Strecke durch die Ecktransversale und den Punkt *P* in gleichem Verhältnis geteilt wird, so ist dies auch für jede andere, von *P* aus zu ziehende Gerade der Fall.[413] Hier wäre die Ecktransversale die Polare, der Punkt *P* der Pol. GREGORIUS VON ST. VINCENTIUS (*Opus geometricum* 1647, S. 2) zeigte, daß für einen außerhalb des Kreises gelegenen Punkt *S* die Gerade *s* die Verbindungslinie der Punkte sei, in denen die Tangenten von *S* den Kreis berühren.

Allgemeinere Behandlung erfuhr der Satz von den Polaren im Mittelalter durch DE LA HIRE (1640—1718, Paris)[414] und MACLAURIN (1698—1746; Aberdeen, Edinburgh).[415] Unter Benutzung der Wechselbeziehung zwischen dem Punkt *P* und der Geraden *s* hat PONCELET 1822 die Theorie der reciproken Polaren für einen beliebigen Kegelschnitt aufgestellt[416] und durch sie das Gesetz der Reciprocität, einen besonderen Fall des von GERGONNE ausgesprochenen Dualitätsprinzipes, nachgewiesen.[417]

8. Die regelmäßigen Polygone.

Die ältesten Aufschlüsse über regelmäßige Polygone geben Wandgemälde, Verzierungen u. s. w. aus *altägyptischen* Bauwerken.

[409] Vgl. CHASLES-SOHNKE, Note XXVII, S. 397—398 (Anm. 154). — [410] Einen Versuch der Wiederherstellung machte R. SIMSON, *The loci plani of Apollonius restored,* Edinburgh 1749; deutsch von CAMERER, Leipzig 1796 (vgl. daselbst S. 325 f.). — [411] APOLLONIUS, *Κωνικά*, lib. III, 37. — [412] PAPPUS, *Συναγωγή*, VII, prop. 154 u. 161, ed. HULTSCH, § 222, S. 904, § 229, S. 914 (Anm. 14). — [413] SERENUS, *Schnitt des Cylinders*, ed. lat. COMMANDINUS, Bononiae 1566, Theor. XXIV, S. 14^b; ed. HALLEY, Oxon. 1710, prop. XXXIII, S. 32; ed. HEIBERG, Leipzig 1896, Satz 31, S. 105 ff. — [414] DE LA HIRE, *Sect. con.*, I, 3, Satz 21, S. 9 (Anm. 399). — [415] MACLAURIN, *De lin. geom. propr.*, § 35 f., S. 31 ff.; Anhang zur Algebra von 1748, London. — [416] PONCELET, *Traité d. propr. proj.* sect. II, chap. II, § 194 ff., S. 105 ff. (Anm. 142). — [417] Vgl. über die weitere Geschichte:

Bis zur achtzehnten Dynastie trifft man ausschließlich auf Vielecke, die aus der Vierteilung des Kreises hervorgehen (Vierecke, Achtecke u. s. w.); diese wird also damals allein bekannt gewesen sein. Erst um die angegebene Zeit erscheint auf Geschenken, die dem Pharao von asiatischen Tributpflichtigen gesandt wurden, die Zwölfteilung. Seit der neunzehnten Dynastie haben die Wagenräder auf den Wandgemälden sechs Speichen, der Vierzahl begegnet man nur noch selten.[418] — Deutlich erkennen wir hieraus, daß die Ägypter zunächst allein die Konstruktion des regelmäßigen Viereckes kannten und daß ihnen erst von *Babylon* her die Kenntnis der Sechsteilung überbracht wurde. Wann diese im Euphratgebiete auftauchte, ist unbekannt; jedenfalls ist sie auf das innigste mit den astronomischen Theorieen der Chaldäer, ihrer Einteilung des Kreises in 360 Teile, überhaupt der Bevorzugung der Zahl 6 und ihrer Vielfachen verbunden.

Weitere Fortschritte brachte die *griechische* Mathematik. Die pythagoreische Schule (sechstes und fünftes Jahrhundert v. Chr.) verarbeitete die ihnen von Ägypten und Babylon zufließende Wissenschaft und erweiterte sie durch selbständige Forschung. Als pythagoreisch wird der Satz überliefert, daß die Ebene um einen Punkt herum durch sechs regelmäßige Dreiecke, vier Quadrate oder drei Sechsecke ausgefüllt werden kann.[419] Pythagoreisch ist gewiß auch, was Platon (429—348 v. Chr., Athen) in seinem Dialog Timäus erzählt, daß sich das regelmäßige Dreieck, Viereck und Sechseck aus zwei Grundarten von rechtwinkligen Elementardreieckchen zusammensetzen lassen; die eine Art sei gleichschenklig, bei der anderen, die als die schönste Dreiecksform bezeichnet wird, sei das Quadrat der größeren Kathete das Dreifache des anderen Kathetenquadrates und die Hypotenuse selbst gerade das Doppelte der kleineren Kathete.[419a] Auch der erste Schritt zur allgemeinen Behandlung der regelmäßigen Polygone kommt den Pythagoreern zu, da sie die Berechnung des Winkels für jedes n-eck lehrten.[419b]

Schwieriger dürfte die Erledigung der Frage sein, ob bereits den Pythagoreern die Konstruktion des regelmäßigen Fünfeckes (das im Altertum stets den Vorrang vor dem Zehneck hatte) gelungen

Chasles, *Aperçu hist.* (Anm. 154) und Obenrauch, *Geschichte der darstellenden und projektivischen Geometrie*, Brünn 1897. — [418] Cantor, I[b], S. 66—67. — [419] Proklus, ed. Friedlein, S. 304 Z. 23 — S. 305 Z. 3: „*ἐξ οὖν ἰσόπλευρα τρίγωνα συννεύσαντα κατὰ τὰς γωνίας τὰς τέσσαρας ὀρθὰς συμπληροῖ καὶ τρία ἑξάγωνα καὶ τετράγωνα τέσσαρα . . . καί ἐστι τὸ θεώρημα τοῦτο Πυθαγόρειον.*“ — [419a] Platon, *Timaeos*, 53 u. 54, ed. Stallbaum, Bd. VII, Gotha u. Erfurt 1838, S. 222 ff. — [419b] Felix Müller, *Zeittafeln zur Geschichte der Mathematik*, Leipzig 1892, S. 6.

war. Bestimmte Überlieferung, die den Erfinder dieser Konstruktion oder der damit zusammenhängenden stetigen Teilung nennt, ist nicht vorhanden. Wir wissen aber, daß der pythagoreische Bund als Geheimzeichen das Pentagramm, ein Sternenfünfeck, führte und daß er sich also zum mindesten mit dem Fünfeck beschäftigt hat; ferner wissen wir, daß in seiner Schule das Pentagondodekaeder den vorhandenen vier regelmäßigen Körpern als Schlußstein hinzugefügt wurde (siehe *Stereometrie*, Teil XI, B 2 g). Wenn wir ferner beachten, daß die geometrische Konstruktion der stetigen Teilung in Flächensatzform bei EUKLID bereits im zweiten Buch (Satz 11), die endgültige Konstruktion des Fünfeckes in IV, 11 steht, und wenn wir damit in Verbindung bringen, was wir oft beobachten konnten, daß das erste und zweite Buch EUKLID's und ein großer Teil des vierten und sechsten die Forschungen der Pythagoreer zum Teil historisch getreu wiedergab, so neigt sich die Entscheidung der Frage zu Gunsten der pythagoreischen Schule. Was PYTHAGORAS selbst und was seinen unmittelbaren Schülern zukommt, wird überhaupt nicht getrennt werden können. Nun teilt uns aber EUDEMUS, jener erste Geschichtsschreiber für die Mathematik,[4] von dessen Werk uns ein kleiner Auszug in den Kommentaren des PROKLUS[6] zu EUKLID's erstem Buch aufbewahrt ist, mit,[419c] daß EUDOXUS von Knidos das weiter ausgeführt habe, was von PLATON über „den Schnitt" (*ἡ τομή*) begonnen worden war. Hier ist unter dem „Schnitt" allerdings nur die stetige Teilung zu verstehen, aber es braucht nicht gemeint zu sein, daß PLATON Erfinder des „Schnittes" ist. Die Nachricht des EUDEMUS kann vielmehr so aufgefaßt werden, daß PLATON mit dem „Schnitt" zum erstenmal Proportionsbetrachtungen verband, die EUDOXUS fortbildete, während die Untersuchungen der Pythagoreer bei dem entsprechenden Flächensatze stehen blieben.

Die Konstruktion der regelmäßigen Polygone scheint demnach in dem Umfange, wie wir sie heute in der Schule unterrichten, bereits durch PYTHAGORAS und seine Schule abgeschlossen gewesen zu sein. EUKLID (um 300 v. Chr.) faßt sie im vierten Buche seiner *Elemente* zusammen. Vorausgeschickte Erklärungen setzen auseinander, was man unter um- und eingeschriebenen Figuren versteht.[419d] Satz 6—9 handelt vom regelmäßigen Viereck; es wird nicht nur der ein- und umgeschriebene Kreis konstruiert, sondern auch einem

---

[419c] PROKLUS, ed. FRIEDLEIN, S. 67 Z. 6—8 (Anm. 6); EUDEMUS, ed. SPENGEL, S. 115 Z. 10—15 (Anm. 4): „*Εὔδοξος ὁ Κνίδιος ... τὰ περὶ τὴν τομὴν ἀρχὴν λαβόντα παρὰ Πλάτωνος εἰς πλῆθος προήγαγεν καὶ ταῖς ἀναλύσεσιν ἐπ' αὐτῶν χρησάμενος.*" — [419d] Einschreiben = *ἐγγράφειν* (bei HERON auch *ἐπιγράφειν*); umschreiben = *περιγράφειν*, selten *περιλαμβάνειν*.

gegebenen Kreise ein Quadrat ein- und umgeschrieben. Ähnlich wird in Satz 10—14 das Fünfeck betrachtet. EUKLID beginnt hier unter Benutzung von II, 11 mit der Konstruktion eines gleichschenkligen Dreieckes, dessen Basiswinkel doppelt so groß ist wie der Winkel an der Spitze. In Satz 11 zeichnet er ein solches dem gegebenen Kreise ein und bestimmt dadurch drei Punkte des Fünfeckes; die zwei fehlenden erhält er durch Halbieren der Basiswinkel. Durch den Satz vom Peripheriewinkel zeigt er die Gleichwinkligkeit des entstehenden Fünfeckes. — Erst Satz 15 lehrt die Konstruktion des regelmäßigen Sechseckes, das wir heute vorweg zu nehmen pflegen. Auch die Fünfzehneckkonstruktion ist etwas von der heute üblichen Art verschieden. EUKLID zeichnet ein Dreieck und ein Fünfeck mit gemeinsamer Ecke dem gegebenen Kreise ein; der Bogen zwischen den diesem Punkte gegenüberliegenden Seiten des Drei- und Fünfeckes ist der Bogen des Fünfzehneckes.

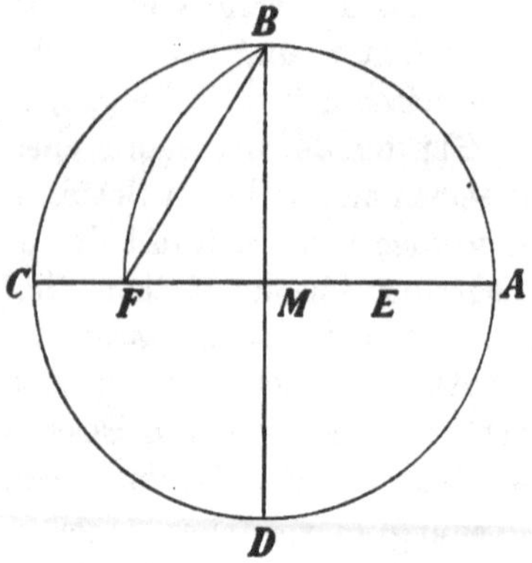

Fig. 16.

Eine andere Konstruktion des Fünfeckes, die zugleich die Zehnecksseite, von der EUKLID gar nicht spricht, unmittelbar liefert, benutzte KLAUDIUS PTOLEMAEUS (zwischen 125 und 151 n. Chr. in Alexandria).[420] Es werden zwei senkrechte Durchmesser AC und BD gezeichnet und um die Mitte E von MA ein Kreisbogen mit EB von B nach F geschlagen; die Sehne BF ist alsdann Seite des Fünfeckes, die Strecke FM Seite des Zehneckes. Dieser einfachen Zeichnung begegnen wir auch zuweilen im Abendland wieder; es hat sie ALBRECHT DÜRER 1525 in seine Underweysung der messung mit dem zirckel und richtscheyt,[421] ferner CHR. v. WOLFF (1717) in die *Elementa mattheseos*[422] aufgenommen. Am häufigsten findet man in den Lehrbüchern die auch in der Gegenwart bevorzugte Konstruktion mit Hilfe der stetigen Teilung des Radius, die zum erstenmal von PAPPUS (Ende des dritten Jahrhunderts n. Chr.; Alexandria) angegeben wird.[423]

420 PTOLEMAEUS, *Μαθηματικὴ σύνταξις*, I, cap. 9, ed. HALMA, Paris 1813, S. 27—28. — 421 Buch II, Fig. 15. — 422 Bd. I, *Elementa analyseos*, § 237, Probl. 114 (Anm. 68). — 423 PAPPUS, *Συναγωγή*, lib. V, prop. 47, ed. HULTSCH, I, § 87, S. 434 Z. 8—10 (Anm. 14): „*Τῆς δὲ τοῦ ἑξαγώνου πλευρᾶς ἄκρον καὶ μέσον λόγοι*

Die Konstruktion der stetigen Teilung beruht bei Euklid sowohl in II, 11 als in VI, 30 auf flächengeometrischen Betrachtungen. Der Satz 11 des zweiten Buches fordert, „eine gegebene Gerade so zu schneiden, daß das unter der Ganzen und einem der beiden Abschnitte enthaltene Rechteck dem Quadrate des anderen Abschnittes gleich sei.“ Satz 30 in Buch VI spricht von der Teilung einer gegebenen Geraden „nach dem äußeren und mittleren Verhältnis“, die in der dritten Definition desselben Buches erklärt ist.[424] Die Ausführung beruft sich auf die Flächenaufgabe III, 11; eine zweite Lösung benutzt Flächenantragungen (s. S. 80 und Bd. I, S. 253 f.). Die in modernen Lehrbüchern angegebene Konstruktion (vgl. Fig. 17) stammt von dem Alexandriner Heron (erstes Jahrhundert v. Chr.), wie der Araber An-Nairizi (Anaritius; um 900 n. Chr.), ein Kommentator Euklid's, berichtet;[425] im Mittelalter findet sie sich in Oughtred's (1574—1660; Pfarrer in einem englischen Landort) *Clavis mathematica* von 1631,[426] erlangt aber erst durch Wolff's *Elementa mattheseos* (1717)[427] weitere Verbreitung.

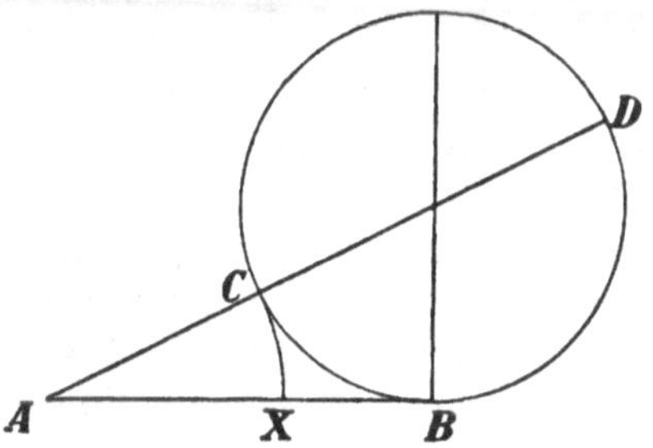

Fig. 17.

Den griechischen Fachausdruck *ἄκρον καὶ μέσον λόγον τέμνειν* giebt Gerhard von Cremona (um 1114—1187, Toledo) in der Übersetzung des eben genannten arabischen Euklidkommentars mit *secundum proportionem habentem medium et duo extrema dividere*[428] wieder; in unmittelbaren Übersetzungen heißt es *secundum extremam ac mediam rationem secare* oder kurz *media et extrema ratione secare* und danach in den deutschen Lehrbüchern des achtzehnten Jahrhunderts *im mittleren und äußeren Verhältnis teilen.* Die treffende Bezeichnung „stetige Teilung“ ist ein Vorschlag von Lorenz in seiner

τεμνομένης, τὸ μεῖζον τμῆμά ἐστιν ἡ τοῦ δεκαγώνου πλευρά.“ (Wird die Seite des Sechseckes stetig geteilt, so ist der größere Abschnitt die Seite des Zehneckes.) — 424 ed. Heiberg, II, Leipzig 1884, S. 72 Z. 8—10: „*Ἄκρον καὶ μέσον λόγον εὐθεῖα τετμῆσθαι λέγεται, ὅταν ᾖ ὡς ἡ ὅλη πρὸς τὸ μεῖζον τμῆμα, οὕτως τὸ μεῖζον πρὸς τὸ ἔλαττον.*“ (Eine Strecke heißt nach dem äußeren und mittleren Verhältnis geteilt, wenn sich der größere Abschnitt zum kleineren, wie die ganze Strecke zum größeren verhält.) — 425 Anaritius, ed. Curtze (Anm. 233), S. 107 bis 108. — 426 4. Aufl v. 1667, cap. XIX, probl. I, S. 75. — 427 § 222, Probl. 106. — 428 Anaritius, ed. Curtze, S. 177 (Anm. 233); Pitiscus (*Trigonometrie*, lib. II, Nr. 25, Aufl. v. 1600, S. 40 Z. 4—6) sagt einfach: *lineam proportionaliter secare.*

deutschen Euklidausgabe von 1781.[429] Nirgends findet sich, weder im Altertum noch im Mittelalter, der Ausdruck *sectio aurea* (goldener Schnitt). CAMPANUS von Novarra (zweite Hälfte des zwölften Jahrhunderts), der Verfasser einer sehr verbreiteten Euklidübersetzung, nennt die stetige Teilung eine bewunderungswürdige geometrische Leistung, da sie ein unentbehrliches Hilfsmittel für die Konstruktion der regelmäßigen Körper sei.[430] Einen noch stärkeren Ausdruck von Hochachtung vor der Wichtigkeit der stetigen Teilung bekundet LUCA PACIUOLO (ungefähr 1445—1514, Florenz), der einer Schrift (1509), die Aufgaben über die stetige Teilung behandelt, den Titel *Divina Proportione* verleiht.[431] Auf ihn in erster Reihe dürfte es zurückzuführen sein, wenn Spätere eine eigenartige Mystik in diesem Teilverhältnis suchen zu müssen glaubten. So bringt RAMUS[432] (1515—1572; Paris) die göttliche Dreieinigkeit mit den drei Stücken einer stetig geteilten Strecke in Verbindung, so schafft KEPLER's (1571—1630) kühne Phantasie eine ganze Symbolik für seine *„sectio divina"*.[433] — Die Mitte des neunzehnten Jahrhunderts erweckte die phantastischen Anschauungen KEPLER's von neuem. Es entstand eine Naturphilosophie, die in alle Gebiete, die ihr irgendwie zugänglich waren, selbst in die Ästhetik, mathematische Gesetze hineinzudeuteln suchte. Ein solches allgemein gültiges Gesetz vermutete man in dem „Goldenen Schnitt", wie man die stetige Teilung jetzt taufte, in Wiederaufnahme eines alten Beiwortes, das im Mittelalter die Regeldetri (*regula aurea*; siehe Bd. I. S. 99) thatsächlich geführt hatte. Nicht nur in der Natur sollte diese Proportion bei allen metrischen Beziehungen maßgebend sein; auch in der Plastik, Malerei, Baukunst mußte sie als das Prinzip der Schönheit herhalten.[434] Diese popularisierende Mathematik gewann bald einen großen Kreis laienhafter Anhänger, wodurch das

429 LORENZ, 2. Aufl., Halle 1798, S. 104, Nr. 8; vgl. LIOUVILLE's Journal, Bd III, 1838, S. 97—98. — 430 SONNENBURG, *Der goldene Schnitt*, Bonn 1881, Programm Nr. 367, S. 8. — 431 CANTOR, II^b, S. 341. — 432 PETRI RAMI *Scholarum mathematicarum libri unus et triginta*, lib. XI, Nr. 11; Ausgabe von 1599, Frankfurt, S. 191 Z. 5—8: *„Christianis quibusdam divina quaedam proportio hic animadversa est, ut inde una trinitas, & unitas trina conciperetur, quae tota sit in toto, & in parte qualibet, totum in magno, totum in parvo, principium unicum pulcherrimum ac beatissimum."* — 433 *Kepleri opera*, ed. FRISCH, Bd. 1, Frankf. a. M. u. Erlangen 1858, S. 377 Z. 24 ff.: *„Inter continuas proportiones unum singulare genus est proportionis divinae ... Hanc ego geometricam proportionem, puto, ideam fuisse creatori, ad introducendam generationem similis ex simili, quae est etiam perennis ..."* — 434 ZEISING, *Meine Lehren von den Proportionen des menschlichen Körpers*, Leipzig 1854; *Ästhetische Forschungen*, Frankfurt a. M. 1855 (vgl. Zeitschr. f. Math. u. Phys. XXI, Leipzig 1876, hist-litt. Abt., S. 157—165). — J. BOSCHENEK,

Wort „Goldener Schnitt“ sich mehr und mehr Verbreitung eroberte und schließlich auch in mathematische Elementarbücher gelangte; in diesen setzte es sich so fest, daß es jetzt großer Mühe bedürfte, die falsche Bezeichnung wieder zu verdrängen. —

Nach diesen nicht zu umgehen gewesenen Abschweifungen kehren wir zu den regelmäßigen Polygonen zurück. Es wird sich, nachdem die geometrischen Konstruktionen besprochen sind, zunächst im folgenden um die Berechnung der Seiten des n-ecks s_n aus dem Radius des gegebenen umgeschriebenen Kreises r handeln.

Die Formel $s_6 = r$ ist inhaltlich bei den Babyloniern nachzuweisen (vgl. S. 98). Als bekannten Satz erwähnt diese Eigenschaft der Sechsecksseite gelegentlich HIPPOKRATES von Chios (um 440 v. Chr.).[435]

Die Beziehung zwischen der Quadratseite s_4 und dem Radius des umgeschriebenen Kreises führt in der pythagoreischen Schule (sechstes bis fünftes Jahrhundert v. Chr.) zur Einführung des Begriffes der Irrationalität und stellt das älteste Beispiel einer solchen dar (vgl. Bd. I, S. 153).

Daß $s_3 = r \cdot \sqrt{3}$ ist, wird im 12. Satz des XIII. Buches der euklidischen *Elemente* in Form eines Flächensatzes ausgesprochen: Das Quadrat der Dreiecksseite ist das Dreifache des Quadrates des halben Durchmessers. Ein Näherungswert $\frac{26}{15}$ für $\sqrt{3}$ liegt vor, wenn HERON (erstes Jahrhundert v. Chr.) die Höhe des gleichseitigen Dreieckes $h = \frac{a}{2}\sqrt{3}$ dadurch berechnet, daß er die Seite mit $(1 - \frac{1}{10} - \frac{1}{30})$ — in altägyptischer Stammbruchform - - multipliziert,[436] oder wenn er den Inhalt des gleichseitigen Dreieckes $i_3 = \frac{a^2}{4}\sqrt{3}$ als Produkt der Seite des Quadrates mit $(\frac{1}{3} + \frac{1}{10})$[437] angiebt. Dieselben Vorschriften finden sich auch bei den Nachahmern HERON's, den römischen Agrimensoren[438] und bei BOËTHIUS.[438a] Eine andere, weniger gute Annäherung benutzt GERBERT (um 940 Auvergne — 1003 Rom, seit 999

Kanon aller menschlichen Gestalten und der Tiere, Berlin 1885; PFEIFER, *Der goldene Schnitt und dessen Erscheinungsweise in Mathematik, Natur und Kunst*, Augsburg 1885. — [435] *Eudemus*, ed. SPENGEL, S. 123 Z. 18—20 (Anm. 4). — [436] HERON, *Geometrie*, cap. 15, ed. HULTSCH, S. 58 Z. 27—28; *Geodaesie*, cap. 14, § 1, S. 148 Z. 1—2 (Anm. 2). — [437] HERON, *Geometrie*, cap. 14, § 1, S. 58 Z. 16—19; *Geodaesie*, cap. 13, § 1, S. 147 Z. 23—27. — Der Wurzelwert $\sqrt{3} = \frac{26}{15}$ ist auch in der Berechnung des Sechsecksinhaltes nach der Formel $i_6 = \frac{13}{5} r^2$ zu finden, vgl. Bibl. math., 3. Folge, Bd. 1, S. 313. — [438] COLUMELLA, *De re rustica*, ed. SCHNEIDER, V, 2, 5, S. 272, vgl. Bibl. math., 3. Folge, Bd. 1, S. 310. — [438a] BOËTIUS, *Ars Geom.*, lib. II, ed. FRIEDLEIN, S. 404—405: *De isopleuro* (Anm. 37).

Papst SYLVESTER II.) in $\sqrt{3} = \frac{12}{7}$, wenn er behauptet, die Höhe eines gleichseitigen Dreieckes sei immer um $\frac{1}{7}$ kleiner als dessen Seiten.[439]

Die Untersuchungen der Irrationalitäten, die bei dem Fünfeck und Zehneck auftreten, scheinen dem THEÄTET (Heraklea; um 390 v. Chr.), einem Schüler des SOKRATES, zuzuschreiben zu sein.[440] Wenigstens überliefert SUIDAS,[441] daß THEÄTET zuerst eine Schrift über die fünf regelmäßigen Körper veröffentlicht habe. Beim Dodekaeder hängen solche Untersuchungen aber eng mit Betrachtungen des Fünfeckes zusammen. Eine Bestätigung findet man in der Erzählung des PROKLUS,[442] daß „EUKLID vieles von THEÄTET Begonnene zu Ende führte", da wir wissen, daß EUKLID's eigene Arbeiten auf diesem Gebiete gipfeln. — Eine Beziehung zwischen s_5 und s_{10} stellt der zehnte Satz in EUKLID XIII her, den wir modern durch die Formeln $s_5^2 = s_6^2 + s_{10}^2$ ausdrücken können. Die Flächenberechnungen der regelmäßigen Polygone mit der Seitenzahl $n = 3, 4, 5 \ldots 12$, für die uns HERON (erstes Jahrhundert v. Chr.) Vorschriften überliefert, werden in der Geschichte der Trigonometrie zu besprechen sein (S. 197—198); die Berechnung für $n = 7, 9, 11$ gelingt ihm nur unter Benutzung trigonometrischer Beziehungen. An einer anderen Stelle[443] kommt HERON noch einmal auf das Achteck zurück und behandelt die Aufgabe, aus der Seite s_8 den Radius r des umgeschriebenen Kreises zu finden. Die Rechnung verläuft nach der Formel

$$r^2 = \left(\sqrt{2\cdot\left(\frac{s_8}{2}\right)^2} + \frac{s_8}{2}\right)^2 + \left(\frac{s_8}{2}\right)^2,$$

deren Herleitung neuerdings mit Erfolg versucht worden ist.[444]

Die im Vorstehenden angeführten Sätze aus der Lehre der regelmäßigen Polygone betreffen nur Eigenschaften einzelner Vielecke. Allgemeine Polygonbetrachtungen treten im Altertum erst bei den Versuchen auf, den Umfang bezw. Inhalt des Kreises zu berechnen. Es ist ein nicht zu unterschätzendes Verdienst des Sophisten ANTIPHON (um 430 v. Chr.), von gegebenen Polygonen zu Polygonen doppelter Seitenzahl vorgeschritten zu sein (vgl. S. 110). Während ANTIPHON rein geometrisch zu Werke ging und die sich immer enger dem Kreise anschmiegenden Polygone in Quadrate verwandelte, ist die theoretisch-analytische Behandlung und rechnerische Durchführung der Idee ANTIPHON's durch ARCHIMEDES vorgenommen worden. Uns

---

439 CANTOR, I^b, S. 815. — 440 CANTOR, I^b, S. 224. — 441 SUIDAS, ed. BERNHARDY, Bd. I, Halle 1853, S. 1120 Z. 11. — 442 PROKLUS, ed. FRIEDLEIN, S. 68 Z. 8—9 (Anm. 6). — 443 HERON, *Stereometrica*, II, 37, § 2—3, ed. HULTSCH, S. 184 Z. 10—17 (Anm. 2). — 444 CANTOR, *Die römischen Agrimensoren*, Leipzig 1875, S. 172 ff.

gehen hier nur die von ARCHIMEDES benutzten Sätze aus der Polygonlehre an. Als bekannt setzte er voraus, daß ähnliche regelmäßige Vielecke sich wie ihre umgeschriebenen Kreise verhalten.[445] Zum erstenmal wird in der vorhandenen Literatur der Satz benutzt, daß der Inhalt des n-eckes gleich $\frac{1}{2} s_n \cdot \varrho_n \cdot n$ ist, wo ϱ_n die Höhe des Bestimmungsdreieckes bedeutet.[446] Ohne weiteres nahm er an, daß die zwischen zwei Radien befindliche Kreistangente größer als der Bogen zwischen diesen Radien ist,[447] ein Satz, für den freilich erst in neuester Zeit ein Beweis als nötig erachtet wurde.[448] Von größter Wichtigkeit ist das Verfahren des ARCHIMEDES, von der Seite des n-eckes zu der Seite des $2n$-eckes überzugehen; er löste diese Aufgabe zuerst allein für das umgeschriebene Polygon, dann unabhängig von diesem auch für das eingeschriebene. Es fehlt bei ihm der Übergang vom eingeschriebenen Vieleck zum umgeschriebenen Vieleck mit gleicher Seitenzahl. —

Um Fortschritte in der Theorie der regelmäßigen Polygone zu verzeichnen, müssen wir jetzt einen Zeitraum von fast $1^1/_2$ Jahrtausend überspringen. Erst aus dem dreizehnten Jahrhundert n. Chr. ist eine Schrift zu erwähnen, in der unsere Lehre mit Erfolg in Angriff genommen ist. Es ist dies die Abhandlung *De triangulis* des Deutschen JORDANUS NEMORARIUS († 1237; Ordensgeneral der Dominikaner). Bezeichnen wir den Inhalt und Umfang des eingeschriebenen n-ecks mit i_n bezw. u_n, des umgeschriebenen Polygons entsprechend mit I_n und U_n, so lassen sich die Sätze des JORDANUS, die in dem vierten Buch der genannten Schrift enthalten sind, durch folgende Formeln ausdrücken:[449]

1. $i_n : i_{2n} = i_{2n} : I_n$ — Buch IV, Satz 8,[450]
2. $i_n : i_m > u_n : u_m$, wenn $n > m$ daselbst, Satz 9,
3. $\begin{cases} I_n : I_m = U_n : U_m \\ I_m > I_n, \text{ wenn } n > m \end{cases}$ daselbst, Satz 11.

[445] ARCHIMEDES, περὶ κων. 4, ed. HEIBERG, I, S. 310 Z. 20—23 (Anm. 33). — [446] ARCHIMEDES, κυκλ. μετρ., 1, ed. HEIBERG, I, S. 258—260 (Anm. 33). — [447] BRETSCHNEIDER, S. 154 (Anm. 4). — [448] CRELLE, *Lehrbuch der Elemente der Geometrie*, Teil I, Berlin 1826, Buch 3, § 304, S. 266. — [449] Vgl. CANTOR, II^b, S. 78. — [450] *De triangulis*, ed. CURTZE, S. 31 ff. (Anm. 34). Der Wortlaut für Formel 1 lautet z. B.: „*Inter quaslibet duas figuras poligonias equilateras et similes, et quarum una in circulo inscripta, alia circumscripta fuerit, proporcionalis consistit, que duplo plurium laterum existens infra eundem circulum describitur.*" (Zwischen zwei beliebigen, gleichseitigen und ähnlichen Polygonen, von denen das eine dem Kreis eingeschrieben, das andere ihm umgeschrieben ist, ist dasjenige Polygon (mittlere) Proportionale, welches mit der

Ganz selbständig wird JORDANUS zu diesen Sätzen nicht gekommen sein; wahrscheinlich dienten ihm arabische Quellen, die wir nicht näher kennen, als Vorlage. Zu einer wirklichen Kreisquadratur nutzte JORDANUS seine Sätze nicht aus. In der Regel werden bei späteren Schriftstellern Sätze über regelmäßige Polygone nur zu diesem Zwecke abgeleitet. Verschiedene, eigentlich hierher gehörende Polygonformeln werden deshalb auch erst in der Geschichte der Kreisquadratur angeführt werden, um doppelte Erwähnungen zu vermeiden.

Die erste Formel des JORDANUS ist ihrer Wichtigkeit wegen oft wiederholt worden. So ist sie im *Algorithmus proportionum* von NICOLE ORESME (um 1323—1382; zuletzt Bischof von Lisieux) anzutreffen;[451] unabhängig stellte sie SNELLIUS (1581—1626, Leiden) in der *Cyclometria* 1621 noch einmal auf.[452] Die Formel

$$4)\ \frac{1}{I_{2n}} = \frac{1}{2}\left(\frac{1}{i_{2n}} + \frac{1}{I_n}\right)$$

oder in anderer Form:

$$4^a)\ I_{2n} = \frac{2 \cdot i_{2n} \cdot I_n}{I_n + i_{2n}},$$

nach welcher I_{2n} das harmonische Mittel zwischen i_{2n} und I_n ist, stammt von dem englischen Mathematiker JAMES GREGORY (1638 bis 1675, Edinburgh), der sie 1667 in der wichtigen Schrift *Vera circuli et hyperbolae quadratura*[453] ableitete; in LEGENDRE's *Elementen* (Paris 1794)[454] nimmt sie die Gestalt an:

$$4^b)\ I_{2n} = \frac{2 \cdot i_n \cdot I_n}{i_n + i_{2n}}.$$

Eine ähnliche Beziehung, wie die Formel zwischen den Inhalten angiebt, besteht auch — nach SNELLIUS, 1621, *Cyclometria* — für die Umringe:

$$6)\ U_{2n} : u_{2n} = u_{2n} : u_n.$$

Den bei SNELLIUS fehlenden Beweis holt HUYGENS 1634 nach.[455]

Durch diese Formeln ist die Berechnung von Inhalt und Umfang aller der regelmäßigen Polygone ermöglicht, deren Seitenzahl ein Produkt einer Potenz von 2 mit den euklidischen Grundzahlen

doppelten Seitenanzahl demselben Kreis eingeschrieben wird.) Beweis für $n=3$ u. 4. — [451] *Der Algorismus Proportionum des Nicolaus Oresme*, ed. CURTZE, Berlin 1868, S. 11, Anm. 6. — [452] *Cyclometria*, Lugd. Batav. 1621, prop. 9. — [453] *Vera circ. et hyp. quadr.* 1667, abgedruckt in HUYGENS' Werke, Opera Varia, Vol. II, Lugd. Bat. 1724, S. 407—462; die angeführte Formel, S. 418, prop. V. — [454] Übersetzung v. CRELLE, 2. Aufl., Berlin 1833, Buch IV, S. 13. — [455] HUYGENS, *De circuli magnitudine inventa* 1854, Satz XIII, Opera varia Lugd. Bat. 1724, Vol. II, S. 351—387.

2, 3, 5 und 15 ist, und zwar nur mit Hilfe von Quadratwurzeln, wie bei geometrischer Ausführung nur Winkelhalbierungen nötig sind.

Bis zum Schluß des achtzehnten Jahrhunderts hielt man damit den Bestand der konstruierbaren bezw. mit Quadratwurzeln berechenbaren regelmäßigen Vielecke für erschöpft. In allen Lehrbüchern des achtzehnten Jahrhunderts wird für die übrigen n-ecke die Anwendung des Transporteurs, mit dem die leicht zu ermittelnden Centriwinkel eingetragen werden sollen, vorgeschrieben. So schreibt noch 1798 Klügel,[456] nachdem er die Konstruktion des Sechseckes, Viereckes und Fünfeckes gezeigt hat: „Außer diesen Vielecken kann man keine geometrisch verzeichnen, sondern nur mechanisch." Zu dieser Zeit (1796) hatte aber bereits Gauss (1777 bis 1855, Göttingen) sein großes Werk *Disquisitiones arithmeticae* in Angriff genommen, das eine Fortführung und Erledigung der Untersuchung über konstruierbare, regelmäßige Polygone bringen sollte.

Gauss zeigte hierin,[457] daß der Kreis dann und nur dann in n gleiche Teile, allein mit Zirkel und Lineal, geteilt werden könne, wenn n eine Primzahl von der Form $2^m + 1$ ist. Es läßt sich leicht einsehen, daß m hier ein Potenz von 2, etwa $m = 2^k$, sein muß. Wäre nämlich $m = 2^\mu \cdot m_1$, wo m_1 eine ungerade Zahl sei, so ist $2^m + 1 = (2^{2^\mu})^{m_1} + 1$ eine Summe, die nach bekannten Sätzen durch $2^{2^\mu} + 1$ teilbar, also keine Primzahl ist. Setzt man $k = 1$, so ergiebt $n = 5$ das Fünfeck, dessen Zeichnung bereits bekannt war. $k = 2$ liefert hingegen einen neuen Fall, da $n = 17$ eine Primzahl ist. Daß das regelmäßige Siebzehneck konstruiert werden kann, war vollständig neu. Die wirkliche geometrische Durchführung gab Panker und Erchinger;[458] durch Rechnung nahm Legendre zum erstenmal die Siebzehnteilung vor.[459] Eigenartig ist die geometrische Behandlungsweise bei v. Staudt[460] und Schröter,[461] da sie sich auf Benutzung des Lineals und eines festen Kreises beschränken.

Für $k = 3$ ist $n = 257$, also wiederum eine Primzahl. Die zugehörige Polygonkonstruktion hat Richelot (1808—1877, Münster) bearbeitet.[462] — Auch $k = 4$ führt auf eine Primzahl $n = 65537$.

[456] *Anfangsgründe*, S. 114 (Anm. 162). — [457] *Disquisitiones arithmeticae*, Leipzig 1801, Abschn. 365; Werke, Bd. 1, Göttingen 1870, S. 461. — [458] Vgl. die Anzeigen von Gauss in den Gött. gel. Anzeigen von 1825; Gauss' Werke, Bd. II, Gött. 1876, S. 186—187. — [459] *Elemente der Trigonometrie*, Anhang VII; Crelle's Übersetzung, 1833, S. 420 ff. — [460] Crelle's Journal, Bd. 24, Berlin 1842, S. 251. — [461] Crelle's Journal, Bd. 75, Berlin 1873, S. 13—24. — [462] Crelle's Journal, Bd. 9, Berlin 1832, S. 1—26, 146—161, 209—330, 337—358.

Die sehr schwierigen Untersuchungen der auftretenden Irrationalitäten hat Prof. Hermes in Lingen in Angriff genommen; ihre Ergebnisse sind jedoch nicht veröffentlicht worden.[463] — Daß die Form $n = 2^{2^k} + 1$ nicht ausschließlich Primzahlen liefert, zeigt $k = 5$. In diesem Falle ist $n = 4294967297$ und kann in $641 \cdot 6700417$ zerlegt werden.[464] Als Nichtprimzahlen sind ferner noch nachgewiesen $2^{2^{12}} + 1$ und $2^{2^{23}} + 1$, die 114689 bezw. 167772161 als Teiler enthalten.[465]

9. Die Kreisberechnung.[466]

Bereits die ältesten mathematischen Überlieferungen enthalten Versuche, die Kreisfläche bezw. die Kreislinie durch bekannte Maße auszudrücken. In jenem altehrwürdigen Rechenbuche des *Ägypters* Ahmes,[467] das aus dem zwanzigsten bis siebzehnten Jahrhundert v. Chr. stammt und, eigener Angabe des Verfassers nach, auf noch ältere Schriften zurückgreift, ist zum erstenmal eine Quadratur des Kreises vorgenommen.[468] Die hier gegebene Vorschrift, welche $^8/_9$ des Durchmessers als Seite eines gleich großen Quadrates wählt, entspricht einem Werte $\pi = \left(\frac{16}{9}\right)^2 = 3{,}1605$, ist also von geradezu überraschender Genauigkeit. Leider sind wir vollständig im unklaren, wie die ägyptischen Gelehrten zu dieser Annahme gekommen sind.

Klarer ist die Entstehung des altbabylonischen Wertes $\pi = 3$, der uns in einer biblischen Stelle enthalten ist.[469] In der Beschreibung des salomonischen Tempelbaues wird ein großes Waschgefäß, Ehernes Meer genannt, erwähnt, dessen Durchmesser auf 10 Ellen und dessen Umfang auf 30 Ellen angegeben wird. Hier liegt offenbar eine einfache Multiplikation mit 3 und nicht das Ergebnis einer Messung vor. Wäre thatsächlich eine Schnur zur Messung herum-

463 Nach Felix Klein, *Vorträge über ausgewählte Fragen der Elementargeometrie*, Leipzig 1895, S. 13. — 464 Euler, Comm. Petropol. VI, ad annos 1732/3 (gedr. 1738), S. 104; *Opuscula analytica*, Petrop. 1783, Bd. I, S. 244. — 465 Nach Netto, *Substitutionentheorie und ihre Anwendung auf die Algebra*, Leipzig 1882, S. 181 Anm. — 466 Vgl. hierzu F. Rudio, *Archimedes, Huygens, Lambert, Legendre — 4 Abhandlungen über die Kreismessung*, Leipzig 1892. — 467 *Ein mathematisches Handbuch der alten Ägypter* (*Papyrus Rhind*), übersetzt und erklärt von Aug. Eisenlohr, Leipzig 1877. — 468 Eisenlohr, S. 117, 124 und öfters (Anm. 467). — 469 I. *Könige*, 7, 23; II. *Chronika*, 4, 2: „Und er machte ein Meer, gegossen, zehn Ellen weit, von einem Rand zum anderen, rund umher, und fünf Ellen hoch, und eine Schnur 30 Ellen lang war das Maß ringsum" (Chron.: „Und ein Maß von 30 Ellen mochte es umher begreifen").

gelegt worden, so würden sich fast 32 Ellen ergeben haben, und es wäre diese Angabe die wahrscheinlichere gewesen. Nimmt man an, daß mit dem Maß von 10 Ellen die Entfernung der inneren Ränder gemeint ist, was durchaus nicht unwahrscheinlich ist, so würde sich die Länge der Schnur noch größer ergeben. Übrigens wird die Multiplikation mit 3 durch eine Talmudstelle: „Was im Umfang drei Handbreiten hat, ist eine Hand breit", bestätigt.[470] Man beachte die hypothetische Form, in der die Parallelstelle aus Chronika II abgefaßt ist: „und ein Maß von 30 Ellen mochte es umher begreifen". Man könnte daraus schließen, daß der Verfasser der Chronika sich der rohen Annäherung bewußt war, die darin liegt, den Umfang nur als das Dreifache des Durchmessers zu schätzen. Vielleicht war ihm, dem Jüngeren, bereits eine bessere Berechnungsmethode bekannt. Ganz verfehlt ist es, zu behaupten, wie scharfsinnige Bibelerklärer des achtzehnten Jahrhunderts es gethan haben, daß das eherne Meer in Wirklichkeit sechseckig gewesen sein müßte.[471]

Wie der Hauptbestandteil der biblischen Sagen, ist auch der Wert $\pi = 3$ von Babylon ausgegangen. Es ist statt des Kreises der Umfang des eingeschriebenen Sechseckes gewählt, dessen Konstruktion daselbst seit ältesten Zeiten bekannt war. Für viele Zwecke der Praxis, die nur eines rohen Überschlages bedürfen, genügt heute noch der Wert $\pi = 3$. Wir können uns daher nicht wundern, wenn wir ihn oft im Altertum benutzt sehen, obgleich man genauere Vorschriften kannte. Ihn verwendet der Alexandriner Heron (erstes Jahrhundert v. Chr.) wiederholt[472] neben dem schärferen archimedischen Wert; ihn können wir auch in altindischen Schriften nachweisen.[473]

Mit der Inangriffnahme des Kreisquadraturproblems durch die *griechischen* Mathematiker beginnt in seiner Geschichte eine theoretische Periode, während man die vorangegangene Zeit als empirische Periode auffassen kann.

Anaxagoras von Klazomenä (499 — Lampsakus 428 v. Chr.)

---

[470] Vgl. Cantor, Zeitschr. f. Math. u. Phys., Bd. 20, Leipzig 1875, hist.-litt. Abt. S. 162—165 und Bd. XXIII, Leipzig 1878, hist.-litt. Abt. S. 90. — [471] Kästner's *Anfangsgründe*, 2. Aufl. 1764, I, S. 276 Anm.: „Dieser Unterschied von dem Maasse, das die Schrift angiebt, rührt ohne Zweifel daher, weil das eherne Meer keinen kreisförmigen Umfang gehabt hat" mit Berufung auf Wiedeburg, 1730 *Mathesis biblica septem speciminibus comprehensa*, IV, Qu. XI und Jac. Schmidt, *Bibl. Mathematikus* 1736, S. 160 u. A. — [472] Heron, *Mensurae*, cap. 15, ed. Hultsch, S. 191 Z. 18 ff. u. ö.: $\pi = 3$; cap. 35, 36, S. 200, $\pi = 3\frac{1}{7}$ (Anm. 2). — [473] Vgl. Cantor, I^b, S. 603.

hat, wie von PLUTARCH erzählt wird,[474] sich zuerst unter den Griechen mit der Kreisquadratur beschäftigt; er soll sich die Zeit seiner Gefangenschaft (um 434 v. Chr.) mit Betrachtung dieser Aufgabe, die er vielleicht auf seinen ägyptischen Reisen kennen gelernt hatte, vertrieben haben. Zu welchen Resultaten er gekommen war, wird nicht mitgeteilt. Jedenfalls hat er das große Verdienst, das vielumworbene Problem angeregt und die Jahrtausende hindurch fortgesetzten Versuche eingeleitet zu haben.

Drei Wege sind es, die die griechischen Mathematiker zu beschreiten versuchten. Ihre erste Methode verlangt geometrische Konstruktion eines flächengleichen Quadrates allein mit Zirkel und Lineal, die zweite läßt mechanisch konstruierbare Kurven zu, die dritte — die nach unserem heutigen Wissen allein richtig ist — begnügt sich mit angenäherten Berechnungen. Die moderne Zeit hat die Erkenntnis gebracht, daß der erste Weg überhaupt unmöglich ist; dadurch ist endlich all den Bemühungen ein Ziel gesteckt, die ehrgeizige Erfinder zu allen Zeiten angestellt hatten, um den Ruhm zu erwerben, eine Aufgabe, die bis dahin den Anstrengungen der größten Mathematiker gespottet hatte, lösen zu können.

Zur geometrischen Ausführung der Kreisquadratur geht ANTIPHON (um 430 v. Chr.), vielleicht auf Grund pythagoreischer Untersuchungen, von den eingeschriebenen Polygonen aus. Nach der einen Überlieferung[475] zeichnete er zuerst das Quadrat ein, dann das Achteck, Sechzehneck u. s. f. und setzte die Konstruktionen so lange fort, bis das regelmäßige Vieleck von dem Kreise nicht mehr zu unterscheiden ist; nunmehr berief er sich darauf, daß in den Elementen der Geometrie gelehrt werde, jedes Polygon in ein Quadrat zu verwandeln. Verführe man danach, so käme man schließlich zu einem Quadrate, das dem Kreise flächengleich sei.[324] Ein anderer Berichterstatter[476] läßt ihn mit dem eingeschriebenen Dreieck beginnen, auf dessen Seiten je ein gleichschenkliges Dreieck mit einem Peripheriepunkt als Spitze aufgesetzt wird. Das Gleiche wird mit den neu erhaltenen kleineren Sehnen vorgenommen u. s. f.

---

474 PLUTARCHUS, *De exilio*, cap. 17, ed. DÜBNER-DIDOT, Moralia, Bd. I, Paris 1885, S. 734 Z. 24. — 475 *Eudemi fragm.*, S. 121 (Anm. 4), vgl. auch BUTEO, *De quadratura circuli libri duo*, Lugduni 1559, S. 9—12. Dies und die folgenden Angaben entstammen einem Kommentar des Simplicius (VI. Jahrh. v. Chr.) zur Physik des Aristoteles, *Simplicius in Aristotelis Physicorum libros quattuor priores*, ed. DIELS, Berlin 1882, S. 54—69. Vgl. die vorzügliche Übersetzung und Erläuterung von RUDIO, Bibl. math., 3. Folge, Bd. III, Leipzig 1902, S. 7—62. — 476 BRETSCHNEIDER, S. 125 (Anm. 4), vgl. RUDIO, S. 12—13, S. 32, Anm. 23 (Anm. 475).

Eine wesentliche Ergänzung dieses Verfahrens gab ANTIPHON's Zeitgenosse BRYSON von Herakläa, der auch die umgeschriebenen regelmäßigen Polygone benutzte und sich so noch eine obere Grenze zu verschaffen wußte.[477] Wenn auch seine Annahme, daß die Kreisfläche das arithmetische Mittel zwischen den entsprechenden eingeschriebenen und umgeschriebenen Vielecken ist, einen Irrtum darstellt, so sehen wir doch die Bahnen, auf denen ARCHIMEDES in seiner vielbewunderten *κύκλου μέτρησις* dem Ziele näher kam, schon durch ihn genau vorgezeichnet.

In anderer Weise — freilich mit noch weniger Erfolg — suchte HIPPOKRATES von Chios (um 440 v. Chr.; Athen) sich eine Lösung zu verschaffen.[478] Konstruiert man über den Katheten eines dem Halbkreise eingeschriebenen gleichschenkligen Dreieckes Halbkreise, so ist klar, daß jeder der entstehenden Monde (*lunulae*) dem halben Dreieck gleich ist und daß also für diese krummlinige Figur die Quadratur geleistet ist (vgl. S. 74 f.). HIPPOKRATES wies nun nach, daß, wenn statt des gleichschenkligen Dreieckes dem Halbkreis ein Trapez mit drei gleichen Seiten (halbes regelmäßiges Sechseck) eingeschrieben würde und die nun durch neue Halbkreise auf den drei Seiten entstehenden *lunulae* quadriert werden könnten, dann die Quadratur des ganzen Kreises gelöst sei. Alle sich hierauf erstreckenden Versuche können ihm natürlich nicht gelingen, wenn es ihm auch noch glückt, eine Reihe anderer spezieller Möndchen, deren äußere Bogen kleiner und größer als ein Halbkreis sind, zu quadrieren.[478a] — Was man HIPPOKRATES an wirklichen Resultaten verdankt, ist der Beweis des Satzes, daß sich Kreisflächen wie die Quadrate ihrer Durchmesser verhalten,[479] und zwar scheint er zum erstenmal sich dabei einer Methode bedient zu haben, die unter dem Namen der Exhaustionsmethode in der griechischen Mathematik eine bedeutende Rolle gespielt hat.

Etwa ein Jahrhundert später fallen die Versuche des DINOSTRATUS (um 335 v. Chr.), mittels mechanischer Kurven das Kreisproblem zu zwingen. Er bediente sich einer transcendenten Kurve, die HIPPIAS von Elis (um 420 v. Chr.) zur Dreiteilung des Winkels er-

[477] BRETSCHNEIDER, S. 126, BUTEO, S. 13—15. — [478] *Eudemi fragm.*, S. 122 ff. (Anm. 4), vgl. BRETSCHNEIDER, S. 102 ff., RUDIO, S. 14 ff. (Anm. 475). — [478a] Vgl. RUDIO, S. 20 ff. (Anm. 475). — [479] *Eudemi fragm.*, S. 128 Z. 27—30: „... *ὅτι τὸν αὐτὸν λόγον ἔχει τά τε ὅμοια τῶν κύκλων τμήματα πρὸς ἄλληλα καὶ αἱ βάσεις αὐτῶν δυνάμει. τοῦτο δὲ ἐδείκνυεν ἐκ τοῦ τὰς διαμέτρους δεῖξαι τὸν αὐτὸν λόγον ἐχούσας δυνάμει τοῖς κύκλοις* ...“ (Ähnliche Kreisabschnitte haben dasselbe Verhältnis, wie die Durchmesser im Quadrat. Dieses bewies er, indem er zeigte, daß die Quadrate der Durchmesser dasselbe Verhältnis besitzen, wie ihre Kreisflächen.)

funden hatte und die von nun ab den Namen Quadratrix (τετραγωνίζουσα) erhielt.

Diese Kurve[480] $\left(x=y\cdot\operatorname{ctg}\frac{\pi}{2a}\cdot y\right)$ stellt den geometrischen Ort der Schnittpunkte zweier Geraden EF und AG dar, von denen die eine sich gleichförmig, ihrer Anfangslage $DC = a$ immer parallel, bis AB bewegt $\left(y = \frac{1}{n}\cdot a\right)$, die zweite von AD aus sich um A mit konstant bleibender Winkelgeschwindigkeit bis zur Endlage AB dreht $\left(\varphi = \frac{90^0}{n};\ x = y\cdot\operatorname{ctg}\varphi\right)$. Die Teilung eines Winkels wird durch die Proportion $DA:DR =$ Bogen DB: Bogen DG auf die Teilung

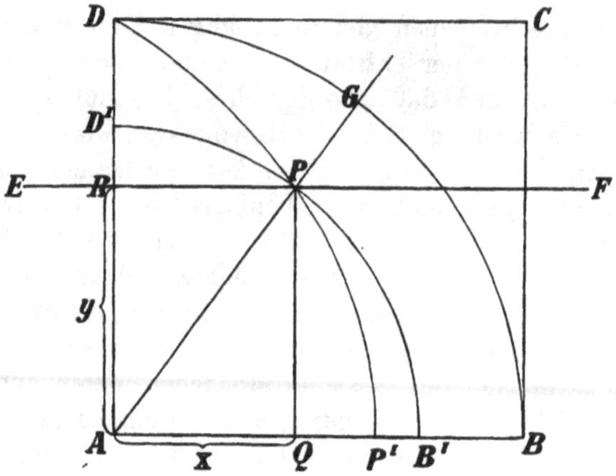

Fig. 18.

der Strecke DA zurückgeführt; die Rektifikation des Kreisquadranten DGB dadurch geleistet, daß AB die mittlere Proportionale zwischen AP' und dem Kreisquadranten ist. Die Beweisführung des Dinostratus für diese letzte Eigenschaft ist ziemlich verwickelt; sie bildet den ersten indirekten Beweis, den uns die griechische Literatur überliefert. Ist die Länge des Kreisumfanges gefunden, so ergiebt sich der Inhalt des Kreises als Hälfte desjenigen Rechteckes, dessen Höhe der Radius und dessen Grundlinie der Umfang des Kreises ist.

So scharfsinnig die gegebenen Herleitungen und Beziehungen sind, so wenig brauchbar ist die gefundene Quadratur, da die dazu nötige Kurve nur punktweise konstruierbar ist.

480 Pappus, Συναγωγή (Anm. 14), IV, § 45—50, S. 250 Z. 33 ff. (Beweis S. 256) vgl. Hankel, S. 151 ff. (Anm. 23); Cantor, I^b, S. 183 ff., S 233 ff.

Es dauerte wiederum rund 100 Jahre, ehe die Aufgabe einen neuen Bearbeiter fand; dies war ARCHIMEDES (287—217 v. Chr., Syrakus). Sein mathematisches Genie ist ebenso bewunderungswürdig, wie seine außerordentliche Rechenfertigkeit höchste Anerkennung verdient. Nur der Schwierigkeit des Stoffes ist es zuzuschreiben, wenn auch ihm nur eine geringe Annäherung, die sich nicht einmal bis zu der dritten Decimalen erstreckt, gelang. Jedenfalls erfordert die Bedeutung seiner Abhandlung,[481] daß wir uns ihre Resultate eingehender ansehen.

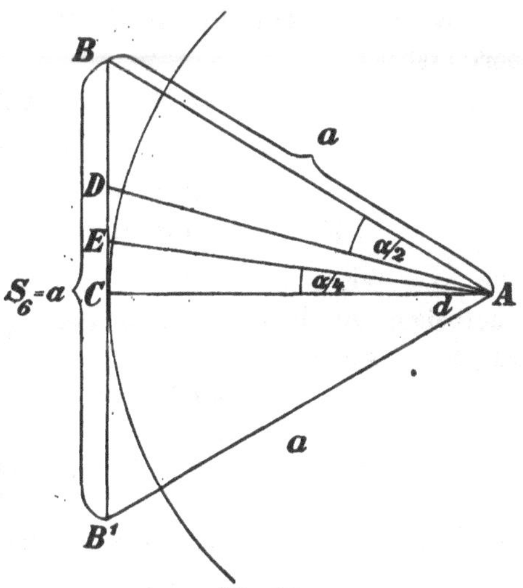

Fig. 19.

Die drei Hauptsätze, die ARCHIMEDES aufstellt, lauten:

1. Jeder Kreis ist einem rechtwinkligen Dreiecke inhaltsgleich, wenn der Radius gleich der einen der den rechten Winkel einschließenden Seiten, der Umfang aber gleich der Basis ist.

2. Der Kreis hat zum Quadrat seines Durchmessers nahezu ein Verhältnis wie 11 : 14.

3. Der Umfang eines jeden Kreises ist dreimal so groß wie der Durchmesser und noch um etwas größer, nämlich um weniger als $\frac{1}{7}$, aber um mehr als $\frac{10}{71}$ des Durchmessers.[482]

Satz 1. wird indirekt bewiesen; für 2. wird 3. benutzt. In 3. sucht sich ARCHIMEDES durch die Polygonbetrachtungen ANTIPHON's obere und untere Grenzen in folgender Weise zu verschaffen. Es sei AC der Radius des Kreises, A sein Mittelpunkt, BB' die Seite $S_6 = a$ des umgeschriebenen Sechseckes. Da $S_6 = \frac{2r}{\sqrt{3}}$, so ist

$$AC : BC = \sqrt{3} : 1 .$$

[481] ARCHIMEDES, ed. HEIBERG, I, S. 258 ff.; Nizze, S. 110 ff. (Anm. 33). — [482] ARCHIMEDES, ed. HEIBERG, S. 258 Z. 2—4: „*Πᾶς κύκλος ἴσος ἐστὶ τριγώνῳ ὀρθογωνίῳ, οὗ ἡ μὲν ἐκ τοῦ κέντρου ἴση μιᾷ τῶν περὶ τὴν ὀρθήν, ἡ δὲ περίμετρος τῇ βάσει.*“ S. 262 Z. 2—3: „*Ὁ κύκλος πρὸς τὸ ἀπὸ τῆς διαμέτρου τετράγωνον λόγος ἔχει ὃν ια′ πρὸς ιδ′.*“ S. 262 Z. 19—22: „*Παντὸς κύκλου ἡ περίμετρος τῆς διαμέτρου τριπλασίων ἐστί, καὶ ἔτι ὑπερέχει ἐλάσσονι μὲν ἢ ἑβδόμῳ μέρει τῆς διαμέτρου, μείζονι δὲ ἢ δέκα ἑβδομηκοστομόνοις.*“

$\sqrt{3}$ wird ausgerechnet und der etwas zu kleine Wert $\frac{265}{153}$ gewählt, wodurch

$$AC : BC > 265 : 153$$

und

$$(AC + 2BC) : BC > 571 : 153$$

wird, das heißt

$$(AC + AB) : BC > 571 : 153 .$$

Wird nun $\sphericalangle BAC$ durch DA halbiert, so bestehen die Proportionen:

$$AB : AC = BD : DC,$$
$$(AB + AC) : AC = (BD + DC) : DC,$$
$$AC : DC = (AB + AC) : BC,$$
$$\text{I)} \quad AC : DC > 571 : 153 .$$

Um zum Verhältnis $AD : DC$ an dem umgeschriebenen Zwölfeck übergehen zu können, wird der pythagoreische Lehrsatz herangezogen. Aus

$$AC^2 : DC^2 > 571^2 : 153^2 .$$

und

$$\frac{AC^2 + DC^2}{DC^2} > \frac{349450}{153^2}$$

erhält Archimedes durch gleichzeitiges Radizieren

$$\text{II)} \quad AD : DC > 591\tfrac{1}{8} : 153 .$$

Das Halbieren des Winkels DAC liefert weiter

$$AD : AC = DE : EC$$

und

$$(AD + AC) : DC = AC : EC.$$

Durch Addition von I) und II) kann dieses Verhältnis ausgerechnet werden; es ergiebt sich

$$(AD + AC) : DC = 1162\tfrac{1}{8} : 153 ,$$

also

$$\text{III)} \quad AC : EC = 1162\tfrac{1}{8} : 153$$

für das Verhältnis des Radius zur Seite des umgeschriebenen Vierundzwanzigeckes. — Dieses Verfahren setzt Archimedes mit immer etwas zu klein gewählten Quadratwurzelwerten bis zum Sechsundneunzigeck fort. Für den Umfang desselben stellt er die angenäherte Proportion auf

$$U_{96} : 2r < 14688 : 4673\tfrac{1}{2} < 3\tfrac{1}{7} : 1,$$

die die obere Grenze der Kreisperipherie liefert.

Um eine untere Grenze zu bestimmen, nimmt er seinen Ausgangspunkt vom eingeschriebenen gleichseitigen Dreieck. Von diesem steigt er wiederum durch Winkelhalbieren zu höheren Polygonen auf. Der folgende Bericht beschränke sich auf den Übergang vom eingeschriebenen Sechseck zum Zwölfeck.

Ist CB die Sechseckseite s_6, die gleich dem Radius $MC = r$ ist, so verhält sich

$$AB:BC = \sqrt{3}:1 < 1351:780;$$

anderseits ist aber

$$\text{I)}\ AC:CB = \quad 2:1 = 1560:780.$$

Hieraus folgt durch Addition

$$\text{II)}\ (AB + AC):CB < 2911:780.$$

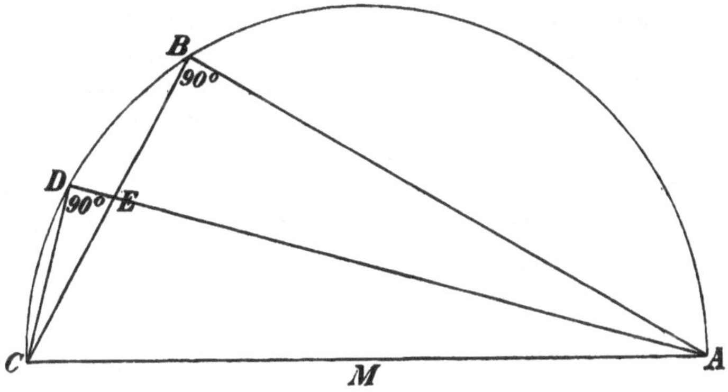

Fig. 20.

Halbiert man nunmehr den Winkel BAC durch die Gerade DA, die CB in E schneidet, so sind die beiden rechtwinkligen Dreiecke ADC und CDE ähnlich; sonach ist

$$AD:DC = CD:DE = AC:CE.$$

Das Verhältnis $AC:CE$ deckt sich aber nach dem Satze von der Winkelhalbierenden mit $BA:BE$, so daß

$$AC:CE = (AC + AB):(CE + BE)$$
$$= (AC + AB):CB$$

und mit Benutzung von II):

$$AC:CE < 2911:780,$$

also auch

$$AD:DC < 2911:780$$

wird. Geht man von diesem Verhältnis zum Verhältnis der Quadrate $AD^2 : DC^2$, dann zu $(AD^2 + DC^2) : DC^2$, d. h. zu $AC^2 : DC^2$, über, so läßt sich schließlich $AC : DC$ angenähert durch

$$\text{III)}\quad AC : DC < 3013\tfrac{3}{4} : 780$$

angeben. Diese Beziehung der Zwölfecksseite zum Durchmesser gestattet, auf entsprechendem Wege Annäherungen für das Vierundzwanzigeck und ebenso weiter für das 96-eck zu finden. Das archimedische Resultat für das eingeschriebene 96-eck

$$u_{96} : 2r > 6336 : 2017\tfrac{1}{4} > 3\tfrac{10}{71} : 1$$

ist die gesuchte untere Grenze.

Hiermit war der Wert $\pi = 3\frac{1}{7}$ gewonnen, der seinen Siegeslauf von Land zu Land, von Volk zu Volk nahm. In Alexandria verdrängte er sehr leicht den alten Wert $\left(\frac{16}{9}\right)^2$ (vgl. S. 108), da er ebenso bequem, aber genauer war. In heronischen Schriften (erstes Jahrhundert v. Chr.) tritt zumeist der neue Wert auf; nur bei ganz groben Annäherungen begnügt sich der Verfasser mit $\pi = 3$.[472] Von Alexandria wanderte die Kenntnis des archimedischen Wertes nach Indien,[487] selbst im fernen China ist sein Vorhandensein im sechsten Jahrhundert n. Chr. nachzuweisen.[483] Unkundige Rechner, die ihn für genau hielten, gab es zu allen Zeiten. Fachmathematiker erprobten an den archimedischen Grenzen $3\frac{10}{71}$ (= 3,14084507) und $3\frac{1}{7}$ (= 3,14285714..) neu aufgefundene Werte, die sie rundweg verwerfen konnten, falls sie außerhalb der Grenzen lagen.

Die archimedischen Rechnungen scheint Apollonius von Pergä (zwischen 250 und 200 v. Chr. in Alexandria, später in Pergamum) wieder aufgenommen und verschärft zu haben. Eutokius (geb. 480 n. Chr. zu Askalon) bringt uns hierüber in seinem Kommentar zur Kreismessung des Archimedes folgende Notiz: „Soviel in meinen Kräften steht, habe ich die von Archimedes angegebenen Zahlen einigermaßen erläutert. Wissenswert ist aber noch, daß auch Apollonius von Pergä in seinem Okytokion(?) dasselbe durch andere Zahlen bewiesen hat, wodurch er sich der Sache noch mehr näherte."[484] Leider teilt uns Eutokius den apollonischen Wert nicht mit; nicht einmal von der erwähnten Abhandlung wissen wir Genaueres. Nur Vermutung ist es,[485] daß es vielleicht der bei nachchristlichen *indischen* Mathematikern auftretende Wert $\pi = 3{,}1416$ gewesen sei, der, wie so manche anderen griechischen Resul-

483 Cantor, I^b, S. 641. — 484 Archimedes, ed. Heiberg, III, S. 300 Z. 16—19 (Anm. 33). — 485 Paul Tannery, *Recherches sur l'histoire de l'astronomie ancienne*, Paris 1893, S. 64—68 (Mém. de Bordeaux, Sér. IV, T. I).

tate, seinen Weg nach Indien gefunden habe. $\pi = 3,1416$ finden wir bei ARYABHATTA (geb. 476 n. Chr.)[486] und BHASKARA (geb. 1114);[487] ein Kommentator des letzteren, GANEÇA (um 1545), erzählt, daß diese große Genauigkeit durch Fortführung der Polygonberechnungen bis zum 384-eck erzielt worden sei. Ist dieses wirklich der Rechenmodus ARYABHATTA's, den er uns selbst nicht mitteilt, gewesen, dann wäre $\pi = 3,1416$ echt indisch; ebensogut kann allerdings sich diese Bemerkung GANEÇA's auch auf die griechische Quelle beziehen. Die auffallende Erscheinung, daß ARYABHATTA $\pi = 3\frac{1}{7}$ überhaupt nicht benutzt, ist dadurch zu erklären, daß ihm eben ein genauerer Wert, sei dieser nun griechisch oder indisch, zur Verfügung stand.

Bei einem anderen indischen Werte, $\pi = 3\frac{17}{120}$,[488] ist die Entlehnung aus griechischen Quellen besser aufzudecken, da dieselbe Zahl sich auch in der *Μαϑηματικὴ σύνταξις* des KLAUDIUS PTOLEMAEUS (zwischen 125 und 151 n. Chr. in Alexandria) vorfindet.[489] Durch eine besondere Berechnung ist dieser ptolemäische Wert wahrscheinlich nicht gefunden worden. Es ist kein großer Scharfsinn dazu nötig, aus den sexagesimal ausgedrückten archimedischen Grenzen

$$3\frac{1}{7} = 3^0\,8'\,34{,}28'', \qquad 3\frac{10}{71} = 3^0\,8'\,27{,}04''$$

den runden Mittelwert $3^0\,8'\,30''$ abzuleiten; der damit erreichten vorzüglichen Annäherung an den genauen Wert $\pi = 3^0\,8'\,29{,}73355''$ ist man sich sicherlich nicht bewußt gewesen.

So unzweifelhaft griechische Einflüsse auf indische Mathematik vorhanden gewesen sind, ebenso unzweifelhaft ist, daß gerade auf dem Gebiete der Kreisberechnung die Inder auch mit selbständigen Forschungen vorgegangen sind. Die Griechen versuchten, den Kreis in ein Quadrat zu verwandeln; den Indern eigentümlich ist die

---

486 ARYABHATTA, ed. RODET S. 399, 410/11, Strophe X, (Anm. 195). — 487 *Lîlâvatî*, ch. VI, § 206: $\pi = \frac{22}{7}$ und $\pi = \frac{3927}{1250} = 3,1416$, ed. COLEBROOKE, S 87—88 (Anm. 261) — 488 Bei ARYABHATTA (siehe Anm. 486); auch bei BHASKARA, *Lîlâvatî*, ch. VI, § 214, ed. COLEBROOKE, S. 95. — 489 PTOLEMAEUS, *Σύνταξις*, VI, 7, ed. HALMA, Paris 1813, Bd. I, Z. 10—15: „... *τοῦ λόγου τῶν περιμέτρων πρὸς τὰς διαμέτρους ὄντος ὃν ἔχει τὰ γ̄ η′ λ″ πρὸς τὸ ᾱ. οὗτος γὰρ ὁ λόγος μεταξύ ἐστιν ἔγγιστα τοῦ τε τριπλασίου πρὸς τῷ ἑβδόμῳ μέρει, καὶ τοῦ τριπλασίου πρὸς τοῖς δέκα ἑβδομηκοστοῖς μόνοις, οἷς ὁ Ἀρχιμήδης κατὰ τὸ ἁπλούστερον συνεχρήσατο.*“ (Das Verhältnis der Umringe zu ihren Durchmessern ist dasselbe, wie $3^0\ 8'\ 30''$ zu 1^0. Dieses Verhältnis liegt nämlich fast genau zwischen dem $3\frac{1}{7}$ fachen und dem $3\frac{10}{71}$ fachen, welche Grenzen ARCHIMEDES in einfachster Weise benutzt.)

Aufstellung der neuen Frage, wie groß der Durchmesser eines Kreises sei, der einem gegebenen Quadrat flächengleich ist. In den ältesten uns erhaltenen indischen Schriften, den *Çulvasûtras*, einer Sammlung theologischen und geometrischen Inhaltes aus dem Beginn unserer Zeitrechnung, wird für den gesuchten Radius die Vorschrift gegeben, den Radius des dem Quadrate eingeschriebenen Kreises um $^1/_3$ des Unterschiedes zwischen ihm und dem Radius des umgeschriebenen Kreises zu vergrößern. Danach würde der Kreisdurchmesser $^8/_{10}$ der Quadratseite sein, und es würde sich π auf $(\frac{7}{4})^2$ berechnen lassen.[490] Echt indisch ist ferner, wie Brahmagupta (geb. 598 n. Chr.) den Kreisumfang zu berechnen lehrt: „Für die Praxis", sagt er,[491] „genüge es, den Kreisdurchmesser mit 3 zu multiplizieren; um genau zu verfahren, müsse man aber aus dem zehnfachen Quadrate des Durchmessers die Wurzel ziehen." Brahmagupta setzte also $u = \sqrt{10 \cdot d^2} = 2r \cdot \sqrt{10}$, so daß $\pi = \sqrt{10} = 3{,}1623$ ist. Die Ableitung der eingeschlagenen Berechnungsart ist uns nicht überliefert; mehrfach angestellte neuere Erklärungsversuche scheinen auch die wirkliche Entstehung nicht zu treffen.[492]

In der *römischen* Literatur ist ein Fortschritt für die Kreisberechnung nicht zu verzeichnen. Bei Vitruvius (um 14 v. Chr.)[493] wird einmal der Umfang eines Rades, dessen Durchmesser auf 4 Fuß angegeben wird, mit $12^1/_2$ Fuß berechnet; der hierin liegende Wert $\pi = 3\frac{1}{8}$ ist nur sehr bedingt richtig, aber dem römischen Duodezimalsystem gut angepaßt. Bei Albrecht Dürer (1471—1528, Nürnberg)

---

490 *The Sûlvasûtras* by G. Thibaut, Calcutta 1875, S. 26—28 nach Cantor, I^b, S. 601. — 491 Brahmagupta, *Ganita*, ch. XII, sect. IV, 40, ed. Colebrooke, S. 308 (Anm. 261). — 492 Vgl. Cantor, I^b, S. 606—607. Der indische Wert $\pi = \sqrt{10}$ wird von den Arabern übernommen und durch sie dem Abendland mitgeteilt. Er findet sich in der *Algebra* des Muhammed ibn Musa Alchwarizmi (um 820 n. Chr., Bagdad), ed. Rosen, S. 71 (Anm. 170), vgl. auch Annali di matematica pura et applicata, Bd. VII, Rom 1865, S. 272, Anm.; ferner in den *Canones* des Johannes de Lineriis (1322), vgl. Curtze, Bibl. math., 3. Folge, Bd. I, S. 405; im *Tractatus Georgii Purbachii* (1423—1461, Wien) *super propositiones Ptolemaei de sinubus et chordis*, 1541, Nürnberg, S. A_2; bei Buteo, *De quadratura circuli libri duo*, 1559 Lugduni, S. 106; bei Scaliger, *Cyclometrica elementa*, 1594 Lugd., propos. VI, S. 31; bei Vieta, *Munimen adversus nova cyclometrica*, propos. III (um 1597 geschrieben), Opera Vietae, ed. Schooten, Lugd. 1646, S. 439: „*Quadratum ab ambitu circuli minus est decuplo quadrati a diametro.* (*Fuit autem haec Arabum in quadrando circulo jam diu explosa sententia.*)" — 493 Vitruvius, *De architectura*, lib. X, cap. 14, ed. Valentin, Rose et Herm. Müller-Strübing, Leipzig 1867, S. 263 Z. 12—17. (Die neueste Vitruvausgabe von Rose giebt den Durchmesser des Rades auf $4\frac{1}{2}$ Fuß an, so daß der altägyptische Wert $\pi = 3$ benutzt zu sein scheint; vgl. Bibliotheca mathematica, 3. Folge, Bd. I, S. 299.

begegnet uns im Mittelalter derselbe Wert noch einmal, diesmal aber mit Hervorhebung der Annäherung.[494]

Auch die *Araber* scheinen nicht über die griechichen Resultate hinausgegangen zu sein. Eine besondere Abhandlung über die Kreisberechnung, die den Ostaraber IBN ALHAITAM (950 — Kairo 1038) zum Verfasser hat, ist der Gegenwart erhalten, aber noch nicht in einer Übersetzung veröffentlicht.[495]

Noch unfruchtbarer ist für die Geschichte der Kreisberechnung das frühe *Mittelalter.* Am Anfang dieses Zeitabschnittes steht LEONARDO von Pisa (1220, *Practica geometriae*)[496] mit einem selbstständig berechneten neuen Wert $\pi = \frac{864}{275} = 3{,}141818$ völlig vereinzelt da. Aber auch LEONARDO's Ableitung rückt theoretisch weit hinter die archimedische. ARCHIMEDES hatte grundsätzlich bei seinen Quadratwurzeln für den Fall der umgeschriebenen Polygone stets etwas zu kleine, für die eingeschriebenen Polygone stets zu große Werte gewählt; da die Wurzeln im Nenner auftraten, so konnte er sich dadurch die erstrebte Richtigkeit seiner Grenzen sichern. Diese Vorsicht ließ LEONARDO ganz außer acht. Seine Wurzelwerte sind freilich für die umgeschriebenen Polygone in richtigem Sinne erheblich verfeinert, genau dieselben Werte werden aber auch bei den eingeschriebenen Vielecken benutzt. Wenn trotzdem seine Grenzen

$$U_{96} : 2r = 1440 : 458\tfrac{1}{5}$$
$$u_{96} : 2r = 1440 : 458\tfrac{4}{9},$$

aus denen er den Mittelwert $\pi = \frac{1440}{458\frac{1}{3}}$ wählt, engere als die archimedischen sind, der Wert für π sogar auf drei Dezimalstellen genau ist, so hat er diese Genauigkeit mehr dem Zufall, als seinem Rechnungsverfahren zu danken. — LEONARDO's hochbegabter Zeitgenosse JORDANUS NEMORARIUS († 1237; Ordensgeneral) begnügte sich mit dialektischen Beweisen dafür, daß ein dem Kreise flächengleiches Quadrat existieren müsse, unterließ aber jede Berechnung.

In der nun folgenden Zeit wird der Wert $\pi = 3\frac{1}{7}$ fast ständig als genau angesehen; nur sehr selten, wie in der *Practica geometriae* von 1378 des DOMINICUS PARISIENSIS, ist man sich seines Charakters als Näherungswert bewußt.[497] Bezeichnend für die ganze Zeit ist eine Abhandlung des ALBERTUS von Sachsen († 1390; Paris, Wien,

494 1525, Vnderweysung der messung mit dem zirckel vñ richtscheyt, Ende des zweiten Buches, Figur 34. — 495 CANTOR, I^b, S. 744. — 496 LEONARDO PISANO, II, S. 90 ff. (Anm. 88); vgl. H. WEISSENBORN, *Die Berechnung des Kreisumfanges bei Archimedes und Leonardo Pisano*, Berlin 1894, S. 24 ff. in den Berliner Studien f. klass. Philologie u. Archäologie, Bd. XIV, Heft 3. — 497 CANTOR, II^b, S. 127.

Halberstadt) über die Kreisquadratur,[498] die geradezu ein Muster scholastischer Beweisführung ist. An die Spitze stellt der Verfasser die Frage, ob überhaupt ein flächengleiches Quadrat vorhanden sei oder nicht; sämtliche ihm zugänglichen Gründe und Gegengründe werden mit spitzfindiger Logik vorgetragen und kritisiert. Danach sucht er auseinander zu setzen, was man überhaupt unter Kreisquadratur verstehen könne und was man darunter verstehen müsse. Statt nun nach Erledigung dieser Frage zur Hauptsache, der eigentlichen Berechnung, zu kommen, begnügt er sich, „der Aussage vieler Philosophen folgend",[499] mit der Angabe, daß das Verhältnis des Kreisumfanges zum Durchmesser genau 22 : 7 sei; es gäbe hierfür einen Beweis, doch sei derselbe sehr schwierig. Unmittelbar daran schließt sich eine Darlegung, daß die Kreisfläche einem rechtwinkligen Dreieck, das den Radius als eine Kathete, den Kreisumfang als andere besitzt, flächengleich ist. Den Schluß bildet wieder eine klügelnde Polemik gegen andere Autoren.

Weniger durch die Richtigkeit seiner Resultate, als durch die Selbständigkeit seiner Auffassung und die Vielseitigkeit der Behandlung des Kreisproblemes zeichnet sich der deutsche Kardinal Nicolaus Cusanus (1401—1464; seit 1448 Rom)[500] auf das vorteilhafteste vor seinen Zeitgenossen aus. Schon daß er in $3\frac{1}{7}$ nur einen Näherungswert sah, ist ihm bei dem Darniederliegen der Mathematik zu seiner Zeit als Verdienst anzurechnen. Kenntnis des Problems und Anregung zur Weiterarbeit hatte Cusanus aus einer gerade damals erschienenen lateinischen Ausgabe des Archimedes geschöpft. Er ging aber über Archimedes hinaus und schlug neue Methoden, diesen Näherungswert zu berechnen, vor. Eine seiner Ideen, an der er mit Zähigkeit festhielt und auf die er in verschiedenen Schriften wiederholt zurückkommt, ist die der Arcufikation einer Geraden. Den Ausgangspunkt nahm er vom regelmäßigen Dreieck und suchte ein regelmäßiges Polygon von größerer Seitenanzahl, das aber denselben Umfang wie dieses Dreieck hat. Von diesem Polygon geht er fort zu einem isoperimetrischen Polygon wiederum größerer Seitenzahl u. s. w., um sich so dem Kreise gleichen Umfanges immer mehr zu nähern. Dieser Weg war für das Mittelalter durchaus neu, wenn wir auch jetzt wissen, daß bereits die Inder (vgl. S. 118) ihn eingeschlagen

[498] Suter, *Der Traktatus 'De quadratura circuli' des Albertus de Saxonia*, Ztschr. f. Math. u. Phys., Bd. 29, hist.-litt. Abt., S. 81—101; vgl. Cantor, II[b], S. 144. — [499] Suter, S. 89, letzte Zeile: *„asserans secundum assertionem multorum philosophorum"* (Anm. 498). — [500] Cantor, II[b], S. 192—201.

hatten; CUSANUS kann hiervon keine Kenntnis gehabt haben. Sowohl bei diesem Verfahren als auch bei den verschiedenen anderen, die CUSANUS versuchte, ist leider zu bedauern, daß die mathematische Technik mit seiner Erfindungsgabe nicht gleichen Schritt hielt; nur so ist es zu erklären, daß von allen seinen Werten von π einer allein die von ARCHIMEDES erreichte Genauigkeit übertrifft.

Originell sind auch die die Kreisberechnung betreffenden Vorschriften, die der in fast allen Wissenschaften rühmlich zu nennende Italiener LEONARDO DA VINCI (1452–1519) angab. U. a. lehrte er, daß man ein einem Kreise flächengleiches Rechteck in der Spur finden könne, die durch einmaliges Herumrollen eines Cylinders auf einer ebenen Unterlage entstehe; es müßte nur der Querschnitt des Cylinders der gegebene Kreis, die Höhe des Cylinders die Hälfte seines Radius sein.[501]

Das sonst so bedeutende Werk LUCA PACIUOLO's (*Summa* 1494) wiederholt nur die archimedischen Rechnungen.[502] Große Unklarheit herrschte in den Abhandlungen des pariser Mathematikers ORONTIUS FINAEUS (1494—1555). Bald erkannte er die Annäherung in $\pi = 3\frac{1}{7}$ an, bald rühmte er sich, mit einer Konstruktion, die in Wirklichkeit ein noch viel ungenaueres Resultat liefert, das große Problem endgültig gelöst zu haben.[503] Derartige geometrische Konstruktionen von mehr oder weniger guter Annäherung wurden auch von dem französischen Theologen DE BOUVELLES (1470—1553) angegeben.[504] Sehr dankenswert ist ein Werk *De quadratura circuli* von 1559 eines anderen französischen Gelehrten JOHANNES BUTEO (1492—1572), der in diesem eine Übersicht der ihm bekannten Methoden aus dem Altertum und Mittelalter giebt. Seine Beschreibung des archimedischen Verfahrens ist recht durchsichtig gehalten.[505] Er bemerkt, daß es genauere Werte als $3\frac{1}{7}$, z. B. den ptolemäischen Wert $3\frac{17}{120}$ gäbe; diese seien aber für die Rechnung entschieden unbequemer. Durchaus zutreffend ist auch die Kritik,[506] die BUTEO an den Arbeiten des CUSANUS, FINAEUS und BOUVELLES übte.

Ein dritter französischer Mathematiker SIMON DUCHESNE muß noch als Erfinder einer mißglückten „genauen Quadratur" (1583 bezw. 1586) genannt werden, da die von ihm gefundene Größe $\pi = 3\frac{69}{484} = \left(\frac{39}{22}\right)^2 = 3{,}14256198$ zu den seltenen quadratischen Werten gehört.[507] Im achtzehnten Jahrhundert stellte LAMBERT

501 CANTOR, II^b, S. 301—302. — 502 Summa, Teil II, Distinctio IV, cap. II, S. 31a und b (Anm. 39). — 503 CANTOR, II^b, S. 376. — 504 CANTOR, II^b, S. 382—383. — 505 BUTEO, *De quadratura circuli libri duo*, Lugduni 1559, S. 24—63. — 506 Daselbst S. 207 ff. — 507 CANTOR, II^b, S. 592.

(1728—1777; Oberbaurat, Berlin) die Reihe der möglichen, immer genauer werdenden Werte dieser Art mittels Kettenbruchverfahrens her:[508]

$$\left(\frac{7}{4}\right)^2, \left(\frac{16}{9}\right)^2, \left(\frac{62}{35}\right)^2, \left(\frac{39}{22}\right)^2, \left(\frac{218}{123}\right)^2, \left(\frac{296}{167}\right)^2 \text{ u. s. w.}$$

Den ersten trafen wir bei den Indern (S. 118), den zweiten bei den Ägyptern (S. 108), DUCHESNE's Wert steht an vierter Stelle. Der Wert $\pi = (\frac{9}{5})^2 = 3{,}24$, den FRANCO von Lüttich[509] angiebt, ist in der obigen Reihe infolge seiner großen Ungenauigkeit nicht enthalten. —

Mit dem Ende des sechzehnten Jahrhunderts bricht für die Kreisberechnung eine neue, glänzende Zeit an, in der durch immer genauere Rechnungen die Annäherung an den wahren Wert in ungeahnter Weise verschärft wird. An der Spitze schreitet VIETA (1540—1603; Paris, französischer Staatsbeamter), dessen Genie auf allen Gebieten der Mathematik die bedeutendsten Erfolge zu verzeichnen hat. Eine Sammlung kleinerer Arbeiten, die er 1593 unter dem Titel *Variorum de rebus mathematicis liber VIII* nur in diesem einen Buch erscheinen ließ, giebt verschiedene Näherungswerte für π. Bei einem derselben werden die archimedischen Grenzen so verengt, daß sich π durch die Ungleichung

$$3{,}1415926535 < \pi < 3{,}1415926537$$

auf 9 Dezimalen genau ergiebt.[510] Gewonnen hat VIETA diese Werte dadurch, daß er das archimedische Verfahren bis zum 393216-eck ($3 \cdot 2^{16}$) fortsetzt. — Für eine geometrische Konstruktion, die auf 4 Dezimalstellen genau ist, leitet VIETA in demselben Werk den Satz ab, daß sich der Kreisdurchmesser zu $\frac{10}{12}$ des Kreisumfanges wie der kleinere Abschnitt einer stetig geteilten Strecke zur ganzen Strecke verhält.[511]

Man verdankt auch VIETA die Aufstellung des ersten unendlichen Produktes, zu dem er durch Polygonbetrachtungen bei der Berechnung von π gelangte:

$$\frac{2}{\pi} = \sqrt{\tfrac{1}{2}} \cdot \sqrt{\tfrac{1}{2} + \tfrac{1}{2}\sqrt{\tfrac{1}{2}}} \cdot \sqrt{\tfrac{1}{2} + \tfrac{1}{2}\sqrt{\tfrac{1}{2} + \tfrac{1}{2}\sqrt{\tfrac{1}{2}}}} \cdots$$ [512]

[508] LAMBERT, *Vorläufige Kenntnisse für die, so die Quadratur und Rektifikation des Circuls suchen; Beiträge zum Gebrauche der Mathematik*, Berlin 1765—1772, Bd. II, S. 140—169. — [509] Ztschr. f. Math. u. Phys., Bd. 27, Leipzig 1882, Suppl. S. 187, Anm. 1. — [510] VIETA, Werke, ed. SCHOOTEN, Lugd. Bat. 1646, S. 392 Z. 7. Im Originaldruck v. 1593, S. 25ᵇ (cap. XV) ist der Dezimalbruch in der Form geschrieben $314{,}159 \frac{26\,535}{100{,}000}$, wobei der Kreisdurchmesser $d = 100{,}000$ angenommen wird. — [511] VIETA, ed. SCHOOTEN, S. 392, prop. III. — [512] Daselbst

Die unbedingte Konvergenz dieses Produktes ist neuerdings nachgewiesen worden.[513]

Der oben angeführte neunstellige Wert für π kommt auch schon in einer früheren Schrift VIETA's *Universalium inspectionum ad Canonem mathematicum liber singularis,* Lutetiae 1579, vor. Die Grenzen, die hier aufgestellt sind,

$$\frac{n^2}{\operatorname{ctg}^2 \frac{180}{n}} > \pi^2 > \frac{n^2}{\operatorname{cosec}^2 \frac{180}{n}},$$

werden durch Berechnung der auftretenden trigonometrischen Funktionen ausgewertet.[514]

Dem Jahre 1593 gehört auch eine Schrift des Niederländers ADRIAEN VAN ROOMEN (1561—1615; Loewen) *Ideae mathematicae* an, in der mit Hilfe von Polygonberechnung π sogar bis auf 15 Dezimalstellen fortgeführt wird, das zuletzt betrachtete Polygon hat $n = 3 \cdot 5 \cdot 2^{24}$ Seiten.[515] Auf demselben Wege erhöhte LUDOLPH VAN CEULEN (1540—1610; Leiden) die Kenntnis der genauen Stellen auf 35.[516] Daß nach ihm die Zahl π häufig die LUDOLPH'sche Zahl heißt, ist kaum berechtigt.

Der bekannte Bruch $\pi = \frac{355}{113}$ wurde bisher als Eigentum des ADRIAEN ANTHONISZ (1527 Metz — 1607), nach dem Berichte seines Sohnes ADRIAEN METIUS in einer Schrift *Arithmetica et Geometria nova* von 1625, angenommen. Er hätte ihn dadurch gefunden, daß er die in einer Streitschrift gegen DUCHESNE berechneten Grenzen

$$3\frac{15}{106} < \pi < 3\frac{17}{120}$$

durch einen Mittelwert mit Hilfe von Addition der einzelnen Zähler und Nenner ersetzte. Die außerordentliche Genauigkeit 3,1415929, die den Bruch bei seiner geringen Ziffernanzahl zu einem so brauchbaren macht, mag ANTHONISZ an dem LUDOLPH'schen Wert hinterher erkannt haben. Indes scheint auf die Aufstellung dieses Bruches $\frac{355}{113}$, wie auch selbst der VIETA'schen 9 Dezimalstellen ein deutscher Mathematiker VALENTINUS OTHO (1550? Magdeburg — 1605 Heidelberg; Professor in Wittenberg) Prioritätsrechte erheben zu können. Es wird erzählt,[517] daß OTHO beide Werte seinem Gönner PRAETORIUS im Jahre 1573 vorgelegt habe, um von ihm weitere Empfehlungen

S. 400, Corollarium; Originalausg. v. 1593, S. 12ᵃ; vgl. Geschichte der Algebra, Bd. I, S. 222. — [513] H. RUDIO, Zeitschr. f. Math. u. Phys., Bd. 36, hist.-litt. Abt., S. 139—140. — [514] HUNRATH, Zeitschr. f. Math. u. Phys., Supplem. 1899, S. 237—238. — [515] CANTOR, IIᵇ, S. 597. — [516] CANTOR, IIᵇ, S. 599. — [517] Vgl. M. CURTZE, Zeitschr. f. Math. u. Phys., Bd. 40, Leipzig 1895, S. 13.

an den durch seine großen Tabellenwerke berühmten Mathematiker RHAETICUS (1514—1576, Wittenberg) zu erlangen. RHAETICUS habe daraufhin auch den jungen OTHO als Mitarbeiter angenommen und später sogar als Erben seiner wissenschaftlichen Arbeiten eingesetzt. Den Bruch $\frac{355}{113}$ soll OTHO als Mittelwert zwischen dem archimedischen $\frac{22}{7}$ und dem ptolemäischen $\frac{377}{120}$ durch Subtraktion der Zähler und Nenner voneinander gefunden haben.

Obgleich die Erkenntnis, daß eine unbedingte Genauigkeit für die Kreisquadratur nicht zu erzielen sei, sich immer mehr Bahn brach, gab es immer noch Schriftsteller, die eine genaue Lösungsmethode finden zu können glaubten. Solche Prahlereien riefen, besonders wenn sie von scheinbar autoritativer Stelle ausgingen, selbstverständlich sofort Gegnerschaft hervor, die einen Meinungsstreit mit Antworten und Gegenantworten veranlaßten. Das Gute in diesen Disputen war, daß auch zuweilen Männer von wirklicher Fähigkeit eingriffen und dem besprochenen Thema eine entschiedene Förderung zu teil werden ließen. Einen solchen Anstoß gab ein umfassendes Werk des Niederländers GREGORIUS VON SANKT VINCENTIUS (1584 Brügge — 1667 Gent) *Opus geometricum quadraturae circuli et sectionum coni* von 1647 (verfaßt 1625).[518] Den hierin vorgeschlagenen vier neuen Methoden entstanden heftige Gegner und warme Fürsprecher. Unter den ersten befand sich HUYGENS (1629—1695; Haag, zeitweilig Paris), ein in der Physik, Astronomie und Mathematik gleich erfolgreicher Forscher. Nachdem er 1647 in einer kleinen Schrift die Methode des GREGORIUS bekämpft hatte,[519] veröffentlichte er 1654 seine eigenen Untersuchungen in der wichtigen Abhandlung *De circuli magnitudine inventa.*[520] War bisher ein Fortschritt in der Genauigkeit der Berechnung von π nur darin vorgenommen worden, daß man die Seitenzahl der zu Hilfe genommenen Polygone immer größer annahm, so tritt uns jetzt zum erstenmal eine wirkliche Verfeinerung der Methode entgegen, so daß schon beim 60-eck zehnstellige Grenzen mit neun übereinstimmenden Ziffern gefunden werden konnten. Die wichtigsten der HUYGENS'schen Resultate sind, wenn wir statt der umständlichen Satzform des Originals die moderne Formelsprache benutzen, wobei i_n (u_n) den Inhalt (Umfang) des eingeschriebenen Vieleckes, I_n (U_n) dasselbe für die umgeschriebenen Polygone, i und u für den Kreis selbst bedeuten mögen, die folgenden

518 Vgl. auch CANTOR, II^b, S. 713. — 519 *Exetasis Cyclometriae clarissimi Gregorii a S. Vincentio*; HUYGENS, Opera varia, Lugd. Batav. 1724, Bd. II, S. 328—340. — 520 HUYGENS, Opera varia, II, S. 351—387; auch abgedruckt bei RUDIO (Anm. 466).

Satz V	$i > i_{2n} + \frac{i_{2n} - i_n}{3}$
Satz VI	$i < \frac{2}{3} I_n + \frac{1}{3} i_n$
Satz VII	$u > u_{2n} + \frac{u_{2n} - u_n}{3}$
Satz IX	$u < \frac{2}{3} u_n + \frac{1}{3} U_n$
Satz XIII	$u_{2n} = \sqrt{U_{2n} \cdot u_n}$
Satz XIIII	$u < \sqrt[3]{u_n^2 \cdot U_n}$

Satz XIX, Zus.: $u < u_{2n} + x$, wo x: $\frac{u_{2n} - u_n}{3} = (4u_{2n} + u_n) : (2u_{2n} + 3u_n)$.

Von diesen ist Nr. XIII, wie schon S. 106 erwähnt, bereits 1621 von Willebrord Snellius (1581—1626, Leiden) in seiner *Cyclometria* gegeben worden, freilich ohne Beweis, den Huygens erst nachholt. Snellius hatte schon mit seinen Hilfsmitteln die Genauigkeit von π bei Zugrundelegung eines Sechseckes bis auf 2 Dezimalen zu treiben vermocht, was Archimedes trotz seiner mühsamen Rechnungen nicht einmal beim 96-eck erreichte, während Snellius beim 96-eck sogar sechs richtige Stellen erhielt.

Waren diese Untersuchungen darauf gerichtet, den Wert von π durch Berechnung des Kreisumfanges zu finden, so nahm der Engländer James Gregory (1638—1675; Edinburgh) das Problem in der Weise in Angriff, daß er das Verhältnis des Kreisinhaltes zum Quadrat des Radius berechnete.[521] Von den beiden zu diesem Zweck aufgestellten Formeln

(prop. IV) $\quad i_{2n} = \sqrt{i_n \cdot I_n}$ [522]

und

(prop. V schol.) $\quad I_{2n} = \frac{2 \cdot i_{2n} \cdot I_n}{i_{2n} + I_n}$

war die erste im frühen Mittelalter schon einmal, bei Jordanus Nemorarius († 1237), bekannt gewesen (vgl. S. 105).

Zu den Gegnern des Gregorius von Sankt Vincentius gehörte auch Descartes (1596—1650). Wenn Descartes auch selbst nichts über Kreisberechnung veröffentlichte und sich nur gelegentlich in einem Brief an Fachgenossen[523] abfällig über Gregorius aussprach, so hat man doch in seinem Nachlasse Notizen gefunden, die von ernster Beschäftigung mit diesem Thema zeugen.[524] Sein

[521] *Vera circuli et hyperbolae quadratura* 1667, abgedruckt in Huygens' Opera varia, Bd. II, S. 407—462 (Anm. 519). — [522] Prop. IV u. V, S. 417 u. 418. In prop. XIX, S. 447 ist π auf 13 Stellen genau angegeben. — [523] 1648, Brief an Franciscus v. Schooten; Oeuvres de Descartes, ed. Cousin, Bd. X, Paris 1825, S. 319. — [524] Oeuvres, ed. Cousin, Bd. XI, Paris 1826, S. 442—443.

hierin kurz niedergelegter Ideengang begegnet sich mit einem oben (S. 120) erwähnten Verfahren des CUSANUS. Aus einem Quadrat wird ein umfangsgleiches Achteck, aus diesem ein umfangsgleiches Sechzehneck abgeleitet u. s. w. und dieses Verfahren so lange fortgesetzt, bis der Unterschied des Polygons vom Kreise unter die beabsichtigte Grenze sinkt. Diese Methode hat aber DESCARTES — im Gegensatz zu CUSANUS — in ein recht brauchbares Rechenverfahren umgesetzt.

Die letztgenannten Mathematiker, besonders HUYGENS, haben die geometrische Behandlung des Kreisproblems auf den höchsten Gipfel der Vervollkommnung geführt. Ihre Untersuchungen bilden den Schluß jener, mit BRYSON, ANTIPHON und ARCHIMEDES beginnenden großen Zeitperiode, die die Kreisquadratur im Bewußtsein der Unmöglichkeit einer exakten Lösung mit geometrisch-rechnerischen Methoden ausführen will. In diesem Sinne ist eine Lösung geglückt; das Verhältnis des Kreisumfanges zum Durchmesser ist mit einer Genauigkeit bekannt geworden, die alle Ansprüche befriedigen muß.

Die geometrische Methode ist auch die einzige, die eine Einführung der Kreisberechnungslehre in die Lehrbücher der Mathematik gestattet. Unser jetzt gebräuchliches Verfahren ist durch die *Elementa* des Freiherrn v. WOLFF (1717)[525] zu weiterer Verbreitung in der Elementarmathematik gelangt. Der eigentlichen Berechnung schickt WOLFF die beiden bekannten Aufgaben vorauf, aus der Seite eines eingeschriebenen Polygons erstens die Seite eines Polygons mit doppelter Seitenanzahl zu berechnen, zweitens die des entsprechenden umgeschriebenen Polygons. KÄSTNER's *Anfangsgründe* (1759)[526] begnügen sich mit der Berechnung der eingeschriebenen Polygone. Zu recht schneller Annäherung führt der Weg, den SEGNER in seinen *Anfangsgründen*[527] einschlägt. Er nimmt seinen Ausgangspunkt von dem Satz, daß ein Kreissegment größer ist als $\frac{2}{3}$ eines Rechteckes von gleicher Grundlinie und Höhe, wobei als besonders wichtig hervorgehoben wird, daß das Segment sich um so weniger hiervon unterscheidet, je kleiner die Sehne ist. Vorausgeschickt ist eine Berechnung der Seiten der regelmäßigen Polygone bis zum 96-eck. Berechnet man nunmehr den Inhalt des 96-eckes und fügt die angenäherten Werte der über den Seiten stehenden Kreissegmente hinzu, so ergiebt sich eine vorzügliche Annäherung, die einem π mit sechs genauen Dezimalen entspricht.

Das einfachste aller elementaren Verfahren findet sich in

[525] Ausg. v. 1717, *Elementa Geometriae*, S. 175 ff., § 400—403 (Anm. 68). — [526] *Geometrie*, Satz 43, 2. Aufl., 1764, S. 272 ff. (Anm. 53). — [527] 2. deutsche Ausgabe von 1773, § 661 ff. (Anm. 301).

LEGENDRE's *Elementen* (1. Aufl. 1794).[528] Während CUSANUS und DESCARTES bei dem Übergang zu höheren Polygonen den Umfang konstant ließen, legte LEGENDRE die Aufgabe zu Grunde, ein regelmäßiges Polygon, dessen umschriebener Kreis den Radius r_n, dessen eingeschriebener den Radius ϱ_n besitzt, in ein flächengleiches regelmäßiges Polygon von doppelter Seitenzahl zu verwandeln und die neuen Größen r_{2n}, ϱ_{2n} aus den r_n, ϱ_n zu berechnen. Die angegebenen Beziehungen zwischen den vier Größen

$$r_{2n} = \sqrt{r_n \cdot \varrho_n}$$

$$\varrho_{2n} = \sqrt{\varrho_n \cdot \frac{r_n + \varrho_n}{2}}$$

ermöglichen eine ungemein leichte Berechnung, da sie nur das Aufsuchen mittlerer Proportionalen verlangen. Überdies macht LEGENDRE noch darauf aufmerksam, daß, wenn man bei der Durchführung dieser Rechnungen so weit gekommen ist, daß zusammengehörige r_i und ϱ_i in der Hälfte der genau verlangten Dezimalstellen übereinstimmen, nunmehr das geometrische Mittel durch das leichter auszuführende arithmetische Mittel ersetzt werden dürfe, da der hierdurch bedingte Fehler jenseits der vorgeschriebenen Stellenanzahl liege.

Durch vorzügliche systematische Behandlung der Cyklometrie ragen vor allen übrigen neueren Lehrbüchern der Elementargeometrie die *Elemente* BALTZER's[529] hervor, nicht zum wenigsten auch durch die vielfach eingestreuten historischen Anmerkungen. —

Wir kehren zum siebzehnten Jahrhundert zurück, um eine neue Periode in der Geschichte der Kreisberechnung im Zusammenhange zu behandeln. Der Beginn dieses Jahrhunderts hatte die Inangriffnahme der Infinitesimalrechnung durch die Werke KEPLER's (*Doliometrie* von 1615) und CAVALIERI's (*Geometria indivisibilibus continuorum nova quadam ratione promota* 1635) gebracht. Diese neue Lehre, deren Wurzeln aus der Exhaustionsmethode der Alten emporstiegen, nahm einen so glänzenden Aufschwung, daß ihr bald in der gesamten Mathematik eine führende Rolle zufiel. Wie auf andere Gebiete, so griff sie auch in die Lehre der Kreisberechnung unter mächtigen Umwälzungen hinüber und drängte schließlich die elementargeometrischen Methoden in den Hintergrund. Die bisherige Aufgabe, den Zahlenwert des Verhältnisses zwischen Kreisumfang und Durchmesser zu berechnen, wurde verlassen und die neue aufgestellt,

---

528 Buch III, Satz 15 und 16 in der Übersetzung v. CRELLE, 2. Aufl., Berlin 1833. — 529 Bd. II, Buch IV, § 13, dritte Aufl., Leipzig 1870, S. 93.

Ausdrücke zu gewinnen, die in geschlossener Form den Wert eines Bogens als Funktion des Radius und des Centriwinkels darstellen. Da solche Ausdrücke nur in unendlichen Reihen irgend welcher rationalen Operationen bestehen können, so gehörte die Betrachtung dieser geschichtlichen Periode eigentlich zur Geschichte der Reihen (Teil VII, D); der Einheitlichkeit des vorliegenden Themas wegen sei sie hier vorweggenommen.

Einen Vorläufer in der neuen Betrachtungsweise bildet jenes unendliche Produkt

$$\frac{2}{\pi} = \sqrt{\tfrac{1}{2}} \cdot \sqrt{\tfrac{1}{2} + \tfrac{1}{2}\sqrt{\tfrac{1}{2}}} \cdot \sqrt{\tfrac{1}{2} + \tfrac{1}{2}\sqrt{\tfrac{1}{2} + \tfrac{1}{2}\sqrt{\tfrac{1}{2}}}} \cdots, \text{}^{512}$$

das Vieta 1593 ableitete (siehe S. 122). Über ein halbes Jahrhundert später gelangte Wallis (1616—1703, Oxford) bei Integrationsbetrachtungen auf induktivem Wege zu einer zweiten unendlichen Faktorenfolge von einfacherer Form

$$\frac{4}{\pi} = \frac{3 \cdot 3 \cdot 5 \cdot 5 \cdot 7 \cdot 7 \cdot 9 \cdot 9 \cdot 11 \cdot 11 \cdot 13 \cdot 13 \ldots}{2 \cdot 4 \cdot 4 \cdot 6 \cdot 6 \cdot 8 \cdot 8 \cdot 10 \cdot 10 \cdot 12 \cdot 12 \cdot 14 \ldots}, \text{}^{530}$$

deren Bildungsgesetz leicht erkennbar ist. Wallis selbst wies die Konvergenz dieses Ausdruckes nach. Lord Brouncker (etwa 1620 bis 1684, erster Präsident der Royal Society), der von Wallis das gefundene merkwürdige Resultat erfuhr, verwandelte es in den Kettenbruch

$$\frac{2}{\pi} = 1 + \cfrac{1}{2 + \cfrac{9}{2 + \cfrac{25}{2 + \cfrac{49}{2 + \cfrac{81}{2 + \ldots}}}}}$$

Der hierbei eingeschlagene Weg ist uns nicht bekannt. Ein von Wallis hinzugefügter Beweis erscheint zu gekünstelt, als daß er den Weg Brouncker's darstellen könnte.[531] Von viel größerer

[530] Wallis, 1655, *Arithmetica infinitorum*, Opera, I, S. 469—475 (Anm. 11). — [531] Vgl. Reiff, *Geschichte der unendlichen Reihen*, Tübingen 1889, S. 14. Einen sehr einfachen Beweis giebt Euler, *Opuscula analytica*, Bd. II, Petropol. 1785, *De transformatione serierum in fractiones continuas*, § 19, S. 149. In Band I der *Opuscula anal.*, Petropol. 1783, leitet Euler noch folgende Kettenbruchentwicklungen ab:

$$\frac{\pi}{2} = 1 + \cfrac{2}{3 + \cfrac{1 \cdot 3}{4 + \cfrac{3 \cdot 5}{4 + \cfrac{5 \cdot 7}{4 + \cfrac{7 \cdot 9}{4 + \ldots}}}}} \qquad \frac{4}{\pi} = 1 + \cfrac{2}{7 + \cfrac{1 \cdot 3}{8 + \cfrac{3 \cdot 5}{8 + \cfrac{5 \cdot 7}{8 + \cfrac{7 \cdot 9}{8 + \ldots}}}}}$$

Wichtigkeit ist eine Entdeckung, die JAMES GREGORY (1638—1675, Edinburgh), angeregt durch die ersten NEWTON'schen Untersuchungen über unendliche Reihen,[532] im Jahre 1671 machte; er fand die Reihe für arctg x. In einem Briefe (15. Febr. 1671)[533] teilte er seine Ergebnisse, ohne Ableitung, einem gelehrten Freunde (COLLINS) mit. Bezeichnet r den Radius, a einen Bogen, t den zugehörigen Tangens, so lautet die GREGORY'sche Reihe

$$a = t - \frac{t^3}{3r^2} + \frac{t^5}{5r^4} - \frac{t^7}{7r^6} + \frac{t^9}{9r^8} \text{ etc.,}$$

die wir in der modernen Form ($r = 1$)

$$\operatorname{arctg} x = x - \frac{x^3}{3} + \frac{x^5}{5} - \frac{x^7}{7} + \frac{x^9}{9} - \ldots$$

zu schreiben gewohnt sind. Diese Entwicklung liefert, wenn $a = \frac{r \cdot \pi}{4}$ und $t = r$, d. h. $x = 1$ ist, jene Reihe für π

$$\frac{\pi}{4} = 1 - \tfrac{1}{3} + \tfrac{1}{5} - \tfrac{1}{7} + \tfrac{1}{9} - \ldots,$$

die unter dem Namen der LEIBNIZ'schen Reihe bekannt ist. GREGORY gab diesen besonderen Fall nicht. LEIBNIZ leitete seine Reihe 1673 auf anderem Wege durchaus selbständig ab und machte 1674 in Briefen an einige seiner Freunde Gebrauch von ihr; so hatte er HUYGHENS gegenüber ihrer Erwähnung gethan, wie aus einem Antwortschreiben desselben vom 6. November 1674[534] hervorgeht. Man hat später LEIBNIZ der Entlehnung beschuldigt; eine solche ist aber in Hinsicht auf seine Ableitung, die viel allgemeiner als die GREGORY'sche ist und sich auch auf die Ellipse und Hyperbel bezieht, völlig ausgeschlossen. Im Druck erschienen ausführlichere Darstellungen der LEIBNIZ'schen Herleitung freilich erst 1682 (*Acta Eruditorum*, S. 41 bis 46). Noch einen dritten Entdecker scheint die LEIBNIZ'sche Reihe in DE LAGNY (1660—1734, Paris) zu haben; wenigstens versicherte dieser, daß er 1682 ohne Kenntnis der bisher gefundenen Ergebnisse auf den gleichen Wert für $\frac{\pi}{4}$ gekommen wäre.[535]

Übrigens ist die Reihe $\frac{\pi}{4} = 1 - \frac{1}{3} + \frac{1}{5} - \frac{1}{7} + \frac{1}{9} - \ldots$ für eine wirkliche Berechnung durchaus ungeeignet, da ihre Konvergenz eine

532 1669, NEWTON, *De analysi per aequationes numero terminorum infinitas* (siehe Bd. I, S. 214 u. Anm. 1133). — 533 *Commercium epistolicum*, publ. par Biot et Lefort, Paris 1858, S. 79. — 534 LEIBNIZ, Werke, ed. GERHARDT, 3. Folge, Bd. II, Berlin 1850, S. 16. — 535 Hist. de l'acad. des Sciences, Paris 1719 (gedruckt 1721), S. 144: „*J'avois aussi trouvé moi-même en 1682 et publié à Toulouse avant d'avoir lu ni connu les ouvrages de ces grands géomètres.*"

außerordentlich geringe ist. Um die Genauigkeit von 3,14 zu erhalten, sind nach DE LAGNY 300 Glieder nötig;[536] sollen 100 Dezimalen genau sein, so müssen nicht weniger als 10^{50} Glieder genommen werden. Man suchte daher zu besseren Reihen zu gelangen und kehrte nach dem Vorgange EULER's[537] (1707—1783; Berlin, Petersburg) zur GREGORY'schen Reihe zurück. So setzte der Astronom ABRAHAM SHARP (1651—1742), der durch die Berechnung der BRIGG'schen Logarithmen auf 60 Stellen noch anderweitig bekannt ist (S. 156),

$$a = \operatorname{arctg} x = \frac{\pi}{6},$$

also

$$x = \sqrt{\tfrac{1}{3}}$$

und fand durch die so aufgestellte Reihe

$$\frac{\pi}{6} = \sqrt{\frac{1}{3}} \cdot \left(1 - \frac{1}{3 \cdot 3} + \frac{1}{3^2 \cdot 5} - \frac{1}{3^3 \cdot 7} + \frac{1}{3^4 \cdot 9} - \dots\right)$$

verhältnismäßig leicht den Wert von π auf 72 Dezimalstellen. Unmittelbar darauf vollzog JOHN MACHIN († 1751; London, Astronom) eine Umformung der GREGORY'schen Reihe mittels des Additionstheoremes

$$\operatorname{arctg} x + \operatorname{arctg} y = \operatorname{arctg} \frac{x + y}{1 - x \cdot y}$$

und zerlegte $\frac{\pi}{4}$ in $4 \operatorname{arctg} \frac{1}{5} - \operatorname{arctg} \frac{1}{239}$, so daß sich ergab

$$\frac{\pi}{4} = 4 \cdot \left(\frac{1}{5} - \frac{1}{3 \cdot 5^3} + \frac{1}{5 \cdot 5^5} - \frac{1}{7 \cdot 5^7} + \dots\right) - \left(\frac{1}{239} - \frac{1}{3 \cdot 239^3} + \frac{1}{5 \cdot 239^5} - \frac{1}{7 \cdot 239^7} + \dots\right).$$

MACHIN veröffentlichte seine Berechnungsart 1706 in JONES' *Synopsis palmariorum mattheseos*, einem Werke, das auch zum erstenmal den Buchstaben π für das Verhältnis des Kreisumfanges zum Durchmesser benutzte (vgl. S. 134f.). Der neue Wert von π besaß 100 Dezimalstellen. DE LAGNY[535] erhöhte 1717 ihre Kenntnis mit dem Verfahren, das SHARP eingeschlagen hatte, auf 127. Eine weitere Fortführung bis zur 140. Stelle verdankt man VEGA (1756—1802; Wien), der seine Berechnungen zuerst mit

$$\frac{\pi}{4} = 2 \cdot \operatorname{arctg} \tfrac{1}{3} + \operatorname{arctg} \tfrac{1}{7},$$

dann mit der MACHIN'schen Formel ausführte. Die LAGNY'schen 117 Dezimalstellen wurden hierdurch bestätigt, bis auf die 113., in

[536] Ebendaselbst: „*Il faut plus de trois cens opérations et presque un Livre entier, pour trouver seulement le rapport de 100 à 314.*" — [537] Comment. Petropolit. ad annum 1737, Bd. IX (gedruckt 1744), S. 222 ff., EULER, *De variis methodis quadraturam proxime exprimendi.*

der eine 7 statt einer 8 stand. In EULER's *Introductio* (1748), die den LAGNY'schen Wert abgedruckt hatte, ist derselbe Fehler anzutreffen, ebenso in einer 1770 erschienenen Abhandlung LAMBERT's (1728 bis 1777; Berlin, Oberbaurat).[544] Der Rechenkünstler ZACHARIAS DASE (1824—1861, Hamburg) lieferte nach einer Formel

$$\frac{\pi}{4} = \operatorname{arctg} \tfrac{1}{2} + \operatorname{arctg} \tfrac{1}{5} + \operatorname{arctg} \tfrac{1}{8},$$

die ihm von einem wiener Mathematiker SCHULZ vorgeschrieben war, π auf 200 Dezimalstellen, und zwar in einer Zeit von kaum zwei Monaten. Mit den von WILHELM RUTHERFORD berechneten 208 Stellen ist nur bis zur 152. Stelle Übereinstimmung vorhanden; DASE's Ziffern stellten sich aber als richtig heraus, als THOMAS CLAUSEN (1801—1885, Dorpat) 250 Stellen veröffentlichte. Wenn Prof. RICHTER in Elbing 500 Stellen, SHANKS sogar 707 Dezimalen berechneten,[538] so ist dies eine Arbeit, deren Erfolg in keinem Verhältnis zu der darauf verwendeten Zeit und Mühe steht. Schon 100 Stellen bedeuten eine Genauigkeit, die sich der menschliche Geist nicht vorzustellen vermag.

Eine viel größere Mannigfaltigkeit von Reihenentwicklungen ergaben sich für EULER, als er den Zusammenhang der trigonometrischen Funktionen mit der Exponentialfunktion gefunden hatte (vgl. Band I, S. 172—173, 201). Seine Untersuchungen finden sich in mehreren Abhandlungen zerstreut,[539] sind dann aber in der *Introductio* (1748) noch einmal im Zusammenhang vorgeführt. Als Verallgemeinerungen der LEIBNIZ'schen Reihe findet EULER folgende unendlichen Summen:

$$\frac{\pi^2}{8} = 1 + \frac{1}{3^2} + \frac{1}{5^2} + \frac{1}{7^2} + \ldots$$

$$\frac{\pi^3}{32} = 1 - \frac{1}{3^3} + \frac{1}{5^3} - \frac{1}{7^3} + \ldots$$

$$\frac{\pi^4}{96} = 1 + \frac{1}{3^4} + \frac{1}{5^4} + \frac{1}{7^4} + \ldots$$

u. s. w.[540]

538 WOLF, *Handbuch der Astronomie*, I, S. 177. — 539 Comment. Petropol. ad annum 1737, Bd. IX (gedruckt 1744), S. 160—188: *Variae observationes circa series infinitas*, S. 222—236: *De variis modis circuli quadraturam numeris proxime exprimendi*; Comment. Petropol. ad annum 1739, Bd. XI (gedruckt 1750), S. 116 ff.: *Consideratio progressionis cuiusdam ad circuli quadraturam inveniendam idoneae*; vgl. auch *Opulusca analytica*, Bd. I, Petrop. 1783, S. 346—347: *Variae observationes circa angulos in progressione geometrica progredientes*; Nova Acta Petropol. ad annum 1793 (gedruckt 1798), S. 133—149, 150—154. — 540 EULER, *Introductio in analysin infinitorum*, Lausannae 1748, I, 8, § 175.

Ferner leitet er ab

$$\frac{\pi}{6\cdot\sqrt{3}} = \frac{1}{2} - \frac{1}{4} + \frac{1}{8} - \frac{1}{10} + \dots$$

$$\frac{\pi^2}{27} = \frac{1}{2^2} + \frac{1}{4^2} + \frac{1}{8^2} + \frac{1}{10^2} + \dots$$

$$\frac{\pi^3}{16\cdot\sqrt{3}} = \frac{1}{2^3} - \frac{1}{4^3} + \frac{1}{8^3} - \frac{1}{10^3} + \dots$$

u. s. w.[541]

und

$$\frac{2^0}{1\cdot2\cdot3}\cdot\frac{1}{1}\cdot\pi^2 = 1 + \frac{1}{2^2} + \frac{1}{3^2} + \frac{1}{4^2} + \frac{1}{5^2} + \dots$$

$$\frac{2^2}{1\cdot2\cdot3\cdot4\cdot5}\cdot\frac{1}{3}\cdot\pi^4 = 1 + \frac{1}{2^4} + \frac{1}{3^4} + \frac{1}{4^4} + \frac{1}{5^4} + \dots$$ [542] u. s. w.

Besonderes Gewicht legte EULER auf unendliche Produkte, um gute Reihen zur Berechnung von $\log\pi$[543] zu schaffen; so stellte er auf

$$\frac{\pi^2}{6} = \frac{2^2}{2^2-1}\cdot\frac{3^2}{3^2-1}\cdot\frac{5^2}{5^2-1}\cdot\frac{7^2}{7^2-1} + \dots$$

$$\frac{\pi^4}{90} = \frac{2^4}{2^4-1}\cdot\frac{3^4}{3^4-1}\cdot\frac{5^4}{5^4-1}\cdot\frac{7^4}{7^4-1} + \dots$$

u. s. w. — —

Wir hatten in der Geschichte der Kreisberechnung, oder, wie wir nunmehr sagen wollen, in der Geschichte der Zahl π bisher eine empirische (Ägypter, Babylonier), eine geometrisch-rechnerische (ARCHIMEDES, HUYGENS), und eine analytische Periode (LEIBNIZ, EULER) unterschieden. Die vierte Periode, die sich von 1770 bis in die neueste Zeit erstreckt, wird man nicht unrichtig die funktionentheoretische nennen können. Das alte Problem erhält wiederum eine neue Formulierung, die nun zur endgültigen Erledigung führt.

Der Wert der Zahl π war bis auf Hunderte von Stellen bestimmt, aber nähere Aufschlüsse über den Charakter dieser Zahl

541 *Introductio*, I, 8, § 176. — 542 Comm. Petr. IX, S. 174 ff. — 543 Vgl. auch Comm. Petrop. XI (Anm. 539), S. 202—203

$$l\pi = l3 + \frac{1}{6^2}\left(1 + \frac{1}{4} + \frac{1}{9} + \frac{1}{16} + \frac{1}{25} + \text{etc.}\right)$$
$$+ \frac{1}{2\cdot6^4}\left(1 + \frac{1}{4^2} + \frac{1}{9^2} + \frac{1}{16^2} + \frac{1}{25^2} + \text{etc.}\right)$$
$$+ \frac{1}{3\cdot6^6}\left(1 + \frac{1}{4^3} + \frac{1}{9^3} + \frac{1}{16^3} + \frac{1}{25^3} + \text{etc.}\right)$$
$$+ \frac{1}{4\cdot6^8}\left(1 + \frac{1}{4^4} + \frac{1}{9^4} + \frac{1}{16^4} + \frac{1}{25^4} + \text{etc.}\right)$$

etc.

fehlten noch vollständig. War auch jeder Fachmann überzeugt, daß er es nicht mit einer Zahl, die durch Wurzeln in endlicher Form darstellbar ist, zu thun habe,[543a] so war doch ein Beweis für die Irrationalität von π nicht geliefert. Was man genau wußte, war nur das, daß es unter einer gewissen Grenze keine Zahlen geben könne, deren Verhältnis gleich der gesuchten Zahl ist; man hatte aber keinen Anhaltpunkt, ob es nicht unter den sehr großen Zahlen noch solche gäbe. Daß dies nicht der Fall sei und daß also, modern ausgedrückt, π keine rationale Zahl sein könne, bewies (1766) zum erstenmal JOH. HEINRICH LAMBERT (1728—1777; Berlin, Oberbaurat).[544] Dieser verband EULER's Entdeckung des Zusammenhanges zwischen der Exponentalfunktion e^x und den trigonometrischen Funktionen mit den Kettenbruchentwicklungen, die ebenfalls EULER für $\frac{e-1}{2}$ abgeleitet hatte[545] (vgl. Teil VII, D) und stellte für die Tangensfunktion den Kettenbruch

$$\operatorname{tg}\frac{1}{n} = \cfrac{1}{n - \cfrac{1}{3n - \cfrac{1}{5n - \cfrac{1}{7n - \cdots}}}}$$

her. Da dieser Ausdruck ein unendlicher ist, so kann, falls $\frac{1}{n}$ eine von Null verschiedene rationale Zahl ist, $\operatorname{tg}\frac{1}{n}$ nur irrational sein. Umgekehrt muß einem rationalen Tangenswert ein irrationaler Bogen zukommen; im besondern ist also, da $\operatorname{tg}\frac{\pi}{4} = 1$ rational ist, $\frac{\pi}{4}$ selbst irrational. Den strengen Beweis, daß ein unendlicher Kettenbruch, wie der gefundene, wirklich irrational ist, holte LEGENDRE (1752—1833, Paris) in seinem Lehrbuche der Elementargeometrie (1794) nach;[546] er zeigte bei dieser Gelegenheit noch weiter, daß auch π^2 nicht rational sein könne. — Nachdem dies geglückt war, galt es noch, der Zahl π im Reiche der irrationalen Zahlen ihren Platz anzuweisen. Bereits EULER (1785)[547] und nach ihm LEGENDRE (1794)[546] vermuteten, daß π auch nicht zu den alge-

543a Für LEIBNIZ vgl. Acta Eruditorum, 1682, S. 43. — 544 LAMBERT, *Beiträge zum Gebrauche der Mathematik*, Bd. II, Berlin 1770, S. 140—169: *Vorläufige Kenntnisse für die, so die Quadratur und Rektifikation des Circuls suchen* (nach einer Bemerkung in LAMBERT's Vorrede 1766 niedergeschrieben). — 545 EULER, *Introductio*, I, 18, § 381, Beisp. 3 (Anm. 540). — 546 LEGENDRE, *Éléments de géométrie*, 1. Aufl. 1794, Note IV. — 547 EULER, *Opuscula analytica*, Bd. II, Petrop. 1785: *De relatione inter ternas pluresve quantitates instituenda*, braisch-irrationalen Zahlen gehöre, d. h. nicht Wurzel irgend einer algebraischen Gleichung mit rationalen Koëffizienten sein könne. Aber wirklich bewiesen wurde die Transcendenz von π erst ein Jahrhundert später. 1873 hatte HERMITE (1822—1901, Paris) die Transcendenz der Zahl e gezeigt;[548] im Anschluß an die hierbei eingeschlagene Beweisführung gelang es endlich LINDEMANN (geb. 1852; Freiburg, Königsberg, München) im Jahre 1882 das Gleiche von der Zahl π darzulegen.[549] Sein Beweis wurde mehrfachen Vereinfachungen unterworfen, so 1885 durch WEIERSTRASS (1815—1897, Berlin)[550] und 1893 durch HILBERT (geb. 1862; Königsberg, Göttingen).[551] Besonders durch HURWITZ (geb. 1859, Königsberg) und GORDAN (geb. 1837, Erlangen) nahm er eine ganz elementare Form an.[552]

So wurde das jahrtausendalte Problem der Kreisquadratur zu einem endgültigen Abschluß gebracht. Die Beantwortung der gestellten Aufgabe war negativ, aber viel allgemeiner, als diese ursprünglich aufgefaßt wurde. Nicht nur mit Zirkel und Lineal ist die Herstellung eines dem Kreise flächengleichen Quadrates unmöglich, sondern auch nicht einmal mit algebraischen Kurven irgendwelcher Art kann eine Lösung erreicht werden. Die älteren Bearbeiter hatten nicht im mindesten geahnt, welche Schwierigkeit in der anscheinend harmlosen Aufgabe lag, die erst nach rastlosesten Bemühungen mit den feinen Hilfsmitteln moderner Wissenschaft bezwungen werden konnte.

Nachzuholen ist noch die Geschichte des Buchstabens π, dessen ausschließlicher Gebrauch für die Größe des Verhältnisses zwischen Kreisumfang und Durchmesser heute jedem Mathematiker geläufig ist. Verwendung fand π in diesem Sinne zuerst in WILLIAM JONES' *Synopsis palmariorum matheseos* von 1706 (daselbst S. 243,

§ 12, S. 98: „*Unde sententia satis certa videtur, quod peripheria circuli tam peculiare genus quantitatum transcendentium constituat, ut cum nullis aliis quantitatibus, sive surdis sive alius generis transcendentibus nullo modo se comparari patiatur.*" (Die Ansicht scheint genügend befestigt zu sein, daß die Kreisperipherie eine so eigentümliche Art transcendenter Größen darstellt, daß sie mit keinen anderen Größen, seien es Wurzelgrößen oder andere Transcendenten, irgendwie sich vergleichen läßt.) — 548 Comptes rendus, Bd. 77, Paris 1873, HERMITE, *Sur la fonction exponentielle*, S. 18—24, 74—79, 226—233, 285—292; 1874 als selbständige Schrift erschienen. — 549 Berichte der Berliner Akademie 1882, Bd. II, S. 679—682, F. LINDEMANN, *Über die Ludolph'sche Zahl*; Math. Annalen 1882, Bd. 20, S. 212—225, *Über die Zahl π.* — 550 Berichte der Berliner Akademie 1885, S. 1067—1085: *Zu Lindemann's Abhandlung: „Über die Ludolph'sche Zahl."* — 551 Göttinger Nachrichten 1893, S. 113—116; Math. Annalen, Bd. 43, 1893, S. 216 ff. — 552 Göttinger Nachrichten 1893, S. 153—155; Math. Annalen, Bd. 43, 1893, S. 220—224.

263),[553] einer Einleitung in die Mathematik. Die Wahl dieses Buchstabens ist wahrscheinlich durch ein Symbol OUGHTRED's (1574—1660) π für *semiperipheria* (Halbkreis) — ähnlich δ für *semidiameter* (Halbmesser) — veranlaßt worden.[554] In seiner *Clavis mathematica* (1631), einem sehr stark verbreitet gewesenen Elementarbuche der Mathematik, findet sich geradezu die Proportion[555]

$$7 \cdot 22 :: \delta \cdot \pi :: 133 \cdot 355$$

$$[\text{modern} \quad 7 : 22 = \delta : \pi = 133 : 355].$$

JONES' Zeichen fand keine Nachahmung; erst EULER's Vorbild schlug durch. Zum erstenmal erscheint π bei EULER in einer 1737 verfaßten Abhandlung *Variae observationes circa series infinitas*;[556] bis dahin war der betreffende Zahlenwert durch p angedeutet worden.[557] Von EULER, nicht zum wenigsten infolge seines ausgedehnten Briefwechsels, ging das neue Symbol bald zu anderen Mathematikern über; es findet sich von 1739 an bei GOLDBACH, von 1740 an bei JOHANN BERNOULLI, von 1742 an bei NICOLAUS BERNOULLI.[558] Zu allgemeinerer Annahme gelangte π vor allem durch EULER's großes Hauptwerk, die *Introductio* von 1748.[540] Wesentlich für die Verbreitung war auch, daß sich KÄSTNER (1719 bis 1800, Göttingen) in seinen *Anfangsgründen*,[53] die in der zweiten Hälfte des achtzehnten Jahrhunderts das herrschende Lehrbuch waren, der neuen Übung sofort anschloß; ihm folgte v. KARSTEN[164] u. a. Immerhin war bei KÄSTNER der Gebrauch von π noch nicht so gefestigt, daß es ausschließlich in der neuen Bedeutung verwendet wurde. Es finden sich Stellen,[559] an denen π bei Substitutionen (z. B. $\sin A = p$; $\cos A = \pi$) gleichwertig mit anderen Buchstaben algebraisch verwertet wird.

Ist das Verhältnis des Kreisumfanges zum Durchmesser bekannt, so ergiebt sich damit die Lösbarkeit mehrerer anderer Aufgaben, wie die Berechnung des Inhaltes des ganzen Kreises oder einzelner Sektoren, der Bogen, einer Ringfläche u. s. w. Es war im

553 Vgl. Bibliotheca mathematica 1894, S. 106. — 554 OUGHTRED, *Theorematum in libris Archimedis de Sphaera et Cylyndro Declaratio*, Oxoniae 1663, Vorbemerkungen. — 555 Aufl. von 1667 Oxoniae, cap. XVIII, § 16. — 556 Comment. Acad. Petropol. ad annum 1737, Bd. IX (gedruckt 1744), S. 165: „*Posito π pro peripheria circuli, cuius diameter est 1, . . .*“ — 557 Z. B. noch Comment. Acad. Petropolit. ad annos 1734—35, Bd. VII (gedruckt 1740), S. 126, § 7. — 558 Nach RUDIO, S. 53 (Anm. 466). — 559 Z. B. Anfangsgründe v. 1764, I, S. 385 (Anm. 53).

Zusammenhang der Geschichte der Zahl π nicht zu umgehen, auch bereits die Inhaltsberechnung des Kreises mit hineinzuziehen. Der Satz, daß Kreisflächen sich wie die Quadrate der Durchmesser verhalten, ist nach dem Zeugnis des Eudemus (um 334 v. Chr., Athen) von Hippokrates von Chios (um 440 v. Chr.) zuerst bewiesen worden; desgleichen der entsprechende Satz für ähnliche Kreissegmente, die sich wie die Quadrate ihrer Sehnen verhalten [560] (vgl. S. 111). Hippokrates scheint sich dabei jener sogenannten Exhaustionsmethode [561] bedient zu haben, die unsere heutige Infinitesimalrechnung im ersten Keime in sich trug. Denselben schwerfälligen Gang der Beweisführung schlug Euklid (um 300 v. Chr.) im zweiten Satz des zwölften Buches ein. Daß die Größe des Verhältnisses zwischen Kreisfläche und Halbmesserquadrat dieselbe ist, wie zwischen Kreisumfang und Durchmesser, hatte Dinostratus (um 335 v. Chr.) bereits vorausgesetzt, Archimedes (287—212 v. Chr., Syrakus) aber erst bewiesen (vgl. S. 112—113).

Die Berechnung der Größe eines Bogens oder eines Sektors aus dem Radius und dem zugehörigen Centriwinkel kann, falls die Aufgabe für den Vollkreis gelöst ist, auf Grund des 33. Satzes im Buch VI der euklidischen Elemente, [562] der die Proportionalität beider zum Centriwinkel zeigt, angestellt werden. Wirkliche Berechnungen werden aber bekanntlich in dem euklidischen Werke nirgends vorgenommen; wir können sie nur in Heron's Schriften erwarten (erstes Jahrhundert v. Chr.). In der That finden wir hier eine große Reihe von Aufgaben durchgeführt, die dem Leser als Normalbeispiele dienen sollen. Mehrere Kapitel der *Geometrie* enthalten ausschließlich Berechnungen der drei Größen u (Umfang), i (Inhalt) und d (Durchmesser) auseinander. [563] Für die Berechnung eines Segmentes aus der Sehne s und der Höhe h kennt Heron mehrere

[560] *Eudemi fragmenta*, ed. Spengel, S. 128 Z. 28—30 (Anm. 4); Rudio, S. 18—19 (Anm. 475). — [561] Über die Exhaustionsmethode, vgl. Hankel, S. 121 ff. (Anm. 23). — [562] ed. Heiberg, II, S. 178. — [563] Heron, *Geometrie*, cap. 87—91, cap. 101. So wird in cap. 87 nach folgenden Vorschriften gerechnet: § 1 $i = \frac{d \cdot u}{4}$, § 2 $i = \frac{d}{2} \cdot \frac{u}{2}$, § 3 $i = \frac{7u^2}{88}$, § 4 $i = \frac{d^2 \cdot 11}{14}$, § 5 $i = d^2\left(1 - \frac{3}{14}\right)$, § 6 $d = \frac{7u}{22}$, § 7 $d = \frac{u}{22} \cdot 7$, § 8 $u = 3d + \frac{1}{7}d$, § 9 $u = (u + d) - \frac{7}{29}(u + d)$; vgl. ed. Hultsch, S. 114—115 (Anm. 2). Dazu cap. 101, § 6 $d = \sqrt{\frac{i}{11} \cdot 14}$, ed. Hultsch, S. 133 Z. 1—9; ebenso *Metrika*, ed. Schöne, S. 68.

Formeln, die indes nur mehr oder weniger gute Annäherungen darstellen. Die älteren griechischen Mathematiker, die für π sich mit dem Werte 3 begnügten, hatten die Formel

$$\frac{s+h}{2}\cdot h$$

benutzt. Die genauere Kenntnis dieser Größe zu $3\frac{1}{7}$ ließ zu dieser Formel eine Ergänzung hinzutreten[564]

$$\frac{s+h}{2}\cdot h+\frac{\left(\frac{s}{2}\right)^2}{14},$$

nach der HERON in seiner *Geometrie*[565] verfährt. Für ein Segment, das größer als ein Halbkreis ist, rechnet HERON nach der Vorschrift

$$\frac{s+h}{2}\cdot h\cdot\left(1+\frac{1}{21}\right),^{566}$$

oder aber er sucht mittels

$$d-h=\frac{\left(\frac{s}{2}\right)^2}{h}$$

den Durchmesser, berechnet den Inhalt des Vollkreises und zieht von diesem das nach der ersten Formel zu findende kleinere Ergänzungssegment ab.[567] Für den Bogen benutzt HERON einmal die Formel

$$b=\sqrt{s^2+4h^2}+\frac{h}{4},^{568}$$

an anderer Stelle[569] aber

$$b=\left[(s+h)-\frac{h}{s}(s+h)\right]+\frac{h}{s}\left[(s+h)-\frac{h}{s}(s+h)\right].$$

564 Nach einer Angabe HERON's in seinen *Metrika*, ed. SCHÖNE, Leipzig 1903, S. 72, XXX ff. — 565 *Geometrie*, cap. 94, § 1, ed. HULTSCH, S. 125 Z. 9—17 (Anm. 2). In den *Metrika*, S. 74 f., giebt HERON Ableitungen und Gebrauchsanweisungen für diese Segmentenformeln; die genauere sei nur dann verwendbar, wenn die Basis s kleiner ist als das Dreifache der Höhe h. Ist die Basis mehr als dreimal so groß wie h, dann empfiehlt HERON (*Metrika*, I, 32, ed. SCHÖNE, S. 80 Z. 7—9) die Formel

$$\frac{1}{2}s\cdot h+\frac{1}{6}s\cdot h,$$

die auch für Kreissegmente größer als der Halbkreis, ebenso wie für Parabelsegmente Gültigkeit besitze. — 566 *Mensurae*, ed. HULTSCH, § 29, ed. HULTSCH, S. 198. — 567 *Geometrie*, cap. 96, § 1, ed. HULTSCH, S. 126. — 568 *Geometrie*, cap. 94, § 2, ed. HULTSCH, S. 125 Z. 18—25. — 569 *Mensurae*, § 33, ed. HULTSCH, S. 199 Z. 25 bis S. 200 Z. 3, vgl. CANTOR, I[b], S. 367.

Die Sektorformel $S = \frac{1}{2} b r$ geht aus der Ableitung, die ARCHIMEDES für den Kreisinhalt giebt, ohne weiteres hervor; doch ist ihre Verwendung bei den griechischen Mathematikern, soweit die Überlieferung reicht, nicht nachzuweisen. Als selbständige Rechenvorschrift führt sie am Ende des sechzehnten Jahrhunderts n. Chr. SIMON STEVIN an.[570]

Die Berechnung einer Ringfläche zwischen zwei konzentrischen Kreisen ist aber wiederum bei HERON bereits anzutreffen.[571] Charakteristisch ist der für Ring gewählte *terminus technicus* ἴτυς (= Schildrand).[572]

570 STEVIN, II, *Livre de la Géométrie*, prop. 13; Oeuvres, II, S. 378 (Anm. 12). — 571 HERON, *Geometrie*, cap. 100, § 1, ed. HULTSCH, S. 130 Z. 24—26. — 572 Ebendaselbst, S. 131 Z. 13. In den *Metrika*, I, 26, ed. SCHÖNE, Leipzig 1903, S. 68 leitet HERON die Formel $\frac{11}{14} \cdot 4 \cdot (2 \varrho + b) b$ ab, wo ϱ der innere Radius, b die Breite des Ringes ist.

VIERTER TEIL

DIE LOGARITHMEN

A. Der Begriff des Logarithmus. Die ersten Tafeln.

Das Bestreben, numerische Rechnungen zu erleichtern und besonders die bei größeren Zahlen sehr umständlich auszuführenden Multiplikationen und Divisionen durch die leichter vorzunehmenden Additionen und Subtraktionen zu ersetzen, hatte in der zweiten Hälfte des sechzehnten Jahrhunderts eine eigenartige Methode, *Prosthaphairesis* genannt, hervorgerufen, in der mit Hilfe trigonometrischer Sätze, wie wir sie in den Formeln

$$\sin\alpha \cdot \sin\beta = \tfrac{1}{2}[\cos(\alpha-\beta) - \cos(\alpha+\beta)] \quad \text{u. s. w.}$$

kennen, solche Vereinfachungen erreicht werden konnten (vgl. Teil V, C). Ungleich geeigneter waren zu diesem Zwecke jedoch die Logarithmen, deren Erfindung im Anfang des siebzehnten Jahrhunderts gelang. Obgleich schon 1614 (NEPER) die erste Logarithmentafel im Druck erschien und binnen kurzem eine größere Reihe verbesserter Zusammenstellungen veröffentlicht wurden, ging doch die Verdrängung der prosthaphäretischen Methoden nicht so schnell vor sich, wie man hätte erwarten können. Das *Primum mobile* des ADRIAEN METIUS von 1631 erwähnt nichts von den Logarithmen.[573] Noch 1634 werden in der *Trigonometrie* des Hamburger Mathematikers FROBENIUS[574] prosthaphäretische Formeln neben den Logarithmen benutzt; in dem *Porto Astronomico* von 1636 entwickelt der Verfasser, ein jüdischer Astronom EMANUEL PORTO aus Padua, die prosthaphäretische Methode auf das Ausführlichste.[575] Ja, die *Disciplinae mathematicae* 1640 von JOHANN CIERMANS († 1648, Loewen, Antwerpen) zeigten, ein Vierteljahrhundert nach Erscheinen der NEPER'schen Tafeln, keine Spuren logarithmischer Rechnungen.[573]

Trigonometrische Sätze, die im sechzehnten Jahrhundert der *Prosthaphäresis* zu Grunde gelegt wurden, kann man, wie wir an

---

573 Vgl. v. BRAUNMÜHL, *Vorlesungen über die Geschichte der Trigonometrie*, Leipzig 1900, S. 247. — 574 FROBENIUS, *Clavis universi trigonometrica*, 1634, S. 1—17, Isagoge prosthaphaeretica; vgl. auch die einzelnen trigonometrischen Aufgaben in diesem Werke, die stets neben der logarithmisch-arithmetischen Behandlung auch eine prosthaphäretische aufweisen. — 575 Vgl. Zeitschrift für Mathematik und Physik, Suppl. 44, 1899, S. 29.

anderer Stelle sehen werden (vgl. Teil V, C) bis in die Zeit der Araber verfolgen; Betrachtungen, aus denen die logarithmische Lehre erwuchs, sind aber schon für das Altertum nachzuweisen. Freilich dürfen wir dabei nicht an die moderne Erklärung der Logarithmen denken, die in ihnen Potenzexponenten einer bestimmten Basis erkennt. Diese Auffassung machte sich erst um die Mitte des achtzehnten Jahrhunderts geltend,[576] ja die Darstellungsart, daß das Potenzieren neben dem Radizieren eine zweite Umkehrung in dem Logarithmieren besitzt, ist erst eine von den vielen Neuerungen, mit denen EULER's Genie die Mathematik bereicherte;[577] zu weiterer Anerkennung gelangte diese moderne Ansicht sogar nicht vor dem neunzehnten Jahrhundert. Der ursprüngliche Logarithmusbegriff wurde vielmehr aus der Vergleichung einer geometrischen und einer arithmetischen Reihe abgeleitet, die beide willkürlich anzunehmen sind, deren Glieder aber in der natürlichen Reihenfolge einander fest zugeordnet werden.[577a] Die arithmetische Reihe stellt die Logarithmen, die geometrische die Numeri dar. In dieser Auffassung kann man nun bereits aus einer archimedischen Stelle das logarithmische Grundgesetz für die Multiplikation zweier Zahlen herauslesen. ARCHIMEDES (287—212 v. Chr., Syrakus) äußert sich gelegentlich in seiner *Sandrechnung* (vgl. Bd. I, S. 5) folgendermaßen: „Wenn von Zahlen, die von der Einheit

---

576 Die erste bündige Definition nach der neuen Auffassung giebt GARDINER, *Tables of Logarithms*, London 1742, in The explication and Use of the Logarithmic Table, Def. I: „*The common Logarithm of a number is the Index of that power of 10, which is equal to the number. That is, The Logarithm of any number* $a = \overline{10|}^{+x}$, *or* $\overline{10|}^{-x}$, *is* $+x$ *or* $-x$." — 577 Vgl. EULER, *Introductio*, lib. I, cap. 6 (Anm. 540); eine besonders klare Darstellung findet sich in der *Vollständigen Anleitung zur Algebra*, Petersburg 1770, I, 1, cap. 20, § 214—219. — 577a Definition bei NEPER vgl. S. 176, bei BRIGGS 1624, cap. I, S. 1: „*Logarithmi sunt numeri qui proportionalibus adjuncti aequales seruant differentias.*" (Logarithmen sind die Zahlen, die Proportionalgrößen [d. s. Glieder einer geometrischen Reihe] zugeordnet sind und gleiche Unterschiede innehalten) und „*Logarithmi dici possunt numerorum proportionalium comites aequidifferentes*"; ferner bei CASPAR SCHOTT, *Cursus mathematicus* 1661, lib. 27, S. 589: „*Logarithmi sunt numeri secundum proportionem arithmeticam quamcumque continuo crescentes aut decrescentes, adjuncti numeris ab unitate inchoatis et secundum proportionem geometricam continue crescentibus.*" Noch im XIX. Jahrhundert giebt es ein Lehrbuch, das die alte Definition bevorzugt: C. F. KAUSSLER, *Die wichtige Lehre von den Logarithmen*, Tübingen 1808, Vorwort S. V: „*Der Vortrag des Ganzen ist auf die Betrachtung der zu einem Systeme verbundenen arithmetischen und geometrischen Progressionen gegründet. Auf diese Art wird alles lichtvoll: da auf dem anderen Wege, wenn man nämlich die Logarithmen als Exponenten ansieht, Lücken und Undeutlichkeiten für Anfänger mit unterlaufen.*"

ab in festem Verhältnis stehen [1, a, a^2, a^3, a^4 . . .], irgend zwei miteinander multipliziert werden sollen, so wird auch das Produkt derselben Proportionsreihe angehören und zwar wird dieses [in der Zahlenreihe] von dem größeren der beiden Faktoren ebenso weit abstehen, wie der kleinere von der Einheit in der Proportionsreihe absteht; von der Einheit aber wird es um eine Stelle weniger weit abstehen, als die Abstandszahlen beider Faktoren von der Einheit aus zusammen betragen.“ [578] ARCHIMEDES faßt also zwei Glieder der Reihe 1, a^1, a^2, a^3, a^5, a^6, a^7 . . ., etwa das *dritte* a^2 und das *sechste* a^5, ins Auge und teilt uns seine Beobachtung mit, daß das Produkt $a^2 \cdot a^5 = a^7$ wiederum ein Glied dieser Reihe, hier das *achte*, liefert, das einerseits vom sechsten (a^5) aus gerechnet wieder das dritte ist, dessen Rangzahl *acht* aber um eins geringer ist, als die Summe der Rangzahlen *drei* und *sechs*. Wären diese archimedischen Rangzahlen von unseren Exponenten nicht um *eins* verschieden, so hätte ARCHIMEDES unsere Formel $a^2 \cdot a^5 = a^7$ sogar wörtlich wiedergegeben.

Diese Beobachtung findet sich nun in fast allen bedeutenderen Werken des fünfzehnten und sechzehnten Jahrhunderts erwähnt. Es liegt nahe zu vermuten, daß sie eine Art Überlieferung bildet, die arabische Gelehrte dem archimedischen Werke entnommen und dem Mittelalter gerettet haben. Als wichtigste Verbesserung war aber im Laufe der Zeit hinzugekommen, daß man jene archimedischen Rangzahlen wirklich um eins niedriger ansetzte und dadurch eine einfachere Fassung der gefundenen Thatsache ermöglichte. So stellte der französische Mathematiker CHUQUET († um 1500, Paris), dessen *Triparty* von 1484 [579] im Vergleich mit anderen, etwa gleichzeitigen Werken, wie der *Summa* des Italieners LUCA PACIUOLO (1494) [39] auf gemeinsame, hochbedeutende, uns unbekannte Vorarbeiten hinweist, die beiden Reihen zusammen:

$$\begin{array}{cccccc} 0 & 1 & 2 & 3 & 4 & 5\ldots \\ 1 & a & a^2 & a^3 & a^4 & a^5\ldots. \end{array}$$

Die zweite ist hier in moderner Schreibart wiedergegeben, da CHUQUET

[578] ARCHIMEDES, Opera, ed. HEIBERG, II, S. 271 Z. 21 bis S. 272 Z. 3 (Anm. 33): *„Εἴ κα ἀριθμῶν ἀπὸ τᾶς μονάδος ἀνάλογον ἐόντων πολλαπλασιάζωντί τινες ἀλλάλους τῶν ἐκ τᾶς αὐτᾶς ἀναλογίας, ὁ γενόμενος ὁμοίως ἐσσεῖται ἐκ τᾶς αὐτᾶς ἀναλογίας ἀπέχων ἀπὸ μὲν τοῦ μείζονος τῶν πολλαπλασιαξάντων ἀλλάλους, ὅσους ὁ ἐλάττων τῶν πολλαπλασιαξάντων ἀπὸ μονάδος ἀνάλογον ἀπέχει, ἀπὸ δὲ τᾶς μονάδος ἀφέξει ἑνὶ ἐλάττονας ἢ ὅσος ἐστὶν ὁ ἀριθμὸς συναμφοτέρων, οὓς ἀπέχοντι ἀπὸ μονάδος αἱ πολλαπλασιάξαντες ἀλλάλους.“* — [579] CHUQUET, *Le Triparty en la science des nombres* 1484 (Manuskript), Abdruck im Bulletino BONCOMPAGNI, Bd. XIII, Rom 1880, S. 629—630, besonders auch S. 740—741.

Potenzreihen verschiedener bestimmten Grundzahlen benutzte. Die Glieder der ersten Reihe nannte CHUQUET die Ordnungszahlen (*dénominations*) der darunter gestellten Zahlen, und er konnte nun den Multiplikationssatz so aussprechen, daß sich als Produkt zweier Glieder der unteren Reihe ein neues Glied derselben Reihe ergiebt, dessen Ordnungszahl gleich der Summe der Ordnungszahlen der Faktoren ist. Ähnliche Betrachtungen treten (1518) im Rechenbuch des GRAMMATEUS[580] (HEINRICH SCHREIBER; † 1525, Wien), dann in dem des RUDOLFF von Jauer (1532; Vorrede von 1526)[581] und des APIAN (1532; Vorrede von 1527)[582] auf, ferner bei GEMMA FRISIUS,[583] LONICERUS,[584] CLAVIUS[585] u. a. Vor allem ist auf STIFEL (1486 oder 1487 Eßlingen — 1567 Jena) aufmerksam zu machen, der in seiner *Arithmetica integra* die beiden Reihen auch nach links hin fortsetzt und dabei negative Ordnungszahlen einführt; für die Zahlen der arithmetischen Reihe verwendet er zum erstenmal die Bezeichnung *Exponentes.*[586] STIFEL hat sich auch mit tieferen Untersuchungen über den Zusammenhang der beiden Reihen abgegeben. „Man könnte," bemerkt er, „ein ganz neues Buch über die wunderbaren Eigenschaften dieser Zahlen schreiben, aber er müsse sich an dieser Stelle bescheiden und mit geschlossenen Augen daran vorübergehen."[587] An anderer Stelle[587a] spricht er sich indes ausführlicher über dieses Thema aus, und nun sehen wir voll Staunen, daß STIFEL den engeren Zusammenhang der beiden Reihen vollständig erfaßt hat: „Addition in der arithmetischen Reihe entspricht der Multiplikation in der geometrischen, ebenso Subtraktion in jener der Division in dieser. Die einfache Multiplikation bei den arithmetischen Reihen wird zur Multiplikation in sich (Potenzierung) bei der geometrischen Reihe. Die Division in der arithmetischen Reihe ist dem Wurzelausziehen in der geometrischen Reihe zugeordnet, wie die Halbierung dem Quadratwurzelausziehen."

[580] Rechenbuch von GRAMMATEUS, Wien 1518, unpaginiert, vgl. Signatur G. — [581] In der Auflage von 1550, Rückseite der Signatur f_2, Überschrift: Von einem Roßkauf. — [582] Buch I unter Progression in einem Beispiel Exempel der vnderschnitten Progression. — [583] GEMMA FRISIUS, 1544, *Arithmeticae practicae methodus facilis pars prima* im Abschnitt De progressione. — [584] LONICERUS, *Arithmetices introductio*, Frankfurt 1550, bei Besprechung der geometrischen Reihe. — [585] CLAVIUS, *Epitome arithmeticae practicae*, Romae 1583; zweite Aufl. Romae 1585, S. 290. — [586] *Arithmetica integra*, Nürnberg 1544, Buch III, S. 250^a Z. 1—2: „*Est autem — 3 exponens ipsius* $\frac{1}{8}$, *sicut 6 est exponens numeri 64.*" — [587] Daselbst S. 249^b Z. 9—10 v. u.: „*Posset hic fere novus liber integer scribi de mirabilibus numerorum, sed oportet, ut me hic subducam et clausis oculis abeam.*" [587a] *Arithmetica integra*, lib. I, fol. 35: „*1. Additio in Arithmeticis progressionibus respõdet multiplicationi in Geometricis; 2. Subtractio in Arithmeticis respondet*

STIFEL's überraschende Beobachtungen werden fast wörtlich von anderen Mathematikern übernommen, so von SIMON JACOB († 1564, Frankfurt a. M.), der in seinem Rechenbuch von 1565 sagt:[588] „So merck nun | was in Geometrica progressione ist Multiplicіern, das ist in Arithmetica progressione Addiern | vnd was dort ist diuidiern, das ist hier Subtrahiern | vnd was dort mit sich ist Multiplizieren | ist hie schlecht Multiplicieren | Letzlich was dort ist Radicem extrahiern | das ist hie schlechts diuidiern mit der zal die der Radix in Ordnung anzeigt." Theoretisch ist sonach die Lehre des logarithmischen Rechnens seit STIFEL bekannt; was noch fehlte, war nur das Handwerkszeug, mit dem die Theorie in die Praxis umgesetzt werden konnte. Aber die Berechnung zweier brauchbarer Reihen, deren Glieder so eng aneinander standen, daß sie dem praktischen Zwecke genügten, war eine äußerst umfangreiche Arbeit. Wiederum war es ein Deutscher, der sich dieser Riesenmühe unterzog: JOST BÜRGI (1552—1632/33; Mechaniker, Astronom; Prag, Kassel). Ihn hatten wir bereits als unermüdlichen Rechner kennen gelernt (Bd. I, S. 50, 91, 199, 245, 283), der mit außerordentlicher technischer Gewandtheit hohe mathematische Begabung verband. Er hatte den Wert des Rechnens mit Dezimalbrüchen ganz erfaßt und die bekannten Methoden des abgekürzten Rechnens erfunden. In der Behandlung der Gleichungslehre war er bahnbrechend vorgegangen und hatte für die Lösung höherer Gleichungen ein Näherungsverfahren von vorzüglicher Schärfe ersonnen. Seine Beschäftigung mit umfangreichen astronomischen Rechnungen ließ ihn die Vorzüge der Prosthaphäresis (siehe S. 141) schnell erkennen und gab ihm Gelegenheit zu manchen Verbesserungen an derselben. Ebenso rasch aber erkannte BÜRGI auch die große Tragweite der theoretischen Andeutungen, die er bei SIMON JACOB fand; offen giebt er selbst zu, das Werk JACOB's gelesen und aus ihm seine Anregung geschöpft zu haben. Mit Beginn des neuen Jahrhunderts sehen wir BÜRGI an der Arbeit, die erforderlichen Hilfstabellen zu berechnen. Sein Schwager BENJAMIN BRAMER (1588—1650?), der in der Zeit von 1603—1611 im Hause BÜRGI's weilte, um von ihm in die Wissenschaften eingeführt zu werden, erzählt, daß während seines Aufenthaltes die Tafeln berechnet wurden.[589] Das bezeugt auch

in Geometricis diuisione; 3. Multiplicatio simplex (id est, numeri in numerum) quae fit in Arithmeticis, respondet multiplicationi in se quae fit in geometricis . . .; 4. Diuisio in Arithmeticis progressionibus, respondet extractionibus radicum in progressionibus Geometricis. Vt dimidiatio in Arithmeticis respondet extractioni quadratae in Geometricis . . ." — 588 Frankf. a. M. 1565 (Vorwort 1552, Beginn des Druckes 1557); vgl. S. 15ᵃ. — 589 Benjamin Bramer's Beschreibung Eines sehr leichten Perspektiv- und grundreissenden Instrumentes auff einem

KEPLER (1571—1630; Graz, Prag, Linz), der mit BÜRGI in freundschaftlichem Verkehr stand; wir erfahren von ihm in der Einleitung zu den Rudolphinischen Tafeln, daß BÜRGI bereits viele Jahre vor der Veröffentlichung NEPER's zur Aufstellung logarithmischer Tabellen geschritten war. Tadelnd fügt er freilich hinzu, daß „der Erfinder aber in zu großer Bedächtigkeit und Zurückhaltung das Kind seines Geistes im Stich gelassen habe, statt es für die Öffentlichkeit zu erziehen.“ [590] — Erst 1620 (Prag) veröffentlichte BÜRGI seine Progreß-Tabuln.[591] Das verspätete Erscheinen entschuldigte er mit Arbeitsüberbürdung.[592] Nicht einmal die in dem Titel versprochene Erläuterung, wie man mit seinen Zahlen zu rechnen hätte, war beigegeben. Nur ein Exemplar hat man neuerdings gefunden (Danzig), dem eine solche Anweisung, ein Manuskript mit der Überschrift „Gründlicher Unterricht“, angebunden ist. BÜRGI ist der Verfasser dieser Schrift; man vermutet, daß es das Handexemplar BRAMER's gewesen sei.[593]

Durch sein uns unverständliches Zögern brachte BÜRGI sich um den Ruhm der ersten Veröffentlichung. Ein englischer Mathematiker, fast gleichaltrig mit BÜRGI, hatte inzwischen, durch ähnliche Quellen angeregt,[594] das gleiche Problem in Angriff genommen. JOHN NEPER (1550 bis 1617, Baron von Merchiston), wie er hieß, konnte unter günstigeren äußeren Verhältnissen sein Werk glücklicher zu Ende führen. 1614 erschien in Edinburgh seine *Mirifici logarithmorum canonis descriptio.* In dieser ließ NEPER einer eingehenden Auseinandersetzung seiner Zahlen und ihrer Anwendung die Zusammenstellung der von ihm berechneten beiden Reihen in übersichtlicher Ordnung folgen.

Stande u. s. w., Cassel 1630, S. 5: „Auff diesem Fundament hat mein lieber Schwager und Präceptor Jobst Burgi vor zwantzig vnd mehr Jahren eine schöne progreß-tabul mit ihren Differentzen von 10 zu 10 in 9 Ziffern calculiert auch zu Prag ohne bericht in Anno 1620 drucken lassen. Vnd ist also die Invention der Logarithmen nicht deß Neperi, sondern von gedachtem Burgi (wie solches vielen wissend vnd ihm auch Herr Keplerus zeugniß giebt) lange zuvor erfunden.“ nach GIESWALD, S. 14 (Anm. 593). — [590] KEPLER's Gesammelte Werke, ed. FRISCH, Frankfurt 1861—71, Bd. II, S. 834, Bd. VII, S. 298: „... *qui etiam apices logistici Justo Byrgio multis annis ante editionem Neperianam viam praeiverant ad hos ipsissimos logarithmos. Etsi homo cunctator et secretorum suorum custos foetum in partu destituit, non ad usus publicos educavit.*“ — [591] Titel: Arithmetische und geometrische Progreß-Tabuln sambt gründtlichen vnterricht, wie solche nützlich in allerley Rechnungen zu gebrauchen vnd verstanden werden sol. — [592] GRUNERT's Archiv, Bd. 27, S. 320: „Obwol ich mit dießen Tabulen vor ettlichen Jahren bin vmbgang so hat doch mein Beruff von der Edition derselben enthalten.“ — [593] Veröffentlicht durch GIESWALD, *Justus Byrg als Mathematiker und dessen Einleitung in die Logarithmen,* Danzig 1856, abgedruckt in GRUNERT's Archiv, Bd. 27 (1856). — [594] Wahrscheinlich kannte NEPER *die Arithmetica integra* STIFELS, vgl. CANTOR, II^b, S. 703.

Der Ausgangspunkt ist bei Bürgi und Neper derselbe, die Methode zur Erreichung des Zieles eine durchaus verschiedene. Beiden ist der Begriff der Basis eines Logarithmensystems gänzlich fremd. Sie beabsichtigen nur zwei Reihen, eine arithmetische und eine geometrische, gliedweis zugeordnet, herzustellen, mit denen sie die von Stifel und Jacob angedeuteten Rechenerleichterungen ausführen wollen.

Bürgi[595] nannte die Glieder der arithmetischen Reihe *rote Zahlen* und ließ sie dementsprechend auch in dieser Farbe drucken. Sie stellen die mit 10 multiplizierte Reihe der natürlichen Zahlen dar und können in moderner Formelsprache durch

$$x_n = 10 \cdot n \qquad (n = 1, 2, 3 \ldots)$$

ausgedrückt werden. Die Glieder der geometrischen Reihe y_n, die *schwarzen Zahlen*, berechnet er, indem er immer zu dem vorhergehenden Glied y_{n-1} den zehntausendsten Teil desselben addiert, also

$$y_n = y_{n-1} + \frac{y_{n-1}}{10^4} = y_{n-1}\left(1 + \frac{1}{10^4}\right)$$

bildet. Wir haben es demnach mit der Reihe

$$\begin{aligned} y_2 &= y_1 \cdot \left(1 + \frac{1}{10^4}\right) \\ y_3 &= y_2 \cdot \left(1 + \frac{1}{10^4}\right) \\ &\vdots \\ y_{n-1} &= y_{n-2}\left(1 + \frac{1}{10^4}\right) \\ y_n &= y_{n-1}\left(1 + \frac{1}{10^4}\right) \end{aligned}$$

zu thun, aus der sich durch Multiplikation

$$y_n = y_1 \left(1 + \frac{1}{10^4}\right)^n$$

ergiebt. y_1 wird gleich 10^8 angenommen. Mithin ist

$$y_n = 10^8 \left(1 + \frac{1}{10^4}\right)^n;$$

dieser Ausdruck liefert thatsächlich eine geometrische Reihe, deren Glieder einzeln den x_n zugeordnet werden können.

595 Vgl. Gieswald (Anm. 593); Cantor, II[b], S. 725 ff.; R. Wolf, *Handbuch der Astronomie, ihre Geschichte und Litteratur,* Zürich 1890—1893, Bd. I, Nr. 22, S. 68 ff.; Kewitsch, Zeitschr. f. mathematischen und naturw. Unterricht, Bd. 27, S. 321 ff.

Die x_n sind nach heutigen Begriffen die Logarithmen, die y_n die Numeri. Während die modernen Tafeln für die Numeri die Reihe der ganzen Zahlen wählen, ließen BÜRGI's *Progreßtabuln* die Logarithmen gleichmäßig wachsen. In diesem Sinne hat man sie auch Antilogarithmentafel genannt. Die roten Zahlen bilden in BÜRGI's Anordnung, für die wir eine Probe hier anführen, die Randziffern einer Tafel mit doppeltem Eingang.

	28 000	*28 500*	*29 000*	*29 500*	*30 000*	... bis *31 500*
0	1823 11129	1329 74308	1336 40811	1342 10655	1349 83856	
10	 24362	 87605	 54175	 24086	 97355	
20	 37593	1330 00904	 67541	 37518	1350 10854	
30	 50826	 14204	 80907	 56952	 24355	
40	 64061	 27506	 94267	 64387	 37858	
50	 27295	 40809	1337 07645	 77824	 51362	
⋮						

Anm. Die roten Ziffern sind schräg gedruckt.

Mittels eines Interpolationsverfahrens kann für jede Zahl, die zwischen zwei benachbarten schwarzen Zahlen liegt, die zugehörige rote Zahl aus den Randziffern bestimmt werden. Mit dieser wird die um zwei Grad niedrigere Rechenoperation vorgenommen. Für das Resultat, das wieder unter den roten Zahlen aufzusuchen ist, wird die entsprechende schwarze Zahl bestimmt. —

Betrachten wir nunmehr die NEPER'schen Tafeln, so ergeben sich zwei fundamentale Unterschiede. Erstens läßt NEPER die geometrische Reihe in der entgegengesetzten Richtung der arithmetischen sich ändern. Er setzt, wie wir uns heute ausdrücken würden:

$$x_n = n$$
$$y_n = 10^7 \cdot \left(1 - \frac{1}{10^7}\right)^n .$$

Sehr glücklich gewählt ist zur Erläuterung des Verhältnisses der x und y das Bild des „Fließens“ zweier Punkte. Durchfließt ein solcher die Reihe der x, so findet gleichzeitig ein Bewegen eines anderen Punktes durch die Reihe der y statt, doch in entgegengesetztem Sinne. Während aber der x-Punkt in gleichen Zeiten gleiche Strecken durchläuft, nehmen die entsprechenden Wegabschnitte des y-Punktes proportional ab. Die zweite Abweichung von BÜRGI's Tafeln besteht darin, daß NEPER für die n nicht die Reihe der natürlichen Zahlen, sondern die Sinuswerte der Winkel $\alpha = 0^0$ bis $\alpha = 90^0$

wählt. Er giebt so seiner Tafel den Charakter einer logarithmisch-trigonometrischen Tabelle, die freilich auch als numerisch-logarithmische benutzt werden kann, wenn auch im allgemeinen nur mit Hinzuziehung reintrigonometrischer Tafeln. Wir lassen aus Neper's Tafel ebenfalls eine Probe folgen:

Gr. 30 Min.	Sinus	30 Logarithmi	Differentia	Logarithmi	Sinus	
0	5000000	6931469	5493059	1438410	8660254	60
1	5002519	6926432	5486342	1440090	8658799	59
2	5005038	6921399	5479628	1441771	8657344	58
⋮			⋮			⋮
29						31
30	5075384	6781827	5292525	1489302	8616292	30
				59		

Die beiden äußersten Spalten enthalten die Minuten, die nächst inneren die zugehörigen Sinus- und Cosinuswerte, so daß z. B. $\sin 30^0 2' = 5005038$ und $\cos 30^0 2' = 8657344$ abgelesen werden können. Die mit *Logarithmi* überschriebenen Kolonnen liefern nun die entsprechenden Werte $\log \sin 30^0 2' = 6921399$ und $\log \cos 30^0 2' = 1441771$. Die *Differentia* 5479628 ist gleichwertig mit dem $\log \operatorname{tg} 30^0 2'$. Die unten rechts angebrachte Gradbezeichnung, hier 59^0, und die rechte Minutenangabe ist für die Winkel über 45^0 bestimmt.

Wie die Berechnung seiner Logarithmen vorzunehmen war, setzte Neper in einer anderen, vor 1614 verfaßten Schrift, *Constructio,*[646] auseinander, die aber erst 1619, nach seinem Tode, veröffentlicht wurde.

Neper hatte seine geometrische Reihe mit voller Absicht in der geschilderten Weise gewählt. Da sie besonders bei trigonometrischen Rechnungen Erleichterung schaffen sollte, so war es wertvoll, daß der Logarithmus des *Sinus totus* ($\sin 90^0 = r$; siehe S. 163 f. und 203—205), mit dem sehr häufig zu multiplizieren und dividieren war, gleich Null gesetzt werden konnte, da dann die logarithmische Addition bezw. Subtraktion erspart blieb. Ferner erreichte Neper durch seine Wahl, daß seine Logarithmen für $\sin 0^0$ bis $\sin 90^0$ positive Zahlen waren, während sie in der modernen Anordnung bekanntlich negativ sind.

Sucht man nachträglich bei den Bürgi'schen und Neper'schen Logarithmen den Wert der zu Grunde liegenden Basis, eines erst später entwickelten Begriffes, zu ermitteln, so ergiebt sich eine gewisse Annäherung an die sogenannten *natürlichen* Logarithmen, deren Basis $e = \left(1 + \frac{1}{m}\right)^m$, $m = \infty$, ist. Vergleicht man die Bürgi'schen Formeln mit denen der natürlichen Logarithmen

$$x' = n$$

$$y' = e^n = \left(1 + \frac{1}{m}\right)^{mn}, \quad m = \infty,$$

so erkennt man, daß bei Bürgi m gleich 10^4, also nicht unendlich groß ist. Die Basis seiner Zahlen ergiebt sich auch nur zu 2,71814593, während $e = 2{,}718281828..$ ist. Neper, der dem n in dem y das entgegengesetzte Zeichen verleiht, also für $m = 10^7$ den Vergleich mit $\left(1 - \frac{1}{m}\right)^{mn}$ möglich macht, da

$$\left(1 + \frac{1}{m}\right)^{-mn} = \left(1 - \frac{1}{m}\right)^{mn}, \quad m = \infty$$

ist, würde eine Basis haben, die sich wenig von $\frac{1}{e}$ unterscheidet. Die natürlichen Logarithmen als Neper'sche Logarithmen zu bezeichnen, wie das heute regelmäßig geschieht, ist durchaus falsch; eher wäre für sie der Name Bürgi'sche Logarithmen noch zu verteidigen, da zwischen ihnen wenigstens bis auf drei Dezimalstellen Übereinstimmung stattfindet. Aber auch das ist nicht völlig richtig, da zu den natürlichen Logarithmen Unendlichkeitsbetrachtungen gehören, die sowohl Bürgi als auch Neper durchaus fremd waren.

Der Nachteil mangelhafter Veröffentlichung traf Neper's Logarithmen nicht; im Gegenteil, sie wurden mit großen Anpreisungen auf den Büchermarkt gebracht und waren bald in den Händen der bedeutenderen Mathematiker der damaligen Zeit. Benjamin Ursinus (1587—1633; Berlin, Frankfurt a. O.) sorgte für ihre Verbreitung in Deutschland. In Erkenntnis ihrer außerordentlichen Wichtigkeit druckte er sie zunächst in seinem *Cursus Mathematicus* von 1618 ab, dann aber machte er sich selbst an die Arbeit und berechnete sie von neuem. Gab Neper nur 8 Stellen, so fügte Ursinus eine neunte hinzu. Bei einigen Hauptwerten, wie log sin 30°, 45°, 18° u. s. w., trieb er die Genauigkeit sogar bis zur fünfzehnten Dezimalen. Auch verkleinerte er die Intervalle, die bei Neper von

Minute zu Minute stiegen, bis zu Abständen von 10 Sekunden. Veröffentlicht wurden die neuen Tafeln in einem umfangreichen trigonometrischen Werke, dem *Magnus Canon triangulorum* (1625).[595a]

Auch KEPLER (1571—1630) widmete dem neuen Rechenmittel eingehende Beachtung. Wir wissen, daß er BÜRGI's Rechnungen mit Aufmerksamkeit verfolgte und dessen Bedächtigkeit in der Veröffentlichung seiner Resultate scharf tadelte (vgl. S. 146). Vielleicht entrüstet, daß BÜRGI trotz seines Zuredens sich nicht zu energischen Schritten entschlossen hatte, wandte KEPLER sich, als NEPER's Schrift in seine Hände kam, von ihm ab und den neuen Tafeln zu. Er nahm aber nicht ohne weiteres NEPER's Zahlen an, sondern bearbeitete das ihn außerordentlich anregende Problem nach selbstständigen Ideen. NEPER's Berechnungsmethode war in der *Descriptio* von 1614 nicht mitgeteilt; KEPLER erfand sich ein eigenes Verfahren für die Glieder der geometrischen Reihe. Da er dasselbe Anfangs- und Endglied annahm, das er bei NEPER benutzt sah, so stimmen die erhaltenen Logarithmen mit den NEPER'schen — bis auf die letzte Dezimalstelle — überein. In der Anordnung der Tafeln zog er es

Arcus Circuli cum differentiis	Sinus seu Numeri absoluti	Partes vicesimae quartae	Logarithmi cum differentiis	Partes sexagenariae
29. 56. 2	49900.00	11. 58. 54	69514.92	29. 56
3. 58			200.20	
30. 0. 0	50000.00	12. 0. 0	69314.72	30. 0
3. 58			199.80	
30. 3. 58	50100.00	12. 1. 26	69114.92	30. 4
3. 59			199.40	
30. 7. 57	50200.00	12. 2. 53	68915.52—	30. 7
3. 58			199.01	

NB. Spalte 5 giebt die reinen Sinuswerte in Sexagesimalteilung, also sin 90° = 60 Einheiten; Spalte 3 nimmt sin 90° = 24 Haupteinheiten an.

vor, die Sinuswerte in arithmethischer Reihe zunehmen zu lassen, so daß er zugleich eine numerisch-logarithmische Tabelle besaß. Den Druck ließ der Landgraf PHILIPP von Hessen vornehmen, dem KEPLER die Arbeit gewidmet hatte.[596] Der ersten Veröffentlichung war eine Beschreibung, wie die Logarithmen berechnet worden

[595a] *Magnus Canon triangulorum,* Coloniae 1625 (Vorrede 1624). — [596] JOANNIS KEPLERI, *Chilias Logarithmorum ad todidem numeros rotundos*, Marpurgi 1624.

waren, vorausgeschickt. Spätere Ergänzungen[597] lehrten, wie mit ihnen zu rechnen sei.

Eine weitere Umordnung erfuhren die NEPER'schen Logarithmen in den Tafeln, die PETER CRÜGER (1580—1639, Danzig) 1634 zusammenstellte.[598] Er trennte einen numerisch-logarithmischen Teil von dem trigonometrisch-logarithmischen Teil ab; in diesem gab er die NEPER-KEPLER'schen Zahlen auf fünf, in jenem auf sechs Stellen. Für die erste verwendete er eine Anordnung mit doppeltem Eingang, die Intervalle der letzten stiegen von 1′ zu 1′. CRÜGER begründete das Erscheinen seines Werkes ausdrücklich damit, daß Tafeln seiner Art bei astronomischen Rechnungen unentbehrlich wären, seitdem KEPLER die NEPER'schen Logarithmen in den Rudolphinischen Tafeln (1627) ausschließlich benutzt hätte. Es lag alle Veranlassung für CRÜGER vor, eine solche Entschuldigung seinem Werke vorauszuschicken. Dasselbe Schicksal, das die BÜRGI'schen Zahlen gehabt hatten, war inzwischen nämlich auch den NEPER'schen zu teil geworden: man war über sie zur Tagesordnung übergegangen. Gerechnet wurde mit ihnen nur noch in seltenen Fällen, von denen CRÜGER den einen aufführt. Die BRIGGS'schen Logarithmen hatten durch ihre bessere Verwendbarkeit alle älteren Tafeln verdrängt.

1614 war NEPER's *Descriptio* gedruckt worden. In den darauf folgenden Jahren hatte sich HENRY BRIGGS (1556—1630; London, Oxford) mit NEPER in Verbindung gesetzt und ihm Vorschläge über technische Verbesserungen in den Tafeln unterbreitet. So empfahl er, die Zuordnung der arithmetischen und geometrischen Reihe in ihren Gliedern zu ändern; er wollte log 10 gleich -1 gesetzt haben. NEPER, der seine Wahl nur zu besonderen technischen Zwecken getroffen hatte (vgl. S. 149 unten), verschloß sich den vorgebrachten Gründen nicht, er hielt sogar die Wahl von $\log 10 = +1$ für noch besser. Diese Gedanken sind von NEPER in einem Anhang, der am Schlusse der *Constructio* (1619) vom Herausgeber beigefügt ist, auseinandergesetzt. Für die Berechnung der dekadischen Logarithmen werden an derselben Stelle auch neue Methoden entwickelt, die ebenfalls in der Zusammenarbeit mit BRIGGS entstanden sein dürften. Zur Ausführung der neuen Idee kam NEPER nicht mehr, er starb 1617. Aber BRIGGS hatte sich mit Feuereifer an die Arbeit gemacht und konnte schon im Todesjahr NEPER's das erste Tausend seiner Logarithmen (8 Dezimalstellen) veröffentlichen.[599] 1624 folgte die *Arithmetica logarithmica* mit 14stelligen

597 *Supplementum chiliadis logarithmorum, continens praecepta de eorum usu*, Marpurgi 1625. — 598 *Praxis Trigonometriae logarithmicae*, Amstelodami 1634. — 599 *Logarithmorum Chilias prima*, Londini 1617.

Logarithmen aller Zahlen von 1 bis 20 000 und 90 000 bis 100 000. Briggs Tafeln enthielten in beifolgender Anordnung nur die Numeri in der Folge der natürlichen Zahlen und daneben die Logarithmen mit

Numeri absoluti	Logarithmi	Numeri absoluti	Logarithmi	. . .
16501	4,21751,02642,9403	16534		
	2,63184,8511	.	.	
16502	4,21753,65827,7914			. . .
	2,63168,9029	.	.	
16503	4,21756,28996,6943			
	2,63152,9567	.	.	
.	.	.	.	
.	.	.	.	. .
.	.	.	.	

zwischengestellten Differenzen, gehen also auf trigonometrische Anwendung gar nicht ein. In seinem Nachlasse fand sich ein fast fertiges Manuskript, das die fehlenden logarithmisch-trigonometrischen Werte auf 10 Stellen enthielt. Bemerkenswert ist die hierin eingeschlagene Neuerung, einen Winkelgrad nicht in 60 Minuten, sondern in 100 Unterabteilungen (*centesimae*) zu zerlegen. Im Druck erschienen diese Tafeln erst 1633,[600] leider zu spät, um die Mathematiker zum Übergang zur Centesimalteilung zu zwingen, was vielleicht eingetreten wäre, wenn Briggs' Tafel allein das vorhandene dringende Bedürfnis nach logarithmisch-trigonometrischen Tabellen zu befriedigen gehabt hätte; 1620 waren durch Edmund Gunter (1581—1626, London) siebenstellige Tafeln der gewünschten Art erschienen, die das Rechnen nach der alten Winkeleinteilung ermöglichten. In den numerisch-logarithmischen Tafeln Briggs' war noch eine Lücke zwischen den Numeri 20 000 und 90 000 auszufüllen. Dies geschah, unabhängig von Neper und Briggs, durch einen holländischen Mathematiker Adriaen Vlacq (um 1600 Gouda — 1667 Haag) in einem Werke, das als zweite Auflage (1628) der *Arithmetica logarithmica* bezeichnet wurde.[601] Die Briggs'schen Zahlen hat Vlacq um 4 Stellen gekürzt, die fehlenden Werte berechnete er auf gleiche Länge (10 Stellen). Angehängt waren trigonometrische Tabellen, die ebenfalls neu ausgerechnet waren, mit den Logarithmen der damals üblichen 6 Funktionen Sinus, Cosinus, Tangens, Cotangens, Secans, Cosecans.

600 *Trigonometria Britannica*, Goudae 1633; herausgegeben von Henry Gellibrand. — 601 H. Briggs, *Arithmetica logarithmica. Una cum canone triangulorum* etc., ed. H. Vlacq, Goudae 1628.

Teil I:

Chilias 50			Chilias 51			Chilias 51		
Num.	Logarithmi	Diff.	Num.	Logarithmi	Diff.	Num.	Logarithmi	Diff.
49951	4,69854,41871	86943	50001	4,69897,86901	86857	50051	4,69941,27589	86770
49952	4,69855,28814	86941	50002	4,69898,73758	86854	50052	4,69942,14359	86768
49953	4,69856,15755		50003	4,69899,60612		50053	4,69943,01127	

Teil II:

30	SINUS	Sin. compl.	TANG.	Tang. compl.	SECAN.	Sec. compl.	
0	9,69897,80043 21,87385	9,93753,06317 7,29619	9,76143,93726 29,17004	10,23856,06274 29,17004	10,06246,93683 7,29619	10,30102,99957 21,87385	60
1	9,69918,87428 21,85916	9,93745,76698 7,30108	9,76173,10730 29,16024	10,23826,89270 29,16024	10,06254,23302 7,30108	10,30081,12572 21,85916	59

Da dies Werk VLACQ's dadurch von besonderer Wichtigkeit ist, daß es fast allen späteren größeren Tafeln zu Grunde liegt, sei eine Probe seiner Anordnung mitgeteilt (siehe S. 154).

VLACQ war an der Verlagsfirma in Gouda, bei der sein Werk erschien, beteiligt. So unermüdlich, wie er im Rechnen war, so gewandt und rührig war er auch als Verleger und Buchhändler. Durch ihn erschienen 1633 auch die im Nachlasse BRIGGS' gefundenen Tafeln,[600] zu denen HENRY GELLIBRAND eine Einleitung schrieb und noch in demselben Jahr eine weitere, von VLACQ selbst zusammengestellte Tafel, *Trigonometria artificialis*, die die Logarithmen der Sinus, Cosinus, Tangens, Cotangens in Intervallen von 10″ zu 10″ enthielt. Sicherlich ist gerade durch VLACQ's Thätigkeit die Verbreitung der BRIGGS'schen Logarithmen so schnell vor sich gegangen, daß andere Arten von Tafeln bald der Vergessenheit anheimfielen.

B. Die Technik der logarithmischen Tafeln.

Wir haben im vorstehenden die ältesten Logarithmentafeln kennen gelernt. Zu erwähnen wären höchstens noch Tafeln, die die Berechnungen BRIGGS' und GUNTER's nachdruckten, wie die *Arithmétique Logarithmétique* (Paris 1625) von WINGATE, die *Nieuwe Telkonst* (Gouda 1626) von DE DECKER und der *Traicté* (Paris 1626) von HENRION, oder solche, die die ersten Abdrucke der großen VLACQ'schen Tafel von 1628 darstellen; dazu gehören die Tafeln von FAULHABER und NORWOOD aus dem Jahre 1631.[602]

Von 1633 ab bis auf die Neuzeit entstand eine so außerordentlich große Anzahl von Tafeln,[603] daß ihre Besprechung nur im Zusammenhang und nur nach einigen allgemeinen Gesichtspunkten erfolgen kann.

Die reinlogarithmischen Tafeln dieser großen Zeitperiode gehen fast alle auf das große VLACQ'sche Werk zurück. Wir werden später sehen, daß man nach und nach verschiedene andere und erheblich bessere Methoden für die Berechnung von Logarithmen auffand, als sie VLACQ und seine Zeitgenossen besaßen. Nach diesen Methoden fanden mehrfach Nachrechnungen statt, durch die die alten Werte verbessert wurden. In den ersten sieben Stellen hat VLACQ (nach

[602] Vgl. GLAISHER, *Report on mathematical Tables* in *Report of the forty-third Meeting of the British Association for the advancement of science*, London 1874, S. 53. — [603] D. BIERENS DE HAAN zählt 1875 nicht weniger als 553 Tafeln auf. Vgl. *Math. Encyklop.*, Leipzig 1901, I, S. 987, Anm. 228.

Glaisher)[604] 171 Fehler, und zwar 123 zwischen 10 000 und 100 000 (im ganzen über 600). Von diesen findet man noch 98 bei Newton,[605] 19 bei Gardiner (1742),[606] 5 bei Vega (1783),[607] 2 bei Callet (1853),[608] 2 bei Sang (1871).[609] Fehlerfrei sind Bremicker (1857),[610] Schrön (1860),[611] Callet (1862)[608] und Bruhns (1870).[612]

Lehrreich ist eine Übersicht über die Tafeln Briggs'scher Logarithmen nach ihrer Stellenzahl. Die Vlacq'schen Tafeln waren auf 10 Dezimalen berechnet. Eine Fortführung der Genauigkeit wurde erst später, als schnellere Verfahren zur Verfügung standen, vorgenommen, jedoch fast immer nur für eine beschränkte Gruppe von Zahlen. Die höchsten Stellenanzahlen erreichten Adams (1878)[613] mit 260 Stellen bei natürlichen Logarithmen und Parkhurst (1871) mit 102 Stellen bei Briggs'schen Logarithmen.[614] Abraham Sharp berechnete 1717 die gemeinen Logarithmen der Zahlen von 1 bis 100, der Primzahlen zwischen 100 und 1097 und der Zahlen von 999 980 bis 1 000 020 auf 61 Stellen.[615] Wolfram's 48stellige Werte, die in der Tafel von Joh. C. Schulze (1778)[616] zum erstenmal veröffentlicht wurden (dann Vega 1794,[617] Callet 1795[608]), beziehen sich wieder auf natürliche Logarithmen und zwar für die Zahlen 1 bis 2200, dann für die Primzahlen bis 10 009. Zwanzigstellige Tafeln sind zwei erschienen[618] (zuerst: Gardiner 1742[619]), fünfzehnstellige nur eine (Douglas 1809). Vierzehnstellig waren jene ältesten Tafeln Briggs' (siehe S. 153). Elfstellige Mantissen enthält das von Borda neu berechnete, in Gemeinschaft mit Delambre herausgegebene Tabellenwerk von 1800;[638] im ganzen giebt es 5 Tafeln dieser Art. Von zehnstelligen Tabellen

604 Lond. Roy. Astr. Soc. Monthly Notices 32 (1872), S. 255 nach *Math. Encykl.* I, S. 987, Anm. 230; vgl. auch *Fortschritte d. Mathematik* v. 1873, S. 44. — 605 *Trigonometria Britannica*, London 1658. — 606 *Tables of Logarithms*, London 1742. — 607 *Logarithmische, trigonometrische und andere zum Gebrauche der Mathematik eingerichtete Tafeln und Formeln*, Wien 1783. — 608 *Tables portatives de logarithmes*, erste Auflage Paris 1795. — 609 *A new table of sever-place logarithms*, London and Edinburgh 1871. — 610 Neuausgabe der Vega'schen Tafeln (Anm. 607). — 611 *Siebenstellige gemeine Logarithmen*, Braunschweig 1860. — 612 *Neues logarithmisch-trigonometrisches Handbuch auf sieben Dezimalen*, Leipzig 1870. — 613 Lond. Roy. Soc. Proc. 27 (1878), S. 88 (nach *Math. Encyklop.* I, S. 997), natürliche Logarithmen der Zahlen 2, 3, 5, 7, 10 auf 272 Stellen, Modul *M* auf 282 Stellen, davon 260 Stellen als sicher bezeichnet. — 614 Gemeine Logarithmen der Zahlen von 1 bis 109 in den *Astronomical tables*, New-York 1871 (*Math. Encyklop.* I, S. 997). — 615 Zuerst veröffentlicht in *„Geometry improved“...*, London 1717; später wiederholt abgedruckt, so von Sherwin 1741, Hutton 1785. — 616 *Neue und erweiterte Sammlung logarithmischer ... Tafeln*, Berlin 1778. — 617 *Thesaurus logarithmorum*, Leipzig 1794. — 618 Diese und die folgenden Angaben nach Glaisher, *Report on mathematical Tables* (Anm. 602). — 619 *Tables of Logarithms*, London 1742.

sind die von DE DECKER 1626, HENRION 1626, VLACQ 1628 bereits genannt; man zählt ihrer acht, von achtstelligen sogar nur drei (zuerst: NEWTON 1658[620]). Die Zahl 7 ist für die Stellenanzahl am häufigsten gewählt worden; die ersten sind FAULHABER 1631, NORWOOD 1631, ROE 1633, OUGHTRED 1657. Bis 1873 sind es etwa 40. Eine weitere Verkürzung der Dezimalbrüche erfolgte erst in jüngerer Zeit, als man weniger Wert auf Ziffernluxus als auf das richtige Verhältnis der Stellenanzahl zur erreichbaren Genauigkeit zu legen anfing. Eine sechsstellige Tafel erschien 1784 durch DUNN;[621] ihr folgten etwa 30 weitere. Fünfstellige Tabellen kamen um dieselbe Zeit auf; die älteste scheint die englische Tafel von BATES (1781)[622] zu sein. Diese Art Tafeln ist, wie GAUSS hervorhebt,[623] „bei denjenigen, die viel mit Zahlenrechnungen zu verkehren haben, besonders bei den Astronomen, sehr beliebt, weil in der That die Fälle, wo sie ausreichen, häufig, ja die häufigsten sind, und durch ein bequemes Format und eine mäßige Größe die Arbeit sehr erleichtert wird." Trotz dieses Vorzugs blieb es doch erst dem Ausgange des neunzehnten Jahrhunderts vorbehalten, in den Schulen die bisher gebräuchlichen siebenstelligen durch die fünfstelligen zu ersetzen. Die Gesamtanzahl der erschienenen beläuft sich auf etwa 30. In neuester Zeit fangen vierstellige Logarithmen an, den eben genannten das Gebiet streitig zu machen. Das erste Mal wurde eine solche durch den Astronomen ENCKE[624] zusammengestellt. Hauptvertreter für sie ist J. H. T. MÜLLER (1844),[625] der auch eine kleine Tafel für dreistellige Logarithmen gegeben hat. In der Gegenwart ist die Zahl der vierstelligen, die 1873 etwa 6 betrug, stark gewachsen. Dreistellige Tafeln sind immer nur im Zusammenhang mit größeren Tafeln veröffentlicht worden; so bei SCHRÖN (1838),[626] HOÜEL (1858)[627] u. a. Die gegenwärtig in technischen Kreisen sehr verbreiteten Logarithmenschieber in Linealform sind ein sehr praktischer Ersatz für zweistellige Tafeln.

In der Genauigkeit der letzten Ziffer des angegebenen Dezimalbruches ist man mit der Zeit immer anspruchsvoller geworden. Anfangs galt ein Fehler von einigen Einheiten in der letzten Dezimalstelle für nicht schwerwiegend. GAUSS sprach sich

620 *Trigonometria Britannica,* London 1658; vgl. GLAISHER S. 118 (Anm. 602). — 621 *Tables of correct and concise logarithms,* London 1784. — 622 *Logarithmic tables,* Dublin 1781. — 623 GAUSS, Werke, III, S. 247. — 624 *Logarithmen von 4 Dezimalstellen,* Berlin 1828. — 625 *Vierstellige Logarithmen . . .,* Halle 1844. — 626 *Tafeln der drei- und fünfstelligen Logarithmen,* Jena 1838. — 627 *Tables de logarithmes à cinq décim.,* Paris 1858.

für die strenge Innehaltung des Grundsatzes aus, „daß die Tabulargröße dem wahren Wert allemal so nahe kommen soll, als bei der gewählten Anzahl von Dezimalstellen möglich ist und daß folglich die Abweichung nicht mehr als eine halbe Einheit der letzten Dezimale betragen darf.“[627a] Dieses Prinzip ist in den neuesten Tafeln auf das peinlichste durchgeführt worden. Ja einzelne Verfasser verfahren so gewissenhaft, daß sie durch irgend eine Art Merkzeichen (Strich, Punkt, andere Art Druck u. s. w.) an der letzten Ziffer andeuten, ob Erhöhung vorliegt oder nicht. Übrigens ist hierin KEPLER in seiner Tafel von 1624 mit bestem Beispiel vorangegangen, indem er seinem Logarithmus ein + oder − rechts beifügte, wenn dieser um 0,25 bis 0,50 Einheiten der letzten Stelle zu klein bezw. zu groß ist (vgl. S. 151).

BÜRGI (1620) und NEPER (1614) sahen in ihren Logarithmen ganze Zahlen; daher tritt in ihren Tafeln kein Dezimalkomma auf. Bei BRIGGS (1617, 1624) hingegen, der $\log 1 = 0$ und $\log 10 = 1$ setzte, haben wir es mit echten Dezimalbrüchen zu thun, und darum sehen wir auch sofort die Charakteristik durch ein Komma abgetrennt; der Übersicht wegen, die bei 14 Dezimalen erschwert ist, wird nach je 5 Stellen das Komma wiederholt (vgl. S. 153). Die meisten Tafeln, so VLACQ 1628,[601] GELLIBRAND 1633,[600] folgen dieser Verwendung des Kommas; zuweilen, in der Neuzeit ausschließlich, wird es durch einen Punkt ersetzt. Sehr selten ist es, daß gar keine Abtrennung der Charakteristik von der Mantisse eintritt (WINGATE 1628).[628] In den neueren Tafeln wird bekanntlich in dem Hauptteil der rein logarithmischen Tabellen die Charakteristik überhaupt nicht mehr mitgedruckt, da sie aus dem Numerus nach einfachsten Regeln sofort abgelesen werden kann. In den älteren Werken wird sie stets getreulich mit aufgeführt. Die so nahe liegende Neuerung ist erst in SHERWIN's Tafeln von 1705[629] eingeführt worden.

Wichtig für leichte Handhabung der numerisch-logarithmischen Tabellen ist die Anordnung in Form einer Tafel doppelten Einganges. BÜRGI hatte den hierin liegenden Vorteil sofort erkannt und setzte in die oberste Horizontalreihe die Zahlen 0, 500, 1000, 1500 ..., in die linke Randspalte die zugehörigen Zahlen 10, 20, 30 ... 100, 110 ... 490 (vgl. S. 148). Leider blieb seine verdienstvolle Erfindung, wie wir gesehen haben, ohne Einfluß auf die Weiterentwicklung. NEPER's Tafeln waren trigonometrisch-logarithmische; ihre Anordnung zeigt das Beispiel S. 149. BRIGGS ver-

627a GAUSS, Werke, III, S. 258. — 628 *Arithmétique logarithmique,* Goude 1628. — 629 *Mathematical Tables,* London 1705.

teilte Numeri und Logarithmen in zwei senkrechten Parallelspalten (vgl. S. 153), von denen die linke die Numeri in der natürlichen Zahlenfolge aufweist. Ähnlich verfährt KEPLER 1624 (vgl. S. 151), dessen Tafel ja auch als rein logarithmische aufgefaßt werden kann. Jedoch finden sich in den Rudolphinischen Tabellen KEPLER's (1627) mehrere logarithmische Spezialtafeln, die doppelten Eingang aufweisen;[630] es ist nicht ausgeschlossen, daß bei dieser verbesserten Tabularisierung der Einfluß BÜRGI's wirksam gewesen ist. KEPLER's Schwiegersohn, BARTSCH, gab 1630 eigene trigonometrisch-logarithmische Tafeln (in NEPER-KEPLER'schen Logarithmen) heraus;[631] in ihnen ist das Prinzip des doppelten Eingangs eine der wesentlichsten Neueinrichtungen. BARTSCH trennt die logarithmische Tafel der Sinusfunktion von der der Tangensfunktion. Die Seite trägt die Gradbezeichnung, der linke Rand die Minuten, der obere die Sekunden. Unter den rein logarithmischen Tafeln ist für BRIGGS'sche Logarithmen die von NATHANAËL ROE (1633),[632] für NEPER'sche die von CRÜGER (1634)[598] die erste, die nach dem neuen Prinzip zusammengestellt ist. Bei beiden befinden sich die Hunderter in der ersten Horizontalreihe, die zweizifferigen Zahlen 00, 01 bis 99 in der ersten linken Vertikalreihe. JOHN NEWTON (1658)[620] änderte dies noch insoweit ab, daß er die Einerziffern in die oberste Reihe, die übrigen Ziffern an den linken Rand brachte, also diejenige Anordnung traf, die bis auf den heutigen Tag mit sehr seltenen Ausnahmen, wie HOUËL 1858,[627] ALBRECHT 1884,[633] maßgebend geblieben ist.

Eine weitere praktische Einrichtung, die ganz besonders die Übersichtlichkeit erhöht, ist die, daß die sich wiederholenden Ziffern am Anfange der Mantisse nur einmal gedruckt und erst wiederholt werden, wenn eine Änderung in ihnen auftritt. Auch hierin scheint BÜRGI vorbildlich gewesen zu sein. Seine *Progresstabuln* zeigen solche Vordrucke (vgl. S. 148); die gleiche Einrichtung in den angeführten KEPLER'schen Tafeln[630] ist vielleicht dieser Anordnung nachgeahmt. Von KEPLER haben BARTSCH 1630[631] und CRÜGER 1634[598] dieselbe Übung übernommen. Selbständig ist wohl URSINUS 1624[595a] auf die gleiche Idee gekommen. — Der Hinweis durch einen Stern auf

630 KEPLER's Ges. Werke, ed. FRISCH, Bd. VII, Frankf. 1868, S. 434—435, *Canon Logarithmorum et Antilogarithmorum ad singula semicirculi scrupula* und *Particula Canonis Antilogarithmorum exactiorum, potissimum pro eclipsibus.* — 631 *Neperi Canon mirificus trigonometricus*, Sagani 1630. — 632 *Tabulae logarithmicae*, London 1633; vgl. GLAISHER, S. 124 (Anm. 602). — 633 *Logarithm. trigon. Tafeln mit fünf Dezimalstellen*, Berlin 1884; nach *Math. Encyklop.* I, S. 988, Anm. 240.

den nächstfolgenden Vordruck in dem Falle, daß innerhalb einer Horizontalreihe eine Änderung eintritt, ist zuerst in VEGA's Tafeln (1783)[607] anzutreffen.

Besondere Differenzenkolonnen hat weder BÜRGI noch NEPER, wenngleich sie natürlich Interpolationen in genau derselben Weise, wie wir heute, vornahmen. BRIGGS (1624) setzte die Differenzen unter die entsprechenden Logarithmen, ebenso KEPLER (1625). URSINUS (1624),[595a] dessen Tafeln NEPER-KEPLER'sche Logarithmen aufweisen, richtete zum erstenmal eigene Spalten für die Differenzen ein; für BRIGGS'sche Logarithmen geschah dies in VLACQ's Werk von 1628. Später kam man von der Einräumung besonderer Kolonnen wieder ab; SHERWIN (1705),[639] GARDINER (1742),[606] SCHULZE (1778)[616] führen nur dann die Differenzen an — und zwar rechts am Rand —, wenn eine Änderung eintritt. Bei SHERWIN ist als Neuerung die Hinzufügung von Proportionaltäfelchen zu finden. Durch Angabe dieser Täfelchen wird eine Differenzenkolonne ganz entbehrlich. Sind für alle in etwa zwei Gegenseiten auftretenden Differenzen Proportionaltäfelchen nebengedruckt, so kann man fast stets aus dem leicht ablesbaren Unterschied der letzten Mantissenziffer das richtige Täfelchen auffinden.

Die Mannigfaltigkeit der logarithmisch-trigonometrischen Tafeln ist eine viel umfangreichere, besonders da oft eine Verbindung mit rein trigonometrischen Tafeln eintritt. Auf die letzten einzugehen, können wir hier unterlassen, da sie in der Trigonometrie zu besprechen sein werden. Die älteste logarithmisch-trigonometrische Tafel ist die NEPER's (1614). Die in der linken Spalte unter *Logarithmi* stehenden Zahlen sind die Logarithmen der Sinus zu den links angegebenen Graden und Minuten (vgl. S. 149); die zweite mit *Logarithmi* überschriebene Spalte enthält den log cos α für dieselben Winkel. Demnach stellt die Kolumne mit der Überschrift *Differentia* den log tang α dar. Auf die Zusammenstellung dieser drei Funktionen beschränkten sich in Anlehnung an NEPER auch URSINUS (1624),[595a] WINGATE (1628)[628] und CRÜGER (1634).[598] Die genannten Tafeln reichen von 0° bis 45°; eine unten und rechts am Rande angegebene Winkelbezeichnung ermöglicht ein Ablesen bis 90°. Diese komplementäre Anordnung ist auch bei späteren Tafeln stets vorhanden; allein ausgenommen ist KEPLER's *Chilias Logarithmorum* von 1624,[596] die die log sin α von 0° bis 90° hintereinander aufzählt.

Den Höhepunkt vermeintlicher Vollständigkeit erreichten die Tafeln VLACQ's von 1628. Das Beispiel S. 154 zeigt uns gesonderte Spalten für log sin α, log cos α, log tg α, log ctg α, log sec α, log cosec α;

ihn ahmt 1631 Faulhaber nach und später 1705 Sherwin. Die Einsicht, daß die letzten beiden Spalten log sec α und log cosec α entbehrlich sind, brach sich aber bald Bahn und schon in Vlacq's *Trigonometria artificialis* von 1633 sind die Secansfunktionen weggelassen. Die meisten späteren Tafeln gehen über die vier Hauptfunktionen nicht mehr hinaus. Von manchen (Bartsch 1630, Martin 1740) ist die Anordnung getroffen, daß eine besondere Tafel der Sinus von 0^0 bis 90^0 durch komplementäre Winkelbezeichnung am entgegengesetzten Rand auch die Cosinus liefert und eine zweite Tafel ebenso die Tangenten und Cotangenten umfaßt; hierbei sind dann Tafeln doppelten Eingangs möglich (so in neuerer Zeit auch bei Prasse 1810[634]). Es hat den Anschein, als könnte man von den Logarithmen dieser vier Funktionen sin α, cos α, tg α, ctg α die letzte ebenso leicht aus den Tafeln ausschalten, wie man es mit sec α und cosec α, den reziproken Werten der Cosinus und Sinus, gethan hat. Bei genauerer Überlegung erkennt man indes, daß die Cotangensfunktion besser beizubehalten ist. Man braucht sich die Neper'schen Tafeln (S. 149), die die log ctg α nicht führen, nur anzusehen, um bei der Frage etwa nach log tg 60^0 schon in Verlegenheit zu geraten. Log sin α und log cos α gehen bei Komplementwinkeln ineinander über. Log tg α wäre erst dann entbehrlich, wenn er unmittelbar in sich selbst überginge. Dies tritt aber nur unter Veränderung des Vorzeichens ein, so daß die Tafel im oberen und unteren Rand ungleichmäßig anzuordnen wäre und dem Rechner eine neue Beobachtungsvorschrift auferlegen würde. Daher nehmen auch die Verfasser der neuesten Tafeln von einer Ausscheidung des log ctg α Abstand. Bis zum Ende des achtzehnten Jahrhunderts war in den vier nebeneinanderstehenden Vertikalspalten die Reihenfolge log sin α, log cos α, log tg α, log ctg α üblich; seit Lalande 1802[635] ordnet man symmetrischer log sin α, log tg α, log ctg α, log cos α.

In enger Verbindung mit der Stellenanzahl steht die Größe des zu wählenden Winkelintervalles. Auf diesen Zusammenhang ist von den Verfassern oft nicht die gebührende Rücksicht genommen worden. Die älteste Tafel, Neper 1614, schritt von 1′ zu 1′ vor; Ursinus (1624)[595a] verfeinerte sie, indem er die Logarithmen um eine Stelle vermehrte und von 10″ zu 10″ weiterging. Dasselbe Intervall weisen die zehnstelligen Tafeln Vlacq's von 1633 und die 14-stellige *Trigonometria*

634 *Logarithmische Tafeln für die Zahlen, Sinus und Tangenten,* Leipzig 1810. Vgl. auch die Besprechung in den Göttingischen gelehrten Anzeigen, 1811 Mai 25, durch Gauss; Werke III, S. 241—243. — 635 De La Lande, *Tables de logarithmes,* Paris, An X.

britannica[605] (BRIGGS-GELLIBRAND 1633) auf. Sehr selten ist die Wahl eines gleitenden Intervalles, wie es BARTSCH 1630[631] benutzt. Bei ihm werden die log sin α zwischen 0° und 30° von 10″ zu 10″, zwischen 30° und 47° von 15″ zu 15″, zwischen 48° und 68° von 20″ zu 20″, von 69° bis 81° zu je 30″ und schließlich nur in ganzen Minuten gegeben. — Die siebenstelligen Tafeln, deren Anzahl am größten ist, lassen sich nach dem Intervall in drei Gruppen ordnen, je nachdem dies 1′, 10″ oder 1″ beträgt. Die älteren Tafeln gehören der ersten Gruppe an; am weitesten verbreitet war die Tafel von SHERWIN 1705,[629] die GARDINER 1741 in der dritten Auflage erscheinen ließ. GARDINER hatte auch Neuberechnungen angestellt und gab 1742 ein eigenes Tafelwerk heraus,[619] mit dem die zweite Gruppe der Tafeln, die von 10″ zu 10″ steigt, eingeleitet wird. Die erste Tafel der dritten Gruppe ist von TAYLOR (1792)[636] zusammengestellt. Der durch eine solche Intervallverkleinerung bedingte große Umfang hat aber die neueren Herausgeber zu dem Intervall von zehn Sekunden (BREMIKER, Bearbeitung der VEGA'schen Tafel von 1783) zurückgehen lassen. Der Nachteil, daß die Proportionalteilchen nicht mehr im Kopfe ausgerechnet werden können, wird durch Hinzufügung zahlreicher Proportionaltäfelchen ausgeglichen. Dem Intervall von zehn Sekunden entspricht bei fünfstelligen Tafeln ein solches von einer Minute. In neuester Zeit (AUGUST, *Vollständige logarithmische und trigonometrische Tafeln*, 1876, elfte Aufl.) fügt man Proportionaltäfelchen für Zehntelminuten hinzu.

Auch dezimale Teilung des Grades ist mehrfach versucht worden. Erwähnt ist bereits die Tafel von BRIGGS-GELLIBRAND 1633[600] (vgl. S. 153); zu nennen wären noch ROE 1633, OUGHTRED 1657, JOH. NEWTON 1685.[620] Centesimale Teilung des Quadranten wurde am Ausgang des achtzehnten Jahrhunderts angestrebt, zuerst 1783 durch J. C. SCHULZE[636a] (gest. 1790 Berlin, Oberbaurat) auf Vorschlag von LAGRANGE; neu berechnete Tafeln wurden 1799 von HOBERT und IDELER[637] mit einem Intervall von Hundertel zu Hundertel Centesimalgrad und im Jahre 1801/2 von BORDA und DELAMBRE[638] mit einem zehnmal kleineren Intervall herausgegeben. Leider sind ihre Bestrebungen bis in die neueste Zeit noch wenig anerkannt.

636 *Tables of logarithms*, London 1792. — 636a *Taschenbuch* v. JOH. CARL SCHULZE, Heft II, Dreyeck-Meßkunst, Berlin 1783, S. 267 ff., nach R. MEHMCKE, *Bericht über die Winkelteilung*, Jahresbericht der Deutschen Mathematiker-Vereinigung. VIII, 1. 1900, S. 145, Anm. 16. — 637 *Neue trigonometrische Tafeln*, Berlin 1799. — 638 *Tables trigonométriques décimales*, calculées par CH. BORDA, An IX.

Differenzenkolonnen wurden den logarithmisch-trigonometrischen Tafeln ebenso häufig beigegeben, wie den rein logarithmischen. In der Regel sind ihnen besondere Vertikalspalten eingeräumt. Eine mit *Differentia communis* überschriebene Spalte zwischen der Tangens- und Cotangensreihe ist erst von GARDINER 1742 wieder eingeführt, nachdem sie schon in der *Trigonometria Britannica* 1633 (BRIGGS-GELLIBRAND), ohne Nachahmung zu finden, beigedruckt worden war.

Von dem Auslassen sich wiederholender Ziffern, die durch gemeinsamen Vordruck hervorgehoben werden, ist oftmals Gebrauch gemacht worden. Die Werke von SHERWIN 1705, GARDINER 1742 sehen jedoch davon ab. VEGA kam 1783 wieder darauf zurück; in späteren Auflagen finden sich indes auch alle Mantissen wieder voll ausgedruckt. Proportionaltäfelchen werden zumeist weggelassen (so SHERWIN, GARDINER, SCHULZE), außer wenn bei größerem Intervall die zu groß werdenden Differenzen nicht mehr im Kopf proportional geteilt werden können.

Die Gewohnheit, beim log sin α u. s. w. statt der negativen Charakteristik eine um 10 höhere anzunehmen und die dafür zu subtrahierende 10 durchgängig wegzulassen, wird heute als eine rein praktische Einrichtung, um Raum zu sparen, aufgefaßt.[639] Dies ist jedoch nicht der ursprüngliche Grund, und es ist deshalb müßig zu fragen, wer diese zweckentsprechende Neuerung zuerst in Tafeln verwertet habe.[640] Im Mittelalter, ja bis zum Beginn des neunzehnten Jahrhunderts, definierte man den sin α nicht im Einheitskreis, sondern betrachtete ihn als eine Linie, deren Länge mit der Größe des gerade gewählten Radius sich veränderte. Die am weitesten verbreiteten trigonometrischen Tafeln des RHAETICUS (*Opus Palatinum* 1596) nehmen als Größe des Radius, des sogenannten *sinus totus*, 10^{10} an; es ist nun ein ausdrücklicher Vorschlag NEPER's, dem BRIGGS beistimmte,[641] diesen Wert $r = 10^{10}$ den Berechnungen der Logarithmen der Sinus zu Grunde zu legen. Demnach mußte z. B. für sin 30° der Wert 5000000000 genommen und für log sin 30° die Zahl 9,6989700043 in den Tafeln aufgeführt werden, ohne daß ein „—10" zu ergänzen wäre. In diesem Sinne wird auch das Auftreten der Charakteristik 9, selbst wenn die beigefügten reintrigonometrischen

639 NORDMANN behauptet in seiner Neubearbeitung der VLACQ'schen Tafeln, Leipzig 1821, daß zu log sin α 10 addiert sei, nur um negative Logarithmen zu vermeiden. — 640 Diese Frage stellt R. WOLFF, *Handbuch der Astronomie*, I, Zürich 1890, § 24, Anm. d, als noch offen hin. — 641 Mitgeteilt am Schlusse der Vorrede von VLACQ's Tafeln (1628), entnommen der Vorrede BRIGGS von 1624.

Tafeln einen andern Wert für r, etwa $r = 1$, annehmen, in den mathematischen Lehrbüchern von WOLFF (1750),[642] KÄSTNER (1764),[643] KLÜGEL (1809)[644] erklärt. Bei trigonometrischen Anwendungen erschien, unter Voraussetzung der alten Definition, auch in den Formeln jener *sinus totus*, der Radius des gerade zur Definition gedachten Kreises. Wenn z. B. im rechtwinkligen Dreiecke die Hypothenuse c und ein anliegender Winkel $\alpha = 30^0$ gegeben war, so wurde die gegenüberliegende Kathete a nach der Formel berechnet

$$a = \frac{c \cdot \sin \alpha}{\sin \text{tot}},$$

mithin logarithmisch

$$\log a = \log c + \log \sin \alpha - \log \sin \text{tot},$$

oder da

$$\log \sin \text{tot} = \log r = \log 10^{10} = 10$$

ist,

$$\log a = \log c + 9{,}69897 - 10.$$

Das heutige -10, dessen Hinzufügung bei trigonometrisch-logarithmischen Aufgaben dem modernen Rechner zur zweiten Natur geworden ist, stellt sich demnach als rudimentäres Auftreten des alten *sin tot* dar. Umgekehrt ist es aber auch gerade diese Charakteristik 9 gewesen, die die altertümliche Liniendefinition des Sinus noch bis ins neunzehnte Jahrhundert hinein aufrecht hielt; erst die in der Neuzeit irrtümlich unterlegte Auffassung, daß man mit der 9 nur Raum sparen wolle, ließ das alte Vorurteil durchbrechen. Erklärlich ist uns dadurch auch das oftmalige Schwanken zwischen der alten und neuen Definition des Sinus in einem und demselben Lehrbuch aus jener Übergangszeit. v. FORSTNER's *Sphaerik* (Berlin 1827) ist z. B. ein durchaus modern angelegtes Buch; er benutzt in seinen Formeln anfangs nur die neue Sinusdefinition im Einheitskreis. In dem Augenblick aber, wo er zu numerischen Rechnungen gelangt und die Logarithmen der trigonometrischen Funktionen benutzen muß, taucht bei ihm sofort der alte *sin tot* auf.

C. Berechnungsmethoden der Logarithmen.

Im folgenden seien kurz die hauptsächlichsten Methoden besprochen, die nicht auf der Theorie der höheren unendlichen Reihen aufgebaut sind.

---

[642] *Anfangsgründe*, S. 279 (Anm. 54). — [643] *Anfangsgründe*, S. 357 (Anm. 53). — [644] *Anfangsgründe*, S. 158 (Anm. 162).

I. Bürgi's Methode hat den Vorzug großer Einfachheit und Durchsichtigkeit. Bürgi erhielt (vgl. S. 147) seine *roten Zahlen* x, die heutigen Logarithmen, durch fortgesetzte Addition von 10, die entsprechenden *schwarzen Zahlen* y, die heutigen Numeri, durch jedesmalige Addition des zehntausendsten Teiles des vorhergehenden y zu diesem y selbst. Indem er mit $x = 0$ und $y = 100\,000\,000$ begann, stellte er folgende Berechnungen[645] auf

x	y
0	100 000 000
	+10 000 0000
10	100 010 000 0000
	+10 001 0000
20	100 020 001 0000
	+10 002 0001
30	100 030 003 0001
	+10 003 0003
40	100 040 006 0004
⋮	⋮
5 000	105 126 407
10 000	110 516 539
50 000	164 868 006
100 000	271 814 593
200 000	738 831 728

und schließt mit

$$230\,270{,}022 \quad | \quad 1\,000\,000\,000,$$

wobei er das x in der letzten Zahl etwas größer angiebt, als es durch fortgesetztes Addieren von 10 sich herausstellen würde, um rechts für y eine dekadische Einheit zu erhalten. Dieses letzte $x = 230\,270{,}022$, von ihm als *ganze rote Zahl* bezeichnet, benutzt Bürgi in derselben Weise — etwa bei Divisionen, in denen der Nenner größer als der Zähler ist —, wie wir heute die Charakteristik um einige Einheiten vergrößern, um die Subtraktion eines größeren Logarithmus vorzunehmen, ohne daß das Resultat in rein negativer Form erscheint.

II. Neper's Methode[646] ist viel komplizierter, aber mathematisch mehr durchgearbeitet als die Bürgi's. Anfangs geht Neper in derselben langsam fortschreitenden Weise vor wie Bürgi. Als erste Werte entsprechen sich bei ihm $x = 0$ und $y = 10000000$.

[645] Vgl. Wolf, *Handbuch der Astr.*, I, § 22, Anm. c (Anm. 640). — [646] Neper, *Mirif. Logarithmorum canonis constructio,* 1619, Ausgabe Lugduni 1620, S. 9 ff.; vgl. auch Cantor, II[b], S. 733 ff., Wolf, *Handbuch,* I, S. 23 (Anm. 645).

Die x werden immer um 1 vermehrt; durch Subtraktion des 10 000 000. Teiles ergiebt sich aus einem y das folgende. Diese Berechnungsart wird fortgesetzt bis $x = 100$. Nennen wir (mit Cantor) die zu $x = 0, 1, 2 \ldots 100$ gehörigen y $a_1, a_2, a_3 \ldots a_{101}$, so findet Neper $a_{101} = 999\,9900{,}0004950$, also fast genau $a_{101} = 999\,9900$, so daß der Quotient $\frac{a_{101}}{a_1} = 0{,}99999$ ist und a_{101} unmittelbar aus a_1 abgeleitet werden kann, indem man a_1 um ein 100000tel seines Wertes vermindert. Daher nimmt Neper $b_1 = a_1$ als Anfangsglied einer neuen geometrischen Reihe mit größeren Intervallen an, deren zweites Glied $b_2 = a_{101}$ ist und deren weitere Glieder $b_3, b_4 \ldots$ sich in ähnlich einfacher Weise durch stete Subtraktion finden lassen, wie die a_i. Die zu den b_i zugeordneten x entstehen durch Addition von je 100. Die Zwischenräume der b_i werden dann durch die entsprechenden a_i ausgefüllt. Um aber die Berechnung der b_i ebenso sprungweise vorzubereiten, wie es bei den a_i durch die b_i geschehen war, wird die Eigenschaft benutzt, daß b_{51} nahezu gleich 9995000 ist. Die neben folgende Übersicht zeigt, daß einem y-Wert, der genau gleich 9995000 ist, ein nichtganzzahliges $x = 5001{,}25$ zugehört. Dieses $b_{51} = 9995000$ wird als zweites Glied c_2 einer dritten geometrischen Reihe mit dem Anfangsglied $c_1 = b_1 = a_1$ angesetzt. Der Quotient dieser c-Reihe ist 0,9995, so daß sich c_{i+1} aus c_i ergiebt, wenn von c_i sein 2000. Teil abgezogen wird. Die x sind durch wiederholtes Addieren von 5001,25 zu erhalten, so daß sie von $c_2 = b_{51} = a_{5001}$ ab nicht mehr ganze Zahlen sind. Zur Vorausberechnung der c bildet sich schließlich Neper noch eine vierte Reihe d_i mit sehr großen Zwischenräumen, indem er $d_1 = c_1 = b_1 = a_1$ und $d_2 = 9900000$ setzt, das nahezu gleich $c_{21} = 9900473$ ist. Das entsprechende x wird demgemäß korrigiert. In der d-Reihe ist jedes folgende Glied um den 100. Teil des vorhergehenden kleiner. Bei d_{70} stellt sich zuerst ein y-Wert unter 5000000 ein. Mit diesem bricht Neper ab. Die Intervalle der d_i werden mit den c-Werten, die der c_i dann mit den b_i, die Lücken dieser wieder mit den a_i ausgefüllt. Die folgende Tabelle (siehe S. 167) macht diese Auseinandersetzungen anschaulicher.

Die x bilden die arithmetische Reihe, sind also die Logarithmen, während die y als Glieder der geometrischen Reihe die Numeri darstellen. Da die y nicht in der natürlichen Zahlenreihe fortschreiten, ist diese Tabelle keine Logarithmentafel in modernem Sinne. Neper benutzt sie auch nur dazu, um mit ihrer Hilfe die Logarithmen der Sinuswerte zwischen 90° und 30° durch Interpolation zu bestimmen.

sin 90° ist bei ihm gleich $a_1 = 10000000$ angesetzt, daher sin 30° gleich 5000000. Die Tabelle liefert log sin 90° = 0 unmittelbar; für log sin 30° ergiebt sich durch Einschaltung 6931469,22. Da nach be-

x	y
0	$d_1 = c_1 = b_1 = a_1 = 10000000 - 0000000$ [647]
	$-1 \quad 0000000$
1	$a_2 = 9999999 - 6000000$
	$- 9999999$
2	$a_3 = 9999998 - 0000001$
	$- 9999998$
3	$a_4 = 9999997 - 0000003$
	$- 9999997$
4	$a_5 = 9999996 - 0000006$
⋮	⋮ ⋮
100	$b_2 = a_{101} = 9999900 - 0004950$
⋮	⋮ ⋮
200	$b_3 = a_{201} = 9999800 - 0010000$
⋮	⋮ ⋮
5000	$b_{51} = a_{5001} = 9995001 - 224804$ [648]
5001	$= a_{5002} = 9995000 - 225304$
5001,25	$c_2 = \left\{ b_{51} \right. = 9995000$
5002	$a_{5003} = 9994999 - 225804$
⋮	⋮ ⋮
100503,3	$d_2 = c_{21} = b_{1001} = a_{100001} = \begin{cases} 9900473 - 5780 \\ 9900000 \end{cases}$
⋮	⋮ ⋮
	$d_3 = c_{41} = b_{2001} = a_{200001}$
⋮	⋮ ⋮
6834225,8	$d_{69} = c_{1361} = b_{68001} = a_{6800001} = 5048858 - 8900$ [649]
⋮	⋮ ⋮
6934250,8	$d_{70} = c_{1381} = b_{69001} = a_{6900001} = 4998609 - 4034$

kannten Formeln die Werte von sin 0° bis sin 30° aus den Sinus der höheren Winkel abgeleitet werden können, brauchte NEPER die Grundtabelle nur bis 5000000 herab aufzustellen.

647 *Constructio,* S. 9 (Anm. 646). — 648 *Constructio,* S. 10. Bei NEPER ist in dieser Zahl, und demgemäß in den folgenden, ein Rechenfehler. — 649 *Constructio,* S. 11.

III. NEPER-BRIGGS. Durch die zwischen NEPER und BRIGGS vereinbarte Festsetzung, daß $\log 1 = 0$ und $\log 10 = 1$ sein sollte (vgl. S. 152), wurden Neuberechnungen nötig. BRIGGS, dem die Hauptarbeit zufiel, wählte hierzu eine dritte Methode, die NEPER bereits in einem Anhange zur *Constructio* von 1619 andeutet.[650] Das Verfahren beruht auf fortgesetztem Bestimmen mittlerer Proportionalen, ersetzt also das Subtrahieren der älteren Methode durch Wurzelausziehen. Erwähnt sei, daß auch KEPLER bei der Aufstellung seiner Tafeln (1624) einen ähnlichen Weg bevorzugte. VLACQ, der die Lücken der von BRIGGS nicht vollendeten Tafeln ausfüllte, bediente sich ebenfalls des Quadratwurzelausziehens.

Es werde an log 5 die Art der Berechnung gezeigt.[651] Man weiß, daß $\log 10 = 1$ ist. Durch Radizieren findet man

$$\log \sqrt{10} = \log 3{,}162277 = 0{,}5.$$

Diese beiden Logarithmen sind also bekannt. 5 liegt nun zwischen 10 und 3,162277. Um den Logarithmus einer Zahl zu finden, die näher an 5 liegt, wird zwischen 10 und 3,162277 das geometrische Mittel 5,623413 berechnet; als zugehöriger Logarithmus ergiebt sich alsdann das arithmetische Mittel zwischen 1 und 0,5, d. h. 0,75. Demnach hat man

$$\log \sqrt{10 \cdot 3{,}162277} = \log 5{,}623413 = 0{,}75.$$

Noch näher kommt man dem Numerus 5, wenn man nun wieder das geometrische Mittel zwischen 3,162277 und 5,623413, d. i. 4,216964, und dann wieder zwischen dieser Größe und 5,623413 sucht. Es ergiebt sich

$$\log \sqrt{3{,}162277 \cdot 5{,}623413} = \log 4{,}216964 = 0{,}625$$
$$\log \sqrt{5{,}623413 \cdot 4{,}216964} = \log 4{,}869674 = 0{,}6875$$

und bei fortgesetzter Annäherung

$$\log \sqrt{5{,}623413 \cdot 4{,}869674} = \log 5{,}232991 = 0{,}71875$$
$$\log \sqrt{4{,}869674 \cdot 5{,}232991} = \log 5{,}048065 = 0{,}7031250$$
$$\log \sqrt{4{,}869674 \cdot 5{,}048065} = \log 4{,}958069 = 0{,}6953125$$
$$\log \sqrt{5{,}048065 \cdot 4{,}958069} = \log 5{,}002865 = 0{,}6992187$$
$$\log \sqrt{4{,}958069 \cdot 5{,}002865} = \log 4{,}980416 = 0{,}6972656$$

[650] *Constructio,* Appendix, Ausgabe v. 1620, S. 37—41 (Anm. 646). — [651] Eine sehr klare Darstellung giebt u. a. EULER, *Introductio,* 1748, I, cap. 6, § 106 (Anm. 540), Übersetzung v. MASER, Berlin 1885, S. 77 ff.

$$\log\sqrt{5{,}002865\cdot 4{,}980416} = \log 4{,}991627 = 0{,}6982421$$
$$\log\sqrt{5{,}002865\cdot 4{,}991627} = \log 4{,}997242 = 0{,}6987304$$
$$\log\sqrt{5{,}002865\cdot 4{,}997242} = \log 5{,}000052 = 0{,}6989745$$
$$\log\sqrt{4{,}997242\cdot 5{,}000052} = \log 4{,}998647 = 0{,}6988525$$
$$\log\sqrt{5{,}000052\cdot 4{,}998647} = \log 4{,}999350 = 0{,}6989135$$
$$\log\sqrt{5{,}000052\cdot 4{,}999350} = \log 4{,}999701 = 0{,}6989440$$
$$\log\sqrt{5{,}000052\cdot 4{,}999701} = \log 4{,}999876 = 0{,}6989592$$
$$\log\sqrt{5{,}000052\cdot 4{,}999876} = \log 4{,}999963 = 0{,}6989668$$
$$\log\sqrt{5{,}000052\cdot 4{,}999963} = \log 5{,}000008 = 0{,}6989707$$
$$\log\sqrt{4{,}999963\cdot 5{,}000008} = \log 4{,}999984 = 0{,}6989687$$
$$\log\sqrt{4{,}999984\cdot 5{,}000008} = \log 4{,}999997 = 0{,}6989697$$
$$\log\sqrt{5{,}000008\cdot 4{,}999997} = \log 5{,}000003 = 0{,}6989702$$
$$\log\sqrt{4{,}999997\cdot 5{,}000003} = \log 5{,}000000 = 0{,}6989700$$

IV. Kettenbruchverfahren. Wird in dem heutigen Schulunterricht die Berechnung der Logarithmen vor der Lehre von den unendlichen Reihen gezeigt, so pflegt man als einfachste und am schnellsten zum Ziele führende Methode das Kettenbruchverfahren vorzutragen. Ist z. B. log 2 zu berechnen, so setzt man

$$10^{\frac{1}{x}} = 2$$

und findet aus $10 = 2^x$ für x einen Wert größer als 3. Demnach nimmt man an

$$x = 3 + \frac{1}{y},$$

woraus folgt

$$10 = 2^{3+\frac{1}{y}} = 8\cdot 2^{\frac{1}{y}}$$
$$1{,}25^y \qquad = 2.$$

Durch Berechnen der Potenzen von 1,25 erkennt man, daß y größer als 3 ist. Man findet in der gleichen Weise

$$y = 3 + \frac{1}{z}$$
$$z = 9 + \frac{1}{u}$$
$$u = 2 + \frac{1}{v} \text{ u. s. w.}$$

und erhält durch Einsetzen

$$\log 2 = \cfrac{1}{3 + \cfrac{1}{3 + \cfrac{1}{9 + \cfrac{1}{2 + \cfrac{1}{2 + \cfrac{1}{5 + \dots}}}}}}$$

Als Näherungsbrüche ergeben sich

$$\frac{1}{3}, \quad \frac{3}{10}, \quad \frac{28}{93}, \quad \frac{59}{196}, \quad \frac{146}{485}, \quad \frac{643}{2136}, \dots .$$

Inhaltlich, wenn auch nicht der Form nach, stimmt hiermit ein Verfahren überein, das BROOK TAYLOR (1685—1731, London) 1717 in den *Philos. Transactions*[652] veröffentlichte. Seine Herleitungen kommen zu genau denselben Näherungsbrüchen und bestimmen log 2 zu 0,30102996 statt zu 0,30102999. Die moderne Form findet sich in einem Lehrbuch von ABEL BÜRJA *Der selbstlernende Algebrist* (Libau 1786).[653]

V. Auch das LONG'sche Verfahren[653a] (1714) hat vielfach in neueren Schulbüchern Eingang gefunden. Dasselbe bedient sich der dekadischen Wurzeln aus 10. Wenn $\log a$ gleich dem Dezimalbruch $n, \alpha\beta\gamma \dots$ gesetzt wird, so hat man

$$a = 10^n \cdot 10^{\frac{\alpha}{10}} \cdot 10^{\frac{\beta}{100}} \cdot 10^{\frac{\gamma}{1000}} \dots .$$

Dividiert man a durch 10^n, so kann man aus einem Täfelchen, das die erste bis neunte Potenz von $\sqrt[10]{10}$ enthält, α ablesen, indem man die an $\frac{a}{10^n}$ nächst niedrige Potenz aufsucht. Verfährt man für $\frac{a}{10^n \cdot 10^{\frac{\alpha}{10}}}$ ebenso in einem Täfelchen der Potenzen von $\sqrt[100]{10}$, so ergiebt sich β u. s. f.

Dieses Verfahren findet sich noch einmal, wahrscheinlich in Anlehnung an LONG dargestellt, in BÜRJA's eben erwähntem Lehrbuch (Libau 1786).[653b]

Dieselben Täfelchen benutzt DODSON 1742, um umgekehrt den zu einem gegebenen Logarithmus gehörenden Numerus zu berechnen.[654]

652 Phil. Transactions 1717, Vol. XXX, Nr. 352, S. 618—622, *A new Method of computing Logarithms.* — 653 Ausgabe von 1801 Berlin, S. 181—184. — 653a Philos. Transactions 1714, Bd. 29, Nr. 339, S. 52—54, *A new method for making logarithms* etc. — 653b Ausgabe von 1801 Berlin, S. 176—180, 196 ff. — 654 JAMES DODSON, *Anti-logarithmic Canon,* 1742 nach MASERES, *Scriptores logarithmici,* Bd. I, London 1791, S. CXIX ff.

VI. Die unter I—V angegebenen Methoden dienen dazu, die für die Zusammenstellung ganzer Tafeln nötigen Logarithmen zu berechnen. Je größer die Anzahl der dabei angesetzten Mantissenziffern ist, um so umfangreicher und schwerfälliger werden natürlich die Tafeln, so daß schließlich die Herstellungskosten mit der Seltenheit der Anwendung vielzifferiger Logarithmen in keinem Verhältnis stehen. Man hat sich deshalb bemüht, abgekürzte Logarithmentafeln herzustellen, die in den Fällen, wo sehr genaue Logarithmen gebraucht werden, zwar nicht die gewünschte Mantisse unmittelbar geben, aber doch in möglichst einfacher Weise sie zu berechnen gestatten. Zu diesen Tafeln gehören die Primzahltabellen, von denen wir einige S. 156 anführten. Ein sehr handliches Verfahren, mit Hilfe einiger weniger Logarithmen zu jedem beliebigen Numerus den Logarithmus zu bestimmen, gab Briggs in seiner *Arithmetica logarithmica* von 1624.[655] Er benutzte die Möglichkeit, jede Zahl N durch fortgesetztes Dividieren auf die Form zu bringen

$$N = 10^n \cdot \left(1 + \frac{a_1}{10}\right) \cdot \left(1 + \frac{a_2}{10^2}\right) \cdot \left(1 + \frac{a_3}{10^3}\right) \ldots,$$

wo n eine ganze Zahl, die a_i die Zahlen 1, 2, 3 ... 9 sind. So ist z. B. verhältnismäßig schnell auszurechnen, daß

$$8{,}71 = 8 \cdot 1{,}08 \cdot 1{,}008 \cdot 1{,}0001 \cdot 1{,}000005 \cdot 1{,}0^{7}4 \cdot 1{,}0^{8}8 \cdot 1{,}0^{9}3 \cdot 1{,}0^{10}9 \cdot 1{,}0^{11}9 \ldots$$

ist. Sind Täfelchen der Logarithmen 1) für 1, 2 ... 9, 2) für 1,1, 1,2 ... 1,9, 3) für 1,01, 1,02 ... 1,09, 4) für 1,001, 1,002 ... 1,009 u.s.w. in der gewünschten Dezimalenanzahl berechnet, so kann durch einfaches Addieren der gesuchte Logarithmuswert bestimmt werden. Das Verfahren ist natürlich auch umkehrbar. Die erforderlichen kleinen Tabellen hat Briggs in 15-stelligen Mantissen an dem angegebenen Ort[655] zusammengestellt. Von ihm entlehnt sie 1628 A. Vlacq in zehnstelligen Werten.

Diese interessante Methode ist noch von vielen späteren Mathematikern behandelt worden, deren einige sich sogar für die ersten Entdecker hielten. So hat sie noch einmal in etwas veränderter Form Flower 1771 veröffentlicht.[656] Dem italienischen Physiker Z. Leonelli (1776 Cremona — 1847 Corfu) gegenüber, der 20-stellige Tabellen der geschilderten Art mit Beschreibung ihrer Anwendung der französischen Akademie als neu einreichte,[657] mußte erst ein eingehender Bericht

655 Daselbst cap. XIII, S. 32; in Vlacq's *Arithmetica logarithmica* v. 1628, cap. XII, S. 25. — 656 Flower, *The radix or new way of logarithms*, London 1771. — 657 Leonelli, *Supplément logarithmique*, Bordeaux 1802/3; deutsch von Leonhardi, Dresden 1806.

von DELAMBRE und LAGRANGE nachweisen, daß sein Verfahren seit fast 200 Jahren bekannt sei. Die Anlage der abgekürzten Tafeln, deren man jetzt über 25 zählt, ist in der neueren Zeit weiter vervollkommnet worden. Am einfachsten ist die Rechnungsanordnung bei R. HOPPE,[658] dessen Hilfstafeln, obgleich sie 33-stellige Mantissen enthalten, nur 7 Oktavseiten umfassen.[659]

Tafeln in umgekehrter Anordnung, so daß die Logarithmen in der Form $\left(1 + \frac{a_i}{10^i}\right)$ zusammengestellt sind, giebt LONG 1714.[660]

D. Das logarithmische Rechnen. — Symbole, Formeln, Fachwörter. — Additionslogarithmen.

Durch die Entdeckungen STIFEL's war der Grund zum logarithmischen Rechnen gelegt. Die Durchführung seiner Ideen wurde durch die Tafeln BÜRGI's und NEPER's ermöglicht. Eigene Erfindung dieser beiden Männer ist der Aufbau ihrer Tabellen und das sinnreiche Interpolationsverfahren, das sie in den Stand setzt, Zwischenwerte zwischen die berechneten Zahlen einzuschalten.

Eine gesonderte, strenge Aufstellung der vier großen logarithmischen Gesetze, die heute an die Spitze der Theorie der Logarithmen gesetzt wird, sucht man in den meisten Lehrbüchern des Mittelalters vergebens. Es entspricht eine solche kurze Zusammenfassung der Hauptpunkte durchaus nicht dem breiten Lehrton der Schriften dieser Zeit. In der Regel wird nach allgemeinen Andeutungen, die meist nicht einmal die Deutlichkeit der STIFEL'schen Darlegungen besitzen, an vielen einzelnen Beispielen das neue Verfahren gezeigt; es werden Anwendungen aus allen Gebieten hergenommen und die in ihnen auftretenden Lehrsätze in logarithmischer Form vorgeführt. BÜRGI bringt in der Einleitung seines „Vorberichtes" (vgl. S. 146) zu den *Progresstabuln* zuerst die Bemerkungen SIMON JACOB's, geht dann zu Beispielen aus der Multiplikation und Division über, lehrt nunmehr aber noch besonders das Aufsuchen der vierten Proportionalen, ohne irgendwie darauf zu achten, daß die hierbei auftretenden Operationen von ihm schon gezeigt sind; im weiteren berechnet er zweite, dritte, fünfte Wurzeln

658 *Tafeln zur dreißigstelligen logarithmischen Rechnung*, Leipzig 1876. — 659 Die ausführliche Geschichte siehe bei A. J. ELLIS, London, Roy. Soc. Proc. 31 (1881), S. 398ff., 32 (1881), S. 377 und *Mathem. Encyklop.*, Leipzig 1902, I, S. 993—997. — 660 Philosoph. Transact. 1714, vol. XXIX, Nr. 339, S. 52—54.

aus gegebenen Zahlen und zum Schluß noch mittlere Proportionalen höherer Art, die in der Einzahl oder Mehrzahl zwischen vorliegende Zahlen a, b eingeschaltet werden sollen (z. B. $a : x = x : y = y : z = z : b$). Es fehlt demnach eine einheitliche Behandlung des Potenzierens und Radizierens. Wir führen aus Bürgi's Vorbericht, als einer der ältesten Urkunden logarithmischen Rechnens, ein Beispiel an:[661]

„Wie man auß 3 bekandten Zahlen die Vierdte proportional finden sol, welches man gemeinlig die Regul detri zu nennen pflegt.

alß zum Exempl

	die Erst		die ander		die Dritte	die Vierte	
Wie sich	154030185	hatt zu	205518112	also	399854565	zur 4 Zahl	ihre rothe Zahl
	$4320\overset{\circ}{0}$		$7204\overset{\circ}{0}$		$13860\overset{\circ}{0}$		

Addier die ander und dritte Zahl zusammen	*138600*
	72040
	210640
subtrahier davon die erste rothe Zahl	*43200*
diß ist die rothe Zahl der Vierten Schwarzen	*167440*
alß	533514619.“ —

Eine ähnliche Darstellungsart wählte Neper, nur daß bei ihm der Schwerpunkt in trigonometrischen Anwendungen ruhte. Statt die bisher übliche Form der trigonometrischen Lehrsätze beizubehalten und erst bei den Beispielen im eigentlichen Rechnen die logarithmischen Rechenvorteile anzuwenden, werden sämtliche auftretenden Theoreme in ganz allgemeiner Form logarithmisch umgeändert (vgl. die sog. Neper'schen Analogien[1160]) und in dieser Form ausführlich angegeben. Neue Namen erleichtern ihm die Fassung seiner Sätze; unter *Logarithmus* eines Winkels versteht Neper den $\log \sin \alpha$, unter *Antilogarithmus* den $\log \cos \alpha$, unter *Differentialis* den $\log \operatorname{tg} \alpha$.

Kepler ließ (1625) ein Jahr nach der Drucklegung seiner Tafeln eine Ergänzung erscheinen, *Supplementum Chiliadis*, in der er das Rechnen mit seinen Zahlen auseinandersetzte. Er beginnt bei der Multiplikation und Division mit allgemeinen Sätzen,[662] verliert sich

661 Giesswald, S. 30 (Anm. 593). — 662 Daselbst Caput VIII, Praeceptum VI: *„Duos numeros absolutos in se mutuo multiplicare per Logarithmos et factum invenire. Igitur adde Logarithmos duorum numerorum excerptos ex Chiliade, summa quaesita sursum inter Logarithmos monstrat absolutum in illorum columna numerum, qui semper est quaesiti pars multiplex proportionis decuplae continuae.“* (Zwei Zahlen miteinander durch Logarithmen zu multiplizieren und ihr Produkt zu finden. Addiere die aus der Tafel entnommenen Logarithmen beider Zahlen; ihre Summe, unter den Logarithmen aufgesucht, liefert in der Tafel eine Zahl, die immer ein dekadisches Vielfaches der gesuchten Zahl ist.)

dann aber bei dem Potenzieren und Radizieren ebenfalls in spezielle Fälle. Auch BRIGGS 1624 (*Arithmetica logarithmica*) gab in seiner Einleitung keine einheitliche Form der logarithmischen Gesetze, sondern beschränkte sich darauf, seinen Lesern durch die vorgeführten Beispiele das Rechnen beizubringen. Nach BRIGGS richtete sich VLACQ (1628) und nach diesem die Mehrzahl der späteren Bearbeiter. Eine rühmliche Ausnahme machte OUGHTRED (1574—1660; engl. Landpfarrer), in dessen *Clavis mathematica* von 1631 zum erstenmal die vier Fundamentalregeln zu kurzen, bündigen Sätzen zusammengefaßt werden, die in jedem modernen Lehrwerk ihren Platz finden könnten.[663]

Ein weiterer Fortschritt liegt in der Aufstellung von Formeln. Um solche zu bilden, war es nötig, daß sich für das Wort Logarithmus Abkürzungen einbürgerten, aus denen allmählich Symbole wurden. Zur Zeit der Erfindung der Logarithmen und zum Teil noch bis zum achtzehnten Jahrhundert pflegte man die mathematischen Sätze in weitschweifiger, ausführlicher Form zu geben. Erst ganz allmählich drang die Formelsprache in die mathematischen Lehrbücher ein. Anders verhielt man sich bei wirklichen Rechnungen. Hier führte der allzu häufige Gebrauch des Wortes Logarithmus bald zu Abkürzungen. GUNTER (1620) schreibt in seinem *Canon triangulorum* auch hier noch *the logarithme of 14*, zuweilen aber findet sich schon die Abkürzung *Loga.*[664] Während BRIGGS 1624 Logarithmus wieder ausschrieb, benutzte KEPLER (1624) die Anfangssilbe *Log.*, URSINUS (1624)[595a] sogar nur den ersten Buchstaben *L.* Einheitlichkeit ist auch in der nächsten Zeit nicht vorhanden. Noch in WOLFF's *Anfangsgründen*[54] (Auflage von 1750) erscheint bei Rechnungen neben dem kürzeren *Log. Sin c* das ausführliche *Logarithmus Tangentis von 34° 21'.*[665] Allmählich trat jedoch

663 *Clavis mathematica*, 4to Aufl. 1667, S. 121—122: *„Eaedem figurae, eodem ordine dispositae, eundem habent Logarithmum: Indices vero diversi esse possunt. — Summa duorum Logarithmorum Logarithmus est facti a valoribus; differentia autem Logarithmus est quoti. — Logarithmus lateris, ductus in numerum dimensionum cuiusque potestatis, est eiusdem potestatis Logarithmus. — Logarithmus potestatis cuiusque divisus per numerum dimensionum suarum exhibet Logarithmum radicis suae.“* (Zahlen von derselben Ziffernfolge haben denselben Logarithmus, nur die Charakteristik kann verschieden sein. — Die Summe zweier Logarithmen ist der Logarithmus des Produktes aus ihren Numeri, die Differenz ist der Logarithmus ihres Quotienten. — Der Logarithmus einer Wurzel, mit ihrem Exponenten multipliziert, giebt den Logarithmus ihrer Grundzahl. — Der Logarithmus einer Potenz, durch ihren Exponenten dividiert, giebt den Logarithmus ihrer Grundzahl.) — 664 *Canon triangulorum*, London 1620, cap. IV, S. 12, 13. — 665 Daselbst S. 286.

eine Bevorzugung des einfachen *L.* oder *l.* ein. In einer Abhandlung des Schotten CRAIG (1710)[666] *Logarithmotechnia generalis* heißt es geradezu: „*Per litteram l numero cuilibet praefixam denotetur (ut vulgo solet) istius numeri Logarithmus.*“ (Durch den Buchstaben *l*, der einer beliebigen Zahl vorgesetzt ist, soll, wie es allgemein üblich ist, der Logarithmus dieser Zahl bezeichnet werden.) Bei GARDINER (Einleitung zur Logarithmentafel von 1742)[619] findet sich neben dem Zeichen *L.* noch das Symbol *L'*, das das dekadische Komplement des betreffenden Logarithmus bedeuten soll.[667] GARDINER giebt nun auch bereits das System der logarithmischen Gesetze in Formeln und erhöht dadurch außerordentlich die Klarheit seiner Darstellung. Mit Verwendung des Zeichens *L'* lauten seine Formeln:

1) $L.ab = L.a + L.b;\quad L.abcd = L.a + L.b + L.c + L.d$

2) $L.\frac{a}{b} = L.\frac{1}{b}a = -L.\frac{b}{a} = L.a - L.b = L.a + L'b;\quad L.\frac{1}{a} = L'a$

3) $L.a^n = n\,L.a;\quad L.a^{\frac{1}{n}} = \frac{1}{n}\,L.a;\quad L.a^{\frac{m}{n}} = \frac{m}{n}\,L.a;\quad L.\frac{1}{a^{\frac{m}{n}}} = \frac{m}{n}\cdot L'a$

4) $L.\overline{\frac{a}{b}}\Big|^{\frac{m}{n}} = \frac{m}{n}L.a - \frac{m}{n}L.b = \frac{m}{n}\times\overline{L.a - L.b} = \frac{m}{n}\times\overline{L.a + L'b}$

5) $L.\frac{a^m b^n c^t}{p^v q^x r^z} = m\,L.a + n L.b + t\,L.c - v\,L.p - x\,L.q - z.L.r$

$= m\,L.a + n L.b + t\,L.c + v\,L'p + x\,L'q + z\,L'r.$ —

Zu weiterer Verbreitung gelangte das einfache *l*, dem nunmehr häufig der Punkt nicht mehr beigesetzt wird, durch EULER (1707 bis 1783),[668] besonders durch seine *Introductio* von 1748; es tritt über in KÄSTNER's *Anfangsgründe*,[669] ferner in SEGNER's Werk gleichen Namens[670] u. a., wenigstens bei den Kapiteln, in denen es sich um die Herleitung der allgemeinen Gesetze der logarithmischen Theorie handelt. In numerischen Beispielen hingegen wird das Zeichen *log* benutzt. Eine strenge Trennung zwischen dem *l* und dem *log*, durch

[666] Philosoph. Transact., Vol. XXVII, Nr. 328, S. 191. — [667] Die Benutzung der dekadischen Ergänzung, durch die die Subtraktion eines Logarithmus in die Addition übergeht, empfiehlt zuerst der italienische Mathematiker CAVALIERI (1598—1647, Bologna) in einem Brief vom 8. April 1631. Vgl. *Carteggio Galileano inedito* v. GIUSEPPE CAMPORI, Modena 1881 und Zeitschrift f. Math. u. Phys., Nr. 28, hist.-litt. Abt., S. 28. — [668] Vgl. FUSS, *Correspondance math. et phys.*, Petersburg 1843, I, S. 7 (Brief an GOLDBACH vom 13. X. 1729) u. S. 18 (4. XII. 1729) — *Introductio*, 1748, lib. I, cap. 6, § 104. — [669] Ausg. v. 1764, z. B. S. 152 (Anm. 53). — [670] Ausg. v. 1773, z. B. S. 150 (Anm. 301).

die wir jetzt die natürlichen und die BRIGGS'schen Logarithmen unterscheiden, liegt aber dieser Zeit noch fern. Wir sehen bei EULER in den *Opuscula analytica* 1783 das einfache l auch für BRIGGS'sche Logarithmen benutzt.[671] Erst CAUCHY (1789—1857, Paris), empfiehlt 1821 die scharfe Auseinanderhaltung der beiden Bezeichnungen in modernem Sinne.[672]

Neben diesen Symbolen hat sich noch eine größere Anzahl von Kunstwörtern eingebürgert.

Das Wort Logarithmus (λόγος, ἀριθμός, Verhältniszahl, *numerus rationem exponens, numerus rationum compositarum*) ist eine Schöpfung NEPER's. Er definiert in seiner *Descriptio* von 1614:[673] *„Proportionalium numerorum aut quantitatum aequidifferentes sunt logarithmi."* In der *Constructio*, die 1619 nach NEPER's Tode erschien, aber vor der *Descriptio* abgefaßt war, ist der Name Logarithmus noch nicht vorhanden. NEPER unterscheidet hier nur die *numeri naturales*, unsere jetzigen Numeri, von den *numeri artificiales*,[674] für die er dann die neue Bezeichnung einführte. Unter dem Logarithmus einer Winkelgröße verstand NEPER stets den Logarithmus des Sinus. Für den Logarithmus des Cosinus, der in seinen Tafeln symmetrisch gegenüber aufgeführt war (vgl. S. 149), wählte er die Bezeichnung Antilogarithmus.[675] Der moderne Mathematiker versteht, abweichend von diesem Sprachgebrauch, unter Antilogarithmentafel eine Tabelle, in der nicht die Numeri, sondern die Logarithmen die Reihe der natürlichen Zahlen bilden, wie wir sie bei BÜRGI kennen lernten. In diesem Sinne begegnet uns das Wort zuerst bei WALLIS 1616—1703, Oxford).[676]

Die Bezeichnung Logarithmus naturalis gebrauchte MERCATOR (1620—1687; London, Paris) zum erstenmal, und zwar für die Logarithmen, die durch seine Reihe

$$l(1+a) = a - \frac{a^2}{2} + \frac{a^3}{3} - \frac{a^4}{4} + \dots$$

definiert wurden.[677] Er nennt diese auch *logarithmi non tabulares*, im Gegensatz zu den BRIGGS'schen, den *logarithmi tabulares*. Für die letzten wird in der späteren Zeit auch der Name künstliche

[671] *Opuscula analytica*, Bd. I, Petersburg 1783, S. 347. — [672] *Cours d'Analyse Algébrique de l'école Polytechn.*, Paris 1821, S. 305, 309 u. ö. — [673] cap. II, prop. I. — [674] Ausgabe von 1620, S. 25. — [675] Descriptio (1614), lib. III, sect. 1, Nr. 13: *„Logarithmi complementorum, quos antilogarithmos appellemus . . ."* Vgl. auch Anm. 1154. — [676] WALLIS, Opera, Vol. II, Oxoniae 1693, cap. XII, S. 63. — [677] Philos. Transact. 1668, Vol. 3, Nr. 38, S. 761 Z. 4; vgl. MASERES I, S. 228 Z. 2 v. u. (Anm. 654).

Logarithmen üblich, der einen Anklang an NEPER's *numeri artificiales* bildet.

Von einem Logarithmensystem spricht COTES (1652—1716, Cambridge) zuerst.[678]

Das Wort Charakteristik kommt bereits in BRIGG's *Arithmetica logarithmica* von 1624 vor;[679] die Verdeutschung Kennziffer gebraucht schon KÄSTNER (1719—1800, Göttingen) in seinen *Anfangsgründen* (II. Aufl. 1750).[53]

Die eigentliche Bedeutung des Wortes Mantisse ist „Zugabe" (*mantissa*, röm.-etrusk. Wort). WALLIS benutzte es in seiner *Algebra* (1685) als Fachwort für die Ziffern eines Dezimalbruches.[680] EULER, der *mantissa* wahrscheinlich in diesem Werke erst kennen gelernt hatte, gebrauchte es nur für die Dezimalstellen eines Logarithmus.[681] Aus seiner *Introductio* (1748) gelangte diese spezielle Bezeichnung bald in andere Lehrbücher. In WOLFF's *Anfangsgründen* (Aufl. von 1750)[54] ist der neue Terminus noch nicht verwertet; wohl aber treffen wir ihn in KÄSTNER's[682] (1764) und KLÜGEL's (1798)[683] *Anfangsgründen* und von nun ab fast ständig an. GAUSS (1777—1855, Göttingen) ging gelegentlich wieder auf die Auffassung WALLIS' zurück und benutzte Mantisse, wie dieser, für die Dezimalstellen, die sich bei der Verwandlung eines gewöhnlichen Bruches in einen Dezimalbruch ergeben.[684]

Das Wort Interpolieren ist bei WALLIS, der es in modernem Sinne zuerst gebrauchte,[685] noch nicht zum festen Kunstwort geworden, da er zuweilen statt *interpolare* auch *intercalare* setzt.[686]

Das Wort Basis ist aus der Potenzlehre entnommen und wurde erst seit EULER's Zeit, der das Logarithmieren als zweite Umkehrung des Potenzierens auffassen lehrte, zu einem *terminus* in der Theorie der Logarithmen.

Das Wort Modulus für die Multiplikationskonstante, die ein Logarithmensystem in ein anderes überführt, — einen Begriff, den MERCATOR bereits 1668 aufgestellt hatte (vgl. S. 183) — geht auf einen Vorschlag zurück, den COTES (1652—1716, Cambridge) in einem Briefe an NEWTON vom 25. Mai 1712 machte.[687] COTES

678 Philos. Transact. 1714, Vol. 29, Nr. 338, S. 6, und öfters. — 679 VLACQ's Auflage v. 1628, cap. IV, S. 5 Z. 6 v. u.: „*prima nota versus sinistram, quam Characteristicam appellare poterimus*, . . ." (Anm. 601). — 680 WALLIS, *Algebra*, 1685. Opera, Vol. II, Oxoniae 1693, S. 41. — 681 EULER, *Introductio* 1748, I, § 113, cap. VI u. ö. — 682 I, 6, § 31, S. 150 (Anm. 53). — 683 Daselbst S. 57 (Anm. 162). — 684 *Disquisit. arithmet.*, § 312; vgl. *Math. Encyklop.*, I, Leipzig 1901, S. 986, Anm. 225. — 685 Opera, Vol. I, S. 443, prop. 170. — 686 Opera, Vol. I, S. 463. Vgl. CANTOR, II^b, S. 903, Anm. 1. — 687 CANTOR, III^a, S. 363.

bat um NEWTON's Ansicht über diese Wahl und führte dann 1714 seinen Vorschlag in einer Abhandlung über Logarithmenberechnung, *Logometria*, wirklich aus.[688]

Der Ausdruck Tafel doppelten Eingangs entspricht einer Redewendung, die REGIOMONTANUS (JOH. MÜLLER aus Königsberg in Unterfranken, 1436 — Rom 1476; Wien, Italien, Nürnberg) bereits in der *tabula primi mobilis* (1464 verfaßt, 1514 gedruckt) benutzt hat: *tabula duplici introitu.*[689]

Zur Besprechung der Fortschritte im logarithmischen Rechnen gehört auch die Geschichte der Additionslogarithmen. Bekanntlich wird das Rechnen mit Logarithmen erheblich erschwert, wenn in den Aufgaben Summen und Differenzen auftreten. Um diese Schwierigkeiten zu verringern, griff man anfangs zu trigonometrischen Umformungen. Ein sonst unbekannter Arzt aus Glatz, JOSEF MUSCHEL von Moschau, veröffentlichte 1704 eine Abhandlung, *Methodus Additionis et Subtractionis logarithmorum*,[690] in der er auf geometrischem Wege die Formel ableitete

$$\log(a + b) = \log 2 + \log b + 2 \log \cos\left(\frac{\pi}{4} - \frac{\alpha}{2}\right),$$

für die α durch

$$\log \sin \alpha = \log a - \log b$$

zu finden ist.

CHRISTIAN v. WOLFF (1679—1754, Halle) setzte[691]

$$\log \operatorname{tg} \alpha = \tfrac{1}{2}(\log a - \log b)$$

und erhielt

$$\log(a + b) = \log a - 2 \log \sin \alpha.$$

Das erste Verfahren ist auch von DELAMBRE (1749—1822, Paris)[692] in der nur wenig abweichenden Form angegeben worden:

688 Philos. Transact. 1714, Vol. 29, Nr. 338, S. 6ff. — 689 Vgl. PFLEIDERER, *Ebene Trigonometrie mit Anwendungen und Beyträgen zur Geschichte derselben*, Tübingen 1802, S. 130. — 690 Misc. Cur. Acad. Caes.-Leop., 1704, S. 102ff. nach S. GÜNTHER, *Vermischte Untersuchungen zur Geschichte der mathematischen Wissenschaften*, Leipzig 1876, cap. V, § 4, S. 285, vgl. *Math. Encyklop.*, I, Leipzig 1902, S. 998—1001. — 691 Acta Eruditorum, Lips. 1715, *Nova regula inveniendi logarithmum summae vel differentiae duorum numerorum*, auch in *Meletemata mathematico-philosophica*, Halae 1755, S. 77—80, Nr. XXV. Vgl. GÜNTHER, S. 286 (Anm. 690) und J. H. T. MÜLLER, *Lehrbuch der Mathematik*, 1852, S. 355. — 692 DELAMBRE, *Über die Berechnung v. Parallax.*, Schwed. Akad., neue Abhandlungen aus der Naturlehre u. s. w., deutsch von KÄSTNER und BRANDIS, Bd. IX, 1, S. 77, nach GÜNTHER, S. 287 (Anm. 690).

$$\log(a \pm b) = \log b + \log \operatorname{tg} \alpha \pm \log \operatorname{ctg} \frac{\alpha}{2} = \log a + \log 2 + 2 \log {\cos \atop \sin} \frac{\varphi}{2}$$

mit

$$\log \cos \alpha = \log b - \log a. \text{ —}$$

Größere Abkürzung im Rechnen gewährt ein Verfahren, das von Z. Leonelli (1776 Cremona — 1847 Corfu, Physiker) zuerst vorgeschlagen wurde.[693] Von diesem werden die beiden Formeln benutzt

$$1)\ \log(a + b) = \log a + \log\left(1 + \frac{b}{a}\right) = \log b + \log\left(1 + \frac{a}{b}\right)$$

$$2)\ \log(a - b) = \log a - \log \frac{\frac{a}{b}}{\frac{a}{b} - 1} = \log b + \log\left(\frac{a}{b} - 1\right)$$

und für ihre Anwendung die Zusammenstellung dreier Tabellen empfohlen, die in einem Entwurf von drei Seiten mit vierzehnstelligen Werten beigegeben werden. Gauss (1777—1855, Göttingen) nahm diese Idee auf und veröffentlichte 1812 die vollständigen Tabellen in fünfstelligen Dezimalbrüchen.[694] Diese drei Tabellen, die Gauss mit A, B, C überschreibt, sind nebeneinander geordnet; je drei auf einer Zeile befindliche Zahlen stehen in dem Zusammenhange

$$3)\ A = \log m, \quad B = \log\left(1 + \frac{1}{m}\right), \quad C = \log(1 + m).$$

Ist $\log a$ und $\log b$ bekannt und wird $\log(a + b)$ verlangt, so sucht man, indem $m = \frac{a}{b}$, also $A = \log a - \log b$ angenommen wird, die Differenz der gegebenen Logarithmen in der Spalte A auf und entnimmt das zugehörige B oder C. Dann hat man

$$4^{a})\ \log(a + b) = \log a + B$$

oder auch

$$4^{b})\ \log(a + b) = \log b + C.$$

Bei dem Logarithmus der Differenz ist der Unterschied der gegebenen Logarithmen $\log a - \log b = \log m'$ in Spalte C aufzusuchen. Die Größe m in 3) ist hier gleich $m' - 1$; die drei Gleichungen in 3) gehen daher über in

$$3')\ A = \log(m' - 1), \quad B = \log \frac{m'}{m' - 1}, \quad C = \log m'.$$

693 Leonelli, *Supplément logarithmique* (Anm. 657). Übers. v. Leonardi, S. 50. — 694 Zach's Monatliche Korrespondenz, 1812 November, S. 498—528; vgl. auch Gauss' eigenen Bericht, Werke, Bd. III, S. 244—246.

Beachtet man, daß diesmal $\frac{a}{b} = m'$ ist, so ergiebt sich

$$5^{a}) \log(a - b) = \log a - B$$

oder

$$5^{b}) \log(a - b) = \log b + A. \text{ —}$$

Den Gauss'schen fünfstelligen Tafeln folgten 1818 als erste siebenstellige die Tafeln von E. A. Matthiessen.[695] — In der späteren Zeit ist die von Leonelli und Gauss gewählte Anordnung vielfach verändert worden. Während in den Formeln 4^{a}) und 5^{a}) die Differenz $\log a - \log b$ in verschiedenen Spalten (A oder C) aufgesucht wird, je nachdem der Logarithmus der Summe oder der Differenz zu suchen ist, die zugehörige Zahl aber immer aus derselben Spalte B zu entnehmen ist, stellte J. H. T. Müller 1844[696] gemäß den Formeln

$$\log(a + b) = \log a + \log\left(1 + \frac{b}{a}\right)$$

$$\log(a - b) = \log a - \log\frac{1}{1 - \frac{b}{a}}$$

drei anderen Kolonne A, S (Summe), U (Unterschied)

$$A = \log a - \log b$$

$$S = \log\left(1 + \frac{b}{a}\right)$$

$$U = \log\frac{1}{1 - \frac{b}{a}}$$

auf, von denen A stets zuerst benutzt wird. Th. Wittstein beschränkte sich andrerseits auf die Formeln 4^{b}) und 5^{b}), in denen B überhaupt nicht vorkommt, und konnte daher in seinen Tafeln mit nur zwei Spalten auskommen.[697] Seine Anordnung findet man in den meisten neueren Tafeln, so in denen von A. M. Nell[698] (1865) und F. G. Gauss[699] (1870).

Der Name Gauss'sche Logarithmen ist nach den vorstehenden Auseinandersetzungen durchaus unberechtigt. Gauss selbst

[695] E. A. Matthiessen, *Tafel zur bequemern Berechnung der Logarithmen der Summe oder Differenz zweier Größen, welche selbst nur durch ihre Logarithmen gegeben sind*, Altona 1818. — [696] J. H. T. Müller, *Vierstellige Logarithmen*, Halle 1844. — [697] Th. Wittstein, *Fünfstellige logarithmisch-trigonometrische Tafeln*, Hannover 1859. — [698] *Fünfstellige Logarithmen*, Darmstadt 1865. — [699] *Fünfstellige vollständige logarithmische und trigonometrische Tafeln*, Berlin 1870.

ist weit davon entfernt, die Erfindung der Additionslogarithmen als sein Eigentum hinzustellen, sondern hebt vielmehr durch direkte Namenanführung das Verdienst LEONELLI's gebührend hervor.[700]

E. Logarithmische Reihen. Die natürlichen Logarithmen.

Bereits im vorhergehenden Abschnitt sind einige Fachwörter besprochen worden, die aus einer höheren Entwicklungsperiode der Logarithmentheorie stammen.

Unsere Lehre war in der Mitte des siebzehnten Jahrhunderts mit der Theorie der unendlichen Reihen in Verbindung getreten. Die erste, nach dieser Richtung anzuführende Entdeckung wurde von ihrem Urheber nicht in ihrem vollen Werte erkannt. GREGORIUS VON SANCT VINCENTIUS (1584 Brügge — 1667 Gent)[701] hatte den Satz gefunden, daß, wenn man bei einer gleichseitigen Hyperbel zu einer Asymptote eine Schar von Parallelen zieht, die zwischen sich, dem Hyperbelzweig und der anderen Asymptote Flächenstücke von konstanter Größe einschließen, dann die Abschnitte der Parallelen zwischen Hyperbel und Asymptote eine geometrische Reihe bilden. Offenbar stehen die Flächenstücke, deren Begrenzung durch die Asymptoten, die Hyperbel und je eine Parallele gebildet wird, in einer arithmetischen Reihe; ihre Maßzahlen sind demgemäß als die Logarithmen der angegebenen Parallelstrecken aufzufassen. Diese letzte wichtige Folgerung seines Satzes zog GREGORIUS nicht selbst; aber einer seiner Anhänger, DE SARASA (1618—1667), machte zwei Jahre später auf diese Auslegung des Satzes aufmerksam.[702] Die moderne Integralrechnung, die sich damals gerade in den ersten Anfängen ausbildete, würde heute den Satz des GREGORIUS durch die einfache Formel

$$\int_0^x \frac{1}{x}\,dx = l\,x$$

ausdrücken können, wobei die gleichseitige Hyperbel, auf ihre Asymptoten als Koordinatenachsen bezogen, in der Form $x \cdot y = 1$ anzunehmen ist.

---

700 Vgl. GAUSS' Werke, III, S. 244. — 701 *Opus geometricum quadraturae circuli et sectionum coni,* 1647, lib. VI, pars IV, prop. 130, S. 597. — 702 *Solutio Problematis a R. P. Marino Mersenno propositi,* 1649, nach CANTOR, II^b, S. 714 bis 715.

Zu weiteren bedeutenden Resultaten gelangte auf Grund dieses Satzes NICOLAUS MERCATOR (1620 Holstein — 1687 Paris, zeitweilig in London).[703] Er setzte, wenn wir die jetzige Schreibart beibehalten, x gleich $1 + a$ und entwickelte den Quotienten $\frac{1}{x} = \frac{1}{1+a}$ durch Ausführung der Division in eine unendliche Reihe, die nach Potenzen von a fortschreitet,

$$\frac{1}{1+a} = 1 - a + a^2 - a^3 + a^4 \ldots .$$ [704]

Schon diese Fortsetzung der Division bis ins Unendliche war eine kühne Neuerung (vgl. Band I, S. 184). Bei MERCATOR ist sie nur Mittel zum Zweck. Soweit waren die Integrationsmethoden bereits zu seiner Zeit gediehen, daß man das Integral einer Potenz wie a^m durch $\frac{1}{m+1} a^{m+1}$ auswerten konnte, freilich in Form schwerfälliger Flächensätze, denen man die einfache LEIBNIZ'sche Formel auch nicht im entferntesten ansehen kann. Daher vermochte MERCATOR die Glieder der Reihe einzeln zu integrieren und als Größe der an der Hyperbel gelegenen Flächenstücke die Reihe

$$a - \frac{a^2}{2} + \frac{a^3}{3} - \frac{a^4}{4} + \ldots$$

aufzustellen. Bei der Veröffentlichung seiner Untersuchungen[703] führt er diese allgemeine Reihe aber nicht selbst an. Es ist das eine Eigentümlichkeit vieler mathematischer Schriftsteller jener Zeit, ihre Entdeckungen nur anzudeuten, um möglichst lange in dem Alleinbesitz zu bleiben. Beigegebene Berechnungen für $a = 1$ und $a = 2$[705] zeigen indes, daß MERCATOR genau nach dem Schema dieser Reihe verfahren ist. Sicher hatte er auch die Deutung des SARASA mit seiner Entwicklung in Verbindung gebracht; denn in seiner prop. XIX,[706] die die Überschrift führt: *Invenire summam Logarithmorum*, sucht er das Integral

$$\int_0^a l(1 + a)\,d a$$

zu berechnen und verfährt in dem numerisch durchgeführten Beispiel nach der Reihe

703 *Logarithmotechnia sive methodus construendi logarithmos nova, accurata et facilis; scripta antehac communicata, anno sc. 1667, Nonis Augusti*, London 1668; abgedruckt bei MASERES, I, S. 167—196 (Anm. 654). — 704 MASERES, I, S. 192. — 705 MASERES, I, S. 194—195. — 706 MASERES, I, S. 195—196.

$$\frac{a^2}{2} - \frac{a^3}{2 \cdot 3} + \frac{a^4}{3 \cdot 4} - \dots,$$

zu der er nur kommen konnte, wenn er

$$l(1 + a) = a - \frac{a^2}{2} + \frac{a^3}{3} - \frac{a^4}{4} + \dots$$

setzte. Die logarithmische Reihe ist sonach eine Entdeckung MERCATOR's, der er sich voll bewußt war. Auch seine Zeitgenossen erkannten die Wichtigkeit seiner Reihenentwicklung. WALLIS (1616—1703, Oxford) erstattete in diesem Sinne einen Bericht über MERCATOR's *Logarithmotechnia*:[707] „*Eae, quae superstruitur doctrina, logarithmos expedite atque subtiliter construendi, perspicue satis atque ingeniose traditur*", und führte die noch fehlende Reihe $a - \frac{a^2}{2} + \frac{a^3}{3} - \dots$ selbst an.[708]

In demselben Bande der *Philos. Transact.*, der WALLIS' Bericht enthält, findet sich eine zweite, kürzere Abhandlung MERCATOR's.[709] Auch sie weist mehreres Erwähnenswerte auf, so z. B. das erste Auftreten der Bezeichnung *logarithmus naturalis* und die Berechnung der natürlichen Logarithmen für $a = 1, 2 \dots 9$, ferner die Bemerkung, daß sich die natürlichen Logarithmen zu den BRIGGS'schen (den *log. tabulares*) wie 1 zu 4,3429448 verhielten. MERCATOR kannte also jene Multiplikationskonstante, die COTES später (1712) Modulus nannte (vgl. S. 177); er zeigte auch sofort ihre Anwendung, indem er aus seinen *log. naturales* durch Multiplikation mit ihr die BRIGGS'schen Logarithmen zu berechnen lehrte.[710]

Gleichzeitig mit MERCATOR, vielleicht sogar früher, scheint J. NEWTON (1643—1727; Cambridge, London) sich mit ähnlichen und in der Reihentheorie noch weitergehenden Untersuchungen beschäftigt zu haben. Aber seine Abhandlung *De analysi per aequationes numerorum terminorum infinitas*, die u. a. die logarithmische Reihe enthält, wurde von ihm erst 1669 seinem alten Lehrer BARROW vorgelegt und 1704 sogar erst gedruckt.[532] Wenn auch NEWTON in einem späteren Briefe an LEIBNIZ (24. X. 1676) erklärt, die Resultate jener Abhandlung schon im Jahre 1666 besessen zu haben,[711] so muß dennoch, ähnlich wie NEPER vor BÜRGI (vgl. S. 146), auch MERCATOR vor NEWTON die Priorität zugesprochen werden, da MERCATOR sich das Anrecht auf sie durch die frühere Veröffentlichung erworben hat, zumal auch noch der Beweis fehlt, daß nicht auch MERCATOR jahrelang vor der Veröffentlichung mit der Ausarbeitung seiner Idee zu stande gekommen sei. —

707 Philos. Transact., Nr. 38, 17. Aug. 1668; MASERES, I, S. 221. — 708 MASERES, I, S. 222 Z. 15—16. — 709 MASERES, I, S. 227 flg. — 710 MASERES, I, S. 229. — 711 *Commercium epistol.*, S. 125 Z. 8—9 (Anm. 533).

Im Anschluß an MERCATOR's Entdeckungen nahmen nun auch andere Mathematiker die Theorie der logarithmischen Reihe in Arbeit. Unter geringer Veränderung der MERCATOR'schen Herleitung gab im August 1668 WALLIS (1616—1703, Oxford) eine Entwicklung für $log(1 - a)$.[712] Sehr geeignet zur Berechnung von Logarithmen ist eine Proportion, die noch in demselben Jahre JAMES GREGORY (1638—1675, Edinburgh) in den *Exercitationes geometricae* auf geometrischem Wege ableitete.[713] Mit modernen Zeichen lautet sie

$$l\frac{A}{B} : l\frac{E}{D} = \left[\frac{B-A}{B+A} + \frac{1}{3}\left(\frac{B-A}{B+A}\right)^3 + \frac{1}{5}\left(\frac{B-A}{B+A}\right)^5 + \ldots\right]$$

$$: \left[\frac{E-D}{E+D} + \frac{1}{3}\left(\frac{E-D}{E+D}\right)^3 + \frac{1}{5}\left(\frac{E-D}{E+D}\right)^5 + \ldots\right].$$

Ihre Wichtigkeit besteht darin, daß in ihr die erste Anlage der gut konvergierenden Reihe

$$\frac{1}{2}l\frac{1+z}{1-z} = z + \frac{1}{3}z^3 + \frac{1}{5}z^5 + \frac{1}{7}z^7 + \ldots$$

zu finden ist. Erst HALLEY (1656—1742, Greenwich) stellte diese Reihe selbst auf,[714] und zwar in einer Abhandlung, die darum zu den bedeutendsten Arbeiten über die Theorie der Logarithmen gehört, weil in ihr zum erstenmal die MERCATOR'sche Reihe in moderner Art, mit Hilfe des binomischen Lehrsatzes, entwickelt wurde. In ihr wird auch der Wert des Moduls und seines reziproken Wertes mit einer Genauigkeit von 60 Stellen angegeben. Von HALLEY scheint auch der Irrtum auszugehen, daß die NEPER'schen Logarithmen mit den natürlichen übereinstimmen.[715] — Die Art der Ausführung ist in HALLEY's Schrift so wenig durchsichtig, daß seine Untersuchungen nicht den ihnen zukommenden Einfluß ausgeübt haben. Erst die Ableitungsform EULER's[716] (1707—1783; Berlin, Petersburg), die sich mit der HALLEY's ziemlich deckt, ist Gemeingut der Mathematiker geworden.

Es würde zu weit führen, auf die vielen Umformungen der MERCATOR'schen Reihe, die in der späteren Zeit immer bessere Methoden zur Logarithmenberechnung lieferten, einzugehen. Besonders erwähnenswert wegen ihrer starken Konvergenz ist die

712 MASERES, I, S. 223 ff. — 713 MASERES, II, S. 5; vgl. auch CANTOR, III², S. 59—60. — 714 Philos. Transact., 1695, Vol. XIX, Nr. 216, S. 58—67; MASERES, II, S. 86 u. Vgl. REIFF, *Geschichte der unendlichen Reihen*, Tübingen 1889, S. 38 ff. — 715 MASERES, II, S. 85 u. S. 86 Z. 23. — 716 *Introductio*, 1748, cap. 7. — Übers. v. MASER, S. 86 ff. (Anm. 540).

Reihe, mit der VEGA (1756—1802; Wien) eine Revision der alten Logarithmenberechnungen vornehmen ließ. VEGA setzte in seinem *Thesaurus* (Leipzig 1794)[717] in die HALLEY'sche Reihe für $l\frac{1+x}{1-x}$

$$\frac{1+x}{1-x} = \frac{y^2}{y^2-1},$$

also

$$x = \frac{1}{2y^2-1}$$

und erhielt dadurch

$$ly = \tfrac{1}{2}[l(y-1) + l(y+1)] + \left[\frac{1}{2y^2-1} + \frac{1}{3\cdot(2y^2-1)^3} + \cdots\right].$$

Ist y eine Primzahl, so sind $y-1$ und $y+1$ gerade Zahlen; ihre Logarithmen sind deshalb durch $l\frac{y-1}{2}$ und $l\frac{y+1}{2}$, deren Numeri kleiner als y sind, bekannt. Für die ersten Werte $y=2$ und $y=3$ ergiebt sich

$$l2 = \tfrac{1}{2}l3 + \left[\frac{1}{7} + \frac{1}{3\cdot 7^3} + \cdots\right]$$

$$l3 = \tfrac{3}{2}l2 + \left[\frac{1}{17} + \frac{1}{3\cdot 17^3} + \cdots\right],$$

woraus $l2$ und $l3$ sehr einfach zu finden sind. Für $y=5$ ist

$$l5 = \tfrac{1}{2}(l4 + l6) + \frac{1}{49} + \frac{1}{3\cdot 49^3} + \cdots$$

$$= \tfrac{3}{2}l2 + \tfrac{1}{2}l3 + \frac{1}{49} + \frac{1}{3\cdot 49^3} + \cdots$$

u. s. w. —

Bei Erörterung über die von JOHANN BERNOULLI (1667—1748, Basel) angeregte[718] und von LEIBNIZ (1646 Leipzig — 1716 Hannover) eingehend behandelte Frage,[719] ob es einen Logarithmus einer negativen Zahl gäbe, zeigte EULER 1749[720] die Unendlichvieldeutigkeit der Logarithmen (vgl. Bd. I, S. 172—173). Nach ihm giebt

717 Einleitung, S. V, Zusatz 5—6. — 718 Hist. de l'Acad. d. Sciences d. Paris 1702 (gedr. 1704), S. 289—297; JOH. BERNOULLI, Werke I, Lausanne 1742, S. 393—400. Vgl. CANTOR, III², S. 348. — 719 Acta Eruditorum 1712, S. 167 bis 169, LEIBNIZ, Werke, ed. GERHARDT, 3. Folge, Bd. V, Halle 1858, S. 387 bis 389. — 720 Hist. de l'Acad. de Berlin 1749 (gedr. 1751), Bd. V, S. 139 bis 179, *De la controverse entre Mrs. Leibniz et Bernoulli sur les Logarithmes des nombres négatifs et imaginaires.*

es für $log(+a)$ einen reellen und unendlich viel komplexe, für $log(-a)$ keinen reellen, sondern nur unendlich viel komplexe Werte. So wäre $log(+1) = \pm 2\lambda\pi \cdot \sqrt{-1}$, $log(-1) = \pm(2\lambda - 1)\pi \cdot \sqrt{-1}$, allgemein

$$\log(a + b \cdot \sqrt{-1}) = \log\sqrt{a^2 + b^2} + (\varphi \pm 2\lambda\pi) \cdot \sqrt{-1}.$$

wo

$$\varphi = \operatorname{arctg}\frac{b}{a}$$

ist und λ jede ganze Zahl sein kann.

FÜNFTER TEIL

DIE EBENE TRIGONOMETRIE

A. Geschichtlicher Überblick.

Seit ältester Zeit blühten im Lande der *Chaldäer* Sternkunst und Sterndeuterei. Wie die Bibel uns von Sterndeutern aus dem Morgenlande erzählt, so berichten griechische Schriftsteller von astronomischen Beobachtungen und Rechnungen der babylonischen Gelehrten.[722] Über den Inhalt dieser altertümlichen Wissenschaft ist uns zu wenig bekannt, um abzuschätzen, wie weit die in vieltausendjähriger Himmelsbeobachtung gesammelten Erfahrungsthatsachen zu theoretischer Betrachtung verarbeitet worden waren. Auf rechnerischem Wege vermochten sie Vorausbestimmungen wichtiger Himmelserscheinungen vorzunehmen, besonders der Verfinsterungen von Sonne und Mond. Ein astrologischer Kalender, der für den König SARGON bestimmt war, also aus dem achtzehnten Jahrhundert v. Chr. stammt, ist neuerdings zugänglich gemacht worden.[721] Jedenfalls müssen wir bei solchen Leistungen das Vorhandensein trigonometrischer Kenntnisse annehmen, können aber über ihren Umfang nichts Genaueres aussagen.

Auch in *Ägypten* bildete sich eine astronomische Wissenschaft aus, deren Ursprung auf Babylon hinzuweisen scheint; die ägyptische Behandlungsart nahm aber einen selbständigen Charakter an, indem sie sich konstruktiver, graphischer Methoden bediente.[722] Die Vorliebe für Astrologie trat in den Hintergrund; hingegen wurden die gewonnenen trigonometrischen Wahrheiten auch auf andere praktische Gebiete übertragen. So scheint von ihnen in der Bautechnik Gebrauch

---

721 Vgl. CANTOR, I[b], S. 90. — 722 *Theonis Smyrnaei Philosophi Platonici expositis rerum mathematicarum ad legendum Platonem utilium*, ed. HILLER, Leipzig 1878, S. 177 Z. 18—20: „*φέροντες οἱ μὲν ἀριθμητικάς τινας, ὥσπερ Χαλδαῖοι, μεθόδους, οἱ δὲ καὶ γραμμικάς, ὥσπερ Αἰγύπτιοι.*“ (Die einen benutzten rechnerische Methoden, wie die Chaldäer, die anderen zeichnerische, wie die Ägypter.) Ferner PORPHYRIUS, *Vita Pythagorae*, § 6, ed. NAUCK, Leipzig 1886, S. 19 Z. 24 ff.: „. . . *γεωμετρίας μὲν γὰρ ἐκ παλαιῶν χρόνων ἐπιμεληθῆναι Αἰγυπτίους, τὰ δὲ περὶ ἀριθμούς τε καὶ λογισμοὺς Φοίνικας, Χαλδαίους δὲ τὰ περὶ τὸν οὐρανὸν θεωρήματα.*“ (Von altersher haben sich die Ägypter mit Geometrie, die Phönizier mit Zahlen und Rechnungen, die Chaldäer mit astronomischen Theoremen beschäftigt.)

gemacht worden zu sein. Die Bekleidungssteine, die auf den stufenförmigen Rohbau der Pyramiden zur Bildung ebener Seitenflächen aufgesetzt wurden, mußten in gleichem Neigungswinkel behauen werden. Um diese Gleichmäßigkeit zu sichern, wurde bei der Herstellung der Steine die Größe des Verhältnisses zwischen zwei gewissen Abmessungen an ihnen vorgeschrieben. Dieses Verhältnis nennen wir heute den Cosinus des betreffenden Winkels. Bezeichnend für den hohen Stand dieser technischen Trigonometrie ist, daß der ägyptische Baumeister für diese Verhältnisgröße schon einen Fachausdruck, *Seqt*, hatte.[723] (Vgl. S. 81.)

Die Schöpfung einer eigentlichen Trigonometrie ist trotzdem erst dem *griechischen* Geiste zuzuschreiben, der babylonische und ägyptische Quellen verarbeitete und in eigenen Leistungen zu wirklicher Theorie fortschritt. Der berühmte Astronom Aristarch von Samos (zwischen 288 und 277 v. Chr. in Alexandria) verstand die Eigenschaften rechtwinkliger Dreiecke zu benutzen, um das Verhältnis der Entfernungen von Sonne und Mond zu berechnen; in einer uns noch erhaltenen Abhandlung[724] verwertete er den Winkel zwischen Mond und Sonne, den er zu der Zeit beobachtete, in der die Mondscheibe genau halb beleuchtet zu sein scheint, in der also die drei Himmelskörper Sonne, Mond und Erde die Ecken eines rechtwinkligen Dreieckes bilden. Ein anderer griechischer Astronom, Hipparch von Nicäa (zwischen 161 und 126 v. Chr. in Rhodus und Alexandria), hat, wie überliefert wird,[725] eine Schrift *über die Kreissehnen* in zwölf Büchern verfaßt, worin er die Grundlagen für eine Sehnentrigonometrie gab (vgl. S. 196). Aus derselben Quelle wissen wir, daß auch Menelaus von Alexandria (um 98 n. Chr.) in sechs Büchern das gleiche Thema behandelt hat. Leider sind beide Werke der Gegenwart nicht erhalten. Nur eine Abhandlung des Menelaus über die Sphärik in drei Büchern ist, freilich auch nicht im Original, sondern

723 Vgl. *Papyrus Rhind,* Rechenbuch des Ahmes, Eisenlohr, S. 135 (Anm. 3). — 724 *Περὶ μεγεθῶν καὶ ἀποστημάτων ἡλίου καὶ σελήνης*, übersetzt und erläutert von A. Nokk, Programm des Freiburger Liceums 1854; ein Auszug auch bei Pappus, *Συναγωγή*, lib. VI, § 69 ff., ed. Hultsch, II, Berlin 1877, S. 554 ff. (Anm. 14). — 725 Von Theon v. Alexandrien in einem Kommentar zum Almagest des Ptolemaeus, *Commentaire de Théon*, ed. Halma, Paris 1821, I, S. 110 Z. 8 ff.: „*Δέδεικται μὲν οὖν καὶ Ἱππάρχῳ ἡ πραγματεία τῶν ἐν κύκλῳ εὐθειῶν ἐν ιβ' βιβλίοις. Ἔτι τε καὶ Μενελάῳ ἐν ς'. Θαυμάσαι δ' ἐστὶ τὸν ἄνδρα πῶς εὐμεταχειρίστως δι' ὀλίγων καὶ εὐχερῶν θεωρημάτων τὴν εὕρεσιν τῆς ποικιλότητος αὐτῶν πεποίηται.*“ (Zugeschrieben wird auch dem Hipparch eine Abhandlung über die Kreissehnen in 12 Büchern, ebenso dem Menelaus in 6. Zu bewundern ist indes unser Verfasser (Ptolemaeus), wie handlich er sich mit wenigen einfachen Sätzen die Auffindung der Sehnengrößen machte.)

in arabischen und hebräischen Übersetzungen, auf uns gekommen[726] und läßt durch ihren bedeutenden Inhalt den Verlust jener Werke um so bedauerlicher erscheinen. Die Arbeiten seiner Vorgänger vereinigte PTOLEMAEUS (zwischen 125 und 151 n. Chr. in Alexandria) mit seinen eigenen Forschungen in der *Μαθηματική* oder *Μεγάλη σύνταξις*,[727] dem *Almagest* der Araber, einem Werk, das für viele Jahrhunderte, ja über ein Jahrtausend hinaus, die trigonometrische Wissenschaft beherrschte.

Immerhin war aber die Trigonometrie nur ein Stiefkind griechischer Mathematik. Der „reine" Mathematiker vom Schlage EUKLID's schwelgte in dem festgefügten Systeme fehlerloser Schlüsse und in der unbedingten Genauigkeit seiner Wahrheiten und Resultate. In übertriebenem Stolze hielt er es seiner Wissenschaft nicht für würdig, Anwendungen auf die Praxis zu machen; diese erschien ihm vielmehr minderwertig, da sie notgedrungen auch mit mehr oder weniger guten Annäherungszahlen arbeitete. So fand die Dreiecksberechnung unter diesen Mathematikern keine Freunde. Andrerseits waren aber die praktischen Mathematiker wie die Feldmesser, die das entgegengesetzte Lager bildeten, theoretisch nicht genügend vorgebildet, um sich in die Lehre der Trigonometrie hineinarbeiten zu können. Handwerksmäßig führten sie ihre Berechnungen nach altertümlichen Näherungsregeln aus, von denen wir einzelne schon in der Geschichte der Geometrie kennen lernten (vgl. S. 66—67), und thaten dies selbst noch in einer viel späteren Zeit, als längst die Trigonometrie zu elementar-technischer Anwendbarkeit ausgebaut war. So blieben als Pfleger der Trigonometrie nur die Astronomen übrig, die gleichmäßig, theoretisch wie praktisch, geschult sein mußten; und in der Hand dieser Männer, wie des ARISTARCH, HIPPARCH, PTOLEMAEUS u. a. wurde unsere junge Wissenschaft zwar langsam, aber stetig gefördert. Allein die ebene Trigonometrie war auch bei ihnen nicht die Hauptwissenschaft; sie mußte hinter der sphärischen Trigonometrie zurücktreten und lieferte nur in den Sehnentafeln und den hiermit zusammenhängenden Sätzen ein Hilfsmittel zu den in der Sphärik nötigen Berechnungen.

Ob in *Indien* sich Anfänge trigonometrischer Wissenschaft selbst bildeten oder ob die indische Trigonometrie aus derselben Quelle, aus der die Griechen schöpften, von Babylon her, beeinflußt war, sei hier

726 *Theodosii sphaericorum libri III et Menelai sphaericorum libri III*, ed. HALLEY, Oxford 1758. — 727 *Composition mathématique de Claude Ptolémée, ou astronomie ancienne*, trad. par HALMA, Paris 1813—1816 und Ptolemaei Cl. opera quae exstant omnia, ed. J. L. HEIBERG, Vol. I, Leipzig 1898.

dahingestellt; die letzte Annahme ist keineswegs unwahrscheinlich. Jedenfalls bot der indische Geist ein fruchtbares Feld zur Weiterentwicklung. Frei von dem Zwange, den die griechische Mathematik sich selbst auferlegte, praktische Berechnungen und angenäherte Resultate durchaus zu vermeiden, vielmehr begabt mit einer wunderbaren Befähigung, die Zahlen zu beherrschen, konnten die indischen Mathematiker, als deren Vertreter wir nur ARYABHATTA[195] (geb. 476 n. Chr.), BRAHMAGUPTA[261] (geb. 598 n. Chr.) und BHASKARA[261] (geb. 1114 n. Chr.) genauer kennen, gerade in der Trigonometrie ihre glänzende Meisterschaft zeigen. Was kein griechischer Mathematiker gethan hatte, wiewohl es PTOLEMAEUS nicht weit aus dem Wege gelegen hätte,[728] gelang ihnen: statt der hipparchischen Sehnen führten sie mit glücklichem Griffe die halben Sehnen als Funktionen des halben Winkels ein und schufen die neue Sinustrigonometrie. Sie stellten eine Sinustabelle auf, die von $3^3/_4{}^0$ zu $3^3/_4{}^0$, bei BHASKARA sogar von 1^0 zu 1^0 fortschritt. Aber es fehlte ihnen noch die allgemeine Behandlung des schiefwinkligen Dreiecks; wurde eine solche nötig, so suchten sie sich durch Zurückführung auf rechtwinklige Dreiecke die geforderte Lösung zu verschaffen.

Die Gelehrsamkeit beider Völker, der Griechen und der Inder, verschmolz miteinander in der *arabischen* Wissenschaft. Der Drang nach Wissen zeigte sich in diesem merkwürdigen, meteorartig in der Kultur auftauchenden Volke zunächst in einer regen Übersetzungsthätigkeit; nicht nur griechische Werke, wie die des EUKLID, PTOLEMAEUS u. a. wurden ins Arabische übertragen und kommentiert, sondern auch indische Schriften, wie die *Siddhanta* des BRAHMAGUPTA, wurden übersetzt und bearbeitet. Im Anschluß an dieses Studium entwickelte sich eine reiche originale Thätigkeit. Nicht allzuviel arabische Werke sind in mittelalterlichen oder modernen Übersetzungen zugänglich gemacht worden; aber schon diese geben ein Bild der großen Fortschritte, die die Trigonometrie den arabischen Mathematikern und Astronomen verdankt. AL BATTANI (lat. ALBATEGNIUS; † 929, Damaskus) schrieb ein Werk *über die Bewegung der Sterne*, das in einer lateinischen Übersetzung des PLATO von Tivoli (um 1120 n. Chr.), *de motu stellarum*, auf uns gekommen ist.[729]

728 Vgl. v. BRAUNMÜHL, *Neueste Forschungen über sphär. Trigonometrie*, Abh. der Leop. Car. Acad. 1897, Bd. 71, Nr. 1, S. 8 ff. — 729 Aus dem Nachlaß REGIOMONTANS im Jahre 1537 von MELANCHTHON herausgegeben: *Rudimenta astronomica Alfragani; item Albategnius astronomus peritissimus de motu stellarum cum demonstr. geom. et addit. Ioannis de Regiomonte*, Norimbergae 1537; *Mohammetis Albatenii de scientia stellarum liber, cum aliqu. add. Ioannis de Regiomonte ex. bibl. Vaticana transscriptus*, Bononiae 1645.

In diesem ist regelmäßig und in dem Bewußtsein der besseren praktischen Verwendbarkeit die indische Sinusfunktion an die Stelle der hipparchischen Sehne gesetzt worden. Auch neue Funktionen, die Cotangente[730] und Sekante, erscheinen bei AL BATTANI; für die Werte der ersten ist sogar eine kleine Tabelle beigefügt. Sehr gewandte Anwendung geometrischer Projektionsmethoden hob ihn und seine Nachfolger über den Mangel trigonometrischer Formeln hinweg.[731] Besondere Verdienste um die Aufstellung der Tangensfunktion erwarb sich ABU'L WAFA (940—998, Bagdad); er zeigte ihre allgemeine Verwendung bei Dreiecksberechnungen, während seine Vorgänger die Cotangente nur zur Bestimmung der Sonnenhöhe benutzt hatten.[732] ABU'L WAFA ist ferner der erste, der eine systematische Zusammenstellung der trigonometrischen Sätze gab; auch fügte er Beweise hinzu, was von arabischen Gelehrten sehr selten geschah.[733]

Von den *Westarabern* ist der ebenen Trigonometrie keine Förderung zu teil geworden. Es ist dies um so auffallender, als in der sphärischen Trigonometrie, besonders durch DSCHABIR IBN AFLAH[734] (Sevilla, † zwischen 1140 und 1150), große Fortschritte gemacht wurden; wir finden bei DSCHABIR sogar noch die alte Sehnenmethode des PTOLEMAEUS in Gebrauch.

Einen glänzenden Abschluß fand die arabische Trigonometrie ein Jahrhundert später in dem erst jüngst aufgeschlossenen Werke des NASIR EDDIN TUSI (1201—1274, persischer Astronom; Günstling des Mongolenführers HULAGU) *Über die Figur der Schneidenden.*[735] In dieser Schrift ist zum erstenmal die ebene Trigonometrie um ihrer selbst willen betrieben, nicht nur als eine Hilfswissenschaft im Dienste der Astronomie, und zum erstenmal eine allgemeingültige Methode für ihre Behandlung entwickelt. Bespricht der Verfasser auch anfangs das rechtwinklige Dreieck nach der Methode „der Alten" (mit Hilfe der griechischen Sehnentheorie), so nimmt er bei der Behandlung des schiefwinkligen Dreiecks den neuen Standpunkt ein, daß er vom Sinussatz ausgeht und mit seiner Hilfe die einzelnen Fälle des allgemeinen Dreiecks löst (vgl. S. 234—235). Den Cosinussatz kennt

730 Vgl. den Zusatz in Anm. 777ª. — 731 Vgl. v. BRAUNMÜHL (Anm. 728). — 732 CANTOR, Iᵇ, S. 704. — 733 v. BRAUNMÜHL, *Vorlesungen über Geschichte der Trigonometrie,* S. 55 (Anm. 573). — 734 *Gebri filii Afflah Hispalensis de astronomia libri IX* etc., Norimbergae 1543. — 735 *Schakl al Kaṭṭâ. Traité du quadrilatère attribué à Nassiruddin-el-Toussy,* traduit par ALEXANDRE PASCHA CARATHEODORY, Constantinopel 1891; vgl. v. BRAUNMÜHL, NASIR EDDIN TUSI und REGIOMONTANUS, Abh. d. Kais. Leop.-Carol. deutsch. Akademie der Naturforscher, Bd. 71, Nr. 2, Halle 1897.

er noch nicht; in den Fällen, wo wir ihn heute anwenden, greift er zur Zerlegung der gegebenen Dreiecke in rechtwinklige (vgl. S. 255).

Die geschilderten Verdienste NASIR EDDIN's hatte man bisher dem deutschen Mathematiker REGIOMONTANUS (JOH. MÜLLER aus Königsberg in Unterfranken, 1436 — Rom 1476; Wien, Italien, Nürnberg) zugeschrieben, in dessen grundlegendem Werke *De triangulis omnimodis libri quinque*[736] diese Neuerungen ebenfalls anzutreffen sind. Die hohe Schätzung REGIOMONTAN's bleibt indes unangefochten bestehen. Ein Zusammenhang zwischen beiden ist nicht nachzuweisen. REGIOMONTANUS schöpfte freilich aus arabischen Werken, die in ziemlich mangelhaften Übersetzungen aus Spanien nach dem Abendland gelangt waren; aber seine Quellen sind in der Hauptsache nur die Westaraber AL ZARKALI (um 1080, Toledo) und DSCHABIR († um 1150, Sevilla); von ostarabischen Werken scheint er nur das Buch AL BATTANI's († 929, Damaskus) zu kennen.[730] Diese Schriftsteller behandeln aber die Trigonometrie in ganz anderer Weise als der viel später lebende NASIR EDDIN. REGIOMONTAN bildete das ihm Überkommene durchaus selbständig aus; sein Lehrbuch ist in didaktischer wie systematischer Beziehung ein Meisterwerk. Den Gedanken, die Trigonometrie als eigene Wissenschaft zu betrachten, schreibt er selbstlos seinem verehrten Lehrer, GEORG VON PEURBACH (1423—1461, Wien), zu. Wird REGIOMONTAN auch der Ruhm, als erster die Trigonometrie modern behandelt zu haben, genommen, so bleibt seine Wirksamkeit doch für das Abendland von höchster Bedeutung. NASIR EDDIN bildete den Schlußstein arabischer Entwicklung; es läßt sich nicht feststellen, daß sein Werk irgendwie Anregung zu Weiterarbeit gegeben hat. REGIOMONTANUS aber stand am Anfang einer Neuentwicklung; er allein gab den Anstoß zu dem System der ebenen Trigonometrie, wie es heute vor uns steht.

Das Werk REGIOMONTAN's *De triangulis*, das 1464 entworfen worden war, ist unvollendet; vor der endgültigen Bearbeitung der letzten 4 Bücher scheint ihn der Tod abberufen zu haben.[737] Es fehlt bei der Dreiecksberechnung die Verwendung der Tangensfunktion (vgl. S. 209); in einer nach 1464 in Angriff genommenen *Tabula directionum*[738] (1490 in Augsburg erschienen) finden wir sie aber benutzt und erkennen auch, daß REGIOMONTAN inzwischen ihren Nutzen zu würdigen gelernt hat. —

In dem weiteren Überblick über die Geschichte der Trigonometrie ist größere Kürze möglich, da die ausführliche Besprechung

736 Norimbergae 1533; in erster Bearbeitung verfaßt um 1464. — 737 CANTOR, II^b, S. 265. — 738 CANTOR, II^b, S. 275.

der Einzelheiten auf die folgenden Abschnitte verschoben werden kann. Die Mehrzahl der hervorragenden Mathematiker bis zur Neuzeit trug ihr Scherflein zu dem heutigen Umfange der Trigonometrie bei. Man verdankt Koppernikus (1473 Thorn — 1543 Frauenburg) die Neuaufstellung der Secansfunktion. Rhaeticus (1514 bis 1576, Wittenberg) ist der Berechner des gewaltigsten trigonometrischen Tabellenwerkes. Vieta (1540—1603; Paris, französischer Staatsbeamter), der Großmeister in der Mathematik, schuf eine eigentliche Goniometrie; er führte algebraische Rechnungen und Umformungen in der Trigonometrie ein und vollendete den systematischen Aufbau sowohl der ebenen, als auch der sphärischen Trigonometrie. Die handliche und durchsichtige Form aber, in der die trigonometrischen Formeln dem modernen Mathematiker vorschweben, ist eine Errungenschaft, an der in erster Reihe Euler (1707 bis 1783; Berlin, Petersburg) beteiligt ist.

Das Wort Trigonometrie scheint zuerst in dem Titel eines Buches, das Pitiscus (1561—1613) 1595 in Heidelberg veröffentlichte, vorzukommen:[738a] *Trigonometria sive de solutione triangulorum tractatus brevis et perspicuus.*

B. Die trigonometrischen Funktionen.

I. Der Begriff des Sinus und Cosinus eines Winkels.

Es wurde in der Einleitung erwähnt (vgl. S. 190), daß schon in jener ältesten mathematischen Urkunde, dem Rechenbuche des *Ägypters* Ahmes (*Papyrus Rhind*, 2000—1700 v. Chr.)[3] eine Verhältnisgröße benutzt wird, die unserem Cosinus vergleichbar ist. Das Auftreten einer solchen Verhältnisbestimmung würde weniger auffallen, wenn nicht eigentümlicherweise für diese Größe sich dem überraschten Forscher zugleich ein Fachausdruck, *Seqt* (wörtlich: Verhältniszahl), darböte. Ein *terminus technicus* stellt sich nur ein, wenn langdauernde Gewohnheit die kurze Bezeichnung eines oft gebrauchten Begriffes verlangt. Es muß sich daher schon in jener fernen Zeit eine Art Theorie angebahnt haben, die in bewußter Weise Winkelgrößen mit Verhältnissen gewisser Streckenabmessungen in Verbindung brachte. In einer anderen Aufgabe

[738a] Anhang zu Abr. Sculteti *Sphaericorum libri tres*, Heidelb. 1595, S. 157.

desselben ägyptischen Rechenbuches will man auch eine tangensähnliche Verhältnisbestimmung entdeckt haben.[739]

Sichere Kenntnis von dem Vorhandensein einer trigonometrischen Wissenschaft besitzen wir erst aus der *griechischen* Entwicklungsperiode der Mathematik. Aber auch für diese Zeit beschränkt sich die Überlieferung zunächst auf den dürftigen Bericht eines späten Schriftstellers,[725] daß HIPPARCH von Nicäa (zwischen 161 und 126 v. Chr. in Rhodus und Alexandria) eine Schrift in 12 Abschnitten über die Sehnen im Kreise geschrieben habe, in der er eine Sehnentabelle berechnete;[740] dasselbe Thema habe auch MENELAUS von Alexandria (um 98 n. Chr.) in 6 Büchern behandelt. Augenscheinlich sind beide als Vorgänger des PTOLEMAEUS (zwischen 125 und 151 n. Chr. in Alexandria), dessen *Trigonometrie* uns vollständig erhalten ist, zu betrachten. Da jener Bericht noch hervorhebt, daß PTOLEMAEUS sich nur besonders einfacher Herleitungen bediente, werden wir nicht fehlgehen, wenn wir die bei PTOLEMAEUS vorgetragene Lehre in der Hauptsache uns schon bei HIPPARCH vorhanden denken.

Wie wir uns die trigonometrischen Beziehungen in beliebigen Dreiecken durch Einführung der Sinusfunktion zugänglich machen, so benutzte der griechische Astronom hierzu die Größe der Sehne (*chorda*), die zu dem doppelten, als Centriwinkel in den Kreis eingetragenen Winkel gehört. Mit der Größe des Centriwinkels ändert sich die Größe der Sehne; und für diese Veränderlichkeit hat HIPPARCH eine Tabelle aufgestellt. Man sieht leicht ein, daß die Rechnungen in dieser Sehnentrigonometrie nur in der äußeren Form von modernen Rechnungen abweichen. In welchem Intervall die HIPPARCH'sche Tabelle fortschritt, ist uns gänzlich unbekannt. Vermutlich waren die Werte der Chorden in demselben Maß gegeben, das PTOLEMAEUS annahm. Bei diesem ist der Radius in 60 Teile zerlegt (*μοιραί*); jeder Teil wird sexagesimal weiter geteilt (*ἑξηκοστὰ πρῶτα* und *δεύτερα*). In solchen Sechzigsteln des Radius ist die Sehnengröße berechnet. Auf die wirkliche Größe des Radius kommt es demnach gar nicht an, so daß die von PTOLEMAEUS angeführten Zahlen echte Verhältniswerte sind. Zur Zeit HIPPARCH's wurden die Sexagesimalbrüche sicher schon von den griechischen Astronomen benutzt. Wir wissen sogar (vgl. Bd. I, S. 23), daß sie mit Beginn des zweiten Jahrhunderts aus ihrer Heimat, Babylon, nach Alexandria gebracht worden waren; in dem *Ἀναφορικός* (*Von den Aufgängen der Gestirne*) des HYPSIKLES von Alexandria (um 180 v. Chr.) ist ihre Verwendung in griechischen Schriften

[739] CANTOR, I^b, S. 60. — [740] WOLF, *Geschichte der Astronomie*, S. 111; v. BRAUNMÜHL, S. 14 (Anm. 573).

zum erstenmal nachzuweisen.[741] Vielleicht ist die Chordafunktion, die Stellvertreterin unseres Sinus, auch von Babylon mit eingewandert; von astronomischen Rechnungen des chaldäischen Gelehrten erzählen ja griechische Autoren.[722] Es kann aber auch sein, daß nur die Form babylonisch, der Kern aber eine von griechischem Geiste umgearbeitete ägyptische Weisheit ist, da nicht angenommen werden kann, daß der Faden, der in dem uralten Rechenbuch des AHMES angeknüpft ist, seitdem gänzlich abgerissen wäre. In den Schriften, die unter dem Namen des Alexandriners HERON umlaufen, finden sich nämlich Wertangaben für die Flächeninhalte der regelmäßigen Polygone zwischen $n = 3$ bis $n = 12$. Der Umstand, daß diese Werte sich in den meisten HERON'schen Schriften wiederholen — in der *Geometrie* für $n = 5$ bis 12, in den *Mensurae* für $n = 6$ und 8, im *liber Geeponicus* zunächst für $n = 5, 6$, an späterer Stelle von $n = 3$ bis $n = 12$,[742] in den *Metrika*[743] von $n = 5$ bis $n = 12$ —, läßt sie als echt heronisch sich herausstellen. HERON aber — das haben wir oft gesehen (vgl. S. 4, 50, 66) — bearbeitet alte ägyptische Forschungen. Der Schluß liegt nahe, für diese Inhaltsgrößen ebenfalls ägyptischen Ursprung anzunehmen; hierfür spricht auch die altertümliche Form dieser Zahlen, die nicht in den seit dem zweiten Jahrhundert üblich gewordenen Sexagesimalbrüchen, sondern in gewöhnlichen Brüchen gegeben sind. Ist F_n die Fläche, s_n die Seite des Polygons, so giebt HERON für die Formel $F_n = c_n \cdot s^2_n$ die Werte:[744]

$c_3 = \frac{13}{30} = 0{,}433333$	richtig ist: $c_3 = 0{,}433012$
$c_4 = 1 = 1{,}000000$	$c_4 = 1{,}000000$
$c_5 = \frac{12}{7} = 1{,}714285$ oder $= \frac{5}{3} = 1{,}666666$	$c_5 = 1{,}720477$
$c_6 = \frac{13}{5} = 2{,}600000$	$c_6 = 2{,}598176$
$c_7 = \frac{43}{12} = 3{,}583333$	$c_7 = 3{,}633910$
$c_8 = \frac{29}{6} = 4{,}833333$	$c_8 = 4{,}828427$
$c_9 = \frac{51}{8} = 6{,}375000$ oder $= \frac{38}{6} = 6{,}333333$	$c_9 = 6{,}181824$
$c_{10} = \frac{15}{2} = 7{,}500000$	$c_{10} = 7{,}694208$
$c_{11} = \frac{66}{7} = 9{,}428571$	$c_{11} = 9{,}370872$
$c_{12} = \frac{45}{4} = 11{,}250000$	$c_{12} = 11{,}196152$

[741] *Des Hypsikles Schrift Anaphorikos* nach Überlieferung und Inhalt kritisch behandelt von Dr. K. MANITIUS, Dresden, Programm 1888, Nr. 504, S. XXVI Z. 25 f. — [742] HERON, ed. HULTSCH (Anm. 2), *Geometrie*, cap. 102, S. 134—135; *Mensurae*, cap. 51—53, S. 206; *liber Geeponicus*, cap. 75—77, S. 218, cap. 167, 170—179, S. 229. — [743] Nach W. SCHMIDT, Bibl. math., 3. Folge, Bd. I, 1900, S. 319. — [744] CANTOR, I[b], S. 370.

Modern ist $F_n = \frac{n}{4 \cdot \operatorname{tg} \frac{\alpha}{2}} \cdot s^2_n$, wo $\alpha = \frac{360}{n}$, also $c_n = \frac{n}{4 \cdot \operatorname{tg} \frac{\alpha}{2}}$. Der Standpunkt der griechischen Geometrie bis zum zweiten Jahrhundert n. Chr. gestattete nun wohl die Berechnung von c_n für $n = 3, 4, 5, 6, 8, 10, 12$, nicht aber eine solche für $n = 7, 9, 11$. Daß diese Werte in der Zusammenstellung mit enthalten sind, giebt ihr einen tabellenartigen Anstrich und weist unwiderleglich auf trigonometrische Beziehungen hin. Geometrische Näherungsableitungen der c_n, die in den *Metrika* angegeben werden,[743] ändern an diesem Eindrucke nichts, da alle trigonometrischen Werte im Altertum geometrisch abgeleitet werden. Es braucht andrerseits auch nicht behauptet zu werden, daß die heronischen c_n unter einfachen Umrechnungen aus bereits fertig vorhandenen Tabellen entnommen sind. Dies würden die Herleitungen in den *Metrika* sofort widerlegen. Sie sind eben nicht nach der Aufstellung von Tafeln, sondern vor oder zu der Zeit einer solchen entstanden; ihre Berechnung zeigt das bei der Auffindung trigonometrischer Werte benutzte Verfahren. Inhaltlich würde damit die Auffindung von Cotangenswerten $\left(\text{da } c_n = \frac{n}{4 \cdot \operatorname{tg} \frac{\alpha}{2}}\right)$ geleistet werden. Der Tangensbegriff scheint ja aber auch im Rechenbuch des Ahmes enthalten zu sein (vgl. S. 196).[744a]

Auf festeren Grund und Boden für die Vorgeschichte unserer

[744a] Nachtrag des Verfassers: Die nach Beginn des Druckes erschienenen *Μετρικά* des Heron (ed. H. Schöne, Leizig 1903) weisen S. 48—64 rein geometrische Ableitungen in der That nur für $n = 3, 5, 6, 8, 10, 12$ (4 fehlt) auf. Die Endwerte, die für $s_n = 10$ berechnet werden und sich mit den oben zusammengestellten bis auf $c_8 = 2{,}59$ decken, sind unter Benutzung angenäherter Quadratwurzeln, wie $\sqrt{2} = \frac{17}{12}$, $\sqrt{3} = \frac{26}{15}$, $\sqrt{207} = \frac{43}{3}$ u. s. w., gefunden. Bei dem Siebeneck beruft sich Heron darauf, daß s_7 annähernd gleich ϱ_6, dem Radius des im entsprechenden Sechseck eingezeichneten Kreises, ist; hierfür giebt er weder einen Beweis noch einen Gewährsmann an. In weiterer Annäherung leitet er nun $s_6 : \varrho_6 = 8 : 7$ ab und kann jetzt s_7, dann auch ϱ_7 und i_7 ausrechnen. Bei dem Neuneck und Elfeck muß Heron auf trigonometrische Sätze zurückgreifen, die er einem Werke *περὶ τῶν ἐν κύκλῳ εὐθειῶν* (= Über die Sehnen) entnimmt. Der Verfasser dieser Schrift wird nicht genannt, ist aber sehr wahrscheinlich Hipparch (um 180—125 v. Chr.). Heron pflegt andere Autoren, wie Archimedes, stets mit Namen anzuführen. Daß er dies bei Hipparch unterläßt, wird verständlich, wenn man Heron als (älteren?) Zeitgenossen Hipparch's annimmt; ein einfacher Hinweis auf die vielleicht nur kurze Zeit vor seiner *Μετρικά* veröffentlichte Schrift Hipparch's, deren neuartiger Inhalt allgemeines Aufsehen erregte, genügte vollständig, um den Leser die Bezugsquelle genau wissen zu lassen (Über diese frühe Ansetzung der Lebenszeit Heron's vgl. auch Anm. 1739; ferner R. v. Scala, Monatsberichte für Math. und Phys., VII, 1896, S. 7 und

Sinusfunktion gelangen wir erst durch die erhaltene Schrift des Menelaus (um 98 n. Chr.) über die Sphärik. Die für uns viel wichtigere Schrift über die Sehnen[725] (vgl. S. 196) ist leider verloren gegangen. Bei Menelaus finden wir zum erstenmal in der uns zugänglichen Literatur jene Sehnenfunktion, aus der später der Sinus entstand: ἡ ὑπὸ τὴν διπλῆν τῆς περιφερείας sc. εὐθεῖα (die Sehne des doppelten Bogens = *chorda s. subtensa dupli arcus*) benutzt. Mit ihrer Hilfe spricht er eine große Anzahl von sphärischen Sätzen aus, durch die die Berechnung sphärischer Dreiecke vorbereitet wird, so den Fundamentalsatz der antiken sphärischen Trigonometrie, der unter dem Namen des Menelaus noch heute allgemein bekannt ist:

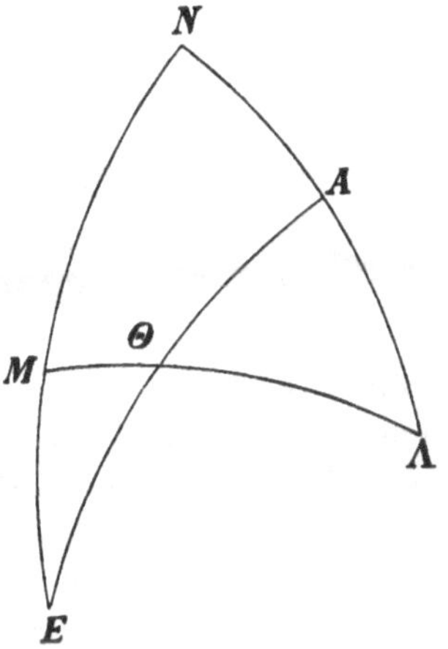

Fig. 21.

$$\frac{\text{Sehne}\,(2\cdot AN)}{\text{Sehne}\,(2\cdot A\Lambda)} = \frac{\text{Sehne}\,(2\cdot NE)}{\text{Sehne}\,(2\cdot EM)} \cdot \frac{\text{Sehne}\,(2\cdot M\Theta)}{\text{Sehne}\,(2\cdot \Theta\Lambda)}.$$ [745]

Es bleibe dahingestellt, ob dieser Satz nicht schon Eigentum des Hipparch gewesen ist.

Völlige Aufklärung über den Stand der griechischen Trigonometrie erhalten wir aber erst durch die Μαθηματικὴ σύνταξις (arabisch: *Almagest*) des Klaudius Ptolemaeus (zwischen 125 und 151 n. Chr. in Alexandrien). Das erste Buch ist der Sehnenberechnung und der Anwendung der Sehnentafel bei astronomischen Dreiecksberechnungen gewidmet. Ptolemaeus geht aus von einer Reihe bekannter Sehnen, die den Seiten der konstruierbaren regelmäßigen

E. Hoppe, Programm Nr. 815, Hamburg 1902, Wilhelm-Gymnasium). Die von Heron benutzten trigonometrischen Beziehungen lauten, modern geschrieben,

$$\sin\frac{360}{2n} = \frac{1}{3} \text{ bzw. } \frac{7}{25} \quad \text{für } n = 9 \text{ bzw. } 11.$$

Die genauen Werte wären $\sin 20^0 = 0{,}3420$ und $\sin 16^0\,21'\,49'' = 0{,}2817$. Die gute Annäherung ist besonders bei dem zweiten Werte anzuerkennen.

Überraschend für die Geschichte der Algebra ist in diesen Rechnungen das Auftreten des Wortes δυναμοδύναμις (ed. Schöne, S. 48 Z. 11, 19, 21) für die vierte Potenz einer Größe. Bisher konnte man diesen Ausdruck nicht vor Diophant (siehe Band I, S. 125 u. 186) nachweisen. Man erlangt hierdurch einen neuen Einblick in die Entwicklung, die die Algebra schon zu Heron's Zeit angenommen hatte (vgl. Bd. I, S. 255—256). — [745] Menelaus, editio Halley (Anm. 726), lib. III; prop. I, S. 80. — Vgl. Anm. 1199.

Polygone ($n = 3, 4, 5, 6, 10$) entsprechen. Er findet aus Sätzen der euklidischen Elemente die Sehnen von $36^0 = 37^\mu\ 4'\ 55''$ (μ = *μοιραί*, siehe S. 196), ferner

$$\begin{aligned} \text{Sehne } 60^0 &= 60^\mu\ 0'\ 0'' \\ \text{Sehne } 72^0 &= 70^\mu\ 32'\ 3'' \\ \text{Sehne } 90^0 &= 84^\mu\ 51'\ 10'' \\ \text{Sehne } 120^0 &= 103^\mu\ 55'\ 23'', \end{aligned}$$ [746]

und berechnet hieraus mittels des pythagoreischen Lehrsatzes die Sehnen der Supplementwinkel, z. B. Sehne $144^0 = 114^\mu\ 7'\ 37''$. Dann entwickelt er auf Grund des noch heute nach ihm benannten Satzes von dem Sehnenviereck das Additionstheorem der Sehnenfunktion und zeigt, wie man aus zwei bekannten Sehnen diejenige Sehne berechnen kann, deren Bogen gleich der Summe bezw. der Differenz der gegebenen Sehnen ist.[747] Unabhängig hiervon lehrt er die Sehne eines Bogens aus der Sehne des doppelten Bogens berechnen.[748] Diese Sätze, in Verbindung mit den oben angeführten Zahlen, setzen ihn in den Stand, alle Sehnenwerte von $1\frac{1}{2}^0$ zu $1\frac{1}{2}^0$ zu finden. Nunmehr leitet er die Sehne von $1^0 = 1^\mu\ 2'\ 50''$ mit Hilfe eines fein durchdachten Näherungsverfahrens ab[749] und vermag jetzt unter Anwendung der sofort zu ermittelnden Sehne von $\frac{1}{2}^0 = 0^\mu\ 31'\ 25''$ eine Sehnentabelle zu konstruieren, die von $\frac{1}{2}^0$ zu $\frac{1}{2}^0$ fortschreitet. Die zwischen zwei aufeinanderfolgenden Tabellenwerten vorhandenen Differenzen sind, durch 30 dividiert, der Tabelle beigefügt und gestatten so noch Sehnenwerte von Minute zu Minute aufzufinden.

Von den seiner Tabelle folgenden Anwendungen beziehen sich die meisten auf die sphärische Trigonometrie; nur an wenigen Stellen nimmt er Veranlassung, Berechnungen für ebene Dreiecke vorzunehmen.

Unter den übrigen Schriften des Ptolemaeus ist eine kleine Abhandlung *περὶ ἀναλήμματος*[750] von Bedeutung, da sie uns eine konstruktive Lösungsmethode sphärisch-trigonometrischer Aufgaben giebt, ein Verfahren, das vielleicht vor Hipparch, oder zum wenigsten bei ägyptischen Mathematikern, die einzige Art zur Behandlung trigonometrischer Aufgaben gewesen war, das aber keineswegs durch die trigonometrische Methode ganz verdrängt wurde, sondern noch bis ins

746 Ptolemaeus, *Μαθηματικὴ σύνταξις* I, cap. 9; ed. Halma, S. 28—29; ed. Heiberg, S. 32—35 (Anm. 727). — 747 Daselbst, ed. Halma, S. 30—31; ed. Heiberg, S. 39—40. — 748 Daselbst, ed. Halma, S. 31—32; ed. Heiberg, S. 39—40. — 749 Daselbst, ed. Halma, S. 33—36; ed. Heiberg, S. 42—46. — 750 Heiberg, Zeitschr. f. Math. u. Phys., Suppl. zu Jahrgang 40, Leipzig 1895, S. 1 ff., vgl. v. Braunmühl, *Gesch. d. Trigonom.*, S. 11 ff. (Anm. 573).

Mittelalter hinein sich nachweisen läßt. Diese kleine Schrift ist uns auch deshalb wichtig, weil PTOLEMAEUS bei der Durchführung der gestellten Aufgabe vielfach die halben Sehnen benutzte, also die Verwendung der Sinusfunktion geradezu streifte. Dennoch führte weder er, noch überhaupt ein Grieche, diese naheliegende Vereinfachung aus.

Ein solcher Schritt war den *Indern* vorbehalten, die die altbabylonischen Überlieferungen in Verbindung mit alexandrinischer Gelehrsamkeit in durchaus selbständiger Weise verarbeiteten. Ihrer großen rechnerischen Veranlagung entsprach es, daß sie aus geometrischen Ableitungen, wie wir sie eben in dem *ἀνάλημμα* kennen lernten, das Reinrechnerische herausschälten. Der Vorteil, der hier und in ähnlichen Aufgaben in der Verwendung der halben Sehnen und der halben Winkel lag, entging ihnen dabei nicht. Im Gegensatz zu der griechischen Sehnenlehre gelangten die Inder dadurch zur Aufstellung der Sinusfunktion. Bei dem ältesten indischen Astronomen, dessen Schriften uns bekannt sind, ARYABHATTA (geb. 476 n. Chr.) finden wir die Sinustrigonometrie bereits fertig entwickelt. Das Wort *jyâ* oder *jîva*, das Sehne bedeutet, dient zur Bildung der Fachwörter *ardhajyâ* für *sinus*, *koṭijyâ* für *cosinus* und *utkramajyâ* für *sinus versus* ($= 1 - \cos\alpha$).[751] Für die Sinuswerte ist eine Tabelle aufgestellt, die mit sin 3° 45′ beginnt und in dem Intervall 3° 45′ fortschreitet; sie verrät dadurch, daß ihre Zahlen durch fortgesetztes Halbieren der Winkel 60°, 30°, 15°, 7° 30′, 3° 45′ mit Hilfe von Sätzen, wie etwa $\sin\frac{\alpha}{2} = \sqrt{\frac{1-\cos\alpha}{2}}$, gefunden sind. Eigenartig ist das Maß, in dem diese Sinuswerte gegeben werden. Der Inder suchte zunächst den Kreisbogen, dessen Länge gleich der des Radius ist. Unter Benutzung von $\pi = 3{,}1416$ findet er für diesen Bogen eine Winkelgröße von 3438 Minuten. Dieser Wert erscheint nun für sin 90°. Von den im ganzen 24 Werten seien noch angeführt: sin 60° = 2978′, sin 30° = 1719′, sin 15° = 890′, sin 7° 30′ = 449′, sin 3° 45′ = 225′. Der letzte Wert ist dadurch wichtig, daß die Winkelgröße 3° 45′ auch gleich 225′ ist und für diesen, wie für kleinere Winkel, der Bogen mit dem Sinus zusammenfällt, wenigstens für die gewählte Genauigkeit von Minuten. Dieser Sonderstellung verdankt der sin 3° 45′ einen besonderen Namen, *kramajyâ*. Genauere Tafeln enthält BHASKARA's (geb. 1114 n. Chr.) Werk. Dieser wählte den

751 RODET, *Leçons de Calcul d'Aryabhaṭṭa*, Journal Asiatique 1879, S. 399. — Vgl. CANTOR, I[b], S. 616 ff.; HANKEL, S. 217, Anm. (Anm. 23); v. BRAUNMÜHL, S. 33 ff. (Anm. 573).

Radius selbst als Maß, gab demnach die ersten echten Sinuszahlen, verringerte auch das Intervall auf 1°. So hat er $\sin 1^0 = \frac{10}{573}$, $\cos 1^0 = \frac{6568}{6569}$. Die Entstehung seiner Tafel ist vielleicht so zu denken, daß er aus der alten Tafel Aryabhatta's sah, daß Sinuswerte unter 225′ mit dem Bogen bis auf Minuten übereinstimmten; vielleicht wußte er auch, daß diese Annäherung mit fallendem Winkel zunahm. Er setzte daher ohne Begründung $\sin 1^0 = 1^0 = 60'$, wo, wie bei Aryabhatta, $r = 3438'$ ist. In der That ergiebt $\sin 1^0 : r = 60 : 3438$ den obigen Wert $\sin 1^0 = \frac{10}{573}$. Zum Aufbau der Tafel benutzte er nunmehr das Additionstheorem

$$\sin(\alpha \pm \beta) = \frac{\sin\alpha \cdot \cos\beta}{r} \pm \frac{\cos\alpha \cdot \sin\beta}{r}.$$

Nachfolger in griechischer wie indischer Mathematik wurden die *Araber.* Eine ausgedehnte Übersetzungsthätigkeit, zu der die für Kunst und Wissenschaft eifrig eintretenden Khalifen die Anregung gaben, machte sie mit den Hauptwerken beider Völker bekannt. Ein Bericht ist noch erhalten,[752] in dem uns erzählt wird, wie ein Gelehrter aus Indien dem Khalifen Al Mansur im Jahre 773 Auszüge aus dem großen astronomischen Hauptwerk Indiens, der *Siddhânta* des Brahmagupta (geb. 598 n. Chr.), überbrachte und ihn veranlaßte, eine arabische Übersetzung, *Sindhind* genannt, anzuordnen. Um 820 fand eine Neubearbeitung in kürzerer Form statt; der Verfasser dieses kleinen *Sindhind* ist der in der Geschichte des Rechnens und der Algebra oft genannte Muhammed ibn Musa Alchwarizmi. Besonders durch diese Schrift wurde indische Trigonometrie in arabischen Gelehrtenkreisen weit verbreitet. Eine große Reihe späterer Schriften, in denen die Sinusfunktion und indische Sinustabellen benutzt sind, gehen auf den *Sindhind,* andere vielleicht auch auf neue indische Einflüsse zurück. — Jenachdem nun arabischen Mathematikern griechische oder indische Quellen zur Verfügung standen, schwankte der Gebrauch zwischen der Sehnen- und Sinusfunktion; die bessere Verwendbarkeit des Sinus betont besonders Al Battani (Albategnius; gest. 929, Damaskus).[753] Sein Werk *de motu stellarum,* eines der angesehensten bei den arabischen Astronomen, wurde durch eine lateinische Über-

---

752 Cantor, I^b, S. 656; v. Braunmühl, S. 44 (Anm. 573). — 753 Albategnius *de scientia stellarum* cap. III, S. 6^b Z. 5—4 v. u. (Anm. 729): „... *hic est, qua utimur in numerorum maneriis, ne in his, in quibus opus fuerit, arcus duplicare necesse est.*" (Der Grund, warum wir bei den Rechnungen so verfahren, ist der, daß man nicht immer jedesmal die Bogen zu verdoppeln braucht.)

setzung des PLATO von Tivoli (Anfang des XII. Jahrhunderts) dem Mittelalter zugänglich und spielte bei der Verbreitung der Sinusfunktion eine bedeutende Rolle. Über ein Jahrhundert nach AL BATTANI verwendet aber noch der Westaraber DSCHABIR IBN AFLAH (Sevilla; † zwischen 1140 und 1150) in der ebenen Trigonometrie ausschließlich die Sehnen. Auch im Mittelalter wird zuweilen noch die alte Sehnentrigonometrie wieder aufgenommen. Man kennt eine anonyme Abhandlung aus dem XIV. Jahrhundert, die sich sehr eng an DSCHABIR IBN AFLAH anschließt.[754] Auch der große KOPPERNIKUS (1473 Thorn — 1543 Frauenburg) scheint anfangs allein auf Grund der ptolemäischen Trigonometrie seine astronomisch-mathematischen Studien betrieben zu haben und erst allmählich, vielleicht als ihm das Werk REGIOMONTAN's *De triangulis omnimodis* in die Hände kam, zur Benutzung der Sinusfunktion übergegangen zu sein.

Die Geschichte der Sinusdefinition ist hiermit noch keineswegs abgeschlossen. Die moderne Auffassung des Sinus, die in ihm nur abstrakte Zahlen sieht, entstand erst in der zweiten Hälfte des achtzehnten Jahrhunderts. Bis dahin wurde der Sinus, wie die übrigen trigonometrischen Funktionen, rein geometrisch als Linie angesehen, deren Wert bei demselben Winkel je nach Wahl des zu Grunde liegenden Radius verschieden sein konnte. Hatte man zuerst den Radius, der seit JOHANNES von Gmunden (1380—1442, Wien) den Namen *sinus totus* führte,[755] in 60 oder 12 Einheiten (PTOLEMAEUS, Araber) geteilt angenommen, so setzte PEURBACH (1423—1461) $r = 600\,000$ und that damit den ersten Schritt zur Einführung der Dezimalteilung (vgl. Bd. I, S. 88 ff.). Sein Schüler REGIOMONTANUS (1436 - 1476) ging bald darauf zu reinen Dezimalbrüchen über und setzte $r = 10^5$; seine Nachfolger wählten dann in weiter verfeinerten Tafeln noch höhere Potenzen von 10. Die moderne Definition des Sinus eines Winkels als Verhältnis der Gegenkathete eines entsprechenden rechtwinkligen Dreiecks zu der Hypotenuse, wird vielfach dem RHAETICUS (1514—1576, Wittenberg) zugeschrieben. Es ist aber ganz zweifellos, daß auch er den Sinus u. s. w. nur als Linie auffaßte. Das geht schon daraus hervor, daß er mit Vermeidung des „barbarischen“ Wortes Sinus den Namen *Perpendiculum* einführt, worunter er unser heutiges „Gegenkathete“ versteht, während er den Cosinus als *Basis* (Nebenkathete) bezeichnete. Freilich lag darin ein großer Fortschritt, daß er die Definitionen der trigo-

754 v. BRAUNMÜHL, S. 106 (Anm. 573). — 755 Seine Abhandlung *De sinibus, chordis et arcubus* ist nur handschriftlich erhalten; vgl. v. BRAUNMÜHL, S. 110 (Anm. 573).

nometrischen Funktionen vom Kreise loslöste und seine Betrachtungen an einem rechtwinkligen Dreiecke anstellte. Rhaeticus setzte seine Ansichten in einem Anhang des *Canon doctrinae triangulorum* (Leipzig 1551)[756] auseinander. Zunächst betrachtete er die Hypotenuse als Hauptseite des rechtwinkligen Dreiecks *(triquetrum cum recto)*; nahm er sie gleich einem festen Werte, bei ihm 10^7, so ist die Gegenkathete, das *Perpendiculum,* die halbe Sehne des doppelten Winkels, also der *sinus rectus* der Araber (Sinus), die *Basis* aber der *sinus secundus* oder die halbe Sehne des doppelten Komplementwinkels (Cosinus). Setzte er dann die Nebenkathete des betrachteten Winkels gleich 10^7, so wurde die Hypotenuse der sec α, die Gegenkathete tg α, und wurde drittens in derselben Weise die Gegenkathete bevorzugt, so stellte die Hypotenuse den cosec α, die Nebenkathete den ctg α dar. Immer aber faßte er die trigonometrischen Größen als Linien auf und würde sofort andere Werte für dieselben gegeben haben, wenn er als Einheit eine andere Größe als 10^7 angenommen hätte. Bei echten Verhältniszahlen müßte aber der Wert von dem Maßstab des Dreiecks unabhängig sein.

Mit solchen abstrakten Zahlen hat man es zu thun, wenn man die Längen der trigonometrischen Linien in einem Kreise mit dem Radius $r = 1$ aufsucht. Durch diese Voraussetzung ergiebt sich zugleich der Vorteil, daß aus den trigonometrischen Lehrsätzen der sonst ständig mitzuschleppende sin tot $= r$ herausfällt und eine wesentliche Vereinfachung erzielt wird. Trotz dieser großen Vorzüge haben nur wenige ältere Mathematiker gelegentlich diese Annahme gewagt. Wir finden sie einmal von dem Araber Abu'l Wafa (940—998, Bagdad) bei Aufstellung einer Tangententafel gemacht, der folgerichtig die Tangenten direkt als Verhältnisse zusammengehöriger Sinus- und Cosinuswerte berechnete.[757] Seinem Beispiele folgte Albiruni (973—1038) bei der Aufstellung trigonometrischer Regeln.[758] Grundsätzlich scheint aber diese Bestimmung erst der Schweizer Bürgi (1552—1632; Kassel, Prag) vorgenommen zu haben; in seinen, uns leider verloren gegangenen Sinustabellen soll sin $90^0 = 1$ und die übrigen Sinus als Dezimalbrüche mit der Einerstelle Null angegeben worden sein.[759] Nur zur Erleichterung gewisser Berechnungen hatte später de Lagny (1660—1734) gelegentlich für den Radius r den Wert 1 gesetzt.[760] Wirkliche abstrakte Zahlen

756 Nach Hunrath, *Des Rhaetikus Canon doctrinae triangulorum* . . ., Zeitschr. f. Math. u. Phys., Supplementband 1899, S. 213 f. — 757 Nach v. Braunmühl, S. 57, Anm. 2 (Anm. 573). — 758 Daselbst, S. 61. — 759 Daselbst, S. 210. — 760 Histoire et Mémoires de l'Acad. d. sc. de Paris 1719, gedr. 1721, S. 144;

scheint erst L. EULER (1707—1783; Berlin, Petersburg) in den trigonometrischen Größen erkannt zu haben. Die Reihenentwicklungen, die durch rein numerische Berechnungen die *sinus* etc. lieferten, konnten ihn leicht zu dieser Erkenntnis führen. Eine besondere Auseinandersetzung der Verhältnisdefinition sucht man aber bei ihm vergeblich. Ohne weitere Begründung wird in seiner ältesten trigonometrischen Abhandlung von 1729,[834] ebenso wie in seiner *Introductio* (1748)[761] $r = 1$ eingeführt. Die Zeitgenossen, bei denen seine Arbeiten als durchaus maßgebend galten, sahen in dieser Voraussetzung nichts Besonderes, wenigstens nichts von der alten Auffassung Abweichendes. Daher findet man nach wie vor in den Lehrbüchern dieser Zeit die alte geometrische Definition. In den *Anfangsgründen* von CHR. v. WOLFF, Auflage von 1750, ist der Sinus immer noch als Linie erklärt,[762] ebenso in KÄSTNER's ähnlichem Werke von 1764.[763] Der letzte hebt nur hervor, daß man oft, um Mühe und Zeit im Schreiben zu ersparen, $r = 1$ setze.[764] Dieses nachträgliche Einsetzen von $r = 1$ findet sich nach EULER's Vorbild auch bei MAUDUIT 1765,[764a] LAMBERT 1765,[765] v. SEGNER 1773,[766] CAGNOLI 1786,[767] sogar in den so bedeutenden *Elementen* LEGENDRE's von 1794 (auch in der Übersetzung von CRELLE 1833).[768] Noch PFLEIDERER[689] benutzte 1802 durchgängig den *sinus totus*. Selbst SCHULZ 1828,[769] der die goniometrischen Rechnungen als rein analytisch bezeichnete, fühlte sich verpflichtet, besonders hervorzuheben, daß in seinen Formeln der *sinus totus* gleich 1 sei, und zeigte zugleich, wie man, falls nötig, das allgemeine r in die Formeln wieder hineinbringen könne (vgl. auch S. 163—164). Bis in die neueste Zeit klingt die alte Liniendefinition nach, wenn man unter Zugrundelegung des Einheitskreises die Maßzahl der Projektion eines beweglichen Radius auf einen festen Durchmesser — oder gar, was auch noch vorkommt, die Projektion selbst — als *cosinus* u. s. w. erklärt. Mit genügender Betonung, daß immer nur die Maßzahlen zu nehmen

1724, gedr. 1726, S. 292 ff.; 1725, gedr. 1727, S. 284 ff.; 1727, gedr. 1729, S. 121 ff. — 761 *Introductio*, I, § 127 (Anm. 540). — 762 Teil I, Trigonometrie, § 1, S. 261 (Anm. 54). — 763 Aufl. v. 1764, S. 348 (Anm. 53). — 764 Daselbst, S. 377. — 764a MAUDUIT, *Principes d'Astronomie sphérique; ou traité complet de trigonométrie sphérique,* Paris 1765, vgl. Chap. I, § 8, S. Z. 3—6: „*quelquefois on le suppose égal à l'unité mais il est mieux de l'exprimer, afin de conserver autant qu'on peut l'homogénéité des termes dans les calculs.*" — 765 LAMBERT *Beiträge zum Gebrauche der Mathematik,* Berlin 1765, I, 3, § 35, S. 390. — 766 Deutsche Bearb. der *Anfangsgründe*, Halle 1773, S. 385 (Anm. 301). — 767 CAGNOLI, *traité de trigonométrie rectiligne et sphérique,* übersetzt von CHOMPRÉ, Paris 1786, § 25, S. 9. — 768 LEGENDRE-CRELLE (1833), S. 338, 361 (Anm. 546). — 769 K. F. SCHULZ, *Die Sphaerik,* Leipzig 1828, Teil II, S. 2.

seien, ist freilich diese Darstellung von nicht zu unterschätzendem, pädagogischen Werte.[770]

Zum erstenmal ausdrücklich als reine Zahlen bezeichnet, finden wir die trigonometrischen Größen in dem oben erwähnten Werke von KÄSTNER:[771] „Wird der Halbmesser, wie groß er auch ist, immer in dieselbe Anzahl von Teilen geteilt, so sind die Ausdrücke $\sin x$, $\cos x$ etc. Zahlen, die für jeden Winkel gehören." Die Verhältnisdefinition giebt zuerst SIMON KLÜGEL; er sagt wörtlich:[772] „In den Anleitungen zur Trigonometrie pflegen die Linien selbst für die Sinus oder Tangenten, für die Cosinus oder Cotangenten genommen zu werden. Dies zieht eine Verwirrung und Unbequemlichkeit in dem Gebrauch der Rechnung nach sich, denn die trigonometrischen Funktionen gegebener Winkel behalten auf diese Art keine bestimmten Werte, die sie doch haben müssen, und man muß dieselben am Ende doch für rein unveränderlich angenommene Linien berechnen. Auch sind sie ursprünglich nicht Linien, sondern Zahlen, oder die Exponenten gewisser Zahlen, welche die Seiten eines rechtwinkligen Dreieckes für einen gegebenen Winkel haben." (Exponent hier = Wert eines Verhältnisses.)

Daß KLÜGEL diese Definition für Laien oder Anfänger für untauglich, vielleicht für zu hoch hielt, geht daraus hervor, daß er sie in seinen *Anfangsgründen* (5. Aufl., 1809)[773] nicht aufnimmt, sondern im Gebrauch des allgemeinen r ohne Verhältniserklärung beharrt. —

Die Untersuchung des Sinus u. s. w. bei Winkeln über 90^0 wird auch heute noch, fast stets ohne genaue Ableitung, durch Betrachtung des Richtungssinnes der Gegenkathete und Nebenkathete vorgenommen, vielfach auf Grund von Betrachtungen aus der analytischen Geometrie, indem man die Ordinaten eines beweglichen Kreispunktes auf zwei senkrechte Durchmesser bezieht.[774] In jüngster Zeit sucht man das funktionentheoretische Prinzip der Fortsetzung einer Funktion für die trigonometrischen Funktionen anzuwenden. Es gelingt dies mit Hilfe des Additionstheoremes; auch mit der Formel $\sin 2\alpha = 2 \sin \alpha \cos \alpha$ kann man nach und nach für alle 4 Quadranten die Definition erweitern.[775]

770 Gegen HAENTZSCHEL, Programm Nr. 58, Berlin 1900, *Über die verschiedenen Grundlagen in der Trigonometrie.* — 771 *Anfangsgründe,* S. 356 (Anm. 763). — 772 G. S. KLÜGEL, *Analytische Geometrie,* Braunschweig 1770, § 3, S. 4. — 773 G. S. KLÜGEL, *Anfangsgründe,* 5te Aufl., Berlin, Stettin 1809, S. 135 ff. (Anm. 162). — 774 R. WOLF, 1841; vgl. *Handbuch der Astronomie,* I, Zürich 1890, S. 173, § 63, Anm. e. — 775 Vgl. HAENTZSCHEL (Anm. 770).

Unter Festlegung des Drehungssinnes eines Winkels stellte MOEBIUS (1790—1868, Leipzig) eine allgemeinere Definition des Cosinus auf, indem er die gegenseitige Beziehung einer Strecke zu ihrer Projektion auf eine gegebene Gerade betrachtet.[776]

2. Der Begriff des Tangens und Cotangens eines Winkels.

Die Vermutung, daß schon im *altägyptischen* Rechenbuch des AHMES (zwanzigstes bis siebzehntes Jahrhundert v. Chr.) ein tangensähnlicher Begriff auftrat (vgl. S. 196), steht auf sehr schwachen Füßen. Die *Griechen*, von denen sichere Überlieferungen vorliegen, kannten dieses trigonometrische Verhältnis nicht; sie mußten bei Fällen, in denen der Tangens sehr leicht eine Lösung geliefert hätte, erhebliche Umwege einschlagen. Die *Araber* gelangten zur Aufstellung der Tangensfunktion bei dem Problem, aus der Höhe der Sonne die Länge des Schattens eines gegebenen, senkrecht stehenden Stabes zu finden und umgekehrt. Ist α die Höhe der Sonne, l die Länge des Stabes, u die seines Schattens, so findet sich $u = l \cdot \frac{\cos\alpha}{\sin\alpha}$. AL BATTANI[777] († 929, Damaskus) berechnete sich die Werte von u für $\alpha = 1^0, 2^0, 3^0 \ldots$ und brachte sie in Tabellenform, die ihn also bei gegebener Sonnenhöhe die Schattenlänge und, umgekehrt, aus der beobachteten Schattenlänge die Sonnenhöhe ablesen ließ. l nahm er dabei als aus 12 Einheiten bestehend an. Eine andere, trigonometrische Anwendung seiner Tafel zog er nicht. Wir sehen die erste Cotangententafel gebildet.[777a] In der lateinischen Übersetzung heißt die neue Größenart einfach *umbra* oder *umbra extensa.* AL BATTANI kennt aber auch den Fall, daß der horizontal gestellte Stab seinen Schatten auf eine senkrechte Wand wirft. In diesem Fall spricht er von einer *umbra versa* oder *umbra stans.*[778] Zugleich mit dem Cotangensbegriff ist also auch der Tangensbegriff entstanden. Einer besonderen Tafel der *umbrae versae* bedarf er nicht, da der Rechner statt α nur das Komplement in der ersten Tafel aufzusuchen braucht.

---

776 MOEBIUS, *Über eine neue Behandlungsweise der analytischen Sphaerik,* Leipzig 1846, § 1; gesammelte Werke, Bd. II, ed. KLEIN, Leipzig 1886, S. 4—5. — *Die Theorie der Kreisverwandtschaft in rein geometrischer Darstellung,* § 8, Abh. d. Kgl. sächs. Akademie d. W., math.-phys. Klasse, Bd. II, 1885; ges. Werke, Bd. II, S. 255. — 777 ALBATEGNIUS, *De scientia stellarum,* cap. X (Anm. 729). — 777a Nachtrag: Nach einer Bemerkung von SUTER (Abh. zur Geschichte der Math., X, 1900, S. 209) hat schon AHMED BEN ABDALLAH (um 830 n. Chr.) den Tangens- und Cotangensbegriff benutzt; vielleicht geht seine Kenntnis auf indische Mathematik zurück. — 778 ALBATEGNIUS, S. 14a Z. 4—3 v. u.: „*Vmbra uero stans, quae uersa dicitur quod est umbra perfectionis altitudinis et extensae umbrae contrarium.*“

Weit umfassenderen Gebrauch machte Abu'l Wafa[779] (940—998, Bagdad) von den neuen Funktionen. Er verwendete sie zur Lösung auch anderer trigonometrischer Aufgaben und stellte sie der bisher allein anerkannten Sinuslinie dadurch an die Seite, daß er die *umbra versa* als die halbe geometrische Tangente des doppelten Winkels definierte. Ferner berechnete er für sie eine Tafel, deren Werte von 15′ zu 15′ fortschreiten. Dies wäre die älteste uns bekannte Tangententafel.[779a] Ibn Yunus aus Kairo († 1008) verfeinerte die Cotangententafel Al Battani's, indem er $r = 60$ und ein Intervall von 10′ wählte, scheint aber die trigonometrische Wichtigkeit seiner Tafel nicht erkannt zu haben.[780] Anders Nasir Eddin (1201—1274, persischer Astronom am Hofe des Mongolenfürsten Hulagu), der den Tangensbegriff in der gleichen Vollkommenheit wie Abu'l Wafa beherrschte. Bei dem Westaraber Dschabir ibn Aflah († zwischen 1140 und 1150) ist keine Spur der *umbrae* zu finden.

Nur mit Mühe retteten sich die Tangensfunktionen ins Mittelalter hinüber. Bei Leonardo von Pisa (Anfang des dreizehnten Jahrhunderts) ist ihre Kenntnis nicht nachzuweisen, wohl aber kommt in einer Abhandlung des Robertus Anglicus (um 1231) die Bezeichnung *umbra* vor.[781] Johannes Campanus von Novarra (Ende des dreizehnten Jahrhunderts, Kaplan Urban's IV.) soll sogar eine Tangententafel besessen haben.[782] Der am Ende des vierzehnten Jahrhunderts in Paris lebende Dominicus de Clavasio zeigt in seiner *Practica geometriae*, daß er mit der Verwendung beider *umbrae* vertraut war.[783] Bekannt ist ferner der Titel einer Abhandlung des Johannes Maudith (um 1340 in Oxford): *De chorda recta et umbra.*[784] Bei allen diesen Schriften hat man aber den Eindruck, daß nur dann die Kenntnis der Tangensfunktion erscheint, wenn zufällig ein mathematisch gebildeter Gelehrter eine arabische Abhandlung, gewiß in mehr oder minder guter Übersetzung, in die Hände bekam. — Ein neuer Aufschwung stellte sich erst in der zweiten Hälfte des fünfzehnten Jahrhunderts ein; er knüpft sich an den Namen Regiomontan's (1436—1476). Durch das Studium arabischer Schriften war dieser in den Besitz morgenländischer Trigonometrie gelangt, die er in systematischer Weise neu bearbeitete. Da seine Bezugsmänner Dschabir ibn Aflah, Al Fergani, Al Zarkali die Verwendung der *umbrae* nicht lehrten, entging ihm zunächst die Kenntnis der Tangensfunktion. So ist weder in seinem Hauptwerk *De triangulis*

779 Cantor, I^b, S. 704; v. Braunmühl, I, S. 57. — 780 Cantor, I^b, S. 743; v. Braunmühl, I, S. 62. — 781 Cantor, II^b, S. 96. — 782 v. Braunmühl, I, S. 101. — 783 v. Braunmühl, I, S. 108 (Anm. 573). — 784 Cantor, II^b, S. 111.

omnimodis libri V, dessen Abfassung auf 1462/63 zu setzen ist, noch in einem kurz darauf verfaßten Tabellenwerk *Tabula primi mobilis* von dem Tangens Gebrauch gemacht. Doch liegt nicht etwa nur ein grundsätzliches Vermeiden vor. Die Behandlung der Aufgabe 27 im ersten Buch *De triangulis*, aus den beiden Katheten eines rechtwinkligen Dreieckes den Winkel zu finden, zeigt seine wirkliche Unkenntnis. Er sagt: „Liegt die eine der beiden gegebenen Seiten dem rechten Winkel gegenüber, so ist es gut; wenn nicht, so bestimme man erst nach dem vorhergehenden Satz [in dem die Hypotenuse aus den beiden Katheten berechnet wird] die Hypotenuse; denn ohne diese giebt es keine Möglichkeit, eine Lösung zu finden.“[785] Aber inzwischen scheint REGIOMONTANUS ein Exemplar der *Astronomie* des AL BATTANI erhalten zu haben. Das unvollendete, fünfte Buch *De triangulis*, das erst später den ersten vier angefügt wurde, läßt die gewonnenen neuen Kenntnisse bereits durchschimmern. Noch klarer erscheint AL BATTANI's Einfluß in einem Tabellenwerk, an dessen Abfassung REGIOMONTAN um 1464 gegangen war, der *tabula directionum*;[786] in ihr findet sich eine Abteilung, die *tabula foecunda*, und diese enthält die Tangenten, hier *numeri* genannt, für $\alpha = 1^0$, $2^0 \ldots 90^0$ (vgl. S. 301). Ihre Berechnung ist REGIOMONTAN's eigenste Arbeit; dafür zeugt das gewählte Maß. Aus tg 45^0 erkennt man, daß $r = 100000$ gesetzt ist; niemand aber vor REGIOMONTAN hat eine reine dezimale Teilung in diesem Umfange in Angriff genommen. Mit dem Titel *tabula foecunda* soll die fruchtbare Verwendbarkeit dieser neuen Funktion hervorgehoben werden. In den vorausgeschickten sphärisch-astronomischen Aufgaben sagt REGIOMONTAN: „*Tabellam saepe dictam non injuria foecundam appellare libuit, quod multifariam ac mirandam utilitatem instar foecundae arboris parare soleat.*“ (Die oft erwähnte Tabelle kann man mit vollem Rechte *tabula foecunda* [eine fruchtbare] nennen, da sie einen vielseitigen und bewunderungswürdigen Nutzen gleich einem fruchtbaren Baum zu gewähren pflegt.) So mancher abendländische Gelehrter vor ihm hatte die arabischen *umbrae* kennen gelernt; niemand von ihnen war fähig gewesen, die Schattenaufgabe zu allgemeiner trigonometrischer Verwendbarkeit zu erweitern. Würdig tritt REGIOMONTAN durch selbständige Erfassung dieses neuen Gesichtspunktes ABU'L WAFA und NASIR EDDIN an die Seite. Für die Geschichte der Trigonometrie ist seine Geistes-

785 S. 24: „*Si alterum datorum laterum recto opponatur angulo, satis est: si vero non, per praecedentem (propositionem) ipsum addiscemus; nam absque eo propositum attingendi non erit potestas.*“ — 786 Augsburg 1490 gedruckt.

arbeit sogar die wichtigere, da sie nicht der Nachwelt verloren ging, sondern eine Neuentwicklung einleitete.

Dem begabten Nürnberger Pfarrer JOHANNES WERNER (1468—1528) war, sicher seit dem Erscheinen der 1490 gedruckten *tabula foecunda*, die Verwendung der Tangenten bekannt.[787] Es ist wahrscheinlich, daß sie in seiner verloren gegangenen Schrift *De triangulis per maximorum circulorum segmenta constructis libri V* auftreten. Besonders wichtig ist ein großes Tabellenwerk des GEORG JOACHIM RHAETICUS (1514—1576, Wittenberg), das er seit 1542 in Arbeit und 1551 veröffentlicht hatte.[788] In diesem sind neben den Sinus die Tangenten und auch die inzwischen aufgetauchten Sekanten mit ihren Komplementärfunktionen durchaus gleichwertig behandelt. Kurz darauf, 1554, erschien noch eine Neubearbeitung der *tabula foecunda* REGIOMONTAN's in dem gleichen Maßstab $r = 10^7$, den RHAETICUS gewählt hatte. Ihr Verfasser ist ERASMUS REINHOLD (1511—1553), ein Kollege des RHAETICUS an der Wittenberger Universität.[789] Weder REGIOMONTAN noch RHAETICUS erwähnte die *umbrae* der Araber. Ja REINHOLD erkannte so wenig ihre Übereinstimmung mit den Tangenten, daß er seinem *Canon foecundus* noch einen *Canon umbrarum meridianarum per singulos gradus latitudinis* und einen *Canon umbrarum ad singulos gradus altitudinis solis* ($r = 60$ und $r = 10^7$) anschließt. Erst der Italiener MAUROLYCUS ist sich in einem Werke über die Sphärik von 1558 der Identität beider Funktionen völlig bewußt.[790]

Durch den *Canon* des RHAETICUS wurden die Tangenten und ihre Verwendung Allgemeingut der Mathematiker. Man bemühte sich allerorts, ihre Verwendbarkeit durch neue Lehrsätze in der Dreiecksberechnung (vgl. den Tangentensatz, S. 238—239, u. s. w.) immer ausgiebiger zu gestalten.

3. Der Begriff des Secans und Cosecans eines Winkels.

Die Geschichte der Secansfunktion beginnt nur wenig später, als die der Tangensgröße, bricht aber nach Erfindung des logarithmischen Rechnens in der ersten Hälfte des siebzehnten Jahrhunderts jäh ab.

---

[787] v. BRAUNMÜHL, S. 133, Anm. 1 (Anm. 573). — [788] *Canon doctrinae triangulorum. Nunc primum a Georgio Ioachimo Rhaetico, in lucem editus*, Leipzig 1551, vgl. v. BRAUNMÜHL, S. 145, Anm. 1. — [789] Vgl. PFLEIDERER, *Ebene Trigonometrie mit Anwendungen und Beyträgen zur Geschichte derselben*, Tübingen 1802, S. 134, Anm. e. — [790] MAUROLYCUS, *Sphaerica*, lib. II, prop. 30—32, S. 58^b—59^a (Anm. 202^a).

Es ist ganz natürlich, daß nach Berechnung der Sinustabellen auf eine größere Anzahl von Stellen es sehr unangenehm empfunden wurde, wenn das Auftreten dieser vielzifferigen Zahlen im Nenner Divisionen nötig machte. Die kurzstelligen griechischen und indischen Tabellenwerte ließen diesen Übelstand noch nicht so in Erscheinung treten; wohl aber machte sich bei den *Arabern* das Bedürfnis geltend, für die Quotienten $\sec\alpha = \frac{1}{\cos\alpha}$ und $\operatorname{cosec}\alpha = \frac{1}{\sin\alpha}$ besondere Begriffe zu schaffen. ABU'L WAFA (940—998, Bagdad) stellte sich diese Größen ebenso wie die Sinus und Tangenten unter dem Bilde geometrischer Linien vor und erklärte sie als Durchmesser der beiden *umbrae* (siehe S. 207).[791] Tabellen finden sich, soweit unsere jetzige Kenntnis reicht, weder bei ihm noch bei irgend einem anderen Araber; es scheint, als wurde der Gedanke ABU'L WAFA's nicht weiter verfolgt. Die Geschichte schweigt bis zum fünfzehnten Jahrhundert, der Zeit wieder erwachender Trigonometrie. REGIOMONTAN (1436—1476), dem Vorkämpfer der neuen Wissenschaft, gelang die Aufstellung der Secansfunktion freilich noch nicht; aber bei einigen astronomischen Rechnungen, die zu Beobachtungen aus den Jahren 1460—1462 gehören,[792] berechnete er sich ein für allemal einen sehr häufig vorkommenden Faktor, der im Nenner einen *cosinus* enthielt, vorweg und kann nun mit diesem secansähnlichen Werte (von ihm *Multiplicator perpetuus ad locum observationis* genannt) die unbequeme Division durch die Multiplikation ersetzen. KOPPERNIKUS (1473 Thorn — 1543 Frauenburg) verallgemeinerte diesen Rechenvorteil und stellte eine wirkliche Sekantentafel zusammen. Sie findet sich als handschriftliche Ergänzung in seinem Exemplar der *tabula foecunda* REGIOMONTAN's neben den Tangentenwerten desselben. Da die Tangenslinie mit dem Radius des zu Grunde liegenden Kreises, auf dem sie senkrecht steht, ein rechtwinkliges Dreieck bildet, dessen Hypotenuse $\sec\alpha$ ist, so nennt KOPPERNIKUS seine neuen Zahlen einfach *hypotenusae*, die REGIOMONTAN's demnach *catheti*.[793] Eine größere Tabelle enthielt erst der *Canon* des RHAETICUS von 1551 (vgl. S. 210),[794] den dieser nach seiner Rückkehr von einem mehrjährigen Besuch (1539—1542) bei KOPPERNIKUS in Angriff genommen hatte. Auch der *Sphärik* des MAUROLYKUS (vgl. S. 210) ist eine Sekantentabelle, *tabula benefica*, angeschlossen.[795]

---

791 v. BRAUNMÜHL, S. 57 (Anm. 573). — 792 PFLEIDERER, S. 140, Anm. b (Anm. 789). — 793 CANTOR, II^b, S. 471—473. — 794 v. BRAUNMÜHL, S. 145—146 (Anm. 573). — 795 MAUROLYCUS, *Sphaerica*, Anhang, S. 60^a—61^a, Demonstratio Tabulae beneficae; die Tafel selbst S. 66^a (Anm. 202^a).

Die Sekante verschwand selbstverständlich wieder aus der Trigonometrie, als nach Einführung der Logarithmen das Auftreten trigonometrischer Funktionen im Nenner kein Hindernis mehr bereitete. Die Logarithmen der Sekanten sind in den Tafeln VLACQ's von 1628 mit aufgeführt; sie erscheinen noch 1631 bei FAULHABER, ja 1705 bei SHERWIN. Die neue VLACQ'sche Tafel von 1633 (GELLIBRAND, *Trigonometria Britannica*) hat sie bereits über Bord geworfen (vgl. S. 161). Verhältnismäßig selten ist in trigonometrischen Lehrbüchern ihre Entbehrlichkeit hervorgehoben; ausführlicher geht KLÜGEL 1770 hierauf ein.[796]

4. Das Wort sinus.

Mittelalterliche Autoren verzichten in der Regel auf eine Erklärung des Wortes *sinus*; sie geben es einfach als arabisches Wort aus, wie Zenith, Nadir u. a.[797] Zuweilen suchen sie mit Gewalt die lateinische Bedeutung von *sinus* (Busen, Einschnitt) zu verwerten.[798] MONTUCLA führt in seiner Geschichte der Mathematik eine Vermutung GODIN's an, nach der *sin* das zusammengezogene *s. ins.* = *semissis inscriptae* (sc. *chordae* = die halbe Sehne) sei.[799]

Schon HALLEY (1656—1742, Greenwich) stellte fest, daß in arabischen Handschriften für die halbe Sehne des doppelten Winkels das Wort *dschaib* (wörtlich = Busen, Bausch, Tasche) üblich war.[800] Nach CHASLES findet es sich bereits in den Sinustafeln des ALCHWARIZMI (vgl. S. 202).[801] Danach erscheint das lateinische *sinus* nur als eine wörtliche Übersetzung dieser arabischen Bezeichnung. In der That begegnen wir *sinus* in den Übersetzungen, die GERHARD von Cremona (1114—1187, Toledo) nach arabischen Schriften herstellte, wie in den *Canones sive regulae super tabulas Toletanas* des AL ZARKALI[802] und in der *Astronomie* des DSCHABIR IBN AFLAH,[803]

[796] *Analytische Trigonometrie*, Braunschweig 1770, S. 5. — [797] So FINK, *Geometria rotundi*, Basel 1583, lib. V, § 2, S. 64: „*Sinus vocabulum in hac significatione est arabicum et ideo barbarum*"; PH. LANSBERGE, *Triangulorum geometriae libri quattuor*, Lugd. Bat. 1591, lib. I, 5, Anm., S. 2; SNELLIUS, *Doctrina triangulorum*, Lugd. Batav. 1627, Lib. I, prop. 3, S. 4. — [798] *Lexicon mathematicum*, auctore HIERONYMO VITALI, Paris 1668, S. 455; SCHOTT, *Cursus mathematicus*, Frankfurt 1674. — [799] Vgl. auch DELAMBRE, *Histoire de l'astronomie du moyen âge*, Paris 1819, S. 12. — [800] *Menelai Sphaericorum III*, ed. HALLEY, Oxoniae 1758, S. 82, Scholion. — [801] v. BRAUNMÜHL, S. 49, Anm. 1 (Anm. 573). — [802] Bibliotheca mathematica, 3te Folge, Bd. I, 1900, S. 343 Z. 13—14: „*Sinus cuius libet portionis circuli est dimidium corde duplicis portionis illius*", u. ö. — [803] *Astronomia Gebri filii Affla Hispalensis*, 1534 von P. APIANUS herausgegeben.

ferner in Schriften, die sich arabischen Arbeiten eng anschließen, wie in der *Practica geometriae* (um 1220) des LEONARDO von Pisa.[804] Weitere Belege für das Vorkommen von *sinus* in lateinischen Übersetzungen sind neuerdings auch aus syrischen Handschriften gesammelt.[805] Wie aber *dschaib* selbst zu einem arabischen *Terminus technicus* geworden war, darüber hat der pariser Orientalist MUNCK folgende sehr ansprechende Erklärung gegeben.[806]

Wir erwähnten S. 201, daß die Inder die halbe Sehne des doppelten Winkels *ardhajyâ* (Halbsehne) nannten. Die vielfache Verwendung dieses Fachausdruckes ließ das kurze *jyâ* oder *jîva* (Sehne) üblich werden. In dieser Form lernten es die Araber kennen und nahmen es als technisches Fremdwort *dschiba* in ihren Sprachschatz auf. Die Eigentümlichkeit ihrer Schrift, die Worte ohne Vokale, nur mit ihren Konsonanten zu schreiben, gab sofort dazu Veranlassung, daß die unverständliche Konsonantenzusammenstellung *dschb* mit dem ihnen geläufigen, echt arabischen Wort *dschaib* verwechselt wurde und dieses nunmehr als Fachwort Anerkennung fand. Mit indischer Gelehrsamkeit unmittelbar vertraute Gelehrte mögen die Herkunft von *dschaib* noch gewußt haben, ohne daß es ihnen jedoch gelang, den eingebürgerten Fachausdruck durch das richtige Fremdwort wieder zu ersetzen. Zu ihnen scheint AL BATTANI († 929, Damaskus) zu gehören. Wenigstens tritt in der lateinischen Übersetzung seiner Astronomie *de scientia stellarum*,[729] die von PLATO von Tivoli (um 1120) veranstaltet ist, statt *sinus* stets *chorda* auf; auch darin ist indische Gewohnheit bei ihm wieder zu finden, daß er *chorda*, das die Bedeutung Sehne hat, stets für Halbsehne setzt.[806a] Jedenfalls ist diese Vermutung annehmbarer, als die, daß PLATO von Tivoli das arabische *dschaib* bewußt mit *chorda* wiedergegeben habe. An einer Stelle freilich steht im Druck des AL BATTANI'schen Werkes von 1537 (und auch im Neudruck von 1645) das

[804] LEONARDO PISANO, II, S. 94 Z. 18—20 (Anm. 88), wo die Bezeichnungen *sinus rectus arcus, sinus versus arcus* vorübergehend mit dem Zusatz „*ut in arte Astrologie reperitur*" erwähnt werden. — [805] J. RUSKA, *Zur Geschichte des Sinus*, Zeitschr. f. Math. u. Phys., Bd. 40, Leipzig 1895, hist.-litt. Abteilung, S. 128. — [806] Journal Asiatique, Série VI, Tome I, Paris 1863, S. 478 Anm. — [806a] *De scientia stellarum*, cap. III, S. 7ª Z. 10—14 (Anm. 729): „. . . *ne in sequentibus haec nobis iterare necesse sit, edicimus omnē tractatū nostrū siue mentionē cordarū de medietatis cordis opportere intelligi, nisi aliquo proprio nomine signauerimus, quod & cordā integram appellabimus, unde frequentius non multum indigemus.*" (Um uns im folgenden nicht zu wiederholen, machen wir darauf aufmerksam, daß in der ganzen Abhandlung die Erwähnung der Chorden immer im Sinne der Halbsehnen aufzufassen ist, wenn wir nicht mit ausdrücklichen Worten darauf hinweisen, daß wir die ganze Sehne meinen, was wir nur selten nötig haben.)

Wort *sinus.*[807] Besitzer des Manuskriptes, nach dem der Druck von 1537 erfolgte, war Regiomontanus gewesen. Von ihm stammen eine Anzahl von Zusätzen her, die mit abgedruckt sind. Da in diesen Ergänzungen ständig das Wort *sinus* gebraucht wird, ist es leicht möglich, daß es irrtümlich auch einmal in den eigentlichen Text gelangt ist.[808]

Im Gegensatz zum *sinus versus* ($= 1 - \cos \alpha$) nannte man die trigonometrische Hauptfunktion auch *sinus rectus.*

5. Das Wort cosinus.

Für den *sinus* des Komplementwinkels hatten die Inder einen Fachausdruck *koṭijyâ*; bei den Arabern und den Mathematikern des Mittelalters bis zum sechzehnten Jahrhundert sucht man vergeblich nach einem solchen (vgl. S. 224). Plato von Tivoli (um 1120) behalf sich in Anlehnung an das arabische Original des Al Baṭṭani mit *chorda residui* oder umschrieb das Wort Komplement mit *quod ad perficiendum 90 deficit.*[55] Seit Peurbach (1423—1461, Wien) und Regiomontan (1436—1476) ist *complementum* allgemein üblich geworden (vgl. S. 23), und man sprach demnach von einem *sinus complementi.*[809] Apian (1495—1552, Ingolstadt) schlug statt dessen *sinus rectus secundus* vor,[810] fand aber hiermit nur bei einigen italienischen Mathematikern Anklang, wie Maurolycus (1494—1575, Messina), Magini (1555 bis 1617, Padua)[811] und Cavalieri (1591?—1647, Bologna),[812] so daß man beinahe eine ältere, italienische Quelle auch für Apian vermuten könnte. Vieta (1540—1603, Paris) begnügte sich mit *sinus residuae;*[813] Rhaeticus (1514—1576) hatte für *sinus* die Benennung *perpendiculum* gewählt (vgl. S. 204) und benutzte entsprechend für *cosinus* das Wort *basis.*[814] Das erste Auftreten des aus der Abkürzung *co. sinus* gebildeten

807 *De scientia stellarum*, S. 7[b] Z. 17—19 (Anm. 729): „*Si autem per has cordas uersas arcus scire desideras, si chorda quã habueris minus 60 fuerit, eam de 60 minue, & residui arcum scito, quem de 90 minues, & quod remanserit, erit arcus sinus uersi.*" — 808 M. Koppe, *Die Behandlung der Logarithmen und des sinus im Unterricht*, Programm, Andreas-Gymnasium Berlin 1893. — 809 *De scientia stellarum*, Anmerkung Regiomontan's im XII. Kap., S. 16[a] Z. 19: „*sinus rectus cõplementi*" (Anm. 729). — 810 *Introductio geographica Petri Apiani in doctissimas Verneri Annotationes*, Ingolstadt 1533, def. 9: „*Sinus rectus secundus chorda est media arcus residui usque ad quartam circuli. Si duplicetur, fere autem semper sinus complementi magis quam sinus rectus secundus appellatur.*" — 811 *Sphaericorum* lib. I, def., S. 45[b] (Anm. 202[a]). — 812 *Trigonometria*, 1643, S. 2, XVIII. — 813 *Francisci Vietaei universalium inspectionum ad canonem mathematicum liber singularis*, Lutetiae 1579. — 814 Cantor, II[b], S. 601.

Wortes *cosinus* ist nicht genau bekannt; KEPLER (1571—1630)[815] teilt gelegentlich mit, daß diese Neubildung dem Engländer E. GUNTER (1581—1626, London, Astronom) zu verdanken sei. Ständig benutzt findet man *cosinus* und *cotangens* jedenfalls erst in JOHN NEWTON's *Astronomia Britannica* (1657).[815a]

6. Die Worte tangens und cotangens.

Dem Begriff der Tangensfunktion, den AL BATTANI mit seinen *umbrae versae* eingeführt hatte (vgl. S. 207), fügte ABU'L WAFA (940—998, Bagdad) die geometrische Definition zu: „Die *umbra* eines Bogens ist eine Linie, die von dem Anfangspunkte des Bogens parallel dem Sinus geführt wird, in dem Intervalle zwischen diesem Anfange des Bogens und einer von dem Mittelpunkte des Kreises nach dem Ende des Bogens gezogenen Linie.... So ist die *umbra* die Hälfte der Tangente des doppelten Bogens zwischen den zwei Geraden, die vom Mittelpunkte des Kreises nach den Endpunkten des doppelten Bogens geführt werden."[816] Hierdurch war der spätere Name Tangente vorbereitet, und es bleibt nur wunderbar, daß sein Erscheinen so sehr lange auf sich warten ließ. Erst im sechzehnten Jahrhundert taucht dieser Fachausdruck auf. THOMAS FINK (1561 Flensburg — 1656 Kopenhagen) ist der Erfinder der so naheliegenden Bezeichnung; er sagt in seiner *Geometria rotundi* von 1583: „*Recta sinibus connexa est tangens peripheriae, aut eam secans. Proposuimus ut in circulo inscriptas, sic in semicirculo sinus perpendendos, sed & rectas sinibus connexas. Eas plenioris intellectus causa in tangentes & secantes dislocamus: verbis si hac in re, non nova, novis, tamen, ut speramus, accommodatis.*"[817] (Mit dem Sinus ist die Tangente und die Sekante verwandt. Wir betrachten, wie die Sehne im Kreise, so die Sinus im Halbkreise und so auch die mit den Sinus verwandten Linien. Des besseren Verständnisses wegen fassen wir die letzten als Tangenten und Sekanten zusammen, neue Bezeichnungen, die, wenn sie auch der Sache nach nicht neu, so doch hoffentlich angemessen sind). FINKS neue Benennungen schlugen sofort durch; bereits PHILIPP VON LANSBERGE gebraucht sie 1591 ständig in seinem Werke *Triangulorum geometriae lib. IV*, ja vorher

---

815 *Tabulae Rudolphinae*, 1627. Praecepta, cap. VIII. KEPLER's gesammelte Werke, ed. FRISCH, Bd. VI, Frankfurt u. Erlangen 1866, *Excerpta ex tabulis Rudolphinis*, S. 567 Z. 18. — 815a *Astronomia Britannica*, London 1657 (Teil II und III schon 1656). — 816 HANKEL, S. 284 (Anm. 23). — 817 *Geometria rotundi*, Basel 1583, lib. V, § 21, S. 73ff.

schon Clavius in seiner 1586 erschienenen Trigonometrie.[818] Ganz besonders errangen sie dadurch umfassende Verbreitung, daß Neper sie in sein für die Lehre von den Logarithmen grundlegendes Werk (*Descriptio* 1614) übernahm. Die von Vieta 1593[819] vorgeschlagene Bezeichnung *Prosinus* fand wenig Anerkennung.

Die Komplementärfunktion des Tangens wurde von dem Italiener Magini[820] (1555—1617, Padua) nach Vorbild des *sinus secundus* bei Apian (vgl. S. 214) *tangens secunda* genannt. Dasselbe that Cavalieri.[812] Das ähnlich wie *cosinus* entstandene Wort *cotangens* verdrängte aber bald alle anderen *termini*.

7. Die Worte secans und cosecans.

Die Geschichte des Wortes *secans* läuft dem von *tangens* beinahe parallel. Beide Begriffe sind in Abu'l Wafa's Almagest vorhanden (vgl. S. 211), beide sind hier in bekannter Weise geometrisch dargestellt, nur daß die Sekanten nicht als solche, sondern als „Durchmesser der Tangenten" definiert werden. Erst das spätere Mittelalter widmete der neuen Funktion erhöhte Aufmerksamkeit. Die Benennung *hypotenusa*, die Koppernikus (1473—1543) benutzte und sein Schüler Rhaeticus (1514—1576, Wittenberg) aufnahm, konnte kein eigentlicher Fachausdruck werden, da sie, auf verschiedene Dreiecke bezogen, bald dem Secans, bald dem Cosecans zukam. Wesentlich für die häufigere Verwendung in trigonometrischen Rechnungen war die endgültige Namengebung durch Thomas Fink (1583), die wir im vorhergehenden Abschnitt erwähnten.

Vieta's Ausdruck *Transsinuosa* (1593)[819] wurde nur im engsten Kreise seiner Schüler gebräuchlich.

Die Komplementärfunktion nannte Magini und Cavalieri *secans secunda* (vgl. S. 214); aber das nach Analogie von *cosinus* (vgl. S. 215) gebildete *cosecans* fand allein Verbreitung.

8. Die Symbole.

Das Altertum und die Zeit der Araber kannten eine symbolische Schreibart der Algebra nicht; sämtliche trigonometrischen Sätze

818 *Theodosii Tripolitae Sphaericorum libri III a Christophoro Clavio Bambergensi, Societatis Jesu, perspicuis demonstrationibus ac scholiis illustrati. Item ejusdem Christophori Clavii sinus, lineae tangentes et secantes: triangula rectilinea atque sphaerica.* Romae 1586. Vgl. Pfleiderer, S. 162, Anm. (Anm. 789). — 819 *Variorum de rebus mathematicis responsorum lib. VIII*, 1593. Vieta, Opera ed. Schooten, Lugd. 1646, S. 417. — 820 *Antonii Magini Patavini de planis triangulis liber unicus*, Venetiis 1592; Expositio Canonis, S. 14ᵇ Z. 1.

wurden in vollem Wortlaut wiedergegeben. Noch Regiomontanus verwendete keine Abkürzungen. Einen ersten Anfang machte der Italiener Maurolycus (1494—1575, Messina) in seiner *Sphärik* von 1583, wenn er zuweilen die Worte *sinus rectus primus* und *sinus rectus secundus* durch *sinus* 1^m *arcus* und *sinus* 2^m *arcus* ersetzte.[821] Weiter ging Adrianus Romanus (1561—1615), der die Vieta'schen Ausdrücke *Sinus, Prosinus (= tangens), Transsinuosa (= secans)* mit den Anfangsbuchstaben *S.*, *P.* und *T.* andeutete.[822] Man muß sich aber hüten, in diesen Zeichen Symbole zu sehen, da der stets beigefügte Punkt sie als einfache Abkürzungen charakterisiert. Symbolisch ist aber schon die Schreibart, die Albert Girard (1590?—1632, Leiden) in seinen *Tables de sinus, tangentes et sécantes selon le raid 100 000 parties,* La Haye 1626, bei der Behandlung des rechtwinkligen, sphärischen Dreieckes durchführt. Die Hypotenuse heißt bei ihm stets *H*, die Katheten *B* (Basis) und *P* (Perpendiculum), die ihnen gegenüberliegenden Winkel *A* und *V*. Dieselben Buchstaben bedeuten in seinen trigonometrischen Ableitungen die zugehörige Sinusfunktion. Die Komplemente werden durch kleine Buchstaben angedeutet, so daß *h* im Texte den Cosinus der Hypotenuse darstellt. Die herübergesetzten Silben *tan.* und *sec.* lassen die Buchstaben sich auf die Tangens- und Secansfunktion beziehen. Die Symbole für sin *H*, cos *H*, tg *H*, ctg *H*, sec *H*, cosec *H* sehen bei Girard also folgendermaßen aus

$$H, \quad h, \quad \overset{tan.}{H}, \quad \overset{tan.}{h}, \quad \overset{sec.}{H}, \quad \overset{sec.}{h}\,.$$ [823]

Zugleich verband Girard mit diesen Symbolen eine Art Formelsprache, wie sie seit Vieta's *Isagoge* von 1591 sich ganz allmählich Bahn brach. Doch machte die Unübersichtlichkeit seiner Zeichen hin und wieder immer noch das Einschieben einiger Worte nötig.

Einen Nachahmer fand Girard nur in dem Holländer Stampioen (1632);[824] sonst blieben seine Neuerungen auffallenderweise ohne Beachtung. Hérigone kennt in seinem *Cursus mathematicus* von 1634[825] wohl die Bezeichnungen *sin., tang., sec.* (entsprechend *log. sin., log. tang., log. sec.*), die, wenn die Punkte fehlten, durchaus unsere

[821] Maurolyci, *Sphaericorum* lib. I, z. B. prop. XVII im Beweis, S. 48^a (Anm. 202^a). — [822] v. Braunmühl, *Die Entwicklung der Zeichen- und Formelsprache in der Trigonometrie,* Bibl. math., 3te Folge, Bd. I, Leipzig 1900, S. 65. — [823] Cantor, II^b, S. 709. — [824] Neuausgabe der Schooten'schen Sinustafeln mit einem eigenen Anhang, der eine kurze sphärische Trigonometrie enthielt. Rotterdam 1632; nach v. Braunmühl, Bibl. math., 3te Folge, I, S. 67. — [825] *Cursus mathematicus,* Paris 1634, Bd. II, *explicatio notarum.*

modernen Symbole wären, aber noch keine für die Komplementärfunktionen. CAVALIERI (1591?—1642, Bologna) verallgemeinerte 1643 die Abkürzungen des MAUROLYCUS und schrieb für die sechs Funktionen

Si, *Si*. 2, *Ta*, *Ta*. 2, *Se*, *Se*. 2.[826]

Einen ganz neuen Vorschlag für die Komplementärfunktionen, der die moderne Übung begründete, machte OUGHTRED (1574—1660, Pfarrer in einem englischen Landorte), indem er in seiner *Trigonometrie* von 1657[827] die Zeichenreihe

s arc., *s co arc.*, *t arc.*, *t co arc.*, *se arc.*, *se co arc.*

verwertete. Von anderen Abkürzungen seien noch angeführt:

VINZENZ WING, *Astronomia Britannica*, 1669,[828]

s., *cs.*, *t.*, *ct.*, *sec.*, *csec.*,

JONAS MOORE, *Mathematical Compendium*, 1674,[828a]

S, *Cos.*, *T*, *Cot.*,

JOHN WALLIS (1616—1703, Oxford), in allen seinen Schriften,[829]

S, Σ, T, τ, s, σ,

JACOB KRESA, *Analysis speciosa Trigonometriae*, Pragae 1720,[830]

S, $S.2$, T, $T.2$.

Mehr und mehr nahm trigonometrisches Rechnen algebraisches Gewand an. WALLIS vermochte die Grundeigenschaften der Funktionen bereits in ganz kurzen Formeln anzugeben, wie

$$S = \sqrt{}: R^2 - \Sigma^2 = \frac{\Sigma T}{R} = \frac{T}{R}\sqrt{}: R^2 - S^2 = \frac{T.R}{s} \text{ u. s. w.,}$$ [831]

wo R der Radius oder *sin tot* ist (vgl. S. 203). An die Symbole wurden bald auch allgemeine Winkelgrößen gesetzt; so schreibt ein Schüler WALLIS', JOHN CASWELL, 1690

$S:\zeta - m$, statt $\sin(\zeta - m)$.[832]

---

826 *Trigonometria*, Bononiae 1643, S. 6. — 827 *Trigonometria, hoc est modus computandi Triangulorum latera et angulos, una cum Tabulis Sinuum, Tangentium* etc., Londini 1657, nach v. BRAUNMÜHL, Bibl. math., 3te Folge, I, S. 68. — 828 *Astronomia britannica*, Londini 1669, enthaltend 1. *Logistica astronomica* (1668), 2. *Trigonometria* (1668), 3. *Doctrina sphaerica* (1668), 4. *Theoria planetarum* (1669), 5. *Tabulae novae astronomicae* (1669), S. 22 ff., S. 30 ff. — 828a v. BRAUNMÜHL, Bibl. math. (3), I, S. 69. — 829 Vgl. *De Sectionibus angularibus tractatus* (1685), cap. VIII; Opera, Oxon. 1695, S. 591—592 (siehe auch daselbst S. 433, 863). — 830 v. BRAUNMÜHL, Bibl. math., 3te Folge, I, S. 71. — 831 WALLIS, Opera II, S. 591—592 (Anm. 829). — 832 Daselbst, II, S. 875 Z. 2. Für das ebene Dreieck AEO schreibt CASWELL den Sinussatz: $OE.S,A::AE.S,O$ (modern: $OE:\sin A = AE:\sin O$).

Anzuerkennen ist bei WALLIS, KRESA und vor allem bei dem Petersburger Gelehrten F. C. MAIER[833] das Bestreben, die Rechnungen möglichst algebraisch zu gestalten; während WALLIS noch Proportionen verwendete, benutzte MAIER schon ausschließlich reine Gleichungen. Aber verfehlt ist dabei, daß KRESA und MAIER, da sie die Hinzufügung eines Argumentes verabsäumen, fortgesetzt zu anderen Buchstaben greifen, um Funktionen verschiedenen Argumentes kenntlich zu machen. Die Form

$$\frac{Sc + Cs}{r},$$

in der MAIER das Additionstheorem $\sin(\alpha + \beta) = \frac{1}{r}(\sin\alpha \cdot \cos\beta + \cos\alpha \cdot \sin\beta)$ schreibt — S und C sind der Sinus resp. Cosinus des größeren Bogens, s und c die des kleineren —, hat zwar den Vorzug der Kürze, giebt aber bei zusammengesetzteren Ausdrücken Veranlassung zu einer verwirrenden Unübersichtlichkeit.

Der endgültige Ausbau der trigonometrischen Formelsprache vollzog sich in den Arbeiten EULER's (1707—1783). An Stelle der trigonometrischen Linien traten rein algebraische Rechengrößen, die den Charakter von Funktionen einer Variabeln hatten. Die Symbole selbst nahmen, wenn sie auch in seinen ersten Arbeiten noch schwanken, bald die heutige feste Form an. In einer Erstlingsarbeit aus dem Jahre 1729[834] schrieb EULER den sphärischen Cosinussatz, im Gegensatz zu der damals von vielen Seiten angenommenen MAIER'schen Symbolik, in der Gestalt hin

$$\text{coſ: anguli } A = \frac{\text{coſ: } BC - \text{coſ: } AB \cdot \text{coſ: } AC}{\text{ſ} AB \cdot \text{ſ} AC},$$

die von der modernen nur noch wenig abweicht. Auch Summen von Winkeln treten schon bei ihm im Argument auf, wie die Umformung des Cosinussatzes

$$\text{coſ: } BC = \frac{\text{coſ: } (AB + AC) - \text{coſ: } (AB - AC)}{2} + \frac{\text{coſ: } A \cdot \text{coſ: } (AB - AC) - \text{coſ: } (AB + AC)}{2}$$

an derselben Stelle zeigt. Neben cos, tang erscheint zuweilen *cs*, *tag*, *tg*, *tng*. In einem Aufsatz von 1737[835] führt er auch eine

833 Comm. Acad. Petrop. ad annum 1727, Bd. II (gedr. 1729), S. 12—30. — 834 Comm. Acad. Petrop. ad annum 1729, Bd. IIII (gedr. 1735), S. 98. — 835 Comm. Acad. Petrop. ad annum 1737, Bd. IX, gedruckt 1744, S. 209 Z. 6 v. u.; „*A sin* $\frac{b}{c}$ *denotat arcum, cujus sinus est* $\frac{b}{c}$ *in circulo radii 1.*“

Bezeichnung für die inverse Funktion arc sin x durch $A \sin x$ ein; in einem späteren aus dem Jahre 1744[836] kommt er auf einen *arcus* zu sprechen, „*cuius tangens* = t, *seu A tag t*". Seine *Introductio* von 1748[540] enthält fast schon den ganzen Bestand trigonometrischer Formeln, die ein modernes Schulbuch lehrt. Von großer Bedeutung ist auch eine beinahe nebensächlich erscheinende Festsetzung über die Bezeichnung von Seiten und Winkeln eines Dreiecks. Nach dem Vorbilde der Alten wurden bis zu Euler's Zeit die Eckpunkte eines Dreieckes mit A, B und C bezeichnet; die Seiten führte man mit zwei Buchstaben, die Winkel mit drei, seltener mit einem auf. Bald wurden übrigens für die Ecken die großen Buchstaben A, B, C, bald die kleinen a, b, c gewählt. Seit der Abhandlung *Principes de la Trigonométrie sphérique* von 1753[837] hält Euler daran fest, die Winkel mit A, B, C, die Seiten aber mit a, b, c anzudeuten. Es ist klar, daß durch diese Bestimmung nicht nur eine erhebliche Vereinfachung in die Formeln kam, sondern diese auch eine durchaus feste, jedem gleichmäßig verständliche Gestalt erhielten. Trotzdem verbreiteten sich die neuen Normalbuchstaben nicht so schnell, wie man glauben sollte; es läßt sich eine große Anzahl sogar um vieles später verfaßter Werke nennen, die an der alten Signatur festhalten. So heißt es in Segner's *Anfangsgründen* von 1773[301] immer noch Seite AB, BC, CA, desgleichen in Cagnoli's *Traité de Trigonométrie* von 1786,[767] während Boscowich (*Op. pertinentia ad opt. et astron.*, 1785) die Winkel p, q, r und die Seiten x, y, z nannte. Selbst Pfleiderer 1802[789] verschmähte die Seitenbuchstaben a, b, c, ja gab sogar vielfach die Winkel mit drei Buchstaben an.

Die heute übliche Winkelbezeichnung α, β, γ ist bei Euler noch nicht anzutreffen. Griechische Buchstaben für Winkel finden sich bereits bei Lambert (1728—1777; Berlin, Oberbaurat); in seinen *Beiträgen* machte er einige Male von Hilfswinkeln φ, ψ, ϱ Gebrauch.[838] Klügel benutzte φ und ω für die *arcus* von Winkeln.[839] Aber die systematische Benennung der den Seiten a, b, c gegenüberliegenden Winkeln mit α, β, γ findet man zuerst in Kästner's *Anfangsgründen*, indes doch immer nur gelegentlich, wie bei der Ableitung der Tangensformel für das ebene Dreieck[840] und bei einzelnen

[836] Acta Eruditorum, Nov. 1744, S. 315—336. — [837] Histoire de l'acad. de Berlin 1753, Bd. IX (gedruckt 1755), S. 231. — [838] Lambert, *Beiträge zum Gebrauch der Mathematik*, Bd. I, Berlin 1765, z. B. S. 416, 419 u. s. w. — [839] Klügel, *Analytische Trigonometrie*, Braunschweig 1770, S. 15. — [840] I, S. 369—370 (Anm. 53).

goniometrischen Formeln.[841] Auch MAUDUIT (1765) benutzte α, β, γ für die Dreieckswinkel, ohne sie freilich in feste Wechselbeziehung zu den Seiten a, b, c zu bringen.[841a] Grundsätzlich verwendet α, β, γ erst CRELLE in seiner *Elementargeometrie* 1826;[842] ihm folgt v. FORSTNER mit der *Sphärik* von 1827.[843] Bei dem letzten bemerken wir auch ständige Verwendung des Winkelzeichens $\angle$.

Das Zeichen $\triangle$ (vgl. S. 12) für den Inhalt des Dreiecks treffen wir in KÄSTNERS *Anfangsgründen* (1764)[844] an; doch ist es bei diesem nicht für den Inhalt allein gebräuchlich, sondern ersetzt auch zuweilen das einfache Wort Dreieck.[845] CRELLE (1826) nimmt $\triangle$ nur in Gebrauch, wenn es sich um den Inhalt handelt, wie es auch EULER in einer Abhandlung von 1778 verwertet hatte.[846] Ebenso verfährt GUDERMANN, *Niedere Sphärik*, München 1835.[847] Andrerseits sieht v. FORSTNER[843] in $\triangle$ wieder nur eine Wortabkürzung.[848]

Als besonderes Zeichen für die halbe Summe der Seiten $\frac{a+b+c}{2}$ ist von CASWELL, einem Schüler WALLIS, 1690, der griechische Buchstabe ζ gesetzt worden.[849] Bei EULER nimmt S diese Stelle ein, so daß die HERON'sche Formel

$$ABC = \sqrt{S \cdot (S - AB) \cdot (S - AC) \cdot (S - BC)}$$

lautet.[850] MAUDUIT (1765) benutzt s beim sphärischen Dreieck sowohl für die halbe Seitensumme, als auch für die halbe Winkelsumme.[850a] LEXELL bezieht S auf diese,[851] s auf jene halbe Summe[852] (vgl. S. 289).

C. Formeln aus der Goniometrie.

Einer langen Entwicklungsperiode hatte es bedurft, bis sich die Trigonometrie als selbständige Wissenschaft von der Astronomie loszulösen vermochte. Wir sehen diesen Vorgang sich sogar mehrere

[841] Daselbst, S. 384. — [841a] MAUDUIT, Chap. II, Sect. IV, § 173, S. 74—75 (Anm. 764a). — [842] CRELLE, *Lehrbuch der Elemente der Geometrie* u. s. w., Bd. I, Berlin 1826, von S. 380 ab. — [843] v. FORSTNER, *Die Sphärik,* Berlin 1827. — [844] I, S. 268 ff. (Anm. 53). — [845] Daselbst S. 287. — [846] EULER, Nova acta Petrop., Bd. X, ad annum 1792, gedruckt 1797 in einer am 29. I. 1778 eingereichten Abhandlung *Variae speculationes super area triangulorum sphaericorum,* S. 47. — [847] Z. B. daselbst S. 82. — [848] Z. B. S. 105. — [849] WALLIS, Opera, II, Anhang, S. 867 Z. 4 v. u. (Anm. 832). — [850] Novi Comment. Petrop. ad annos 1747/8, Bd. I, gedruckt 1750, S. 553. — [850a] MAUDUIT, S. 70 Corollaire I und S. 74 Corollaire I (Anm. 764a). — [851] Acta Petropol. 1782, Bd. I, gedruckt 1786, S. 69 ff. — [852] Daselbst S. 67 ff.

Male wiederholen, einmal am Ausgang der hochstrebenden arabischen Kultur (DSCHABIR IBN AFLAH; † zwischen 1140 und 1150; NASIR EDDIN, 1201—1274), dann bei Beginn des großartigen Aufschwungs trigonometrischer Wissenschaft im Mittelalter (REGIOMONTAN, 1436 bis 1476). Innerhalb der Trigonometrie spielte sich dieser Trennungsprozeß noch einmal in ähnlicher Art ab, indem sich als vorbereitende Wissenschaft die Goniometrie[853] absonderte. VIETA (1540—1603, Paris) ist deren eigentlicher Begründer. Zwar sind in vielen früheren Schriften, selbst bei PTOLEMAEUS und den arabischen Mathematikern goniometrische Sätze in größerer Anzahl enthalten, aber sie werden nur entwickelt, um, sei es sofort oder sei es später, eine praktische Anwendung auf Sehnenberechnung oder Trigonometrie zu ermöglichen. Es fehlt die Auffassung solcher Herleitungen als Selbstzweck. Auf diese Anerkennung der Goniometrie treffen wir erst in VIETA's Abhandlungen, von denen zwei hierbei in Betracht kommen; auf sie haben wir im folgenden oft zu verweisen. Es ist erstens ein Anhang zu einem Tabellenwerk aus dem Jahre 1579: *Francisci Vietaei universalium inspectionum ad canonem mathematicum liber singularis* Lutetiae 1579,[854] zweitens sind es einige Kapitel aus einer Sammlung von kleinen Aufsätzen, von der leider nur ein Buch, das achte, veröffentlicht wurde: *Variorum de rebus mathematicis responsorum liber VIII.* 1593.

Das Verhalten der trigonometrischen Linien in dem Fall, daß der Winkel über 90° steigt, ist im Altertum nicht Gegenstand der Untersuchung geworden. Die Trigonometrie der Alten ist ausschließlich eine Lehre vom rechtwinkligen Dreieck; wurden Untersuchungen über schiefwinklige Dreiecke nötig, so stellte man sich, auch in der sphärischen Trigonometrie, durch Fällen eines Lotes sofort rechtwinklige Dreiecke her, deren Berechnung man beherrschte. Im Bewußtsein dessen, daß man mit Winkeln unter

853 Das Wort *Goniometrie* hat DE LAGNY (Histoire de l'acad. roy. d. sc. de Paris, 1724, gedr. 1726, S. 241) zuerst benutzt; doch versteht er darunter eine Methode, die Winkel eines Dreiecks aus den bekannten Seiten ohne Zuhilfenahme trigonometrischer Tafeln aufzufinden. In einer Schrift *Anfangsgründe der Goniometrie* von DÄZEL, München 1800 (vgl. KLÜGEL's Wörterbuch II, S. 504) wird unter *Goniometrie* Trigonometrie und Polygonometrie zusammengefaßt. Bereits in KLÜGEL's *Math. Wörterbuch* (Leipzig 1803—36, Bd. II, S. 505) hat Goniometrie die moderne Bedeutung; in CRELLE's *Lehrbuch der Trigonometrie,* Berlin 1826, ist die Abtrennung von der Trigonometrie besonders streng hervorgehoben. — 854 Beschreibung des sehr seltenen Werkes durch HUNRATH, *Abhandlungen zur Geschichte der Mathematik,* Heft IX, Leipzig 1899, S. 217—240 (auch Suppl. zur Zeitschr. f. Math. u. Phys., 1899).

90° auskommen könne, beschränkte Ptolemaeus[855] seine sämtlichen goniometrischen und trigonometrischen Betrachtungen auf Winkel unter 90°, genauer ausgedrückt auf Bogen unter 180°, da er sich ja der Sehnen und nicht unserer Sinus bediente und die Winkel also stets verdoppelt erscheinen. Auch seine Sehnentafel überschritt selbstverständlich 180° nicht. Nur ganz schüchtern bemerkte sein Kommentator, Theon von Alexandria (um 365 n. Chr.) bei der Aufgabe, aus den Sehnen zweier Bogen die Sehne des Bogens, der gleich der Summe der Einzelbogen ist, zu finden, die Herleitung des Ptolemaeus wäre auch auf den Fall auszudehnen, daß die Summe der Bogen den Halbkreis überschritte.[856] Theon zeigt sogar, wie dann die Beweisführung vorzunehmen sei, geht aber an keiner anderen Stelle auf eine derartige Erweiterung wieder ein.

Die Verallgemeinerung der damals bekannten Funktionen auf Winkel zwischen 90° und 180° wird von den Arabern vorgenommen, die allmählich anfingen, auch schiefwinklige Dreiecke als solche zu betrachten. In seiner *Astronomie*[729] setzt Al Battani († 929, Damaskus) dem Leser auseinander, wie man zu gegebenen Bogen die beiden gebräuchlichen Funktionen $\sin\alpha$ und $\sin\operatorname{vers}\alpha$ $(= 1 - \cos\alpha)$ aufzusuchen hat. Wir wissen aus früheren Darstellungen, daß die Araber den $\cos\alpha$ nicht als besondere Funktion anerkannten (S. 214), der $\operatorname{tg}\alpha$ sich aber zur Zeit Al Battani's in der *umbra* erst bildete (S. 207). Nachdem diese Aufgabe für Winkel, die kleiner als 90° sind, erörtert ist, bemerkt er, daß für höhere Winkel in betreff der *sinus* nichts hinzuzufügen sei, da diese mit denjenigen für Winkel zwischen 0° und 90° nur in umgekehrtem Verlaufe übereinstimmten.[857] Für die $\sin\operatorname{vers}\alpha$ schreibt er bei Winkeln zwischen 0° und 90° vor, den Sinus des Komplementwinkels aufzusuchen und ihn von 60, d. h. dem Radius, der in 60 Teile zerlegt gedacht wird, zu subtrahieren (modern: $\sin\operatorname{vers}\alpha = 1 - \cos\alpha$). Ist aber der Winkel

---

855 Im XI. Kapitel des *Almagestes* stellt Ptolemaeus die Aufgabe, aus dem Verhältnis der Sehnen zweier Bogen und der Summe (bez. Differenz) der Bogen diese Bogen selbst zu finden, und setzt dabei voraus, daß die Bogen kleiner als ein Halbkreis seien (ed. Halma, I, S. 51; ed. Heiberg, I, S. 70 Z. 21ff.): „*ἑκατέραν τῶν ΑΒ, ΒΓ περιφερειῶν ἐλάσσονα εἶναι ἡμικυκλίου.*“ Dabei bemerkt er sofort allgemein: „*καὶ ἐπὶ ἑξῆς δὲ λαμβανομένων περιφερειῶν τὸ ὅμοιον ὑπακουέσθω.*“ (Das Gleiche solle auch für die anderweitig vorkommenden Bogen angenommen werden.) — 856 *Commentaire de Théon,* ed. Halma, Bd. I, Paris 1821, S. 195. — 857 *De scientia stellarum,* cap. III, S. 7ᵇ Z. 23ff. (Anm. 729): „*In scientia uero chordarum & arcuum plura praedictis superaddere non est necesse, & ad harum mediatarum chordarum noticiam sufficit chordarum scientia earumque ab uno gradu usque ad 90. protensio. Nam illius chorda quod excedit 90. usque ad 180. est ut chorda de 90. conuersim.*“

größer als 90°, so müsse der für den Überschuß über 90° aufgesuchte Sinus zu 60 addiert werden.[858] Hierin liegt die geometrisch leicht ableitbare Erkenntnis, daß die Cosinuslinie nicht mehr vom Radius zu subtrahieren, sondern zu addieren ist — daß, wie wir heute sagen, der $\cos\alpha$ negativ wird. Da die Araber die Definition negativer Größen nicht hatten, mußte das Resultat in obiger Weise umschrieben werden. Vielleicht war die Beobachtung, daß die Cosinuslinie bei stumpfen Winkeln unverständlich wurde, auch der Grund, warum die Araber den $\cos\alpha$, für den die Inder doch schon ein Fachwort hatten (vgl. S. 214), nicht in ihre Trigonometrie aufnahmen.

In den nächsten Jahrhunderten trat kein Fortschritt ein. Erst sehr langsam errangen sich die negativen Größen Anerkennung; zu allgemeinerer Verbreitung gelangte ihr Gebrauch nicht vor dem siebzehnten Jahrhundert. Wie schwülstig die mittelalterliche Trigonometrie durch das Fehlen negativer Größen wurde, ersieht man daraus, daß jeder Lehrsatz und jede Formel in so und so viel Unterformen zerfiel, je nachdem die Winkel, mit denen man es zu thun hatte, spitze, rechte oder stumpfe waren. Vieta (1576) unterschied 60 Fälle am rechtwinklig-sphärischen Dreieck; in dem *Opus Palatinum* des Rhaeticus (Neustadt 1596) sind nicht weniger als 140 Folioseiten demselben Thema gewidmet.

Pitiscus erklärte in seinem Lehrbuch der Trigonometrie (1599) die Tangenten und Sekanten für Winkel über 90° für unmöglich.[858a] Noch das achtzehnte Jahrhundert war sich über den Zeichenwechsel der einzelnen Funktionen nicht klar. Der in der Trigonometrie vielfach thätige petersburger Gelehrte F. C. Maier (vgl. S. 219) behauptete in einer 1727 der Petersburger Akademie vorgelegten Abhandlung, daß bei spitzen Winkeln die Größen sin, cos, tg, ctg positiv, bei stumpfen hingegen die Sinus und Tangens (!) positiv, die anderen beiden Funktionen aber negativ seien![859] G. S. Klügel fühlte sich 1770 in seiner *Analytischen Geometrie* ver-

858 Daselbst Z. 9 ff.: „*Quod si chordas uersas per arcus scire uolueris, si numerus cuius cordam uersam quaesieris minus 90. fuerit illū de 90. minue & residui cordam, quem admodū supradiximus addisce, quam de 60. quod est diametri dimidiū minues, quod autem remanserit, erit chorda uersa illius arcus. Si uero plus quam 90. fuerit, id quod 90. superat accipe. Ipsiusque chordam cognosce, & quod fuerit 60. gradibus qui sunt diametri dimidium super adjunge. Indeque collectum illius arcus chorda uersa dicetur.*“ — 858a Lib. II, Nr. 13, Aufl. v. 1600, S. 36 Z. 20: „*Tangentes & secantes arcuum quadrante majorum esse nullae possunt.*“ — 859 Comm. Acad. Petrop. 1727, Bd. II, gedr. 1729, Trigonometrica, 2, S. 13.

anlaßt, ausführlich die Ansicht „verschiedener gelehrter Mathematiker", die Tangente eines stumpfen Winkels sei positiv, zu widerlegen.[860] Er folgte hierin der ersten Autorität des achtzehnten Jahrhunderts, LEONHARD EULER, der in seiner *Introductio* von 1748 kurz und bündig das Verhalten der einzelnen Funktionen in den verschiedenen Quadranten richtig und erschöpfend dargestellt hatte.[861]

Die Formeln, die zwischen den trigonometrischen Funktionen derselben Winkel (im ersten Quadranten) bestehen, sind meistens leicht geometrisch ableitbar. Die Formel

$$\sin\alpha = \sqrt{1 - \cos\alpha^2}$$

— im folgenden werde durchgehends $r = 1$ gesetzt, obgleich sich die Mathematiker vor EULER stets mit dem sin tot $= r$ herumschleppen (vgl. S. 203 f.) — folgt unmittelbar aus dem pythagoreischen Lehrsatz und dürfte deshalb die älteste sein. Die Einführung der Tangens- und Secansfunktion brachte weitere Formeln. Der Araber ABU'L WAFA (940—998, Bagdad)[862] stellte eine Reihe von Sätzen auf, die sich mit den Formeln

$$\operatorname{tg}\alpha : 1 = \sin\alpha : \cos\alpha; \quad \operatorname{ctg}\alpha : 1 = \cos\alpha : \sin\alpha$$

$$\operatorname{tg}\alpha : \sec\alpha = \sin\alpha : 1; \qquad \operatorname{tg}\alpha : 1 = 1 : \operatorname{ctg}\alpha;$$

decken. Auch die Beziehungen

$$\sec\alpha = \sqrt{1 + \operatorname{tg}\alpha^2} \qquad \operatorname{cosec}\alpha = \sqrt{1 + \operatorname{ctg}\alpha^2}$$

sind ihm schon bekannt. In ähnlicher Ausführlichkeit findet man diesen Formelbestand erst wieder nach der Neueinführung der Secansfunktion durch KOPPERNIKUS (1473—1543) in dem *Canon* des RHAETICUS (1551),[863] der die Definitionsgleichungen

$$\sec\alpha : 1 = 1 : \cos\alpha; \quad \operatorname{cosec}\alpha : 1 = 1 : \sin\alpha$$

hinzufügte. Wenig später (1579)[864] faßte VIETA (1540—1603) die meisten dieser Eigenschaften in die Doppelproportionen

$$1 : \sec\alpha = \cos\alpha : 1 = \sin\alpha : \operatorname{tg}\alpha$$

$$\operatorname{cosec}\alpha : \sec\alpha = \operatorname{ctg}\alpha : 1 = 1 : \operatorname{tg}\alpha$$

$$1 : \operatorname{cosec}\alpha = \cos\alpha : \operatorname{ctg}\alpha = \sin\alpha : 1$$ [864]

zusammen.

860 *Analytische Trigonometrie*, Braunschweig 1770, Kap. I, S. 8. — 861 *Introductio*, lib. I, cap. VIII; Übersetzung von MICHELSEN, Berlin 1788, S. 133. — 862 v. BRAUNMÜHL, S. 57 (Anm. 573). — 863 v. BRAUNMÜHL, S. 147 (Anm. 573). — 864 Daselbst S. 162.

Das **Additionstheorem** der Sinusfunktion ist als allgemeiner Sehnensatz von den *griechischen* Mathematikern aufgestellt worden. Er erscheint zum erstenmal in der *Μαθηματικὴ σύνταξις* des Ptolemaeus[865] (zwischen 125 und 151 n. Chr. in Alexandria) und ist noch heute in der Schulmathematik als ptolemäischer Lehrsatz bekannt. Ob er wirklich Eigentum des Ptolemaeus ist, kann nicht nachgewiesen werden. Unwahrscheinlich ist es durchaus nicht, daß ihn Hipparch (zwischen 161—121 v. Chr. auf Rhodos) schon kannte, da er bei Aufstellung einer gleichmäßig ansteigenden Sehnentabelle, wie wir sie bei ihm vermuten müssen, unersetzlich ist. Nachdem Ptolemaeus sein Theorem für ein allgemeines Sehnenviereck ausgesprochen und bewiesen hat, spezialisiert er es so, daß die eine Vierecksseite $A\Delta$ der Durchmesser, $A\Gamma$ und AB gegebene Bogen sind, und sucht nun die Sehne des Bogens $B\Gamma$, der gleich der Differenz $A\Gamma - AB$ ist. Es ergiebt sich:

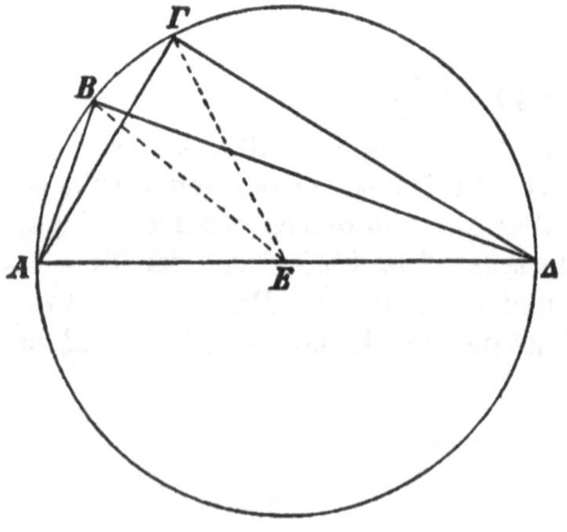

Fig. 22.

$$B\Gamma \cdot A\Delta = A\Gamma \cdot B\Delta - AB \cdot \Gamma\Delta,$$

d. h.

$$\text{Sehne}(A\Gamma - AB) \cdot 2r = \text{Sehne}\, A\Gamma \cdot \text{Sehne}\,(180^\circ - AB) - AB \cdot \text{Sehne}\,(180^\circ - A\Gamma),$$

oder, mit Einführung unserer Sinusfunktion, wenn zugleich

$$AE\Gamma = 2\alpha \quad \text{und} \quad AEB = 2\beta$$

gesetzt wird,

$$\sin(\alpha - \beta) = \sin\alpha \cdot \cos\beta - \sin\beta \cdot \cos\alpha.$$

Der zugehörige Satz von der Summe wird bei Ptolemaeus nur kurz gestreift.

---

865 I, cap. IX, ed. Halma, S. 29, ed. Heiberg, S. 36 Z. 12 ff.: „*Ἔστω γὰρ κύκλος ἐγγεγραμμένον ἔχων τετράπλευρον τυχὸν τὸ ΑΒΓΔ, καὶ ἐπεζεύχθωσαν αἱ ΑΓ καὶ ΒΔ. δεικτέον, ὅτι τὸ ὑπὸ τῶν ΑΓ καὶ ΒΔ περιεχόμενον ὀρθογώνιον ἴσον ἐστὶ συναμφοτέροις τῷ τε ὑπὸ τῶν ΑΒ, ΔΓ καὶ τῷ ὑπὸ τῶν ΑΔ, ΒΓ.*“ (Es sei ein Kreis mit einem eingeschriebenen Viereck $ABCD$ gegeben und es seien die Verbindungslinien AC, BD gezogen. Zu zeigen ist, daß das Rechteck, gebildet über AC und BD, gleich sei der Summe der Rechtecke über AB, DC und AD, BC.)

In den älteren *indischen* Schriften, wie in denen ARYABHATTA's (geb. 476 n. Chr.) und BRAHMAGUPTA's (geb. 598) tritt die Additionsformel nicht auf. Ihre Sinustafeln bedurften nur der Halbierungsformel und des pythagoreischen Lehrsatzes. Von BHASKARA (geb. 1114) wird sie aber als ganz besonders wichtige Regel mitgeteilt.[866]

Den *arabischen* Gelehrten war die Herleitung des PTOLEMAEUS bekannt; ABU'L WAFA (940—998, Bagdad) kannte noch die weitere Form

$$\sin(\alpha \pm \beta) = \sqrt{\sin^2\alpha - \sin^2\alpha\cdot\sin^2\beta} \pm \sqrt{\sin^2\beta - \sin^2\alpha\cdot\sin^2\beta}\,. —$$

Selbstverständlich kehrt die ptolemäische Form bei fast allen späteren Mathematikern wieder. Erheblichere Abweichungen sind seltener. So findet sich bei LEVI BEN GERSON († 1344, Avignon):[867]

$$\text{chorda}(\alpha \pm \beta)^2 = (\sin\text{vers}\,\alpha - \sin\text{vers}\,\beta)^2 \pm (\sin\alpha \pm \sin\beta)^2.$$

VIETA (1540—1603) verallgemeinerte zum erstenmal die altgriechische Regel auf die Funktionen Tangens und Secans. Zwei seiner Sätze, die als Beispiele herausgegriffen seien, lauten in Formeln:

$$\sec\alpha : \sec\beta = \sec(90^0 - (\alpha+\beta)) : \left[\operatorname{tg}\beta + \operatorname{tg}(90^0 - (\alpha+\beta))\right] \text{ für } \alpha+\beta < 90^0$$ [868]

$$\sec\alpha : \sec\beta = \sec(90^0 - (\alpha-\beta)) : \left[\operatorname{tg}\beta - \operatorname{tg}(90^0 - (\alpha-\beta))\right] \text{ für } \alpha-\beta < 90^0$$

bei $\alpha < 90^0$, $\beta < 90^0$ oder $\alpha > 90^0$, $\beta > 90^0$.[869]

Ferner hat VIETA in einem 1591 erwähnten, aber erst 1615 veröffentlichten Aufsatz[870] die Sätze:

$$\text{I.}\quad \begin{cases} \sin\alpha = \sin(2\alpha+\beta)\cdot\cos(\alpha+\beta) - \sin(\alpha+\beta)\cdot\cos(2\alpha+\beta) \\ \cos\alpha = \cos(2\alpha+\beta)\cdot\cos(\alpha+\beta) + \sin(\alpha+\beta)\cdot\sin(2\alpha+\beta) \end{cases}$$

$$\text{II.}\quad \begin{cases} \sin(2\alpha+\beta) = \sin(\alpha+\beta)\cdot\cos\alpha + \cos(\alpha+\beta)\cdot\sin\alpha \\ \cos(2\alpha+\beta) = \cos(\alpha+\beta)\cdot\cos\alpha - \sin(\alpha+\beta)\cdot\sin\alpha\,. \end{cases}$$

866 v. BRAUNMÜHL, S. 37 (Anm. 573). — 867 *Leo de Balneolis Israhelita de sinibus, chordis et arcubus, item instrumento revelatore secretorum*, ed. CURTZE, Bibl. math., 3. Folge, Bd. I, S. 375. — 868 VIETA, Opera, ed. SCHOOTEN, Lugd. Batav. 1646, S. 413 Z. 14—15: „*Ut transsinuosa componentium primae ad transsinuosam secundae, ita transsinuosa complementi compositae ad prosinum secundae plus prosinu complementi compositae.*" — 869 Daselbst Z. 39—40. VIETA spricht noch verschiedene andere Formen aus je nach der Größe der Winkel α und β. — 870 *Ad angulares sectiones theoremata in tres partes distributa*, VIETA, Opera, ed. SCHOOTEN, S. 287—304; speziell hier Theorem I und II, S. 287—288. Vgl. v. BRAUNMÜHL, S. 165 (Anm. 573).

Systematisch stellte F. C. MAIER (Petersburg) die Additionstheoreme in einer Akademieabh. v. 1727 zusammen,[859] freilich unter Benutzung sehr ungeeigneter Symbole, wie $S = \sin\alpha$, $s = \sin\beta$, $C = \cos\alpha$, $c = \cos\beta$, $T = \operatorname{tg}\alpha$, $t = \operatorname{tg}\beta$. Für den Sinus der Summe $\alpha + \beta$ bez. der Differenz $\alpha - \beta$ (daselbst § 4) erhält er $Sc + Cs$ und $Sc - Cs$, für den Cosinus von $\alpha \pm \beta$ $Cc \mp Ss$ (§ 5) und für den Tangens $\frac{T \pm t}{Tt \mp 1}$ (§ 6). Die moderne Form stellt sich bei EULER ein (1748, *Introductio*, lib. I, cap. VIII). —

Beziehungen zwischen Funktionen der ganzen und der doppelten Winkel können schon aus der *Kreisberechnung* des ARCHIMEDES (287—212 v. Chr., Syrakus) herausgelesen werden. Wir haben an früherer Stelle (S. 115) auseinandergesetzt, auf welche Weise ARCHIMEDES von der Seite eines Polygons zu der des Polygons mit doppelter Seitenanzahl übergeht. Führt man trigonometrische Darstellung ein, die natürlich dem ARCHIMEDES fremd ist, so kann man seine Rechnung dahin deuten, daß er wiederholt $\operatorname{ctg}\frac{\alpha}{2}$ und $\operatorname{cosec}\frac{\alpha}{2}$ aus $\operatorname{ctg}\alpha$ und $\operatorname{cosec}\alpha$ mittels der Gleichungen

$$\operatorname{ctg}\frac{\alpha}{2} = \operatorname{ctg}\alpha + \operatorname{cosec}\alpha$$

$$\left(\operatorname{cosec}\frac{\alpha}{2}\right)^2 = \left(\operatorname{ctg}\frac{\alpha}{2}\right)^2 + 1$$

ausrechnet.[871]

Die Formel $\sin 2\alpha = 2\sin\alpha\cdot\cos\alpha$, die aus der ptolemäischen Regel durch die Annahme $\alpha = \beta$ ohne weiteres folgt, wird als besonderer Satz bei ABU'L WAFA (940—998, Bagdad) durch

$$\text{chorda}\,\alpha : \text{chorda}\,\frac{\alpha}{2} = \text{chorda}\left(180^0 - \frac{\alpha}{2}\right) : 1$$

ausgesprochen.[871a] Bei VIETA findet man zuerst die Erweiterungen[872]

$$\sin 3\alpha = 3(\cos\alpha)^2\cdot\sin\alpha - (\sin\alpha)^3$$

$$\cos 3\alpha = (\cos\alpha)^3 - 3(\sin\alpha)^2\cdot\cos\alpha, \text{ u. s. w.};$$

ja sogar die allgemeinen Rekursionsformeln

$$\sin\alpha : \sin 2\alpha = \sin(n-1)\alpha : [\sin(n-2)\alpha + \sin n\alpha]$$

$$\tfrac{1}{2} : \cos\alpha = \cos(n-1)\alpha : [\cos(n-2)\alpha + \cos n\alpha]$$

sind bei ihm vorhanden.[873] Mit dem ersten dieser allgemeinen Aus-

871 Bibl. math., 3. Folge, Bd. I, S. 514. — 871a v. BRAUNMÜHL, S. 55 (Anm. 573). — 872 *Ad Logisticen speciosam notae priores*, 1591 erwähnt. VIETA, Opera S. 13 bis 41. — 873 Vgl. Anm. 870; Opera, S. 291 ff.

drücke deckt sich eine Rechenvorschrift, die RHAETICUS (1514—1576, Wittenberg) bei der Ausführung seines großen *Canons* (1569 vollendet, 1596 als *Opus Palatinum* gedruckt) schon vorher verwertet hatte; an Stelle der zweiten kennt RHAETICUS die Beziehung

$$\cos n\alpha = \cos(n-2)\alpha - 2\sin\alpha\cdot\sin(n-1)\alpha.$$ [873a]

Die endgültige Berechnung von $\sin n\alpha$ und $\cos n\alpha$ lehrte 1702[874] JAC. BERNOULLI (1654—1705, Basel) durch die Reihenentwicklung

$$\sin n\alpha = (\cos\alpha)^n - \frac{n(n-1)}{1\cdot 2}(\cos\alpha)^{n-2}\cdot(\sin\alpha)^2 + \ldots$$

$$\cos n\alpha = \frac{n}{1}(\cos\alpha)^{n-1}\sin\alpha - \frac{n(n-1)(n-2)}{1\cdot 2\cdot 3}(\cos\alpha)^{n-3}\cdot(\sin\alpha)^3 + \ldots.$$

Die Bestimmung einer Funktion des halben Winkels aus einer solchen des ganzen zeigte wiederum PTOLEMAEUS zuerst;[874a] wahrscheinlich hat er in HIPPARCH einen Vorgänger. Durch Übertragen in die Sinustrigonometrie kann man aus seinen Ableitungen leicht die Formel

$$\sin\frac{\alpha}{2} = \sqrt{\frac{1-\cos\alpha}{2}}$$

herauslesen. Bei den Indern und Arabern kehrt dieser Satz als der wichtigste der Goniometrie wieder. Indisch ist die Form

$$(\sin\alpha)^2 + (\sin\operatorname{vers}\alpha)^2 = \left(2\sin\frac{\alpha}{2}\right)^2.$$ [875]

REGIOMONTANUS (1436—1476) beweist ihn in der Proportionsform

$$\sin\operatorname{vers}2\alpha : \sin\alpha = \sin\alpha : \sin 30^0.$$ [876]

Die entsprechende Formel für $\cos\frac{\alpha}{2}$ ist bei älteren Mathematikern nicht vorhanden; es hängt dies damit zusammen, daß die Cosinusfunktion erst spät als eigene Funktion anerkannt wird. Enthalten ist sie in dem Satz des MAUROLYKUS (1494—1575, Messina)

$$(1+\cos\alpha):(1-\cos\alpha) = \left(\cos\frac{\alpha}{2}\right)^2 : \left(\sin\frac{\alpha}{2}\right)^2.$$ [877] —

[873a] Vgl. v. BRAUNMÜHL, S. 23 (Anm. 573). — [874] Mém. de Paris, 1702, gedr. 1704, S. 201—208. — [874a] Σύνταξις, ed. HALMA, S. 31—32; ed. HEIBERG, S. 39—40. — [875] CANTOR, I^b, S. 616. — [876] Zusatz zur Ausgabe der Astronomie AL BATTANI's, *De scientia stellarum*, cap. III, S. 8^a: „*Cuiuslibet arcus sinus rectus est medio loco proportionalis inter sinum uersum arcus dupli, & sinū 30 graduum*“ (Anm. 729). — [877] MAUROLYCI *Sphaerica*, lib. II, prop. XV, S. 55^b—56^a (Anm. 202^a). Beachtenswert ist die symmetrische Form

$$\sin\left(45^0+\frac{\alpha}{2}\right) = \sqrt{\frac{1+\sin\alpha}{2}}, \quad \sin\left(45-\frac{\alpha}{2}\right) = \sqrt{\frac{1-\sin\alpha}{2}},$$

in der LAMBERT die in Rede stehenden Sätze ausspricht (*Beiträge zur Mathematik*, II, Berlin 1770, Abh. IV, § 5, S. 139).

Von sehr großer Bedeutung waren für das Mittelalter die Formeln, in denen Produkte trigonometrischer Funktionen in Summen bez. Differenzen verwandelt werden. Es ist bereits darauf aufmerksam gemacht worden (S. 142), daß der mittelalterliche Mathematiker diese Beziehungen in ähnlicher Weise zu benutzen verstand, wie wir die logarithmischen Gesetze, nämlich um das unhandliche Multiplizieren und Dividieren mittels trigonometrischer Tafeln durch das bequemere Addieren und Subtrahieren zu ersetzen. Die Araber kannten schon solche Formeln, ohne freilich ihres Wertes bewußt zu werden. So läßt sich bei Ibn Yunus († 1008, Kairo) die Beziehung nachweisen[878]

$$1)\quad \cos\alpha\cdot\cos\beta = \tfrac{1}{2}\,[\cos(\alpha-\beta)+\cos(\alpha+\beta)],$$

deren Herleitung auf rein geometrischem Wege vorgenommen ist. Die Geschichte des neuen Rechenverfahrens, *Prosthaphairesis* genannt, beginnt um 1500. Es scheint zum erstenmal in einem leider verloren gegangenen Lehrbuch der sphärischen Trigonometrie, das den Nürnberger Pfarrer Johannes Werner (1468—1528) zum Verfasser hat, benutzt worden zu sein. Berichte, die über dasselbe erhalten sind,[879] lassen darauf schließen, daß Werner die Formel

$$2)\quad \sin\alpha\cdot\sin\beta = \tfrac{1}{2}\,[\cos(\alpha-\beta)-\cos(\alpha+\beta)]$$

zu Grunde legte und trigonometrische Sätze für das rechtwinklige, ja sogar für das schiefwinklige sphärische Dreieck mit ihrer Hilfe transformierte. Praktische Anwendung dieser Methode, deren Kenntnis wahrscheinlich aus Werners Schriften stammte, machte Tycho de Brahe (1546—1601). In einer handschriftlich erhaltenen Notizensammlung von ihm findet man eine Zusammenstellung trigonometrischer Lehrsätze, die sämtlich prosthaphäretisch umgewandelt sind; einige von diesen, in denen die Benutzung der Formel 1) auffällt, scheinen sein Eigentum zu sein. Ein gewisser Paul Wittich aus Breslau († 1587), der zwischen 1580 und 1581 bei Tycho de Brahe Aufenthalt genommen hatte, kam 1584 nach Cassel und teilte den dortigen Astronomen, unter denen der Schweizer Jost Bürgi (1552—1632) der bedeutendste war, das neue Verfahren mit, dem Bericht nach sogar nur den Fall 2).[880] Weiter wird erzählt, daß Bürgi die große Tragweite dieser Formel erkannt, die Fundamentalformel 1) selbst entdeckt, Beweise für beide gefunden und umfassende

878 v. Braunmühl, S. 63; vgl. auch Zeitschr. f. Math. u. Phys. 1899, Supplementband, S. 18 ff. — 879 v. Braunmühl, S. 136 (Anm. 573); vgl. daselbst auch Anm. 2. — 880 Vgl. Cantor, II^b, S. 642 ff., v. Braunmühl, S. 194 ff.

Anwendung auf die Trigonometrie vorgenommen habe. Die Beweise, die auf die Proportionen

$$1 : \sin\beta = \sin\alpha : \tfrac{1}{2}[\sin(90^0 - \beta + \alpha) - \sin(90^0 - \beta - \alpha)]$$

$$1 : \cos\beta = \cos\alpha : \tfrac{1}{2}[\sin(\beta + 90^0 - \alpha) - \sin(\beta - 90^0 + \alpha)]$$

führten, sind in einem Werke *Fundamentum astronomicum* (1588) des NIKOLAUS RAYMARUS URSUS, von dem der obige Bericht herrührt, erhalten.[881] Über die Resultate TYCHO DE BRAHE's ging BÜRGI jedenfalls in der Behandlung des sphärischen Cosinussatzes

$$\cos a = \cos b \cdot \cos c + \sin b \cdot \sin c \cdot \cos\alpha$$

hinaus. Wie jener, brachte er ihn zunächst in die Form,

$$\cos a = \tfrac{1}{2}[\cos(b - c) + \cos(b + c)] + \tfrac{1}{2}[\cos(b - c) - \cos(b + c)]\cos\alpha,$$

setzte dann aber noch $\frac{1}{2}[\cos(b - c) - \cos(b + c)] = \cos x$, wodurch er das entstehende Produkt $\cos x \cos\alpha$ noch einmal prosthaphäretisch umwandeln und so schließlich eine Formel

$$\cos a = \tfrac{1}{2}[\cos(b - c) + \cos(b + c) + \cos(x - \alpha) + \cos(x + \alpha)]$$

erhalten konnte, die nur Additionen aufweist.

Im Druck sind die prosthaphäretischen Methoden zum erstenmal von CLAVIUS (1537 Bamberg —1612, Rom) im *Astrolabium* von 1593 behandelt.[882] Durch Erfindung der Logarithmen wurden sie entbehrlich und verschwanden, freilich nur langsam, schließlich aber gänzlich wieder aus der praktischen Mathematik (vgl. S. 141).

Eine ganze Reihe wichtiger Formeln, in denen Summen oder Differenzen trigonometrischer Funktionen auftreten, verdankt man VIETA; aus der Abhandlung von 1579[854] sei die Doppelproportion angeführt:

$$1 : 2\cdot\sin\frac{\alpha - \beta}{2} = \sin\frac{\alpha + \beta}{2} : (\cos\beta - \cos\alpha) = \cos\frac{\alpha + \beta}{2} : (\sin\alpha - \sin\beta),$$ [883]

die die modernen Formeln

$$\cos\beta - \cos\alpha = 2\cdot\sin\frac{\alpha + \beta}{2}\cdot\sin\frac{\alpha - \beta}{2},$$

$$\sin\alpha - \sin\beta = 2\cdot\sin\frac{\alpha - \beta}{2}\cdot\cos\frac{\alpha + \beta}{2}$$

in sich schließt. Besonders reichhaltiges Material liefert die Schrift von 1593 (vgl. S. 222); hier sind auch die anderen Funktionen berücksichtigt. Man findet z. B.

---

881 v. BRAUNMÜHL, S. 196. — 882 Opera mathematica CHR. CLAVII, Moguntiae 1612, Bd. III, Astrolabium, Lemma 53, S. 94ff. — 883 S. 20, prop. XIII, nach HUNRATH, S. 229 (Anm. 854).

$$\frac{\sec\alpha + \sec\beta}{\sec\alpha - \sec\beta} = \frac{\operatorname{tg}\left(90^0 - \frac{\alpha+\beta}{2}\right)}{\operatorname{tg}\frac{\alpha-\beta}{2}} = \frac{\operatorname{tg}\left(90^0 - \frac{\alpha-\beta}{2}\right)}{\operatorname{tg}\frac{\alpha+\beta}{2}}$$ [884]

$$\frac{\sin\alpha}{\sin\beta} = \frac{\sec(90^0 - (\alpha+\beta))}{\operatorname{tg}(90^0-\alpha) - \operatorname{tg}(90^0 - (\alpha+\beta))}$$ [885]

$$\frac{\sin\alpha}{\sin\beta} = \frac{\sec(90^0 - (\alpha-\beta))}{\operatorname{tg}(90^0-\alpha) - \operatorname{tg}(90^0 - (\alpha-\beta))}$$ [886]

$$\frac{\sin\alpha + \sin\beta}{\sin\alpha - \sin\beta} = \frac{\operatorname{tg}\frac{\alpha+\beta}{2}}{\operatorname{tg}\frac{\alpha-\beta}{2}} = \frac{\operatorname{tg}\left(90^0 - \frac{\alpha-\beta}{2}\right)}{\operatorname{tg}\left(90^0 - \frac{\alpha+\beta}{2}\right)}.$$ [887]

Die letzte Formel ist übrigens schon durch den Tangenssatz (vgl. S. 238) von Th. Fink (1583 *Geometria rotundi*), also zehn Jahre früher, gegeben worden. Eine erschöpfende Behandlung der Werte, die sich für die Quotienten von ($\sin\alpha \pm \sin\beta$) und ($\cos\alpha \pm \cos\beta$) ergeben, giebt Euler 1748 in seiner *Introductio*.[887a] Von Fink rührt auch

$$\operatorname{tg}\left(45^0 + \frac{\alpha}{2}\right) = \sec\alpha + \operatorname{tg}\alpha$$ [888]

her; die entsprechende Formel für negative α

$$\operatorname{tg}\left(45^0 - \frac{\alpha}{2}\right) = \sec\alpha - \operatorname{tg}\alpha$$

hatte zwei Jahre früher Bressius (von 1576—1608 Prof. in Paris)[889] abgeleitet. Beiden ähnlich sind die noch älteren Sätze Vietas (1579)

$$\operatorname{cosec}\alpha - \operatorname{ctg}\alpha = \operatorname{tg}\frac{\alpha}{2}$$

$$\operatorname{cosec}\alpha + \operatorname{ctg}\alpha = \operatorname{ctg}\frac{\alpha}{2}$$ [890]

und die später von Snellius (1581—1626, Leiden) aufgestellte Beziehung

$$2\cdot\operatorname{tg}\alpha + \operatorname{tg}\left(45^0 - \frac{\alpha}{2}\right) = \operatorname{tg}\left(45^0 + \frac{\alpha}{2}\right).$$ [891]

[884] Vieta, Opera, ed. Schooten, Lugd. 1646, S. 413—414, III. — [885] Daselbst S. 414, IV. — [886] Daselbst Nr. V. — [887] Daselbst Nr. VI. — [887a] *Introductio*, Bd. I, cap. VIII, § 131. — [888] *Geometria rotundi*, Basileae 1583, V, 31, S. 78. — [889] *Metrices Astronomicae*, 1581, nach v. Braunmühl, S. 187, Anm. 4 (Anm. 573). — [890] *Universalium inspectionum ad canonem mathematicum liber singularis*, S. 62, Abs. 2, nach Hunrath, S. 237 (Anm. 854). — [891] Snellius, *Doctrina triangulorum canonica*, 1627, lib. I, prop. XVI, S. 22.

Von großer Bedeutung für die Berechnung trigonometrischer Tafeln ist VIETA's Formel (1579)

$$\sin(60^0 + \alpha) - \sin(60^0 - \alpha) = \sin\alpha.$$[892]

VIETA selbst fügte die Bemerkung bei, daß sie die Arbeit des Berechnens der Sinuswerte auf das Intervall von 0^0 bis 30^0 beschränke. EULER giebt ihr in seiner *Introductio* von 1748 die klarere Gestalt

$$\sin(30^0 + \alpha) = \cos\alpha - \sin(30^0 - \alpha)$$

$$\cos(30^0 + \alpha) = \cos(30^0 - \alpha) - \sin\alpha.$$[893]

Bei EULER sind auch zuerst die Formeln für $\sin\alpha \pm \sin\beta$, $\cos\alpha \pm \cos\beta$ in organischen Zusammenhang gebracht.[894]

Formeln für die Summen dreier Sinus, Cosinus oder Tangens stellte CRELLE (1780—1855; Oberbaurat, Berlin) in seiner *Geometrie* auf.[895] J. H. T. Müller spezialisierte sie zu

$$\sin\alpha + \sin\beta + \sin\gamma = 4\cos\frac{\alpha}{2}\cdot\cos\frac{\beta}{2}\cdot\cos\frac{\gamma}{2}$$

$$\cos\alpha + \cos\beta + \cos\gamma = 1 + 4\sin\frac{\alpha}{2}\cdot\sin\frac{\beta}{2}\cdot\sin\frac{\gamma}{2}$$

$$\operatorname{tg}\alpha + \operatorname{tg}\beta + \operatorname{tg}\gamma = \operatorname{tg}\alpha\cdot\operatorname{tg}\beta\cdot\operatorname{tg}\gamma,$$

wo $\alpha + \beta + \gamma = 180^0$ ist.[896]

Ferner sind noch Formeln zu erwähnen, die zeigen, daß die trigonometrischen Funktionen eines bestimmten Winkels rationale Funktionen des Tangens vom halben Winkel sind. EULER führte von diesen 1748 die Identitäten

$$\operatorname{tg}2\alpha = \frac{2\operatorname{tg}\alpha}{1 - \operatorname{tg}\alpha^2}$$

$$\operatorname{ctg}2\alpha = \frac{\operatorname{ctg}\alpha - \operatorname{tg}\alpha}{2}$$[897]

an; LAMBERT fügte 1765

$$\sin 2\alpha = \frac{2\operatorname{tg}\alpha}{1 + \operatorname{tg}\alpha^2}$$

$$\cos 2\alpha = \frac{1 - \operatorname{tg}\alpha^2}{1 + \operatorname{tg}\alpha^2}$$

hinzu.[898]

892 S. 10, prop. VI, nach HUNRATH, S. 228 (Anm. 854). — 893 *Introductio*, I, cap. VIII, § 136. — 894 Daselbst § 131. — 895 *Elemente der Geometrie*, Bd. II, Berlin 1826, § 325, S. 311. — 896 *Lehrbuch der Mathematik*, Halle 1852, Bd. II, Anhang, Kap. 5, S. 92—93). — 897 *Introductio*, I, cap. VIII, § 137. — 898 *Beiträge zum Gebrauch der Mathematik*, Buch I, Berlin 1765, Kap. III, § 35, S. 389.

D. Formeln aus der Trigonometrie.

I. Der Sinussatz: $\frac{a}{\sin\alpha} = \frac{b}{\sin\beta} = \frac{c}{\sin\gamma}$.

Ptolemaeus (zwischen 125 und 151 n. Chr. in Alexandria) führte seine Berechnungen nur an rechtwinkligen Dreiecken aus; schiefwinklige zerlegt er durch Höhen in rechtwinklige. Um das rechtwinklige Dreieck denkt sich Ptolemaeus jedesmal den umgeschriebenen Kreis geschlagen, in dem die Hypotenuse der Durchmesser ist. Nach der Definition der Sehnenfunktion ist alsdann (vgl. Fig. 23) a = chorda (2α), wenn c zu 120 Teilen (μοιραί) angenommen ist. Ist für c ein bestimmtes Maß gegeben, so ändert sich der Wert von a im Verhältnis von $c:120$, daher ist

$$a = \frac{c \cdot \text{chorda}\,(2\alpha)}{120^{\mu}}.$$

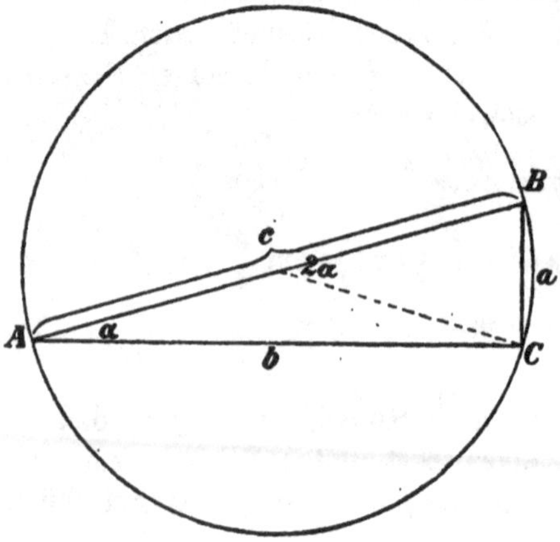

Fig. 23.

Mit dieser Beziehung kommt Ptolemaeus vollständig aus. Weder er, noch später die Araber kennen den Sinussatz im allgemeinen Dreieck. Wenn auch Al Battani († 929; Damaskus) bei einer Gelegenheit ein Verfahren einschlägt, aus dem man die Regel, daß die Katheten eines rechtwinkligen Dreiecks sich wie die Sinus der Gegenwinkel verhalten,[899] ableiten kann und wenn auch Dschabir ibn Aflah († zwischen 1140 und 1150; Sevilla) nachweist, daß im allgemeinen Dreieck aus der Kenntnis der Winkel auf das Verhältnis der Gegenseiten geschlossen werden kann,[900] — nirgends wird ein allgemeiner Lehrsatz aufgestellt. Hierzu gelangte erst Nasir Eddin Tusi (1201—1274, Persien), dem die Trigonometrie, wie bereits erwähnt wurde (vgl. S. 193 f.), die höchste Ausbildung während der arabischen Periode verdankte. Nasir Eddin ist sich der Wichtigkeit seiner Neuerung wohl bewußt. In seiner Abhandlung *Schakl al Kaṭṭâ*[901]

899 *De scientia stellarum*, cap. X, S. 14 (Anm. 729); vgl. Pfleiderer, S. 336—337 (Anm. 313). — 900 *Astronomiae* lib. I, prop. 26; vgl. Pfleiderer, S. 339, 4 (Anm. 313). — 901 *Traité du quadrilatère attribué à Nassiruddin-el-Toussy,*

behandelt er zunächst die Fälle des rechtwinkligen Dreieckes nach der Sehnenmethode des Ptolemaeus, dann aber stellt er beim Übergang zum schiefwinkligen Dreieck den Sinussatz als neuen Satz an die Spitze seiner Betrachtungen, unter Hervorhebung des Gegensatzes zu der bisherigen alten Methode. Nasir Eddin giebt auch zwei Beweise des Sinussatzes. Bei dem einen[902] verlängert er die Schenkel zweier Winkel β und γ (vgl. Fig. 24) so, daß $CD = DE = BF = BG = r$ wird. Das Lot EH ist alsdann gleich $\sin\gamma$, das Lot GK gleich $\sin\beta$, bezogen auf denselben Kreisradius r. Die sich ergebenden Proportionen

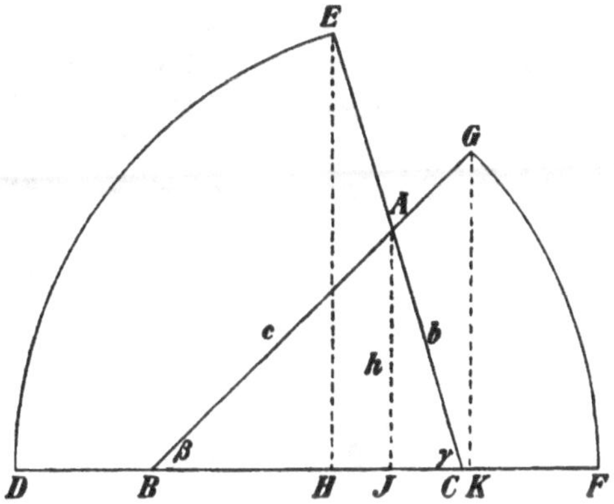

Fig. 24.

$$AJ:AC = EH:EC \quad \text{und} \quad AJ:AB = GK:BG,$$

d. h.

$$h:b = \sin\gamma : r \qquad h:c = \sin\beta : r$$

lassen sich zu $b : \sin\beta = c : \sin\gamma$ zusammenziehen. Dieser Beweis sei deshalb angeführt, weil er in nur wenig veränderter Form bei Regiomontanus (1436—1476), in dessen Buche *De triangulis omnimodis* man früher den Sinussatz zum erstenmal auftreten zu sehen glaubte, wieder erscheint.[903] Eine Abweichung liegt nur darin, daß Regiomontanus die Kreise nicht mit einem beliebigen Radius, sondern mit der Seite CA schlug; immerhin ist dieser Unterschied in den Beweisen groß genug, um die selbständige Aufstellung durch Regiomontanus nicht anzweifeln zu lassen. Daß keine mittelbare oder unmittelbare Entlehnung des Beweises vorliegt, geht auch daraus hervor, daß man die Quelle, aus der Regiomontan den Sinussatz bekam, kennt, in dieser aber ein durchaus anderer Beweis

traduit par Alexandre Pascha Caratheodory, Constantinopel 1891. — Vgl. auch A. v. Braunmühl, *Nassîr Eddîn Tûsi und Regiomontanus*, Nova acta d. Leop.-Carol.-Akademie, 1897, Bd. 71, Nr. 2. — 902 v. Braunmühl, S. 66, Anm. 4 (Anm. 573). — 903 Lib. II, prop. I (Anm. 357): *„In omni triangulo rectilineo proportio lateris ad latus est, tamquam sinus recti anguli alterum eorum respicientis, ad sinum rectum anguli reliquum latus respicientis.“*

gegeben wird. Diese Vorlage ist LEVI BEN GERSON's († 1344; Avignon) Schrift *De sinibus, chordis et arcubus,*[904] die damit sich als älteste Fundstelle des Sinussatzes im Abendlande herausstellt. Der hier angedeutete Beweis beruft sich darauf, daß bei Zugrundelegung des umgeschriebenen Kreises eine halbe Seite der Sinus des gegenüberliegenden Winkels ist, die Seiten also im Verhältnis des Sinus der Gegenseiten stehen. Während die Beweisart REGIOMONTAN's bei FINK, *Geometria rotundi* (1583),[905] LANSBERGE, *Geometria triangulorum* (1591),[906] PITISCUS, *Trigonometria* (1599)[906a] wiederkehrt, scheint VIETA im *Canon mathematicus* von 1579[854] denselben Weg wie LEVI BEN GERSON eingeschlagen zu haben. Auch RHAETICUS (*Opus Palatinum,* 1596), GELLIBRAND (1630), CAVALIERI (1643) u. a. haben den letzten Beweisgang vorgezogen. Am klarsten zeigt ihn SNELLIUS' *Doctrina triangulorum* von 1627 (II, 4). Dieser fällt vom Mittelpunkt des umgeschriebenen Kreises O die Lote OY und OU. Für den gewählten Kreis stellen ay bez. au die Sinus der Winkel aoy (d. i. aie) bez. aou (d. i. aei) dar. Da nun $ay : au = ae : ai$, so ist auch $\sin(aie) : \sin(aei) = ae : ai$. —

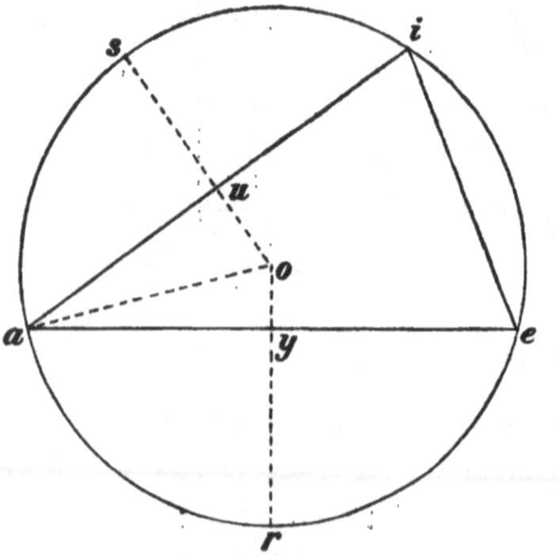

Fig. 25.

Die **Zweideutigkeit**, die bei Berechnung des Fundamentalfalles a, b, α eintritt, ist vielfach von den Mathematikern nicht beachtet worden. Während sie von DSCHABIR IBN AFLAH hervorgehoben wurde,[907] überging sie NASIR EDDIN merkwürdigerweise gänzlich.[908]

[904] Die Fassung des Satzes lautet (cap. II, dictio quinta): „*omnium triangulorum rectilineorum talem proportionem una linea habet ad aliam, qualem proportionem unus singulus angulorum, quibus dictae lineae sunt subtensae, habet ad alium.*" Vgl. v. BRAUNMÜHL, S. 106 (Anm. 573). — [905] Lib. X, S. 287, vgl. PFLEIDERER, S. 348 (Anm. 313). — [906] Lib. III, 14, S. 160, vgl. PFLEIDERER a. a. O. — [906a] Lib. III, axioma quartum, Ausg. v. 1600, S. 63. — [907] Er bemerkt, man müsse noch wissen „*angulus, cui subtenditur latus secundum duorum notorum, an sit expansus aut acutus*", vgl. PFLEIDERER, S. 338). — [908] v. BRAUNMÜHL, S. 55 (Anm. 901).

REGIOMONTAN,[909] RHAETICUS[910] u. a. erinnern wieder daran, KOPPERNIKUS (1543)[911] erwähnt sie auch nicht mit einem Worte.

2. Der Cosinussatz: $c^2 = a^2 + b^2 - 2ab\cos\gamma$.

Inhaltlich ist der Cosinussatz durch den allgemeinen pythagoreischen Lehrsatz (EUKLID, II, 12. 13) gegeben, dessen verschiedene Formen wir S. 76—77 kennen lernten. Sind die drei Seiten eines Dreiecks gegeben, so berechnet PTOLEMAEUS,[912] DSCHABIR IBN AFLAH,[913] NASIR EDDIN,[914] REGIOMONTANUS[915] und KOPPERNIKUS[915a] zunächst eine Dreieckshöhe, die aus den Seitenabschnitten (vgl. S. 76—77) leicht zu finden ist. Die Kenntnis der Höhe liefert dann unter einfacher Benutzung der Sehnen- bezw. Sinusdefinition die gegenüberliegenden Winkel. Ein kleiner Fortschritt besteht darin, daß RHAETICUS in dem *Opus Palatinum* (verfaßt 1568, gedruckt 1596) bei der Berechnung der Seitensegmente stehen bleibt und nun sofort mit der Cosinusfunktion auf die anliegenden Winkel schließt.[916] Eine trigonometrische Zusammenfassung dieser beiden Operationen vollzog zum erstenmal VIETA in dem *Variorum de rebus mathematicis responsorum liber octavus* von 1593:[917] „*Ut duplum rectangulum sub cruribus ad differentiam inter quadrata crurum simul juncta et quadratum basis, ita sinus totus ad sinum complementi anguli ad verticem*" (wie sich das doppelte Rechteck aus den Schenkeln zu der Differenz zwischen der Summe der Schenkelquadrate und des Quadrates der Grundlinie verhält, so verhält sich auch der Sinus totus zu dem Cosinus des Winkels an der Spitze), d. i., wenn sin tot = 1,

$$2ab : (a^2 + b^2 - c^2) = 1 : \sin(90^0 - \gamma).$$

Die Tragweite dieses Satzes wird von den späteren Mathematikern voll anerkannt. Sogar in der Form schließen sie sich meistens an VIETA an, so SNELLIUS (*Doctrina triangulorum* 1627)[918]

909 *De triangulis*, I, prop. 51—52, S. 42. — 910 CANTOR, II^b, S. 602. — 911 Vgl. *Revol.* I, XIV, 6, S. 20^b (Anm. 915^b). — 912 *Σύνταξις*, VI, cap. 7; ed. HALMA, S. 423—424, ed. HEIBERG, S. 516—518 (Anm. 727). Vgl. v. BRAUNMÜHL, S. 27 (Anm. 573). — 913 *Astronomia*, lib. I, prop. 26; vgl. PFLEIDERER, S. 338—339 (Anm. 313). — 914 Vgl. v. BRAUNMÜHL (Anm. 901). — 915 *De triangulis omnimodis*, I, prop. 42—47. — 915a *De revolutionibus orbium caelestium*, Nürnberg 1543, lib. I, cap. XIII, 4, S. 20^a. — 916 *Opus Palatinum*, De triquetris rectarum linearum in planitie, S. 102 ff.; vgl. PFLEIDERER, S. 373. — 917 Daselbst Nr. V; Opera, ed. SCHOOTEN, Lugd. 1646, S. 402 Z. 23—25. — 918 Lib. II, prop. 12, Nr. 2, S. 73.

und CAVALIERI (*Trigonometria plana* 1643).[919] SNELLIUS kennt außerdem noch die Beziehung

$$2ab:\left(c^2-(a-b)^2\right)=1:(1-\cos\gamma).^{919a}$$

VIETA hatte hinzugefügt, daß der berechnete Winkel spitz oder stumpf sei, je nachdem $a^2+b^2 \gtreqless c^2$ ist.[920] Eine solche Bemerkung zeigt, daß man zu seiner Zeit das Verhalten der trigonometrischen Funktionen bei Winkeln über 90° noch nicht goniometrisch betrachtete.

3. Der Tangenssatz: $\dfrac{a+b}{a-b}=\dfrac{\operatorname{tg}\dfrac{\alpha+\beta}{2}}{\operatorname{tg}\dfrac{\alpha-\beta}{2}}.$

PTOLEMAEUS (zwischen 125 und 151 n. Chr. in Alexandria) hatte im elften Kapitel seiner *Μαθηματικὴ σύνταξις*[921] die Aufgabe durchgeführt, zwei Bogen zu finden, wenn ihre Summe bezw. Differenz und das Verhältnis ihrer Sehnen gegeben ist. Im Anschluß hieran nahm REGIOMONTANUS dasselbe Problem, doch in selbständiger Weise mit Benutzung des Sinus, in Angriff[922] und förderte es soweit, daß nur noch die Einführung der Tangensfunktion, deren Gebrauch er zur Zeit der Niederschrift noch nicht kannte, nötig war, um die Beziehung

$$\frac{\sin\alpha+\sin\beta}{\sin\alpha-\sin\beta}=\frac{\operatorname{tg}\dfrac{\alpha+\beta}{2}}{\operatorname{tg}\dfrac{\alpha-\beta}{2}}.$$

zu erhalten. Diesen Schritt vollzog erst THOMAS FINK (1561—1656, Kopenhagen) und übertrug dann dieses goniometrische Problem auf die Dreiecksberechnung, bei der in dem Fundamentalfall a, b, γ, ja $\sin\alpha:\sin\beta$ und $\alpha+\beta$ bekannt ist. Den sich ergebenden Satz sprach FINK[923] folgendermaßen aus: „*Ut semissis summae crurum ad differentiam summae semissis alteriusque cruris, sic tangens semissis anguli crurum exterioris ad tangentem anguli, quo minor interiorum semisse dicti reliqui minor est, aut major, major.*“ Dies giebt, wörtlich in unsere Formelsprache übertragen:

---

919 Axiom, IV, S. 20. — 919a Lib. II, prop. 12, Nr. 3, S. 76. — 920 „*Et si quidem quadratum basis cedit quadratis crurum simul junctis, erit angulus, qui ad verticem existit, acutus; si praestat, obtusus; sed, si aequalia fuerint, rectus*“ (vgl. Anm. 917). — 921 Ed. HALMA, S. 52ff.; ed. HEIBERG, S. 71ff. Eine sehr klare Darstellung giebt v. BRAUNMÜHL, S. 23 (Anm. 573). — 922 *De triangulis omnimodis*, lib. IV, prop. 21—22. — 923 *Geometria rotundi*, Basel 1583, lib. X, § 15, S. 292.

$$\frac{\frac{a+b}{2}}{\frac{a+b}{2}-b} = \frac{\operatorname{tg}\frac{180^0-\gamma}{2}}{\operatorname{tg}\left(\frac{180^0-\gamma}{2}-\beta\right)}.$$

CLAVIUS (1537 Bamberg — 1621; zuletzt in Rom), der sich sehr eng an FINK anlehnte, änderte 1586[818] den Wortlaut so ab, daß die Formel entstand:

$$\frac{\frac{a+b}{2}}{\operatorname{tg}\frac{\alpha+\beta}{2}} = \frac{\frac{a-b}{2}}{\operatorname{tg}\varphi}, \text{ wo } \varphi = \alpha - \frac{\alpha+\beta}{2}.$$ [924]

LANSBERGE 1591 näherte sich wiederum mehr der ursprünglichen Fassung.[925] Die moderne Form endlich giebt 1593 VIETA:[926] „*Ut aggregatum crurum ad differentiam eorundem, ita prosinus dimidiae angulorum ad basin ad prosinum dimidiae differentiae*“, d. i.

$$\frac{a+b}{a-b} = \frac{\operatorname{tg}\frac{\alpha+\beta}{2}}{\operatorname{tg}\frac{\alpha-\beta}{2}}.$$

Durch Einführung von Symbolen schreibt schließlich V. WING (*Astronomia Britannica* 1668):

$$AC + AB : AC - AB :: t.\frac{C+B}{2} : t.\frac{C-B}{2}.$$ [927] —

Für den Fundamentalfall a, b, γ empfiehlt G. S. KLÜGEL 1770[928] die Formel

$$\operatorname{tg}\beta = \frac{b\cdot\sin\gamma}{a - b\cdot\cos\gamma}.$$

Auch diese ist viel älteren Ursprungs. Sie ist zunächst von VIETA 1591[929] durch die Doppelgleichung

$$b : a = \operatorname{cosec}\gamma : x$$

$$x \mp \operatorname{ctg}\gamma = \operatorname{ctg}\beta \qquad \text{(je nachdem } \gamma < \text{ oder } > 90^0\text{)}$$

ausgedrückt worden, dann in bequemerer Form in handschriftlich erhaltenen Aufzeichnungen TYCHO DE BRAHE's, die etwa aus dem Jahre 1591 stammen, zu finden.[930] Ihre Bedeutung ist in neuerer Zeit öfters betont worden.[931]

924 Opera, Moguntiae 1612, Bd. I, *Triangula rectilinea*, S. 166 mit der Randbemerkung: Praxis. — 925 *Geometria triangulorum*, lib. III, prop. 15, S. 162. — 926 VIETA, Opera, ed. SCHOOTEN, S. 402, Nr. VI Z. 1—2 v. u. — 927 *Astronomia brit.*, lib. II, cap. II, Prob. 7, Nr. 10, S. 22. — 928 G. S. KLÜGEL, *Analytische Trigonometrie*, Braunschweig 1870, S. 20. — 929 Opera, S. 403, Nr. VI. — 930 v. BRAUNMÜHL, S. 201 (Anm. 573). — 931 HOFFMANN's Zeitschrift, Bd. II, S. 421, Bd. III, S. 377, Bd. IV, S. 36.

4. Formeln für den Fundamentalfall a, b, c.

Für die Berechnung eines Dreieckes, in dem die drei Seiten gegeben sind, bildete sich im Mittelalter neben dem S. 237—238 angegebenen Verfahren noch eine zweite Methode heraus, die freilich erst nach Erfindung des logarithmischen Rechnens in ihrer vollen Verwendbarkeit gewürdigt wurde. RHAETICUS (1514—1576, Wittenberg) war der erste, der mit Erfolg die Beziehungen des eingeschriebenen Kreises zu den Stücken des Dreieckes betrachtete. In der Abhandlung *De triquetris rectarum linearum in planitie,* einem Abschnitt des *Opus Palatinum* (1596 erschienen, 1568 verfaßt), leitete er folgende Proportion ab:

$$\sqrt{\frac{(s-a)(s-b)(s-c)}{s}} : (s-a) = 10000000000 : x,$$

und schreibt vor, das x in seiner Tangententafel aufzusuchen; das Doppelte des gefundenen Winkels sei $\sphericalangle \alpha$.[932] 10000000000 ist der bei der Tafelberechnung zu Grunde gelegte sin tot ($\sin 90^0 = 10000000000$). Modern könnte man also schreiben

$$\sqrt{\frac{(s-a)(s-b)(s-c)}{s}} : (s-a) = 1 : \operatorname{tg}\frac{\alpha}{2}.$$

Sicherlich wußte RHAETICUS, daß die Wurzel die Größe des Radius des eingeschriebenen Kreises darstellt. SNELLIUS (1627) vereinfachte die neue Proportion zu

$$s(s-a) : (s-b)(s-c) = 1 : \left(\operatorname{tg}\frac{\alpha}{2}\right)^2.$$[933] —

Die zugehörigen Formeln

$$\sin\frac{\gamma}{2} = \sqrt{\frac{(s-a)(s-b)}{ab}}; \qquad \cos\frac{\gamma}{2} = \sqrt{\frac{s(s-c)}{ab}}$$

932 *Opus Palatinum* S. 99ff. (Anm. 916): „*Excessus, quo semissis perimetri triquetri superat singula latera, in se multiplica, nempe primum in secundum, & productum in tertium excessum; hunc hoc modo productum & constitutum numerum rursus divide per semissem perimetri; & quotientis radix quadrata sit tibi antecedens*, (d. h. $\sqrt{\frac{(s-a)(s-b)(s-c)}{s}}$ sei das erste Vorderglied einer Proportion), *& quivis excessum consequens* (d. h. eine der Größen $s-a$ bez. $s-b$ oder $s-c$ das erste Hinterglied): *at 10000000000 numerus constituendae rationis sit antecedens, & competens ei consequens exquirito* (ferner sei 10000000000, die zu Grunde gelegte Verhältniszahl, das zweite Vorderglied, und nun soll das entsprechende Hinterglied berechnet werden)"; PFLEIDERER, S. 394—395. —
933 *Doctrina triangulorum*, Lugd. Batav. 1627, lib. II, prop. XII, Nr. IV, S. 77.

sollen, nach FRANCISCUS VON SCHOOTEN (1657),[934] von einem Irländer WILHELM PURSER aufgefunden worden sein. Genaueres ist über diesen Mathematiker weder in betreff seiner Lebenszeit, noch seiner Schriften bekannt. In dem Lehrbuch der Trigonometrie, das SNELLIUS 1627 veröffentlichte, erscheint noch die umständliche Proportion[935]

$$2ab:(a^2+b^2-c^2) = 1:(1-\cos\gamma);$$

aber schon in OUGHTRED's (1574—1660) *Trigonometrie* von 1657 sind die für logarithmische Rechnungen so vorzüglich geeigneten Umformungen

$$ab:\frac{c+(a-b)}{2}\cdot\frac{c-(a-b)}{2} = 1:\sin\frac{\gamma}{2}$$

$$ab:\frac{a+b+c}{2}\cdot\frac{a+b-c}{2} = 1:\cos\frac{\gamma}{2} \quad {}^{936}$$

zu finden. —

Die in modernen Rechnungen häufig verwerteten Formeln

$$1)\qquad c\cdot\sin\frac{\alpha-\beta}{2} = (a-b)\cdot\sin\frac{\alpha+\beta}{2}$$

$$2)\qquad c\cdot\cos\frac{\alpha-\beta}{2} = (a+b)\cdot\cos\frac{\alpha+\beta}{2}$$

wurden in Proportionsform 1808 von dem Astronomen MOLLWEIDE (1774—1825) veröffentlicht[937] und fanden unter seinem Namen infolge ihrer guten Verwendbarkeit schnelle Verbreitung. Eine solche Namengebung ist aber falsch, da diese Beziehungen bereits von älteren Mathematikern aufgestellt worden waren.[938] Die Gleichung 2) ist hundert Jahre älter. Sie läßt sich in NEWTON's *Arithmetica universalis* von 1707[364] nachweisen.[939] NEWTON zieht im Dreieck ABC die Winkelhalbierende CE und zeigt nun, daß

$$c:(a+b) = \sin\frac{\gamma}{2}:\sin AEC.$$

934 *Excercitationum mathematicorum lib. V,* Lugd. Batav. 1657, V, sectio XXVII, S. 499. — 935 *Doctrina triangulorum*, S. 76 (Anm. 933). — 936 *Trigonometria*, London 1657, S. 17; nach PFLEIDERER, S. 397—398 (Anm. 313). — 937 v. ZACH's Monatliche Korrespondenz, Bd. 18, November 1808, S. 398 ff.; dann GERGONNE's Annalen, Bd. III, 1812, S. 350. — 938 Vgl. v. BRAUNMÜHL, Bibl. math., 3. Folge, Bd. II, Leipzig 1901, S. 103—105. — 939 *Arithmetica universalis*, probl. VI im Kapitel: *Quomodo Quaestiones Geometricae ad aequationem redigantur*, Ausgabe von 1707 Cantabrigiae, S. 122 Z. 1—3 (Anm. 364).

Erwägt man, daß $\sin AEC = \sin\left(\beta + \frac{\gamma}{2}\right) = \cos\frac{\beta - \alpha}{2}$ ist — worauf NEWTON übrigens auch noch selbst aufmerksam macht —, so ist die Übereinstimmung mit 2) hergestellt. Als selbständige trigonometrische Lehrsätze werden beide Gleichungen in der *Analysis triangulorum* (1746) von F. W. DE OPPEL aufgestellt.[940] Bis zu der MOLLWEIDE'schen Wiederentdeckung lassen sich beide Formeln aber noch zwei weitere Male in der Literatur auffinden, in der *Trigonometrie* des THOMAS SIMPSON (1765, 2. Aufl.)[941] und in MAUDUIT's *Principes d'Astronomie sphérique ou traité complet de trigonométrie sphérique,* ebenfalls aus dem Jahre 1765.[942]

OPPEL beweist die Formeln durch Ableitung aus dem Tangenssatz; SIMPSON's Beweis ist rein geometrisch. MAUDUIT begnügt sich damit, die NEPER'schen Analogien aus der sphärischen Trigonometrie in die Ebene zu übertragen. MOLLWEIDE selbst nimmt vom Sinussatz seinen Ausgangspunkt und gelangt auf rechnerischem Wege zum Ziele.

5. Formeln für den Flächeninhalt.

Für die Formel $I = \frac{1}{2} g \cdot h$ vergleiche S. 66 ff. So leicht nach Einführung der Sehnen- bezw. Sinusfunktion die Umwandlung zu

$$1) \qquad I = \tfrac{1}{2} \cdot a \cdot b \cdot \sin\gamma$$

war, so sucht man doch bis zum fünfzehnten Jahrhundert diese Art der Inhaltsberechnung vergeblich. Erst REGIOMONTANUS (1436 bis 1476) scheint Kenntnis der in 1) enthaltenen Beziehung gehabt zu haben. Dies kann man aus der Behandlung einer Aufgabe in seiner *Trigonometrie* (II, 26)[943] schließen, in der die Grundlinie c eines Dreieckes aus dem Inhalt und dem Produkt der anderen Seiten a, b mit Hilfe des Winkels γ berechnet wird; ein besonderer Satz wird freilich nicht dabei angeführt. Die Aufstellung der selbständigen

---

940 *Analysis triangulorum*, Dresdae et Lipsiae 1746, S. 18 Z. 9—14, § 84 u. § 85: „*Basis trianguli est ad differentiam crurum ut sinus semisummae angulorum ad basin sitorum ad sinum semidifferentiae eorundem angulorum*" und „*Basis trianguli est ad summam crurum ut cosinus semisummae angulorum ad basin ad cosinum semidifferentiae eorundem.*" — 941 Daselbst S. 61, VII u. S. 61—62, VIII, nach Anm. 938. — 942 Daselbst Chap. II, Sect. IV, Scholie zu Théor. III, S. 83—84. — 943 *De triangulis omnimodis*, S. 58 (Anm. 57). Darauf macht zuerst R. WOLF, *Handbuch der Astronomie*, I, S. 179 (Anm. 187) aufmerksam.

Formel findet sich erst in der *Trigonometrie* (1627) von SNELLIUS (1581—1626, Leiden). In Form einer Proportion lautet sie hier

$$1 : \sin\alpha = b \cdot c : 2I.$$ [944] —

Eine weit umfassendere Geschichte hat aber die Formel

$$2) \quad I = \sqrt{s(s-a)(s-b)(s-c)}\,.$$

Man hielt sie im Mittelalter ganz allgemein für eine Entdeckung des JORDANUS NEMORARIUS († 1237; Deutscher, Ordensgeneral),[945] zu der LUCA PACIUOLO (um 1445 Borgo San Sepolcro — 1514, Florenz; Franziskaner) in seinem großen Lehrbuche, der *Summa* von 1494,[39] einen Beweis gegeben habe. Das letzte ist richtig;[946] der Beweis aus der *Summa* ist zugleich der älteste gedruckte Beweis, den man kennt. Jedoch findet man bei JORDANUS keine Spur der obigen Dreiecksformel. RAMUS (1515—1572, Paris)[947] machte zuerst darauf aufmerksam, daß sie sich bereits im Altertum, bei dem Alexandriner HERON (erstes Jahrhundert v. Chr.), findet. Neuere Untersuchungen ergaben, daß sie sogar an mehreren Stellen verschiedener heronischen Schriften benutzt wird.[948] Der in der *Dioptrik* gegebene Beweis[948a] ist rein geometrisch und setzt die Kenntnis von

$$3) \quad I = \varrho \cdot s$$

voraus, eine Formel, die übrigens auch selbständig bei HERON auftritt.[949] Aus HERON's Schriften gelangte Nr. 2) zu den indischen Mathematikern, wie BRAHMAGUPTA (geb. 598 n. Chr.) und BHASKARA (geb. 1114 n. Chr.).[950] Dem ersten, oder unbekannten Vorgängern,

---

944 *Doctrina triangul.*, lib. II, probl. geodaetic. I consectar., S. 90. — 945 So noch SCHWENTER, *Geometriae practicae novae et auctae tractatus*, Nürnberg 1618, II, lib. III, Aufg. V; in der Ausgabe von 1627, tr. II, S. 112: „Diese Auffgab ist genommen auß der *Geometria Jordani*, vnd erstlich sovil mir bewußt von *Luca Paciolo demonstriert* worden, hernach aber auch von anderen, als von *Nonio, Ramo, Tartalea, Clavio &c.*“ — 946 *Tractatus geometriae distinctio prima*, cap. VIII, S. 9ᵇ u. 11ᵃ (Anm. 39). — 947 PETRI RAMI *Arithmeticae libri duo, Geometriae septem et viginti*, Francof. 1599, Geom., lib. XII, § 9, S. 89; nach PFLEIDERER, S. 378. — 948 a) Satz und Beweis: *Notices et extraits des manuscrits de la bibliothèque impériale*, Bd. XIX, Teil II, *Le Dioptre d'Héron*, ed. VINCENT, S. 286ff.; *Heronis opera*, ed. HULTSCH, Berlin 1864, S. 235—237; *Metrika*, ed. SCHÖNE, Leipzig 1903, I, 8, S. 18ff. und daselbst DIOPTRA 30, S. 280ff. — b) Satz ohne Beweis, Beispiele: *Geometrie*, ed. HULTSCH, S. 71 Z. 20—30, S. 108 Z. 21ff., S. 109 Z. 30ff. (hier zwei Beispiele mit nicht aufgehenden Wurzeln); *Geodäsie*, S. 151 Z. 16—25 (hier allgemein). Vgl. HULTSCH, Zeitschr. f. Math. u. Phys., Bd. IX, Leipzig 1864, S. 235—249. — 949 *Liber Geeponicus*, cap. 53, ed. HULTSCH, S. 213 Z. 21—24. — 950 BRAHMAGUPTA, *Ganita*, ch. XII, sect. IV, § 21, ed. COLEBROOKE, S. 295—296 (Anm. 261); BHASKARA, *Lîlâvatî*, chap. VI, 167, ed. COLEBROOKE, S. 72.

gelang sogar eine Verallgemeinerung auf ein Sehnenviereck (mit den Seiten a, b, c, d)

$$I = \sqrt{(s-a)(s-b)(s-c)(s-d)}\,; \qquad s = \frac{a+b+c+d}{2}.$$ [951]

Auch die römischen Agrimensoren, deren Wissenschaft sich eng an Heron anlehnte, verwendeten dessen Dreiecksformel.[952] Genauer beschäftigten sich die Araber mit ihr und stellten neue Beweise auf; in der *Geometrie der drei Brüder* (Ostaraber, um 865 n. Chr.) werden gleich zwei gegeben.[953] Auch Alkarchi (um 1010, Bagdad) zeigt sich mit dem Gebrauch der Heron'schen Dreiecksberechnung vertraut.[954] Aus arabischen Quellen schöpfte Leonardo von Pisa (1220, *Practica geometriae*)[955] seine Wissenschaft; durch ihn vollzog sich die Übermittlung zu den Schriftstellern des Mittelalters. Wir finden die Heron'sche Vorschrift im Rechenbuch des Johannes Widmann von Eger (vgl. Bd. I, Anm. 55), 1489, benutzt;[956] die allgemeine Regel und der Beweis Leonardo's gingen mit geringen Änderungen in Paciuolo's *Summa* (vgl. oben) über und treten von nun ab, leichter zugänglich gemacht, als fester Bestandteil der Dreieckslehre in allen besseren Fachschriften auf.

Alle Beweise seit Heron haben als Grundlage die Formel $J = \varrho \cdot s$. Newton (*Arithmetica universalis* 1707)[957] wich zum erstenmal von dem breitgetretenen Wege ab und nahm seinen Ausgangspunkt von der Berechnung der Höhe aus den Seiten. Ihm folgten mehr oder weniger getreu de Oppel 1746, Camus 1764, Bossut 1765, Kästner 1758, Karsten 1760.[958] Die Lehrbücher der letzten reihen den Heron'schen Satz der Elementarmathematik ein, in der wir ihn noch heute mit dem Höhenbeweis vortragen.

Auch Euler nimmt 1747 das alte Thema in Arbeit; seine Ableitung geht wiederum auf $I = \varrho \cdot s$ zurück, führt aber für ϱ eine wirkliche Berechnung durch.[959]

951 Brahmagupta, ch. XII, sect. IV, § 21, S. 296; Bhaskara, chap. VI, 167—168, S. 72—73. — 952 *Die Schriften der römischen Feldmesser,* ed. Blume-Lachmann-Rudorff, Berlin 1848, S. 300 Z. 11 ff. — 953 Ausgabe von Suter, Bibl. math., 3. Folge, Bd. III, Leipzig 1902, S. 264—265. — 954 Alkarchi, *Kâfî fîl hisab,* cap. 45, ed. Hochheim, II, S. 23, Programm 10 der höh. Gewerbeschule zu Magdeburg, 1879. — 955 Leonardo Pisano, II, ed. Boncompagni, Rom 1862, S. 40 Z. 9 ff. — 956 Blatt 210, Rückseite, Beispiel mit 13, 14, 15. — 957 *Arithm. universalis,* Teil I, Probl. XXIII, S. 147—149 (Anm. 364). — 958 Vgl. Pfleiderer, S. 385 (Anm. 313). — 959 Novi comm. Acad. Petrop. ad annos 1747—1748, gedr. 1750, Bd. I, *Variae demonstrationes geometricae,* S. 53—56.

6. Diversa.

Die Benutzung der Formel $r = \frac{ab}{2h_c}$ ist schon bei HERON[960] (erstes Jahrhundert v. Chr.) zu finden. Sie kehrt wieder bei BRAHMAGUPTA (geb. 598 n. Chr.),[961] bei REGIOMONTANUS (1464),[962] bei STEVIN (Ende des sechzehnten Jahrhunderts),[963] bei DESCARTES (erste Hälfte des siebzehnten Jahrhunderts).[964]

$2s : c = h_c : \varrho$ findet sich bei OPPEL 1746.[964a]

$r \cdot \varrho = \frac{a \cdot b \cdot c}{a + b + c}$ wird von WILH. CHAPPLE 1746 in den *Miscellanea curiosa mathematica* abgeleitet.[965] An derselben Stelle findet CHAPPLE, daß $r > \varrho$ ist. Hieraus leitet CRELLE 1821[966] die Ungleichheit

$$a \cdot b \cdot c > (a + b - c) \cdot (a + c - b)(b + c - a)$$

ab. CHAPPLE berechnet auch den Abstand der Mittelpunkte des um- und eingeschriebenen Kreises durch

$$\sqrt{r(r - 2\varrho)}.$$ [967]

Die Sonderformel $\varrho = \frac{a + b - c}{2}$, die im rechtwinkligen Dreiecke (c Hypotenuse) gilt, kommt bei dem römischen Feldmesser EPAPHRODITUS (um 200 n. Chr.) vor.[968] Für das Mittelalter läßt sie sich im Rechenbuch des WIDMANN nachweisen.[969]

$\varrho = (s - a) \cdot \operatorname{tg} \frac{\alpha}{2}$ ist eine von RHAETICUS (um 1568) aufgestellte Beziehung (vgl. S. 240).

Über $I = \varrho \cdot s$ vgl. S. 243.

960 *Liber Geeponicus,* cap. 58, ed. HULTSCH, Berlin 1864, S. 214 Z. 25—29. — 961 BRAHMAGUPTA, *Gaṇita,* ch. XII, § 27, ed. COLEBROOKE, S. 299—300 (Anm. 261). — 962 *De triangulis omnimodis,* lib. II, prop. 24, S. 56 (Anm. 57). — 963 STEVIN, Werke, ed. GIRARD, 1634, II, S. 375. — 964 Oeuvres inédites de Descartes, par M. LE Cte FOUCHER DE CAREIL, Paris 1859, S. 36. — 964a *Analysis triangulorum,* § 35, S. 6 Z. 1—2 v. u. (Anm. 940). — 965 CANTOR, III², S. 534. — 966 CRELLE, *Sammlung mathem. Aufsätze,* Berlin 1821, I, S. 163. — 967 CANTOR, III², S. 535. Dieselbe Aufgabe ist auch von EULER behandelt, Nov. Comm. Petr., Bd. XI, 1765, gedr. 1767, S. 103 ff.; geometrischer Beweis von FUSS, Nova Acta Petrop., Bd. X, ad annum 1792, gedr. 1797, S. 124—125. Vgl. auch L'HUILIER, GERGONNE's Ann., I, 1810/11, 149; GARNIER, GERGONNE's Ann., III, 1812/13, S. 347. Ähnliche Formeln findet FEUERBACH 1822 für die angeschriebenen Kreise, *Das geradlinige Dreieck,* § 49, S. 34. — 968 CANTOR, *Die römischen Agrimensoren,* Leipzig 1875, S. 119. — 969 214. Blatt.

$\varrho_a + \varrho_b + \varrho_c - \varrho = 4r$ wird von FEUERBACH (1800—1834, Erlangen) zuerst abgeleitet.[970]

$\frac{1}{\varrho_a} + \frac{1}{\varrho_b} + \frac{1}{\varrho_c} = \frac{1}{\varrho}$ und $\varrho \cdot \varrho_a \cdot \varrho_b \cdot \varrho_c = F^2$ sind beide in L'HUILIER's *Élémens d'analyse géom. et algébr.*, 1809, enthalten.[971] Die letzte Formel soll 1807 von MAHIEU entdeckt sein.[972]

7. Spezielle Vierecksberechnungen.

Die allgemeine Vierecksberechnung, wie die gesamte Polygonometrie fallen aus dem Rahmen des Schulpensums heraus. Nur einige wenige Beispiele, die ohne weiteres auf Dreiecksberechnung zurückgeführt werden können, pflegen als Übungen benutzt zu werden. Wir dürfen uns daher im folgenden auf einzelne, geschichtlich erwähnenswerte Fälle beschränken.

Betreffs der Sehnenvierecke ist bereits mitgeteilt (S. 244), daß schon der Inder BRAHMAGUPTA (geb. 598 n. Chr.) ihren Flächeninhalt durch die Vorschrift

$$I = \sqrt{(s-a)(s-b)(s-c)(s-d)}\,, \qquad s = \frac{a+b+c+d}{2}$$

zu berechnen wußte. Neu entdeckt wurde diese Formel erst wieder im Anfang des siebzehnten Jahrhunderts durch W. SNELLIUS (1581—1626, Leiden), der sie in einem Kommentar zu den lateinisch herausgegebenen Schriften LUDOLPH v. CEULEN's (1615) angab.[973] Einen einwandsfreien geometrischen Beweis lieferte EULER 1747.[974] Auch die Diagonalen des Sehnenvierecks lehrte BRAHMAGUPTA berechnen; er benutzte dabei die Formeln[975]

$$e = \sqrt{\frac{(ad+bc)\cdot(ac+bd)}{ab+cd}}$$

$$f = \sqrt{\frac{(ab+cd)\cdot(bd+ca)}{bc+da}}\,,$$

aus denen sich der Ptolemäische Lehrsatz einfach durch Multiplizieren ableiten läßt.

970 FEUERBACH. *Das geradlinige Dreieck*, Nürnberg 1822, S. 4. — 971 Paris 1809, § 132, S. 224. — 972 Nach GERGONNE's Ann., I, Nismes 1810—1811, S. 150. — 973 CHASTLES, *Aperç. hist.*, Übers. v. SOHNKE, S. 480 (Anm. 154). — 974 Novi commentarii Petrop. ad annos 1747—1748, Bd. I, gedr. 1750, S. 53—63. — 975 BRAHMAGUPTA, *Gaṇita*, ch. XII, sect. IV, § 28, ed. COLEBROOKE, S. 300—301 (Anm. 261).

Eine Zusammenstellung aller möglichen Berechnungsfälle am allgemeinen Viereck veröffentlichte LAMBERT (1728—1777, Berlin) in seinen *Beiträgen zum Gebrauch der Mathematik und deren Anwendungen.*[976]

Eine wiederholte, unabhängige Bearbeitung hat die sogenannte POTHENOT'sche Aufgabe gefunden. Bekanntlich stellt sich in der Feldmeßkunst sehr häufig die Aufgabe, die Lage eines Punktes anzugeben, wenn man die Winkel der drei Verbindungsgeraden mit drei, ihrer Lage nach bekannten Punkten gemessen hat. POTHENOT († 1732, Prof. am Collège Royal de France) hatte freilich 1692 eine Lösung der Pariser Akademie vorgelegt (gedruckt erst 1730).[977] Er war aber keineswegs der erste Mathematiker, der dieses Problem mit Erfolg in Angriff genommen hatte; die heute allgemein übliche Benennung der Aufgabe ist daher durchaus unzutreffend. Nicht nur SNELLIUS lehrte in seinem *Eratosthenes Batavus* von 1617[978] schon einen Weg der Auflösung, sondern, wie in einem an den Astronomen KEPLER gerichteten Brief mitgeteilt wird,[979] auch WILHELM SCHICKHARD behandelte selbständig das gleiche Thema, auf das er 1624 bei Herstellung einer Karte von Württemberg gestoßen war. Aus der neueren Zeit sind noch weitere Bearbeiter zu nennen. U. a. führte GAUSS um 1810 die Berechnung für den Fall durch, daß die drei Hauptpunkte durch Koordinaten gegeben sind;[980] Verbesserungen hierfür sind von BESSEL 1813 empfohlen.[981] Eine geometrische Konstruktion des vierten Punktes setzte bereits SNELLIUS auseinander; ferner ist eine solche bekannt von LAMBERT,[982] MEZBURG u. a. Selbst mechanische Konstruktionsmethoden wurden vorgeschlagen, so von DUPAIN DE MONTESSON 1763[983] und LAMBERT 1765.[984]

Mit Unrecht führt auch die HANSEN'sche Aufgabe ihren Namen, die eine Seite eines Vierecks berechnen will, wenn die gegenüberliegende Seite bekannt ist und außerdem die vier Winkelabschnitte,

---

976 Berlin 1765—72, Bd. II, Abhdl. VII. — 977 Mémoires de l'Académie royale, X, 1730, S. 150—153, vgl. PFLEIDERER, S. 276 (Anm. 313), v. BRAUNMÜHL, S. 245, Anm. 1 (Anm. 573). — 978 *Eratosthenes Batavus de terrae ambitus vera quantitate,* Lugd. Batav. 1617, lib. II, cap. X, S. 199. — 979 *Joh. Kepleri aliorumque epistolae mutuae,* ed. HAUSCHIUS, Leipzig 1718, S. 686. — 980 SCHUHMACHER, Astronomische Nachrichten, I, Altona 1823, S. 84; vgl. GERLING, *Die Pothenot'sche Aufgabe,* Marburg 1840, § 7. — 981 v. ZACH's Monatl. Korrespondenz, Bd. 27, Gotha 1813, S. 222—226, BESSEL, *Über eine Aufgabe der praktischen Geometrie.* — 982 *Beiträge,* I, § 109, S. 75 (Anm. 976). — 983 *L'art de lever des plans* etc., Paris 1763. — 984 § 110, S. 76 (Anm. 982).

in welche die der bekannten Seite anliegenden Winkel durch die Diagonalen geteilt sind. Hier ist es ebenfalls Snellius (1627), dem man sowohl ihre Aufstellung als auch eine erste Lösung verdankt.[985] Mit anerkennenswerter Gewandtheit führte er die Berechnung in allen vier möglichen Fällen durch, die je nach der verschiedenen Lage der Endpunkte der gesuchten, wie der bekannten Geraden eintreten können. Andere Lösungsverfahren gaben in neuerer Zeit Swinden, Gerling und Hansen.[986]

985 *Doctrinae triangulorum canonicae libri quattuor*, 1627, II, Probl. geodaetica VI, S. 97 ff. — 986 Vgl. Wolf, *Handbuch d. Astronomie*, Zürich 1890, I, S. 182.

SECHSTER TEIL

DIE SPHÄRIK

UND

DIE SPHÄRISCHE TRIGONOMETRIE

A. Geschichtlicher Überblick.[987]

Wie die Geometrie aus der Feldmeßkunst, deren Konstruktionsbereich die Ebene ist, entstand, so bildete sich aus der Astronomie durch Versuche, die Beobachtungen anschaulicher zu machen, die Lehre von der Kugel, die Sphärik. In fernste, nicht verfolgbare Vergangenheit verlieren sich die ersten Spuren astronomischer Kenntnis; in nicht viel weniger entlegener Zeit werden wir die Anfänge für die Hauptbetrachtungen an der Kugel anzunehmen haben. Die erste Pflege scheint die Astronomie und Sphärik in *Babylon* erfahren zu haben. Wieviel Jahrtausende vor unserer Zeitrechnung müssen chaldäische Gelehrte begonnen haben, der Himmelslehre ihr Interesse zuzuwenden, und wie lange Zeit muß noch vorher verstrichen sein, ehe man sich zu bewußt wissenschaftlicher Himmelsbeobachtung aufschwang, wenn die für jene graue Zeit mehr wie schweigsame Überlieferung uns auf ein astrologisches Werk aufmerksam werden läßt, das dem Könige SARGON von Babylon (um 1700 v. Chr.) gewidmet ist und eine Art Vorbedeutungskalender mit Angabe der zu erwartenden Finsternisse und ihrer vermeintlichen Folgen darstellt,[721] wenn der griechische Astronom PTOLEMAEUS Kenntnis von einer babylonischen Mondfinsternistabelle hatte, die mit dem Jahre 747 v. Chr. begann,[721] wenn PLINIUS sogar von solchen Aufzeichnungen spricht, die bis ins zweite Jahrtausend vor Christi Geburt hinaufreichen![988]

Die Vorstellungen an der scheinbaren Himmelskugel verdichteten sich ganz allmählich zur Aufstellung einiger Haupteigenschaften der Kugelfläche. Der Umfang dieser Kenntnisse ist aus Mangel an Überlieferungen nicht zu bestimmen. Den *Griechen* gebührt wiederum das Verdienst, die ihnen, zum Teil über Ägypten, überkommene Kugellehre zusammengefaßt und theoretisch wie praktisch weiter ausgebildet zu haben.

---

987 Vgl. auch S. 189ff. — 988 PLINIUS, *Hist. nat.*, VII, cap. 57, ed. DETLEFSEN, Vol. II, Berlin 1867, VII, § 193, S. 43.

Die älteste uns erhaltene Behandlung der Sphärik — *περὶ κινουμένης σφαίρας* (über die sich bewegende Kugel)[989] —, zugleich die älteste erhaltene griechische Schrift mathematischen Inhalts überhaupt, hat den Astronomen AUTOLYKOS von Pitane (um 330 v. Chr.) zum Verfasser, einen älteren Zeitgenossen EUKLID's. Die Sphärik ist noch auf das engste mit der Astronomie verbunden. AUTOLYKOS giebt Beziehungen zwischen den größten Kreisen, den Parallelkreisen und ihren Polen an, besonders in bezug auf einen festen, zur Drehungsaxe schief angenommenen größten Kreis, der als Horizont (*ὁ ὁρίζων τό τε φανερὸν τῆς σφαίρας καὶ τὸ ἀφανὲς κύκλος* = der das Helle und das Dunkle der Kugel abgrenzende Kreis) bezeichnet wird. Seine Sätze verraten das Bedürfnis der Astronomie, mathematische Klarheit in die bei der Drehung des Himmelsgewölbes beobachteten Erscheinungen hineinzubringen. Eine zweite Bearbeitung der Sphärik ist in einer Schrift EUKLID's selbst (um 300 v. Chr., Alexandria), den *Phaenomena*,[990] enthalten, die vielfach ohne Namennennung auf AUTOLYKUS zurückgreift.[991] Aus dem letzten Jahrhundert vor Christus liegt noch ein drittes Werk über die Kugellehre vor, die *Sphärik* des THEODOSIUS von Tripolis (etwa 55 v. Chr.).[992] Auch diese ist noch keine Sphärik in unserem Sinne; es fehlt die Lehre von den Dreiecken vollständig. Sie will nur eine Zusammenstellung der für die damalige Astronomie nötigen allgemeinen sphärischen Sätze sein, unterscheidet sich aber trotz des engen Anschlusses dadurch wesentlich von den Vorarbeiten, daß sie die astronomische Einkleidung vollständig abstreift. Man vermutet, gestützt auf eingehende Vergleichung dieser drei Werke, daß eine weitere Schrift desselben Themas, aus der Zeit vor EUKLID, verloren gegangen ist, in der ebenfalls schon der rein mathematische Charakter im Vordergrund stand.[993]

Für die Untersuchungen auf der Kugelfläche hatten sich zwei Methoden entwickelt (vgl. S. 189).[722] Die ältere, deren sich bereits die Ägypter mit Gewandtheit bedient zu haben scheinen, beruht auf geometrischen Konstruktionen, die man sich durch Projektion der Kugelfiguren auf drei senkrechte Ebenen ermöglichte. Diesem graphischen Verfahren steht eine später ausgebildete rechnerische

989 AUTOLYKOS, *De sphaera quae movetur liber, de ortibus et occasibus liber duo*, ed. HULTSCH, Leipzig 1885. — 990 Ed. GREGORIUS, Oxoniae 1703, S. 556—597; deutsch von A. NOKK, Programmabhandlung, Freiberg 1850; CANTOR, I^b, S. 278. — 991 HEIBERG, *Euklidstudien*, S. 41 ff. (Anm. 5). — 992 Deutsch von E. NIZZE, Stralsund 1826, griechisch und lateinisch, Berlin 1852; CANTOR, I^b, S. 382 ff., vgl. Anm. 726. — 993 HEIBERG, *Euklidstudien*, S. 43 ff. (Anm. 5).

Methode, deren Erfinder die Babylonier sind, gegenüber; sie stellt die Anfänge einer sphärischen Trigonometrie dar. Der griechische Astronom Hipparch von Nikäa (beobachtete zwischen 161 und 126 v. Chr. auf Rhodos) beherrschte beide Methoden; besonders wichtig sind aber seine Arbeiten für die Vervollkommnung der trigonometrischen Behandlung. So wenig wir von seinem Wirken auch wissen, scheint doch angenommen werden zu müssen, daß die sphärische Trigonometrie des Menelaus (um 98 n. Chr., Alexandria) und des Ptolemaeus (beobachtete zwischen 125 und 151 n. Chr. in Alexandria) in seinen Forschungen ihre Grundlage fanden. Menelaus hat das älteste Lehrbuch der sphärischen Trigonometrie geschrieben,[726] das älteste wenigstens derer, die wir kennen. Was uns von ihm erhalten ist, verdanken wir nicht griechischer Überlieferung, sondern arabischen und hebräischen Übersetzungen (vgl. S. 190—191). In seinem Werke erscheint zum erstenmal eine wirkliche sphärische Dreieckslehre. Eine große Reihe vorbereitender Sätze für die Ausführung von Dreiecksberechnungen auf der Kugelfläche werden aufgestellt und bewiesen. „Satz des Menelaus" nennt noch heute die Nachwelt jenes von ihm aufgeführte Theorem, das die Angel der griechischen Trigonometrie auf der Kugel bildet (vgl. S. 199, 271). Ob und wie er seine theoretischen Sätze in der Praxis verwertete, darüber läßt uns leider die Überlieferung im Stich; nur gelegentlich werden einmal uns unbekannte Bücher *über die Sehnen*, die ihn zum Verfasser haben, erwähnt. Praktische rechnerische Anwendungen der sphärischen Trigonometrie findet man erst in dem großen Werk des Ptolemaeus, der *σύνταξις μαθηματική*.[727] Der *Almagest*, wie der Titel in arabisierter Form lautet, ist in der Hauptsache astronomischen Untersuchungen gewidmet; die rein mathematischen Kapitel sind Einschiebungen und nur Mittel zum Zweck. Ein System sphärischer Trigonometrie zu geben, liegt Ptolemaeus fern; zu einem solchen haben es auch die Griechen nie gebracht. Er zeigt nur an einzelnen zerstreuten Beispielen, wie man bei Dreiecksberechnungen zu einer Lösung gelangen kann und giebt auch keine Regeln oder gar formelhafte Berechnungsvorschriften. Bei jedem der behandelten astronomischen Probleme, die er stets auf rechtwinklige Kugeldreiecke zurückführt, nötigenfalls durch Konstruktion einer Höhe, geht er immer wieder von dem Transversalensatz des Menelaus aus und spezialisiert diesen, wie es gerade der vorliegende Fall fordert. Von den bekannten sechs Fundamentalfällen am rechtwinkligen sphärischen Dreieck (vgl. S. 271) sind vier bei ihm gelöst zu finden. Die anderen zu behandeln, fehlte ihm wohl mehr die Gelegenheit, als die Vorkenntnis. Auch in jener altertümlichen Methode, die sich graphischer Konstruktionen bediente, zeigt er sich bewandert, wie eine kleine Abhandlung *de analemmate*[750] beweist. Hat er hier die orthographische Projektion, bei der der Augenpunkt im Unendlichen liegt, benutzt, so verwendet er in einer weiteren Schrift *Planisphaerium*[994] die stereographische Projektion. Auch in dieser scheint er nur den Fußstapfen HIPPARCH's zu folgen.[995]

Auf fruchtbaren Boden kam die Sphärik bei den *indischen* Mathematikern (S. 191—192). Die graphische Methode, die, auf welchem Wege es auch sei, zu ihnen gelangt war, wurde durch sie in ganz eigenartiger, von der ptolemäischen Behandlungsart durchaus abweichender Form ausgebaut. In selbständiger Weise leiteten sie aus den geometrischen Konstruktionen ein rechnerisches Verfahren ab,[996] das in seiner Fortsetzung die heutige Sinustrigonometrie lieferte (vgl. S. 201—202). Zum erstenmal finden wir eine freiere Behandlung der schiefwinkligen sphärischen Dreiecke, ja der allgemeine Cosinussatz läßt sich in erster Anlage aus einigen ihrer Berechnungsvorschriften herauslesen.

Die Erbschaft der Inder und Griechen traten die *Araber* an. Die wissenschaftlichen Reichtümer ihrer Vorgänger machten sie sich in zahlreichen Übersetzungen und Kommentaren zu eigen. TABIT IBN KURRAH (836—901, Bagdad) gab die Werke des PTOLEMAEUS heraus und war Verfasser eines Kommentars zur *Sphärik* des MENELAUS;[997] seine Schriften fanden ausgedehnte Verbreitung unter Ost- und Westarabern. Als Kommentator des PTOLEMAEUS ist AL-FARABI (890—953) anzuführen.[998] Aus dem Studium der Alten erwuchs bald eigene wissenschaftliche Arbeit. In der ebenen Trigonometrie (S. 192—193) wurde AL BATTANI († 929; Damaskus) als hervorragender Bearbeiter dieser Lehre erwähnt. Hier sei hinzugefügt, daß in seinem Werke *De scientia stellarum* der sphärische Cosinussatz für das schiefwinklige Dreieck benutzt wird, freilich ohne daß sich der Verfasser des Wertes dieses Theorems bewußt ist, oder es gar als besonderen Lehrsatz auffaßt. Formelartiges Rechnen ist ihm, wie seinen Nachfolgern, noch gänzlich unbekannt; die von ihm aufgestellten Beziehungen scheinen mit Hilfe der graphischen Methode gewonnen zu sein.[999] Weitere Förderung — so durch Verallgemeinerung des Sinussatzes auf schiefwinklige Kugeldreiecke — fand die sphärische Trigonometrie durch ALCHODSCHANDI (um 970 n. Chr.), ABU'L WAFA

994 CANTOR, I^b^, S. 395. — 995 Vgl. R. WOLF, *Handbuch d. Astronomie*, Zürich 1892, Bd. II, S. 70. — 996 v. BRAUNMÜHL, S. 38—42 (Anm. 573). — 997 CANTOR, I^b^, S. 661 ff. — 998 v. BRAUNMÜHL, S. 46 (Anm. 573). — 999 v. BRAUNMÜHL, S. 52

(940—998; Bagdad) und ABU NASSR (um 960—1020). Von Bedeutung ist, daß durch ABU'L WAFA der bis dahin unentbehrliche Lehrsatz des MENELAUS durch zwei handlichere Theoreme, die „Regel der vier Größen" und den „Tangentensatz" (siehe S. 293—294) aus seiner herrschenden Stellung verdrängt wurde. Der Westaraber DSCHABIR IBN AFLAH († zwischen 1140 und 1150; Sevilla) behandelte zuerst die sphärische Trigonometrie im Zusammenhang und stellte sie, um sich Wiederholungen zu ersparen, an die Spitze seiner *Astronomie.*[734] Den vier ptolemäischen Fundamentalformeln am rechtwinkligen Dreiecke fügte er eine fünfte (vgl. S. 272) hinzu. Auch dadurch zeichnete er sich vor seinen Landsleuten aus, daß er zu seinen Sätzen Beweise gab, mit denen im allgemeinen arabische Autoren sehr sparsam sind. Wie weit diese Verdienste DSCHABIR's auf eigenen Leistungen beruhen, läßt sich schwer entscheiden. Mißtrauisch wird man aber, wenn man seine veraltete Behandlungsart in der ebenen Trigonometrie, in der er sich stets mit den griechischen Sehnen an Stelle der indischen Sinus behilft, beachtet (S. 193).

Den Abschluß arabischer Gelehrsamkeit auf dem Gebiete der sphärischen Trigonometrie giebt NASIR EDDIN TUSI (1201—1274; Persien). Seine erst jüngst in vollem Werte erkannte Schrift *Über die Figur der Schneidenden*[735] behandelt die sphärische Trigonometrie in ihren Fundamentalaufgaben am schiefwinkligen Dreieck erschöpfend. Sie ist ihm Selbstzweck, nicht nur eine Hilfswissenschaft, die dem Astronomen das Handwerkszeug liefert. Wertvoll ist der historisch-kritische Gang, den NASIR EDDIN in seinem Werke einschlägt. Er geht aus von der bisher üblichen Methode, die den Transversalensatz des MENELAUS zu Grunde legt. Dieser „Methode der Alten" stellt er seine „moderne Methode" gegenüber; als „fundamentalen Satz" benutzt er dabei den Sinussatz (unter der Bezeichnung *Ersatzfigur*), für den er mehrere Beweise giebt. Die Aufgaben am rechtwinkligen, wie am schiefwinkligen Dreiecke werden allseitig, wenn auch nicht immer auf kürzestem Wege zur Lösung gebracht. Der Cosinussatz fehlt ihm; in Ermangelung dessen muß er das schiefwinklige Dreieck in zwei rechtwinklige zerlegen. Bei der Behandlung des Falles, in dem die drei Winkel eines Dreieckes gegeben sind, verwendet er sogar schon das Supplementardreieck, schlägt also einen Weg ein, den 1593 erst VIETA wieder neu auffindet. In historischer Hinsicht ist seine Darstellungsform dadurch wichtig, daß er überall die Quellen, bei vielen Sätzen auch die Entdecker, nach bestem Wissen anführt. Hierdurch ist der Schluß statthaft, daß die Sätze, bei denen nichts Genaueres angegeben wird, sein Eigentum sind.

Kennzeichnet NASIR EDDIN den Abschluß einer Epoche, so steht REGIOMONTAN (1436—1476) an der Schwelle eines neuen Abschnittes. NASIR EDDIN's großes Werk blieb unfruchtbar; es ist dem Schoß der Vergessenheit erst in der neuesten Zeit entrissen worden. REGIOMONTAN's Lehrbuch *De triangulis omnimodis*[736] wirkte in ungeahnter Weise anregend auf seine Zeit und die fernere Entwicklung. Ihm in erster Reihe verdankte das Mittelalter ein System der Trigonometrie; durch ihn lernte es den allgemeinen Sinussatz kennen, wie die für die praktische Berechnung so wichtige Tangensfunktion. Ihm gelang zum erstenmal die Formulierung des allgemeinen sphärischen Cosinussatzes. Die Arbeiten und Forschungen seiner Bezugsmänner, des AL BATTANI, DSCHABIR IBN AFLAH, AL ZARKALI (um 1080, Toledo) und des nach arabischem Muster arbeitenden LEVI BEN GERSON († 1344 Avignon) sind so von seinem Geiste durchdrungen und verarbeitet wiedergegeben, daß sie in seinen Schriften wie glänzende Neuschöpfungen auftreten.

Durch REGIOMONTAN wurde die Beschäftigung mit der sphärischen Trigonometrie in weitere Kreise getragen. REGIOMONTAN selbst hatte, wie sein von ihm hochverehrter Lehrer GEORG VON PEURBACH[1000] (1423—1461, Wien), von dem Studium des ptolemäischen *Almagestes* seinen Ausgangspunkt genommen, diesen aber in Verbindung mit den oben angeführten arabischen Schriften gebracht. Die Regel der vier Größen, der Sinussatz und die bei PTOLEMAEUS und DSCHABIR bekannten Fundamentalformeln am rechtwinkligen Dreieck sind seine Haupttheoreme. In ähnlicher Richtung verfaßte JOHANNES WERNER (1468—1528, Nürnberg) ein Lehrbuch *De triangulis per maximorum circulorum segmenta constructis,* das leider nie gedruckt und auch im Manuskript verschollen ist. NICOLAUS KOPPERNIKUS (1473 Thorn — 1543 Frauenburg) wich zuerst von dem altgewohnten Wege ab, indem er bei der Ableitung seiner sphärischen Sätze zuweilen ein Dreieck benutzte, das er aus der zugehörigen Ecke durch einen senkrechten Schnitt auf eine Seitenkante (Kugelradius) erhielt und das ihn in den Stand setzte, die ebene Trigonometrie anzuwenden.[1001] Betrachtungen an den körperlichen Ecken hatten freilich schon die Araber, wie ALCHODSCHANDI, ABU NASR[1002] und NASIR EDDIN,[1003] mit großer Gewandtheit zur Aufstellung ihrer Theoreme herangezogen; aber es ist

1000 *Epitoma in Almagestum Ptolemaei*, Venedig 1496 (CANTOR, II^b, S. 185) — *Tractatus Georgii Purbachii super Propositiones Ptolemaei de sinibus et arcubus*, Nürnberg 1541. — 1001 *De revolutionibus orbium coelestium* (1530 vollendet, 1543 gedruckt), lib. I, cap. XIV, Nr. 3, 13. — 1002 v. BRAUNMÜHL, S. 60. — 1003 Daselbst S. 68.

außer Zweifel, daß KOPPERNIKUS von ihnen keine Kenntnis hatte. Sein Schüler RHAETICUS (1514—1576, Wittenberg) bildete diese stereometrische Methode weiter aus.[1004] Eine umfassende Verwendung scheint VIETA (1540—1603) von diesem Prinzip gemacht zu haben. In einer älteren Schrift von 1579 (vgl. S. 222)[854] geht er zwar über die Resultate REGIOMONTAN's nicht hinaus, um so größer sind aber die Fortschritte, die wir in dem *Variorum de rebus mathematicis responsorum liber VIII* von 1593 wahrnehmen; bedauerlich ist nur, daß sich VIETA hier auf die Angabe seiner neuen Sätze beschränkt, ohne ihre Ableitung irgendwie anzudeuten. Neu ist die Zufügung der sechsten, letzten Fundamentalformel am rechtwinkligen Dreieck, neu die kurze Formulierung des schon bei REGIOMONTANUS zu findenden Cosinussatzes, neu die Aufstellung des dritten Hauptsatzes, neu vor allem die Benutzung der Reciprocitätsbeziehungen zwischen den allgemeinen Formeln am schiefwinkligen Dreiecke. Einen Anstoß zu weiterer Bearbeitung der vorhandenen Formeln gab in der zweiten Hälfte des sechzehnten Jahrhunderts das Auftreten der *Prosthaphairesis* (vgl. S. 230—231), indem man die zu praktischem Gebrauch bestimmten trigonometrischen Sätze so umformte, daß nur Additionen und Subtraktionen nötig waren. Freilich war diese Bewegung nur vorübergehend, da NEPER's Logarithmentafel (1614) die Mathematiker in andere Bahnen lenkte. Von jetzt ab galt es, gerade umgekehrt, Formeln von der Art zu schaffen, daß unter Vermeiden von Summen und Differenzen in erster Reihe Produkte auftraten. NEPER selbst gelang die Entdeckung jener Analogien, die noch heute seinen Namen tragen. Von wirklichen Formeln ist, darauf sei wiederholt aufmerksam gemacht, in diesem und zum Teil noch in dem nächsten Jahrhunderte keine Rede. Für alle Sätze wurde die Proportionsform bevorzugt, die Wiedergabe in Worten machte den Inhalt der ausgesprochenen Sätze nur noch unübersichtlicher. Ganz langsam drang die symbolische Algebra in die Trigonometrie ein (vgl. S. 216—221), ebenso allmählich wurde dann die Proportionsform durch die Gleichungen ersetzt. Auch die Behandlungsform trigonometrischer Aufgaben war noch eine recht schwerfällige. Die aufgestellten Analogien wurden auf das vorgelegte Dreieck angewendet und nun die Aufgabe schrittweise, meistens sogar nur in speziellen Zahlen, ihrer Lösung entgegengeführt, ohne daß man sich bemühte, ein einheitliches Schlußresultat anzugeben. Erst durch EULER (1707—1783) erhielt die Trigonometrie die moderne Form (vgl. S. 219—220), die ihr zu leichter und einfacher Anwendung

1004 Vgl. HUNRATH, *Der Canon doctrinae triangulorum a G. J. Rhetico, Leipzig 1551*, Zeitschr. f. Math. u. Phys., 1899, Supplementbd., S. 213 ff.

verhilft. Auch in ihrer Grundlegung hat EULER unbestreitbare Verdienste. In einer Abhandlung von 1779[1005] zieht er einfache stereometrische Betrachtungen heran, die noch in den heutigen Elementarbüchern die Hauptrolle spielen. In den *Principes de la trigonométrie sphérique* von 1753[1005a] hatte er viel weiter ausgeholt; er war ausgegangen von den Eigenschaften kürzester Linien auf krummen Flächen und hatte die gefundenen Sätze für die größten Kreise der Kugelfläche spezialisiert. Zeigen die mathematischen Lehrbücher des Mittelalters eine ermüdende Weitschweifigkeit in Behandlung aller nur möglichen Fälle — so stellte RHAETICUS allein für das rechtwinklige Dreieck etwa 130 Regeln auf (vgl. S. 281—282) — und war es seiner Zeit schon als eine hochbedeutende Leistung angesehen worden, daß ADRIAEN VAN ROOMEN (1561—1615, Loewen) nach dem Vorbilde von VIETA mit 5 Formeln, dem Sinussatz, den beiden Cosinus- und Cotangentensätzen, bei der Dreiecksberechnung auskommen konnte,[1006] so begnügte sich EULER in der Abhandlung von 1753[1005a] mit den 4 Formeln

1) $\frac{\sin a}{\sin \alpha} = \frac{\sin b}{\sin \beta} = \frac{\sin c}{\sin \gamma}$ (daselbst § 21, S. 238)

2) $\cos a = \cos b \cdot \cos c + \sin b \cdot \sin c \cdot \cos \alpha$ (§ 20, S. 238)

3) $\cos \alpha = \cos a \cdot \sin \beta \cdot \sin \gamma - \cos \beta \cdot \cos \gamma$ (§ 27, S. 241)

4) $\cos a \cdot \cos \beta = \sin a \cdot \operatorname{ctg} c - \sin \beta \cdot \operatorname{ctg} \gamma$ (§ 23, S. 239)

und legte 1779 überdies dar, daß man schon mit 3 Formeln, nämlich 1), 2) und

$$\cos \alpha \cdot \sin c = \cos a \cdot \sin b - \sin a \cdot \cos b \cdot \cos \gamma$$

auskommen könnte. Nicht viel später, 1783, bewies JEAN PAUL DE GUA DE MALVES (1712—1786, Paris), daß sogar allein der Cosinussatz zur Ableitung der gesamten Trigonometrie ausreiche.[1007] Vereinfacht wurde dieser Nachweis 1799 durch LAGRANGE,[1008] dann 1810 durch GAUSS.[1009]

1005 *Trigonometria sphaerica universa, ex primis principiis breviter et dilucide derivata,* Acta Petrop., I, 1779, gedr. 1782, S. 72—86. — 1005a *Principes d. l. trig. sph., tirés de la méthode des plus grands et plus petits.* Histoire de l'académie, Berlin 1753, Bd. IX, gedruckt 1755, S. 223 ff. — 1006 *Canon triangulorum,* 1609, vgl. v. BRAUNMÜHL, S. 229 (Anm. 573). — 1007 Histoire de l'Acad. de Paris, 1783, gedr. 1786, Mém. S. 291—343, *Trigonométrie sphérique,* vgl. LAGRANGE, Anm. 1008. — 1008 Journ. de l'Éc. polyt., cah. 6, 1799, S. 280 in einer Abhandlung *Solutions de quelques problèmes relatifs aux triangles sphériques avec une analyse complète de ces triangles;* LAGRANGE's Werke, ed. SERRET, Bd. VII, Paris 1877, S. 342. — 1009 GAUSS' Werke, Bd. IV, Göttingen 1873, S. 401 bis 403.

Euler machte 1753 ferner zuerst auf den Zusammenhang der Formeln in der sphärischen und ebenen Trigonometrie aufmerksam, den Lambert 1765 (vgl. S. 295) genauer auseinandersetzte.

Auch in der Auffindung neuer Formeln für andere Dreiecksstücke, wie den Umfang, die Winkelsumme, den Radius der ein- und umgeschriebenen Kreise, leitete Euler's Vorbild eine rege Thätigkeit ein, an der sich besonders Lexell (1740—1784, Petersburg) und Lhuilier (1752—1833, Paris) beteiligten. Delambre (1749—1822, Paris), Mollweide (1774—1825, Leipzig) und Gauss (1777—1855, Göttingen) werden ebenfalls bei Besprechung der Einzelheiten im folgenden zu nennen sein.

B. Die Sphärik.

I. Definitionen. Fachausdrücke.

Eine systematische Behandlung der reinen Sphärik in Unabhängigkeit von der sphärischen Trigonometrie ist erst am Anfang des neunzehnten Jahrhunderts vorgenommen worden. Den weniger gelungenen Versuchen von G. F. Pohl 1819[1010] und v. Forstner 1827[1011] folgten die umfassenden Lehrbücher von K. F. Schulz 1828[1012] und Chr. Gudermann 1835,[1013] von denen besonders das letzte den Hauptwert auf reingeometrische Herleitungen und Konstruktionen legte.

Die älteste genaue Definition der Kugel (*σφαῖρα*, *globus*) ist genetisch; sie verrät durch den Wortlaut: „Die Kugel wird von einem Halbkreise beschrieben, der sich um seinen unverrückten Durchmesser dreht" (Euklid, Elemente XI, Erkl. 14;[1014] um 300 v. Chr.) deutlich ihren astronomischen Ursprung. Theodosius von Tripolis (um 55 v. Chr.) bezeichnete dagegen in seiner *Sphärik* (lib. I, Erkl. 1) die Kugel als einen von einer einzigen Oberfläche umschlossenen Körper, dessen Grenzpunkte von einem einzigen, innerhalb des Körpers befindlichen Punkte gleiche Abstände haben. — Beide Definitionen sind von den modernen Lehrbüchern aufgenommen.

Die allgemein übliche Bezeichnung „Größter Kreis" findet

1010 *Geometrie der Kugelfläche*, Berlin 1819. — 1011 *Sphaerische Geometrie*, Berlin 1827. — 1012 *Die Sphärik oder die Geometrie der Kugelfläche*, Leipzig 1828. — 1013 *Lehrbuch der niederen Sphärik*, München 1835. — 1014 Ed. Heiberg, IV, S. 4 Z. 21—23: „*Σφαῖρά ἐστιν, ὅταν ἡμικυκλίου μενούσης τῆς διαμέτρου περιενεχθὲν τὸ ἡμικύκλιον εἰς τὸ αὐτὸ πάλιν ἀποκατασταθῇ ὅθεν ἤρξατο φέρεσθαι, τὸ περιληφθὲν σχῆμα.*"

sich bereits bei Autolykos von Pitane (um 330 v. Chr.): *ὁ μέγιστος κύκλος.*[1015] Steiner führte 1827[1016] das Wort „Hauptkreis“ ein, das von Schulz in seiner *Sphärik* von 1828 zugleich mit dem sich von selbst einstellenden „Nebenkreis“ sofort benutzt wurde. Weniger glücklich ist die Bezeichnung „Normalkreis“, die Pohl 1819[1010] einführte. Eine moderne Neuerung soll „Großkreis“ sein;[1017] jedoch spricht schon Regiomontanus (1464), von dem *circulus magnus,*[1018] wahrscheinlich nach arabischen Vorbildern (vgl. arab.-lat. Übers. des Menelaus[1029]).

Von Steiner (1827) rührt auch der Ausdruck „Gegenpunkte“ für die Endpunkte eines Kugeldurchmessers her.[1019]

Das Wort Pol (*πόλος*; von *πολεῖν* = drehen) kommt zuerst vor bei Autolykos, ist aber bei ihm schon ein so oft benutzter Fachausdruck,[1020] daß seine Bildung bedeutend früher anzusetzen ist. Er wird hier nicht nur für die Endpunkte einer Drehungsachse, sondern auch für das sphärische Zentrum eines beliebigen Kugelkreises gebraucht. Eine Definition in diesem Sinne ist bei ihm nicht vorhanden; sie findet sich erst bei Heron (Alexandria, erstes Jahrhundert v. Chr.)[1021] und bei Theodosius.[1022] Im Anschluß an die Alten tritt dieser Ausdruck auch bei Regiomontanus[1023] in gleicher Bedeutung auf. In neuerer Zeit spezialisiert man den Begriff eines Poles auf den sphärischen Mittelpunkt von Hauptkreisen und nennt diese alsdann die Polaren (Gergonne 1812).[1024] Da zu einem Hauptkreis zwei Pole (Pol und Gegenpol) gehören, so ist festzusetzen, welcher von beiden zu einer bestimmten Durchlaufungsrichtung des Hauptkreises gehört, etwa der zur Linken befindliche, wodurch dann der zugehörige Richtungssinn der Polaren als positiv zu bezeichnen wäre. Auf diese wichtige Bestimmung wies zum erstenmal Gauss 1827 in seinen *Disquisitiones generales circa superficies curvas*[1025] hin. Ihm schließt sich C. F. Schulz 1828[1026] sofort an.

1015 *De sphaera*, ed. Hultsch, z. B. S. 8 Z. 5 (Anm. 989). — 1016 Crelle's Journal, Bd. II, Berlin 1827, S. 46. — 1017 Bussler, *Elemente*, Dresden 1897, I, S. 141. — 1018 *De triangulis omnimodis*, z. B. III, 15 (Anm. 357). — 1019 S. 45 (Anm. 1016). — 1020 S. 4 Z. 21 (Anm. 989). — 1021 Defin. 82; ed. Hultsch (Anm. 2), S. 25 Z. 83 ff.: „*Κύκλου δὲ πόλος ἐν σφαίρᾳ λέγεται σημεῖον ἐπὶ τῆς ἐπιφανείας τῆς σφαίρας, ἀφ' οὗ πᾶσαι αἱ προςπίπτουσαι εὐθεῖαι πρὸς τὴν περιφέρειαν ἴσαι ἀλλήλαις εἰσίν.* (Pol eines Kreises auf der Kugel heißt ein Oberflächenpunkt der Kugel, von dem aus alle zum Umfang des Kreises gezogenen Geraden unter einander gleich lang sind.)“ — 1022 *Sphaerica*, I, Erkl. 5, Nizze S. 1 (Anm. 992). — 1023 *De triang.*, Buch III, Satz 4, S. 65, u. ö. — 1024 Gergonne, Annales des math., Nismes 1812—13, III, S. 297, letzte Zeile. — 1025 § 2, VI, Comm. Gött., Bd. VI, 1828; Gauss' Werke, IV, Gött. 1873, S. 231. — 1026 *Sphärik*, I, § 12, S. 18 (Anm. 1012).

Statt der Benennung „sphärisches Zweieck" empfiehlt BALTZER[1027] (1818—1887) „sphärischer Winkel"; LEGENDRE sagt *fuseau* (Spindel).[1028]

Der Ausdruck „sphärisches Dreieck" kommt in der *Sphärik* des THEODOSIUS noch nicht vor, wohl aber in den *Sphaericorum libr. III* des MENELAUS (um 98 v. Chr., Alexandria).[1029]

Der Begriff der sphärischen Parallelogramme wird durch EULER (1778) in einer nachgelassenen Abhandlung von 1792 eingeführt.[1030] Er versteht darunter ein sphärisches Viereck, das durch eine Diagonale in zwei echt-kongruente Dreiecke zerlegt werden kann. Andere Definitionen geben SCHULZ 1828[1031] (ein Viereck, dessen Ecken Durchschnitte zweier Gegenkreise mit zwei anderen Gegenkreisen sind; ein Gegenkreis ist definiert als geometrischer Ort aller Gegenpunkte, die zu den Punkten eines beliebigen Kugelkreises gehören) und GUDERMANN 1835,[1031a] der zu diesem Zwecke den Begriff von Parallelen auf einer Kugelfläche einführt. Von SCHULZ und GUDERMANN wird auch das sphärische Trapez definiert.

2. Die Kreise auf der Kugelfläche.

Der Satz, daß jeder ebene Schnitt einer Kugel ein Kreis ist, wurde von AUTOLYKOS (um 330 v. Chr.) benutzt,[1032] von EUKLID (um 300 v. Chr.) in den *Phaenomena*[1032a] als besonderer Satz angeführt und von THEODOSIUS (um 55 v. Chr.) ausführlich mit dem pythagoreischen Lehrsatz bewiesen.[1033]

Daß der größte Kreis zwischen zwei Punkten ihre kürzeste Verbindungslinie ist, suchte JOHANNES WERNER (1468—1528, Nürnberg, Pfarrer) mit elementaren Mitteln, infolgedessen nicht streng, zu bebeweisen.[1034]

THEODOSIUS I, 3 zeigte, daß eine Kugel in höchstens einem

1027 *Elemente*, Bd. II, Leipzig 1870, Buch 5, § 4, 2 Anm., S. 165. — 1028 *Éléments de Géométrie*, Paris 1794, Buch VII, def. 9. — 1029 Lib. I, def., ed. HALLEY, 1758, S. 1: *„Triangulum sphaericum est spatium comprehensum sub arcubus circulorum magnorum in superficie sphaerae."* — 1030 Nova Acta Petrop. ad annum 1792, Bd. X, gedr. 1797: Variae speculationes super area triangulorum sphaericorum, S. 57 (eingereicht am 29. I. 1778). — 1031 I, S. 115, § 94. — 1031a S. 78ff. — 1032 S. 5 (Anm. 989). — 1032a Ed. GREGORIUS, Oxoniae 1703, S. 561 Z. 26—27: *„ἐὰν σφαῖρα ἐπιπέδῳ τμηθῇ, ἡ κοινὴ τομὴ κύκλος ἐστί."* — 1033 I, 1, NIZZE, S. 4 (Anm. 992). — 1034 WERNER, *In librum geographicae Cl. Ptolemaei argumenta paraphrases et adnotationes*, Adm. IV, nach v. BRAUNMÜHL, S. 134, Anm. 1 (Anm. 573). In KLÜGEL's Wörterbuch, III, S. 404—405 wird wohl nur irrtümlich von MAGINI gesprochen.

Punkte von einer Ebene berührt wird; hieran schließt sich bei ihm in I, 4 an, daß der Berührungsradius auf der Tangentialebene senkrecht steht (Umkehrung in I, 5).

Mit Hilfe von I, 1 lehrte THEODOSIUS in I, 2, wie man zu einer gegebenen Kugel den Mittelpunkt wiederfinden kann (ähnlich wie EUKLID III, 1 für den Kreis). Die etwas anders gefaßte Aufgabe, eine Kugel zu finden, die durch vier gegebene Punkte geht, wurde erst von FERMAT (1601—1665, Toulouse) gestellt und gelöst.[1035]

Den Pol eines beliebigen Kugelkreises konstruierte THEODOSIUS I, 21.

Die Eigenschaft einer Geraden, die a) durch den Mittelpunkt der Kugel, b) durch die Mitte eines Schnittkreises, c) senkrecht zu dem Schnittkreis, d) durch den einen Pol des Schnittkreises, e) durch den zweiten Pol des Schnittkreises geht, gestattet die Aufstellung von sieben Einzelsätzen:[1036]

	Voraussetzung	Behauptung
1)	*a*, *b*	*c*, *d*, *e*
2)	*a*, *c*	*b*, *d*, *e*
3)	*a*, *d* (oder *e*)	*b*, *c*, *e* (oder *d*)
4)	*b*, *c*	*a*, *d*, *e*
5)	*b*, *d* (oder *e*)	*a*, *c*, *e* (oder *d*)
6)	*c*, *d* (oder *e*)	*a*, *b*, *e* (oder *d*)
7)	*d*, *e*	*a*, *b*, *c*

Das erste Auftreten dieser Sätze in der erhaltenen Literatur ist folgendes:

1) von AUTOLYKOS nur benutzt beim Beweise seiner prop. 12 (S. 46, 47 ed. HULTSCH); THEODOSIUS, *Sphärik* I, 7 (ohne *d*, *e*), ergänzt durch einen arabischen Übersetzer des THEODOSIUS;[1037] REGIOMONTANUS, *de triangulis* III, Satz 2 u. 8.
2) von AUTOLYKOS nur benutzt im Beweis der prop. I (S. 4—5); THEODOSIUS, *Sphärik* I, 8 u. I, 1, Folg. 2; REGIOMONTANUS III, Satz 1 (ohne *d*, *e*).
3) hinzugefügt von dem arab. Übersetzer (ohne *b*, *c*);[1038] REGIOMONTANUS III, Satz 8 (ohne *c*).
4) THEODOSIUS, *Sphärik* I, 2. Folg. (ohne *d*, *e*); ergänzt von dem arab. Übersetzer; REGIOMONTANUS III, Satz 3 (ohne *d*, *e*).

1035 *De contact. sph.*, Problema, I; Oeuvres de FERMAT, ed. TANNERY et HENRY, Bd. I, Paris 1891, S. 52—53. — 1036 Vgl. NIZZE's Übersetzung der *Sphärik* des THEODOSIUS, Stralsund 1826, S. 134 f. — 1037 NIZZE, S. 132, Satz 10ᵇ (Anm. 1036). — 1038 Daselbst S. 132, Satz 10ᵃ.

5) von dem arab. Übersetzer hinzugefügt (ohne *a*, *e* bezw. *d*);[1039] REGIOMONTANUS III, S. 8 (ohne *c*).

6) THEODOSIUS, *Sphärik* I, 9 (ohne *a*); REGIOMONTANUS III, Satz 4.

7) THEODOSIUS, *Sphärik* I, 10; REGIOMONTANUS III, S. 7.

Den vollen Zusammenhang hat erst CLAVIUS 1586[1040] erkannt und in einen Satz zusammengefaßt.

Der Satz, daß parallele Schnittkreise dieselbe Achse und dieselben Pole haben, steht zuerst in der *Sphärik* des THEODOSIUS II, 1.[1041] Seine Umkehrung ist von AUTOLYKOS im Beweis der prop. I verwendet.[1042]

Auf die Verschiedenheit in der Größe der Schnittkreise je nach der Größe der Abstände vom Mittelpunkte machte THEODOSIUS in I, 6, A[1043] ausdrücklich aufmerksam, nachdem AUTOLYKOS prop. 12 stillschweigend schon von dieser Beziehung Gebrauch gemacht hatte.[1044] Als besonderen Satz bringt THEODOSIUS die Umkehrung in I, 6, B.[1045]

Die Konstruktion, durch zwei gegebene Kugelpunkte einen Hauptkreis legen, setzte AUTOLYKOS (prop. 6, Beweis)[1046] als bekannt voraus; THEODOSIUS, *Sphärik* I, 20,[1046a] gab ihre genaue Ausführung.

Im Beweise der prop. 10, *de ortibus et occ.* I,[1047] verwandte AUTOLYKOS die Eigenschaft zweier Hauptkreise, sich in einem Kugeldurchmesser zu halbieren; es ist dies ein Satz, der erst in EUKLID's *Phaenomena*[1048] und THEODOSIUS' *Sphärik* I, 11 ausdrücklich angeführt wird,[1048a] bei dem letzten in I, 12 mit Umkehrung.

Dasselbe Schema von 7 Sätzen, das auf S. 262 aufgestellt wurde, läßt sich auch für die 5 Bedingungen bilden: a) Ein Kugelkreis wird von einem Hauptkreis geschnitten, b) der Kugelkreis steht auf dem Hauptkreis senkrecht, c) der Kugelkreis wird halbiert, d) der Hauptkreis geht durch den einen und e) durch den zweiten Pol des Kugelkreises. 1) findet sich in EUKLID's *Phaenomena*[1049] und THEODOSIUS' *Sphärik* I, 13; 2) in THEODOSIUS' *Sphärik* I, 14; 3) wird von AUTOLYKOS im Beweis der prop. V vorausgesetzt;[1050] er findet sich dann in EUKLID's *Phaenomena*[1051] und THEODOSIUS' *Sphärik* I, 15.

1039 Daselbst S. 131, Satz 8^b. — 1040 *Theodosii Tripolitae sphaericorum lib. III a Christophoro Clavio perspicuis demonstrationibus et scholiis illustrati*, Romae 1586; CLAVIUS' Werke, Bd. I, Moguntiae 1611, S. 11—13. — 1041 NIZZE, S. 32 bis 33. — 1042 Ed. HULTSCH, S. 6—7. — 1043 NIZZE, S. 8. — 1044 Ed. HULTSCH, S. 46—47. — 1045 NIZZE, S. 10. — 1046 Ed. HULTSCH, S. 18—19. — 1046a NIZZE, S. 28. — 1047 Ed. HULTSCH, S. 86—87. — 1048 Ed. GREGORIUS, S. 562 Z. 13 (Anm. 1032a). — 1048a NIZZE, S. 17. — 1049 Ed. GREGORIUS, S. 565 Z. 8ff. — 1050 Ed. HULTSCH, S. 16, 17. — 1051 Ed. GREGORIUS, S. 564 Z. 29.

4) und 7) hat der arabische Übersetzer hinzugefügt. 5) und 6) sind auch von CLAVIUS[1040] und BARROW[1052] nicht ergänzt worden.

Von dem Berühren zweier Kugelkreise, ihren Beziehungen zu dem Hauptkreis, der durch ihre Pole und ihren Berührungspunkt geht, handelt THEODOSIUS' *Sphärik* II, Satz 3—8; einzelne seiner Sätze sind schon bei AUTOLYKOS nachweisbar.

Die Aufgabe, an einen Kugelkreis von einem gegebenen Kugelpunkt aus einen berührenden Hauptkreis zu zeichnen, lösten EUKLID[1053] und THEODOSIUS.[1054] Vgl. SCHULZ,[1012] *Sphärik* I, § 67, S. 85, der auch die Konstruktion einer Tangente an zwei gegebene Kugelkreise durchführt (§ 68, S. 86).

THEODOSIUS, *Sphärik* II, 9[1055] beweist, daß, wenn zwei Kugelkreise einander schneiden, der durch ihre Pole gelegte Hauptkreis die einzelnen Kreisabschnitte halbiert. Gekannt hat diesen Satz schon AUTOLYKOS, wie aus dem Beweise prop. 10, *de ortibus et occ.* I,[1056] zu schließen ist. Er wird auch von EUKLID in den *Phaenomena* angegeben.[1057]

Schneidet sich eine Schar paralleler Kugelkreise mit einer Schar von Halbkreisen, die durch den Pol der ersten gehen, so liegen zwischen zwei Kugelkreisen immer gleiche Hauptkreisbogen, zwischen zwei Hauptkreisbogen immer ähnliche Parallelkreisbogen: AUTOLYKOS, prop. II;[1058] THEODOSIUS II, 10.[1059]

Ist der Bogen eines beliebigen Hauptkreises zwischen zwei Parallelkreisen durch den ihnen parallelen Hauptkreis halbiert, so sind die Parallelkreise gleich: EUKLID, *Phaenomena*;[1060] THEODOSIUS II, 17.[1061] Bei beiden Autoren ist auch die Umkehrung unmittelbar darauf ausgesprochen.

3. Die sphärischen Dreiecke und Polygone.

MENELAUS (um 98 n. Chr.) hat das Verdienst, die Geometrie des Kugeldreiecks in ganz ähnlicher Weise, wie es in der Planimetrie für das ebene Dreieck geschehen war, angelegt zu haben; zur Vervollständigung und systematischen Darstellung gelangte aber diese Lehre erst im Anfang des neunzehnten Jahrhunderts, besonders durch die *Sphärik* von C. F. SCHULZ, 1828[1012]

1052 *Theodosii sphaerica methodo nova illustrata et succincte demonstrata*, London 1675. — 1053 *Phaenomena*, ed. GREGORIUS, S. 567 Z. 22ff. — 1054 *Sphärik*, II, 15; NIZZE, S. 52. — 1055 NIZZE, S. 40. — 1056 Ed. HULTSCH, S. 88—89. — 1057 Ed. GREGORIUS, S. 564 Z. 5f. — 1058 Ed. HULTSCH, S. 8—9. — 1059 NIZZE, S. 41. — 1060 Ed. GREGORIUS, S. 572 Z. 4 v. u. bis S. 573 Z. 2 v. o. (Anm. 1032[a]). — 1061 NIZZE, S. 59.

Daß die Summe zweier Seiten größer als die dritte Seite ist, beweist EUKLID in den *Elementen* XI, 20 auf stereometrischem Wege. MENELAUS, *Sphärik* I, prop. V[1062] verwendet nur Betrachtungen auf der Kugelfläche.

Daß die Summe der drei Winkel größer als $2R$ ist, findet sich zuerst bei MENELAUS I, prop. XI.[1063] In demselben Buch sind auch zum erstenmal die Sätze enthalten, daß gleichen Seiten eines sphärischen Dreieckes gleiche Winkel gegenüberliegen (prop. II) und umgekehrt (prop. III), ferner, daß ungleichen Seiten ungleiche Winkel zugeordnet sind, und zwar der größeren Seite auch der größere Winkel (prop. VII, IX).

Die Kongruenz sphärischer Dreiecke. Der Begriff der Kongruenz läßt sich nicht ohne weiteres so, wie er bei den ebenen Figuren gültig ist, auf die sphärischen Figuren übertragen. Ist in ebenen Dreiecken die Anordnung der gleichen Stücke in entgegengesetztem Sinne erfolgt, so kann die Flächengleichheit der beiden erhaltenen Dreiecke leicht erwiesen werden; auch zur Deckung können sie gebracht werden, indem das eine von ihnen umgeklappt und auf das andere heraufgelegt wird. Diese Deckung ist bei sphärischen Dreiecken, deren Stücke in entgegengesetzter Reihenfolge gleich sind, unmöglich, da das eine von ihnen nach dem Umklappen eine entgegengesetzte Krümmung besitzt. Solche Dreiecke findet man, wenn man einem beliebigen Dreieck das durch die Gegenpunkte der Ecken bestimmte Dreieck zuordnet. Die gleichen Betrachtungen gelten für die körperlichen Ecken. LEGENDRE führte daher den neuen Begriff der symmetrischen Kongruenz ein; er nannte zwei solche Figuren kurz „symmetrisch".[1064] Wenn auch im Altertum die Vorstellung der symmetrisch-kongruenten Raumgebilde, die aus gleichen Flächen und Winkeln bestehen, trotzdem aber nicht echte Kongruenz aufweisen, mehrfach anzutreffen ist,[1065] so wurde doch im Laufe der Zeit die strenge Unterscheidung oft außer acht gelassen. v. SEGNER (1741) ist der erste, der auf die Schwierigkeiten solcher Kongruenzbetrachtungen besonders aufmerksam macht.[1066]

Ein Beweis für die Flächengleichheit symmetrisch-kongruenter sphärischer Dreiecke erscheint zum erstenmal in LEGENDRE's

1062 Ed. HALLEY, S. 6 (Anm. 726). — 1063 Ed. HALLEY, S. 11. — 1064 2. Aufl., Paris 1800, VI, déf. 16, S. 180 und VII, prop. XI, Scholie S. 236 (Anm. 546). — 1065 EUKLID, *Elemente*, XI; ARCHIMEDES, *Conoid. et Sphaer.*, 20, ed. HEIBERG, S. 378—386, NIZZE, S. 63—64 (Anm. 33). — 1066 Nach BALTZER, *Elemente*, II, Buch V, § 4, 5 Anm., 3. Aufl., Leipzig 1870, S. 167 Anm.

Elementen VI, 21, der ihn von einem nicht genannten ausländischen Mathematiker erhalten haben will. Ganz elementar ist der Nachweis, den GERLING 1813 giebt.[1067]

Die Anzahl der Kongruenzsätze steigt in der sphärischen Trigonometrie auf sechs. In dieser Vollständigkeit[1068] sind sie bereits von MENELAUS (um 98 n. Chr.) in dessen *Sphärik* aufgeführt.[1069] Die Fälle S.S.W. und S.W.W.[22] geben bei der Konstruktion zuweilen Doppellösungen, verlangen daher als Kongruenzsätze beschränkende Bestimmungen. Bei S.S.W. bestimmt MENELAUS, daß die dem anderen Seitenpaar gegenüberliegenden Winkel beide entweder spitz oder stumpf sind; für S.W.W. schreibt er vor, daß das andere Paar gegenüberliegender Seiten zusammen nicht gerade 180° betragen. — Über die Behandlung der Sphärik seitens der Araber sind wir schlecht unterrichtet; es ist zweifelhaft, ob sie über die Wiedergabe der Schrift des MENELAUS hinausgingen. Selbst REGIOMONTANUS (1436—1476) hat sich in dem dritten Buche *De triangulis omnimodis* der antiken Sphärik auf das engste angeschlossen. In neuerer Zeit erreicht häufig die Darstellung in einzelnen Lehrbüchern nicht einmal die Vollständigkeit des MENELAUS, besonders in betreff der beiden Fälle S.S.W. und W.W.S. So behandelt LEGENDRE in seinen *Elementen*[546] bei der Sphärik nur die Fälle S.W.S. (lib. VII, prop. 12), W.S.W. (prop. 13), S.S.S. (prop. 14) und W.W.W. (prop. 18), während er im trigonometrischen Teil alle 6 Fälle, auch unter Berücksichtigung der Doppellösungen, bespricht. Selbst BALTZER's *Elemente*[1070] führen allgemein nicht mehr als die vier Sätze LEGENDRE's auf; die Fälle S.S.W. und W.W.S. sind nur für das rechtwinklige Dreieck beigefügt. Die letzten fehlen gänzlich in dem heute so sehr verbreiteten Leitfaden von SCHELLBACH-MEHLER.

Am eingehendsten hat SCHULZ in seiner *Sphärik* von 1828[1071] die geometrischen Bedingungen, die bei den Fällen S.S.W. und W.W.S. die Doppeldeutigkeit vermeiden, untersucht. Ihm schloß sich GUDERMANN (1835) im wesentlichen an. Von den modernen methodischen Schulbüchern dürfte das Lehrbuch von SPIEKER die beste Fassung gefunden haben.[1072]

1067 v. ZACH's Monatliche Korrespondenz, Bd. 27, Gotha 1813, S. 297. — 1068 Gegen v. BRAUNMÜHL, S. 15 (Anm. 573). — 1069 S.W.S. und S.S.S., lib. I, prop. IV; S.S.W., prop. XIII; W.S.W., prop. XIV; S.W.W., prop. XVI; W.W.W., prop. XVII (über die Abkürzungen vgl. Anm. 22). — 1070 Bd. II, Buch V, § 4, 11, Leipzig 1870, S. 173. — 1071 Seine Ansichten entwickelte SCHULZ bereits 1825 in der preisgekrönten Abhandlung: *De casibus ambiguis, qui in resolutione triangulorum sphaericorum occurrunt etc. commentatio*, Halae 1826. — 1072 *Die ebene und sphärische Trigonometrie*, Potsdam 1895, 3. Aufl.

Das Bestehen polarer Beziehungen zwischen je zwei Sätzen der Sphärik, sogar die allgemeine Gültigkeit des Dualitätsprinzipes ist schon von VIETA (1540—1603, Paris) in völliger Klarheit erkannt worden. In der oft erwähnten Abhandlung von 1593 (vgl. S. 222) benutzte er dieses Gesetz — er nennt es *Enallage πλευρογωνική*[1073] —, um sich aus den bekannten Sätzen neue Formeln abzuleiten und die 6 Fundamentalfälle in symmetrischer Art durchzuführen. Zu Grunde liegt seinen Betrachtungen das sog. Polardreieck, das Schnittdreieck der drei Hauptkreise, deren Pole die Eckpunkte des gegebenen Dreieckes sind.[1074] Die überkurze Darstellung, die VIETA für seine Auseinandersetzungen wählte, ist so schwer verständlich, daß seine Zeitgenossen auf diese so wichtige Entdeckung nicht gebührend achteten, ja die Nachwelt — selbst die Gegenwart — gewöhnt ist, die Aufstellung des Polaritätszusammenhanges dem Holländer W. SNELLIUS zuzuschreiben. Dabei war SNELLIUS, der freilich die Eigenschaft des Polardreieckes in recht klarer Weise dargestellt hat (1627),[1075] noch nicht einmal der erste, der die Ideen VIETA's wiedergab. Bereits PITISCUS (1561—1613) hatte sie in sein Lehrbuch der Trigonometrie (1595, 1599, 1600 u. ö.) übernommen[1076] und in vollständiger Weise ausgenutzt; aus seinem Werke entlehnte es 1598 ADRIAEN METIUS (1571—1635).[1076a] Auch NEPER's *Descriptio*, die ebenfalls das neue Gesetz anführt,[1077] ist früher als die *Doctrina triangulorum* des SNELLIUS erschienen (1614).

Darauf ist noch aufmerksam zu machen, daß VIETA in der Erfassung des Polaritätsgesetzes keinen Vorgänger hat, wohl aber

1073 VIETA, opera, ed. SCHOOTEN, Lugd. Bat. 1646, S. 422 Z. 1. Vgl. hierzu und zu dem folgenden: v. BRAUNMÜHL, *Zur Geschichte des sphärischen Polardreieckes*, Bibl. math. 1898, S. 65—72. — 1074 VIETA, opera, S. 418, IV, Nr. 10: „*Si sub apicibus singulis propositi tripleuri sphaerici describantur maximi circuli, tripleurum ita descriptum tripleuri primum propositi lateribus et angulis est reciprocum.* (Wenn um die einzelnen Ecken des vorliegenden sphärischen Dreieckes größte Kreise gezeichnet werden, so ist das entstandene Dreieck zu dem zuerst gegebenen in Seiten und Winkeln reziprok.)" — 1075 *Doctrina triangulorum canonicae libri quatuor*, Lugd. Batav. 1627, lib. III, prop. 8, S. 120—122. — 1076 So in der Aufl. v. 1595, S. 174 (Anm. 738ᵃ) u. 1600, lib. I, cap. 61, S. 27. — 1076a *Doctrinae sphaer. libri V*, Ausgabe von 1632, Amsterdam, lib. V, 23, S. 76—77; ferner P. CRÜGER, *Synopsis trigonometriae*, Dantisci 1612, cap. III, § 24, S. 28—29. — 1077 Descriptio II, cap. 6, Nr. 11, Ausg. v. 1620, Lugd., S. 55: „*In omni triangulo sphaerico mutari possunt latera in angulos et anguli in latera; assumptis tamen prius pro unico quovis angulo et suo subtendente latere suis ad semicirculum reliquis.* (In jedem sphärischen Dreiecke können die Seiten mit den Winkeln und die Winkel mit den Seiten vertauscht werden, nachdem für einen beliebigen Winkel und seine Gegenseite die Supplemente genommen sind.)"

in der Benutzung des Polardreiecks, wenn er auch durchaus unabhängig von einem solchen ist. Der Perser NASIR EDDIN, dessen trigonometrische Schrift[735] so viel hochbedeutende Gedanken enthält, hatte den Fundamentalfall, der die Kenntnis der drei Winkel voraussetzt, in eigenartiger Weise dadurch gelöst,[1078] daß er sämtliche Dreiecksseiten über beide Endpunkte hinaus um so viel verlängert, wie an einem Viertelkreis fehlt. Durch die Endpunkte dieser von je einer Ecke ausgehenden Viertelkreise legte er Hauptkreise, die ein neues Dreieck bilden. Er zeigt nun, daß seine Seiten die Supplemente der gegebenen Winkel und seine Winkel die Supplemente des ursprünglichen Dreiecks sind, demnach der Fundamentalfall W.W.W. auf den Fall S.S.S. zurückgeführt werden kann. Das von NASIR EDDIN konstruierte Hilfsdreieck ist eben unser Polardreieck. Es wird indes nur in dieser besonderen Aufgabe verwendet, aber nicht in seiner allgemeinen Verwertbarkeit erkannt.

Von den Sätzen am gleichschenkligen sphärischen Dreiecke befindet sich der Basiswinkelsatz schon in der *Sphärik* des MENELAUS (um 98 n. Chr.).[1079] Die Sätze von der Mittellinie sind erst bei der Wiederaufnahme der sphärischen Geometrie am Anfange des neunzehnten Jahrhunderts hinzugefügt worden, so bei A. v. FORSTNER, 1827.[1080] Doch fehlt auch hier noch der Satz von dem Lote, das durch die Spitze senkrecht zur Basis gezogen wird.

Auch das sphärische Dreieck besitzt seine merkwürdigen Punkte. Im Altertum wurden sie ebensowenig beachtet, wie beim ebenen Dreieck (vgl. S. 89). MENELAUS kannte aber schon den Schnittpunkt der Mittelsenkrechten[1081] und der Winkelhalbierenden.[1082] Daß die Höhen durch einen Punkt gehen, wies zuerst QUERRET 1824[1083] durch Rechnung nach; GUDERMANN 1835 leitete diese Eigenschaft auf rein geometrischem Wege ab.[1084] Für die drei Mittellinien zeigte SCHULZ 1828 dasselbe, wiederum durch Rechnung.[1085]

Wie in der Ebene die Spitzen aller flächengleichen Dreiecke mit derselben Grundlinie als geometrischen Ort eine Parallele zur Grundlinie haben, so ergiebt sich für die entsprechende Aufgabe auf

[1078] v. BRAUNMÜHL, S. 70 (Anm. 573). — [1079] Lib. I, prop. II, ed. HALLEY, S. 3. — [1080] Daselbst S. 58 (Anm. 1011). — [1081] *Sphaericorum* lib. III, prop. X, ed. HALLEY, S. 95/96; SCHULZ, I, § 43 (Anm. 1012); GUDERMANN, § 56, S. 39—40 (Anm. 1013). — [1082] Sph. III, prop. IX, S. 95. — [1083] Annales de Mathém. pur. et appl., par GERGONNE, Bd. XV, Nismes 1824/25, S. 87. — [1084] § 68, S. 47 ff. — [1085] II, § 52, S. 125.

der Kugel ein ganz bestimmter Nebenkreis. Man pflegt ihn nach seinem Entdecker den Lexell'schen Kreis zu nennen. LEXELL (1740—1784, Petersburg) hat seinen Satz 1781 sowohl durch Rechnung als auch durch Konstruktion bewiesen.[1086] Auf anderem Wege war übrigens EULER schon vorher zu demselben Kreise gelangt (1778).[1087] STEINER ergänzte 1827 den LEXELL'schen Satz durch die Bemerkung, daß der betreffende Kreis durch die Gegenpunkte der Endpunkte der festen Grundlinie geht.[1088] Ähnlich wie in der Ebene lassen sich mit Hilfe dieses Kreises Teilungs- und Verwandlungsaufgaben an gegebenen Figuren vornehmen. Eine Reihe solcher Probleme stellte und löste STEINER (1827) in der eben angeführten Abhandlung; ihm folgen SCHULZ (1828)[1089] und GUDERMANN (1835).[1090]

SORLIN stellte 1824[1091] den polaren Satz auf: Die Grundlinien der sphärischen Dreiecke, die in dem Winkel an der Spitze und dem Umfang übereinstimmen, berühren einen gewissen Kreis, der dem gemeinschaftlichen Winkel eingeschrieben ist.

Die Lehre von den sphärischen Parallelogrammen entwickelte EULER in der genannten Abhandlung von 1778;[1087] ganz entsprechend den ebenen Sätzen bildete SCHULZ 1828[1092] diese Lehre weiter aus.

Den Satz vom Peripheriewinkel, der für die Sphärik etwas von dem ebenen Satz abweicht, spricht SCHULZ zuerst aus.[1093]

LEXELL beweist 1782 analytisch,[1094] daß in einem sphärischen Kreisviereck (Tangentenviereck) die Summe zweier gegenüberliegenden Winkel (Seiten) ebenso groß ist, wie die Summe der anderen beiden Winkel (Seiten). Die Umkehrung stellte DURRANDE 1815—16 auf.[1095]

Die Flächenberechnung sphärischer Polygone erscheint in der Literatur zuerst bei GIRARD (1590?—1632, Leiden). Seine Hauptschrift *Invention nouvelle en l'algebre* von 1629 enthält den Satz, daß jedes von größten Kreisen gebildete sphärische Polygon soviel Oberflächengrade enthält, um wieviel die Summe aller seiner Innenwinkel die Winkelsumme des ebenen Polygons von gleicher Seiten-

---

1086 Acta Petropolitana 1781, Bd. I, gedruckt 1784, S. 112—126: *Solutio problematis geometrici ex doctrina sphaericorum.* — 1087 Nova Acta Petrop. ad annum 1792, Bd. X, gedruckt 1797, § 16ff., S. 57—62 (eingereicht 29. I. 1778). — 1088 CRELLE's Journal, Bd. II, Berlin 1827, S. 45ff. — 1089 I, § 78ff. — 1090 § 100ff. — 1091 GERGONNE, Annalen, Bd. XV, S. 302 (Anm. 1083). — 1092 I, § 94ff., S. 115ff. — 1093 I, § 75, S. 94. — 1094 Acta Petrop. 1782, I, S. 29 u. 100; STEINER, CRELLE, Bd. II, 1827, S. 47; SCHULZ, I, § 75, Zus. 3 u. 4, S. 96 (geom.). — 1095 GERGONNE's Annalen, Bd. VI, Nismes 1815—16, S. 49.

anzahl übertrifft; dabei sei die Oberfläche der Kugel zu 720 Flächengeraden angenommen.[1096] Für das sphärische Dreieck giebt dieser Satz sofort die uns geläufige Formel

$$J : 4r^2\pi = (\alpha + \beta + \gamma - 180^0) : 720^0.$$

Der beigegebene Beweis, der auf Unendlichkeitsbetrachtungen beruht, ist sicher Eigentum GIRARD's, der Satz selbst aber kommt dem Engländer HARRIOT (1560—1621, Oxford) zu. Dies geht aus einem Briefe, den BRIGGS 1625 an KEPLER richtete, und auch aus den aufgefundenen Manuskripten HARRIOTS, die sogar das Datum der Erfindung (18. IX. 1603) feststellen lassen, hervor.[1097] Der einfache moderne Beweis ist von CAVALIERI (1591—1647, Bologna) erdacht und in seinem *Directorium generale uranometricum* von 1632 mitgeteilt. In der *Trigonometria plana et sphaerica linearis et logarithmica* (1643) führt er nur den Satz an und bezieht sich für den Beweis auf das ältere Werk.[1098] ROBERVAL (GILES PERSONNIER, geb. 1602 in Roberval — 1675 Paris) will übrigens die Flächenformel noch einmal entdeckt haben; gelegentlich eines Briefes an HUYGENS aus dem Jahre 1656 betonte er sein Eigentumsrecht und setzte auseinander, wie er ihn bewiesen habe.[1099]

Dadurch, daß LEGENDRE[1100] und BALTZER[1101] als Einheit des Flächengrades das zweirechtwinklige sphärische Dreieck wählen, das als dritten Winkel die Einheit des Winkelgrades enthält, nimmt der Flächensatz bei ihnen die überaus einfache Form an, daß der Dreiecksinhalt gleich dem Exzeß ist[1102] (vgl. auch S. 288 f.)

Eine Reihe von Sätzen, die das Maximum bezw. Minimum des Flächeninhaltes sphärischer Polygone betreffen, sind von LEGENDRE in seinen *Elementen*, lib. VII, prop. 26—27 aufgestellt; sie entsprechen genau den Sätzen der Ebene. Die hauptsächlichsten lauten: Ist der Umfang und eine Seite eines Dreieckes gegeben, so ist das gleichschenklige Dreieck mit der gegebenen Basis das größte; unter allen *n*-ecken von gleichem Umfange ist das regelmäßige das

[1096] Amsterdam 1629; Neudruck von BIERENS DE HAAN, Leiden 1884, Seite G^b (Signatur). GIRARD gebraucht für „übertreffen" das Wort *exceder* und hat dadurch Veranlassung zu dem heutigen Fachwort, der *Exceß* (für $\alpha + \beta + \gamma - 180^0$), gegeben. — [1097] Vgl. G. VACCA, *Notizie storiche sulla misura degli angoli solidi e dei poligoni sferici*, Bibl. math., 3. Folge, Bd. III, S. 191—197. — [1098] *Trigonometria*, S. 29, Nr. VII mit Hinweis auf d. Directorium, P. 3, cap. 8. — [1099] Oeuvres complètes de CH. HUYGENS, publiées par la societé Hollandaise de sc., Bd. I, Haag 1888, S. 370 Z. 15 u. S. 517—518. — [1100] *Elemente*, Buch VII, 23 (Anm. 546). — [1101] *Elemente*, II, Buch V, § 4, 5, 3. Aufl., S. 168. — [1102] Vgl. auch EULER, Hist. de l'ac. d. Berl. 1753, S. 256—257 (Anm. 837).

größte; unter allen unregelmäßigen n-ecken von gegebenen Seiten ist das einem Kreise eingeschriebene das größte; unter allen sphärischen n-ecken, deren Seiten bis auf eine gegeben sind, ist das größte dasjenige, das in einen Halbkreis beschrieben werden kann, dessen Durchmesser die eine nicht bestimmte Seite ist, u. s. w.

Die Theorie der Ähnlichkeitspunkte für sphärische Figuren ist von Euler[1103] begründet worden. Auch Gudermann[1104] hat sich diesem Thema zugewandt; so fügte er den Satz hinzu: Befinden sich die Ecken eines Dreieckes mit den Ecken eines anderen in drei Hauptbogen, die sich in einem Punkte schneiden, so schneiden sich die entsprechenden Seiten der beiden Dreiecke in drei Punkten, die in einem Hauptbogen liegen.

C. Die sphärische Trigonometrie.

I. Das rechtwinklige Dreieck.

Für die Berechnung am rechtwinkligen Dreieck dienen die sechs Formeln (c Hypotenuse)

1) $\cos c = \cos a \cdot \cos b$	4) $\cos \alpha = \operatorname{tg} b \cdot \operatorname{ctg} c$
2) $\cos c = \operatorname{ctg} \alpha \cdot \operatorname{ctg} \beta$	5) $\sin b = \sin c \cdot \sin \beta$
3) $\cos \alpha = \cos a \cdot \sin \beta$	6) $\sin b = \operatorname{tg} a \cdot \operatorname{ctg} \alpha$.

Die griechischen Mathematiker, deren Trigonometrie sich, wie mehrfach erwähnt, nur auf das rechtwinklige Dreieck erstreckte, kannten diese Einzelsätze nicht, auch wenn von der Fassung und Form abgesehen wird. War irgend eine Berechnung nötig, so wurde das allgemeine Transversalentheorem des Menelaus (vgl. S. 199, 253, 292) zu Hilfe genommen und dem besonderen Falle angepaßt. Hieraus ergeben sich dann Rechenverfahren, die sich inhaltlich mit einigen der angegebenen Formeln decken. Ptolemaeus (zwischen 125 u. 151 n. Chr. in Alexandria) ist der älteste Mathematiker, in dessen erhaltenen Schriften wir die Durchführung derartiger Aufgaben finden. Bei Behandlung astronomischer Probleme leitet er Beziehungen ab, die mit den Formeln 1),[1105] 4),[1106] 5)[1107] und 6)[1108] in

1103 *Theoria motus corporum solidorum seu Rigidorum*, 2. Aufl., Greifswald 1790, § 978ff., S. 436ff. — 1104 § 211, S. 155 (Anm. 1013). — 1105 Z. B. Ptolemaeus, *Μαθηματικὴ Σύνταξις*, lib. II, cap. 2, ed. Halma, S. 68, ed. Heiberg, S. 91. — 1106 Z. B. II, 3, ed. Halma, S. 69—70, ed. Heiberg, S. 92—93. — 1107 Z. B. I, 12, ed. Halma, S. 57, ed. Heiberg, S. 76—77. — 1108 Z. B. I, 13, ed. Halma, S. 60, ed. Heiberg, S. 82.

Übereinstimmung gebracht werden können. Sätze, die den Formeln 2) und 3) entsprechen, sind nicht bei ihm nachzuweisen, obgleich sie an derselben allgemeinen Transversalenfigur unschwer abzuleiten gewesen wären (vgl. S. 253 und 292).

Zur Zeit der Araber (vgl. S. 254 f.) trat an die Stelle des Satzes von Menelaus die sog. *Regula quatuor quantitatum* (vgl. S. 292–293). Erst aus dieser wurde das 3. Theorem entnommen. Zum erstenmale tritt uns seine Anwendung bei dem Westaraber Dschabir ibn Aflah (Geber; † zwischen 1140 und 1150, Sevilla) entgegen;[1109] daher bürgerte sich die Bezeichnung Geber'scher Satz für dasselbe ein. Wahrscheinlich ist, daß Dschabir in Tabit ibn Kurrah (836—901, Bagdad) einen Vorgänger hatte. Auch die letzte noch fehlende Relation 2) wird noch von den arabischen Mathematikern aufgestellt, freilich erst am Ausgange dieser Entwicklungsperiode. Nasir Eddin Tusi (1201 bis 1274) beherrschte sämtliche sechs Fälle; er gab sogar Beweise, die er aus der Betrachtung des allgemeinen sphärischen Vierseits hernahm. Für die Herleitung der Formel 2) benutzte er speziell den schon von Abu'l Wafa, freilich mit weniger Erfolg, verwendeten Tangentensatz (vgl. S. 255 und 293—294).

Neben diesen 6 Hauptformeln werden gelegentlich noch einzelne unwichtigere erwähnt. So kann man aus der *Sphärik* des Menelaus noch den Satz entnehmen

$$\frac{\sin(c+b)}{\sin(c-b)} = \frac{1+\cos\alpha}{1-\cos\alpha},$$ [1110]

und der Araber Ibn Junus († 1008, Kairo) verwertete die zusammengesetzten Relationen[1111]

$$\cos\alpha = \frac{\cos a \cdot \sin b}{\sin c} \text{ und } \cos c = \frac{\cos\alpha \cdot \cos b}{\sin\beta}. \text{ —}$$

Es dauerte lange, ehe die mittelalterliche Trigonometrie des Abendlandes den Höhepunkt wieder erreichte, auf dem sich Nasir Eddin Tusi schon befunden hatte. Der große Regiomontanus (1436 bis 1476) behalf sich mit den Sätzen

$$\frac{\sin a}{\sin \alpha} = \frac{\sin b}{\sin \beta} = \frac{\sin c}{\sin \text{tot}} \quad (\textit{De triangulis IV, 16, S. 103})$$

$$\left.\begin{aligned} \frac{\sin\alpha}{\sin \text{tot}} &= \frac{\cos\beta}{\cos b} \\ \frac{\sin\beta}{\sin \text{tot}} &= \frac{\cos\alpha}{\cos a} \end{aligned}\right\} \quad (\text{IV, 18, S. 105})$$

1109 *Astronomia*, Satz XV, S. 13 (Anm. 734); vgl. v. Braunmühl, S. 82 (Anm. 573). — 1110 v. Braunmühl, S. 18 (Anm. 573). — 1111 Daselbst S. 62.

$$\frac{\cos c}{\cos a} = \frac{\cos b}{\sin \text{tot}} \text{ (IV, 19, S. 107),}$$

also den Formeln 5), 3), 1), und berechnete sich in anderen Fällen immer erst Hilfsgrößen. Die so vielfach übersehene Formel 2) fand RHAETICUS (1514—1576, Wittenberg) wieder. Da dessen *Opus Palatinum*, in dem sie aufgeführt wird,[1112] erst 1596 der Öffentlichkeit durch Druck übergeben wurde, so muß er freilich das Vorrecht der ersten Veröffentlichung an VIETA (1540—1603, Paris) abtreten, der im *Canon mathematicus* von 1579 ein Schema von 10 Analogien zusammenstellte, in dem die betreffende Beziehung enthalten ist. Es läßt sich indes nachweisen, daß RHAETICUS dasselbe Schema schon 1551[1113] selbst gefunden hatte. Die 10 Proportionen VIETA's reduzierte STEVIN (1548—1620, Leiden) auf jene sechs Formeln und zeigte zum ersten Male, daß man hiermit bei der Berechnung des rechtwinkligen Dreieckes stets auszukommen vermag.[1114]

Die Gedächtnisregel für die 6 Fundamentalformeln, die wir unter dem Namen NEPER's kennen, ist dem Wortlaut nach nicht von diesem, sondern von CHR. v. WOLFF (1679—1754, Halle)[1115] 1717 gegeben. NEPER (1550—1617) selbst hatte eine viel schwerfälligere Fassung gewählt,[1116] die wahrscheinlich auf ähnliche Bestrebungen TORPOLEY's († 1632 in England; längere Zeit Gehilfe VIETA's)[1117] und damit wohl auf Ideen VIETA's selbst zurückgeht.[1118] v. WOLFF hat eine Gedächtnisregel auch für schiefwinklige Dreiecke[1119] aufgestellt; gleichem Zweck dienende Regeln sind ferner noch von LAMBERT 1765 (vgl. S. 283),[1120] LEGENDRE 1796[1121] und C. F. SCHULZ 1828[1122] bekannt. Aber bereits KÄSTNER (1719—1800, Göttingen)[1123] wandte sich energisch gegen diese Hilfsmittel; es sei

[1112] *De triangulis globi cum angulo recto*, theor. III, p. 20; vgl. v. BRAUNMÜHL, S. 217 (Anm. 573). — [1113] v. BRAUNMÜHL, S. 148 (Anm. 573). — [1114] Wisconstige Gedachtenissen 1608; lat. Übersetzung v. SNELLIUS mit dem Titel *Hypomnemata mathematica*. Vgl. v. BRAUNMÜHL, S. 227. — [1115] *Elem. Trigon. Sphaeric.*, § 100, 108. — [1116] *Descriptio mirifici logarithmorum canonis* von 1614, lib. II, cap. 4; Ausg. v. 1620, S. 33. Hier werden die Hypotenuse und die beiden Winkel, nicht die Katheten, durch ihre Komplemente ersetzt; dann lautet die Regel: „Die Tangente irgend eines äußeren Stückes verhält sich zum *Sinus* des inneren, wie der *Sinus totus* zur Tangente des anderen äußeren Stückes, und der *Sinus* des Komplementes eines äußeren Stückes verhält sich zum *Sinus* eines inneren, wie der *Sinus totus* zum *Sinus* des Komplementes des anderen äußeren Stückes." — [1117] *Diclides coelometricae*, 1602, vgl. CANTOR, II^b, S. 701. — [1118] v. BRAUNMÜHL, S. 185 (Anm. 573). — [1119] *Elem. Tr. Sph.*, § 134. — [1120] Geometrische Deutung der NEPER'schen Regeln: *Beiträge zum Gebrauche der Mathematik*, I, Berlin 1765, cap. 3, § 11. — [1121] *Elemente*, Übers. v. CRELLE, Berlin 1833, S. 396 Anm. (Anm. 546). — [1122] *Sphärik*, II, S. 46—47 (Anm. 1012). — [1123] *Anfangsgründe*, 1. Aufl. 1758; 2. Aufl. v. 1764, I, S. 417, Anm. 2 (Anm. 53).

vorteilhafter, die gewünschten Formeln aus tabellarisierten Zusammenstellungen zu entnehmen, als solche schwülstigen, das Gedächtnis unnütz beschwerenden Merkregeln zu benutzen, besonders da man sich in der Praxis doch nicht ganz ohne Hilfsbücher, wie etwa die Logarithmentafeln, behelfen könne.

Eine theoretische Untersuchung der Anzahl aller möglichen Berechnungsfälle am rechtwinkligen Dreieck unternahm LAMBERT 1765.[1124] Jedes von den fünf Stücken kann, wenn man zwei als gegeben annimmt, in sechsfacher Weise gefunden werden; es giebt also allgemein 30 Fälle. Diese Anzahl erniedrigt sich auf 10, wenn man es gleichgültig läßt, ob ein bestimmtes Stück gegeben oder gesucht ist, und läßt sich schließlich weiter auf 6 dadurch herunterbringen, daß die Vertauschbarkeit der Katheten und ihrer Gegenwinkel in Betracht gezogen wird.

2. Das schiefwinklige Dreieck.

a) Der Sinussatz.

Da weder die Griechen noch die Inder eine allgemeine Behandlung schiefwinkliger Dreiecke kannten, suchen wir den Sinussatz

$$\frac{\sin a}{\sin \alpha} = \frac{\sin b}{\sin \beta} = \frac{\sin c}{\sin \gamma}$$

in ihrer Trigonometrie vergeblich. Nur seinen besonderen Fall für das rechtwinklige Dreieck (Formel 5, S. 271) können wir nachweisen.[1125] Arabischen Mathematikern des zehnten Jahrhunderts verdankt er erst seine allgemeine Aufstellung; der Bericht NASIR EDDIN's[735] nennt neben ABU'L WAFA noch seine Zeitgenossen ABU NASR und AL CHODSCHANDI (vgl. S. 254—255) als Erfinder von Beweisen des Sinussatzes; wer der eigentliche Erfinder des Satzes selbst ist, wird kaum mehr festgestellt werden können. Jedenfalls erkannte man sofort die hohe Bedeutung der neuen Relation; sie wurde, da sie im stande war, den bisher im Vordergrunde stehenden Satz des MENELAUS zu ersetzen, von den arabischen Mathematikern „Ersatztheorem" genannt. Fast sämtliche spätere Autoren stellten dieses in Gemeinschaft mit der „Regel der vier Größen" (S. 255) an die Spitze

---

1124 *Beiträge*, I, cap. 3, § 7—10 (Anm. 1120). — 1125 Betr. PTOLEMAEUS vgl. Anm. 1107; für die Inder ist zu verweisen auf eine astronomische Schrift des IV. oder V. Jahrh. n. Chr., die *Sûrya Siddhânta*, ed. BURGESS, cap. II, Vers 28, Journal of the American Oriental Society, Vol. VI, New-Haven 1860, S. 201 ff.; vgl. v. BRAUNMÜHL, S. 41, Anm. 2 (Anm. 573).

der sphärischen Trigonometrie. So verfuhr DSCHABIR IBN AFLAH († zwischen 1140 und 1150; Sevilla)[1126] und NASIR EDDIN TUSI (1201—1274; Persien) selbst.[735] Bei diesem finden wir die eben erwähnten historischen Notizen; von den aufgezählten acht Beweisen sind die letzten drei keinem namentlich angeführten Gelehrten zugewiesen und scheinen danach als Eigentum NASIR EDDIN's in Anspruch genommen werden zu können.

Aus DSCHABIR's *Astronomie* schöpfte der deutsche Mathematiker REGIOMONTANUS (1436—1476). Während dieser in den ersten Büchern seines epochemachenden Werkes *De triangulis omnimodis* selbständig die Resultate seiner Vormänner bearbeitete, schloß er sich im vierten Buche den Herleitungen DSCHABIR's fast wörtlich an, ein Zeichen, daß der Verfasser mit der definitiven Bearbeitung des letzten Teils seiner Trigonometrie nicht fertig geworden ist. Den sphärischen Sinussatz bringt der 17. Satz des vierten Buches:[1127] *„In omni triangulo non rectangulo sinus laterum ad sinus angulorum eis oppositorum eandem habent proportionem."* Es ist dies die älteste im Abendland auftretende Formulierung. Durch REGIOMONTAN wurde der sphärische Sinussatz dem Mittelalter wiedergewonnen; er fehlt nunmehr in keinem trigonometrischen Lehrbuche mehr. Es scheint übrigens, als ob KOPPERNIKUS (1473 Thorn — 1543 Frauenburg) ihn bei seinem Studium des ptolemäischen Almagestes noch einmal selbständig entdeckt habe. Der Beweis, den er in den *Revolutionen* von 1543[1001] (Kap. 14) für das rechtwinklige Dreieck giebt, ist durchaus abweichend von dem REGIOMONTAN's. Fest steht auch, daß die Ausarbeitung seiner Trigonometrie bereits erledigt war, als er in den Besitz des 1533 erschienenen Druckbandes der Bücher *De triangulis omnimodis* gelangte. Nachträgliche Zusätze oder Überarbeitungen sind aber gerade in dem ersten Teil der Originalhandschrift nicht vorhanden.[1128]

b) Der Cosinussatz.

Die Inder kannten gute graphische Methoden, um astronomische Aufgaben aus der sphärischen Trigonometrie in befriedigender Weise durchzuführen; vortrefflich verstanden sie es, aus diesen Konstruktionsverfahren Rechenregeln abzuleiten, mit denen sie sich in der Praxis begnügen konnten. Eine solche Regel besaßen sie auch bei der Aufgabe, die Sonnenhöhe zu einer beliebigen Tageszeit aus

1126 *Astronomie*, Buch I, Satz 13 (Anm. 734). — 1127 S. 104 (Anm. 357). — 1128 v. BRAUNMÜHL, S. 141—143 (Anm. 573).

der Meridionaldistanz, Deklination und Polhöhe zu bestimmen. Führt man in diese Rechenvorschrift nachträglich reine trigonometrische Betrachtungen ein und bezieht diese auf das in der Astronomie die Hauptrolle spielende Pol-Zenith-Dreieck, so kommt man auf eine Formel,[1129] zu der wir heute durch einfache Anwendung des Cosinussatzes auf das genannte Dreieck gelangen. Von dieser tieferen Bedeutung ihrer Regel hatten selbstverständlich die Inder keine Ahnung, konnten sie auch gar nicht haben, da sie das zu Grunde liegende Dreieck nicht beachteten. Genau das Gleiche gilt von einer Aufgabe, die der Araber AL BATTANI († 929; Damaskus) behandelt.[1130] Er schreibt für die Bestimmung des Azimutes α der Sonne aus der Deklination δ, der Sonnenhöhe h und der Polhöhe φ einen Berechnungsgang vor, den wir in der heutigen Formelsprache durch

$$\sin(90^0 - \alpha) = \frac{\left(\frac{r \cdot \sin(90^0 - \delta)}{\sin(90^0 - \varphi)} - \frac{\sin h \cdot \sin \varphi}{\sin(90^0 - \varphi)}\right) \cdot r}{\sin(90^0 - h)}$$

wiedergeben können. Eine Ableitung fehlt, ist indes sehr wahrscheinlich auch durch ein Konstruktionsverfahren vorgenommen worden. Für $r = 1$ ist die angegebene Formel in

$$\cos\delta = \cos(90^0 - h) \cdot \cos(90^0 - \varphi) + \sin(90^0 - h) \cdot \sin(90^0 - \varphi) \cdot \cos\alpha$$

überzuführen; sie deckt sich also mit dem allgemeinen sphärischen Cosinussatz. Aber auch die Araber hatten keine Kenntnis, daß hierin ein allgemeineres Theorem der sphärischen Trigonometrie verborgen lag. Selbst in den folgenden Jahrhunderten gelangte die arabische Trigonometrie nicht zu diesem Fortschritt. Nicht einmal bei NASIR EDDIN (1201—1274) ist der Cosinussatz anzutreffen.

Erst als REGIOMONTANUS (1436—1476) das Werk AL BATTANI's in die Hände bekam, vollzog sich ein Fortschritt. Dem durchdringenden Scharfsinn des jungen deutschen Mathematikers gelang es, aus den Rechnungen des Arabers die tiefer liegende allgemeine Beziehung zu erkennen und zum erstenmal den wichtigen zweiten Hauptsatz, das Cosinustheorem, auszusprechen. Die Fassung ist freilich außerordentlich unübersichtlich; aus seinem sehr schwülstigen Satzbau[1131] läßt sich nur mit Mühe die Proportion

1129 *Sûrya Siddhânta*, cap. III, Vers 34—36, ed. BURGESS, S. 259—260 (Anm. 1125). Vgl. v. BRAUNMÜHL, S. 40—42 (Anm. 573). — 1130 ALBATEGNIUS, *De scientia stellarum*, cap. XI, *De Azimuth*, S. 15ª (Anm. 55). Vgl. v. BRAUNMÜHL, S. 52 ff. — 1131 *De triangulis omnimodis*, lib. V, prop. 2, S. 127: „*In omni triangulo sphaerali ex arcubus circulorum magnorum constante proportio sinus versi anguli cuius-*

$$\sin\text{vers}\,\alpha : (\sin\text{vers}\,a - \sin\text{vers}\,(b-c)) = (\sin\text{tot})^2 : \sin b \cdot \sin c$$

ablesen. Ersetzt man jedoch die altertümliche Sinus-versus-Funktion $\sin\text{vers}\,x$ durch $1 - \cos x$ und reduziert den Sinus totus auf 1, so geht durch $\sin\text{vers}\,(b-c) = 1 - \cos(b-c) = 1 - \cos b \cdot \cos c - \sin b \cdot \sin c$ die uns wohlbekannte Form

$$\cos a = \cos b \cdot \cos c + \sin b \cdot \sin c \cdot \cos \alpha$$

hervor. Der Bedeutung seiner Relation war sich REGIOMONTANUS voll bewußt; er fügte sofort den vier bereits fertiggestellten Büchern *De triangulis* ein fünftes hinzu, an dessen Spitze der Cosinussatz tritt. Anwendung findet er unmittelbar darauf in der Aufgabe, aus drei Seiten eines Dreieckes einen Winkel zu bestimmen;[1132] die zweite Verwertung, aus zwei Seiten und dem eingeschlossenen Winkel die dritte Seite zu berechnen, fehlt indessen. Vielleicht liegt ein Grund für diese unvollständige Ausnutzung darin, daß dieses fünfte Buch überhaupt der letzten Feile entbehrt.

Die neue Formel erregte die Aufmerksamkeit der Zeitgenossen in höchstem Maße. Der Nürnberger Pfarrer JOHANNES WERNER (1468—1528), ein vorzüglich begabter Mathematiker, hatte Gelegenheit, den Nachlaß REGIOMONTAN's — die 5 Bücher *De triangulis* kamen erst 1533 zum Druck — einzusehen; leider ist eine von ihm verfaßte sphärische Trigonometrie (in 5 Büchern) verloren gegangen, und wir können nur aus einigen Bemerkungen seiner Zeitgenossen erschließen, welchen Einfluß und Erfolg seine Beschäftigung mit der Trigonometrie REGIOMONTAN's hatte. Es trifft sich gut, daß gerade betreffs des Cosinussatzes Nachricht vorliegt. JOHANNES PRAETORIUS (1537—1616, Wittenberg und Altdorf) erzählt, etwa 1599,[1133] daß WERNER die Transformation vorgenommen habe

$$\cos a = \tfrac{1}{2}[\sin(90^0 - b + c) - \sin(90^0 - b - c)]\sin\text{vers}(180^0 - \alpha) + \sin(90^0 - b - c).$$

Diese zeigt nach zwei Richtungen hin Fortschritte, erstens, daß auch

libet ad differentiam duorum sinuum versorum, quorum unus est lateris eum angulum subtendentis, alius vero differentiae duorum arcuum ipsi angulo circumjacentium est tamquam proportio quadrati sinus recti totius ad id, quod sub sinibus arcuum dicto angulo circumpositorum continetur rectangulum. (In jedem sphärischen Dreieck, das aus Großkreisen besteht, ist das Verhältnis des *Sinus versus* eines beliebigen Winkels [$\sin\text{vers}\,\alpha$] zu der Differenz derjenigen zwei *Sinus versus*, deren einer zu der dem Winkel gegenüberliegenden Seite [$\sin\text{vers}\,a$], deren anderer zu der Differenz der einschließenden Seiten gehört [$\sin\text{vers}\,(b-c)$], ebendasselbe wie das Verhältnis des Quadrats des *Sinus totus* zu dem Rechteck, das aus dem *Sinus* der einschließenden Seiten gebildet wird [$\sin b \cdot \sin c$]).“ —
1132 Lib. V, prop. III, S. 129. — 1133 v. BRAUNMÜHL, S. 136, Anm. 2.

die zweite Anwendbarkeit des Cosinussatzes (a berechnet aus b, c, α) erkannt wird, zweitens, daß nach prosthaphäretischen Prinzipien (vgl. S. 230—231) Rechnungserleichterungen erzielt sind. In letzter Beziehung nahmen auch TYCHO DE BRAHE (um 1580) und BÜRGI (1552—1632) einschneidende Verbesserungen vor, die S. 230—231 bereits erwähnt wurden.

Der polare Cosinussatz

$$\cos\alpha = -\cos\beta\cdot\cos\gamma + \sin\beta\cdot\sin\gamma\cdot\cos a$$

ist der Zeit nach zuerst in den Notizen, die sich TYCHO DE BRAHE in den achtziger Jahren des sechzehnten Jahrhunderts gesammelt hatte, zu finden. Da in seiner Aufzeichnung ein Vorzeichenfehler ($+\cos\beta\cdot\cos\gamma\,..$) gemacht ist, auch jede Ableitung fehlt, liegt die Vermutung nahe, daß seine Kenntnis von anderer Seite komme.[1134] Den gleichen Verdacht hat man auch bei PHILIPP VON LANSBERGE (1561—1632), der 1591 ein Lehrbuch *Triangulorum geometriae libri quatuor* zu Leiden erscheinen ließ. Nachdem der Verfasser den Seitencosinussatz genau in der Form REGIOMONTANS[1135] angeführt hat, stellt er mit durchaus ungenügender Ableitung sofort die zweite Proportion

$$(\sin \text{tot})^2 : \sin\beta\cdot\sin\gamma = \sin \text{vers}\, a : \left[\sin \text{vers}\, \alpha - \sin \text{vers}\left(\beta - (180^0 - \gamma)\right)\right]$$

auf, die den Polarsatz darstellt. Der eigentliche Entdecker ist zweifellos VIETA (1540—1603, Paris). Ihm war der Satz nur ein Ausfluß des allgemeinen Polaritätsprinzipes (S. 267), das er zuerst aufgestellt hatte. Seine Resultate, mit deren Mitteilung in Freundeskreisen er vielleicht zu freigebig war, sind erst in der Schrift von 1593 *Variorum de rebus mathematicis responsorum lib. VIII* veröffentlicht worden; beide Cosinussätze kommen in zweifachem Wortlaut vor, dem die Formeln

$$\sin b\cdot\sin c : (\cos a \mp \cos b\cdot\cos c) = r : \cos\alpha$$

$$\sin\beta\cdot\sin\gamma : (\cos\beta\cdot\cos\gamma \pm \cos\alpha) = r : \cos a$$ [1136]

und

$$\operatorname{cosec} b\cdot\operatorname{cosec} c : (\cos\alpha \pm \operatorname{ctg} b\cdot\operatorname{ctg} c) = r : \cos a$$

$$\operatorname{cosec}\beta\cdot\operatorname{cosec}\gamma : (\cos a \mp \operatorname{ctg}\beta\cdot\operatorname{ctg}\gamma) = r : \cos\alpha$$ [1137]

entsprechen. Ableitungen sind nicht beigegeben.

Der erste Beweis des Polarsatzes begegnet uns in der Trigonometrie des PITISCUS von 1595.[1138]

1134 Daselbst S. 201. — 1135 Lib. IV, Satz 16, S. 196—197. — 1136 VIETA, Opera, ed. SCHOOTEN, Lugd. 1646, S. 407—408, Nr. XV u. XVI. — 1137 Ebendaselbst S. 410 u. 411, Nr. XIX u. XX. — 1138 *Trigonometriae pars prima*, S. 172—174 (Anm. 738*).

Erwähnenswert ist noch eine Umwandlung, die EULER den Cosinussätzen gegeben hat,

$$\cos a = \tfrac{1}{4}\cos(\alpha - b + c) + \tfrac{1}{4}\cos(\alpha + b - c) - \tfrac{1}{4}\cos(\alpha - b - c) - \tfrac{1}{4}\cos(\alpha + b + c) + \tfrac{1}{2}\cos(b - c) + \tfrac{1}{2}\cos(b + c),$$

u. ä. für $\cos\alpha$.[1139] Sie hätte im Mittelalter, zur Zeit der Prosthaphairesis, großes Aufsehen erregt, besitzt aber heute nur noch formales Interesse. EULER hat auch das Verdienst, die algebraische Symbolik zuerst auf den Cosinussatz übertragen zu haben; seine Formel[834] (vgl. S. 219)

$$co\int\text{: anguli } A = \frac{co\int\text{: } BC - co\int\text{: } AB \cdot co\int\text{: } AC}{\int AB \cdot \int AC}$$

unterscheidet sich von der modernen Ausdrucksweise nur unerheblich.

Der einfache Beweis, den die meisten Schulbücher der Gegenwart bringen — Tangenten in A an b und c bis zum Schnittpunkt D bezw. E mit MB und MC, Berechnung von DE in den beiden Dreiecken DAE und DME mit dem ebenen Cosinussatz —, rührt in dieser Form von LAGRANGE (1799) her.[1140]

c) Der Cotangentensatz.

Zu den vielen neuen Formeln, mit denen VIETA die sphärische Trigonomtrie bereicherte, gehört auch der dritte Hauptsatz, in dem die Cotangenten auftreten. Die Proportionen

$$(\sin\alpha \cdot \operatorname{cosec} b) : (\operatorname{ctg} c \mp \cos\alpha \operatorname{ctg} b) = 1 : \operatorname{ctg}\gamma$$

$$(\sin a \cdot \operatorname{cosec}\beta) : (\operatorname{ctg}\gamma \pm \cos a \cdot \operatorname{ctg}\beta) = 1 : \operatorname{ctg} c$$ [1141]

stimmen im Inhalt mit der Originalfassung VIETA's getreu überein. ADRIAEN VAN ROOMEN brachte 1609 (*Canon triangulorum*) eine unwesentliche Veränderung an, nach der z. B. die erste Formel lauten würde

$$1 : (\sin b \operatorname{cosec}\alpha) = (\operatorname{ctg} c + \cos\alpha \operatorname{ctg} b) : \operatorname{ctg}\gamma.$$ [1142]

Einen Beweis, der bei beiden Mathematikern fehlt, trug erst SNELLIUS (1581—1626) in seinem nachgelassenen Werke *Doctrinae triangulorum canonicae libri quatuor* von 1627 nach.[1143] —

Die drei Hauptsätze enthalten nur je vier Größen, zwischen denen sie eine Beziehung aussprechen. Eine große Reihe von Formeln

1139 Hist. de l'acad. d. Berlin 1753, S. 252 (Anm. 837). — 1140 Journal polytechn., cah. 6, 1799, S. 281. — 1141 VIETA, Opera, S. 408—410, Nr. XVII u. XVIII (Anm. 1136). — 1142 v. BRAUNMÜHL, S. 229. — 1143 Lib. IV, prop. V, S. 211 f.

sind außerdem noch vorhanden, die die praktische Rechnung erleichtern sollen (vgl. S. 284—294), ferner noch solche, die mehr als vier Größen in einen Zusammenhang bringen. Für die letzten mögen als Beispiele die Formeln von Delambre (1749—1822, Paris) dienen

$$\sin\beta(\cos\alpha\cdot\sin c + \operatorname{ctg} b\cdot\cos c) = \sin\alpha\cdot\operatorname{ctg} a$$
$$\sin\gamma(\cos\alpha\cdot\sin b + \operatorname{ctg} c\cdot\cos b) = \sin\alpha\cdot\operatorname{ctg} a,$$

auf die er bei trigonometrischen Differentialen stößt.[1144] Auch die Relation

$$\frac{\sin\gamma}{\operatorname{tg} b\cdot\cos\alpha - \cos\gamma\cdot\sin\alpha} = \frac{\operatorname{tg}\alpha\cdot\cos\beta + \cos c\cdot\sin\beta}{\sin c}$$

ist Delambre's Eigentum.[1145] Alle 6 Größen verbindet Cagnoli (1743—1816; Verona, Mailand) durch

$$\sin a\cdot\sin b + \cos a\cdot\cos b\cdot\cos\gamma = \sin\alpha\cdot\sin\beta - \cos\alpha\cdot\cos\beta\cdot\cos c,$$ [1146]

während Legendre 1794 dies durch

$$1)\quad (\sin\alpha - \sin\beta)\cdot\sin c = (\sin a - \sin b)\cdot\sin\gamma$$
$$2)\quad (\sin\alpha + \sin\beta)\cdot\sin c = (\sin a + \sin b)\sin\gamma$$
$$3)\quad (\cos\alpha + \cos\beta)\cdot\sin c = \sin(a + b)(1 - \cos\gamma)$$
$$4)\quad (\cos a + \cos b)\sin\gamma = \sin(\alpha + \beta)\cdot(1 + \cos c)$$ [1147]

erreicht. Aus 1) bis 3) leitet Legendre die Neper'schen Analogien ab; die Ausnutzung aller vier Formeln hat Gauss in seinen Vorlesungen gezeigt.[1148]

d) Die Fundamentalfälle.

Menelaus suchte in der Sphärik die strenge Systematik, die in der Geometrie der Griechen noch heute mustergültig ist, zu befolgen, ohne freilich dem Vorbild, das ihm in den Elementen Euklid's vorschwebte, nahe zu kommen.

In der Lehre von der Kongruenz der sphärischen Dreiecke verallgemeinerte er die euklidische Einteilung (vgl. S. 35 ff.) und unterschied die sechs Fundamentalfälle: $a\gamma b$, $\alpha c\beta$, $a b\alpha$, $\alpha\beta a$, $a b c$, $\alpha\beta\gamma$.[1069] An demselben Einteilungsprinzip hält die moderne Mathematik noch in der Gegenwart fest.

Langsamer entwickelte sich die Systematik in der eigentlichen Dreiecksberechnung. Wie Euklid hatte Menelaus die prak-

[1144] Nach Schulz, *Sphärik*, II, S. 65 (Anm. 1012). — [1145] *Astronomie théorétique et pratique*, Paris 1814, nach Schulz, II, S. 67. — [1146] Nach Schulz, II, S. 66. — [1147] *Elemente*, Übers. v. Crelle, 1833, S. 399. — [1148] Nach Baltzer, *Elemente*, II, Buch VI, § 5, 10 Anm., 3. Aufl., Leipzig 1870, S. 319 Anm.

tische Anwendung der Theorie bei seiner Darstellung übergangen. Zur Zeit der Griechen, wie auch in dem größten Teil der arabischen Periode, ist die rechnende Trigonometrie überhaupt nur Mittel zum Zweck; die Astronomen bedienen sich ihrer ganz gelegentlich, um vorkommende Aufgaben mit ihrer Hilfe zu lösen. Über die vier Fälle $a\gamma\beta$, $ac\beta$, $ab\alpha$, $\alpha\beta a$, deren Durchführung man aus astronomischen Schriften an verschiedenen Stellen zusammensuchen muß, kommen aber weder PTOLEMAEUS noch die arabischen Mathematiker bis DSCHABIR IBN AFLAH hinaus. Das einmalige Auftreten einer Rechenregel, in der man den Fall abc hinterher erkennen kann (bei AL BATTANI, siehe S. 276), ändert an dieser Behauptung nichts, da dem Bearbeiter der betreffenden Aufgabe das zu Grunde liegende Dreieck entgangen war.

Eine systematische Bearbeitung erfuhr die sphärische Trigonometrie erst am Ende der arabischen Periode, durch den Perser NASIR EDDIN (1201—1274). Es ist natürlich, daß dieser nach dem Vorbild der Alten die Gruppierung in die sechs Fälle des MENELAUS wählte. Die Fälle abc und $\alpha\beta\gamma$ finden sich bei ihm zum erstenmal; jedoch entgeht ihm noch die Zweideutigkeit für $ab\alpha$ und $\alpha\beta a$.[1149] Unabhängig von NASIR EDDIN gelangte im Abendlande REGIOMONTANUS (1436—1476) zu derselben Vollständigkeit, beachtete aber auch die Zweideutigkeit wenigstens in dem Falle $ab\alpha$.[1150] KOPPERNIKUS (1473—1543), der in selbständigem Studium die Trigonometrie des PTOLEMAEUS auszubauen begonnen hatte, schloß sich der Einteilung REGIOMONTAN's an, nachdem er dessen Buch *De triangulis* kennen gelernt hatte. Zu vier Hauptgruppen faßten RHAETICUS (1514—1576) und sein Mitarbeiter und Nachfolger OTHO (um 1550—1605) die sphärische Trigonometrie des schiefwinkligen Dreieckes zusammen. RHAETICUS hatte seinem großen Tabellenwerk, dem *Opus Palatinum* (1569 zum großen Teil vollendet, 1596 gedruckt), eine umfangreiche Behandlung der gesamten Dreieckslehre angeschlossen. Dem rechtwinkligen sphärischen Dreiecke sind vier Bücher gewidmet, die 140 Folioseiten füllen.[1151] Die sechs Hauptgleichungen (S. 271) sind in 40 Analogien zerspalten; für die praktische Ausführung werden rund 130 Regeln gegeben. Es folgen fünf weitere Bücher über das schiefwinklige Dreieck; Verfasser derselben ist OTHO.[1152] Buch 1 enthält die allgemeine Einteilung der Dreiecke in 10 Formen,

1149 v. BRAUNMÜHL, S. 69. — 1150 *De triangulis*, lib. IV, prop. 28 $a\gamma b$, 29—30 $ab\alpha$ (2 Dreiecke), 31 $\alpha c\beta$, 32 $\alpha\beta a$, 33 $\alpha\beta\gamma$, 34 abc. — 1151 *Opus Palatinum, De triangulis globi cum angulo recto.* — 1152 *De triangulis globi sine angulo recto libri quinque.* Vgl. v. BRAUNMÜHL, S. 212ff.

Buch 2—5 die wirkliche Berechnung, und zwar führt jedes dieser letzten e i n e Grundaufgabe durch: im 2. Buch werden zwei Seiten und ein Winkel, im 3. eine Seite und zwei Winkel, im 4. die drei Seiten, im 5. die drei Winkel als gegeben angenommen. Die Art der Darstellung ist eine unglaublich breite und weitschweifige; zahllose Einzelfälle werden nach allen nur möglichen Richtungen hin untersucht, ihre Erörterung erschwert durch Mangel an Übersichtlichkeit das Verständnis außerordentlich. Die Aufgabe, aus der Hypotenuse und einem spitzen Winkel die übrigen Stücke zu berechnen, beansprucht z. B. nicht weniger als 66 Folioseiten. Die Zweideutigkeit der allgemeinen Fälle $a b \alpha$ und $\alpha \beta a$ ist eingehend besprochen und zwar in dieser Vollständigkeit zum erstenmal.

Einen großen Fortschritt in der Systematik stellt VIETA's (1540—1603, franz. Staatsbeamter) Behandlungsart der schiefwinkligen Dreiecke dar, die uns sein *Variorum de rebus mathematicis responsorum liber VIII* vorführt. Die Anzahl und die Art der Fundamentalfälle ist dieselbe wie bei MENELAUS und REGIOMONTANUS. Aber schon ihre Reihenfolge ist geändert[1153] und beruht auf dem von VIETA zuerst entdeckten Gesetz der Polarität. Noch viel mehr zeigt die spezielle Durchführung diese wichtige Wechselbeziehung. Auf fünf Seiten werden — freilich ohne Ableitung — die Lehrsätze zusammengestellt, mit denen alle Dreiecksaufgaben gelöst werden können; jedem Satz wird sofort das polare Theorem angeschlossen. Zum Teil sind diese Sätze sogar von VIETA erst neu aufgefunden (Cotangentenformel), zum Teil verrät ihre kurze klare Fassung seine hohe Begabung für Systematik und Methodik.

VIETA's Trigonometrie wurde für die späteren Mathematiker vorbildlich und ist es eigentlich noch heute. In fast allen besseren Lehrbüchern sind seine Andeutungen nur weiter ausgeführt oder zum wenigsten eingehend verwertet.

Eine theoretische Untersuchung über die Art und Anzahl der Fundamentalfälle stellte im achtzehnten Jahrhundert LAMBERT (1728 bis 1777, Berlin) an und kommt dabei zu etwas abweichender Gruppierung.[1154] In 60fach verschiedener Art und Weise könne man von den sechs Dreiecksstücken (Seiten a, b, c — Winkel α, β, γ) drei als bekannt und eins als unbekannt annehmen; diese Anzahl

---

[1153] Originalausgabe, Turonis 1593, S. 35—39. — Opera, ed. SCHOOTEN, Lugd. 1646, S. 407—412: $a b c$, prop. XV; $\alpha \beta \gamma$, prop. XVI; $a \gamma b$, prop. XVII (gesucht α), prop. XIX (gesucht c); $\alpha c \beta$, prop. XVIII (gesucht a), prop. XX (gesucht γ); $a b \alpha$ und $\alpha \beta a$, prop. XXI. — [1154] *Beiträge zum Gebrauch der Mathematik*, I, Berlin 1765, cap. 3, § 36ff., S. 390ff.

sinke auf 15, wenn man von dem Unterschied „Bekannt“ und „Unbekannt“ absehe, und schließlich auf die vier Gruppen $a\alpha bc$, $\alpha a\beta\gamma$, $a\alpha b\gamma$, $a\alpha b\beta$, wenn man allein auf die Ordnung, in der die Stücke in dem Dreieck aufeinanderfolgen, achte, den Unterschied aber zwischen Seiten und Winkeln beibehalte. Aus diesen vier Hauptgruppen ergeben sich 12 Einzelaufgaben, indem der Reihe nach die einzelnen Stücke als gesucht angenommen werden. Das Schema LAMBERT's ist das folgende

I.	$a\alpha bc$,	gesucht	1. α
			2. a
			3. b oder c
II.	$\alpha a\beta\gamma$,	gesucht	4. a
			5. α
			6. β oder γ
III.	$a\alpha b\gamma$,	gesucht	7. a
			8. α
			9. b
			10. γ
IV.	$a\alpha b\beta$,	gesucht	11. a oder b
			12. α oder β.

Auch die Durchführung dieser Aufgaben in der LAMBERT'schen Schrift verdient noch jetzt Beachtung. Zunächst stellt er für I—IV, ohne Rücksicht auf praktisch-logarithmische Anwendbarkeit, die bekannten Hauptrelationen auf. Dann geht er zu Umwandlungen über, die das logarithmische Rechnen erleichtern sollen. Für 11. und 12. ist eine geeignete Formel im Sinussatz bereits vorhanden, bei 1. und 4. verweist er auf die NEPER'schen Formeln (vgl. S. 284—285), die $\sin\frac{a}{2}$, $\cos\frac{a}{2}$, $\sin\frac{\alpha}{2}$, $\cos\frac{\alpha}{2}$ aus den drei Seiten bezw. Winkeln in einfachster Weise zu berechnen gestatten. Die fehlenden 8 Aufgaben sucht LAMBERT (§ 70 ff.) einheitlich zu behandeln. Er zieht eine Höhe und entwickelt nun eine für alle 8 Fälle gültige Regel, die aus der Figur für irgend eines dieser Beispiele eine brauchbare Rechenformel abzulesen gestattet, eine Regel, die in ihrer Verwertbarkeit der NEPER'schen Gedächtnisregel für das rechtwinklige Dreieck ähnlich ist (vgl. S. 273).

Dieser LAMBERT'schen Einteilung folgte nur KLÜGEL in seiner *analytischen Trigonometrie* von 1770. — Etwa ein Jahrzehnt vor LAMBERT (1753)[837] hatte EULER die sphärische Trigonometrie in Arbeit genommen und dabei die antike Gruppierung (MENELAUS) zu

Grunde gelegt. Doch sonderte auch er 12 Einzelfälle ab, die sich mit denen LAMBERT's zur Deckung bringen lassen.

					bei LAMBERT
I.	1.	$a b c$	gesucht	α	Nr. 1
II.	2.	$\alpha \beta \gamma$	„	a	„ 4
III.	3.	$a \gamma b$	„	c	„ 2
	4.		„	α und β	„ 8
IV.	5.	$\alpha c \beta$	„	γ	„ 5
	6.		„	a und b	„ 7
V.	7.	$a b \alpha$	„	β	„ 12
	8.		„	γ	„ 10
	9.		„	c	„ 3
VI.	10.	$\alpha \beta a$	„	b	„ 11
	11.		„	c	„ 9
	12.		„	γ	„ 6.

An EULER halten sich v. WOLFF[54] (*Anfangsgründe*, III, S. 1106—1120, ohne Erörterung der zweideutigen Fälle) und KÄSTNER[53] (*Anfangsgründe*, I, S. 412 mit Beachtung der Mehrdeutigkeit). Durch diese beiden Elementarwerke, die zu großer Verbreitung gelangten, erwarb sich die alte Einteilung in 6 Hauptfälle allgemeines Bürgerrecht und ist auch jetzt noch die allein gebräuchliche. Eine fernere Umordnung, die VON SEGNER[301] in seinen *Anfangsgründen* allein in Hinsicht auf die Unbekannte aufstellt, hat überhaupt keine Nachahmung gefunden.

Sonderformeln für einzelne Fundamentalfälle.

1. Fundamentalfall abc bezw. $\alpha\beta\gamma$.

Die Umwandlung des Cosinussatzes zu

$$1)\quad \begin{cases} \sin\frac{\alpha}{2} = \sqrt{\dfrac{\sin(s-b)\cdot\sin(s-c)}{\sin b\cdot\sin c}} \\[2ex] \cos\frac{\alpha}{2} = \sqrt{\dfrac{\sin s\cdot\sin(s-a)}{\sin b\cdot\sin c}} \end{cases}$$

gelang dem schottischen Baron JOHN NEPER VON MERCHISTON (1550 bis 1617), dem Erfinder des logarithmischen Rechnens. Die Formeln finden sich in seiner *Descriptio* von 1614, lib. II, cap. 6, 3 u. 4 und sind in logarithmischer Form ausgesprochen.[1154a] Diesen Formeln gab EULER 1753 eine neue Ableitung und fügte

[1154a] *Descr.*, Ausg. v. 1620, S. 47 u. 48: „3. *In triangulis sphaericis primo summa*

$$2)\qquad \operatorname{tg}\frac{\alpha}{2} = \sqrt{\frac{\sin(s-b)\cdot\sin(s-c)}{\sin s\cdot\sin(s-a)}}$$

hinzu.[1155] Die letzte Formel führt LAMBERT nicht an, giebt dafür aber 1765 eine weitere Beziehung[1156]

$$3)\qquad \sin a = \frac{2}{\sin b\cdot\sin c}\cdot\sqrt{\sin s\cdot\sin(s-a)\cdot\sin(s-b)\cdot\sin(s-c)}\,.$$

Die polaren Formeln

$$1^{a})\qquad \sin\frac{a}{2} = \sqrt{\frac{-\cos\sigma\cdot\cos(\sigma-\alpha)}{\sin\beta\cdot\sin\gamma}}\quad \text{etc.}$$

kennt NEPER noch nicht. 1ᵃ) und 2ᵃ) werden zuerst von EULER 1753,[1157] 3ᵃ) von LAMBERT 1765[1158] aufgestellt. Beide Mathematiker machen auf das Minuszeichen unter der Wurzel, das im Laufe der Rechnung stets verschwinde, aufmerksam.

Über die Verwendung der Symbole s und σ vgl. S. 221, 288—289.

Die Formeln 2) und 2ᵃ) wurden von LEXELL (1740—1784, Petersburg) auf ein Viereck erweitert, das einem Nebenkreis eingeschrieben ist.[1159]

---

ex Logarithmis crurum subducta a summa ex Logarithmis aggregati et differentiae semibasis et semidifferentiae crurum, relinquit duplum Logarithmi dimidii anguli verticalis." In sphärischen Dreiecken giebt erstens die Summe aus den Logarithmen der *Sinus* der Schenkel [log sin b + log sin c], subtrahiert von der Summe aus den Logarithmen der *Sinus* der Summe bezw. der Differenz, die aus der halben Basis und der halben Differenz der Schenkel zu bilden sind

$$\left[\log\sin\left(\frac{a}{2}+\frac{b-c}{2}\right)+\log\sin\left(\frac{a}{2}-\frac{b-c}{2}\right)\right],$$

als Rest den doppelten *Logarithmus* des *Sinus* vom halben Winkel an der Spitze $\left[2\log\sin\frac{\alpha}{2}\right]$, d. i.

$$\left[\log\sin\left(\frac{a}{2}+\frac{b-c}{2}\right)+\log\sin\left(\frac{a}{2}-\frac{b-c}{2}\right)\right]-(\log\sin b+\log\sin c)=2\log\sin\frac{\alpha}{2}$$

oder

$$\big(\sin(s-c)\cdot\sin(s-b)\big):\sin b\cdot\sin c=\left(\sin\frac{\alpha}{2}\right)^{2}.$$

„4. *Secundo, Summa ex logarithmis crurum subducta a summa ex logarithmis aggregati et differentiae semibasis et semiaggregati crurum relinquit duplum antilogarithmi dimidii anguli verticalis*", d. i.

$$\left[\log\sin\left(\frac{b+c}{2}+\frac{a}{2}\right)+\log\sin\left(\frac{b+c}{2}-\frac{a}{2}\right)\right]-(\log\sin b+\log\sin c)=2\log\cos\frac{\alpha}{2}$$

Betreffs der Bedeutung von *Logarithmus* und *Antilogarithmus* bei NEPER vgl. S. 173). — 1155 Hist. de l'acad., Berlin 1753, S. 244—245 (Anm. 837). — 1156 *Beiträge*, I, cap. 3, § 61, S. 406 (Anm. 1154). — 1157 S. 248—250, § 46—49 (Anm. 1155). — 1158 *Beiträge*, I, cap. 3, § 61, S. 406 (Anm. 1154). — 1159 Acta Petropol. 1782, Bd. I, S. 89 bezw. 102.

2. Fundamentalfall $a\gamma b$ bezw. $\alpha c \beta$.

Die Formeln

$$4)\quad \operatorname{tg}\frac{a+b}{2} = \frac{\cos\frac{\alpha-\beta}{2}}{\cos\frac{\alpha+\beta}{2}}\cdot\operatorname{tg}\frac{c}{2} \qquad 4^a)\quad \operatorname{tg}\frac{\alpha+\beta}{2} = \frac{\cos\frac{a-b}{2}}{\cos\frac{a+b}{2}}\cdot\operatorname{ctg}\frac{\gamma}{2}$$

$$5)\quad \operatorname{tg}\frac{a-b}{2} = \frac{\sin\frac{\alpha-\beta}{2}}{\sin\frac{\alpha+\beta}{2}}\cdot\operatorname{tg}\frac{c}{2} \qquad 5^a)\quad \operatorname{tg}\frac{\alpha-\beta}{2} = \frac{\sin\frac{a-b}{2}}{\sin\frac{a+b}{2}}\cdot\operatorname{ctg}\frac{\gamma}{2}$$

sind unter dem Namen der NEPER'schen Analogien bekannt. Diese Bezeichnung ist indes nicht völlig berechtigt. NEPER teilte in seiner *Constructio* von 1619 nur 4) und 5) mit, aber auch diese noch in etwas abweichender Form. Seinem Wortlaute[1160] entsprechen, wenn wir von der logarithmischen Einkleidung absehen, die Ausdrücke

$$\frac{\sin\frac{\alpha+\beta}{2}\cdot\sin(\alpha-\beta)\cdot\operatorname{tg}\frac{c}{2}}{\sin(\alpha+\beta)\cdot\sin\frac{\alpha-\beta}{2}} = \operatorname{tg}\frac{a+b}{2}$$

$$\frac{\sin\frac{\alpha-\beta}{2}\cdot\operatorname{tg}\frac{c}{2}}{\sin\frac{\alpha+\beta}{2}} = \operatorname{tg}\frac{a-b}{2}.$$

BRIGGS (1556—1630) vereinfachte in den *Adnotationes* (daselbst S. 61) zur *Constructio*[1161] die erste Formel zu

$$\frac{\cos\frac{\alpha-\beta}{2}}{\cos\frac{\alpha+\beta}{2}}\cdot\operatorname{tg}\frac{c}{2} = \operatorname{tg}\frac{a+b}{2}$$

und fügte die beiden Polarformeln 4ᵃ) und 5ᵃ) hinzu. Bei EULER 1753[1162] treten alle vier Formeln mit anderer Ableitung auf.

[1160] Ausg. v. 1620, Lugd., S. 56. Die wörtliche Übersetzung liefert

$$\log\sin\frac{\alpha+\beta}{2}+\log\sin(\alpha-\beta)+\log\operatorname{tg}\frac{c}{2}-\log\sin(\alpha+\beta)-\log\sin\frac{\alpha-\beta}{2} = \log\operatorname{tg}x$$

$$\log\sin\frac{\alpha-\beta}{2}+\log\operatorname{tg}\frac{c}{2}-\log\sin\frac{\alpha+\beta}{2} = \log\operatorname{tg}y,$$

woraus a und b sich durch $a = x+y$, $b = x-y$ ergeben. — [1161] Vgl. Bibl. math., 3. Folge, Bd. I, Leipzig 1900, S. 272. — [1162] § 41—44, S. 245—247 u. § 50—54, S. 250—251 (Anm. 837).

Die NEPER'schen Anologien sind den GAUSS'schen Formeln

$$6)\quad \cos\frac{\alpha+\beta}{2}\cdot\cos\frac{c}{2}=\cos\frac{a+b}{2}\cdot\sin\frac{\gamma}{2}$$

$$7)\quad \cos\frac{\alpha-\beta}{2}\cdot\sin\frac{c}{2}=\sin\frac{a+b}{2}\cdot\sin\frac{\gamma}{2}$$

$$8)\quad \sin\frac{\alpha+\beta}{2}\cdot\cos\frac{c}{2}=\cos\frac{a-b}{2}\cdot\cos\frac{\gamma}{2}$$

$$9)\quad \sin\frac{\alpha-\beta}{2}\cdot\sin\frac{c}{2}=\sin\frac{a-b}{2}\cdot\cos\frac{\gamma}{2}$$

untergeordnet. Auch hier ist die Namengebung unrichtig. Die Formeln 6)—9) wurden unmittelbar hintereinander dreimal als neu veröffentlicht; gerade die Veröffentlichung durch GAUSS (1809)[1163] ist aber die letzte. DELAMBRE ging ihm 1807,[1164] MOLLWEIDE 1808[1165] voraus. Weitere Ableitungen sind bekannt von SERVOIS 1811/12,[1166] GERGONNE 1812/13,[1167] GUDERMANN 1835 (geometrischer Beweis),[1168] ESSEN 1856.[1169]

Die Formeln 4)—5^a) ergeben sich durch Division aus 6)—9). Dabei sind aber noch zwei weitere Combinationen möglich

$$10)\quad \frac{\cos\frac{\alpha-\beta}{2}}{\sin\frac{\alpha+\beta}{2}}\cdot\operatorname{ctg}\frac{\gamma}{2}=\frac{\sin\frac{a+b}{2}}{\cos\frac{a-b}{2}}\cdot\operatorname{ctg}\frac{c}{2},$$

$$11)\quad \frac{\cos\frac{\alpha+\beta}{2}}{\sin\frac{\alpha-\beta}{2}}\cdot\operatorname{ctg}\frac{\gamma}{2}=\frac{\cos\frac{a+b}{2}}{\sin\frac{a-b}{2}}=\operatorname{tg}\frac{c}{2};$$

10) tritt zuerst in der *Sphärik* von A. BURG (?),[1170] 11) bei DELAMBRE auf.[1170] Nach LAMBERT (1765)[1171] ist ferner

$$12)\quad \cos c = 2\cdot\sin a\cdot\sin b\cdot\sin\frac{\varphi+\gamma}{2}\cdot\sin\frac{\varphi-\gamma}{2},$$

wo

$$12^a)\quad \sin\frac{\varphi}{2}=\sqrt{\frac{\cos(a-b)}{2\cdot\sin a\cdot\sin b}}$$

und entsprechend[1172]

1163 *Theoria motus corporum coelestium*, Hamburg 1809, art. 54. Übers. von HAASE, Hannover 1865, S. 63. — 1164 *Connaissance des Tems, ou Des Mouvemens célestes pour l'an 1809*, publiée par le bureau des longitudes, Paris 1807, S. 445. — 1165 v. ZACH's Monatliche Korrespondenz 1808, Bd. 18, Novemberheft, S. 398 ff. — 1166 GERGONNE's Annalen, Bd. II, Nismes 1811—12, S. 86 ff. — 1167 Daselbst, Bd. III, S. 351. — 1168 *Sphärik*, § 144—147, S. 96—99 (Anm. 1013). — 1169 GRUNERT's Archiv, Bd. 27, Jahrgang 1856, S. 38. — 1170 Nach SCHULZ, *Sphärik*, II, S. 82 (Anm. 1012). — 1171 *Beiträge*, I, cap. 3, § 76 (Anm. 1154). — 1172 Daselbst § 83.

$$13)\quad \cos\gamma = 2\cdot\sin\alpha\cdot\sin\beta\cdot\sin\frac{\varphi+c}{2}\cdot\sin\frac{c-\varphi}{2},$$

mit

$$13^{a})\quad \cos\frac{\varphi}{2} = \sqrt{\frac{\cos(\alpha-\beta)}{2\cdot\sin\alpha\cdot\sin\beta}}.$$

Zu 12) gehören noch die Formeln:[1173]

$$12^{b})\quad \operatorname{ctg}\alpha = \frac{2\cdot\sin\frac{\varphi+\gamma}{2}\cdot\sin\frac{\varphi-\gamma}{2}\cdot\cos b}{\sin c}$$

und

$$12^{c})\quad \cos\frac{\varphi}{2} = \sqrt{\frac{\sin(a+b)}{2\cdot\cos b\cdot\sin a}}.$$

Gerade diese Formeln haben eine gute Verwendbarkeit in gewissen, speziellen Aufgaben der rechnenden Astronomie. Für den Fall, daß die auftretenden Radikanden größer als eins sind, giebt Lambert allgemeinere, aber umständlichere Gleichungen.

Euler (1753)[1174] setzt in dem Fall $a\gamma b$

$$\operatorname{tg}u = \cos\gamma\cdot\operatorname{tg}a$$

und erhält

$$\cos c = \frac{\cos a\cdot\cos(b-u)}{\cos u},$$

$$\operatorname{tg}\alpha = \frac{\operatorname{tg}\gamma\cdot\sin u}{\sin(b-u)}.$$

e) Der Inhalt und Umfang des sphärischen Dreiecks.

Die Geschichte der allgemeinen Flächenformel ist S. 269—270 berichtet. Euler (1707—1783) versuchte den Inhalt unmittelbar aus den drei Seiten zu berechnen, gelangte aber zu wenig handlichen Relationen.[1175] Wirklich brauchbare Formeln aufzustellen, glückte erst Lexell (1740—1784, Petersburg) und Lhuilier (1752—1833, Paris). Der erste findet 1782[1176]

$$\cos\sigma = \frac{\sqrt{\sin s\cdot\sin(s-a)\cdot\sin(s-b)\cdot\sin(s-c)}}{2\cdot\cos\frac{a}{2}\cdot\cos\frac{b}{2}\cdot\cos\frac{c}{2}},$$

wenn

$$\sigma = \frac{\alpha+\beta+\gamma}{2}\quad\text{und}\quad s = \frac{a+b+c}{2}$$

gesetzt wird.

1173 Daselbst § 85. — 1174 Probl. VIII (Anm. 837). — 1175 Acta Petropol. ad annum 1778, Bd. II, gedruckt 1781, *De Mensura angulorum solidorum*, § 7ff., S. 35—45. — 1176 Acta Petropol. ad annum 1782, Bd. VI, gedruckt 1786, S. 68ff. (Für σ gebraucht Lexell *S*.)

Hieraus läßt sich der Inhalt berechnen, da (vgl. S. 270)

$$J : 4r^2\pi = (2\sigma - 180^0) : 720^0.$$

Übrigens leitete Lexell an gleicher Stelle auch

$$\cos(\sigma - \alpha) = \frac{\sqrt{\sin s \cdot \sin(s-a) \cdot \sin(s-b) \cdot \sin(s-c)}}{2 \cdot \cos\frac{a}{2} \cdot \sin\frac{b}{2} \cdot \sin\frac{c}{2}} \text{ u. s. w.}$$

ab.

Die von Legendre bewiesene Formel

$$\operatorname{tg}\frac{\varepsilon}{4} = \sqrt{\operatorname{tg}\frac{s}{2} \cdot \operatorname{tg}\frac{s-a}{2} \cdot \operatorname{tg}\frac{s-b}{2} \cdot \operatorname{tg}\frac{s-c}{2}}$$

stammt nach seiner eigenen Mitteilung von L'Huilier.[1177] ε bedeutet hier den sphärischen Exceß $\alpha + \beta + \gamma - 180^0 = 2\sigma - 180^0$. Bei Legendre findet sich an der angeführten Stelle statt dessen der Buchstabe s,[1178] den er noch nicht als Symbol der halben Seitensumme verwendete; in der fünften Anmerkung zur Trigonometrie erscheint jedoch schon ε als Zeichen des Excesses.[1179]

Für den Fall $a\gamma b$ stellte Euler[1180] die Formel auf

$$-\operatorname{tg}\sigma = \frac{\operatorname{ctg}\frac{a}{2} \cdot \operatorname{ctg}\frac{b}{2} + \cos\gamma}{\sin\gamma}.$$

Den Ausdrücken für die halbe Winkelsumme entsprechen ähnlich gebaute Formeln für die halbe Seitensumme. Auch diese verdankt man der rechnerischen Gewandtheit Lexell's. Er bewies,[1181] daß

$$\sin s = \frac{\sqrt{-\cos\sigma \cdot \cos(\sigma-\alpha) \cdot \cos(\sigma-\beta) \cdot \cos(\sigma-\gamma)}}{2 \cdot \sin\frac{\alpha}{2} \cdot \sin\frac{\beta}{2} \cdot \sin\frac{\gamma}{2}},$$

$$\sin(s-a) = \frac{\sqrt{-\cos\sigma \cdot \cos(\sigma-\alpha) \cdot \cos(\sigma-\beta) \cdot \cos(\sigma-\gamma)}}{2 \cdot \sin\frac{\alpha}{2} \cdot \cos\frac{\beta}{2} \cdot \cos\frac{\gamma}{2}} \text{ u. s. w.}$$

f) Sätze und Formeln für andere Dreiecksstücke.

Die Eigenschaft einer Winkelhalbierenden, die Gegenseite so zu schneiden, daß sich die Sinus der Abschnitte wie die Sinus

[1177] *Elemente*, Anm. 10, Aufg. 1, Übers. v. Crelle, S. 318 (Anm. 546). — [1178] Nach dem Vorgange Euler's; vgl. Acta Petrop. 1778, Bd. II, S. 35 (Anm. 1175). — [1179] Crelle's Übersetzung, S. 418. — [1180] Nach Baltzer, *Elemente*, II, Buch VI, § 5, Nr. 14, 3. Aufl., Leipzig 1870, S. 325. — [1181] Acta Petrop. 1782, Bd. VI, gedr. 1786, S. 70.

der anliegenden Seiten verhalten, kannte bereits MENELAUS von Alexandria (um 98 n. Chr.);[1181a] ihm entlehnte REGIOMONTANUS (*De triangulis,* 1462—63) den Satz.[1182]

Die entsprechende Eigenschaft der Halbierenden des Außenwinkels ist implicite in der *Sphärik* lib. III, prop. 8, des MENELAUS gegeben.[1183]

Den zugehörigen Polarsatz für die Mittellinien stellte erst SCHULZ in seiner *Sphärik* von 1828 auf.[1184]

Für die Winkelhalbierenden w_α, w_β, w_γ und die Mittellinien t_a, t_b, t_c leitete GUDERMANN 1835 ab[1185]

$$\cos a + \cos b = 2 \cdot \cos\frac{c}{2} \cdot \cos t_c,$$

$$\cos \alpha + \cos \beta = 2 \cdot \cos\frac{\gamma}{2} \cdot \cos w_\gamma.$$

Für die Höhe h_a, die mit den benachbarten Seiten b und c die Winkel (h_a, b) und (h_a, c) bildet, bewies REGIOMONTANUS zuerst die Proportion[1186]

$$\frac{\sin(h_a, b)}{\sin(h_a, c)} = \frac{\cos\gamma}{\cos\beta}.$$

Weder bei REGIOMONTANUS noch bei MENELAUS ist der Satz vorhanden, daß sich die Sinus zweier Höhen umgekehrt wie die Sinus der zugehörigen Seiten verhalten. In neuerer Zeit hat dieser Satz in Verbindung mit seinem polaren Theorem eine analytisch sehr feine Verwendung gefunden. Beteiligt sind hieran LEXELL 1782[1187] und LAGRANGE 1799.[1188] Sehr übersichtlich ist die Zusammenfassung der älteren Arbeiten in BALTZER's *Elementen.*[1189] Es ist danach

$$\sin a \cdot \sin h_a = \sin b \cdot \sin h_b = \sin c \cdot \sin h_c = d,$$

$$\sin \alpha \cdot \sin h_a = \sin \beta \cdot \sin h_b = \sin \gamma \cdot \sin h_c = \delta.$$

GUDERMANN (1835) fügte hinzu[1190]

$$d = \sin a \cdot \sin b \cdot \sin \gamma$$

$$\delta = \sin \alpha \cdot \sin \beta \cdot \sin c \quad \text{u. s. w.}$$

Diese Größen d und δ gestatten die Fortführung des Sinussatzes

$$\frac{\sin a}{\sin \alpha} = \frac{\sin b}{\sin \beta} = \frac{\sin c}{\sin \gamma} = \frac{d}{\delta}.$$

1181a *Sphärik,* lib. III, prop. VI, ed. HALLEY, Oxford 1758, S. 91. — 1182 Lib. V, prop. VII, S. 131. — 1183 Ed. HALLEY, S. 93—95. — 1184 II, 121 (Anm. 1012). — 1185 *Niedere Sphärik,* § 400, S. 334 (Anm. 1013). — 1186 *De triangulis,* lib. IV, prop. XX, S. 108. — 1187 Acta Petrop. ad annum 1782, Bd. VI, Teil I, (gedr. 1786). — 1188 Journal polytechn., cah. 6, 1799. — 1189 *Elemente,* II, Buch VI, § 5, Nr. 11f., 3. Aufl., Leipzig 1870, S. 322ff. — 1190 GUDERMANN, *Niedere Sphärik,* § 124, Zus. 1 u. 2 (Anm. 1013).

d und δ wurden von LEXELL durch die Formeln berechnet:

$$d = \sqrt{4 \cdot \sin s \cdot \sin(s-a) \cdot \sin(s-b) \cdot \sin(s-c)}$$

$$\delta = \sqrt{-4 \cdot \cos\sigma \cdot \cos(\sigma-\alpha) \cos(\sigma-\beta) \cdot \cos(s-\gamma)}\,.$$ [1911]

Mittels der d und δ gelang LEXELL auch die Bildung von Ausdrücken für r und ϱ, die Radien des umgeschriebenen und eingeschriebenen Kreises

$$\operatorname{ctg} r = \frac{d}{4 \cdot \sin\frac{a}{2} \cdot \sin\frac{b}{2} \cdot \sin\frac{c}{2}}$$ [1192]

$$\operatorname{tg} \varrho = \frac{\delta}{4 \cdot \cos\frac{\alpha}{2} \cdot \cos\frac{\beta}{2} \cdot \cos\frac{\gamma}{2}}$$ [1193]

oder auch

$$\operatorname{tg} r = \sqrt{\frac{-\cos\sigma}{\cos(\sigma-\alpha) \cdot \cos(\sigma-\beta) \cdot \cos(\sigma-\gamma)}}$$ [1194]

$$\operatorname{tg} \varrho = \sqrt{\frac{\sin(s-a) \cdot \sin(s-b) \cdot \sin(s-c)}{\sin s}},$$ [1195]

woraus die Relation fließt

$$\operatorname{tg} r \cdot \operatorname{tg} \varrho = \frac{2 \cdot \sin\frac{a}{2} \cdot \sin\frac{b}{2} \cdot \sin\frac{c}{2}}{\sin s} = \frac{-\cos\sigma}{2\cos\frac{\alpha}{2} \cdot \cos\frac{\beta}{2} \cdot \cos\frac{\gamma}{2}}$$ [1196]

und ähnlich für $\operatorname{tg} r \cdot \operatorname{ctg} \varrho$. Den ersten Ausdruck für $\operatorname{ctg} r$ scheint LEGENDRE noch einmal selbständig gefunden zu haben.[1197]

Übrigens setzte schon REGIOMONTANUS in seinem Werke über die Dreiecke (lib. V, Satz 15) ein Verfahren auseinander, wie man den Radius des umgeschriebenen Kreises aus den drei Seiten berechnen könne.

Die Höhen selbst lassen sich durch die obigen Formeln leicht auswerten. Logarithmisch weniger geeignete Ausdrücke hatte 1765 schon LAMBERT mitgeteilt[1198]

$$\cos h = \frac{\cos c \cdot \sqrt{(\cos b)^2 + (\cos c)^2 - 2 \cdot \cos b \cdot \cos c \cdot \cos a}}{\cos b - \cos c \cdot \cos a}$$

$$\operatorname{ctg} h = \frac{\sqrt{(\operatorname{ctg} b)^2 + (\operatorname{ctg} c)^2 - 2 \cdot \operatorname{ctg} b \cdot \operatorname{ctg} c \cdot \cos\alpha}}{\sin\alpha}.$$

Ihren Hauptwert erlangt, wiederum nach LAMBERT, die letzte Formel dadurch, daß man sich ein ebenes Hilfsdreieck mit den Seiten b', c' und dem Winkel α' von der Größe

1191 S. 68 u. 70 (Anm. 1187). — 1192 S. 72, § 18. — 1193 S. 77, § 24. — 1194 S. 73, § 20. — 1195 S. 75, § 22. — 1196 S. 78, § 26—27. — 1197 *Elemente*, Note X, Aufgabe 2; auch Journ. polytechn. 1799, cah. 6, S. 274. — 1198 *Beiträge*, I, cap. 3, § 68, S. 411 (Anm. 544).

$$b' = \operatorname{ctg} b, \quad c' = \operatorname{ctg} c, \quad \alpha' = \alpha$$

annehmen und dann setzen kann

$$\operatorname{ctg} h = \frac{a'}{\sin \alpha}.$$

Von den Transversalensätzen sind hier besonders die für das Altertum und die Zeit der Araber so wichtigen Relationen: 1. der Satz des MENELAUS, 2. die Regeln von den vier Größen und 3. das Tangententheorem, zu nennen. Nr. 1 erscheint in der erhaltenen Literatur zum erstenmal in der *Sphärik* des MENELAUS[745] als zusammengesetzte Proportion (vgl. S. 199, 271—272). Die Vermutung, daß HIPPARCH diesen Satz schon kannte, ist nicht ohne weiteres zurückzuweisen. PTOLEMAEUS[1199] übernahm ihn mit Beweis in der Form

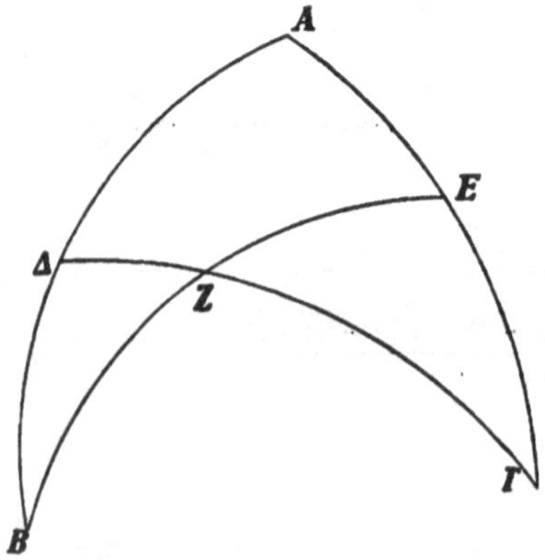

Fig. 26.

$$\frac{\text{Sehne}(2\cdot\Gamma E)}{\text{Sehne}(2\cdot E\varDelta)} = \frac{\text{Sehne}(2\cdot\Gamma Z)}{\text{Sehne}(2\cdot Z\varDelta)}\cdot\frac{\text{Sehne}(2\cdot\varDelta B)}{\text{Sehne}(2\cdot B\varDelta)}$$

[modern: $\sin \Gamma E \cdot \sin Z\varDelta \cdot \sin B\varDelta = \sin E\varDelta \cdot \sin \Gamma Z \cdot \sin \varDelta B$]

und fügte auch noch eine zweite Beziehung

$$\frac{\text{Sehne}(2\cdot\Gamma\varDelta)}{\text{Sehne}(2\cdot E\varDelta)} = \frac{\text{Sehne}(2\cdot\Gamma\varDelta)}{\text{Sehne}(2\cdot Z\varDelta)}\cdot\frac{\text{Sehne}(2\cdot ZB)}{\text{Sehne}(2\cdot BE)},$$

diese aber ohne Beweis, hinzu.[1200]

Die Regel von den vier Größen wird von den Arabern angewendet, wenn zwei größte Kreise $P'Q'$ und PQ (Schnittpunkt A) zwei andere größte Kreise PP' und QQ' schneiden und zwar der eine von ihnen (etwa APQ) unter einem rechten Winkel;[1201] sie lautet alsdann

[1199] PTOLEMAEUS, *Μαθηματικῆς συντάξεως α'*, ed. HALMA, lib. I, cap. 11, S. 54—55, ed. HEIBERG, S. 74—75. Der Satz daselbst S. 74 Z. 15—19: „*λέγω δὴ ὅτι ὁ τῆς ὑπὸ τὴν διπλῆν τῆς ΓΕ περιφερείας πρὸς τὴν ὑπὸ τὴν διπλῆν τῆς ΕΔ λόγος συνῆπται ἔκ τε τοῦ τῆς ὑπὸ τὴν διπλῆν τῆς ΓΖ πρὸς τὴν ὑπὸ τὴν διπλῆν τῆς ΖΔ καὶ τοῦ τῆς ὑπὸ τὴν διπλῆν τῆς ΔΒ πρὸς τὴν ὑπὸ τὴν διπλῆν τῆς ΒΔ.*“ — [1200] Ed. HALMA, S. 55 letzter Absatz, ed. HEIBERG, S. 76 Z. 3—9. Den Beweis holt THEON nach, ed. HALMA, S. 241 (Anm. 383*). — [1201] Vgl. HANKEL, S. 286 (Anm. 23); v. BRAUNMÜHL, S. 58 (Anm. 573).

$$\sin PP' : \sin QQ' = \sin AP' : \sin AQ' \text{ (bei Abu'l Wafa)}$$

oder

$$\sin AP : \sin PQ = \sin AP' : \sin P'Q' \text{ (bei Dschabir ibn Aflah).}$$

Es wurde darauf aufmerksam gemacht (S. 255, 272), daß seit Abu'l Wafa (940—998, Bagdad) diese Proportion den Satz des Menelaus aus seiner wichtigen Stellung in der sphärischen Trigonometrie verdrängte. Wenig bekannt ist, daß auch diese Beziehung schon von Menelaus, sogar in viel allgemeinerem Sinne, ausgesprochen worden war. Im Buch III prop. II[1201a] beweist nämlich Menelaus, daß, wenn zwei sphärische Dreiecke ABC und $A'B'C'$ in je zwei Winkeln

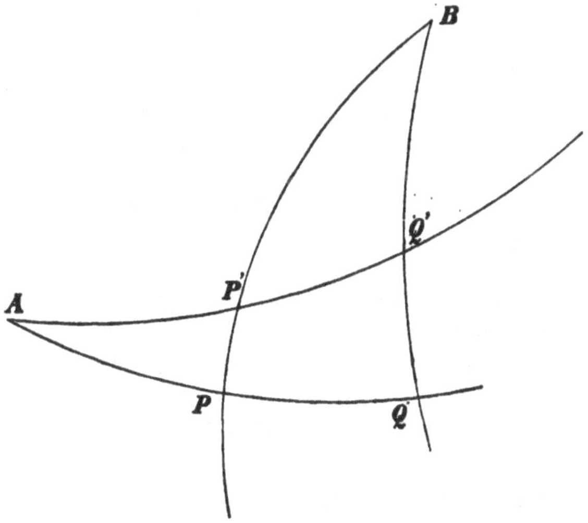

Fig. 27.

übereinstimmen, in denen das eine Winkelpaar auch aus Supplementwinkeln bestehen kann, dann die Sinus der gegenüberliegenden Seiten proportioniert sind. Die Regel der vier Größen ergiebt sich, wenn man diesen Satz auf die Dreiecke APP' und AQQ' anwendet, die in dem Winkel APP' und AQQ' ($= 90^0$) übereinstimmen, während sie den Winkel A gemeinsam haben.

Auch der dritte erwähnte Satz, das Tangententheorem, das Abu'l Wafa an derselben Figur ausspricht

$$\text{tg}\, PP' : \text{tg}\, QQ' = \sin AP : \sin AQ$$

und in seiner vollen Bedeutung für die sphärische Trigonometrie ausnutzt (vgl. S. 255, 272), ist ein besonderer Fall eines Satzes, den

1201a Ed. Halley, S. 86—87; vgl. v. Braunmühl, S. 17 (Anm. 573). — 1202 Ed. Halley, S. 87—88; vgl. v. Braunmühl, S. 17—18.

bereits MENELAUS beweist. Prop. III des dritten Buches seiner *Sphärik* handelt von zwei rechtwinkligen Dreiecken, die in noch einem Winkelpaare übereinstimmen, etwa den Dreiecken APP' und AQQ'. B sei der Pol des Hauptkreises AQ; durch B muß dann auch die Verlängerung von QQ' hindurchgehen. Prop. III besagt nun, daß unter diesen Bedingungen die Proportion gilt

$$\frac{\sin QQ'}{\sin QA} = \frac{\sin PP'}{\sin PA} \cdot \frac{\sin BQ'}{\sin BP'}.$$

Ersetzt man hier BQ' und BP' durch die Komplemente $Q'Q$ und $P'P$, so kann man diesen Satz fortführen zu

$$\frac{\sin QQ'}{\sin QA} = \frac{\sin PP'}{\sin PA} \cdot \frac{\cos QQ'}{\cos PP'},$$

oder mit Umstellung

$$\frac{\sin PA}{\sin QA} = \frac{\sin PP'}{\cos PP'} \cdot \frac{\cos QQ'}{\sin QQ'},$$

d. h.

$$\sin PA : \sin QA = \operatorname{tg} PP' : \operatorname{tg} QQ',$$

wie ABU'L WAFA behauptete.

Wie diese letzten Sätze sphärische Verallgemeinerungen der planimetrischen Sätze, die beim Schneiden gerader Linien auftreten, sind (vgl. S. 83, 91—92), so können auch die Sätze von den sich schneidenden Sehnen und Tangenten (vgl. S. 84—85) für die entsprechenden Hauptkreise auf der Kugeloberfläche erweitert werden. Sind von einem Punkte S Hauptkreise gezogen, die einen beliebigen Kreis in A und A', bezw. B und B' u. s. w. treffen, so ist — nach LEXELL 1782[1203] —

$$\operatorname{tg}\frac{SA}{2} \cdot \operatorname{tg}\frac{SA'}{2} = \operatorname{tg}\frac{SB}{2} \cdot \operatorname{tg}\frac{SB'}{2} = \ldots = \text{const.}$$

Den Wert dieses konstanten Produktes nannte STEINER 1827 die sphärische Potenz des Punktes S in Bezug auf diesen Kreis.[1204] Den zugehörigen Polarsatz

$$\frac{\operatorname{tg}\frac{(s\,a)}{2}}{\operatorname{tg}\frac{(s\,a')}{2}} = \frac{\operatorname{tg}\frac{(s\,b)}{2}}{\operatorname{tg}\frac{(s\,b')}{2}} = \ldots = \text{const}$$

hat erst GUDERMANN 1835 aufgestellt. Er gilt, wenn von den Punkten eines Hauptkreises s an einen gegebenen Kreis der Kugel die sphärischen Tangenten a und a', b und b' u. s. w. gezogen werden.

1203 Acta Petropol. ad annum 1782; Bd. VI, Teil 1 (gedr. 1786), S. 65. — 1204 CRELLE's Journal, Bd. II, Berlin 1827, S. 59 Anm.

g) Die Beziehungen zwischen dem ebenen und sphärischen Dreiecke.

Als Satz von LEGENDRE ist bekannt, daß man bei sphärischen Dreiecken, deren Seiten im Verhältnis zum Kugelradius sehr klein sind, die planimetrischen Formeln verwenden darf, nachdem jeder Winkel um ein Drittel des sphärischen Excesses vermindert ist. Diese Regel ist aber älter; sie wurde bereits vor der Mitte des achtzehnten Jahrhunderts in der geodätischen Praxis angewendet. So verfuhr bereits 1740 LA CONDAMINE nach dieser Methode, als er das zu einer Gradmessung auf einer Expedition nach Peru gewonnene Material rechnerisch bearbeitete.[1205] LEGENDRE verdankt man die mathematische Begründung des bisher nur induktiv gefundenen Satzes.[1206] CRELLE bemerkte in seiner Übersetzung der *Elemente* LEGENDRE's, daß ihm bei ungleichen Seiten des Dreieckes ein gleichmäßiges Verteilen des Excesses auf die drei Winkel unrichtig erschiene, und schlug demgemäß eine Verteilung im Verhältnis der gegenüberliegenden Seiten vor. Durch BESSEL (1784—1846, Königsberg)[1207] wurden noch genauere Formeln aufgestellt, zugleich aber auch gezeigt, daß das LEGENDRE'sche Verfahren für Dreiecke auf der Erdoberfläche genüge, falls ihre Seitenlänge weniger als 185 km beträgt.

EULER macht 1753[837] darauf aufmerksam, daß, wenn der Radius der Kugel unendlich groß wird, das sphärische Dreieck in ein ebenes übergeht. Die Durchführung dieses Gedankens unternahm 1765 LAMBERT.[1208] Er setzte in den sphärischen Formeln für die Sinus die Argumente selbst. Für die Cosinus nahm er 1 an, falls sie als Faktoren vorkommen; erscheinen sie aber ohne weiteren goniometrischen Faktor oder in Verbindung mit den Quadraten der Sinus, so substituierte er

[1205] Vgl. R. WOLF, *Handbuch der Astronomie*, Bd. II, Zürich 1892, § 421, Anm. f. — [1206] Mém. de Paris 1787, *Sur les opérations trigonométriques, dont les résultats dépendent de la figure de la terre.* Vgl. auch LEGENDRE's *Elemente* (1. Ausgabe, Paris 1794), 5. Anhang zur Trigonometrie, Übers. v. CRELLE, Berlin 1833, S. 416ff.; ferner die einleitende Abhandlung LEGENDRE's zu DELAMBRE's *Méthodes analytiques pour la détermination d'un arc du méridien,* 1799 und LAGRANGE, Journal Polytechn. 1799, cah. 6, S. 293ff., LAGRANGE's Werke, ed. SERRET, Bd. VII, Paris 1877, S. 356ff. — [1207] Nach R. WOLF, *Handbuch der Astronomie*, Zürich 1892, I, S. 233. Genauere Formeln hat auch BUZENGEIGER gegeben, Bd. 6 der Zeitschrift für Astronomie und verwandte Wissenschaften, Tübingen 1818, S. 264—270; vgl. NELL, *Zur höheren Geodäsie*, Zeitschr. f. Math. u. Physik, Bd. 19, 1874, S. 324ff. — [1208] *Beiträge zum Gebrauche der Math.*, I, cap. 3, § 64, S. 408.

$$\cos\alpha = 1 - \frac{\alpha^2}{2}; \quad \cos\beta = 1 - \frac{\beta^2}{2} \text{ u. s. w.,}$$

unter Vernachlässigung der höheren Potenzen des Argumentes.

Gleichzeitig mit Lambert, wahrscheinlich auf dieselbe Anregung durch Euler hin, leitete auch Mauduit (1731—1815) in seinen *Principes d'Astronomie sphérique ou traité complet de trigonométrie sphérique* (1765)[1209] einige Formeln der ebenen Trigonometrie aus der sphärischen ab. Später kam Euler (1778) selbst noch einmal auf dasselbe Thema zu sprechen.[1210]

Anhang: Trigonometrische Tafeln.

Über die Sehnentafeln Hipparch's und ihre Neubearbeitung durch Menelaus ist nichts bekannt als jener dürftige Bericht des Theon.[725] Die älteste uns erhaltene Tafel befindet sich am Schluß des neunten Kapitels im ersten Buch der *Σύνταξις μαθηματική*, die den Astronomen Ptolemaeus (beobachtet zwischen 125 und 151 n. Chr. in Alexandria) zum Verfasser hat. Die Vortrefflichkeit und Genauigkeit seiner Tabelle mag schnell ältere Aufzeichnungen verdrängt haben, wie es ihr auch beschieden war, weit bis ins fünfzehnte Jahrhundert hinein die führende Stellung zu behalten. Die Art der Berechnung ist S. 200 auseinandergesetzt. Um die Einrichtung klar zu machen, fügen wir eine Probe (mit Übersetzung) bei:

ΚΑΝΟΝΙΟΝ ΤΩΝ ΕΝ ΚΥΚΛΩ ΕΥΘΕΙΩΝ								
ΠΕΡΙΦΕΡΕΙΩΝ		ΕΥΘΕΙΩΝ			ΕΞΗΚΟΣΤΩΝ			
Μοιρῶν		Μ.	Π.	Δ.	Μ.	Π.	Δ.	Τ.
κθ	ο	λ	β	μδ	ο	α	ο	μη
κθ	ς″	λ	λγ	η	ο	α	ο	μδ
λ	ο	λα	γ	λ	ο	α	ο	μ
λ	ς″	λα	λγ	ν	ο	α	ο	λε
λα	ο	λβ	δ	ζ	ο	α	ο	λα
λα	ς″	λβ	λδ	κβ	ο	α	ο	κζ
λβ	ο	λγ	δ	λε	ο	α	ο	κβ
λβ	ς″	λγ	λδ	μς	ο	α	ο	ιζ
λγ	ο	λδ	δ	νε	ο	α	ο	ιβ

Tafel der Sehnen im Kreise								
Bogen		Sehnen			Sechzigstel			
Grade	Min.	Teile des Durchm.	Erste Unterteile	Zweite Unterteile	Teile des Durchm.	Erste Unterteile	Zweite Unterteile	Dritte Unterteile
29	0	30	2	44	0	1	0	48
29	30	30	33	8	0	1	0	44
30	0	31	3	30	0	1	0	40
30	30	31	33	50	0	1	0	35
31	0	32	4	7	0	1	0	31
31	30	32	34	22	0	1	0	27
32	0	33	4	35	0	1	0	22
32	30	33	34	46	0	1	0	17
33	0	34	4	55	0	1	0	12

1209 Paris 1765, Préface, S. VIII, ferner S. 75—76 Scholie, S. 83 Scholie (Anm. 764ᵃ). — 1210 Acta Petropol. ad annum 1778, Bd. II, gedruckt 1781, § 14. Vgl. auch Lagrange, Journ. de l'École pol., cah. 6, S. 291 ff.

Die Differenz zwischen den Sehnen von 29^0 ($= 30^\mu\ 2'\ 44''$) und $29^0\ 30'$ ($= 30^\mu\ 33'\ 8''$) beträgt $30'\ 24''$; auf eine Bogenminute käme danach der dreißigste Teil, d. i. $1'\ 0''\ 48''$. Diese Größe ist rechts daneben unter der Überschrift „Sechzigstel" beigefügt, so daß die Tafel ein Ablesen von $1'$ zu $1'$ gestattet. Nachrechnungen mit modernen Hilfsmitteln haben eine Genauigkeit von 5 Dezimalen ergeben. Das im Urtext auftretende Zeichen *o* ist keine Null, sondern der Anfangsbuchstabe von *οὐδέν* (= nichts).

Die älteren *indischen* Mathematiker hatten sich Tabellen von kleinerem Umfang konstruiert. Aryabhatta (geb. 476 n. Chr.) giebt eine Zusammenstellung mit einem Intervall von $3^0\ 45'$ (vgl. S. 201);[751] auch die Genauigkeit reicht bei weitem nicht an den *Canon* des Ptolemaeus heran. Ihr Wert lag in einer ganz anderen, den Indern durchaus eigentümlichen Richtung: die indische Tabelle konnte auswendig gelernt oder, besser gesagt, durch eine Gedächtnisregel im Falle des Bedarfs sofort von neuem entworfen werden. Wir sahen in der Geschichte des Rechnens, daß bei den Indern das Kopfrechnen die Hauptrolle spielte und die zum Rechnen nötigen Hilfsmittel auf ein Minimum beschränkt wurden. Das gleiche Prinzip tritt uns hier entgegen. Der indische Mathematiker hat seine trigonometrische Tafel stets gebrauchsfertig im Kopf. Die Formel, in Reimversen angegeben, hat die ziemlich zusammengesetzte Gestalt

$$\sin\big((n+1)\,\alpha\big) = \sin n\,\alpha + \Big[\sin n\,\alpha - \sin\big((n-1)\,\alpha\big)\Big] - \frac{\sin n\,\alpha}{\sin \alpha}$$

$$\alpha = 225' = \sin 3^0\ 45',$$

ist aber in der Praxis leichter zu verwenden, als es den Anschein hat. — Eine verfeinerte Tafel Bhaskara's (geb. 1114) schreitet von Grad zu Grad fort (vgl. S. 202).

Die älteren indischen Sinustabellen kamen um 773 n. Chr. (vgl. S. 202) zur Kenntnis der *Araber*, von 800 ab wurden diesen auch die Werke des Ptolemaeus und Euklid in Übersetzungen zugänglich. Bald begnügten sich die arabischen Mathematiker nicht mehr mit dem Studium der ihnen überlieferten Wissenschaft, sondern begannen selbständig vorzugehen. Al Battani († 929; Damaskus) unternahm eine Neuberechnung der ptolemäischen Tafeln, ebenfalls für ein Intervall von $\frac{1}{2}^0$ zu $\frac{1}{2}^0$, aber mit Ersetzung der Sehnen durch die Sinus; ihm verdankt man auch die älteste Cotangententafel (S. 207).[777a] Für die erste legte er einen Radius von 60 Teilen, für die zweite einen solchen von 12 Teilen zu Grunde; dieses ist indische Einteilung, jenes die alte griechische.[1211] Erheblich vergrößert wurde die Genauigkeit der Tabellenwerte durch ABU'L WAFA (940—998, Bagdad),[1212] der ein neues Verfahren ersann, um den sin $\frac{1}{2}^0$

$$\sin 30' = 0^0\ 31'\ 24''\ 55'''\ 54''''\ 55'''''$$

(in Sexagesimalbrüchen) bis auf Quarten genau zu erhalten; in Dezimalbruchform umgerechnet, weist sein Wert erst in der zehnten Dezimalstelle eine Abweichung auf. Die Tafel selbst schritt von 15' zu 15' vorwärts; in gleichem Maße ist auch eine Tangenten- und Cotangententafel von ihm hergestellt. IBN YUNUS († 1008; Kairo) verkleinerte bei derselben Genauigkeit die Intervalle auf 10'.[1213] Im fünfzehnten Jahrhundert nahm die orientalische Mathematik noch einmal unter ULUG-BEG (1393—1449, Samarkand)[1214] einen letzten Aufschwung. Nach weiter vervollkommneten Methoden wurden Sinustafeln hergestellt, in denen die Werte für alle Minuten (mit $r = 60$) aufgeführt werden; die revidierten Tangententafel schritten zwischen 0^0 und 45^0 von Minute zu Minute, von 45^0 zu 90^0 in je 5 Minuten vorwärts. Bei den Cotangenten begnügte man sich mit einem Abstand von einem Grade.

Auch die Westaraber beteiligten sich an der Verbesserung der dem Astronomen unentbehrlichen Tabellen. Die toledanischen Tafeln, die unter Leitung AL ZARKALI's (um 1080) entstanden,[1215] erfreuten sich sehr großer Verbreitung, erreichten aber nicht die Genauigkeit ABU'L WAFA's. Ein marokkanischer Gelehrter des dreizehnten Jahrhunderts, ABU'L HASAN ALI, stellte neben einer Sinustafel ($r = 60$; $\frac{1}{2}^0$ zu $\frac{1}{2}^0$) eine solche für den Sinus versus und den Arcus sinus her; auch eine Arcus tangens-Tabelle ($r = 60$) wurde seiner Tangententafel ($r = 60$, 1^0 zu 1^0) angeschlossen.[1216]

Von diesen reichen wissenschaftlichen Schätzen, an denen noch eine große Anzahl uns kaum dem Namen nach bekannter arabischer Gelehrten gearbeitet hatte, zehrte das Abendland die nächsten Jahrhunderte. PLATO von Tivoli (Anfang des zwölften Jahrhunderts; Barcelona), GERHARD von Cremona (1114—1187, Toledo) u. a. übertrugen mit emsigem Fleiße die arabischen Schriften ins Lateinische. Der *Liber embadorum* des jüdischen Gelehrten ABRAHAM BAR CHIJJA (Anfang des zwölften Jahrhunderts; SAVASORDA genannt), der 1116

1211 v. BRAUNMÜHL, S. 51 (Anm. 573). — 1212 WOEPCKE, *Recherches sur l'histoire des sciences math. chez les orientaux*, Paris 1860, S. 26. Extrait Nr. 2 du Journal Asiatique de l'année 1860. Vgl. v. BRAUNMÜHL, S. 57. — 1213 HANKEL, S. 288—289 (Anm. 28). — 1214 v. BRAUNMÜHL, S. 72ff. — 1215 v. BRAUNMÜHL, S. 76ff. — 1216 Daselbst S. 84.

von PLATO übersetzt wurde, enthält die älteste Sehnentafel, die in einem lateinisch geschriebenen Werke nachweisbar ist.[1217] Sie ist eigentlich eine Arcussehnentafel, da neben die Sehnen 1, 2, 3 ... 28 (also $r = 14$) die zugehörigen Bogen in sexagesimalem Längenmaß bis auf Sekunden beigesetzt sind. Etwas umgearbeitet wurde SAVASORDA's Tafel durch LEONARDO von Pisa (1220, *Geometriae Practica*).[1218] Die alfonsinischen Tafeln (bearbeitet von 1262—1272 im Auftrage ALFONS' X. von Castilien, Venedig 1492 gedruckt) schöpfen ganz aus westarabischen Quellen, die wiederum auf AL BATTANI zurückzuführen scheinen, ohne die Genauigkeit der besseren ostarabischen Tafeln (ABU'L WAFA) zu erreichen. Eifriges Studium widmete die abendländische Astronomie den Schriften AL ZARKALI's. Bekannt ist eine Schrift über die *Canones* des AL ZARKALI, die den Arzt GUILELMUS ANGLICUS (um 1231) zum Verfasser hat,[1219] ferner ein anonymes Manuskript (Münchener Bibliothek) aus dem dreizehnten Jahrhundert, die beide die Berechnung der Sinus nach AL ZARKALI behandeln. Hervorzuheben ist in dem letzten bei einer Sinustafel die gelegentliche Verwendung eines Durchmessers von 300 Minuten, den auch AL ZARKALI einmal benutzt hatte.[1220] Auch die Sinus- ($r = 60$, $\frac{1}{2}^0$ zu $\frac{1}{2}^0$) und Tangenstafel ($r = 12$; 1^0 zu 1^0) des JOHANNES DE LINERIIS (um 1320; Paris) sind von demselben arabischen Gelehrten abhängig.[1221] Selbständige Leistungen finden wir bei LEVI BEN GERSON aus Katalonien (LEO ISRAELITA DE BALNEOLIS, gest. 1344, Avignon); er ist der erste, der wiederum eine eigene Berechnung einer neuen Sinustafel unternahm ($r = 60$, $15'$ zu $15'$, Sinus in Minuten und Sekunden).[1222] Bis nach England drang im vierzehnten Jahrhundert arabische Trigonometrie, wie aus den erhaltenen, wenn auch noch nicht näher untersuchten Schriften *De sinibus demonstrativis, De chorda et arcu, De chorda et versa* des RICHARD VON WALLINGFORD (um 1326, Oxford), *De chorda recta et umbra* des JOHANNES MAUDITH (um 1340, Oxford) und *Tabulae chordarum, Calculationes chordarum* des SIMON BREDON (um 1380) zu schließen ist.[1223]

Eine gänzliche Neuschöpfung des trigonometrischen Zahlenmaterials, dessen bisherige Schärfe den erhöhten Anforderungen nicht mehr genügte, ging von den Gelehrten der wiener Universität

1217 Bibl. math., 3. Folge, Bd. I, S. 330, Anm. 1. — 1218 Ed. BONCOMPAGNI, S. 96 (Anm. 88). — 1219 Bibl. math., 3. Folge, Bd. I, 1900, S. 347 ff. — 1220 Daselbst S. 354. — 1221 Daselbst S. 390 ff. — 1222 Vgl. Auszug seiner Schrift *De sinubus, chordis et arcubus* von M. CURTZE, Bibl. math. 1898, S. 97 ff., 1900, S. 372 ff.; v. BRAUNMÜHL, S. 103 ff. (Anm. 573). — 1223 CANTOR, II^b, S. 111; v. BRAUNMÜHL, S. 108 f.

im fünfzehnten Jahrhundert aus. Mit dem Plane, neue Tafeln anzufertigen, beschäftigte sich bereits JOHANNES VON GEMUNDEN (um 1380—1442, Wien) und entwarf die Grundzüge[1224] einer Neuberechnung, unter Annahme eines Radius von 600000. Seinem Plane schloß sich GEORG VON PEURBACH (1423—1461, Wien), der Nachfolger in der Professur, nicht nur an,[1225] sondern übernahm die wirkliche Durchführung[1226] unter Benutzung der Methoden des PTOLEMAEUS und AL ZARKALI. Wesentliche Unterstützung fand er durch seinen hochbegabten Schüler, den jungen REGIOMONTANUS (1436 bis 1476). Lag PEURBACHS Rechnungen ein Radius von $r = 600000$ zu Grunde, so erhöhte REGIOMONTANUS die Genauigkeit auf $r = 6000000$. Dem 1541 gedruckten *Tractatus*[1225] des ersteren sind auch nicht die eigenen Tafeln, sondern die genaueren seines Schülers beigefügt. Diese Sinustafel,[1226a] aus der eine Probe S. 301 mitgeteilt sei, besaß ein Intervall von einer Minute und gestattete durch beigefügte Proportionalteilchen auch das Bestimmen der gesuchten Sinus von Sekunde zu Sekunde; ihrer Anordnung nach war sie eine Tafel doppelten Eingangs, in dem der ersten Horizontalzeile die Grade, der linken Randspalte die Minuten zu entnehmen sind. In der Schreibart der Proportionalteilchen, die nur bei eintretender Ver-

[1224] *Johannis de Gemunden de sinibus, chordis et arcubus;* vgl. v. BRAUNMÜHL, S. 110 (Anm. 578). — [1225] *Tractatus Georgii Purbachii super Propositiones Ptolemaei de sinibus et chordis,* gedruckt erst 1541 Nürnberg. — [1226] PFLEIDERER, S. 21—22, Anm. b (Anm. 313). — [1226a] Eine abgekürzte Tafel für $r = 60000$ hatte REGIOMONTANUS als Anhang seines Lehrbuches *De triangulis omnimodis* hergestellt. Sie findet sich aber nicht hier (1533), sondern unter den *Tabulae directionum profectionumque,* die bereits 1490 in Druck gekommen waren. REGIOMONTANUS erkannte demnach schon den Wert fünfstelliger Tafeln, zu denen erst das neunzehnte Jahrhundert wieder zurückkehrte. Auch die später neu aufgenommene Übung (vgl. S. 159, 163), sich wiederholende Ziffern im Druck zu sparen, ist in dieser Tabelle zum erstenmal verwertet. Eine Probe lautet:

G	30		31		32		33		34		35	
m̃	ptes		ptes		ptes		ptes		ptes		ptes	
1	30015		30917	249	31809		32692		33566		34428	238
2	30		32		24		32707		80		43	
3	45		47		39		22		94		57	
4	30060		30962		31854		36		33609		71	
5	75		77		69		32751		23		86	
6	90		92		83	246	66		38		34500	
7	30105		31006		98		80		33652		14	
.	.		.		.		.		.		.	

änderung hinzugefügt wird, ist die Dezimalbruchform, z. B. 25 2, wenn auch ohne Komma, zum erstenmal benutzt. Die bessere Verwendbarkeit der Dezimalbrüche war REGIOMONTANUS im Laufe seiner Rechnungen immer klarer geworden und er scheute sich nicht in

G m̃	30 Sinus	portio unius 2̃ 10	31 Sinus	portio unius 2̃ 10	32 Sinus	portio unius 2̃ 10	33 Sinus	portio unius 2̃ 10	34 Sinus	Portio unius secundi 10
0	3000000	25 2	3090229	24 9	3179515	24 7	3267834	24 4	3355158	24 1
1	3001511		3091725		3180995		3269297		3356604	
2	3003022		3093221		3182475		3270760		3358050	
3	3004533		3094716		3183954		3272223		3359496	
4	3006044		3096211		3185433		3273686		3360942	

späteren Jahren noch einmal an die Arbeit zu gehen, um in strenger Durchführung seiner Idee eine neue Tafel mit rein dezimalem Durchmesser, $r = 10^7$, als Maßstab seiner Sinuswerte zusammenzustellen. Auch diese Tafel ist dem *Tractatus Purbachii* von 1541 angehängt. Nicht viel später ist die Abfassung einer Tangententabelle ($r = 10^5$, 1^0 zu 1^0), *Tabula foecunda*, anzusetzen, deren Wichtigkeit REGIOMONTANUS aus dem fortgesetzten Studium arabischer Schriften erkannt hatte. Wir wissen, daß sie seit vielen Jahrhunderten die erste neu berechnete Tabelle ist, für das Abendland überhaupt die älteste (vgl. S. 208—209). Veröffentlicht wurde sie ebenfalls, erst nach dem Tode REGIOMONTAN's, in den *Tabulae directionum profectionumque* von 1490. Ihre Anordnung ist die folgende:

G	Numerus	G	Numerus	G	Numerus
0	00000	31	60086	61	180402
1	1745	32	62486	62	188075
2	3492	33	64940	63	196263
3	5240	34	67452	64	205034
4	6992	35	70022	65	214450
5	8748	36	72654	66	224607
6	10511	37	75356	67	235583
.	.	.	.	.	.

Der Drucklegung der dekadischen Sinustafel (1541) REGIOMONTAN's griff APIANUS (1495—1552, Ingolstadt) vor, indem er einen Auszug nebst Angabe der Berechnungsmethode sowohl seiner *Introductio geographica* 1533, als auch dem *Instrumentum primi mobilis* 1534 beifügte. Daß er den Namen des eigentlichen Verfassers verschwieg, zog ihm sofort den Vorwurf des Plagiates zu.[1227] Die späte Veröffentlichung der großen Tafel REGIOMONTAN's war auch der Grund, daß noch ein zweiter bedeutender Mathematiker und Astronom, NICOLAUS KOPPERNIKUS (1473 Thorn — 1543 Frauenburg) — in Unkenntnis der schon geleisteten Arbeit — sich an die gleiche Riesenaufgabe machte; seinem großen Werke *De revolutionibus orbium coelestium* (Nürnberg 1543; vollendet schon 1530) ist eine Sinustafel für $r = 10^5$ mit einem Intervall von 10′ zu 10′ beigegeben.[1227a] Ein Jahr früher hatte sein jüngerer Mitarbeiter RHAETICUS (1514—1576, Wittenberg) die trigonometrischen Kapitel 13 und 14 des ersten Buches der *Revolutionen*, sicherlich nach eingeholter Einwilligung, als besondere Schrift[1228] drucken lassen; ihr ist eine von RHAETICUS selbst berechnete Sinustafel größerer Genauigkeit ($r = 10^7$, 1′ zu 1′) angeschlossen. In dieser Tafel ist zum erstenmal der Komplementwinkel am Fuße der Seiten mit rechts am Rand angegebenen Minuten aufgeführt, so daß eine unmittelbare Ablesung des $\cos \alpha$ ermöglicht wird.[1229] KOPPERNIKUS hat ferner das Verdienst, eine erste Sekantentabelle ($r = 10^4$) zusammengestellt zu haben; sie ist von ihm seinem Handexemplar der *Tabulae directionum* REGIOMONTAN's zur *Tabula foecunda* handschriftlich beigefügt (vgl. S. 211).

Der Ruhm, das genaueste und umfangreichste Tabellenwerk des Mittelalters verfaßt zu haben, gebührt RHAETICUS. Während eines mehrjährigen Aufenthaltes bei KOPPERNIKUS (1539—1542) lernte er die Forschungen und Gedanken des Meisters kennen; von ihm erhielt er gewiß viel Anregung zu seinen neuen Tafeln, sowohl was Anfertigung als auch was Anordnung betrifft. Den ersten Abschluß seiner mühsamen Rechnungen bildet der *Canon doctrinae triangulorum* (Leipzig 1551).[1230] Zum erstenmal treten uns hier alle sechs trigonometrischen Funktionen gleichmäßig tabellarisiert entgegen; die Gleichwertigkeit der Secans- und Tangensfunktion mit dem Sinus ist voll-

1227 *Tractatus Purbachii*, Nürnberg 1541; Vorwort, Rückseite A_1 Z. 21ff. — 1227a Am Ende des XII. Kap. im I. Buch, Originalausgabe, Norimbergae 1543, S. 15^b—19^a. Die Differenzen sind nur dann beigedruckt, wenn sich ihr Wert ändert. Vom 18. Grad ab werden ihre Einerziffern ständig angegeben, die höheren Stellen wie auch die beiden ersten Ziffern der Sinuswerte sind nicht jedesmal wiederholt. — 1228 *De lateribus et angulis triangulorum tum planorum rectilineorum, tum sphaericorum, libellus eruditiss. et utiliss. — scriptus a clariss. et doctiss. viro D. Nicolao Copernico Toruniensi. Additus est canon semissium subtensarum rectarum linearum in circulo.* Viteb. 1542. — 1229 CANTOR, II^b, S. 474. — 1230 Vgl. die Beschreibung v. HUNRATH, Zeitschr. f. Math. u. Phys., Bd. 44, Suppl., 1899, S. 210ff.

ständig anerkannt. Sehen wir von den eigenartigen Benennungen dieser Funktionen, die er in den Überschriften verwendet, ab (vgl. S. 204), so enthält die Tafel sechs Spalten in drei Serien mit den siebenstelligen Funktionswerten $\sin\alpha$ und $\cos\alpha$, $\sec\alpha$ und $\operatorname{tg}\alpha$, $\operatorname{cosec}\alpha$ und $\operatorname{ctg}\alpha$; jeder Funktionskolonne ist eine Differenzenkolonne rechts nebengefügt. Die Grad-, Minuten- und Sekundenbezeichnung (10″ zu 10″) steigt am linken Rand von oben nach unten, die komplementäre Winkelbezeichnung am rechten Rand von unten nach oben; wie in den modernen Tabellen erstreckt sich daher der Winkelbereich nur von 0^0 bis 45^0. Angeschlossen hat Rhaeticus seinem *Canon* einen *Dialogus de canone doctrinae triangulorum*, in dem er seinen Ansichten über die Behandlung der Trigonometrie kurz Ausdruck giebt.

Rhaeticus' Arbeit war für die Zeitgenossen von wesentlichem Einflusse und führte der jungen Wissenschaft eine größere Anzahl von Anhängern und Bearbeitern zu. Für eine Neuausgabe der *Tabulae directionum* Regiomontan's berechnete sein Universitätskollege Erasmus Reinhold (1511—1543) eine große Tangententabelle ($r = 10^7$, 1′ zu 1′; beim letzten Grad sogar von 10″ zu 10″); sie erschien 1554, nach seinem Tode.[1231] Der Italiener F. Maurolycus (1494—1575, Messina) hing seiner *Sphärik* (1558) eine eigene Sinustabelle, aber auch eine solche für die Sekanten an, diese unter dem Namen *Tabula benefica.*[1232] Der bedeutendste unter allen ist Franciscus Vieta (1540—1603, Paris). Die Anordnung in seiner Tafel *Canon mathematicus seu ad Triangula cum Adpendicibus* (Lutet. 1579; Druck 1571 begonnen)[1230] ist fast identisch mit der, die Rhaeticus gewählt hatte, aber die Berechnung eine durchaus selbstständige ($r = 10^5$, 1′ zu 1′); sie ist begründet auf eine sehr feine Auswertung von $\sin 1'$, den er auf 13 Stellen angiebt. Vier Jahre später erschien Fink's (1561—1656, Kopenhagen) weit verbreitetes Lehrbuch der Trigonometrie *Geometria rotundi*, das auch Tafeln enthält (Sinus, Tangens, Secans, 1′ zu 1′, $r = 10^7$), aber freilich darin einen Rückschritt zeigt, daß die einzelnen Funktionen in getrennten Tabellen zusammengestellt werden und auch der Vorteil einer komplementären Winkelablesung nicht beachtet ist. Dennoch sind Fink's Tafeln mehrfach später wiederabgedruckt worden, so 1586 von

1231 *Liber tabularum directionum, discentibus prima elementa astronomiae utilissimus. His insertus est Canon fecundus ad singula scrupula quadrantis propagatus.* ... Tubingae 1553 nach Pfleiderer, S. 134, Anm. e (Anm. 313). — 1232 Maurolycus, *Sphaerica*, Anhang, S. 66ᵃ. Beschreibung der Tafel S. 60ᵃ—61ᵃ (Anm. 202ᵃ).

Clavius, 1599 und 1600 von Pitiscus, 1594 von Blundeville, bei denen dieser Mangel dann zum Teil wieder ausgeglichen wurde. Weiter ist Magini's (1555—1617, Padua) *Trigonometrie*[1233] anzuführen, die sehr sorgfältig berechnete siebenstellige Sinus-, Tangens- und Secanstafeln für 1′ zu 1′ giebt. Größte Schärfe suchte Bürgi (1552—1632) in seinen Sinustafeln zu erzielen;[1234] mit außerordentlicher Gewissenhaftigkeit hatte er — nach dem Bericht seines Schwagers Bramer — einen Canon hergestellt, dessen Werte von 2″ zu 2″ fortschritten und bis zur letzten Stelle genau waren. Zur Vollendung hatte Bürgi sein mühseliges Werk zwar gebracht, zum Drucke aber gelangte es nie. Was aus dem Manuskript, dessen Erscheinen die Zeitgenossen mit Spannung erwarteten,[1235] geworden ist, weiß man nicht.

Schuld an dem Aufgeben der Drucklegung scheint die Veröffentlichung des *Opus Palatinum*[1236] im Jahre 1596 gewesen zu sein. Mit dem 1551 erschienenen kleinen *Canon* hatte Rhaeticus seine Aufgabe noch nicht für beendet angesehen. In bewunderungswürdiger Ausdauer waren von ihm, zum Teil von angenommenen Rechnern unter seiner Leitung, erweiterte Berechnungen vorgenommen worden. Die Haupttabelle der Sinus und Cosinus wurde auf 15 Dezimalstellen durchgeführt für ein Intervall von je 10″ Sekunden; aus ihr konnten die Wertreihen der übrigen Funktionen nach bekannten Beziehungen berechnet werden. Schließlich wurden sämtliche Werte auf 10 Dezimalstellen abgerundet. Um 1569 war das große Werk in der Hauptsache vollendet, zugleich mit einer eingehenden Theorie der Dreieckslehre. Dem endgültigen Druck entstanden in der Beschaffung der ungeheuren Kosten für die technische Ausführung des Riesenwerkes zunächst unüberwindliche Hindernisse. Rhaeticus starb darüber hin und setzte seinen Gehilfen Otho (1550—1605) zum Erben seines wissenschaftlichen Nachlasses ein. Diesem gelang es endlich, in Friedrich IV. von der Pfalz einen freigebigen Gönner zu finden, dessen finanzielle Hilfe die Vollendung des Werkes ermöglichte. Ihm zu Ehren wurde es *Opus Palatinum* genannt.

Die Genauigkeit der hier tabellarisierten Werte ist anzuerkennen; neuere Untersuchungen[1237] haben indes immer noch 5‰ Fehler in

1233 *De planis triangulis liber unicus* . . . Venedig 1592, S. 65—108. — 1234 Vgl. v. Braunmühl, S. 204 ff. (Anm. 573). — 1235 Daselbst S. 209, Anm. 3. — 1236 *Opus Palatinum de Triangulis a Georgio Joachimo Rhetico coeptum: L. Valentinus Otho Principis Palatini Friederici IV Electoris Mathematicus consummavit.* Ann. sal. hum. CIƆIƆXCVI. Neostadii in Palatinatu. — 1237 Gernerth, Zeitschr. f. die österr. Gymnasien, Jahrg. 14, Wien 1863, „*Bemerkungen über ältere und neuere mathematische Tafeln*“, S. 414 ff.

den Größen für sin α, cos α, tg α, sec α gefunden; als ziemlich fehlerhaft ergaben sich die Cotangens- und Cosecansreihen. Die Fehler in der ersten Gruppe häuften sich besonders bei den ersten Graden bedenklich und machten, da die Zeitgenossen dies bald erkannten, Revisionen des *Opus Palatinum* nötig. In BARTHOLOMEUS PITISCUS (1561—1613; Kaplan bei FRIEDRICH IV.) fand sich ein unermüdlicher Rechner, der dieser ebenso dringlichen, wie umfangreichen Aufgabe gewachsen war. Die Durchsicht der von RHAETICUS hinterlassenen Papiere brachte noch eine fertige Sinustafel für $r = 10^{15}$ und für ein Intervall von 10″ mit den drei ersten Differenzenreihen, eine solche für die Sinus bis 2° von Sekunde zu Sekunde und den Anfang einer Tangenstabelle ($r = 10^{15}$, 10″ zu 10″) an das Tageslicht. Überdies berechnete PITISCUS die Sinuswerte für sämtliche Minuten von 1° bis 7° noch einmal selbst, und zwar auf 20 bis 25 Dezimalen. Auf Grund dieses Materials übergab PITISCUS 1613 (Frankfurt) unter dem Titel *Thesaurus mathematicus* seine verbesserten Tafeln der Öffentlichkeit. Den Hauptinhalt bildet (S. 2—271) eine Sinus- und Cosinustafel von 0° bis 45°, deren Werte 15stellig von 10″ zu 10″ mit ersten, zweiten und dritten Differenzen angegeben sind; hinzugefügt werden (Teil II, S. 2—61) die in Sekunden fortschreitenden Sinus für den ersten und den letzten Grad in 15 Stellen (Teil III und IV, S. 3—15), die Hauptsinuswerte 60°, 30°, 10°, 2°, 1°, 20′, 10′, 2′, 1′; 20″, 10″, 2″ etc. auf 25 Stellen und die Sinus und Cosinus für die ersten 34 Minuten von 20″ zu 20″ auf 22 Dezimalstellen. Die Differenzen werden bei den letzten bis zur fünften angegeben.

Der *Thesaurus* des PITISCUS wurde das Fundamentalwerk für die Zukunft. Wenn auch noch immerhin 3‰ Fehler hinterher angemerkt sind,[1237] so ist doch durch die große Stellenzahl die Genauigkeit eine außerordentlich hohe und wird durch die Anführung der höheren Differenzen die Kontrolle erheblich erleichtert.

Spätere Neuberechnungen, die stets im Zusammenhang mit logarithmischen Tafeln vorgenommen wurden, waren durch bessere Methoden, insbesondere durch Auffindung stark konvergierender Reihen,[1238] mit weniger Umständlichkeit verbunden, wie jene ausführlicher besprochenen älteren Zusammenstellungen. Wir können sie hier, da die Geschichte der logarithmischen Canons eingehend geschildert ist, übergehen. —

1238 Vgl. z. B. EULER, *Introductio in analysin* 1748, lib. I, § 134—135.

Eine Zusammenstellung der durch Quadratwurzeln ausdrückbaren Sinuswerte sin 3°, sin 6°, sin 9° u. s. w. giebt 1685 WALLIS (1616—1703, Oxford);[1239] eine kleinere Anzahl derselben finden sich schon in dem *Canon triangulorum* VAN ROOMEN's (1561 bis 1615, Löwen).[1240] In modernen Bezeichnungen führt sie 1770 LAMBERT an.[1241]

1239 *De sectionibus angularibus*, 1685; Opera II, Oxoniae 1693, S. 586—589. — 1240 *Canon triangulorum*, 1609, Buch I. — 1241 *Beiträge zum Gebrauch der Mathematik*, Bd. II, Berlin 1770, Nr. 4, S. 133f.

SIEBENTER TEIL

DIE REIHEN

A. Die arithmetischen Reihen.

Unter den ältesten Funden, die die Geschichte der Mathematik gemacht hat, befinden sich auch Reihenaufgaben. Im *Papyrus Rhind*, dem sogenannten Rechenbuch des Ahmes, dessen Abfassung auf die Zeit zwischen 2000 und 1700 v. Chr. angesetzt wird, das aber nach eigener Angabe des Verfassers nur eine Bearbeitung noch älterer, bis weit ins dritte Jahrtausend v. Chr. hineinreichender Schriften ist, enthalten die Aufgaben Nr. 40 und 64[1242] Beispiele aus der Reihenlehre, die nicht einmal zu den leichtesten ihrer Anwendungen gehören.

Aufg. 40 verlangt 100 Brote so an 5 Personen zu verteilen, daß die Anteile eine arithmetische Reihe bilden und die beiden Personen, auf die die geringeren Anteile fallen, zusammen ein Siebentel von der Summe der übrigen Anteile erhalten. Ist g_i das i^{te} Glied, d die Differenz zweier aufeinanderfolgenden Glieder, s_i die Summe der ersten i Glieder und n die Anzahl der Glieder, so soll aus

$$n = 5, \quad s_n = 100, \quad \frac{g_1 + g_2 + g_3}{7} = g_4 + g_5$$

die negative Differenz d gefunden werden. Aus der letzten Beziehung schließt Ahmes — wie, ist nicht gesagt —, daß d zunächst als das $5\frac{1}{2}$fache des kleinsten Gliedes angenommen werden müsse, und setzt demnach die Reihe 23, $17\frac{1}{2}$, 12, $6\frac{1}{2}$, 1 an. Da deren Summe aber nur 60 beträgt, so ist jedes Glied noch mit $1\frac{2}{3}$ zu multiplizieren; Ahmes findet so $38\frac{1}{3}$, $29\frac{1}{6}$, 20, $10\frac{5}{6}$, $1\frac{2}{3}$ als Werte der einzelnen Anteile.

In der zweiten Aufgabe (Nr. 64) will Ahmes 10 Maß Getreide unter 10 Personen verteilen; es solle jede folgende Person aber $\frac{1}{8}$ Maß weniger empfangen, als die vorhergehende. In unserer Symbolik wäre g_i aus $n = 10$, $s_n = 10$, $d = -\frac{1}{8}$ zu berechnen, und zwar ergäbe die uns geläufige Formel $s_n = n \cdot g_1 + \frac{n(n-1)}{2} d$ sofort für den ersten Anteil den Wert

$$g_1 = \frac{s_n}{n} + (n-1) \cdot \frac{d}{2}.$$

1242 Eisenlohr, S. 90 und 159 (Anm. 3); vgl. Cantor, I[b], S. 40—41.

Nach der hierin enthaltenen Rechenvorschrift verfährt aber auch der ägyptische Rechner, wiederum ohne zu sagen, wie er zu derselben kommt. Man kann sich dem Eindruck nicht verschließen, daß ihm allgemeine Sätze der Summierung arithmetischer Reihen zu Gebote gestanden haben. Bestärkt wird diese Vermutung, wenn man bei seinen Herleitungen sogar einen ständig gebrauchten Fachausdruck für die Differenz d (*tunnu* = Erhebung) antrifft.

Viel geringere Spuren sind von den Kenntnissen der *Babylonier* über die arithmetischen Reihen vorhanden. Das einzige, was überliefert ist, bietet uns die Zahlenreihe eines Schriftendenkmals

5, 10, 20, 40, 1-20, 1-36, 1-52, 2-8, 2-24, 2-40, 2-56, 3-12, 3-28, 3-44, 4,

die das allmähliche Wachstum der erleuchteten Mondscheibe in den fünfzehn Tagen vom Neumond bis zum Vollmond darstellen soll. Beachtet man die sexagesimale Schreibweise ($1\text{-}20 = 1 \cdot 60 + 20$; $3\text{-}44 = 3 \cdot 60 + 44$), in der 4 die 240 Teile der vollen Scheibe ausmachen, so stellen sich die fünf ersten Zahlen als Glieder einer geometrischen, die übrigen als solche einer arithmetischen Reihe heraus.[1243]

Etwas besser Bescheid wissen wir über den Standpunkt, den die *Griechen* in der Reihentheorie einnahmen. Die pythagoreische Schule (sechstes und fünftes Jahrhundert v. Chr.) zog zahlentheoretische Untersuchungen mit Vorliebe in den Kreis ihrer Betrachtungen. Hierzu gaben ihr die Reihen reichlich Gelegenheit. THEON von Smyrna (um 130 n. Chr.) teilt uns mit, daß die Pythagoreer nicht nur die Reihe der ganzen Zahlen zu summieren verstanden

$$1 + 2 + 3 + \ldots + n = \frac{n(n+1)}{2},\ ^{1244}$$

sondern auch die der ungeraden

$$1 + 3 + 5 + \ldots + 2n - 1 = n^2 \quad ^{1245}$$

und der geraden

$$2 + 4 + 6 + \ldots + 2n = n(n+1)\ ^{1246}$$

für sich allein. Eine Zahl von der Form $\frac{n(n+1)}{2}$ hieß bei ihnen eine Dreieckszahl (vgl. S. 311); $n(n+1)$ wurde heteromeke Zahl genannt. Man vermutet, daß ἔκϑεσις ein Fachausdruck für „Reihe“,

1243 CANTOR, I[b], S. 80—81. — 1244 *Theonis Smyrnaei Philosophi Platonici expositio rerum mathematicarum ad legendum Platonem utilium*, ed. HILLER, Leipzig 1878, S. 31. — 1245 Daselbst S. 28. — 1246 Daselbst S. 27 und 31.

ὅροι für deren Glieder gewesen sei.[1247] Thatsächliche Belege, daß den älteren Griechen die allgemeine Summationsformel bekannt gewesen sei, können nicht beigebracht werden. Zur Zeit des großen Syrakusaners ARCHIMEDES (287—212 v. Chr.) ist aber bestimmt eine solche vorhanden, da er ihre Kenntnis bei der Summierung der Quadratzahlenreihe voraussetzt.[1248]

HYPSIKLES von Alexandria (um 190 v. Chr.) stellte in seiner Abhandlung Ἀναφορικός (*Von den Aufgängen der Gestirne*)[1249] die besonderen Lehrsätze auf, daß für $n = 2\nu$

$$(g_{\nu+1} + g_{\nu+2} + \cdots + g_{2\nu}) - (g_1 + g_2 + \cdots + g_\nu) = d \cdot \nu^2$$

und

$$s_n = \nu \cdot (g_\nu + g_{\nu+1}),$$

für $n = 2\nu + 1$

$$s_n = (2\nu + 1) \cdot g_{\nu+1}$$

ist.

Aufgaben, die auf arithmetische Reihen führen, werden auch in HERON's (erstes Jahrhundert v. Chr.) Schriften gelöst.[1250] Sie verraten seine Vertrautheit mit der Berechnung von s_n und g_n für eine vorgegebene Reihe. Aus anderen Gebieten wissen wir, daß HERON in der Hauptsache ägyptische Kenntnisse wiedergiebt; vielleicht hat diese Ansicht auch hier ihre Berechtigung.

Eine ausgedehnte Anwendung fand bei den griechischen Mathematikern die Lehre von den arithmetischen Reihen in der Theorie der figurierten Zahlen,[1251] deren Begründung in der Schule des PYTHAGORAS, deren Ausbau in der Akademie PLATON's zu suchen ist. Hierzu gehört die schon oben angeführte Bezeichnung „Dreieckszahl" für $\frac{n(n+1)}{2}$, die aus der Addition der in Dreiecksform regelmäßig angeordneten Punkte

1247 CANTOR, I^b, S. 148. — 1248 ARCHIMEDES, περὶ ἑλίκων X, ed. HEIBERG, Leipzig 1880—81, II, S. 34—40; NIZZE, S. 125—148 (Anm. 33); vgl. CANTOR, I^b, S. 298 bis 299. — 1249 Ed. MANITIUS, Programm 1888 Dresden, Gymn. z. h. Kreuz, S. XIII und XIV, XXIV—XXVI. — 1250 HERON, ed. HULTSCH, *Stereometrica*, I, cap. 43, S. 167—168, Berechnung der Sitze in einem Theater aus der Anzahl der Sitze auf der äußersten (g_n) und der innersten (g_1) Bank und der Zahl der Bankreihen (n), Berechnungsvorschrift $\frac{g_1 + g_n}{2} \cdot n$; ferner cap. 44, § 2, g_n berechnet durch $g_n = g_1 + (n-1)d$; vgl. auch *Mensurae*, cap. 24, S. 195. — 1251 Der Ausdruck *numeri figurati* stammt aus der *Arithmetik* des BOËTHIUS (480—524 n. Chr.), z. B. Überschrift II, 17, ed. FRIEDLEIN, Leipzig 1867, S. 101: *Descriptio figuratorum numerorum in ordine.*

von einer Ecke aus, in Parallelreihen zur Gegenseite, zu erklären ist. Die n^{te} Dreieckszahl $s_n^{(3)}$ ist danach gleich $1 + 2 + 3 + \ldots + n$, also die Summe einer arithmetischen Reihe, in der $g_1 = 1$, $d = 1$ ist. Ähnlich ist die n^{te} Viereckszahl $s_n^{(4)}$ gleich der Summe einer Reihe mit $g_1 = 1$ und $d = 2$ und — allgemein — die n^{te} m-eckszahl $s_n^{(m)}$ die Summe einer arithmetischen Reihe mit dem Anfangsglied 1 und der Differenz $m - 2$. Diese erweiterte Definition gab Hypsikles, wie Diophant von Alexandria (drittes bis viertes Jahrhundert n. Chr.) berichtet.[1252] Aber schon lange vor ihm hatte Philippus Opuntius (um 375 v. Chr.),[1253] ein Schüler des Sokrates und Platon, ferner Speusippus (um 350 v. Chr.),[1254] der Nachfolger Platon's in der Leitung der Akademie, über Vieleckszahlen geschrieben; nach Hypsikles ist besonders die εἰσαγωγὴ ἀριϑμητική des Nikomachus von Gerasa (um 100 n. Chr.) zu nennen.[1255] Plutarch (erstes Jahrhundert n. Chr.) schreibt den Pythagoreern den Satz zu, daß jede Dreieckszahl, mit 8 multipliziert und um 1 vermehrt, eine Quadratzahl ist.[1256] Denselben Satz führt auch Jamblichus (um 325 n. Chr.; aus Chalkis in Cölesyrien) in seiner Sammlung pythagoreischer Lehren an,[1257] während ihn Diophant von Alexandria zu

$$8(m-2)\cdot s_n^{(m)} + (m-4)^2 = [(m-2)(2n-1)+2]^2$$

verallgemeinert, einer Formel, die eine neue Definition der allgemeinen Vieleckszahl liefert. Diese Relation wurde von Diophant nicht nur dazu benutzt, $s_n^{(m)}$ aus den Werten von n und m zu berechnen, sondern auch n mit Hilfe von $s_n^{(m)}$ und m zu finden.[1258]

Die Kenntnisse der *Inder*[1259] gingen nicht über die der

[1252] Cantor, I^b, S. 345. — [1253] Cantor, I^b, S. 157—158. — [1254] Fragment dieser Abhandlung bei Tannery, 1887, *Pour l'histoire de la science Hellène*, Appendice II, Nr. 14, S. 386—389. — [1255] Buch II, ed. Hoche, Leipzig 1866, S. 73ff. — [1256] *Platonicae quaest.*, V, 2, § 4, ed. Didot-Dübner, Moralia, II, Paris 1890, S. 1228 Z. 19—21. — [1257] *In Nicomachi arithmeticam introductionem*, ed. Tennulius, Arnhemiae 1668, S. 127 B. — [1258] Diophant, Abhandlung über die Polygonalzahlen, Satz 9, ed. Tannery, Leipzig 1893, Bd. I, S. 474 Z. 21—S. 476 Z. 3, ed. Wertheim, Leipzig 1890, S. 309—310. — [1259] L. Rodet, *Leçons de calcul d'Aryabhatta*, XIX—XX, S. 400—401, 420

Griechen hinaus; die Theorie der figurierten Zahlen ist bei ihnen überhaupt nicht nachzuweisen. Wir heben nur als bemerkenswert hervor, daß ARYABHATTA (geb. 476 n. Chr.) die Anzahl n der Glieder einer arithmetischen Reihe gelegentlich aus den Größen g_1, s_n und d mit Hilfe einer quadratischen Gleichung bestimmt[1260] und daß im Rechenbuche von BAKHSALI (verfaßt im dritten oder vierten Jahrhundert n. Chr.) zum erstenmal die sogenannte Kurieraufgabe auftritt,[1261] in der ein Bote durch eine später abgesandte, aber schneller vorwärtskommende zweite Person eingeholt werden soll.

Durch die Vermittlung der *Araber* gelangte das, was Griechen und Inder geleistet hatten, zum *Abendland.* Der *liber abaci* des LEONARDO von Pisa (1202) sprach zum erstenmal die Summationsformel, die wir bisher nur an numerischen Beispielen kennen lernten, allgemein in Worten aus.[1262] Seine Fassung ist eine doppelte

$$s_n = \frac{n}{2}\cdot(g_1 + g_n) \quad \text{oder} \quad = \frac{g_1 + g_n}{2}\cdot n,$$

die erste wird bei geraden n, die zweite bei ungeraden n benutzt. Das Rechenbuch des SACROBOSCO († 1256, Paris), *tractatus de arte numerandi*, nimmt zwar die *Progressio* als neue Spezies auf, deren nunmehr neun gezählt werden: *Numeratio, Additio, Subtractio, Mediatio, Duplatio, Multiplicatio, Divisio, Progressio, Extractio*, aber trotzdem enthält es aus der Lehre der arithmetischen Reihen nichts als die Summation der natürlichen Zahlenreihe und der geraden und ungeraden Zahlen.[1263] Noch viel dürftiger ist der Inhalt des Bamberger Rechenbuchs von 1483, das sich auf die natürliche Zahlenreihe beschränkt.[1264] Wirkliche Mathematiker beherrschten aber trotz des allgemeinen Niederganges noch den vollständigen Stoff. Der französische Gelehrte CHUQUET († um 1500; Lyon, Paris) giebt in seinem *Triparty* (1484) wiederum die allgemeine Regel LEO-

bis 421 (Anm. 195), BRAHMAGUPTA, *Ganita*, ch. XII, S. III, ed. COLEBROOKE, S. 290—294; BHASKARA, *Lilâvati*, ch. V, sect. I u. II, ed. COLEBROOKE, S. 51—57 (Anm. 261). — [1260] L. RODET, XX, S. 401 u. 421. — [1261] CANTOR, I[b], S. 575. — [1262] LEONARDO PISANO, ed. BONCOMPAGNI, I. Rom 1857, S. 166 Z. 9ff.: „*Dimidium multitudinis cunctorum numerorum in collectione positorum per conjunctum extremis multiplica; vel dimidium sume extremorum, scilicet primi et ultimi numeri, per numerum multitudinis numerorum ducas et habebis propositum*“ (die Hälfte der Anzahl aller in der Reihe stehenden Glieder multipliziere mit der Summe der äußersten; oder nimm die Hälfte der äußersten Glieder, die des ersten und letzten Gliedes, multipliziere sie mit der Anzahl der Zahlen, so erhältst du das Gewünschte). — [1263] SACROBOSCO's Rechenbuch, veröffentlicht in HALLIWELL, *Rara mathematica*, London 1841, S. 2 Z. 2—4 v. u. und S. 18—19. — [1264] CANTOR, II[b], S. 223.

NARDO's.[1265] Das Rechenbuch von WIDMANN (Leipzig 1489) wendet sie auf die Reihe der ganzen Zahlen 1, 2, 3 ... an, die einmal bis zu einem geraden, bei einem anderen Beispiel bis zu einem ungeraden Schlußglied steigt, dann werden auch noch die Zahlen 2, 4, 8 ... und 1, 3, 5, 7 ... summiert.[1266] Erst das sechzehnte Jahrhundert arbeitete selbständig weiter. CARDANO (1501—1576; Padua, Mailand, Bologna) lehrte in seiner *Practica Arithmeticae* von 1539,[1267] wie man allgemein ein beliebiges Glied einer arithmetischen Reihe bilden kann, ohne die dazwischenliegenden zu berechnen. Dasselbe zeigte auch CLAVIUS (1537 Bamberg — 1612 Rom) in der *Epitome Arithmeticae practicae* (1584).[1268] Bei beiden wurde ferner die Aufgabe gelöst, aus g_1, d und g_n die Anzahl der Glieder n zu berechnen.[1269] Der erste, der die beiden Formeln LEONARDO's zu der einzigen $s_n = \frac{n \cdot (g_1 + g_n)}{2}$ vereinigte, war CLAVIUS;[1270] STIFEL (1486—1567) hatte auch nur eine Formel, schrieb sie aber noch in der Form $s_n = n \cdot \frac{g_1 + g_n}{2}$.[1271] Bei CLAVIUS erschien auch zuerst die Berechnung von s_n unmittelbar aus g_1, d, n durchgeführt.[1272]

Die meisten mathematischen Lehrbücher des siebzehnten und achtzehnten Jahrhunderts fassen sich bei der Behandlung der Reihen sehr kurz; größtenteils bringen sie nur so viel, wie nötig ist, um die Theorie der Logarithmen (vgl. S. 142 f.) einzuleiten. Eine Ausnahme macht die *Mathesis universalis sive arithmeticum opus integrum* von 1657,[1273] in der WALLIS (1616—1703, Oxford) sämtliche nur möglichen Aufgaben unter Anwendung der Buchstabenrechnung durchführte, die zugehörigen algebraischen Schlußformeln bildete und in einer übersichtlichen Tabelle zusammenstellte.[1274] So vollständig war nicht einmal EULER (1707—1783) in der *Algebra* (1770), da er alle die Fälle, in der s_n als bekannt angenommen wird, ausläßt.[1275]

Eine methodische Durchführung des Stoffes und die Einfügung in das Schulpensum ist erst im neunzehnten Jahrhundert erfolgt.

1265 *Le Triparty*, ed. BONCOMPAGNI (Anm. 579), S. 618 Z. 1—3: *„Si laddition du premier avec le derrenier est multipliee par la moittie du nombre des nombres la multiplication est egale a tous les nombres progressionez ensemble."* — 1266 Teil I, cap. 8, Blatt 26 (unpaginiert). — 1267 Cap. XXVII. Vgl. P. TREUTLEIN, *Das Rechnen im sechzehnten Jahrhundert*, Abh. zur Geschichte der Math., I, Leipzig 1877, S. 61—62. — 1268 *Epitome*, Neue Aufl. v. 1585, S. 280, regula II. — 1269 Bei CLAVIUS (S. 278—280), nur für die Reihe der geraden und ungeraden Zahlen. — 1270 *Epitome*, S. 274, regula I. — 1271 *Arithmetica integra*, 1544, S. 19ᵃ—19ᵇ. — 1272 *Epitome*, S. 281. — 1273 Neuabdruck in den Opera, I, Oxoniae 1695. — 1274 Daselbst S. 148. — 1275 *Algebra*, S. 202 (Anm. 577).

B. Die geometrischen Reihen.

Neben den beiden erwähnten Aufgaben (S. 310), die arithmetische Reihen behandeln, hat der *Ägypter* Ahmes auch ein Beispiel (Nr. 79), das auf eine geometrische Reihe führt.[1276] Ihrem Wortlaut entkleidet, fordert diese Aufgabe die ersten 5 Potenzen von 7: 7, 49, 343, 2401, 16807 zu addieren. Die Lösung wird in zweifacher Weise erhalten; erstens findet Ahmes durch unmittelbare Addition die Zahl 19607, zweitens rechnet er das Produkt 7 · 2801 aus und gelangt zu derselben Zahl 19607. Vielleicht liegt der letzten Lösung die Kenntnis einer allgemeinen Summationsformel zu Grunde, da $2801 = \frac{16807-1}{7-1} = \frac{g_1{}^n - 1}{g_1 - 1}$ ist;[1277] über dieses Vielleicht kommt aber der Geschichtsforscher nicht hinaus. Durchaus merkwürdig infolge Ausbleibens jedes Bindegliedes ist das Auftreten derselben Aufgabe, in ähnlicher Einkleidung mit denselben Zahlen, im *liber abaci* (1202) Leonardo's.[1278]

Wie weit die *Babylonier* mit geometrischen Reihen bekannt waren, wissen wir nicht; die auf S. 310 mitgeteilte Inschrift beweist nur, daß sie Kenntnis davon besaßen.

Die allgemeine Summation finden wir bei den *Griechen*. Aus der Erweiterung der Erklärung für das geometrische Mittel ($a:x = x:c$ oder auch $a:ab = ab:ab^2$) gelangten sie zu Reihen, in denen jedes Glied die mittlere Proportionale zwischen den beiden benachbarten ist: $a, ab, ab^2, ab^3, ab^4, \ldots$. Euklid (um 300 v. Chr., Alexandria) leitete für solche Größen eine Proportion ab, die wir in der Form schreiben können

$$\frac{g_2 - g_1}{g_1} = \frac{g_{n+1} - g_1}{s_n},$$

wo g_1 das Anfangsglied, g_2 das zweite, s_n die Summe der ersten n Glieder darstellt.[1279] Es liegt auf der Hand, daß hiermit die allgemeine Summation geleistet ist. Euklid wendete auch seinen Satz unmittelbar hinterher[1280] auf die Summation der Potenzen von 2 an.

Wie bei den arithmetischen Reihen, so haben auch bei den geometrischen weder die *Inder*[1281] noch die *Araber* eigene Leistungen zu verzeichnen. Bei dem Araber Al Biruni (aus Byrun im Indus-

1276 Eisenlohr, S. 202 (Anm. 3). — 1277 Cantor, I^b, S. 42. — 1278 Leonardo Pisano, I, S. 311 u.—312 o. (Anm. 1262). — 1279 El. IX, 35. — 1280 El. IX, 36. — 1281 Colebrooke, S. 55 u. 291, Note; Cantor, I^b, S. 579.

thal, † 1038) findet sich zuerst die bekannte Schachbrettaufgabe mit den Weizenkörnern;[1282] wahrscheinlich hatte er sie auf seinen ausgedehnten Reisen im indischen Reiche kennen gelernt. Dasselbe Beispiel wiederholt sich im *liber abaci* (1202) des LEONARDO von Pisa[1283] und gelangte so zur Kenntnis des Abendlandes. LEONARDO behandelte die geometrischen Reihen nicht in derselben Allgemeinheit, wie die arithmetischen, obgleich gerade hierin die Alten ihm ein Vorbild hätten sein können, sondern begnügte sich, das einzuschlagende Rechenverfahren an besonderen Zahlenreihen zu zeigen.

Die moderne Summationsformel erscheint zum erstenmal in dem *Algorithmus de integris* (1410; gedruckt 1483 Padua, 1540 Venedig) des italienischen Mathematikers PROSDOCIMO DE' BELDOMANDI aus Padua († 1428) der — natürlich ohne Benutzung algebraischer Symbole — die Rechenvorschrift

$$a + qa + q^2a + \dots + q^{n-1}a = q^{n-1}\cdot a + \frac{q^{n-1}\cdot a - a}{q-1}$$

an mehreren speziellen Beispielen durchführte.[1284] Die gleiche Regel

$$s_n = \frac{g_n - g_1}{q-1} + g_n$$

läßt sich auch im Rechenbuche PEURBACH's (1423—1461, Wien) nachweisen,[1285] ebenso im Bamberger Rechenbuche von 1483, hier wenigstens für den Fall $a = 1$.[1286] CHUQUET (*Le Triparty*, 1484) benutzte die Fassung[1287]

$$s_n = \frac{q\cdot g_n - a}{q-1}.$$

Während diese Summierungsart in den meisten Lehrbüchern des sechzehnten Jahrhunderts wiederkehrt — so bei CLAVIUS (*Epitome*, 1583),[1288] SIMON JACOB (Rechenbuch, 1565, Frankfurt)[1288a] u. A. —, verwendete STIFEL 1544 die neue Form[1289]

$$s_n = \frac{(q\cdot g_n - a)\cdot a}{g_2 - a}.$$

1282 CANTOR, I^b, S. 713. — 1283 LEONARDO PISANO, I, S. 309 u. (Anm. 1262). — 1284 CANTOR, II^b, S. 207. — 1285 Im *Algorithmus* v. 1522, Signatur B_{II}, Rückseite; nicht enthalten in einer Ausgabe v. 1583. — 1286 CANTOR, II^b, S. 223. — 1287 Ed. BONCOMPAGNI, S. 628 Z. 13—15 v. u.: *„Soit le derrenier nombre multiplie par le denomĩateur de la proporcion de lequelle multiplicacion soit oste le p̃mier soit. 1. ou ault' nombre quel quil soit. Et le residu soit party par. 1. moins que nest le denoĩateur dicelle.* (Es werde die letzte Zahl [g_n] mit dem Quotienten der Reihe [q] multipliziert. Von diesem Produkt werde das erste Glied [a], es sei 1 oder irgend eine andere beliebige Zahl, abgezogen. Der Rest werde geteilt durch den um 1 verminderten Quotienten derselben [Reihe]). — 1288 Ausg. v. 1585, S. 287. — 1288a Rechenbuch, Teil I, *Von der Progression*, S. 14^a. — 1289 *Arithmetica integra*, S. 30^b Z. 8—19.

Genau diese Regel führte auch Tartaglia im *General trattato* von 1556 an[1290] und verrät damit seine Bekanntschaft mit Stifel's Werk, die er an anderer Stelle zu seinen eigenen Gunsten verschwieg (siehe Binomialkoëffizienten, vgl. S. 327). Bei den meisten Beispielen rechnete Tartaglia nach der alten Formel

$$s_n = \frac{g_n - a}{q - 1} + g_n,$$

die kleinere Zahlen in Anwendung kommen läßt.[1291] Beachtenswert in diesen Beispielen ist die rechnerische Gewandtheit, mit der er auch Beispiele in Brüchen[1292] durchführte, die alle anderen Verfasser vorsichtig zu vermeiden suchten.

Die independente Darstellung des n^{ten} Gliedes lehrten Apian 1495—1562, Ingolstadt)[1293] und Clavius 1583.[1294]

Die Gleichungsaufgabe, die in keinem modernen Lehrbuche fehlt, aus der Summe von vier eine geometrische Reihe bildenden Zahlen und aus der Summe ihrer Quadrate diese Reihe aufzustellen, ist zuerst von Cardano in einem Brief (vom 12. II. 1539) an seinen Gegner Tartaglia gestellt und von diesem in befriedigender Weise in der Antwort vom 18. II. gelöst worden.[1295]

Eine systematische Durcharbeitung aller möglichen Aufgaben, in denen aus irgend drei der fünf auftretenden Größen, g_1, q, n, g_n, s_n die übrigen zwei berechnet werden sollen, hat 1657 der englische Mathematiker Wallis, soweit sie nicht auf höhere als quadratische Gleichungen führen, unternommen und seine Resultate am Schlusse seiner Untersuchungen zu einer übersichtlichen Tabelle vereinigt.[1296]

Die erste unendliche geometrische Reihe, $1 + \frac{1}{4} + (\frac{1}{4})^2 + (\frac{1}{4})^3 + \ldots$, hat Archimedes (287—212 v. Chr., Syrakus) bei Gelegenheit der Parabelquadratur[1297] addiert. Eine allgemeine Formel für $q < 1$ ist erst durch Vieta (1540—1603, Paris) gefunden worden. Bei

1290 *General trattato*, parte 2, S. 6ᵃ. — 1291 Vgl. daselbst die Aufgaben am Rand. — 1292 Daselbst S. 6ᵃ: $a = 16$, $q = 1\frac{1}{2}$, $n = 5$, S. 6ᵇ: $a = 81$, $q = 1\frac{1}{3}$, $n = 5$ u. $a = 27$, $q = 1\frac{2}{3}$, $n = 5$ u. $a = 27$, $q = 2\frac{2}{3}$, $n = 5$. — 1293 Nach Treutlein, S. 62 (Anm. 1267). Verf. hat in Apian's Rechenbuch v. 1532 diese Berechnung nicht gefunden. — 1294 Ausg. v. 1585, S. 294—295. — 1295 *Opere del famosissimo Nicolo Tartaglia*, Venedig 1606. *Quesiti et inventioni diverse*, lib. IX, Quesito, XXXII, S. 256 Z. 2—4 Brief Cardano's, S. 259—260, Antwort Tartagli's. Vgl. Cantor, IIᵇ, S. 487. Ähnliche Aufgaben enthält auch das 39. Kapitel der *Ars magna* (1545) von Cardano. Opera, Lugd. 1663, Bd. IV, S. 293—294. — 1296 Opera, I, cap. 31, 33, 34 (vgl. S. 314). — 1297 Archimed, *Τετραγωνισμὸς παραβολῆς*, Satz XXIII u. XXIV; ed. Heiberg, II, S. 346—353; Nizze, 24—25 (Anm. 33); vgl. Cantor, Iᵇ, S. 290.

Betrachtung solcher unendlichen, fallenden Reihen giebt dieser der Summationsformel die Gestalt

$$q = \frac{s_n - g_1}{s_n - g_n}$$

und setzt im Grenzübergange zu s_∞ $g_n = 0$.[1298] Daraus ist unsere Formel

$$s_\infty = \frac{g_1}{1-q}$$

abzuleiten. In der Proportionsform

$$(g_1 - g_1 q) : g_1 q = g_1 : (s_\infty - g_1)$$

erscheint dann dieselbe Regel, noch einmal gefunden, bei Fermat (1601—1665, Toulouse).[1299]

C. Die arithmetischen Reihen höherer Ordnung.

Der Begriff der arithmetischen Reihen höherer Ordnung ist bis zum sechzehnten Jahrhundert hin unbekannt. Im Rechenbuch des Simon Jacob (1565, Frankfurt a. M.) wird gelegentlich die Reihe $1 + 2 + 4 + 7 + 11 + 16 + 22 + 29$ nach der Formel

$$s_n = \frac{n+1}{3}(1 + 2 + 3 + 4 + 5 + 6 + 7) + na$$

addiert und dabei die Klammer als „Summe der Differenzen" bezeichnet.[1300] Ist bei Jacob durch diese Andeutung der Weg erkennbar, auf dem ihm eine Summation gelang, so fehlt uns jede Erläuterung zu den algebraischen Formeln, die Johann Faulhaber (1580—1635; Kriegsbaumeister und Lehrer der Mathematik in Ulm) für die Summen der ersten elf Potenzsummen[1301]

$$1^m + 2^m + 3^m + 4^m + \ldots (m = 1, 2, \ldots 11)$$

aufstellte. Bei den Reihen der Quadrate, Kuben und Biquadrate hat Faulhaber wohl Differenzen gebildet; die Formeln der höheren Potenzen scheinen aber nur durch Induktion gefunden zu sein. Noch weniger wissen wir von den Untersuchungen Fermat's (1601—1665),

---

1298 *Variorum de rebus mathematicis responsorum lib. VIII,* cap. XVII, Originalausgabe, Turonis 1593, S. 29ᵃ. — 1299 *Proportionis Geometricae in quadrandis infinitis parabolis et hyperbolis usus.* Fermat, Varia opera, Tolosae 1679, S. 44 Z. 11—18 v. u. — 1300 Daselbst, S. 13ᵇ. — 1301 *Herrn Johann Faulhabers Continuatio seiner neuen Wunderkünste,* Zürich 1617, nach Kästner, *Geschichte d. Mathem.,* III, Göttingen 1799, S. 30. Cantor, IIᵇ, S. 748—749.

die dasselbe Thema zum Gegenstand hatten. In einem Briefe vom 16. XII. 1636 teilte FERMAT (an ROBERVAL) mit,[1302] daß er eine Methode zur Summierung beliebiger Potenzen der ganzen Zahlen gefunden habe, und versprach auch, in einer späteren Mitteilung seine Ableitung auseinanderzusetzen. Die Ausführung dieser Zusage ist aber nirgends in FERMAT's Schriften zu finden.

Differenzenbildung war den Mathematikern des sechzehnten Jahrhunderts nichts Neues mehr. Wir sahen schon in den ältesten trigonometrischen Tafeln (PTOLEMAEUS) die ersten Differenzenreihen gebildet, durch deren allmähliches Wachsen sicherlich eine Art Prüfung der berechneten Tabellengrößen vorgenommen wurde. Das genauere Verhalten dieser Wertreihen durch Aufstellung der zweiten Differenzen scheint zuerst RHAETICUS bei dem Entwurf seines Riesencanons (vgl. S. 302—303) verwendet zu haben. PITISCUS (vgl. S. 305), der die Revision dieser Tafeln übernahm, ging infolge der größeren von ihm benutzten Stellenzahl sogar bis zu den fünften Differenzen. Man vermutet, daß dieses Differenzenverfahren besonders von BÜRGI bei Berechnung von Tafeln ausgenutzt wurde.[1303] Zu einer wirklichen Interpolationsmethode gelangte H. BRIGG's (1556—1630; London, Oxford), in dessen *Trigonometria Britannica* von 1633 wir sie kennen lernen.[1304] Den gleichen Zweck, tabellarisierte Zahlenreihen durch fortgesetzte Differenzenbildung zu vervollständigen, verfolgte 1670[1305] auch GABRIEL MOUTON (1618—1694), während LEIBNIZ (1646—1716) ähnliche Betrachtungen bei den Reihen, die durch gleich hohe Potenzen der ganzen Zahlen gebildet werden,

$$1^m + 2^m + 3^m + \ldots n^m$$

anstellte;[1306] die sich ihm hierbei ergebende Regelmäßigkeit in der m^{ten} Differenzenreihe, ließ ihn aus den ersten Gliedern der einzelnen Differenzenreihen, eine Berechnung des allgemeinen Gliedes der Hauptreihe vornehmen. Diese Bestimmung führt er an dem Beispiel der Kubikzahlenreihe durch. Die ersten Größen 0, 1, 6, 6 der Reihen

1302 Varia opera PETRI DE FERMAT, Tolosae 1679, S. 148 Z. 8 v. u. ff. Oeuvres de Fermat, éd. TANNERY et HENRY, Bd. II, Paris 1894, S. 92. — 1303 v. BRAUNMÜHL, S. 204—205, 210 (Anm. 573). — 1304 Vgl. KOPPE, *Die Behandlung der Logarithmen und des Sinus im Unterricht.* Programm 1893, Andreasrealgymn. Berlin, S. 30 ff.; vgl. Bibliotheca mathemat., 3. Folge, Bd. II, S. 86. — 1305 In einem Buche: *Observationes diametrorum solis et lunae apparentium,* vgl. CANTOR, III², S. 72 bis 73. — 1306 Brief an OLDENBURG vom 3. II. 1673, *Commercium epistolicum,* S. 86—91 (Anm. 533); LEIBNIZ' Werke, ed. GERHARDT, 3. Folge, Bd. I, Berlin 1849, S. 27 ff. Vgl. CANTOR, III², S. 72—74.

0		1		8		27		64		125		216
	1		7		19		37		61		91	
		6		12		18		24		30		
			6		6		6		6			
				0		0		0				

nennt er *generatrices*; mit ihrer Hilfe bildet er

$$0^3 = 0 \cdot \mathit{1}$$
$$1^3 = 0 \cdot \mathit{1} + 1 \cdot \mathit{1}$$
$$2^3 = 0 \cdot \mathit{1} + 1 \cdot \mathit{2} + 6 \cdot \mathit{1}$$
$$3^3 = 0 \cdot \mathit{1} + 1 \cdot \mathit{3} + 6 \cdot \mathit{3} + 6 \cdot \mathit{1}$$
$$\ldots,$$

wobei er die schräg gedruckten Zahlen als Binomialkoëffizienten erkannte. Er versichert, auch im allgemeinen Fall die Durchführung gefunden zu haben, so daß ihm die Kenntnis von

$$n^3 = 0 \cdot 1 + 1 \cdot n + 6 \cdot \frac{n(n-1)}{2} + 6 \cdot \frac{n(n-1)(n-2)}{2 \cdot 3}$$

zuzuschreiben ist. Die Untersuchungen LEIBNIZ' nahm DE LAGNY (1660—1734, Paris) auf.[1307] Neben dem von LEIBNIZ entlehnten Terminus *generateur* treffen wir bei ihm die uns heute so geläufig gewordene Bezeichnung „arithmetische Reihen höherer Ordnung“ zum erstenmal an. DE LAGNY zeigt im Verlauf seiner Abhandlung, daß nicht nur die Reihen der Quadrat- und Kubikzahlen, überhaupt der n^{ten} Potenzen, derartige Reihen sind, sondern auch der Ausdruck

$$a_m x^m + a_{m-1} x^{m-1} + \ldots + a_1 x$$

solche liefere, wenn man für x die Zahlen 1, 2, 3 ... der Reihe nach einsetze.[1308]

Endgültige Berechnungsformeln werden nicht von ihm gegeben, wenn er auch darlegt, wie man das allgemeine Glied einer Reihe höherer Ordnung finden kann. Die allgemeine Formel für das n^{te} Glied ist unter dem Namen der NEWTON'schen Interpolationsformel bekannt, die NEWTON in seiner *Principia* von 1687 andeutet[1309] und im *Methodus differentialis* (1711 durch W. JONES herausgegeben) ausführlicher auseinandersetzt.[1310] Ihre heutige Gestalt nahm sie (1713) in der *ars conjectandi* JACOB BERNOULLI's (1654—1705, Basel) an.[1311]

1307 Hist. de l'Acad. royale des Sciences 1722, Paris 1724, S. 264—320, DE LAGNY, *Des Progressions Arithmétiques de tous les degrés à l'infini.* — 1308 Daselbst S. 270 ff. — 1309 *Philosophiae natur. principia mathem.*, lib. III, lemma 5. — 1310 Opuscula Newtoni, Lausannae et Genevae 1744, S. 273 ff. Vgl. CANTOR, III², S. 358. — 1311 *Ars conjectandi*, Basileae 1713, Pars secunda, cap. III, S. 98—99.

Die Summation der allgemeinen Reihe ist zuerst durch F. C. MAIER 1728 geleistet worden.[1312] —

In der Geschichte der allgemeinen arithmetischen Reihe höherer Ordnung hatten wir im Vorstehenden nur das spätere Mittelalter und die Neuzeit zu berücksichtigen; für besondere Fälle konnte aber bereits das Altertum eine Addition ausführen. Als ältestes Beispiel stellt sich uns die Reihe der Quadratzahlen dar. Ihre Summation erledigte ARCHIMEDES (287—212 v. Chr., Syrakus), indem er die Beziehung

$$3[a^2+(2a)^2+(3a)^2+\ldots+(na)^2] = (n+1)\cdot(na)^2+a\cdot(a+2a+3a+\ldots+na)$$

in Form eines geometrischen Lehrsatzes ableitete.[1313] Der kurze Ausdruck

$$1^2+2^2+3^2+\ldots+n^2 = \frac{n(n+1)(2n+1)}{6}$$

muß spätestens zur Zeit der Abfassung der Einzelabhandlungen des *Codex Arcerianus* (fünftes bis siebentes Jahrhundert n. Chr.) bekannt gewesen sein, da seine Kenntnis zur Ableitung anderer dort gegebener Formeln benutzt wird.[1314] Die Summierung der Quadratzahlen kannten ferner die Inder[1315] und die Araber;[1316] sie wird angeführt von LEONARDO PISANO (*liber abaci* 1202)[1317] und allen besseren mittelalterlichen Autoren. An anderer Stelle (*liber quadratorum* 1225) vollzieht LEONARDO auch die Addierung der Quadrate der ungeraden, wie der geraden Zahlen allein durch

$$12\cdot(1^2+3^2+5^2+\ldots+n^2) = n(n+2)(2n+2) \quad n \text{ ungerade},$$
$$12\cdot(2^2+4^2+6^2+\ldots+n^2) = n(n+2)(2n+2) \quad n \text{ gerade}.$$[1318]

Dieselben Vorschriften finden sich wieder in TARTAGLIA's *General trattato* (1556—1560),[1319] aber noch vermehrt um die Summationsregel für die Quadrate der durch 3 und 4 teilbaren Zahlen.

Die Bildung der Kubikzahlen durch Addition aufeinanderfolgender ungerader Zahlen

$$\begin{aligned} 1^3 &= 1 \\ 2^3 &= 3+5 \\ 3^3 &= 7+9+11 \\ 4^3 &= 13+15+17+19 \\ &\;\;\cdots \end{aligned}$$

[1312] Comm. Petrop. ad annum 1728, Bd. III, gedruckt 1732, S. 28—53, *De arithmetica figurata ejusque usibus aliquot.* — [1313] *Περὶ ἑλίκων*, X, ed. HEIBERG, II, S. 34ff., NIZZE, S. 125—128. Vgl. CANTOR, I^b, S. 298—299. — [1314] CANTOR, I^b, S. 519. — [1315] RODET, S. 424 (Anm. 195); COLEBROOKE, S. 52, 293 (Anm. 261). — [1316] *Alkarchî* (um 1010 n. Chr., Bagdad), *Fakhrî*, ed. WOEPCKE, Paris 1853, S. 60—61. — [1317] LEONARDO PISANO, I, S. 167, unterer Abschnitt (Anm. 1262). — [1318] LEONARDO PISANO, II, S. 263 u. 264 (Anm. 88). — [1319] Parte II, S. 7^a u. 7^b.

ist bereits von NIKOMACHUS von Gerasa (um 100 n. Chr.) vorgenommen worden.[1320] Die Summation der Kubikzahlen findet sich zum erstenmal in dem eben erwähnten *Codex Arcerianus* (S. 321) für das Beispiel

$$1^3 + 2^3 + \dots + 10^3 = \left(\frac{10 \cdot 11}{2}\right)^2$$

ausgeführt. Die allgemeine Formel würde lauten

$$1^3 + 2^3 + \dots + n^3 = \left(\frac{n \cdot (n+1)}{2}\right)^2.$$

Der unbekannte Entdecker dieser Beziehung ist entweder von dem Satze des NIKOMACHUS ausgegangen[1321] oder hat induktiv die Beobachtung, daß

$$\begin{aligned} 1^3 + 2^3 &= 9 = 3^2 \\ 1^3 + 2^3 + 3^3 &= 36 = 6^2 \\ 1^3 + 2^3 + 3^3 + 4^3 &= 100 = 10^2 \\ 1^3 + 2^3 + 3^3 + 4^3 + 5^3 &= 225 = 15^2 \\ &\dots \end{aligned}$$

ist, mit der Kenntnis verbunden, daß 3, 6, 10, 15 ... die Dreieckszahlen, die man durch $\frac{n(n+1)}{2}$ schon darstellen konnte, liefern.[1322] Wiederum findet sich bei den Indern[1323] und den Arabern[1324] derselbe Satz. In abendländischen Schriften ist er indes nicht vor der *Summa* (1494) des LUCA PACIUOLO[1325] nachzuweisen.

Die Summierung der vierten Potenzen gelang erst einem sehr späten morgenländischen Gelehrten, dem GIJAT EDDIN AL-KASCHI, der am Tartarenhofe in Samarkand lebte (erste Hälfte des fünfzehnten Jahrhunderts).[1326] In seinem *Schlüssel der Rechenkunst* lehrte AL-KASCHI zunächst, wie man die Kubikzahlen zusammenziehen könne, und leistete dann dasselbe für die Biquadratzahlen, freilich unter Benutzung einer sehr umständlichen Relation

$$1^4 + 2^4 + 3^4 + \dots + n^4 =$$
$$\left[\frac{(1+2+3+\dots+n)-1}{5} + (1+2+3+\dots+n)\right] \cdot \left[1^2+2^2+3^2+\dots+n^2\right],$$

die er nicht weiter zu vereinfachen im stande ist.

1320 Ἀριθμητικὴ εἰσαγωγή, II, cap. XX, 5, ed. HOCHE, Leipzig 1866, S. 119 Z. 12—18. — 1321 CANTOR, I^b, S. 519—520. — 1322 ENESTRÖM, Bibl. math., 3. Folge, Bd. III, 1902, S. 239. — 1323 BRAHMAGUPTA, *Gaṇita*, ch. XII, Sect. III, 20; ed. COLEBROOKE, S. 293—294; BHASKARA, *Lîlâvatî*, ch. V, Sect. I, 118, ed. COLEBROOKE, S. 52 (Anm. 261). — 1324 ALKARCHI (um 1010; Bagdad), *Fakhri*, S. 61—62 (Anm. 1316); ferner im Rechenbuch des *Abû Zaharija el Hassar*, Bibl. math., 3. Folge, Bd. II, Leipzig 1901, S. 33, hier auch die Kuben der ungeraden Zahlen summiert. — 1325 *Summa*, Venedig 1494, I, S. 44^a Z. 29 ff. — 1326 CANTOR, I^b, S. 736.

Über die Addition der **fünften** bis **elften** Potenzen der aufsteigenden ganzen Zahlen vgl. die geschichtlichen Bemerkungen S. 318 über FAULHABER und FERMAT. Die allgemeine Summierung von

$$1^m + 2^m + 3^m + 4^m + \ldots + n^m = s_n^{(m)}$$

vollzog in moderner Form zuerst JAKOB BERNOULLI (1654—1705, Basel). Nach Angabe der Anfangswerte (*Ars conjectandi*, 1713)[1327]

$$s_n^{(1)} = \frac{n^2}{2} + \frac{n}{2}$$

$$s_n^{(2)} = \frac{n^3}{3} + \frac{n^2}{2} + \frac{n}{6}$$

$$s_n^{(3)} = \frac{n^4}{4} + \frac{n^3}{2} + \frac{3n^2}{12}$$

$$s_n^{(4)} = \frac{n^5}{5} + \frac{n^4}{2} + \frac{2n^3}{6} - \frac{n}{30}$$

ging BERNOULLI zu dem allgemeinen Fall über und setzte

$$s_n^{(m)} = \frac{n^{m+1}}{m+1} + \frac{n^m}{2} + \frac{1}{2} m_1 B_1 n^{m-1} - \frac{1}{4} m_3 B_3 n^{m-3} + \frac{1}{6} m_5 B_5 n^{m-5} \ldots,$$

wo m_i die Binomialkoëffizienten und B_i gewisse Größen sind, die von EULER „Bernoulli'sche Zahlen“ genannt wurden.[1328]

D. Die höheren Reihen.

Der Begriff der Reihe war, so erkannten wir in den vorhergehenden Kapiteln, bereits im griechischen Altertum entwickelt; hatten doch die Altpythagoreer (sechstes Jahrhundert v. Chr.) in ἔκθεσις und ὅρος sogar schon Fachausdrücke für unsere Worte „Reihe“ und „Glied einer Reihe“. Wir sahen, daß ARCHIMEDES (287—212 v. Chr.) die erste Summation einer unendlichen geometrischen Reihe vollzog; hinzuzufügen ist, daß auch die Exhaustionsmethode der griechischen Mathematiker (vgl. S. 127, 136), die ARCHIMEDES so meisterhaft zu verwenden verstand, im Grunde genommen auf Reihenbetrachtungen hinauskam, indem sie das Unendlichgroße in der unbegrenzt aufsteigenden Anzahl der angenommenen Polygone,

1327 Daselbst pars secunda, cap. III, S. 97. — 1328 EULER, *Institutiones calculi differentialis*, Petrop. 1755, II, § 122: „*ab inventore Jacobo Bernoulli vocari solent Bernoulliani*“. Vgl. auch Novi comm. Petrop. ad annum 1769, Bd. XIV (gedr. 1770), S. 129 ff. EULER, *De summis serierum numeros Bernoullianos involventium.*

das Unendlichkleine in den immer geringer werdenden Zuwächsen der berechneten Flächenstücke ihren Betrachtungen unterlegte.

Erst das siebzehnte Jahrhundert unserer Zeitrechnung brachte auf dem schwierigen Gebiete, das ARCHIMEDES zu bearbeiten begonnen hatte, fortschreitende Leistungen, aus denen dann allmählich die moderne Infinitesimalrechnung emporwuchs. Diese fundamentalen Arbeiten sind die *Doliometrie* KEPLER's[1329] von 1615 und die *Indivisibilien* CAVALIERI's von 1635.[1330] Die in ihnen entwickelten Methoden stellen den Keim der Integralrechnung dar; auf einige Resultate ihrer Berechnungen haben wir in der Geschichte der Stereometrie einzugehen.

Nach und nach hoben sich aus diesen Unendlichkeitsbetrachtungen als besonderes Gebiet die Untersuchungen reiner unendlicher Reihen heraus, die in späterer Zeit zu einer eigenen Theorie vereinigt wurden.

Die Anfänge infinitesimaler Rechnungen waren mit der Quadratur des Kreises verbunden, demselben Thema, das auch ARCHIMEDES zu seinen Arbeiten angeregt hatte. Um Wiederholungen aus der Geschichte der Kreisberechnung zu vermeiden (vgl. S. 128 ff.), sei nur kurz das unendliche Produkt VIETA's (1593) erwähnt

$$\frac{2}{\pi} = \sqrt{\tfrac{1}{2}} \cdot \sqrt{\tfrac{1}{2} + \tfrac{1}{2}\sqrt{\tfrac{1}{2}}} \cdot \sqrt{\tfrac{1}{2} + \tfrac{1}{2}\sqrt{\tfrac{1}{2} + \tfrac{1}{2}\sqrt{\tfrac{1}{2}}}} \cdots \quad {}^{512}$$

und das des englischen Mathematikers WALLIS (1655)

$$\frac{4}{\pi} = \frac{3 \cdot 3 \cdot 5 \cdot 5 \cdot 7 \cdot 7 \cdot 9 \cdot 9 \cdot 11 \cdot 11 \cdot 13 \cdot 13 \ldots}{2 \cdot 4 \cdot 4 \cdot 6 \cdot 6 \cdot 8 \cdot 8 \cdot 10 \cdot 10 \cdot 12 \cdot 12 \cdot 14 \ldots}, \quad {}^{530}$$

von denen das letzte durch Lord BROUNKER sofort in den Kettenbruch

$$\frac{4}{\pi} = 1 + \cfrac{1}{2 + \cfrac{9}{2 + \cfrac{25}{2 + \cfrac{16}{2 + \ldots}}}}$$

aufgelöst wurde.

Der Berechnung der Kreislinie war auch ein Werk des englischen Schriftstellers JAMES GREGORY (1638—1675, Edinburgh) *Vera circuli et hyperbolae quadratura* von 1667[1331] gewidmet, in dem das geometrische Verfahren des ARCHIMEDES in scharfsinniger Weise verfeinert wurde. Diese Schrift muß hier in der Reihenlehre Erwähnung finden, da in ihr der Begriff einer unendlichen Reihe, deren Wert

1329 *Stereometria doliorum*, Linz 1615; ein deutscher Auszug erschien 1616. Opera Kepleri, ed. FRISCH, Bd. IV, S. 551—646. — 1330 *Geometria indivisilibus continuorum nova quadem ratione promota*, 1635; verbesserte Auflage, Bonon. 1653. — 1331 Abgedruckt in HUYGENS' Werke, Opera varia, Lugd. Bat. 1724, II, S. 407—462.

sich bei immer weitergeführter Summation einer bestimmten Grenze nähert, so deutlich erfaßt wird, wie noch nie zuvor. GREGORY sprach sogar von einer *Series polygonorum convergens, cuius determinatio est circulus*[1332] (konvergierende Reihe von Polygonen, deren Grenze der Kreis ist) und fügte hiermit dem mathematischen Sprachschatz das Wort konvergent ein, das nicht wieder verschwinden sollte.

Die letzte Hälfte des siebenten Jahrzehnts im siebzehnten Jahrhundert ist überhaupt für die Geschichte der älteren Reihentheorie ein hochwichtiger Zeitabschnitt. 1667 erschien GREGORY's eben erwähntes Werk; aus dem Jahre 1668 sind nicht weniger als vier Abhandlungen zu nennen. Die erste[1333] hat Lord BROUNKER (um 1620—1684, erster Präsident der Royal Society) zum Verfasser und enthielt die Ableitung der Reihe

$$\frac{1}{1\cdot 2}+\frac{1}{3\cdot 4}+\frac{1}{5\cdot 6}+\ldots,$$

die den Flächenraum zwischen der Hyperbel $x\cdot y=1$, ihren Asymptoten und den Ordinaten $x=1$ und $x=2$ darstellt. Sogar die Konvergenz dieser Reihe wurde untersucht, ohne daß BROUNKER freilich sich der Wichtigkeit und Unerläßlichkeit solcher Untersuchungen bewußt war. Zweitens ist auf MERCATOR's (1620—1687; Paris, London) *Logarithmotechnia*,[703] London 1668, zu verweisen (vgl. S. 182 bis 183), die die Entdeckung der logarithmischen Reihe

$$l(1+a)=a-\frac{a^2}{2}+\frac{a^3}{3}-\frac{a^4}{4}+\ldots$$

enthielt und damit eine völlige Umwälzung in der Berechnung logarithmischer Tafeln anbahnte. Die dritte Schrift (August 1768), die eine Ergänzung der *Logarithmotechnia* sein sollte, stammt von WALLIS (1616—1703, Oxford). Dieser stattete in ihr zunächst der Royal Society einen Bericht über die wichtige, literarische Neuigkeit ab und stellte dann eine Entwicklung für $l(1-a)$ auf.[707] An vierter Stelle nahm JAMES GREGORY in einer selbständig erschienenen kleinen Schrift *Exercitationes geometricae*[713] noch einmal das Wort, um weitere Transformationen der MERCATOR'schen Reihe behufs praktischer Logarithmenberechnung zu geben (vgl. S. 184).

Aus diesen in rascher Folge erscheinenden Abhandlungen erkennt man, wie groß die Anregung war, die das neue Thema auf die damaligen Gelehrten ausübte. Unter den Bearbeitern, die vorerst

[1332] Daselbst in der Vorrede, S. 407 vorletzte Zeile. — [1333] Philosoph. Transact. 1768, Bd. III, 13. April, S. 645ff.: *The squaring of the Hyperbola by an infinite series of Rational numbers.* Vgl. CANTOR, III[a], S. 55ff.; REIFF, *Geschichte der unendlichen Reihen*, Tübingen 1889, S. 14ff.

keine Berichte über den Stand ihrer Forschungen veröffentlichten, befand sich auch der junge Newton (1643—1727). Trotzdem waren die zu dieser Zeit von ihm bereits gefundenen Resultate die wichtigsten. Newton, der 1669, im jugendlichen Alter von 26 Jahren, die Professur in Cambridge erhielt, die bis dahin sein Lehrer Barrow (1630—1677) inne gehabt hatte, war, seinen eigenen Angaben nach,[1334] schon seit 1666 mit Reihenuntersuchungen beschäftigt und hatte seine Ergebnisse zu einer Abhandlung *De analysi per aequationes numero terminorum infinitas*[533] zusammengestellt. 1669 teilte er sie seinem Lehrer Barrow, dieser dem Vorsitzenden der Royal Society, Lord Brounker, u. a. mit. Die Bedeutung des Inhaltes wurde von den Lesern indes so wenig erkannt, daß nicht einmal irgend ein Vermerk über die neuartigen Untersuchungen in den *Philos. Transactions* oder in den Protokollen der Society erschien. Zum Druck kam Newton's Arbeit sogar erst 1704. Dennoch enthielt diese seine Jugendschrift schon alles, was zur Begründung einer Theorie unendlicher Reihen nötig ist. Newton sieht in den Reihen nicht nur interessante Objekte mathematischen Scharfsinnes, ihm sind die Reihen bereits ein Universalmittel zur Integration vorgeschriebener Kurven und zur näherungsweisen Lösung höherer Gleichungen. Die Angelpunkte seiner Untersuchungen sind die Aufstellung der Binomialentwicklung und die Benutzung des Umkehrungsprinzipes gegebener Potenzreihen.

Es ist hier die Gelegenheit, einen Rückblick auf die Geschichte der Binomialreihe einzuschalten. — Die Entwicklung von $(a+b)^n$ war für beliebig hohe Exponenten im Abendlande seit mehr als 100 Jahren bekannt, die Araber aber kannten sie bereits seit dem zwölften Jahrhundert; Omar Alchaijami († 1123) macht uns selbst von seiner Entdeckung der Verallgemeinerung des euklidischen $(a+b)^2$ und $(a+b)^3$ Mitteilung (vgl. Bd. I, die Radizierung, S. 211). Aus dem vierzehnten Jahrhundert ist eine chinesische Schrift, der *Tschuh schi kih* (1303, „*Der kostbare Spiegel der vier Elemente*“), anzuführen; in ihr ist die Berechnung der Binomialkoëffizienten nach der Anordnung

$$\begin{array}{ccccccccccccc}
 & & & & & & 1 & & & & & & \\
 & & & & & 1 & & 1 & & & & & \\
 & & & & 1 & & 2 & & 1 & & & & \\
 & & & 1 & & 3 & & 3 & & 1 & & & \\
 & & 1 & & 4 & & 6 & & 4 & & 1 & & \\
 & 1 & & 5 & & 10 & & 10 & & 5 & & 1 & \\
1 & & 6 & & 15 & & 20 & & 15 & & 6 & & 1 \\
 & & \cdot & \cdot & \cdot & \cdot & \cdot & \cdot & \cdot & \cdot & \cdot & \cdot & ,
\end{array}$$

1334 Cantor, III^2, S. 64.

die wir heute unter dem Namen des arithmetischen oder PASCAL'schen Dreieckes (vgl. S. 328) kennen, zum erstenmal vorgenommen.[1335] Für Europa läßt sich dieses Berechnungsverfahren erst in der Mitte des sechzehnten Jahrhunderts nachweisen; dabei ist jede Verbindung mit der chinesischen Quelle ausgeschlossen. Es ist der begabte Kossist MICHAEL STIFEL (1486/87—1567, Jena), der diese additive Bildung der Binomialkoëffizienten selbständig wieder entdeckt hat. Die Anordnung, die er in seiner *Arithmetica integra* von 1544[1336] vorschreibt, weicht von der chinesischen etwas ab; sie hat die Gestalt:

1	2	1					
1	3	3	1				
1	4	6	4	1			
1	5	10	10	5	1		
1	6	15	20	15	6	1	
.	.	.	.	.	.	.	.

Modern können wir dieses Bildungsgesetz durch die Formel

$$\binom{n}{k} + \binom{n}{k+1} = \binom{n+1}{k+1}$$

ausdrücken, wenn wir den Koëffizienten von b^k in der n^{ten} Potenz von $(a+b)$ mit $\binom{n}{k}$ bezeichnen. TARTAGLIA (1500—1557, Brescia), den wir in der Geschichte der kubischen Gleichung keine allzu rühmliche Rolle spielen sahen (vgl. Bd. I, S. 274 ff.), gab in seinem *General trattato* (1556—1560)[1337] die STIFEL'sche Vorschrift als seine eigene Entdeckung an; indes kann ihm die Bekanntschaft mit der *Arithmetica integra* nachgewiesen werden (vgl. S. 317). Seine Anordnung ist allerdings die des chinesischen Mathematikers; aber es ist kaum anzunehmen, daß er diese unwesentliche Abweichung von STIFEL für wichtig genug hielt, um sich mit ihrer Erfindung zu brüsten. Die Dreiecksform TARTAGLIA's ging in der nächsten Zeit in verschiedene mittelalterliche Lehrbücher über (JACOB 1565,[1338] GIRARD 1629[1339] u. a.) und hat schließlich STIFEL's Form ganz verdrängt.

Durch den englischen Mathematiker OUGHTRED (1574—1660)

1335 Vgl. BIERNATZKI, *Die Arithmetik der Chinesen*, CRELLE's Journal, Bd. 52, Berlin 1856, S. 87. — 1336 *Ar. integra,* S. 44^b; noch einmal in STIFEL's Ausgabe der RUDOLFF'schen Coß von 1553, S. 168^a. — 1337 *General trattato*, Parte 2, lib. II, S. 69^b und 71^b. — 1338 Rechenbuch, Frankfurt a. M. 1565, S. 104^b. — 1339 *Invention nouvelle en l'algebre,* Amsterdam 1629. Neudruck von BIERENS DE HAAN, Leiden 1884 (unpaginiert), zwei Seiten nach der Signatur E_3 unter *XII. Definition,* mit der Benennung „*triangle d'extraction*".

erhielten die Binomialkoëffizienten den nachher weit verbreiteten Namen *unciae.*[1340]

Durchaus selbständig sind die Untersuchungen, die PASCAL (1623—1662, Paris)[1341] über das, zuweilen nach ihm benannte, arithmetische Dreieck um 1654 anstellte. Schon die Anordnung des Dreieckes ist eine neue:

1	1	1	1	1	1	1	1	1	1
1	2	3	4	5	6	7	8	9	
1	3	6	10	15	21	28	36		
1	4	10	20	35	56	84			
1	5	15	35	70	126				
1	6	21	56	126					
1	7	28	84						
1	8	36							
1	9								
1.									

Bezeichnet man in diesem das k^{te} Glied der r^{ten} Reihe mit $(r)_k$, so lassen sich die von PASCAL weiterhin abgeleiteten Sätze folgendermaßen als Formeln aussprechen:

1) $(r)_k = (k)_r$ [1342]

2) $(r)_k = (r-1)_k + r_{k-1}$ [1343]

3) $r_k = \dfrac{r\cdot(r+1)\cdot(r+2)\dots(r+k-2)}{1\cdot2\cdot3\dots(k-1)}$. [1344]

Vergleicht man das Symbol $(r)_k$ mit dem oben benutzten $\binom{n}{p}$, so ist $n = r + k - 2$ und $p = k - 1$ oder umgekehrt $r = n - p + 1$ und $k = p + 1$ zu setzen. Formel 1) geht also über in

$$\binom{r+k-2}{k-1} = \binom{k+r-2}{r-1}$$

oder

$$\binom{n}{p} = \binom{n}{n-p}$$

und bedeutet, daß die gleich weit von den Enden der Entwicklungsreihe für $(a+b)^n$ befindlichen Koëffizienten einander gleich sind. Formel 2) wird zu

$$\binom{r+k-2}{k-1} = \binom{r+k-3}{k-1} + \binom{r+k-3}{k-2}$$

$$\binom{n}{p} = \binom{n-1}{p} + \binom{n-1}{p-1}.$$

1340 *Clavis mathematica,* 1631; 4. Aufl., Oxoniae 1667, S. 38, cap. XII *De Genesi et analysi potestatum,* § 6. — 1341 *Traité du triangle arithmétique,* nach dem Tode PASCAL's 1665 zum erstenmal gedruckt. Opera, ed. BOSSUT, la Haye 1779, Bd. V, S. 1—58. — 1342 PASCAL, V, S. 7—8. — 1343 Daselbst, S. 4 Z. 5 bis 10. — 1344 Daselbst S. 18, Problème.

Beide Eigenschaften kannte schon STIFEL, wenn er sie auch nicht allgemein ausgesprochen hatte. Neu ist das multiplikative Bildungsgesetz, das in der dritten Formel

$$\binom{n}{p} = \frac{(n-p+1)\cdot(n-p+2)\,(n-p+3)\ldots n}{1\cdot 2\ldots p} = \frac{n\cdot(n-1)(n-2)\ldots(n-p+1)}{1\cdot 2\ldots p}$$

enthalten ist, neu wenigstens in dieser ganz allgemeinen Form; für spezielle Fälle war 1624 schon BRIGGS in seiner *Arithmetica logarithmica* auf das multiplikative Entstehen der Binomialkoëffizienten aufmerksam geworden.[1345] —

Wir kehren nunmehr zu der Erstlingsarbeit NEWTON's aus dem Jahre 1666 zurück (S. 326). Der hier gegebene binomische Lehrsatz, in dem die Koëffizienten auf dem multiplikativen Wege berechnet werden, giebt nur anscheinend nichts Neues. Der Schwerpunkt der NEWTON'schen Entwicklung lag darin, daß sie für ein beliebiges n in geschlossener Form gegeben war, daß sie vor allem für ein ganz allgemeines n, das sogar eine gebrochene oder negative Zahl sein konnte, Gültigkeit behielt. Sehr interessant ist der Gedankengang, den NEWTON bei der Entdeckung des Gesetzes einschlug; er schildert selbst den Verlauf seiner Geistesarbeit in einem Briefe vom 24. Okt. 1676 an OLDENBURG, der zur Weitergabe an LEIBNIZ bestimmt war.[1346] Beim Studium gewisser Arbeiten von WALLIS, die die Integration von $y = (1 - x^2)^m$ für ein ganzzahliges m betrafen, war er auf die Idee gekommen, die Koëffizienten in den von WALLIS gefundenen Resultaten auf ihren Zusammenhang mit dem gegebenen m hin zu betrachten und zu untersuchen, ob sich nicht ein Bildungsgesetz finden ließe. Es gelang ihm, und er stellte sofort die gleichen Untersuchungen für Entwicklungen an, die er beim einfachen Ausmultiplizieren der Ausdrücke $(1-x^2)^2$, $(1-x^2)^3$, $(1-x^2)^4$ u. s. w. erhielt. Als Gesetz ergab sich ihm, daß die Koëffizienten bei einem ganzzahligen Exponenten m stets durch $\frac{m}{1}$, $\frac{m}{1}\cdot\frac{m-1}{2}$, $\frac{m}{1}\cdot\frac{m-1}{2}\cdot\frac{m-2}{3}$ u. s. w. berechnet werden können. So hatte er die multiplikative Entstehung der Binomialkoëffizienten entdeckt, freilich mehr durch eine Art Probieren. Nun tauchte in ihm die neue Frage auf, wie es mit Entwicklungen für die Ausdrücke

$$(1-x^2)^{\frac{0}{2}},\quad (1-x^2)^{\frac{1}{2}},\quad (1-x^2)^{\frac{2}{2}},\quad (1-x^2)^{\frac{3}{2}},\quad (1-x^2)^{\frac{4}{2}},\ \ldots$$

beschaffen wäre. Der schüchterne Versuch, für das obige m statt

1345 Bibl. math., 3. Folge, Bd. II, Leipzig 1901, S. 360. Bemerkung von M. KOPPE. —
1346 *Commerc. epistol.*, S. 122 ff. (Anm. 533); CANTOR, III[a], S. 66 ff.

der bereits untersuchten Fälle $m = \frac{2}{2}, \frac{4}{2}, \ldots$ den Wert $\frac{1}{2}$ einzusetzen, lieferte eine Reihe

$$(1 - x^2)^{\frac{1}{2}} = 1 - \tfrac{1}{2}x^2 - \tfrac{1}{8}x^4 - \tfrac{1}{16}x^6 - \ldots,$$

deren geringe Berechtigung NEWTON wohl erkannte. Der vorhandene Zweifel hob sich aber, als er durch Multiplikation dieser Reihe mit sich selbst wirklich $(1 - x^2)$ erhielt. Seine Zuversicht wurde zur Sicherheit, als er auf noch einem zweiten Wege, durch unmittelbares Radizieren von $\sqrt{1-x^2}$, die nämliche Entwicklung nachweisen konnte. Sofort verallgemeinerte er das bestätigt gefundene Bildungsgesetz und schrieb schließlich nach einfacher Umwandlung die allgemeine Form hin

$$(P + PQ)^{\frac{m}{n}} = P^{\frac{m}{n}} + \frac{m}{n} A \cdot Q + \frac{m-n}{2n} B \cdot Q + \frac{m-2n}{3n} C \cdot Q + \ldots,$$

wo

$$A = P^{\frac{m}{n}}, \quad B = \frac{m}{n} A Q, \quad C = \frac{m-n}{2n} B Q, \ldots,$$ [1347]

in der also der binomische Lehrsatz zum erstenmal in der Literatur auftritt.[1348]

Aus dem Vorstehenden ergiebt sich, daß NEWTON einen einwandsfreien Beweis seines Theoremes gar nicht besessen, er sich vielmehr mit einem Induktionsbeweis und der Gewißheit, stets richtige Resultate mit seinem Satze erhalten zu haben, begnügt hat.

Beweise für den binomischen Lehrsatz — mehr oder weniger anfechtbare — erbrachten erst spätere Mathematiker, so MACLAURIN (1698—1746, Aberdeen, Edinburgh) in seinem umfangreichen Werk *Treatise of fluxions* (1742)[1349] für beliebige rationale Werte von n auf Grund der Differentialrechnung, dann JOHANN DE CASTILLON in demselben Jahre[1350] für ganzzahlige n durch Abzählung nach den Regeln der Kombinatorik, ein zweites Mal durch den Schluß von n auf $n + 1$,[1351] für gebrochene und negative Exponenten durch Koëffizientenvergleichung, ferner KÄSTNER in einem kleinen Aufsatz von 1745 wiederum nur für ganzzahlige Exponenten mittels

[1347] *Comm. epistol.*, S. 103 (Anm. 533). — [1348] Daß die binomische Reihe auf NEWTON's Grabstein eingemeißelt war, ist (nach CAJORI) nur eine Anekdote. — [1349] *Treatise of fluxions*, Edinburgh 1742, S. 607—608, § 748, nach CANTOR, III[a], S. 657. — [1350] Philos. Transactions, Vol. 42, Nr. 464, S. 91—98, Mitteilung vom 6. V. 1742. — [1351] Die Methode des Schlusses von n auf $n+1$ ist zuerst von PASCAL um 1654 (ed. BOSSUT, V, S. 11—13, Conséquence XII) benutzt; sie wurde 1686 noch einmal von JAKOB BERNOULLI erfunden (Acta Eruditorum, Leipzig 1686, S. 360—361; Opera, Genevae 1744, I, S. 282—283).

des Schlusses von n auf $n + 1$, dann allgemeiner in den *Anfangsgründen des Unendlichen.*[1352] Ein strenger, aber doch rein elementarer Beweis von EULER für gebrochene Exponenten findet sich in den petersburger Akademieberichten von 1774.[1353] Einen Abschluß brachten indes erst die Arbeiten von ABEL (1802—1829), der in vollster Allgemeinheit für n auch komplexe Größen annahm.[1354] Die Reihe

$$(1 + x)^n = 1 + \binom{n}{1} x + \binom{n}{2} x^2 + \binom{n}{3} x^3 + \ldots$$

erweist sich nach seinen Untersuchungen als konvergent für alle Werte von x, deren Modul zwischen $+1$ und -1 liegt. An den Grenzen $x = +1$ und $x = -1$ konvergiert die Entwicklung nur, wenn der reelle Teil von n nicht unter -1 bezw. 0 liegt.[1355] —

Das Symbol $\binom{n}{p}$ kommt zum erstenmal in nachgelassenen Schriften EULER's vor;[1356] es bürgerte sich allmählich im Laufe des neunzehnten Jahrhunderts ein. ROTHE, *Theorie der kombinatorischen Integrale*, Nürnberg 1820, benutzte dafür n_p.

Der polynomische Lehrsatz ist eine Erweiterung der binomischen Reihe. Mit seiner Aufstellung beschäftigten sich fast gleichzeitig drei der hervorragendsten Mathematiker ihrer Zeit: LEIBNIZ (1646—1716), JAKOB BERNOULLI (1654—1705, Basel) und DE MOIVRE (1667—1754, London). Der letzte hat das Vorrecht der ersten Veröffentlichung; in zwei Abhandlungen der *Philos. Transactions* von 1697 und 1698[1357] leitete er mittels der Methode der unbestimmten Koëffizienten[1358] eine Entwicklung von

$$(ax + bx^2 + cx^3 + \ldots)^n$$

1352 Nach MICHELSEN, Übersetzung von EULER's *Introductio* 1788, I, S. 467 und CANTOR, III², S. 660. — 1353 Novi comment. Petrop. 1774, gedr. 1775, Bd. XIX, S. 103—111. — 1354 CRELLE's Journal, Bd. I, Berlin 1826, S. 311—339; Oeuvres, Bd. I, Christiania 1881, S. 219—250. — 1355 Vgl. außerdem HEINE *Über die binomische Reihe*, CRELLE's Journal, Bd. 55, Berlin 1858, S. 279—280. — 1356 Acta Petrop., Bd. V, Teil I, ad annum 1781 (gedr. 1784), *De mirabilibus proprietatibus unciarum* etc., § 18, S. 89. — 1357 Phil. Transact. 1697, Vol. XIX, Nr. 230, S. 619—625 *A method of Raising an infinite Multinomial to any given Power, or Extracting any given Root of the same;* 1698, Vol. XX, Nr. 240, S. 190—193, *A method of extracting the Root of an Infinite Equation.* — 1358 Diese Methode ist zuerst von DESCARTES in seiner *Géométrie* von 1637 benutzt worden, Oeuvres de Descartes, éd. COUSIN, Bd. V, Paris 1824, S. 367 letzte Zeile — S. 378: „*Mais je veux bien en passant vous avertir, que l'invention de supposer deux équations de même forme, pour comparer séparément tous les termes de l'une à ceux de l'autre, et ainsi en faire naître plusieurs d'une seule, dont vous avez vu ici un exemple, peut servir à une infinité d'autres pro-*

ab. Leibniz hatte zwar schon 1695 in einem Briefe an Johann Bernoulli, den Bruder des eben Genannten, das neue Problem berührt;[1359] seine tiefen Untersuchungen fanden sich aber erst in dem nachgelassenen Aufsatze *Nova Algebrae promotio*[1360] vor und enthalten Ausdrücke für

$$(a + b + c + d + \ldots)^n.$$

Jakob Bernoulli endlich brachte den polynomischen Satz in seiner *Ars conjectandi,* die 1713 durch den Neffen des inzwischen Verstorbenen im Druck veröffentlicht wurde.[1361]

Maclaurin (siehe S. 336) gab nach denselben Prinzipien, wie beim binomischen Lehrsatz, einen Beweis.[1362] Allseitig befriedigend war indes erst die Behandlung, die das polynomische Theorem durch Hindenburg (1741—1808, Leipzig) auf Grund einer von ihm hoch ausgebildeten kombinatorischen Analysis erfuhr.[1363] Eine independente Darstellung der Polynomialkoëffizienten lieferte 1747 Boscowich;[1364] Euler's *Introductio* von 1748 enthielt nur rekurrente Bildungen.[1365]

Bei der Besprechung der Newton'schen Abhandlung *De analysi per aequationes* von 1666/69 (vgl. S. 326) hoben wir als zweite wichtige Neuerung das von Newton hier zuerst benutzte Umkehrungsprinzip einer Potenzreihe hervor. Die Entdeckung dieses grundlegenden Satzes aus der Reihentheorie hatte sofort bei seiner Anwendung auf spezielle Beispiele weitere Entdeckungen im Gefolge: Newton fand durch ihn die Exponentialreihe, ferner die Sinus- und Cosinusreihe. Am Anfange seiner Schrift hat Newton die Reihe Mercator's

$$l(1 + x) = x = x - \tfrac{1}{2}x^2 + \tfrac{1}{3}x^3 - \tfrac{1}{4}x^4 + \ldots$$

selbständig abgeleitet, seiner Behauptung nach zeitlich sogar vor

---

blèmes, et n'est pas l'une des moindres de la méthode dont je me sers" (aber ich möchte gern hier im Vorbeigehen bemerken, daß die Erfindung, zwei gleichgeformte Ausdrücke anzunehmen, um sie Glied für Glied zu vergleichen und so mehrere Gleichungen aus einer zu bilden — wovon hier eben ein Beispiel zu sehen war — bei unendlich vielen anderen Aufgaben benutzt werden kann, und daß sie nicht eine der geringsten Methoden ist, deren ich mich bediene). — [1359] Leibniz, Werke, ed. Gerhardt, 3. Folge, Bd. III, Halle 1855, S. 175. — [1360] Daselbst, Bd. VII, Halle 1863, S. 174—175. — [1361] *Ars conjectandi,* pars II, Ende vom Kap. VIII; auch Jakob Bernoulli, Opera, Genevae 1744, S. 993 ff. — [1362] *Treatise of fluxions,* § 749, S. 608, nach Cantor, III², S. 658. — [1363] Hindenburg, *Der polynomische Lehrsatz, das wichtigste Theorem der ganzen Analysis,* Leipzig 1796. — [1364] Boscovich, *Giornale de' Letterati di Roma,* S. 1747 bis 48, nach Gerhardt, *Geschichte der Math.,* S. 202 ff. — [1365] Daselbst I, § 76.

MERCATOR (vgl. S. 183). Das Umkehrungsprinzip, auf sie angewendet, lieferte

$$x = z + \tfrac{1}{2}z^2 + \tfrac{1}{6}z^3 + \tfrac{1}{24}z^4 + \tfrac{1}{120}z^5 + \ldots (= e^z);$$

damit war die Exponentialreihe gewonnen. Erkannte er auch die Wichtigkeit dieser Entwicklung nicht unmittelbar, so war er sich in weiteren Beispielen, bei der Umkehrung von Reihen, die er vorher durch Integration erhalten hatte, doch bewußt, daß er durch die aufgestellten Reihen

$$z - \frac{z^3}{6} + \frac{z^5}{120} - \ldots$$

$$1 - \frac{z^2}{2} + \frac{z^4}{24} - \ldots$$

ganz neue Entwicklungen für die trigonometrischen Größen $\sin z$ und $\cos z$ gefunden habe. Bei allen drei Reihen, wie auch noch bei einer vierten

$$\arcsin z = z + \tfrac{1}{6}z^3 + \tfrac{3}{40}z^5 + \tfrac{5}{112}z^7 + \ldots,$$

fügte er Regeln für die Bildung der Koëffizienten beliebig hoher Glieder bei.[1366]

Es war erwähnt worden (S. 326), daß seit 1669 die Jugendschrift NEWTON's im Kreise nahestehender Persönlichkeiten bekannt geworden war. Angeregt durch die ihm so zugegangenen Resultate versuchte auch JAMES GREGORY (1638—1675, Edinburgh) seine Kraft auf diesem Gebiete. Der Erfolg seiner Mühe war die Entdeckung dreier weiteren, wichtigen Reihen (Brief vom 15. II. 1671):[1367]

$$a = t - \frac{t^3}{3r^2} + \frac{t^5}{5r^4} - \frac{t^7}{7r^6} + \frac{t^9}{9r^8} \text{ etc.} \qquad \text{(vgl. S. 129)}$$

$$t = a + \frac{a^3}{3r^2} + \frac{2a^5}{15r^4} + \frac{17a^7}{315r^6} + \frac{62a^9}{2835r^8} \text{ etc.}$$

$$s = r + \frac{a^2}{2r} + \frac{5a^4}{24r^3} + \frac{61a^6}{720r^5} + \frac{277a^8}{8064r^7} \text{ etc.,}$$

wo r den Radius, a einen Bogen, t dessen Tangente, s dessen Sekante bedeutet, und die, modernisiert, lauten würden:

$$x = \operatorname{tg} x - \tfrac{1}{3}(\operatorname{tg} x)^3 + \tfrac{1}{5}(\operatorname{tg} x)^5 - \tfrac{1}{7}(\operatorname{tg} x)^7 + \ldots$$

$$\operatorname{tg} x = x + \frac{x^3}{3} + \frac{2}{15}x^5 + \frac{17}{315}x^7 + \ldots$$

$$\sec x = 1 + \frac{x^2}{2} + \frac{5}{24}x^4 + \frac{61}{720}x^6 + \ldots .$$

1366 *Comm. epistolicum*, S. 70—71 (Anm. 533). — 1367 Daselbst S. 79.

Für einen Centriwinkel von 45° würde die erste Reihe in

$$\frac{\pi}{4} = 1 - \tfrac{1}{3} + \tfrac{1}{5} - \tfrac{1}{7} + \cdots$$

übergeführt werden können, was in dem Schreiben GREGORY's nicht geschieht. Es ist dies eine spezielle Reihe, die wenige Jahre darauf von LEIBNIZ selbständig abgeleitet wurde und noch heute unter dessen Namen bekannt ist (vgl. S. 129). Der Brief, in dem LEIBNIZ diese Reihe an OLDENBURG mitteilt (27. VIII. 1676),[1368] enthält auch noch Entwicklungen für $\sin \operatorname{vers} x$, $\sin x$, $\cos x$, e^{-x} und e^x. Die ersten sind ohne Beweis angeführt; die letzten beiden sind nach einem Verfahren gewonnen, das unter Beachtung von Integraleigenschaften von e^x die Methode der unbestimmten Koëffizienten einschlägt.

Die angeführten Reihen haben noch vielfach anderweitige Ableitungen gefunden, so vor EULER durch JOHANN BERNOULLI, nach EULER durch LAGRANGE und CAUCHY. Eine erste wirklich systematische Behandlung des neuen Stoffes verdankt man EULER selbst. Ihm gelang es, die Exponentialreihe einerseits in Verbindung mit der Binomialreihe zu bringen, andrerseits durch Berücksichtigung komplexer Werte eine klare Einsicht in den Zusammenhang der Exponentialfunktion mit den trigonometrischen Funktionen zu gewinnen.

Die ersten Schritte zur Aufdeckung dieses Zusammenhanges waren durch JOHANN BERNOULLI (1667—1748, Basel) und ROGER COTES (1652—1716, Cambridge) gemacht worden, ohne daß ihnen allerdings die Bedeutung der gefundenen Relationen bewußt wurde. Der erste hatte in einer Abhandlung von 1702[1369] bei Gelegenheit von Integrationen durch Partialbruchzerlegung Umformungen benutzt, die die Differentiale $\frac{a}{b^2 - z^2}\,dz$ und $\frac{a}{b^2 + z^2}\,dz$ in $\frac{a}{2bt}\,dt$ bezw. $\frac{a}{2bt \cdot \sqrt{-1}}\,dt$ überführten. Hiermit ist aber offenbar ein Übergang vom Arcustangens zum Logarithmus einer imaginären Zahl geleistet. Bei COTES (1722, *Harmonia mensurarum*)[1370] findet

1368 LEIBNIZ, Opera, ed. GERHARDT, 3. Folge, Bd. I, Berlin 1849, S. 117ff. — 1369 Hist. de l'Acad. d. Sciences de Paris 1702 (gedruckt 1704), S. 289—297; JOH. BERNOULLI, Opera, I, Lausanne 1742, S. 393—400; vgl. CANTOR, III², S. 348. — 1370 *Harmonia mensurarum.* Ed. R. SMITH, Cantabrig. 1722, S. 28 Z. 8—4 v. u.: „*Si quadrantis circuli quilebet arcus, radio CE descriptus, sinum habeat CX, sinumque complementi ad quadrantem XE; sumendo radium CE pro modulo, arcus erit rationis inter* $EX + XC \cdot \sqrt{-1}$ *&* CE *mensura ducta in* $\sqrt{-1}$." Vgl. Bibl. math., 3. Folge, Bd. 2, Leipzig 1901, S. 442.

sich zum erstenmal die Formel $e^{\alpha i} = \cos\alpha + i\sin\alpha$ in Form eines Satzes, der mit

$$\log(\cos x + i\sin x) = ix$$

wiedergegeben werden kann. In dem besonderen Falle $x = 1$ hatte Daniel Bernoulli (1700—1782; Petersburg, Basel) bereits 1728 die Brücke von dem binomischen Satz zu der Exponentialreihe geschlagen; er teilte in einem Brief vom 30. Jan. 1728 seinem Fachgenossen Goldbach die von ihm gefundene Identität

$$\left(\frac{A+1}{A}\right)^A = 1 + 1 + \frac{1}{1\cdot 2} + \frac{1}{1\cdot 2\cdot 3} + \frac{1}{1\cdot 2\cdot 3\cdot 4} + \text{etc. (posito } A = \infty)$$

mit.[1371] Zwei Jahre später benutzte Euler die Grenzbestimmung

$$\left(\frac{1-x^z}{z}\right)_{z=0} = -\log x.^{1372}$$

Seine Hauptentdeckungen scheint Euler indes erst im Jahre 1740 gemacht zu haben. Ein Brief vom 18. Okt. 1740[1373] an Johann Bernoulli besprach Integrationen linearer Differentialgleichungen; bei dem Beispiel $\frac{d^2y}{dx^2} + y = 0$ machte er darauf aufmerksam, daß sowohl $y = 2\cos x$ als auch $y = e^{x\sqrt{-1}} + e^{-x\sqrt{-1}}$ ein Integral ist. Daraus schloß er, bestärkt durch den Umstand, daß beide Ausdrücke zu derselben Reihe

$$2\left(1 - \frac{x\cdot x}{1\cdot 2} + \frac{x^4}{1\cdot 2\cdot 3\cdot 4} - \frac{x^6}{1\cdot 2\ldots 6} + \text{etc.}\right)$$

aufgelöst werden konnten, ihre völlige Übereinstimmung. Hier tritt also zum erstenmal die Formel

$$\cos\alpha = \frac{e^{\alpha i} + e^{-\alpha i}}{2}$$

auf. Einer Bemerkung zufolge scheint er auch die entsprechende Sinusformel besessen zu haben.[1374] In einer Abhandlung aus demselben Jahre stellte er noch andere Formeln auf, die diese Kenntnis beweisen, nämlich

$$\frac{\pi\sqrt{-q}}{\sin(\pi\cdot\sqrt{-q})} = \frac{2\cdot e^{\pi\sqrt{q}}\cdot\pi\sqrt{q}}{e^{2\sqrt{q}}-1} \quad \text{und} \quad \frac{\pi\sqrt{-q}}{\text{tang}(\pi\sqrt{-q})} = \frac{(e^{2\pi\sqrt{q}}+1)\pi\sqrt{q}}{e^{2\pi\sqrt{q}}-1}.^{1375}$$

[1371] *Correspondance math. et phys.* par Fuss, Petersburg 1843, II, S. 247. — [1372] Comment. Ac. Petrop. ad annos 1730 et 1731 (gedruckt 1738), Bd. V, S. 46. — [1373] Bibl. math., 2. Folge, Bd. II, 1897, S. 48—49. — [1374] Daselbst S. 48 Z. 22ff.: „*Demonstrare autem possum, quoties in integratione tua methodo instituta perveniatur ad logarithmicas imaginarias, eas semper ita esse comparatas ut illarum binae conjunctae sinum vel cosinum cuiuspiam arcus, hoc est quantitatem realem repraesentant.*" — [1375] Comm. Ac. Petrop. ad annum 1740 (ge-

Weiteres liefert ein Aufsatz aus den *Miscellanea Berolinensia* von 1743.[1376] Bei der Cosinusformel, wie er sie hier angiebt

$$1 - \frac{s^2}{2!} + \frac{s^4}{4!} - \frac{s^6}{6!} + \ldots = \frac{\left(1 + \frac{s\sqrt{-1}}{n}\right)^n + \left(1 - \frac{s\sqrt{-1}}{n}\right)^n}{2} \quad (n = \infty),$$

vermißt man die einfache Gestalt von 1740; dafür ist aber die Sinusformel fertig vorhanden

$$s - \frac{s^3}{1\cdot 2\cdot 3} - \frac{s^5}{1\cdot 2\cdot 3\cdot 4\cdot 5} - \frac{s^7}{1\cdot 2\cdot 3\cdot 4\cdot 5\cdot 6\cdot 7} + \ldots = \frac{e^{s\sqrt{-1}} - e^{-s\sqrt{-1}}}{2\cdot\sqrt{-1}}.$$

Wichtig ist an derselben Stelle die endgültige Formulierung der Binomialableitung für die Exponentialreihe

$$e^z = \left(1 + \frac{z}{n}\right)^n, \quad n = \infty.$$

Nirgends in den erwähnten Schriften ist die Beziehung

$$\cos s + \sqrt{-1}\,\sin s = e^{s\sqrt{-1}}$$

zu finden. Bei der einfachen Herleitung dieser Formel aus den schon erhaltenen Resultaten ist kaum anzunehmen, daß Euler sie nicht kannte. Trotzdem treffen wir sie erst in der *Introductio* von 1748.[1377] In diesem Werke trägt Euler die bisher nur zerstreut mitgeteilten Forschungen im Zusammenhang vor; er entwirft in systematischem Aufbau eine Darstellung seiner neuen Theorie, die noch heute durchaus mustergültig ist. Bei der Ableitung der Exponentialreihe aus der Binomialreihe schlägt er einen Weg ein, den am Ende des siebzehnten Jahrhunderts bereits Halley (1656—1742, Greenwich)[1378] betreten hatte, als er die logarithmischen Reihen durch rein analytische Methoden herzuleiten suchte (vgl. S. 184). Die Aufstellung der trigonometrischen Reihen vollzieht Euler ebenfalls allein mit dem binomischen Theorem, ohne, wie es bisher von allen seinen Vorgängern geschehen war, auf irgend welche Integrationen zurückzugreifen.

In betreff des Charakters der Zahl e waren sich bereits die Mathematiker des achtzehnten Jahrhunderts vollständig klar darüber, daß man es bei ihr mit keiner rationalen Zahl zu thun haben könne. In der Natur der Sache lag es, daß dieses Problem nicht so populär werden konnte, wie das entsprechende aus der Quadratur

druckt 1750), Bd. XII, S. 66. — 1376 Bd. VII, S. 172 ff., *De summa serierum reciprocarum ex potestatibus numerorum naturalium ortarum;* besonders S. 177. — 1377 I, 8, § 138. — 1378 Philos. Transact. 1695, Vol. XIX, Nr. 216, S. 58—67.

des Kreises. Der LAMBERT'sche Beweis für die Irrationalität von π (vgl. S. 133) war zugleich ein solcher für die Zahl e. LAMBERT benutzte, wie in der Geschichte der Kreisquadratur berichtet ist, die Kettenbruchentwicklung

$$\frac{e^x-1}{e^x+1}=\cfrac{\frac{1}{2}}{x+\cfrac{\frac{1}{6}}{x+\cfrac{\frac{1}{10}}{x+\cfrac{\frac{1}{14}}{x+\ldots,}}}}$$

die er den EULER'schen Kettenbrüchen[1379]

$$e=2+\cfrac{1}{1+\cfrac{1}{2+\cfrac{1}{1+\cfrac{1}{4+\cfrac{1}{1+\ldots}}}}}\;,\quad \text{kurz } e=(2,\overbrace{1,2,1},\overbrace{1,4,1},\overbrace{1,6,1}\ldots)$$

$$=(2,\overbrace{1,2m,1});\ m=1,2,3\ldots,$$ [1379a]

$$\sqrt{e}=(\overbrace{1,4m+1,1,1})$$

$$\frac{e^2-1}{2}=(3,5,7,9\ldots)\qquad\qquad \frac{e+1}{e-1}=(2,6,10,14\ldots)$$

nachgebildet hatte. — Einen ganz elementaren Beweis für die Irrationalität von e, der vielfach in die heutigen Schulbücher übergegangen ist, verdankt man FOURIER (1768—1830, Paris).[1380] Dieser multipliziert, wenn für die Reihe

$$e=1+\frac{1}{1!}+\frac{1}{2!}+\frac{1}{3!}+\ldots$$

der Wert $\frac{a}{b}$ als richtig angenommen wird, beide Seiten mit $b!$ und schafft alle Glieder der rechten Seite, die dadurch zu einer ganzen Zahl geworden sind, nach links. Der Zweck ist, links im Ganzen einen Wert, der größer als eins ist, zu haben, während man von der rechten Restreihe

$$\frac{1}{(b+1)}+\frac{1}{(b+1)(b+2)}+\frac{1}{(b+1)(b+2)(b+3)}+\ldots$$

1379 Comm. Acad. Petrop. ad annum 1737 (gedr. 1744), Bd. IX, S. 120ff. — 1379a Diese Entwicklung ist schon von COTES 1714 gefunden worden, vgl. Bibl. math. 3. Folge, Bd. II, 1901, S. 442. — 1380 STAINVILLE's *Mélanges d'analyse algébrique,* 1815, S. 339, nach BALTZER, *Elemente,* I, Buch II, § 31, 5, 4. Aufl., Leipzig 1872, S. 190.

nachweisen kann, daß sie kleiner als $\frac{1}{b}$ ist, so daß die Annahme ad absurdum geführt ist. — Zweitens war zu zeigen, daß e auch keine algebraische Zahl, d. h. nicht Wurzel einer algebraischen Gleichung mit rationalen Koëffizienten sein könne. Diesen Nachweis begann 1840 LIOUVILLE (1809—1882), indem er darlegte, daß der Grad dieser Gleichung, wofern überhaupt eine solche existiere, höher als der zweite sein müsse.[1381] Ihn vollendete 1873 ein anderer französischer Mathematiker, HERMITE (1822—1901).[1382] Es stellte sich sogar heraus, daß auch jede Potenz von e^x zu den transscendenten Größen gehöre, wenn nur x eine algebraische Zahl ist.[1383]

Das Symbol e für die durch

$$1 + \frac{1}{1!} + \frac{1}{2!} + \frac{1}{3!} + \ldots$$

definierte Zahl stammt von EULER her. Anfangs hatte er den Buchstaben c bevorzugt;[1383a] aber schon in einem Briefe vom 25. November 1731 treffen wir auf das e:[1384] *„e denotat numerum, cuius logarithmus hyperbolicus = 1.“* Während im sechsten Bande der petersburger Akademieberichte (gedruckt 1738) von EULER immer noch c benutzt wird, weist der siebente Band (gedruckt 1740)[1385] statt dessen durchgängig das e auf. Die Autorität EULER's war so ausschlaggebend, daß die allgemeine Annahme des Symboles e nicht lange auf sich warten ließ, besonders als 1748 durch die *Introductio* auch weitere Kreise für die neueren Forschungen gewonnen wurden.

Wir haben im vorstehenden eine große Zahl spezieller Reihen kennen gelernt, die für die Schulmathematik von Wichtigkeit sind. Wir übergehen, als zu weit von der Elementarmathematik abliegend, die rekurrenten Reihen DE MOIVRE's,[1386] Reihen, in denen ein folgendes Glied in einem konstanten linearen Zusammenhange mit

1381 LIOUVILLE's Journal, Bd. V, Paris 1840, S. 192—194. — 1382 Compt. rend. 1873, Bd. 77, S. 18—24, 74—79, 226—233, 285—292; 1874 als selbständige Schrift erschienen. — 1383 Berichte der Berliner Akademie, 22. Oktober 1885, S. 1084, K. WEIERSTRASS, *Zu Lindemann's Abhandlung über die Ludolph'sche Zahl.* — 1383a Comment. Petropol. ad annum 1729, Bd. IV (gedr. 1735), S. 74 Z. 3, S. 80 Z. 18. — 1384 *Corresp. math. et phys.* par FUSS, I, S. 58 Z. 6 (Anm. 1371). — 1385 Zuerst S. 146 daselbst, vgl. Bibl. math., 3. Folge, Bd. II, S. 442. — 1386 DE MOIVRE, Philos. Transactions, 1722, Bd. XXXII, Nr. 373, S. 162—178; DANIEL BERNOULLI, Comm. Acad. Petrop. ad annum 1728 (gedr. 1732), Bd. III, S. 85—100; DE MOIVRE, *Miscellanea Analytica*, London 1730, lib. II, cap. II, S. 26ff., lib. IV, cap. I, S. 72ff.; EULER's *Introductio*, 1748, I, cap. 4, 13, 17.

den vorhergehenden Gliedern steht, wir übergehen die FOURIER'schen Reihen,[1386a] die nach trigonometrischen Funktionen vielfacher Winkel fortschreiten und in physikalischen Problemen, aber auch in der Darstellung willkürlicher Funktionen eine so wichtige Rolle erlangt haben, wir müssen uns hier begnügen, eine kurze Skizze der Weiterentwicklung der allgemeinen Reihentheorie zu entwerfen.

Das siebzehnte Jahrhundert hatte bei der Lösung geometrischer Aufgaben, hauptsächlich bei der Ausführung von Quadraturen, zu Ausdrücken mit unendlich vielen Gliedern übergehen müssen. Zu ungeahntem Aufschwunge war die neue Analysis im achtzehnten Jahrhundert gelangt. Geblendet durch die glänzenden Resultate eines EULER, der BERNOULLI's u. a. war man fest von der Allmacht dieser formalen Entwicklungen überzeugt. Vereinzelt waren die Versuche, die gewonnenen und allseitig ohne Bedenken weiterbenutzten Reihen auf ihre Konvergenz zu prüfen. Ungehört verhallten die Rufe, mit denen einsichtige Warner, wie VARIGNON,[1387] NICOLAUS BERNOULLI der Jüngere,[1388] D'ALEMBERT[1389] zur Kritik mahnten. Man achtete nicht auf die Unmöglichkeiten und die Widersprüche, die die sorglose Benutzung divergenter Reihen oftmals verschuldeten. Den bewunderungswürdigen Ergebnissen, die EULER aus Verwendung auch divergenter Reihen trotz alledem ableitete, stehen nicht minder viel Fehlgriffe entgegen, über die das neunzehnte Jahrhundert zur Tagesordnung übergegangen ist und die nur noch der Geschichtsforscher zuweilen aufdeckt, um zu zeigen, wie wenig scharf die damalige Mathematik gearbeitet hatte.

Dem neunzehnten Jahrhundert war es vorbehalten, der neugeschaffenen Analysis dieselbe Schärfe und Strenge zu geben, deren sich das Gebiet der altgriechischen Geometrie zu rühmen hatte. Aufstellung zuverlässiger Konvergenzkriterien, denen jede Reihe vor ihrer Anerkennung zu unterwerfen war, Untersuchung über ihren Gültigkeitsbereich, über ihre eventuelle Fortsetzung durch andere Reihen, die auch noch jenseits des zuerst festgelegten Konvergenzkreises die betreffende Funktion darzustellen vermögen, Betrachtung über das Verhalten der Reihen an singulären Stellen, über Stetigkeit, über Differenzierbarkeit u. s. w. — das sind die charakteristischen Forderungen des neuen Jahrhunderts, die zu der Schöpfung einer modernen Funktionentheorie führten.

[1386a] REIFF, S. 124—140 (Anm. 1333); RIEMANN's Gesammelte Werke, Leipzig 1876, S. 218ff. — [1387] Brief vom 19. Nov. 1712 an LEIBNIZ; LEIBNIZ, Werke, ed. GERHARDT, 3. Folge, Bd. 4, Halle 1859, S. 187f. — [1388] Brief an EULER v. 6. April 1743, *Corresp. math. et phys.* par FUSS, II, S. 701f. (Anm. 1371). — [1389] *Opuscules mathém.*, Bd. V, Paris 1768, S. 183.

Die exakte Forschung setzte ein mit GAUSS' berühmter Abhandlung (1812) über die hypergeometrische Reihe

$$F(\alpha\,\beta\,\gamma\,x) = 1 + \frac{\alpha \cdot \beta}{1 \cdot \gamma}x + \frac{\alpha \cdot \alpha + 1 \cdot \beta \cdot \beta + 1}{1 \cdot \gamma + 1}x^2 + \ldots,$$ [1390]

die fast sämtliche, damals bekannten Reihen umfaßte. In durchaus strenger Weise wurde die Konvergenz und Divergenz nicht nur für reelle, sondern auch für komplexe Werte untersucht. Die dazu nötigen Kriterien mußte GAUSS sich erst selbst schaffen, da ihrer nur wenige, wie die LEIBNIZ'sche Regel für Reihen mit alternierenden und gegen Null abnehmenden Gliedern,[1391] bekannt waren. Einen bedeutenden Förderer fand die anbrechende kritische Richtung in CAUCHY (1789—1857, Paris); sein *Cours algébrique* (Paris 1821) legte das Fundament einer wahren Reihentheorie. Am weiteren Ausbau war H. ABEL (1802—1829) in der Abhandlung über die binomische Reihe[1392] in hervorragender Weise thätig, sowohl durch Entdeckung neuer Konvergenzkriterien als auch durch Aufstellung einer Lehre von der Stetigkeit der Reihen. Die Namen KUMMER, DIRICHLET, WEIERSTRASS und die vieler anderer sind auf das engste mit der Geschichte der jungen Lehre verbunden; die meisten der hervorragenderen Mathematiker der Neuzeit beteiligten sich an ihrer Weiterführung.[1393]

1390 Göttingische Gelehrte Anzeigen, 1812, Bd. I, S. 233—240; GAUSS' Werke, Bd. III, Gött. 1876, S. 123—162. — 1391 Brief an JOHANN BERNOULLI 10. Januar 1714. LEIBNIZ, Werke, ed. GERHARDT, 3. Folge, Bd. III^b, Halle 1856, S. 926 Z. 1 ff.: „*Ipse, ubi animum attenderis, facile animadvertas, omnem valorem per seriem esse advergentem, per consequens finitum, cum partes seriei continuo decrescentes sunt alternationis affirmativae et negativae.*" — 1392 CRELLE's Journal, Bd. I, Berlin 1826, S. 311—339; Oeuvres, I, Christiania 1881, S. 219—250. — 1393 Die letzte Ausbildung erfuhr die Lehre von den Konvergenzkriterien durch die Arbeiten: DINI, *Sulla serie a termini positivi*, Pisa 1867; DU BOIS-REYMOND, *Neue Theorie der Konvergenz und Divergenz von Reihen mit positiven Gliedern*, CRELLE's Journal, Bd. 76, 1873, S. 61—91; PRINGSHEIM, *Math. Annalen*, Bd. 35, Leipzig 1890, S. 297—394, Bd. 39, Leipzig 1891, S. 125—128.

ACHTER TEIL

DIE ZINSESZINSRECHNUNG

Eine besondere Lehre von der Zinseszinsrechnung gab es weder im Altertum noch im Mittelalter bis zum fünfzehnten Jahrhundert. Trat die Notwendigkeit der Berechnung von Zinseszins ein, so wurde nach den Methoden, die wir in der Geschichte des kaufmännischen Rechnens kennen gelernt haben, verfahren. Indessen sehen wir nur sehr selten Zinseszins benutzt, so gelegentlich einmal (Bd. I, S. 104) in Aufgaben des alten Inders ARYABHATTA (geb. 476 n. Chr.).[1394]

Mit dem Aufblühen des Handels im Mittelalter werden Zinseszinsanwendungen häufiger. Wir begegnen in dem *liber abaci* LEONARDO's von Pisa (1202) Aufgaben, in denen Gewinnberechnungen für einen Kaufmann angestellt werden, der von Stadt zu Stadt handeltreibend an jedem Ort sein Vermögen in demselben Verhältnis vermehrt.[1395] In einer anonymen italienischen Handschrift aus dem vierzehnten Jahrhundert wird unter anderen Berechnungen die Frage gelöst, was aus einer Geldsumme nach zwei Jahren mit doppeltem Zins wird.[1396]

Kaufmännische Kenntnisse gelangten aus Italien im vierzehnten Jahrhundert allmählich auch nach Deutschland. Über diese giebt uns das Rechenbuch, das JOHANNES WIDMANN von Eger 1489 zu Leipzig drucken ließ, einige Auskunft; die genauen Quellen, aus denen WIDMANN hierbei schöpft, sind uns freilich unbekannt. Eine unter der *regula lucri* von ihm behandelte Aufgabe[1397] stellt die Frage: Wieviel Zinsen haben 20 fl. im ersten Jahre abgeworfen, wenn sie nach zwei Jahren auf 50 fl. angewachsen sind; ihre Lösung führt bereits auf quadratische Gleichungen. An anderer Stelle, unter der Überschrift Gewin vñ hauptgut,[1398] wird der Endwert eines Kapitals von 1000 fl. zu 4% nach vier Jahren so gefunden, daß erst $\left(\frac{104}{100}\right)^4 = \frac{116985856}{100000000}$ berechnet und dann der Regeldetriansatz aufgestellt wird: 100000000 fl. wachsen zu 116985856 fl. an. Zu

1394 ARYABHATTA, ed. RODET, Journal Asiatique 1879, Strophe XXV, S. 402, 424—425. — 1395 LEONARDO PISANO, I, S. 399—401 (Anm. 1262). — 1396 Libri, Histoire des Sciences Math., III, Paris 1840, S. 318, letzter Abschnitt. — 1397 125tes Blatt, Rückseite u. ff. — 1398 128te Seite, Signatur r.

wieviel wachsen 1000 fl. an? $\left(\text{Antwort: } 1169 \text{ fl. } \frac{2683}{3125}\right)$. Unmittelbar darauf[1399] berechnet WIDMANN den Endwert eines Kapitals von 400 fl. nach zwölf Jahren für 9% bei halbjährlicher Verzinsung durch stufenweises Vorgehen von Halbjahr zu Halbjahr. Die nächste Aufgabe[1400] verlangt den Endwert von 100 fl. bei 10% für vier bezw. beliebig viele Jahre und verfährt wiederum unter Benutzung eines Regeldetrischlusses nach der Formel $c \cdot \left(1 + \frac{p}{100}\right)^n$, wo p der Prozentsatz, n die Anzahl der Jahre und c das Anfangskapital ist. Im weiteren tritt sogar monatliche Verzinsung auf.[1401]

Die Anführung dieser Beispiele, besonders der, in denen die Formel $c \cdot \left(1 + \frac{p}{100}\right)^n$ befolgt ist, genügt, um erkennen zu lassen, daß das kaufmännische Rechnen dieser Zeit schon ziemlich tief in die eigentliche Lehre der Zinseszinsrechnung eingedrungen war. Die gleiche Gruppe von Aufgaben treffen wir in dem großen italienischen Rechenwerk, der *Summa* des LUCA PACIUOLO (1494).[1402] Auch die Reiseaufgaben LEONARDO's finden wir hier wieder und sogar so verwickelt gestellt, daß mit gewöhnlichen Gleichungen keine Lösung erzielt werden kann, sondern für die sich ergebende Exponentialgleichung zu methodischem Raten Zuflucht genommen werden muß. Hierzu gehört die Aufgabe, die Anzahl der Reisen eines Kaufmannes zu ermitteln, dessen Anfangsvermögen ebenso groß ist wie diese Anzahl der Reisen, der aber an jedem Ort sein Vermögen verdoppelt, und schließlich 30 Dukaten besitzt.[1403]

Auch in dem *General trattato* (1556) des Italieners TARTAGLIA findet das kaufmännische Rechnen eingehende Berücksichtigung. Eine Übersicht der einschlägigen Beispiele läßt für die Zinseszinsrechnung vier besondere Methoden zur Feststellung des Endkapitals unterscheiden.[1404] An der Spitze steht die gewiß am weitesten verbreitete und durchsichtigste Art, zunächst die Zinsen des ersten Jahres zu berechnen, diese dem Kapital zuzuschlagen, nunmehr die Zinsen des neuen Kapitals zu berechnen, diese wieder zu kapitalisieren u. s. f. Dem zweiten Verfahren liegt, wie bei WIDMANN, die Formel $c \cdot \left(1 + \frac{p}{100}\right)^n$ zu Grunde, wenn diese auch bei dem

1399 S. 128^b. — 1400 S. 129^a. — 1401 S. 130^a u. 130^b. — 1402 Abt. I, Dist. IX, tractat. 5 (Anm. 39). — 1403 *Summa,* I, Dist. IX, tract. 7, S. 186^{a}ff. — 1404 Parte I, lib. XI, cap. 10, S. 190ff., vgl. UNGER, *Die Methodik der praktischen Arithmetik in historischer Entwicklung vom Ausgange des Mittelalters bis auf die Gegenwart,* Leipzig 1888, S. 89.

Fehlen einer eigentlichen Buchstabenrechnung nicht als solche vorausgesetzt werden darf. Der dritte Weg begegnet sich mit dem ersten; es wird ein vom Prozentsatz abhängiger Bruch aufgestellt $\left(\frac{p}{100}\right)$ und um diesen Bruchteil das Kapital von Jahr zu Jahr vermehrt. Dies wird bei der vierten Methode an einem bestimmten Kapital rechnerisch durchgeführt und die gefundenen Resultate durch einen Regeldetrischluß auf das jedesmal vorliegende besondere Kapital übertragen.

Diese vierte Vorschrift gab die Veranlassung, Tabellen zu schaffen, deren Benutzung die rechnerische Arbeit auf den Regeldetrischluß beschränken konnte. Wann Zinseszinstafeln zum erstenmal aufgestellt worden sind, ist nicht mehr nachzuweisen. Wahrscheinlich waren sie schon zur Zeit PACIUOLO's, vielleicht schon viel früher, im Gebrauch. Im Druck sind derartige Tabellen erst gegen Ende des sechzehnten Jahrhunderts erschienen; der erste Herausgeber ist der holländische Mathematiker SIMON STEVIN (1548 bis 1620). Seine *Practique d'Arithmétique* (Leiden 1585)[1405] enthält 16 Tafeln mit je 3 Kolonnen, für 1% bis 16%. Die erste Spalte enthält die Anzahl der Jahre n, die zweite den Wert eines Kapitals, das nach n Jahren unter Beachtung von Zinseszins den Endwert 10000000 haben würde und auf Grund der Formel

$$10000000\left(\frac{100}{100+p}\right)^n$$

berechnet ist; die dritte Spalte liefert den Gesamtbarwert einer n Jahr zu zahlenden Rente von 10 Millionen, zurückgerechnet auf den Anfang des ersten Jahres; die in ihr angegebenen Werte ergeben sich in einfacher Weise durch Addition aller Zahlen der zweiten Spalte bis zu dem betreffenden n. Die Zahl der Jahre läuft von 1 bis 33. Diese, eigentlich als Rabattierungstafeln aufzufassenden Tabellen sind mit Hilfe von Regeldetrischlüssen auch als Zinseszinstafeln zu benutzen.

Wurde bisher nur die eine Aufgabe der Zinseszinsrechnung behandelt, wie groß der Endwert eines gegebenen Kapitales ist, so nimmt STEVIN zum erstenmal an der Hand seiner Tabellen auch die übrigen noch möglichen Fragestellungen, nach dem Anfangskapital, dem Prozentsatz und der Zeit, in Angriff.[1406] Für die

1405 Oeuvres mathématiques de SIMON STEVIN, augmentées par ALBERT GIRARD, Leyden 1634, I, S. 191—197; vgl. auch CANTOR, II^b, S. 615; UNGER, S. 97. — 1406 Oeuvres, I, S. 197, prop. I, gesucht Endkapital; S. 199 Exemple VII, gesucht p; Exemple VIII, gesucht n (Zeit); S. 200, Exemple IX, gesucht c (Anfangskapital).

letzten beiden Fälle muß er sich allerdings mit Annäherungsresultaten zufrieden geben.

Nach STEVIN hatte die Zinsrechnung nur noch nach zwei Richtungen hin eine Vervollkommnung zu erwarten, erstens durch die Erfindung der Logarithmen, die erst die exakte Lösung für den Fall, daß nach der Zeit gefragt wurde, ermöglichte, dann durch die Verwertung algebraischer Symbolik, die die Ergebnisse in allgemeiner, geschlossener Form zu liefern vermochte.

Der Mehrzahl der logarithmischen Tafeln (S. 152 f., 172 f.) wird ein Vorbericht mitgegeben, in dem das logarithmische Rechnen auseinandergesetzt und an Beispielen vorgeführt wird. BRIGGS wählte (1624 *Arithmetica logarithmica;* 2. vermehrte Auflage von VLACQ 1628[601]) seine Übungsaufgaben u. a. auch aus der Zinseszins- und Rentenrechnung,[1407] während sich die älteren Tafeln (BÜRGI, KEPLER) nur auf Beispiele aus der Multiplikation, Division, Potenzierung, Radizierung, ferner auf Proportionen und Regeldetri beschränkt hatten. So berechnete BRIGGS das Endkapital k nach der Vorschrift

$$k = c \cdot \left(1 + \frac{p}{100}\right)^n,$$

in einer darauffolgenden Aufgabe auch den Prozentsatz p, und zwar unter Berücksichtigung sowohl von monatlicher als auch täglicher Verzinsung. Daran schloß er noch zwei Aufgaben aus der Rentenrechnung an; zuerst fragte er nach dem baren Wert einer regelmäßig, n Jahre lang gezahlten Rente, dann nach der Größe einer Rente, die aus einem gegebenen Anfangskapital für eine vorgeschriebene Anzahl von Jahren geleistet werden kann.

Wir sehen, daß die Anzahl dieser Anwendungen durchaus nicht erschöpfend ist. Eine systematische Behandlung der Zinseszinsrechnung fehlt auch hier noch. Eine solche verdankt man erst E. HALLEY (1656—1742, Greenwich). Von ihm rührt eine kleine Schrift *Of Compound Interest* her, die der Einleitung der SHERWIN'schen Logarithmentafeln[1408] als viertes Kapitel eingefügt ist. Als besonderer Vorzug seiner Darstellung muß die durchgängige Verwendung algebraischer Formeln angesehen werden. Ersetzen wir HALLEY's Buchstaben der Einheitlichkeit wegen durch unsere oben gewählten Zeichen, so unterschied er die vier möglichen Fälle

1407 Kap. XV, Aufg. 1—4; Ausgabe v. 1628, S. 39—41. — 1408 Dem Verfasser stand nur die dritte, von W. GARDINER durchgesehene Auflage von 1740 zur Verfügung. Eine vorausgeschickte Widmung SHERWIN's an E. HALLEY ist vom 12. Juli 1705 datiert.

I. Gesucht Endkapital: $k = c \cdot q^n$ $\left(q = 1 + \frac{p}{100}\right)$

II. Gesucht Prozentsatz: $q^n = \frac{k}{c}$

III. Gesucht Zeit: $q^n = \frac{k}{c}$

VI. Gesucht Anfangskapital: $c = \frac{k}{q^n}$,

die an Beispielen durchgeführt werden. Dieselbe Gruppierung wird im Anschluß hieran auch bei der Formel für den Endwert einer Rente r für n Jahr bei p Prozent

$$k = r \cdot \frac{q^n - 1}{q - 1}$$

eingeschlagen:

I. Endwert gesucht: $k = \frac{r q^n - r}{q - 1}$

II. Zeit gesucht: $\frac{r}{q - 1} \cdot q^n = k + \frac{r}{q - 1}$

III. Rente gesucht: $r = \frac{k \cdot (q - 1)}{q^n - 1}$

IV. Prozentsatz gesucht: $\frac{k}{r} - 1 = \frac{k}{r} q - q^n$.

Für Fall IV, der allgemein nicht genau gelöst werden kann, giebt Halley eine brauchbare Näherungsmethode.

Drittens wird die Aufgabe von dem Kapitalswert (barer Wert) einer Rente, zurückgerechnet auf den Anfang der Rentenzahlung,

$$k = \frac{r}{q - 1} - \frac{r}{q^n \cdot (q - 1)}$$

nach gleichen Gesichtspunkten auseinandergesetzt.

In den Rechenbüchern des achtzehnten Jahrhunderts werden Formeln fast grundsätzlich vermieden, wohl weil man glaubte, den Lernenden durch Benutzung algebraähnlicher Ausdrücke Schwierigkeiten zu bereiten. Als Beispiel führen wir das bedeutendste Werk dieser Art an, die *Demonstrative Rechenkunst* von Clausberg (1. Auflage 1732, 5. Auflage 1795). Nur an einer Stelle[1409] ist eine Zinseszinsformel anzutreffen, ohne daß sie jedoch zum Rechnen benutzt wird. Dieselbe Scheu vor Formeln zeigen jene Elementarbücher der Mathematik und verwandten Wissenschaften, die unter dem Namen *„Anfangsgründe“* von v. Wolff,[54] Kästner,[53] Segner,[301] Bugge[104] verfaßt worden sind. Alle überragt ein mehr kaufmännisches Werk von de Florencourt, *Abhandlungen aus der juristischen und politischen Rechenkunst* (1781, Altenburg), das die Zinseszinsrechnung

[1409] 5. Aufl., S. 1328.

mit allen Umkehrungen systematisch behandelt, in der Aufstellung der Schlußformeln

$$k = c \cdot q^n$$
$$n = \frac{\log k - \log c}{\log q}$$
$$c = \frac{k}{q^n}$$
$$q = \sqrt[n]{\frac{k}{c}},$$

sogar noch weiter geht als HALLEY. Die allgemeine Rentenformel wird indes nicht so allseitig betrachtet.

EULER kommt in seiner *Introductio* von 1748 nur bei der Anwendung der Logarithmen auf Zinseszinsrechnung zu sprechen.[1410] Es sind zwei, noch heute sehr bekannte Aufgaben, die er wählt. In der ersten soll der Endbestand einer Bevölkerung nach 100 Jahren berechnet werden, wenn der jährliche Zuwachs bekannt ist. In der zweiten wird nach der Anzahl der Jahre gefragt, während der aus einem gegebenen Kapital Renten bis zur Erschöpfung dieses Kapitals gezahlt werden können; die von EULER aufgestellte Gleichung

$$q^x c = \frac{q^x r - r}{q - 1}$$

führt heute den Namen Amortisationsgleichung. EULER findet aus ihr

$$x = \frac{\log r - \log (r - (q - 1) c)}{\log q}.$$

Die übergangenen Fälle, in denen nach r und c gefragt wird, setzte KARSTEN in seinem *Lehrbegriff*, Bd. II, (Greifswald 1768) §§ 227 und 228, auseinander.

Die Forderung, Zinseszins für jeden Augenblick zu berechnen, ist zuerst von JAKOB BERNOULLI (1654—1705, Basel) gestellt worden. In den *Acta Eruditorum* von 1690 giebt[1411] er — freilich ohne Ableitung — die Formel

$$a + b + \frac{b^2}{2a} + \frac{b^3}{2 \cdot 3 a^2} + \cdots,$$

wo a das Kapital, b die einfachen Zinsen für ein Jahr bedeuten. Führt man nachträglich den Prozentsatz p ein, so daß $b = \frac{a \cdot p}{100}$ ist, und benutzt die Reihe für die transcendente Zahl e, so ergiebt sich als Endwert in einem Jahr der bekannte Ausdruck $a \cdot e^{\frac{p}{100}}$.

1410 Bd. I, cap. 6. — 1411 JACOB BERNOULLI, Opera, Genevae 1744, I, S. 427—431.

NEUNTER TEIL

DIE KOMBINATORIK

UND

WAHRSCHEINLICHKEITSRECHNUNG

Kombinatorische Betrachtungen treten uns schon im *Altertum* entgegen. Wenn, wie PLUTARCH mitteilt,[1412] XENOKRATES (397 bis 314 v. Chr., Athen; Leiter der Akademie) die Anzahl der aus allen Buchstaben zusammensetzbaren Silben, auf 1002 Billionen angiebt, — wenn der Stoiker CHRYSIPPUS (282—209), wiederum nach demselben Bericht,[1413] behauptet, die Zahl der aus zehn Axiomen möglichen Zusammenstellungen sei größer als 1000000, wenn HIPPARCH (der Astronom?, zweites Jahrhundert v. Chr.) dies genauer ausspricht, indem er aus den bejahenden Axiomen 103049, aus den verneinenden 310952 Verbindungen zählen zu können meint,[1414] — so sind diese Zahlen zu genau angegeben, um als Schätzungen gelten zu können, andrerseits zu groß, um auf wirklichen Abzählungen zu beruhen. Daraus geht hervor, daß die genannten Gelehrten des Altertums nach irgend welchen, uns unbekannten Rechenvorschriften, deren Richtigkeit sehr wahrscheinlich anzuzweifeln ist, verfahren sein müssen. Ein nachträgliches Wiederfinden der benutzten Gesetze mit Hilfe der überlieferten Zahlen ist bisher nicht geglückt.

Indes werden auch wirkliche Abzählungen vorgenommen worden sein, wenn es sich um kleinere Gruppen gehandelt hatte. Die Zusammenstellung aller möglichen Arten von logischen Schlüssen, die ARISTOTELES bespricht, ist durchaus vollständig, ebenso, in der Prosodie, die Gruppierung der aus Längen und Kürzen zusammensetzbaren Versfüße.[1415] Erschöpfend ist EUKLID's Lehre von dem Irrationalen, da alle möglichen Kombinationen, soweit sie sich aut Wiederholung der Quadratwurzeln beziehen, ohne Ausnahme behandelt sind (vgl. Bd. I, S. 224—225). Auch die Angabe des PAPPUS (Ende des dritten Jahrhunderts n. Chr.; Alexandria),[1416] daß aus drei Elementen sechs Binionen und zehn Ternionen bei Zulassung

---

1412 PLUTARCHUS, *Quaest. Conv.*, VIII, 9, cap. 3, § 13; ed. DÜBNER-DIDOT, Moralia, Bd. II, Paris 1890, S. 893 Z. 48ff. — 1413 Ebendaselbst, § 11 Z. 43—44; auch *De Stoicorum repugnantiis*, cap. 29, § 3, Moralia, Bd. II, S. 1281 Z. 19ff. — 1414 *Quaest. Conv.*, § 12 Z. 45ff.; *De Stoic. rep.*, § 5, S. 1281 Z. 27ff. — 1415 Vgl. CANTOR, I^b, S. 243. — 1416 PAPPUS, *Collectiones*, lib. VII, § 11—12; ed. HULTSCH, II, Berlin 1877, S. 646 Z. 1—2, S. 648 Z. 7—9: „*ἐκ τῶν τριῶν γὰρ ἀνομοίων γενῶν τριάδες διάφοροι ἄτακτοι γίνονται ι΄.*“ — „*ἐκ τῶν τριῶν γὰρ διαφόρων τινῶν δυάδες ἄτακτοι διάφοροι γίνονται τὸ πλῆθος ϛ΄.*“

von Wiederholungen gebildet werden können, dürfte nur auf induktivem Wege gewonnen worden sein.

Zu allgemeineren Sätzen aus der Kombinatorik haben sich die Griechen, soweit wenigstens die Überlieferung reicht, nicht aufgeschwungen. Eine Fortführung finden wir zum erstenmal bei dem Römer BOËTHIUS (480 Rom — 524 Pavia), der behauptet, daß man die Anzahl der Binionen aus beliebig vielen (n) Elementen durch das halbe Produkt der Zahlen n und $n-1$ berechnen könne.[1417] Viel weitergehende Kenntnisse, deren Grundlage wahrscheinlich in Betrachtungen aus der Prosodie beruht, hatten sich die *Inder* erworben. BHASKARA (geb. 1114)[1418] kennt die Anzahl der Kombinationen von n Elementen zur p^{ten} Klasse ohne Wiederholung, ferner die der Permutationen einer gegebenen Elementengruppe mit und ohne Wiederholung.

Für das *Abendland* waren diese indischen Kenntnisse nicht vorhanden; hier mußte ganz von vorn angefangen werden. Zunächst erschienen bei mittelalterlichen Mathematikern nur ganz vereinzelt kombinatorische Aufgaben; erst allmählich stellen sich erheblichere Fortschritte ein. LUCA PACIUOLO (*Summa* 1494) zählte gelegentlich die Anzahl der Permutationen für zehn Personen auf,[1419] der Engländer W. BUCKLEY († um 1550) gab an einer Stelle die Anzahl der Kombinationen von n Elementen zu je p bei einzelnen Beispielen an,[1420] der Italiener TARTAGLIA (um 1500—1557) vermochte schon die Anzahl aller verschiedenen Würfe aufzustellen, die mit einer bestimmten Zahl $k (= 1, 2, 3, 4, \ldots, 8)$ von Würfeln vorgenommen werden können[1421] — das wären also Kombinationen mit Wiederholung aus sechs Elementen zu je k —, sein großer Zeitgenosse CARDANO[1422] berechnete sogar die Gesamtanzahl aller Kombinationen (*conjugationes*) von n Elementen zu allen möglichen Klassen auf $2^n - 1$. Von französischen Mathematikern sei BUTEO (1492—1579) erwähnt, der in seiner *Logistica*, 1559, alle Kombinationen und Permutationen zu je $1-4$ von sechs Elementen aufzählt und tabellarisiert,[1423] ferner HÉRIGONE (*cursus mathematicus* 1634), dem man die erste ganz allgemeine Aufstellung der Kombinationsformel

$$\frac{n(n-1)(n-2)\ldots(n-m+1)}{1\cdot 2\cdot 3\ldots\ldots m}$$

1417 BOËTHIUS, lib. V der *Comment. in Porphyrium*, nach CANTOR, I[b], S. 535. — 1418 Ed. COLEBROOKE, S. 49—50, 123—127 (Anm. 261). — 1419 Teil I, dist. 2, tract. 5, Nr. 29, S. 43[b] (Anm. 39). — 1420 CANTOR, II[b], S. 480. — 1421 *General trattato*, II, lib. I, S. 17[a]. Vgl. CANTOR, II[b], S. 521—522. — 1422 CARDANO, *Exaereton mathematicorum*, 1572, prop. 170; Werke, Lugd. 1663, IV, S. 557. — 1423 *Logistica*, Lugduni 1559, Quaestio 90—91, S. 305—329.

(Kombinationen ohne Wiederholung) verdankt.[1424] In Frankreich entstanden auch die ersten umfassenderen Arbeiten über die Kombinatorik. PASCAL (1623—1662; Clermont, Rouen, Paris) gelang es (um 1654) in seiner Abhandlung[1341] über das arithmetische Dreieck (vgl. S. 328), die Verbindung zwischen den Kombinationszahlen und den Binomialkoëffizienten aufzudecken. Gleichzeitig hatte noch ein anderer bedeutender Landsmann, FERMAT (1601—1665, Toulouse), dasselbe Thema in Arbeit genommen und Untersuchungen angestellt, die sich mit denen PASCAL's begegnen.

PASCAL hatte für die Anzahl der Kombinationen (von n Elementen zur k^{ten} Klasse ohne Wiederholung = *la multitude des combinaisons des k dans n*[1425]) noch kein eigenes Symbol, das dem unsrigen $C_n^{(k)}$ entspräche; doch beherrschte er die meisten der Relationen, die für diese Größen gelten, so

$$C_n^{(k)} + C_n^{(k+1)} = C_{n+1}^{(k+1)}$$

$$C_n^{(n)} = 1, \qquad C_n^{(1)} = n \quad \text{u. a.}$$

Weitere Fortschritte machte die Kombinationstheorie in den Händen der deutschen Mathematiker LEIBNIZ und JAKOB BERNOULLI.

1424 Bd. II, *Arithmetica practica*, S. 102. Der Wortlaut dieses Satzes ist recht schwerfällig:

„*Data multitudine rerum numerum invenire conjunctionum dato numero rerum constantium multitudinem. Si constituantur duae progressiones per subductionem unitatis a datis numeris tot terminorum quot unitates continet minor datorum numerorum, et numerus qui gignitur ex multiplicatione terminorum progressionis majoris numeri, diuidatur per numerum qui producitur ex multiplicatione terminorum progressionis minoris numeri, quotiens erit quaesitus numerus.*“

Exemplum II $\dfrac{10,\ 9,\ 8}{3,\ 2,\ 1} \Big| \dfrac{720}{6} \Big[120.$

(Bei einer gegebenen Anzahl [n] von Elementen die Anzahl der Kombinationen finden, wenn die Anzahl der auftretenden Elemente [m] gegeben ist. Wenn zwei Reihen durch [fortgesetztes] Abziehen der Einheit von den gegebenen Zahlen [$n,\ n-1,\ n-2, \ldots, m,\ m-1,\ m-2, \ldots$] mit soviel Gliedern, wie die kleinere [m] der gegebenen Zahlen anzeigt, gebildet werden

$$[n, (n-1), (n-2) \ldots (n-m+1); \quad m, (m-1), (m-2) \ldots 2, 1]$$

und wenn man das Produkt der Reihenglieder aus der größeren Zahl

$$[n \cdot (n-1) \cdot (n-2) \ldots (n-m+1)]$$

durch das Produkt der Glieder der aus der kleineren Zahl entstandenen Reihe [$m \cdot (m-1) \cdot (m-2) \ldots 3 \cdot 2 \cdot 1$] dividiert, so ist der Quotient

$$\frac{n(n-1)(n-2)\ldots(n-m+1)}{m \cdot (m-1) \cdot (m-2) \ldots 3 \cdot 2 \cdot 1}.$$

die gesuchte Zahl.) —

1425 Opera, ed. BOSSUT, V, S. 25 (Anm. 1341). Vgl. CANTOR, II[b], S. 752ff.

Die *Ars combinatoria* von 1666 des ersten[1426] betrachtete nicht nur die Kombinationen, sondern auch die Permutationen. Ist P_n die Anzahl der Permutationen, d. h. der Umstellungen, die mit n Elementen ohne Auslassen einer oder mehrerer dieser Elemente vorgenommen werden können, so lassen sich die hauptsächlichsten der von LEIBNIZ aufgestellten Sätze, durch

$$P_n = 1 \cdot 2 \cdot 3 \ldots n$$

$$2 P_n - (n-1) P_{n-1} = P_n + P_{n-1} \quad \text{oder} \quad P_n = (n-1) P_{n-1}$$

$$\frac{(P_n)^2}{P_{n-1}} = P_{n+1} - P_n \quad \text{u. s. w.}$$

ausdrücken. Auch der Begriff der zyklischen Vertauschung wurde von LEIBNIZ neu eingeführt.[1427]

Die *Ars combinatoria* gab die Anregung zu neuen Fachschriften. In den Abhandlungen von FRÉNICLE, *Abrégé des combinaisons* von 1676[1428] und WALLIS, *De combinationibus, alternationibus et partibus aliquotis* von 1685[1429] wurden auch die Permutationen erörtert, bei denen Wiederholungen zugelassen werden. Einen Abschluß bildete die *Ars conjectandi*, die JAKOB BERNOULLI (1654—1705, Basel) zum Verfasser hat, nach dessen Tode aber erst 1713 von seinem Neffen NICOLAUS BERNOULLI (1687—1759) der Öffentlichkeit übergeben wurde. So ziemlich alles, was den heutigen Bestand der Kombinationstheorie ausmacht, findet man in der *Ars conjectandi* (pars II) — auch in der Form modern — ausgeführt.

Was die in der Kombinatorik üblichen Kunstwörter betrifft, so gebrauchte J. BERNOULLI zum erstenmal das Wort Permutation;[1430] LEIBNIZ hatte vorher *variationes*,[1431] WALLIS *alternationes*[1432] gesagt. Die Bezeichnung Kombination in modernem Sinne hatten wir bei PASCAL kennen gelernt; auch WALLIS nahm diesen Ausdruck an.[1433] LEIBNIZ verwendete dafür *complexiones*;[1434] *combinationes* sind bei ihm Gruppen von je 2, wie *conternationes* solche zu je 3 Elementen, Wörter, die auch in der leicht zu verallgemeinernden

1426 LEIBNIZ, Ges. Werke, ed. GERHARDT, 3. Folge, Bd. V, Halle 1858, S. 7—79. Vgl. CANTOR, III[a], S. 41. — 1427 Daselbst S. 67, Probl. V, § 2: „*A b c d, B c d a, C d a b, D a b c habentur pro una, velut in circulo scripta.*" — 1428 Mém. de l'acad. royale des Sciences, Bd. V, dépuis 1666 bis 1699, gedr. Paris 1729, S. 167 bis 206. — 1429 WALLIS, Opera, Bd. II, Oxoniae 1693, S. 483—529. — 1430 *Ars conjectandi*, Basel 1713, Abschn. II, cap. 1, S. 74. — 1431 *Ars combinatoria*, Defin. 1 u. 6; LEIBNIZ, Ges. Werke, Bd. V, S. 13 u. 14 (Anm. 1426). — 1432 WALLIS, *De combinationibus* etc., cap. 1 § 18 und cap. 2; Opera, II, S. 489, Nr. 18 und S. 491—495 (Anm. 1429). — 1433 Daselbst S. 489, Nr. 12. — 1434 *Ars combinatoria*, Def. 9, S. 14 (Anm. 1431).

Schreibart *con 2 natio, con 3 natio* etc.[1435] bei ihm zu lesen sind. JAKOB BERNOULLI kehrte zu der ersten Bedeutung von *combinatio* zurück und gebrauchte für Gruppen von 4, 3 u. s. w. Gliedern die Wörter *Quaterniones, Terniones, Biniones,* denen er noch *Uniones,* ja *Nulliones* zugesellte.[1436] Die Gesamtheit der Permutationen aller Kombinationen, die heute Variationen heißen, behandelte BERNOULLI unter der Bezeichnung *de combinationibus et permutationibus mixtim spectatis.*[1437] Das Wort *Variationes* ist indes auch in der *Ars conjectandi* vorhanden,[1438] wurde aber erst am Ausgang des achtzehnten Jahrhunderts im heutigen Sinne gebräuchlicher. —

Das Wesentliche in den Untersuchungen, die bis zu dieser Zeit in der Kombinatorik angestellt wurden, bestand allein in der Betrachtung der Gruppenzahlen, die jeder Klasse von Versetzungen oder Verbindungen eigentümlich waren. Es fehlte die Aufstellung von Einteilungsprinzipien innerhalb gleichwertiger Gruppen, wie etwa das lexikographische Prinzip bei Buchstabenzusammensetzungen benutzt werden kann; es fehlten ferner Methoden und Formeln, um die einzelnen Kombinationen, Permutationen u. s. w. in vorgeschriebener Ordnung nun wirklich darzustellen. Hier setzte die sogenannte „kombinatorische Schule" ein, die der deutschen Mathematik in der zweiten Hälfte des achtzehnten Jahrhunderts einen charakteristischen Stempel aufdrückt. Führer war der leipziger Professor HINDENBURG (1741—1808); ihm zur Seite standen ESCHENBACH (1764, Leipzig bis 1797, Madras), ROTHE (1773—1842, Erlangen) und PFAFF (1765—1825, Helmstädt, Halle). Es gelang ihnen, Formeln von großer Eleganz aufzustellen, die den gewünschten Dienst vollständig erfüllen. Das übertriebene Hervortreten formaler Operationen konnte aber auf die Dauer ihren Resultaten nicht die allgemeinere Anerkennung erhalten. Für die moderne Mathematik sind im wesentlichen aus ihren Forschungen nur die Entwicklung des binomischen und polynomischen Lehrsatzes[1363] (vgl. S. 332), ferner die Behandlung des Umkehrungstheorems einer vorgelegten Reihe von dauerndem Bestande geblieben. —

Eine Hauptanwendung der Kombinatorik liegt in dem Gebiete der Wahrscheinlichkeitsrechnung.

[1435] Daselbst, Def. 11, S. 14. Die Anzahl der Elemente jeder einzelnen Kombination heißt *exponens.* — [1436] *Ars conjectandi,* Abschn. II, cap. 2, S. 82; auch bei LEIBNIZ findet sich auf einem hinterlassenen Manuskript, dessen Abfassungsdatum unbekannt ist, das Wort *nullio*; Ges. Werke, ed. GERHARDT, 3. Folge, Bd. 7, Halle 1863, S. 101, in der Überschrift einer Zusammenstellung der Kombinationszahlen. — [1437] *Ars conjectandi,* cap. VII, S. 124 ff. — [1438] Daselbst S. 74.

Mit dem Begriff der Wahrscheinlichkeit beschäftigte sich zum erstenmal ein italienischer Kommentar, der in Venedig 1477 zu DANTE's *Divina commedia* erschien.[1439] Hier wird gelegentlich die Häufigkeit der einzelnen Würfe mit 3 Würfeln besprochen. Der Verfasser macht darauf aufmerksam, daß sowohl der Wurf 3, wie der Wurf 4 nur durch je eine Würfelzusammenstellung, nämlich 1, 1, 1, bezw. 1, 1, 2, möglich sei, ebenso die Würfe 18 und 17, alle übrigen aber mehrfach (so 5 = 1, 1, 3 und 1, 2, 2) gebildet werden könnten, und will daraus auf die Wahrscheinlichkeit der Einzelwürfe schließen. Richtig sind diese Bemerkungen nicht; wir wissen jetzt, daß der Wurf 4 dreimal wahrscheinlicher ist als der Wurf 3.

Die eigentliche Entwicklung der Wahrscheinlichkeitslehre ging von der Untersuchung einer speziellen Aufgabe aus, die zuerst von LUCA PACIUOLO in seiner *Summa* (1494)[1440] besprochen wurde. Zwei Personen spielen um eine eingesetzte Geldsumme, die dem zufallen soll, der zuerst eine vorgeschriebene Anzahl von Punkten — allgemein n — gewinnt. Das Spiel muß vorzeitig abgebrochen werden. Wie ist nun die Verteilung des Einsatzes vorzunehmen, wenn beim Abbrechen A $n-p$, B $n-q$ Gewinnpunkte gemacht haben? LUCA PACIUOLO gab sich die redlichste Mühe, eine gerechte Lösung für diesen verzwickten Fall zu finden, das gleiche versuchten nach ihm CARDANO[1441] (1501—1576) und TARTAGLIA (1500—1557);[1442] keiner aber vermochte eine nach heutigen Begriffen einwandsfreie Erledigung zu finden. Erst BLAISE PASCAL (1623—1662; Paris), dem — um 1654 — von einem Bekannten die alte Aufgabe vorgelegt wurde, ersann in scharfsinniger Weise eine befriedigende Teilungsart. Er behandelte den besonderen Fall $n = 3$, $p = 2$, $q = 3$, daß nämlich zwei Spieler sich auf drei zu erreichende Gewinnpunkte geeinigt haben, der erste aber beim Abbruch des Spieles erst einen, der zweite sogar noch keinen Punkt erzielt hat, und behauptete, daß die Verteilung des Einsatzes in diesem Momente 11 : 5 betrage.[1443] Seine Beweisführung ist nicht so klar, wie die seines Zeitgenossen FERMAT (1601—1665), mit dem er wegen dieser Frage in Briefverkehr trat. FERMAT teilte in einer Antwort seinen Gedankengang mit,[1444] der die Lösung PASCAL's bestätigte. Beim Abbruch des Spieles

1439 Vgl. CANTOR, II^b, S. 327—328. — 1440 *Summa*, I, dist. 9, tract. 10, S. 197 Z. 41 ff.; vgl. CANTOR, II^b, S. 327. — 1441 *Practica Arithmeticae*, 1539, cap. 41 *De extraordinariis ludis*; Werke, Lugd. 1663, IV, S. 112. — 1442 *General trattato*, 1556, Parte I, lib. 16, letzter Absatz, S. 265a und b. Vgl. CANTOR, II^b, S. 521. — 1443 PASCAL's Werke, ed. BOSSUT, la Haye 1779, IV, S. 424 f. — 1444 Daselbst S. 412 ff.

waren noch vier Einzelspiele zu erledigen gewesen, deren Ausgang mit je einem Punkte zu bewerten war. Bezeichnet man ein dem *A* günstiges Spiel mit *a*, ein für *B* glückliches mit *b*, so ergäben sich für die vier fehlenden Spiele nur die 16 Möglichkeiten

a a a a	*b b a a*	*b b b a*
b a a a	*a b b a*	*b b a b*
a b a a	*a a b b*	*b a b b*
a a b a	*b a b a*	*a b b b*
a a a b	*a b a b*	*b b b b*.
	b a a b	

Überblickt man diese Zusammenstellung, so würden nur die letzten 5 Fälle die noch fehlenden drei Punkte für *B* liefern; in allen anderen, d. h. 11, würde *A* der Sieger sein. Die Wahrscheinlichkeit beträgt also 11 : 5.

Man erkennt, wie hoch der Begriff der Wahrscheinlichkeit in dieser Ableitung bereits ausgebildet ist. Aber schon CARDANO hatte eine richtige Vorstellung von dem Zusammenhang der mathematischen Wahrheit, dem Verhältnis der günstigen Fälle zu allen möglichen, und der Erfahrungswahrscheinlichkeit, dem Verhältnis der günstigen Fälle zu den wirklich gemachten Versuchen. So bemerkte er bei Besprechung eines anderen Würfelspieles,[1445] daß bei unendlicher Anzahl der Würfe das Ergebnis mit der Erfahrung übereinstimmen würde; denn nur die Länge der Zeit wäre es, die alle Möglichkeiten zeigte.

Unter den Zeitgenossen bekamen nur wenige Kunde von den neuartigen Untersuchungen PASCAL's und FERMAT's; des ersteren Abhandlung erschien (1665) nach seinem Tode, der Briefwechsel mit FERMAT sogar erst 1679.[1445a] Zu den Eingeweihten gehörte HUYGENS (1629—1695; Haag, zuweilen Paris). Ihm gaben die empfangenen Anregungen Veranlassung zu einer Beschäftigung mit dem Wahrscheinlichkeitsproblem; die Ergebnisse legte er 1657 in einer Schrift *De ratiociniis in ludo aleae* nieder.[1445b] Hier tritt jene Aufgabe des zu früh abgebrochenen Spieles in völliger Allgemeinheit, auch für beliebig viele Spieler auf. Neu ist bei ihm die mathematische Formulierung des B e g r i f f e s d e r E r w a r t u n g. Hat ein Spieler in

[1445] *De ludo Aleae*, cap. XV; Werke, Lugd. 1663, I, S. 267. Vgl. CANTOR, II^b, S. 538. Die Ansicht CARDANO's hat in neuester Zeit der schweizer Astronom R. WOLF durch größere Versuchsreihen experimentell erprobt. Vgl. Berner Mitteilungen 1849—1853, Züricher Vierteljahrsschrift 1881—1888, *Handbuch der Astronomie*, I, S. 117 ff. (Anm. 187). — [1445a] Varia opera Petri de Fermat mathematica, Tolosae 1679. — [1445b] Abgedruckt als Anhang in FR. SCHOOTEN's *Exercitationes mathematicae*, Lugd. Bat. 1657, S. 521 ff.

p Fällen die Gewinnsumme a, in q Fällen die Summe b zu erwarten, so ist bei jedem Fall die Erwartung gleich

$$\frac{p \cdot a + b \cdot q}{p + q}.$$ [1445c]

Soll z. B. mit einem Würfel eine Sechs geworfen werden, so sind 6 mögliche Fälle vorhanden. Nur einer ist zutreffend und berechtigt zu dem Gewinne a; 5 Fälle sind mit dem Gewinne $0 (= b)$ zu verbinden. Die Wahrscheinlichkeit des Gewinnes ist demnach $\frac{1 \cdot a + 5 \cdot 0}{1 + 5} = \frac{a}{6}$. Bei zwei gestatteten Würfen berechnete HUYGENS sie auf $\frac{11}{36} a$; die Möglichkeit, daß einer von zwei Spielern gewinnt, verhält sich also wie 11 zu 25. Bei drei Würfen findet er 91 : 125 u. s. f.[1445d]

Das Verdienst, das die *ars conjectandi* JAKOB BERNOULLI's (1654—1705) für die Wahrscheinlichkeitslehre sich erwarb, lag mehr in der zusammenfassenden Darstellung der bisher nur an zerstreuten Stellen veröffentlichten Ergebnisse, als in bedeutenderen eigenen Forschungen des Verfassers. Die *ars conjectandi* erschien erst 1713. Durch einen vorläufigen Bericht von der beabsichtigten Veröffentlichung eines solchen Werkes bekamen auch andere Mathematiker Anregung zur einheitlichen Bearbeitung und Vertiefung der neuen Lehre. 1708, in zweiter Auflage 1713, erschien in Paris ein *Essai d'analyse sur les jeux de Hazard* des französischen Akademikers MONTMORT (1678—1719), dessen Kenntnisse im wesentlichen aus dem Verkehr mit NICOLAUS BERNOULLI, dem Neffen JAKOB BERNOULLI's, der fünf Jahre später die Veröffentlichung der *Ars conjectandi* veranlaßte, entsprangen. Gleichzeitig hatten sich auch englische Mathematiker des Themas angenommen. Die *Philos. Transact.* von 1711[1446] enthalten wertvolle Untersuchungen DE MOIVRE's (1667—1754, London); unter Zusatz einer großen Reihe neuer Ergebnisse bearbeitete dieser 1716 den vorhandenen Stoff in einem selbständig erschienenen Werke *Doctrine of Chances.* Von nun an beteiligten sich an der Fortführung der Wahrscheinlichkeitslehre fast alle bedeutenderen Mathematiker, wie D'ALEMBERT (1717—1783, Paris),[1447] LAPLACE (1749—1827, Paris)[1448] u. a. Ihre Resultate führen aber zu weit über die Ziele der Elementarmathematik hinaus, als daß sie hier noch zu besprechen wären.

[1445c] Daselbst, Prop. III, S. 523. — [1445d] Daselbst, Prop. X, S. 550; ferner enthält Prop. XI die Wahrscheinlichkeitsbestimmung, 12 Augen mit 2 Würfeln zu erzielen. Prop. XII giebt an, mit wieviel Würfeln muß jemand spielen, um beim ersten Wurf zwei Sechsen zu erzielen u. s. w. — [1446] Philos. Transact. 1711, Vol. XXVII, Nr. 329, S. 213—264, *De Mensura sortis seu de probabilitate eventuum in Ludis a casu fortuito pendentibus.* — [1447] *Opuscules mathém.*, Paris 1761—80, Bd. II, S. 1—25, IIII, S. 73ff., 283ff., VII, S. 39ff. — [1448] *Théorie anal. des probab.*, Paris 1812.

ZEHNTER TEIL

DIE KETTENBRÜCHE

Da EUKLID (um 300 v. Chr., Alexandria) bei dem Aufsuchen des gemeinsamen Teilers zweier Zahlen ein kettenbruchähnliches Verfahren anwendet (*Elemente* VII, 2), so vermutete man, daß solche Operationen auch anderweitig von den Alten vorgenommen wurden. Insbesondere suchte man das Quadratwurzelausziehen der älteren griechischen Mathematiker, deren Methode uns leider nicht überliefert ist, auf das Berechnen von Näherungswerten mittels Kettenbrüchen zurückzuführen. Diese Vermutung trifft indes nicht zu (vgl. Bd. I, S. 209). Neuere Untersuchungen haben ergeben, daß sowohl ARCHIMEDES als auch HERON, von denen uns die meisten Quadratwurzelwerte überliefert sind, sich gewisser, geometrisch ableitbarer Ungleichungen bedient haben.

Sehen wir von den sogenannten aufsteigenden Kettenbrüchen ab, die eine arabische Fortbildung[1449] ägyptisch-griechischer Brüche mit gebrochenem Zähler sind, wie z. B.

$$\frac{7\ \ 2\ \ 4}{8\ \ 3\ \ 5} = \frac{7 + \frac{2 + \frac{4}{5}}{3}}{8} = \frac{7}{8} + \frac{2}{8 \cdot 3} + \frac{4}{8 \cdot 3 \cdot 5},$$

und die sich durch LEONARDO von Pisa[1450] zum Mittelalter hinübergeretteten, so beginnt die Geschichte der eigentlichen Kettenbrüche erst mit dem Ende des sechzehnten Jahrhunderts. Praktisches Bedürfnis, und zwar gerade bei Gelegenheit des oben erwähnten Quadratwurzelausziehens, gab den Anstoß zur ersten Entdeckung. Der Italiener BOMBELLI (Bologna) lehrte in seiner 1572 zu Venedig erschienenen *Algebra*[1451] ein numerisches Verfahren, das durch die moderne Formel

$$\sqrt{a^2 + b} = a + \cfrac{b}{2a + \cfrac{b}{2a + \cdots}}$$

dargestellt werden kann. Allgemeinere Vorschriften sowie Beweise fehlen bei ihm; er beschränkt sich darauf, $\sqrt{13}$ in dieser Weise vor-

---

1449 Vgl. Rechenbuch des ABU-ZAKARIJA, Bibl. math., 3. Folge, Bd. 2, S. 19; Rechenbuch des ALKALSADI, CANTOR, II^b, S. 764—765. — 1450 *Liber abaci*, 1202, ed. BONCOMPAGNI, I, S. 24 u. öfters. — 1451 *L'Algebra*, S. 35—37.

zurechnen. Ein halbes Jahrhundert später nahm P. ANT. CATALDI (1543—1626) das Verfahren BOMBELLI's wieder auf. Sein *Trattato del modo brevissimo di trovare la radice quadra delli numeri* (Bologna 1613) geht inhaltlich nicht über BOMBELLI's Entdeckung hinaus, erreicht aber in der Form einen bedeutenden Fortschritt. Im Anschluß an BOMBELLI nimmt CATALDI die Berechnung von $\sqrt{18}$ vor und schreibt das erhaltene Resultat in der fast modernen Form

$$4.\,\&\,\frac{2}{8.\,\&\,\frac{2}{8.\,\&\,\frac{2}{8.}}}.$$

Der Bequemlichkeit und Raumersparnis wegen wird diese Schreibart im weiteren Verlaufe der Abhandlung zu

$$4.\,\&\,\frac{2}{8.}\,\&\,\frac{2}{8.}\,\&\,\frac{2}{8.}$$

abgeändert, wobei CATALDI besonderen Wert auf die Punkte bei der 8. legt, um Verwechslungen mit Bruchsummen zu vermeiden.[1452]

Ein dritter Schriftsteller, in dessen Untersuchungen Kettenbrüche auftreten, DANIEL SCHWENTER (1585—1636, Altdorf), scheint von den beiden Italienern unabhängig zu sein; das geht schon aus dem durchaus abweichenden Zweck, zu dem SCHWENTER seine Methode benutzt, und der fehlenden Symbolik hervor. SCHWENTER wollte sich in seiner *Geometria practica* 1618[1453] kleinzahlige Näherungswerte für Brüche mit großen Zahlen verschaffen. Er wählte sich als Beispiel den Bruch $\frac{177}{233}$ und stellte das folgende Schema (vgl. S. 363) auf, an dem er seine Rechnung vornahm. Die nach dem euklidischen Verfahren, den größten gemeinsamen Teiler zu suchen, gewonnenen Zahlen

1452 *Trattato*, S. 70: „*Notisi, che nõ si potendo cõmodamẽte nella stampa formare i rotti, & rotti di rotti come andariano, civè così*

$$4.\,\&\,\frac{2}{8.\,\&\,\frac{2}{8.\,\&\,\frac{2}{8.}}}$$

come ci siamo sforzati di fare ni questo, noi da quì inazigli formaremo tutti à q̃sta similitudine

$$4.\,\&\,\frac{2}{8.}\,\&\,\frac{2}{8.}\,\&\,\frac{2}{8.}$$

facendo vn punto all' 8. denominatore de ciascun rotto, à significare, che il sequente rotto è rotto d'esso denominatore." — 1453 *Geometriae practicae novae et auctae tractatus*, II, lib. I, Aufg. XIII, die dritte Erinnerung; 1. Aufl. 1618; 2. Aufl. 1627, S. 68—69. Dieselbe Aufgabe $\frac{177}{233}$ wiederholt sich auch in einem nachgelassenen Werke *Deliciae physico-mathematicae*, Nürnberg 1636.

233 : 177 = 1, Rest 56;

177 : 56 = 3, Rest 9;

56 : 9 = 6, Rest 2;

9 : 2 = 4, Rest 1;

2 : 1 = 2, Rest 0

			1
233		1	0
177	1	0	1
56	3	1	1
9	6	3	4
2	4	19	25
1	2	79	104
0	0	177	233

ordnete Schwenter so an, daß die Reste 56, 9, 2, 1, 0 in senkrechter Reihe unter den Zahlen 233 und 177 stehen und die Quotienten 1, 3, 6, 4, 2 daneben eine zweite Reihe bilden. Die Spalte *1, 3, 19, 79, 177,* an deren Kopf von vornherein eine 1 und 0 gesetzt wird, erhält er durch die leicht zu verfolgenden Operationen

$$1 \cdot 0 + 1 = \mathit{1}; \quad 3 \cdot \mathit{1} + 0 = \mathit{3}; \quad 6 \cdot \mathit{3} + 1 = \mathit{19}; \quad 4 \cdot \mathit{19} + 3 = \mathit{79}; \quad 2 \cdot \mathit{79} + 19 = \mathit{177}.$$

Ähnlich wird eine vierte Spalte, *1, 1, 4, 25, 104, 233,* über die ebenfalls 1, 0 gesetzt wird, gebildet durch

$$1 \cdot 0 + 1 = \mathit{1}; \quad 1 \cdot \mathit{1} + 0 = \mathit{1}; \quad 3 \cdot \mathit{1} + 1 = \mathit{4}; \quad 6 \cdot \mathit{4} + 1 = \mathit{25}; \quad 4 \cdot \mathit{25} + 4 = \mathit{104}; \quad 2 \cdot \mathit{104} + 25 = \mathit{233}.$$

Die nunmehr erfolgende Aufstellung der Näherungswerte liefert die wiederum leicht ablesbaren Brüche

$$\frac{177}{233}, \quad \frac{79}{104}, \quad \frac{19}{25}, \quad \frac{3}{4}, \quad \frac{1}{1}, \quad \frac{0}{1}.$$

Verallgemeinert man die Rechnungen Schwenter's, so erkennt man aus dem Bildungsgesetze der dritten und letzten Spalte, daß er im Besitz der Beziehungen

$$\frac{z_k}{n_k} = \frac{z_{k-1} \cdot a_k + z_{k-2}}{n_{k-1} \cdot a_k + z_{k-2}}$$

ist, wobei $\frac{z_k}{n_k}$ der k^{te} Näherungswert der Kettenbruchentwicklung

$$\cfrac{1}{a_1 + \cfrac{1}{a_2 + \cfrac{1}{a_3 + \dots}}}$$

ist. Eine andere Bemerkung verrät, daß er auch die steigende Genauigkeit der Näherungswerte, von denen je einer immer etwas zu groß, der folgende um ein Geringeres zu klein ist, beobachtet hat.[1454]

Unsicher ist, wie weit die englischen Mathematiker Lord Brounker (1620—1684) und Wallis (1616—1703) in ihren Kettenbruchentwicklungen selbständig gewesen sind, ob sie den neuen

1454 Vgl. Cantor, II^{b}, S. 763—765.

Algorithmus wiederum allein fanden oder sich an Bombelli, bezw. Schwenter anlehnten. Wir kennen von Brounker nur die Entwicklung (vgl. S. 128)

$$\frac{4}{\pi} = 1 + \cfrac{1}{2 + \cfrac{9}{2 + \cfrac{25}{2 + \cfrac{49}{2 + \dots,}}}}$$

in die er das Produkt Wallis' $\frac{4}{\pi} = \frac{3 \cdot 3 \cdot 5 \cdot 5 \cdot 7 \cdot 7 \dots}{2 \cdot 4 \cdot 4 \cdot 6 \cdot 6 \cdot 8 \dots}$ überführte. Für diese Umwandlung gab Wallis einen Beweis;[1455] dabei kam er auf Brüche der allgemeinen Form zu sprechen

$$\frac{a}{\alpha} + \frac{b}{\beta} + \frac{c}{\gamma} + \frac{d}{\delta} + \dots,$$

die er *fractiones continue fractae* nannte und, abgesehen vom Weglassen des Pluszeichens, ebenso schrieb. Aus seinen Darlegungen ist zu schließen, daß er das Bildungsgesetz der z_k und n_k, das Schwenter nur, wenn die Zähler in dem Kettenbruch 1 waren, kannte, allgemein für beliebige Zähler $a, b, c \dots$ beherrschte.[1456]

Einen großen Schritt vorwärts that Huygens (1629—1695, Haag). Er hatte sich den Bau eines Planetariums vorgenommen; um die Zahnräder des Getriebes herzustellen, mußte er die Verhältnisse der Umlaufszeiten der einzelnen Weltkörper durch möglichst kleine Zahlen, aber auch möglichst genau ausdrücken. Hier zog er die Kettenbruchentwicklung zu Hilfe heran und bewies bei dieser Gelegenheit an den vorliegenden Beispielen, also nicht allgemein, eine Reihe sehr wichtiger Sätze — so erstens, daß die sich ergebenden Näherungswerte stets Brüche mit teilerfremdem Zähler und Nenner sind; zweitens, daß es keinen Bruch mit kleinerem Zähler und Nenner giebt, der dem gesuchten Wert näher liegt; drittens, daß die nacheinander zu berechnenden Näherungsbrüche abwechselnd größer und kleiner sind.[1457]

Euler (1707—1783), dem die Lehre von den Kettenbrüchen am meisten verdankt, scheint Huygens' Untersuchungen nicht gekannt zu haben; wenigstens erwähnt er in seinen Abhandlungen allein Wallis als seinen Vorgänger. Bereits in seiner ersten Schrift

[1455] *Arithmetica infinitorum*, Oxoniae 1655; Opera, I, S. 469—475. — [1456] Vgl. Cantor, II^b, S. 766. — [1457] Huygens, *Descriptio automati planetarii*, Hagae 1698; abgedruckt in Huygens' Opuscula posthuma, Amstelodami 1728, Bd. II, S. 157

De fractionibus continuis vom Jahre 1737[1458] begründete er eine eigene Theorie der Kettenbrüche und entwickelte Sätze, die schon beträchtlich über das hinausgehen, was in den heutigen Schulen gelehrt wird. Sämtliche Sätze, die wir bei HUYGENS kennen lernten, wurden von EULER ganz allgemein abgeleitet. Er beschränkte sich dabei nicht nur auf den Fall, daß die Zähler immer gleich der Einheit sind. Neu ist die Aufstellung der fundamentalen Gleichung

$$\frac{z_k}{n_k} - \frac{z_{k-1}}{n_{k-1}} = \frac{(-1)^{k-1}}{n_k \cdot n_{k-1}},$$

neu der Satz, daß jeder rationale Bruch sich in einen endlichen, jeder irrationale in einen unendlichen Kettenbruch verwandeln läßt. Auf induktivem Wege leitete dann EULER, Kettenbrüche für e, $\frac{e^2-1}{2}$, $\frac{e+1}{e-1}$ ab, indem er von dem bekannten Wert von e rückwärts geht, führte aber hinterher auch den analytischen Beweis für die Richtigkeit seiner Entwicklungen. Allgemein wies er nach, wie man Kettenbrüche in stark konvergente Reihen verwandeln könne, und rechnete im Anschluß daran eine größere Anzahl von Beispielen vor. Die elementaren Teile der neuen Lehre vereinigte EULER in seiner *Introductio* von 1748.[1459] Seine Darstellungsart ist so klar und durchsichtig, daß die gewählte Ableitung noch heute im Unterricht verwendbar ist. Er führte den Stoff durch bis zur Lösung der quadratischen Gleichung[1460]

$$x^2 - ax - b = 0$$

mittels

$$x = a + \cfrac{b}{a + \cfrac{b}{a + \cfrac{b}{a \ldots}}}.$$

In mehreren anderen Arbeiten, auf deren Inhalt hier nicht eingegangen werden kann, erweiterte EULER seine Untersuchungen.[1461]

bis 184, bes. S. 174—179. Für das Verhältnis 2640858 : 77708431 schreibt H. in ganz moderner Weise:

$$29 + \cfrac{1}{2 + \cfrac{1}{2 + \cfrac{1}{4 + \cfrac{1}{5 + \cfrac{1}{1 + \cfrac{1}{4}}}}}} \text{ etc.} -$$

1458 Comm. Acad. Petrop. ad annum 1737, gedr. 1744, Bd. IX, S. 98—137. — 1459 *Introductio*, lib. I, cap. 18. — 1460 Daselbst § 380 (Übersetzung von MICHELSEN, S. 409). In der Schrift von 1737 finden sich nur die Entwicklungen für $\sqrt{2}$, $\sqrt{3}$ und $\sqrt{a^2+1}$. — 1461 Comm. Acad. Petrop. ad annum 1739, gedr. 1750, Bd. XI, S. 32—81: *De fractionibus continuis observationes.* Nov. comm. Petrop. ad annos 1762—1763, gedruckt 1764, Bd. IX, S. 53—69: *Specimen algorithmi singularis.* Nov. comm. Petrop. ad annum 1765, gedruckt 1766, Bd. XI, S. 28ff.: *De usu novi algorithmi.*

Gleichzeitig nahm aber auch LAGRANGE (1736—1813; Turin, Berlin, Paris) sich des interessanten Themas an.[1462] Bekannt ist seine Anwendung der Kettenbrüche auf die Lösung unbestimmter Gleichungen (vgl. Bd. I, S. 301) und auf die näherungsweise Berechnung der Wurzelwerte höherer algebraischer Gleichungen (vgl. Bd. I, S. 284). Hatte EULER gezeigt, daß jeder periodische Kettenbruch (mit dem Zähler 1) Wurzel einer quadratischen Gleichung ist, so fand LAGRANGE, daß auch die Umkehrung zutrifft, daß also jede Wurzel einer allgemeinen quadratischen Gleichung stets in Form eines periodischen Kettenbruches darstellbar ist.[1463] Ein späterer Mathematiker, GALOIS (1811 bis 1832, Paris), fügte hinzu, daß sich die Kettenbrüche für die beiden Wurzeln nur durch die entgegengesetzte Reihenfolge der Glieder in der Periode unterscheiden.[1464] Eine Neuerung LAGRANGE's ist auch darin zu sehen, daß er zum erstenmal Nenner mit wechselnden Vorzeichen benutzte,[1465] eine Idee, die EULER bald aufgriff.[1466]

Eine weitere Aufgabe, die sich EULER stellte, vermochte er nicht zu einem befriedigenden Abschluß zu bringen — die independente Darstellung der einzelnen Näherungsbrüche. Er schuf sich zwar hierzu einen besonderen Algorithmus,[1467] mit dessen Hilfe er sein Ziel erreichen zu können glaubte; in Wirklichkeit war aber sein Verfahren nicht brauchbar. Große Anstrengungen nach gleicher Richtung machte die kombinatorische Schule HINDENBURG's (1741 bis 1808, Leipzig); ihre Lösungsmethode legte indes mehr Wert auf die formale Bildung der aufgestellten Formeln, als auf ihre Durchsichtigkeit. Besseren Erfolg gewährte in neuerer Zeit die Benutzung der Determinantentheorie.[1468]

Acta Petrop. ad annum 1779, gedruckt 1782, Bd. I, S. 3—29: *De formatione fractionum continuarum.* Acta Petrop. ad annum 1782, gedruckt 1786, Bd. VI, Teil 2, S. 62—84: *Egregiae observationes circa fractiones continuas.* Opuscula analytica, Bd. II, Petrop. 1785 *De transformatione serierum in fractiones continuas.* — [1462] Mém. de Berlin, 1767, Bd. 23 (gedruckt 1769), in einer Abhandlung über die PELL'sche Gleichung S. 165 ff., bes. S. 206 ff.; ferner daselbst S. 311 ff.: *Sur la résolution des équations numériques,* bes. S. 338 ff.; vgl. LAGRANGE's Werke, ed. SERRET, Bd. II, Paris 1868, S. 539. Mém. de Berlin 1768, Bd. 24 (gedr. 1770), in der Abhandlung *Nouvelle méthode pour résoudre les problèmes indéterminés en nombres entiers,* S. 181 ff., bes. S. 195 ff.; vgl. LAGRANGE's Werke, Bd. VII, S. 3 ff. — [1463] Mém. de Berlin 1768, Bd. 24, S. 123 ff.: *Additions au mémoire sur la résolution des équations numériques*; Werke, II, S. 609 ff. — [1464] GERGONNE's Annalen, Bd. 19, Nismes 1828—1829, S. 294—301. — [1465] Mém. de Berlin 1767, Bd. 23; vgl. Werke, II, S. 622 ff. — [1466] *Opuscula analytica,* Bd. I, Petrop. 1783, S. 87, *Observationes analyticae,* § 2. — [1467] Vgl. in Nov. Comm., Bd. IX u. Bd. XI (Anm. 1461). — [1468] S. GÜNTHER, *Darstellung der Näherungswerte von Kettenbrüchen in indepedenter Form,* Habilitationsschrift, Erlangen 1873. Vgl. daselbst den geschichtlichen Überblick für das Problem.

ELFTER TEIL

DIE STEREOMETRIE

A. Geschichtlicher Überblick.

Die Stereometrie ist die jüngere Schwester der Geometrie. Beide entspringen den in praktischer Erfahrung gesammelten Kenntnissen, deren Umfang sich ganz allmählich vergrößerte. Das Bedürfnis nach räumlichen Betrachtungen wird anfangs ein geringeres gewesen sein, als das für geometrische Überlegungen. Der Landmann lernte die Erntehaufen, die in bestimmten Formen auf dem Felde aufgestapelt standen, in rohem Maße abschätzen, der Techniker suchte sich einen Überschlag zu machen über die Menge des Baumaterials, das zu einem Mauerwerk von verschiedener Gestalt mit vorgeschriebenen Abmessungen erforderlich war, u. s. w. Es entstanden praktische Berechnungsvorschriften, über deren Genauigkeit die Rechner mehr oder weniger unterrichtet waren. Himmelsbeobachtungen, deren Wichtigkeit für die Zeiteinteilung und Zeitangabe sehr früh erkannt wurde, förderten stereometrische Untersuchungen an der Kugel. Nach und nach verdichtete sich der wachsende Bestand solcher Kenntnisse und bildete sich, wohl zumeist unter der Hand besonders befähigter Männer, zu einer wirklichen Theorie aus.

Dieser hypothetische Entwicklungsgang der Stereometrie spiegelt sich in den geschichtlichen Urkunden, so spärlich sie besonders für die ältere Zeit sind, in der That wieder.

Die wirkliche Überlieferung beginnt, wie wir fast bei allen Kapiteln der Mathematik bemerken konnten, mit jenem uralten *ägyptischen* Papyrus, der als *Rechenbuch des Ahmes* (zwanzigstes bis siebzehntes Jahrhundert v. Chr.) bezeichnet zu werden pflegt.[3] Der Charakter dieser Schrift ist der eines Rechenübungsbuches; sie läßt daher keine Ansprüche an systematische Zusammenstellung des gegebenen Stoffes, soweit wenigstens Geometrie und Stereometrie in Betracht kommen, stellen. Die gewählten Aufgaben sollen nur die eingeschlagenen Rechenmethoden erläutern. Der Verfasser legt kein Gewicht darauf, etwa die Kreisberechnung selbst vor der Berechnung von Körpern mit kreisrunder Grundfläche vorzunehmen. Trotzdem gewähren die gestellten Aufgaben einen tiefen Einblick in den damaligen Bestand der Mathematik; wir haben aus ihnen in den vorstehenden Kapiteln öfters, besonders in der Geometrie, wertvolle Schlüsse für die Geschichte der Mathematik ziehen können. Auffallend ist, daß uns der Verfasser für das Gebiet der Stereometrie fast ganz im Stich läßt. Die einzigen von ihm gelieferten stereometrischen Übungsbeispiele[1469] beziehen sich auf die Ausmessung von Fruchtspeichern, deren Gestalt uns nicht einmal genauer bekannt ist; bei einzelnen ist eine kreisförmige Grundfläche anzunehmen. Unser Befremden löst sich, wenn wir annehmen, daß zur Zeit des Ahmes die Stereometrie in dem oben angedeuteten Anfangsstadium begriffen war. Freilich legen jene gewaltigen Bauten der Ägypter, deren einige noch vor der Zeit des Ahmes hergestellt worden waren, Zeugnis dafür ab, daß dem alten Techniker gewisse Grundformen stereometrischer Gebilde, wie sogar die der Pyramide, geläufig waren. Aber noch mögen für diese in der Baukunst bereits bekannten Körperformen sich nicht so feststehende Berechnungsvorschriften entwickelt haben, daß sie aus den engsten Fachkreisen heraus einer größeren Öffentlichkeit zugänglich waren. Solche durfte Ahmes bei seinen Rechenübungen nicht als bekannt voraussetzen, wie er es bei der so häufig nötig werdenden und gewiß viel geübten Ausmessung von Erntehaufen, wie er es vor allem bei den planimetrischen Formeln (vgl. S. 65—67) thun konnte.

Wie weit die ägyptische Stereometrie allmählich vorgedrungen war, ist schwer zu begrenzen. Man kann annehmen, daß sie die Volumenberechnungen an Würfeln, an geraden, eckigen und runden Säulen genau ausführen konnte, daß sie für die Pyramide, den Kegel, vielleicht auch für die Kugel Näherungsformeln gefunden hatte. Die genauen Formeln für die letzten Körper sind erst spätere griechische Entdeckungen, wie geschichtlich feststeht. Ein gutes Bild der ägyptischen Leistung scheinen uns die Schriften Heron's zu geben (erstes Jahrhundert v. Chr.). Wir haben öfters (vgl. S. 15, 50, 51, 66—67, 191) auf die Eigentümlichkeit der griechischen Mathematiker hingewiesen, daß sie die technische Anwendung ihrer hohen theoretischen Resultate gänzlich übergehen. Das strenge, starre System ihrer Mathematik schien ihnen nur seiner selbst willen da zu sein, seine vermeintliche Würde vertrug sich nicht mit praktischer Übertragung. Der Theoretiker fühlte sich erhaben über den Techniker. Wenn nun die Schriften des Alexandriners Heron gerade den entgegengesetzten Standpunkt einnehmen und nur auf die praktische Berechnung Wert legen, so scheinen sie sich damit so von dem griechischen Geiste zu entfernen, daß wir in ihnen die alte ägyptische Wissenschaft

[1469] Eisenlohr, S. 93ff. (Anm. 3).

wiederzufinden glauben, die der Verfasser an der Quelle durch eigenes Studium hatte lernen können. Natürlich hatte Heron die ihm bekannten neueren griechischen Entdeckungen mit aufgenommen. Der archimedische Wert für π (vgl. S. 116) hat bei ihm den alten ägyptischen Wert glatt verdrängt, da er ebenso bequem, aber um vieles genauer war. Die neue griechische Theorie der spitzen Körper und der Kugel ist verwertet; kaum haben sich Andeutungen gehalten, wie man vordem rechnete. Zu diesen Spuren gehört eine Näherungsformel für den Kegelstumpf, die einen Cylinder mit dem Mittelkreis als Querschnitt zu Grunde legt.[1470] Die unmittelbar nach Verwendung dieses Notbehelfes gebrauchte genaue Kegelstumpfformel[1471] verrät die griechische Verbesserung des altägyptischen Verfahrens. Dieselbe Näherungsmethode mit dem Mittelkreis befolgte Heron noch bei einer Reihe anderer, unbekannter Körper, die er *πίθος* (Faß),[1472] *κοῦπα* (Kufe?),[1473] *βούτις* (Butte?)[1474] u. a. nennt. Die Anzahl solcher Körperarten, über deren Aussehen kaum Vermutungen möglich, ja deren Namen uns dunkel sind, ist bei Heron merkwürdig groß. Vielleicht gelingt es einmal der späteren Geschichtsforschung Genaueres hierüber in Erfahrung zu bringen, vielleicht ist eine Verbindung mit jenen unbekannten Fruchtspeicherformen des Ahmes nachzuweisen.

Der mathematisch-wissenschaftliche Geist der Griechen vertiefte die aus Ägypten bezogenen praktischen Kenntnisse zu einer wirklichen Lehre. Wie in der Geometrie, unternahmen auch hierin Pythagoras und seine Schüler die ersten Schritte. Ihre Erfolge sind indes auf diesem Gebiete lange nicht so bedeutende, wie in der Planimetrie; doch erstreckte sich bereits ihr Wissen bis auf die Lehre von den fünf regelmäßigen Vielflächnern, die in der mystischen Natursymbolik der Pythagoreer eine Hauptrolle spielten. Platon (429—348 v. Chr.; Athen) führte heftige Klage über die Unwissenheit seiner Zeitgenossen in der Stereometrie: „Hinsichtlich der Messungen von allem, was Länge, Breite und Tiefe hat, legen die Griechen eine in allen Menschen von Natur vorhandene, aber ebenso lächerliche wie schmähliche Unwissenheit an den Tag“ — in derben Ausdrücken fährt er fort: „nicht wie es Menschen, sondern wie es Schweinen

1470 Heron, *Stereom.*, I, cap. 16, ed. Hultsch, S. 157 Z. 16—23. — 1471 Daselbst Z. 24 — S. 158 Z. 4. — 1472 *Stereom.*, II, cap. 5, 6, 27, 28, S. 173, 178—179. — 1473 *Stereom.*, I, cap. 52, S. 170; *Stereom.*, II, cap. 8, 12, 13, S. 173, 174—175; *Geepon.*, cap. 82, 83, S. 219—220. — 1474 *Stereom.*, I, cap. 53, S. 170; *Stereom.*, II, cap. 14, S. 175; *Geepon.*, cap. 84, S. 220.

geziemt, und ich schämte mich daher nicht bloß über mich selbst, sondern für alle Griechen."[1475]

Was an ihrem Teil lag, haben PLATON, seine Zeitgenossen und Schüler dazu beigetragen, das Versäumte nachzuholen. ARCHYTAS von Tarent (430—365) beherrschte bereits in überraschender Weise die Grundlagen der Stereometrie. Er kannte nicht nur Sätze über das gegenseitige Schneiden von Ebenen, sondern zeigte sich auch bewandert in der Entstehung von Cylindern und Kegeln, benutzte z. B. die bei der Durchdringung solcher Körper gebildeten Kurven zu einer scharfsinnigen Lösung des Würfelverdoppelungsproblemes, das damals gerade eine brennende Tagesfrage war (vgl. Bd. I, S. 208, 270). EUDOXUS von Knidos (408—355) ist der Entdecker jenes Satzes, der aussagt, daß die Pyramide ein Drittel des Prismas von gleicher Grundfläche und Höhe ist; ja dem EUDOXUS wird die Abfassung des ältesten stereometrischen Lehrbuches zugeschrieben,[1476] dem sich EUKLID wahrscheinlich ziemlich eng anschloß. Weisen wir noch auf die Leistungen des begabtesten Schülers PLATON's, MENÄCHMUS (um 350 v. Chr.) hin, des Erfinders der Kegelschnitte, und erwägen wir, daß seine Ableitungen an diesen Kurven mit stereometrischen Betrachtungen verbunden wurden (vgl. S. 431 ff.), so erhalten wir eine Ahnung von dem gewaltigen Aufschwung, den die Stereometrie in kaum einem halben Jahrhundert genommen hatte.

Nunmehr beginnen auch die Quellen unmittelbarer Überlieferung zu fließen. Das älteste Lehrbuch einer sphärischen Stereometrie,[989] zusammengestellt durch AUTOLYKUS von Pitane (um 333 v. Chr.), vor allem EUKLID's (um 300 v. Chr.) *Elemente* liegen uns thatsächlich vor. Die letzten enthalten eine vollständige Lehre der elementaren Stereometrie, über die auch unser modernes Schulpensum nur in einzelnen Punkten hinausgeht. An Erweiterungen verdankt man ARCHIMEDES (287 bis 212 v. Chr., Syrakus) die Berechnung des Kugelvolumens und der Kugeloberfläche, ferner die Aufstellung der halbregulären Vielflächner und die Bestimmung der Volumina für gewisse Rotationskörper. HYPSIKLES (um 190 v. Chr.) und PAPPUS (um 295 n. Chr.) fügen eine Anzahl rechnerischer Relationen zwischen den Fundamental-

[1475] PLATON, *Gesetze*, Buch VII, cap. 21, 819 D, ed. STALLBAUM, X, 2, Gotha 1859, S. 379: „... *καὶ ἔδοξέ μοι τοῦτο οὐκ ἀνθρώπινον, ἀλλὰ ὑηνῶν τινῶν εἶναι μᾶλλον θρεμμάτων, ᾐσχύνθην τε οὐχ ὑπὲρ ἐμαυτοῦ μόνον, ἀλλὰ καὶ ὑπὲρ ἁπάντων Ἑλλήνων*" (vgl. CANTOR, I^b, S. 212). Ähnliche Klagen im *Staat*, lib. VII, 528, ed. STALLBAUM, III, 2, Gotha u. Erfurth 1859, S. 157 ff. — [1476] Vgl. FELIX MÜLLER, *Zeittafeln zur Geschichte der Mathematik*, Leipzig 1892, S. 13—14.

stücken der fünf regelmäßigen Körper hinzu; bei Pappus findet sich auch zum erstenmal die Aufstellung des sogenannten Guldin'schen Theoremes von den Rotationskörpern.

Weder die *Inder* noch die *Araber*, sonst so gelehrige Schüler, kamen in der Stereometrie über die Forschungen der Griechen hinaus. Erst das Mittelalter brachte, mit dem Auftreten der Infinitesimalrechnung, durch Kepler (1571—1630) und Cavalieri (1591 bis 1647) neue Methoden und neue Resultate. Die Theorie der regelmäßigen Körper wurde durch die Kepler'schen Sternpolyeder fortgeführt. Die von Newton und Leibniz begründete Integralrechnung brachte die allgemeine Lösung des Kubaturproblemes. Mit dem Ende des siebzehnten Jahrhunderts begann auch eine analytische Geometrie des Raumes sich zu entwickeln, der sich, hauptsächlich im neunzehnten Jahrhundert, eine projektivische Raumgeometrie gegenüberstellte.

B. Besonderer Teil.

I. Die geraden Linien und Ebenen im Raum.

Den Hauptteil der Lehre von den geraden Linien und den Ebenen im Raume bietet das elfte Buch Euklid's bereits in den ersten 19 Sätzen. Die Definition einer Ebene (vgl. S. 16 Nr. 7) ist in der Einleitung zum ersten Buch (Def. 7) vorausgeschickt worden; sie ist eine einfache Verallgemeinerung der unmittelbar vorangehenden Definition einer Geraden. Das elfte Buch beginnt ebenfalls mit Definitionen, an deren Spitze die Erklärung von Körper und Fläche (Grenze eines Körpers) gestellt ist. Der erste Satz beweist, daß von einer geraden Linie nicht ein Stück in einer Ebene und ein anderes außerhalb derselben liegen kann;[1477] wir sprechen jetzt diesen Satz anders aus: eine Gerade liegt entweder mit allen ihren Punkten in einer Ebene oder nur mit einem. Nachdem in Satz 2. gezeigt ist, daß zwei sich schneidende Geraden in einer Ebene liegen müssen — wobei wir heute sofort hinzufügen, daß durch diese beiden Geraden die Ebene bestimmt ist —, lehrt Euklid in Satz 3., daß der Durchschnitt zweier Ebenen eine gerade Linie ist. Auf Grund der Definition (XI, 2) des Senkrechtstehens einer

---

1477 Euklid, ed. Heiberg, IV, S. 8 Z. 11—12: „*Εὐθείας γραμμῆς μέρος μέν τι οὐκ ἔστιν ἐν τῷ ὑποκειμένῳ ἐπιπέδῳ, μέρος δέ τι ἐν μετεωροτέρῳ.*“

Geraden auf einer Ebene wird in 4. der wichtige Satz abgeleitet,[1478] daß eine Gerade, die auf zwei sich schneidenden Geraden in ihrem Schnittpunkt senkrecht steht, auch normal zu der durch die Geraden bestimmten Ebene ist. Der Beweis erfolgt elementar-geometrisch durch eine Kette von Kongruenzen. Der in den heutigen Lehrbüchern gebräuchliche Beweis, der auf Anwendung des pythagoreischen Lehrsatzes beruht, ist zuerst von LEGENDRE (1752—1833, Paris) in seinen *Elementen* (1794) benutzt worden;[1479] ein anderer sehr einfacher Beweis stammt von CRELLE (1780—1855).[1480] Der Satz 5. des elften Buches EUKLID's, „Drei in einem Punkte einer Geraden auf dieser senkrecht stehenden Geraden liegen in einer Ebene" ist die Grundlage zu unserer heutigen Drehungsdefinition, nach der man sich eine Ebene durch Rotation eines starren rechten Winkels um einen Schenkel als Achse entstanden denkt. Die folgenden Sätze EUKLID's beziehen sich auf die Lehre von den Normalen und Parallelen; Satz 6. lautet: Zwei Lote auf einer Ebene sind parallel (Umkehrung in Satz 8.); Satz 9.: Zwei Geraden, die einer dritten parallel sind, sind untereinander parallel; Satz 10.: Winkel mit paarweis parallelen Schenkeln sind gleich. Satz 11. und 12. enthalten Aufgaben, die die Konstruktion eines Lotes zu einer Ebene, sei es von einem Punkte außerhalb, sei es in einem Punkte der Ebene, ausführen. Satz 13. zeigt dann die Eindeutigkeit dieser Konstruktionen. EUKLID's Definition paralleler Ebenen entspricht seiner Definition paralleler Linien: Parallele Ebenen heißen solche, die niemals zusammentreffen.[1481] Beachtenswert ist, daß EUKLID die planimetrische Definition zweier parallelen Geraden nicht auf Raumgerade überträgt; er denkt sich stets, wenn er zwei parallele Geraden im Raume betrachtet, die durch sie hindurchgehende Ebene hinzu, da er sich wohl bewußt ist, daß im Raum auch zwei gerade Linien (sich kreuzende Geraden), ohne parallel zu sein, sich nicht zu treffen brauchen. Die Untersuchung dieser Art von Geraden übergeht EUKLID; daher sucht man auch vergebens bei ihm nach der Erklärung des Abstandes zweier sich nicht schneidenden Raumgeraden. Der gleichen Unterlassung machen sich aber auch die meisten späteren Lehrbücher bis zum Ende des achtzehnten Jahr-

1478 EUKLID, ed. HEIBERG, IV, S. 12 Z. 18—21: „*Ἐὰν εὐθεῖα δύο εὐθείαις τεμνούσαις ἀλλήλας πρὸς ὀρθὰς ἐπὶ τῆς κοινῆς τομῆς ἐπισταθῇ, καὶ τῷ δι' αὐτῶν ἐπιπέδῳ πρὸς ὀρθὰς ἔσται.*" — 1479 *Éléments de géométrie*, Paris 1794, V, 4; CRELLE's Übersetzung, 2. Aufl., 1833, S. 140—141 (Anm. 546). — 1480 CRELLE's Journal, Bd. 45, Berlin 1853, S. 35, Nr. 40. — 1481 EUKLID, XI, def. 8: „*παράλληλα ἐπίπεδά ἐστι τὰ ἀσύμπτωτα*".

hunderts schuldig. Eine befriedigende Behandlung findet man erst in LEGENDRE's *Elementen* (1794).[1482]

Die Sätze 14.—19. sind der gegenseitigen Lage mehrerer Ebenen zu einander gewidmet. Dabei faßt EUKLID sein Thema sehr eng; er spricht nur von der parallelen und senkrechten Lage und beschränkt sich im übrigen auf die beiden Definitionen der Neigung einer Geraden zu einer Ebene (Erkl. 5) und zweier Geraden zu einander (Erkl. 6). Satz 14.: „Ebenen, auf denen eine und dieselbe gerade Linie senkrecht steht, sind parallel" ist einer von denjenigen, deren Vorhandensein vor Abfassung der *Elemente* EUKLID's bestimmt nachzuweisen ist. Ihn benutzte nämlich schon AUTOLYKUS (um 330 v. Chr.), dem wir, wie oben erzählt, das älteste vollkommen erhaltene mathematische Schriftstück verdanken.[1483] Auch die Winkeldefinition zweier Ebenen war AUTOLYKUS nicht fremd.[1484]

Satz 15. bezieht sich auf zwei Winkel, deren Schenkel parallel sind. Es wird bewiesen, daß die durch die Winkel bestimmten Ebenen parallel sind. Satz 16.: „Werden zwei parallele Ebenen von einer dritten geschnitten, so sind auch die Durchschnittsgeraden parallel" ist wiederum ein Satz, den AUTOLYKUS kennt und verwendet.[1484]

Bis auf den Beginn des vierten Jahrhunderts v. Chr. kann man die Sätze 18. und 19. EUKLID's verfolgen. Der Inhalt dieser Sätze ist der, daß alle Ebenen, die durch ein Lot zu einer festen Ebene hindurchgehen, auf dieser Ebene senkrecht stehen, und umgekehrt: Die Schnittgerade zweier, zu einer dritten Ebene senkrecht stehenden Ebenen ist ein Lot dieser dritten Ebene. Nicht nur AUTOLYKUS kannte diese Beziehung,[1485] sondern auch schon ARCHYTAS von Tarent (430—365 v. Chr.) setzte sie bei Gelegenheit einer Lösung der Würfelverdoppelungsaufgabe voraus.[1486]

Ebenso wie wir auf voreuklidische Sätze aufmerksam machen konnten, läßt sich auch eine Reihe elementar-stereometrischer Theoreme anführen, die sich erst bei nacheuklidischen Schriftstellern finden, ohne daß freilich bei allen von vornherein behauptet werden kann, EUKKID habe sie noch nicht gekannt. Wir haben in der Geschichte der Geometrie mehrere Beispiele für Sätze gefunden, von denen

1482 Note 6 zu LEGENDRE's *Elementen* (Anm. 546). — 1483 AUTOLYCUS, *De sphaera*, prop. 5, Beweis, ed. HULTSCH, S. 14—15 (Anm. 989). — 1484 Ebendaselbst, prop. 8, Beweis; ed. HULTSCH, S. 28—29. — 1485 Ebendaselbst, prop. 7, Beweis; ed. HULTSCH, S. 26—27. — 1486 ARCHIMEDES, ed. HEIBERG, Bd. III, S. 98 ff.; vgl. CANTOR, I^b, S. 216.

EUKLID sicher Kenntnis gehabt haben muß, in seinen *Elementen* aber keinen Gebrauch gemacht hat (vgl. S. 6, 87). Eine Durchsicht der Werke des ARCHIMEDES liefert folgende hierher gehörige Sätze, die in seinen Untersuchungen als bekannt angenommen werden:[1487] 1) Eine durch zwei von drei parallelen Geraden gelegte Ebene wird entweder die dritte enthalten oder ihr parallel sein.[1488] 2) Eine Ebene, die auf der einen von zwei parallelen Ebenen senkrecht steht, steht auch auf der anderen senkrecht.[1489] 3) Eine Ebene, die einer anderen, auf einer dritten senkrecht stehenden Ebene parallel ist, steht selbst auf der dritten senkrecht.[1490]. 4) Durch eine nicht senkrechte Gerade kann nur eine Ebene auf eine andere senkrecht gelegt werden.[1491]

Die räumliche Figur, die wir heute Flächenwinkel nennen (*angle dièdre*; *coin* = Keil[1492]), an der man Seiten oder Flächen (*ἕδρα, face*) und Kanten (*πλευρά, latus, côté*; *acies,*[1493] *arête*[1494]) unterscheidet, betrachtete EUKLID in seinen *Elementen* nicht; er geht sofort zu der Lehre von der Ecke über. Sein Kunstausdruck *στερεά γωνία*[1495] wird im Lateinischen zu *angulus solidus*; das deutsche Wort „körperlicher Winkel“ erscheint zuerst 1539 bei SCHMID.[1496] Die Bezeichnung „Ecke“ beginnt erst in der zweiten Hälfte des achtzehnten Jahrhunderts üblich zu werden; KÄSTNER benutzt es 1764 in seinen *Anfangsgründen* ganz beiläufig.[1497] KARSTEN's *Anfangsgründe* 1768 kennen es schon als Fachausdruck.[1498] Noch in

1487 Nach HEIBERG, Zeitschrift für Math. u. Phys., Bd. 24, 1879, litt.-hist. Abteilung, S. 181—182. — 1488 ARCHIMEDES, *περὶ κωνοειδ. κ. σφαιρ.*, 15, ed. HEIBERG, I, S. 358 Z. 20—21 (Anm. 33). — 1489 Ebendaselbst, cap. 16, S. 366 Z. 26 ff. — 1490 Ebendaselbst, cap. 22, S. 398 Z. 8 ff. — 1491 Ebendaselbst, cap. 16, S. 364 Z. 23 ff. — 1492 LEGENDRE, *Géom.*, V, 17 (Anm. 546). — 1493 Nach EULER, Nov. comm. Petrop. ad annos 1752—1753, Bd. IV, gedr. 1758, S. 110: *Elementa doctrinae solidorum.* — 1494 LEGENDRE, *Géométrie* (Anm. 546). — 1495 EUKLID, Buch XI, Erkl. 11, ed. HEIBERG, IV, S. 4 Z. 10—15: „*Στερεὰ γωνία ἐστὶν ἡ ὑπὸ πλειόνων ἢ δύο γραμμῶν ἁπτομένων ἀλλήλων καὶ μὴ ἐν τῇ αὐτῇ ἐπιφανείᾳ οὐσῶν ἡ πρὸς πάσαις ταῖς γραμμαῖς κλίσις. ἄλλως· Στερεὰ γωνία ἐστὶν ἡ ὑπὸ πλειόνων ἢ δύο γωνιῶν ἐπιπέδων περιεχομένη, μὴ οὐσῶν ἐν τῷ αὐτῷ ἐπιπέδῳ, πρὸς ἑνὶ σημείῳ συνισταμένων.*“ (Ein körperlicher Winkel ist die Neigung von mehr als zwei einander treffenden, nicht in einer Ebene liegenden Geraden. Oder: Ein körperlicher Winkel wird von mehr als drei ebenen Winkeln, die nicht in derselben Ebene liegen, aber von einem Punkte ausgehen, gebildet.) — 1496 *Das erst Buch der Geometria*, Nürnberg 1539, nach FELIX MÜLLER, Zeitschr. f. Math. u. Phys., Suppl. 1899, S. 331. — 1497 *Anfangsgründe*, 2. Aufl., 1764, S. 284 (Anm. 53). — 1498 *Lehrbegriff*, Teil II, Greifswald 1768, Überschrift des XXIII. Abschnittes *Von den körperlichen Winkeln oder Ecken.* Nachtrag: Der kurze Ausdruck „Ecke“ stammt von SEGNER 1747; vorher war schon „solide Ecke“ üblich, S. sagt in seinen *Vorlesungen über Rechenkunst und Geometrie*, 1747, Abschn. XII.

der Übersetzung der LEGENDRE'schen *Elemente* durch CRELLE (1833) wird es vermieden.

Die Definition eines körperlichen Winkels ist bei EUKLID eine doppelte.[1495] Erstens erklärt er ihn als Neigung dreier, nicht in einer Ebene gelegenen, von einem Punkte ausgehenden Geraden, zweitens denkt er ihn sich durch Aneinanderlegen von drei ebenen Winkeln entstanden. Von diesen drei Winkeln behauptet Satz 20., daß immer je zwei zusammen größer als der dritte sind; Satz 21., daß ihre Summe nicht vier Rechte überschreitet. Satz 22. und 23. lehren die Konstruktion eines körperlichen Winkels, wenn die drei Seitenwinkel unter Beachtung der vorher aufgestellten Bedingungen gegeben sind. Hierauf beschränkt sich EUKLID.

Die weiteren, später gefundenen Sätze von der Ecke können wir übergehen, da sie sich mit den bereits besprochenen Sätzen von den sphärischen Dreiecken decken (vgl. S. 264 f.).

2. Die Volumen- und Oberflächenberechnungen.

a) Allgemeines.

Für das Wort Volumen (bei HERON τὸ στερεόν) ist keine deutsche Bezeichnung gebräuchlich geworden, trotz verschiedener Vorschläge. SIMON JAKOB 1565[96] sagt *körperlicher Inhalt*, KEPLER (1616)[1329] verdeutscht es in *Fülle, Raum, Leib,*[1499] L. STURM 1707[163] schlägt *cubischer Inhalt* vor.

Das Wort Körper (bei EUKLID στερεόν, bei HERON σῶμα, τόπος[1500]) ist eine Germanisierung des lateinischen *corpus*; es wurde noch im achtzehnten Jahrhundert Cörper geschrieben. In mathematischen Schriften erscheint es zuerst bei SCHMID 1539;[1496] allgemeiner üblich wird es aber erst durch L. STURM 1707.[163] Der eigentliche lateinische Terminus war *solidum* gewesen; hierfür sagte in engster Anlehnung PIRKENSTEIN (Euklidübersetzung 1699; zweite Auflage) das *Dichte,* KEPLER (1616)[1329] die *volle, leibhaftige Figur.*[1499]

Auch der deutsche Kunstausdruck Grundfläche (βάσις, *basis*) ist noch nicht so alt. Bei KEPLER[1329] ist in diesem Sinne *Boden* oder *Tisch* im Gebrauch. Zum erstenmal tritt *Grundfläche* bei JOH. STURM in seiner Archimedesübersetzung (1670) auf.[1499]

§ 40, S. 603: „... *so entstehet das, was man ... eine solide Ecke zu nennen pflegt. Wir haben aber diesen Zusatz im Teutschen nicht nöthig, weil die Benennung einer Ecke dieselbe genugsam von einem Winkel unterscheidet.*" — [1499] Nach FELIX MÜLLER, Zeitschr. f. Math. u. Phys., Suppl. 1899, S. 330—331. — [1500] Z. B. ed. HULTSCH, Def. 13, S. 11 (Anm. 2).

Statt Kante heißt es bei KEPLER (1616)[1329] *langes Eck, Reifen, Schärfe,* bei DÜRER (1525)[149] *scharfe Seiten.*[1499]

Als mechanische Ausmessungsmethode für den Inhalt beliebiger Körper wird in den Lehrbüchern des achtzehnten Jahrhunderts mit Vorliebe empfohlen, den zu messenden Körper in einen Cylinder oder ein Prisma, das zum Teil mit Wasser gefüllt ist, zu werfen. Die Differenz des Wasserstandes vor und nach dem Hineinwerfen läßt das unbekannte Volumen berechnen. Man findet diesen Vorschlag bei PIERRE VARIGNON (1654—1722, Paris) in seinem hinterlassenen Werk *Élémens de mathématique* von 1731, dann in PENTHER's *Praxis Geometriae* 1732.[1501] Nach rückwärts läßt sich dieses Verfahren bis zur ersten Auflage der WOLFF'schen *Anfangsgründe* 1710 und dem *Kurtzen Begriff der gesambten Mathesis* von L. STURM 1707[1502] verfolgen. Wahrscheinlich liegt ihm eine viel ältere Übung zu Grunde.[1502a] Vielleicht hängt sie mittelbar zusammen mit Aufgaben, die LEONARDO von Pisa im *liber abaci* 1202 vorrechnet, in denen ein Würfel, eine Säule, eine Kugel u. s. w. in ein ganz mit Wasser angefülltes cylinderförmiges Gefäß geworfen und nun die Menge des überfließenden Wassers berechnet wird.[1503]

b) Das Parallelepipedon und Prisma.

Das griechische Wort *κύβος* (*cubus*, Würfel) hat keineswegs von vornherein die einheitliche Bedeutung Würfel gehabt. Bei EUKLID (XI, Erkl. 25) ist *κύβος* freilich nur als ein von sechs Quadraten begrenzter Körper definiert.[1504] HERON's *Geometrie* (Erkl. 104) beginnt mit derselben Erklärung, fügt nur noch hinzu, daß man solchen Körper auch noch *ἑξάεδρον* (Sechsflächner) nenne.[1505] Unmittelbar darauf aber (Erkl. 111)[1506] beschreibt HERON *κύβος* allgemein als

1501 CANTOR, III², S. 506. — 1502 *Mathesis*, II, S. 93, Nr. 6. — 1502a Nachtrag: Die neu erschienenen *Μετρικά* des HERON schreiben diese Methode dem ARCHIMEDES zu (Heronis opera, Bd. III, ed. H. SCHÖNE, Leipzig 1903, S. 138—139). Für nicht transportable Körper (Wurzeln, Felsstücke u. s. w.) schlägt HERON daselbst vor, sie so mit Lehm (od. Wachs) zu umhüllen, daß rechteckige Formen entstehen, die man messen könne. Den Lehm solle man dann wieder abnehmen und nun auch in rechtwinklige Form pressen. Das Volumen dieses Lehmkörpers müsse von dem zuerst gefundenen Volumen abgezogen werden. — 1503 LEONARDO PISANO, ed. BONCOMPAGNI, I, S. 403—404 (Anm. 1262). — 1504 EUKLID, XI, def. 25, ed. HEIBERG, IV, S. 8 Z. 1—2: „*κύβος ἐστὶ σχῆμα στερεὸν ὑπὸ ἓξ τετραγώνων ἴσων περιεχόμενον.*“ — 1505 Ed. HULTSCH, S. 29 Z. 24—25: „. . . *καλεῖται δὲ τὸ σχῆμα τοῦτο καὶ ἑξάεδρον.*“ — 1506 Daselbst, S. 30 Z. 24—25: „*κύβος δέ ἐστι τῶν παραλληλοπλεύρων ὀρθογωνίων ὃ προείρηται σχῆμα.*“

einen von parallelseitigen, rechtwinkligen Vierecken umschlossenen Körper; ja an einer weiteren Stelle[1507] wird *κύβος* von ihm im Sinne von Raumvolumen gebraucht, wie *δύναμις* von Flächengröße. HERON's *Stereometrie* kennt auch die algebraische Bedeutung von *κύβος* (= dritte Potenz);[1508] in Beispielen findet sich dann abermals die allgemeine stereometrische Auffassung als Quader mit drei verschiedenen Dimensionen.[1509]

Vielleicht ist diese wechselnde Bedeutung in HERON's Schriften ähnlich zu erklären, wie bei dem Worte *τραπέζιον* (vgl. S. 47 f.). Die praktische Mathematik sah in *κύβος* in Anlehnung an die ägyptische Mathematik den allgemeinen Quader, der griechische Theoretiker (und so EUKLID) beschränkte das Wort auf den Würfel. Bei späteren Mathematikern, wie etwa PAPPUS (Ende des dritten Jahrhunderts n. Chr.), ist EUKLID's Autorität durchaus maßgebend: es tritt nur *κύβος* im Sinne Würfel auf. Für die Quader hatte schon THEON von Smyrna (um 130 n. Chr.) besondere Fachwörter im Gebrauch. Rechtwinklige Parallelepipeda mit quadratischer Basis nannte er, wenn die Höhe kleiner als die Quadratseite ist, *πλινθίδες* (Ziegel, Tafel), im anderen Falle *δοκίδες* (Balken); allgemeine rechtwinklige Parallelepipeda hießen *σκαληνά*.[1510]

Das Wort Parallelepipedon ist vor EUKLID nicht nachzuweisen. Dieser führt es genau so wie Parallelogramm[151] ohne besondere Definition ein.[1511]

Prisma (*πρίσμα*) ist abgeleitet von *πρίειν* = sägen; bei EUKLID findet es sich schon in genau derselben Bedeutung wie bei uns.[1512] Das Mittelalter versuchte das Fremdwort durch *Ecksäule* (PIRKENSTEIN 1669, Archimedesübersetzung; J. STURM 1670, Euklidübersetzung) oder *drei-, viereckige Säule* (DÜRER 1525, L. STURM 1707) zu ersetzen.[1499]

Die Lehre von dem Parallelepipedon wird von EUKLID in den Sätzen 24.—34. des elften Buches abgehandelt. Sie gipfelt in dem Nachweis, daß Parallelepipeda von gleicher Höhe und Grundfläche volumengleich sind (Satz 31.),[1513] daß gleich hohe

---

[1507] *Geom.*, cap. III, § 21, S. 45 Z. 19—21. — [1508] *Stereom.*, I, 1, 3, ed. HULTSCH, S. 125 Z. 7 v. u. — [1509] *Stereom.*, I, 23—25. Der Würfel heißt hier *κύβος τετράγωνος ἰσόπλευρος* (cap. 24). — [1510] *Theonis Smyrnaei philosophi expos.*, ed. HILLER, S. 113 Z. 5—8 (Anm. 1244). — [1511] Zuerst Buch XI, Satz 25. — [1512] XI, def. 13, ed. HEIBERG, IV, S. 4 Z. 18—20: „*Πρίσμα ἐστὶ σχῆμα στερεὸν ἐπιπέδοις περιεχόμενον, ὧν δύο τὰ ἀπεναντίον ἴσα τε καὶ ὅμοιά ἐστι καὶ παράλληλα, τὰ δὲ λοιπὰ παραλληλόγραμμα.*“ (Prisma ist ein Körper von Ebenen begrenzt, von denen zwei einander gegenüberliegende kongruent und parallel, die anderen Parallelogramme sind.) — [1513] EUKLID, XI, 31, ed. HEIBERG, IV, S. 92 Z. 1—3: „*Τὰ ἐπὶ ἴσων βάσεων ὄντα στερεὰ παραλληλεπίπεδα καὶ ὑπὸ τὸ αὐτὸ ὕψος ἴσα ἀλλήλοις ἐστίν.*“

Parallelepipeda sich wie ihre Grundflächen verhalten (Satz 32.), daß sich bei volumengleichen Parallelepipeda die Grundflächen umgekehrt wie die Höhen verhalten, und daß, wenn dies Verhältnis besteht, umgekehrt die Volumina gleich sind (Satz 34.). Die entsprechenden Prismasätze sind von EUKLID nicht besonders aufgenommen.

Wirkliche Aufstellung von Berechnungsvorschriften und durchgeführte Berechnungen darf man bei EUKLID nicht suchen. EUKLID ist ein Vertreter der reinen, theoretischen Mathematik und verschmäht es als solcher metrische Beziehungen in sein Werk aufzunehmen (vgl. S. 67), wenngleich ihm dieselben sicher bekannt und geläufig gewesen sein werden. Von Werken praktisch-technischer Mathematik, die enger an die altägyptische Wissenschaft anknüpften, sind allein Schriften von HERON (erstes Jahrhundert v. Chr.) erhalten. In ihnen finden wir die vermißten Berechnungen vorgenommen, sowohl für das allgemeine Prisma, als auch für Würfel, Quader[1514] und andere Sonderformen (Keil, Huf, Mäuseschwanz, Ziegel), deren Gestalt aus dem Text nicht klar hervorgeht.

Die Berechnung der Diagonale eines rechtwinkligen Parallelepipedons aus den drei ungleichen Kanten a, b, c

$$d = \sqrt{a^2 + b^2 + c^2}$$

haben natürlich die Alten auch ausführen können. Doch ist in betreff dieser Aufgabe nichts überliefert. Erst im Anfang des dreizehnten Jahrhunderts begegnen wir ihr (*Practica geometriae* des LEONARDO von Pisa, 1220).[1515]

Ein ungleich schief abgeschnittenes dreikantiges Prisma wird heute Prismenhuf (*ungula, onglet*) genannt. Sein Volumen wird vielfach in neueren Lehrbüchern so berechnet, daß man eine Seitenfläche als Grundfläche, die gegenüberliegende Kante als Deckfläche mit der Ausdehnung Null auffaßt und nun die SIMPSON'sche Regel von den Körperstümpfen anwendet. LEGENDRE (1794), in dessen *Elemente* gerade die stereometrischen Kapitel eine hervorragende Darstellung aufweisen, bewies den neuen Satz, daß das schief abgeschnittene Prisma gleich der Summe dreier Pyramiden ist, die das eine Grenzdreieck als gemeinschaftliche Grundfläche und deren Spitzen die drei Ecken des anderen Grenzdreieckes sind.[1516] Bezeichnet man mit MEIER

1514 *Stereom.*, I, cap. 23—25; ed. HULTSCH, S. 159—160. *Metrica*, II, ed. SCHÖNE, Leipzig 1903, S. 94ff. — 1515 LEONARDO PISANO, II, S. 163 (Anm. 88). — 1516 *Éléments de géom.*, VI, 22.

HIRSCH[1517] als Schwerkante diejenige Gerade, die, parallel zu den Seitenkanten, durch den Schwerpunkt des Umfanges bezw. der Fläche eines Normalschnittes gezogen werden kann, so läßt sich der Mantel des Prismenhufes durch das Produkt aus dem Umfang des Normalschnittes und der zum Normalschnittumfang gehörigen Schwerkante, das Volumen durch das Produkt aus der Fläche des Normalschnittes und der zur Normalschnittfläche gehörigen Schwerkante berechnen.

c) Die Pyramide.

Das Wort *πυραμίς* hatten die Griechen aus dem Ägyptischen entlehnt. Im Rechenbuche des AHMES bedeutet *piremus* eine gewisse Abmessung an der Pyramide, deren Lage und Richtung uns nicht ganz klar ist, die vielleicht die Kantenlänge ist.[1518] Dies Wort für eine besondere Größe haben nun die Griechen, wohl aus Mißverständnis, zum Namen des ganzen Körpers gemacht. Im Mittelalter ließ die Unkenntnis dieses Ursprungs sehr gewagte Vermutungen über die Bildung von *πυραμίς* enstehen; man glaubte an einen Zusammenhang mit *πῦρ* (= Feuer) und wurde hierin durch die altpythagoreische Symbolik bestärkt, die den Naturelementen bestimmte Körperformen zuwies und insbesondere dem Feuer das Tetraëder weihte. Nur so ist es zu verstehen, wenn mittelalterliche Mathematiker bei ihren Verdeutschungsversuchen[1499] auf die Bezeichnung *feuerförmige Cörper* verfielen (SCHMID, 1539).[167] Einer allgemeinen Anerkennung wäre die Übersetzung *Spitzsäule* (PIRKENSTEIN 1699; J. STURM 1670)[1499] wert gewesen; doch hat der Gebrauch das Fremdwort Pyramide bis auf den heutigen Tag beibehalten.

Die Definition der Pyramide giebt EUKLID am Anfange des elften Buches;[1519] im zwölften Buch sind die wichtigsten Sätze zusammengestellt. Nach Erledigung einiger Hilfssätze wird gezeigt, daß sich dreiseitige (Satz 5.) und auch vielseitige (Satz 6.) Pyramiden von gleicher Höhe wie ihre Grundflächen verhalten. Satz 7. lehrt die wichtige Zerlegung eines dreikantigen Prismas in drei dreiseitige, untereinander volumengleiche Pyramiden. Der euklidische Beweis ist derselbe, nach dem noch heute im Schulunterricht verfahren wird. Die Entdeckung des Satzes, daß eine Pyramide gleich dem dritten Teile eines Prismas von gleicher Grundlinie und Höhe ist,

---

1517 MEIER HIRSCH, *Geometr. Aufgaben*, Berlin 1805—17, Bd. II, § 162, 163. — 1518 EISENLOHR, S. 134 (Anm. 3). — 1519 EUKLID, XI, def. 12, ed. HEIBERG, IV, S. 4 Z. 16—17: „*Πυραμίς ἐστι σχῆμα στερεὸν ἐπιπέδοις περιεχόμενον, ἀπὸ ἑνὸς ἐπιπέδου πρὸς ἑνὶ σημείῳ συνεστώς.*“ (Eine Pyramide ist ein Körper, begrenzt von Ebenen, die von einer Ebene aus nach einem Punkte hin zusammengestellt sind.)

muß nach dem Berichte des ARCHIMEDES[1520] dem EUDOXUS von Knidos (408—355 v. Chr., Schüler des ARCHYTAS und PLATON) zugeschrieben werden. ARCHIMEDES erzählt ferner, daß sowohl bei diesem als auch bei dem entsprechenden Satze für den Kegel und Cylinder die Exhaustionsmethode angewendet worden sei. Ein derartiger Beweis findet sich nun in der That in EUKLID's *Elementen* XII, 10 für Kegel und Cylinder vor, nicht aber für Prisma und Pyramide. Dadurch ist die Vermutung gerechtfertigt, daß der Satz 7. — Zerlegung eines Prismas in drei Pyramiden — eine selbständige Verbesserung EUKLID's ist.[1521]

Ein Zusatz zu XII, 7 überträgt den gefundenen Satz sofort auf vielkantige Pyramiden. In Satz 9. wird von EUKLID abgeleitet, daß bei volumengleichen Pyramiden die Grundflächen in umgekehrtem Verhältnis der Höhen stehen, und daß, wenn die Grundflächen in umgekehrtem Verhältnis stehen, die Volumina gleich sind. Nach diesem allgemeinen Satz kann EUKLID den in heutigen Lehrbüchern vorangestellten Satz, Pyramiden von gleicher Grundfläche und Höhe sind volumengleich, fortlassen.[1522]

Für diese letzte Beziehung ist es bis jetzt noch nicht gelungen, einen Beweis durch wirkliche Zerlegung der beiden Pyramiden — so, daß je einem Stück der einen Pyramide je ein kongruentes Stück der anderen Pyramide entspricht — zu finden. In der Planimetrie ist diese Zerlegungsmethode flächengleicher Figuren bekanntlich allgemein gültig (vgl. S. 78—79).

Wirkliche Berechnungen treffen wir wieder erst bei HERON (erstes Jahrhundert v. Chr.) an. Neben Beispielen für vollständige Pyramiden finden sich auch solche für abgestumpfte. Die Grundflächen sind bald Quadrate, bald rechtwinklige oder gleichseitige Dreiecke, bald regelmäßige Vielecke.[1523] Auch der allgemeine Satz EUKLID's wird erwähnt.[1524]

So selten die indischen Mathematiker in der Stereometrie zu nennen waren, hier sind sie zu erwähnen, um eine grundfalsche Formel anzumerken, die von ihnen für die Berechnung des Volumens einer Pyramide benutzt wird. ARYABHATTA (geb. 476 n. Chr.) sucht dieses Volumen durch das halbe Produkt aus

[1520] ARCHIMEDES, *τετραγ. παραβ.*, praefatio, ed. HEIBERG, Bd. II, S. 296 Z. 18—20; NIZZE, S. 12 (Anm. 33). — [1521] HEIBERG, *Euklidstudien*, S. 34 (Anm. 5). — [1522] Einen sehr fein geführten Beweis giebt LEGENDRE, *Elemente*, VI, 17 (Anm. 546). — [1523] An verschiedenen Stellen der *Stereometrica* und *Mensurae*. — [1524] *Stereometrica*, II, cap. 39, ed. HULTSCH, S. 186 Z. 1—7.

Grundfläche und Höhe zu berechnen.[1525] Vielleicht liegt hierin eine Erinnerung an eine ägyptisch-griechische Überlieferung vor, die ja in der indischen Mathematik öfters durchleuchtete. Als ägyptische Praxis lernten wir S. 371 das Verfahren kennen, bei cylinderähnlichen Körpern das Produkt des Mittelschnittes mit der Höhe für das Volumen zu setzen. Bei einem sich langsam verjüngenden Baumstamm wird der Mittelkreis das arithmetische Mittel der oberen und unteren Grundfläche sein. Wird bei einer Pyramide die obere Grundfläche als Null angenommen, so ergiebt sich auf diesem Wege die indische Formel.

Heron besitzt für die abgestumpfte Pyramide (πυραμὶς κόλουρος, auch π. τεθραυσμένη) eine durchaus richtige Vorschrift. Er führt mehrere Beispiele durch, so u. a. auch für einen Stumpf mit quadratischer Basis. Ist die Seite des Grundquadrates a_1, die des Deckquadrates a_2, die Höhe des Stumpfes H, die Kante k, so rechnet Heron in einer Anordnung, die wir durch die Formeln

$$H = \sqrt{k^2 - \tfrac{1}{2}(a_1 - a_2)^2}$$

$$\text{Vol.} = H \cdot \left[\left(\frac{a_1 + a_2}{2}\right)^2 + \frac{1}{3}\left(\frac{a_1 - a_2}{2}\right)^2\right]$$

ausdrücken können.[1526] Die Richtigkeit läßt sich leicht nachweisen;

1525 Aryabhatta, ed. Rodet, Strophe XXI, S. 401, 423—424 (Anm. 195). — 1526 *Stereom.*, I, cap. 33, 34, S. 161—163. Vgl. Cantor, I^b, S. 374. Nachtrag: Der Beweis findet sich in den jüngst veröffentlichten *Μετρικά* (ed. Schöne, Leipzig 1903), Buch II, § VI, S. 104—109; er ist durchgeführt für den Fall eines dreikantigen Pyramidenstumpfes. Die daselbst aufgestellte Rechenvorschrift besagt, daß, wenn a, b, c die Seiten des Grunddreieckes, a', b', c' die des Deckdreieckes ($a' = m \cdot a$, $b' = m \cdot b$, $c' = m \cdot c$) und H die Höhe des Stumpfes sind, der Inhalt eines Dreiecks mit den Seiten $\frac{a + a'}{2}$, $\frac{b + b'}{2}$, $\frac{c + c'}{2}$ um $\frac{1}{12}$ eines Dreieckes mit den Seiten $a - a'$, $b - b'$, $c - c'$ zu vermehren und das Resultat mit der Höhe zu multiplizieren ist. Diese Regel läßt sich ohne weiteres mit der modernen Formel

$$\text{Vol.} = \frac{H}{3}\left(G + \sqrt{G G'} + G'\right),$$

wo G und G' die Flächen der beiden Grenzdreiecke bedeuten, in Übereinstimmung bringen. Da die Seiten der beiden heronischen Hilfsdreiecke sich zu den Seiten des Grunddreieckes, wie $1 : \frac{1 + m}{2}$ bezw. wie $1 : (1 - m)$ verhalten, so sind ihre Flächen gleich $G \cdot \left(\frac{1 + m}{2}\right)^2$ bezw. $G \cdot (1 - m)^2$, so daß Heron setzt

$$\text{Vol.} = \left[G \cdot \left(\frac{1 + m}{2}\right)^2 + \frac{1}{12} G (1 - m)^2\right] \cdot H.$$

bei HERON fehlen aber leider alle Herleitungen. Rechenfehler, die sich bei diesen Beispielen in HERON's Schrift finden, können wohl auf das Konto unkundiger Abschreiber bezw. Bearbeiter gesetzt werden.

Ausführlicher spricht sich der Inder BRAHMAGUPTA (geb. 598 n. Chr.) über die Volumenberechnung des Pyramidenstumpfes aus.[1527] Er kennt in dem Falle einer quadratischen Grundfläche drei Rechenverfahren von steigender Genauigkeit. In der Praxis ziehe man die Benutzung des Produktes aus der Höhe und dem Quadrat, dessen Seite das arithmetische Mittel zwischen den Seiten der Grund- und Deckfläche bildet, vor; besser sei es, statt dieses Quadrates das zu nehmen, dessen Fläche das arithmetische Mittel zwischen den beiden Grundflächen ist. Zu einem genauen Resultat aber gelange man, wenn man das auf dem ersten Wege erhaltene Resultat (V_1) um ein Drittel des Unterschiedes zwischen diesem (V_1) und dem zu zweit berechneten (V_2) vermehrt, d. h. wenn

$$V_3 = V_1 + \frac{V_2 - V_1}{3}.$$

Diese Vorschrift stimmt in der That. Ist — in moderner Symbolik —

$$V_1 = H\cdot\left(\frac{a_1 + a_2}{2}\right)^2 \quad \text{und} \quad V_2 = H\cdot\frac{a_1^2 + a_2^2}{2},$$

so wird

$$V_3 = H\cdot\left(\frac{a_1 + a_2}{2}\right)^2 + \tfrac{1}{3} H\cdot\left[\frac{a_1^2 + a_2^2}{2} - \left(\frac{a_1 + a_2}{2}\right)^2\right]$$

$$= H\cdot\left(\frac{a_1^2}{4} + \frac{a_1 a_2}{2} + \frac{a_2^2}{4} + \frac{1}{6}a_1^2 + \frac{1}{6}a_2^2 - \frac{1}{12}a_1^2 - \frac{1}{6}a_1 a_2 - \frac{1}{12}a_2^2\right)$$

$$= \tfrac{1}{3} H\cdot(a_1^2 + a_1\cdot a_2 + a_2^2),$$

und dieses ist die richtige Volumenformel.

Eine in arabischen Schriften auftretende Pyramidenstumpfberechnung — in der *Algebra* des MUHAMMED IBN MUSA ALCHWARIZMI

Dies ist umzuwandeln in

$$\text{Vol.} = \frac{G\cdot H}{3}(1 + m + m^2)$$

oder, da

$$G : G' = 1 : m^2,$$

in

$$\text{Vol.} = \frac{H}{3}\cdot(G + \sqrt{G\cdot G'} + G'). —$$

In den *Μετρικά*, II, § VII, zeigt HERON die Berechnung schiefer Pyramidenstümpfe. — 1527 BRAHMAGUPTA, *Gaṇita*, ch. XII, sect. V, 45—46, ed. COLEBROOKE, S. 312—313. Vgl. CANTOR, I^b, S. 607.

(um 820 n. Chr.; Bagdad, Damaskus)[1528] — läßt nicht erkennen, ob indische oder griechische Quellen vorliegen. Aus arabischen Schriften schöpfte LEONARDO von Pisa; in seiner *Practica geometriae* (1220)[1529] treffen wir zum erstenmal auf die heutige Formel

$$V = \tfrac{1}{3}(G_1 + \sqrt{G_1 G_2} + G_2),$$

natürlich nicht in Buchstabenform. G_1 bedeute die Grund-, G_2 die Deckfläche.

Hierdurch war diese Berechnungsvorschrift dem Abendland gewonnen und erscheint nun hin und wieder in eingehenderen Werken.

Die Ableitung, die die moderne Schulmathematik wählt, — ohne Benutzung der SIMPSON'schen Regel — rührt von JAKOB BERNOULLI (1654—1705, Basel) her, der sie 1687 nur mit Hilfe der allgemeinen Pyramidenformel entwickelte.[1530]

Die Bedeutung, die das Dreieck für die Ebene besitzt, kommt im dreidimensionalen Raume der dreiseitigen Pyramide, dem unregelmäßigen Tetraëder, zu. Es hat sich, besonders im neunzehnten Jahrhundert, allmählich eine Tetraëderlehre gebildet, die in vielen Sätzen sehr schöne Verallgemeinerungen der Lehre vom ebenen Dreieck enthält. Wir müssen uns im folgenden auf einige wenige Einzelheiten beschränken, da fast der gesamte Abschnitt außerhalb des Schulpensums fällt.[1531]

Einer der ersten, der sich der neuen Aufgabe auf analytischem Wege annahm, war EULER (1707—1783). Stoßen in einer Ecke die drei Seiten a, b, c unter den Winkeln p, q, r zusammen, so stellte er für das Tetraëdervolumen die Formel auf[1532]

$$V = +\tfrac{1}{3} a b c \cdot \sqrt{\sin\frac{p+q+r}{2} \cdot \sin\frac{p+q-r}{2} \cdot \sin\frac{p+r-q}{2} \cdot \sin\frac{q+r-p}{2}}.$$

Ein unmittelbar vorher von EULER abgeleiteter Volumenausdruck, der nur die sechs Kanten enthält, läßt an Übersichtlichkeit sehr viel zu wünschen übrig,[1533] besonders wenn man ihn mit der modernen Determinantenformel[1534] vergleicht.

1528 Ed. ROSEN, S. 84 (Anm. 170), Beispiel: $a_1 = 4$, $a_2 = 2$, $H = 10$. Vgl. auch Annali di matematica pura e applicata, Bd. VII, Rom 1865, S. 279—280. — 1529 LEONARDO PISANO, II, S. 177—178 (Anm. 88). — 1530 JAK. BERNOULLI, Opera, Genevae 1744, Bd. I, S. 311—312, Nr. V, Beweis in der Anmerkung c. — 1531 Vgl. BALTZER, *Elemente*, Bd. II, Buch V, § 6, Nr. 8ff., 8. Aufl., Leipzig 1870, S. 204ff. — 1532 Novi comm. Petrop. ad annos 1752—1753, Bd. IV, gedr. 1758, S. 158—160. Vgl. auch LEGENDRE's *Elemente*, Note 5, Satz 6. — 1533 Vgl. auch LEGENDRE's *Elemente*, Note 5, Satz 7. — 1534 JOACHIMSTHAL, CRELLE's Journal, Bd. 40, Berlin 1885, S. 23, *Applications des Déterminantes à la Géométrie.*

MOEBIUS (1790—1868, Leipzig) machte darauf aufmerksam,[1535] daß, entsprechend den Betrachtungen am ebenen Dreieck, das Volumen eines Tetraëders mit verschiedenen Vorzeichen zu nehmen sei, je nach dem Sinne, in dem die Oberfläche des Tetraëders durchlaufen wird.

Überraschend bekannte Formeln ergeben sich für das Tetraëdervolumen, wenn man die Radien der ein- bezw. angeschriebenen Kugeln verwertet. Sind A, B, C, D die vier Seitenflächen, ϱ_A der Radius derjenigen Kugel, die der Seitenfläche A angeschrieben ist, so hat man (LAGRANGE 1773)[1536]

$$\begin{aligned} V &= \tfrac{1}{3}(A + B + C + D)\cdot\varrho \\ &= \tfrac{1}{3}(-A + B + C + D)\cdot\varrho_A \\ &= \tfrac{1}{3}(A - B + C + D)\cdot\varrho_B \quad \text{u. s. w.} \end{aligned}$$

Für die Radien gilt dabei die Beziehung[1537]

$$\frac{2}{\varrho} = \frac{1}{\varrho_A} + \frac{1}{\varrho_B} + \frac{1}{\varrho_C} + \frac{1}{\varrho_D}.$$

Unter den Transversalensätzen ist der von den Schwerpunktstransversalen der älteste. Ihn stellte bereits der im sechzehnten Jahrhundert lebende COMMANDINUS (1509—1575), der fruchtbarste Übersetzer und Herausgeber alter Schriftsteller, in einem selbstständigen Werke *De centro gravitatis solidorum*[1538] (1565) auf.

Dem Satze von den Winkelhalbierenden im Dreiecke ist zugeordnet, daß eine Ebene, die einen Flächenwinkel halbiert, die gegenüberliegende Fläche im Verhältnis der anliegenden Flächen teilt (GERGONNE, 1812);[1539] alle sechs Ebenen gehen durch einen Punkt, den Mittelpunkt der eingeschriebenen Kugel.

Wie die Mittellote eines Dreieckes gehen die Mittelnormalebenen eines Tetraëders durch einen Punkt, den Mittelpunkt der umgeschriebenen Kugel. Auch die sechs durch die Mitte einer Kante senkrecht zu der Gegenkante gezogenen Ebenen schneiden sich in einem Punkte. Der Schwerpunkt des Tetraëders halbiert die Ent-

[1535] MOEBIUS, *Der barycentrische Calcul*, Leipzig 1827, Abschn. I, cap. 2, § 19; Ges. Werke, Bd. I, ed. BALTZER, Leipzig 1885, S. 41. — [1536] Nouv. Mém. de Berlin 1773 (gedr. 1775), Solutions analytiques de quelques problèmes sur les pyramides triangulaires, § 24, S. 167; LAGRANGE's Werke, ed. SERRET, Bd. III, Paris 1869. — [1537] STEINER, CRELLE's Journal, Bd. 2, Berlin 1827, S. 98 und GERGONNE, Annal. d. mathém. p. et appl., Bd. 19, 1828—29, S. 94. — [1538] Bononiae 1565, prop. 17 u. 22, S. 22 u. 28. — [1539] GERGONNE, Annal. d. mathém., Bd. 3, Nismes 1812—13, S. 317—318.

fernung zwischen diesem Punkte und dem Mittelpunkte der umgeschriebenen Kugel (MONGE, 1809).[1540]

Ganz anders als man es aus der Analogie erwartet, verhalten sich die Höhen; sie gehen nicht durch einen Punkt, sondern liegen auf einem durch drei von ihnen bestimmten geradlinigen Hyperboloid (STEINER, 1827).[1541] Auf demselben Hyperboloid liegen auch die Lote, die in den Höhenpunkten der einzelnen Seitendreiecke zu errichten sind (JOACHIMSTHAL, 1859).[1542]

Hat ein Tetraëder an einer Ecke drei rechte Winkel (rechtwinkliges Tetraëder), so ergiebt sich als Verallgemeinerung des pythagoreischen Lehrsatzes

$$D^2 = A^2 + B^2 + C^2,$$

wo die Fläche D der betreffenden Ecke gegenüberliegt (MEIER HIRSCH, 1807).[1543] Im allgemeinen Tetraëder gilt

$$A^2 + B^2 + C^2 + D^2 = 2 \cdot A \cdot B \cdot \cos(AB) + 2 \cdot A \cdot C \cdot \cos(AC) + 2 \cdot B \cdot C \cdot \cos(BC)$$
$$+ 2 \cdot C \cdot D \cdot \cos(CD) + 2 \cdot B \cdot D \cdot \cos(BD) + 2 \cdot A \cdot D \cdot \cos(AD),$$

wenn (AB) den Flächenwinkel zwischen den Seitenflächen A und B u. s. w. bedeutet.[1544]

d) Der Cylinder und der Kegel.

Das Wort Cylinder (κυλινδρός) hängt mit dem griechischen Verbum κυλίειν, κυλίνδειν (= wälzen) zusammen. Die mittelalterlichen Verdeutschungsversuche: *Rundsäule* (DÜRER 1525,[149] SCHMID 1539,[167] SIMON JACOB 1565,[96] KEPLER 1616,[1329] J. STURM 1670 Archimedesübersetzung, L. STURM 1707),[163] *Walze* (PIRKENSTEIN 1699, Euklidübersetzung; KEPLER 1616),[1329] *Welle* (KEPLER 1616)[1329] sind nur zum Teil üblich geworden.[1545]

Das Wort Kegel (κῶνος = Zapfen; *conus*) hat das Fremdwort *conus* in deutschen Lehrbüchern sehr schnell verdrängt. Abweichende Verdeutschungen sind selten, wie *Rundspitz* (HARSDÖRFER 1651),[166] *runde Feuerform* (SCHMID 1539;[167] vgl. S. 381).

Andere Kunstausdrücke in der Lehre vom Cylinder und Kegel sind Mantel, Achse, Kegelseite. Für Mantel sagte DÜRER (1525)[149] *bogene Ebene*, J. STURM (1670) *Rundfläche*, KEPLER (1616)[1329] *äußerlich*

1540 MONGE, Corresp. sur l'École polyt., Bd. II, gedruckt Paris 1813, *Sur la pyramide triangulaire* (Januar 1809), S. 263. — 1541 CRELLE's Journal, Bd. 2, Berlin 1827, S. 97. — 1542 GRUNERT's Archiv, Bd. 32, Greifswald 1859, S. 109. — 1543 MEIER HIRSCH, *Sammlung geom. Aufgaben*, Teil II, Berlin 1807, S. 121—122. — 1544 J. H. T. MÜLLER, *Lehrbuch der Mathematik*, Halle 1852, S. 310. — 1545 Nach FELIX MÜLLER, Zeitschr. f. Math. u. Phys., Suppl. 1899, S. 332.

Feld, Rock, Rinde, Rohr (für den Cylinder), *rundes Dach* (für den Kegel).[1545] Das griechische *κυλινδρικὴ* bezw. *κωνικὴ ἐπιφάνεια* bedeutete — im Gegensatz zu der Pyramide und dem Prisma, wo *ἐπιφάνεια* für die Gesamtoberfläche gebraucht wird[1546] — nur den Mantel, ja kann auch zuweilen nur einen Teil des Mantels bezeichnen.[1547]

Für Achse schlägt KEPLER (1616)[1329] *Axt* oder *Graat* vor.[1545] Bei den griechischen Mathematikern heißt sie stets *ἄξων*.

Für die Kegelseite hatte weder EUKLID noch ARCHIMEDES einen besonderen Fachausdruck; ARCHIMEDES z. B. sagte einfach *πλευρὰ τοῦ κώνου*.[1548] Erst bei HERON stellt sich ein eigenes Wort, *κλίμα*, ein.[1549]

Zwei Kegel auf gemeinsamer Basis nannte ARCHIMEDES[1550] *ῥόμβος στερεός* (vgl. S. 46). Eine eigene Bezeichnung für Kegelstumpf ist bei ARCHIMEDES nicht zu finden; HERON hat *κῶνος κόλουρος*.[1551]

EUKLID's Definitionen von Cylinder und Kegel sind genetisch.[1552] Der erste wird von einem rechtwinkligen Parallelogramm beschrieben, das sich um eine fest gedachte Seite dreht, der andere durch ein rechtwinkliges Dreieck, das sich um eine Kathete dreht. Ist bei diesem Dreiecke die feste Kathete ebenso groß, wie die andere, so entsteht ein rechtwinkliger Kegel (*κῶνος*

[1546] ARCHIMEDES, ed. HEIBERG, Bd. I, 26 Z. 22 (Pyramide), I, 4 Z. 5 (Prisma). — [1547] Daselbst I, S. 46 Z. 1 (Cylinder); I, S. 34 Z. 27 (Kegel), u. ö. — [1548] Daselbst I, S. 30 Z. 20. — [1549] HERON, *Stereometr.*, I, 15, § 1, S. 157 Z. 5; I, 18, S. 158 Z. 7; für die Pyramide öfter. — [1550] ARCHIMEDES, ed. HEIBERG, Bd. I, S. 8 Z. 16. — [1551] HERON, *Geometrie*, Def. 93, ed. HULTSCH, S. 26 u. ö. — [1552] EUKLID, XI, def. 18, ed. HEIBERG, IV, S. 6 Z. 6—11: „*Κῶνός ἐστιν, ὅταν ὀρθογωνίου τριγώνου μενούσης μιᾶς πλευρᾶς τῶν περὶ τὴν ὀρθὴν γωνίαν, περιενεχθὲν τὸ τρίγωνον εἰς τὸ αὐτὸ πάλιν ἀποκατασταθῇ, ὅθεν ἤρξατο φέρεσθαι, τὸ περιληφθὲν σχῆμα. Κἂν μὲν ἡ μένουσα εὐθεῖα ἴση ᾖ τῇ λοιπῇ τῇ περὶ τὴν ὀρθὴν περιφερομένῃ, ὀρθογώνιος ἔσται ὁ κῶνος· ἐὰν δὲ ἐλάττων, ἀμβλυγώνιος· ἐὰν δὲ μείζων, ὀξυγώνιος.*“ (Kegel ist der Körper, der dadurch entsteht, daß ein rechtwinkliges Dreieck um eine der den rechten Winkel einschließenden Seiten, die fest bleibt, gedreht wird, und zwar bis in die Lage, von der die Drehung ausging. Ist die feste Seite gleich der anderen Seite am rechten Winkel, so wird der Kegel rechtwinklig, ist sie kleiner, stumpfwinklig, ist sie größer, spitzwinklig.) EUKLID, XI, def. 21, ed. HEIBERG, IV, S. 6 Z. 16—20: „*Κυλινδρός ἐστιν, ὅταν ὀρθογωνίου παραλληλογράμμου μενούσης μιᾶς πλευρᾶς τῶν περὶ τὴν ὀρθὴν γωνίαν περιενεχθὲν τὸ παραλληλόγραμμον εἰς τὸ αὐτὸ πάλιν ἀποκατασταθῇ, ὅθεν ἤρξατο φέρεσθαι, τὸ περιληφθέν σχῆμα.*“ (Cylinder ist der Körper, der dadurch entsteht, daß ein rechtwinkliges Parallelogramm um eine ... fest bleibende Seite gedreht wird, und zwar bis zu der Lage, von der die Drehung ausging.)

ὀρθογώνιος); ist sie kleiner bezw. größer, so heißt der gebildete Kegel stumpfwinklig bezw. spitzwinklig (*ἀμβλυγώνιος, ὀξυγώνιος*).

Die zweite Definition eines Kegels, nach der eine gerade Linie, die einen festen Punkt besitzt, um einen gegebenen Kreis entlang geführt wird, rührt von APOLLONIUS (zwischen 250 und 200 v. Chr. in Alexandria, dann in Pergamum) her. Von ihm entnahm sie HERON.[1553] Eng zusammenhängt mit dieser Erklärung die Betrachtung des Scheitelkegels, wie wir sie ebenfalls zuerst bei APOLLONIUS finden. — Die entsprechende Definition eines Cylinders wird von APOLLONIUS, dessen Werk nur den Kegelschnitten gewidmet war, nicht aufgestellt; demnach fehlt sie auch bei HERON.

In XI, Erkl. 19 u. 22 definiert EUKLID den Begriff Achse. In seinen Lehrsätzen wird aber nirgends das Wort Achse gebraucht; er spricht immer nur von Cylindern und Kegeln gleicher Höhe. Man kann hieraus vermuten, daß EUKLID auch schiefe Cylinder und Kegel gekannt hat. Bei ARCHIMEDES ist dieser Unterschied sicher vorhanden, da er den geraden Kegel oft *κ. ὀρθὸς* bezw. *ἰσοσκελής* nannte. Den schiefen Kegel bezeichnete APOLLONIUS mit *κ. σκαληνός*.

Die Ausmessung des Cylindervolumens wird bei EUKLID, dem Charakter seines Werkes (vgl. S. 370) entsprechend, nicht gelehrt. Erst bei HERON sehen wir einige solche Beispiele vorgerechnet,[1554] wie sie wahrscheinlich von den Ägyptern bereits in ziemlich früher Zeit behandelt wurden. Auch Hohlcylinder verstand HERON auszuwerten, wie ein Beispiel zeigt, in dem die Größe eines Mauerwerkes bei einem runden Turm berechnet wird.[1555]

An die Spitze der Sätze vom Cylinder und Kegel stellte EUKLID jenen Satz des EUDOXUS (vgl. S. 381—382), daß jeder Kegel der dritte Teil eines Cylinders ist, der mit ihm gleiche Grundfläche und gleiche Höhe besitzt (XII, Satz 10). Die Anwendung der Exhaustionsmethode verrät, daß der beigebrachte Beweis der des EUDOXUS ist. Als weitere Sätze folgen im zwölften Buch, daß sich Kegel und Cylinder von gleicher Höhe, wie ihre Grundflächen verhalten (Satz 11) und solche von gleicher Grundfläche wie ihre Höhen (Satz 14), während sich bei volumengleichen Kegeln und Cylindern die Grundflächen umgekehrt wie die Höhen verhalten, und, wenn dies der Fall ist, die Volumina gleich sind (Satz 15).

1553 *Geometrie*, def. 84, ed. HULTSCH, S. 25 Z. 18 ff. — 1554 *Stereom.*, I, cap. 20, 21, ed. HULTSCH, S. 159. — 1555 *Mensurae*, cap. 15; ed. HULTSCH, S. 191—192; schiefe Cylinder in HERON's *Μετρικά*, II, § II, ed. SCHÖNE, Leipzig 1903, S. 98—99.

Beispiele für Kegelberechnung gab erst wieder HERON, und zwar wird einmal von ihm Grundkreisradius und Höhe,[1556] ein andermal Seitenkante und Höhe als bekannt angenommen.[1557]

Die Berechnung des Mantels lehrte bei einem geraden Cylinder HERON.[1557a] Bei einem geraden Kegel vollführte sie ARCHIMEDES[1558] wahrscheinlich zum erstenmal; frühere Belege sind wenigstens nicht zu finden. Bei einem schiefwinkligen Kegel ist dieselbe Aufgabe außerordentlich viel schwerer; für ihre Lösung reichten weder die Mittel des Altertums noch die des Mittelalters aus. Eine endgültige Erledigung des Problems gelang erst EULER, der es 1747 mit algebraischen Kurven,[1559] 1785 mit Integralrechnung[1560] behandelte.

Die Volumen- und Oberflächenbestimmung schief abgeschnittener Cylinder (Cylinderhufe) wurde zuerst durch GREGORIUS VON ST. VINCENTIUS in seinem *Opus geometricum* von 1647 ausgeführt.[1561]

Bei einem geraden Kegelstumpf kannte HERON neben einer Näherungsformel, die das Produkt aus Höhe und Mittelkreis benutzt[1562] und wahrscheinlich ägyptischen Ursprungs ist, auch schon die genaue Vorschrift

$$\tfrac{1}{12}\pi \cdot H \cdot (d_1^2 + d_2^2 + d_1 d_2),$$

in der d_1 und d_2 die Durchmesser der beiden begrenzenden Kreise sind.[1563]

e) Die Kugel und die allgemeinen Rotationskörper.

Das Wort Kugel (*σφαῖρα*, *sphaera*) hat in den deutschen Lehrbüchern den Gebrauch von Fremdwörtern, wie *Spheer* (DÜRER)[149]

1556 *Stereom.*, I, cap. 13; Vol. $= G \cdot \frac{H}{3}$. Schiefe Kegel in HERON's *Μετρικά*, II, § I, ed. SCHÖNE, Leipzig 1903, S. 96—97. — 1557 *Stereom.*, I, cap. 15, ed. HULTSCH, S. 156—157. — 1557a *Μετρικά*, I, 36, ed. SCHÖNE, Leipzig 1903, S. 84. — 1558 ARCHIMEDES, ed. HEIBERG, I, S. 76; NIZZE, S. 58; HERON, *Mensurae*, cap. 43, ed. HULTSCH, S. 203 Z. 19—22, *Μετρικά*, I, 37, ed. SCHÖNE, S. 86. — 1559 Nov. comm. Petrop. ad annos 1747—1748, Bd. I, gedr. 1750, S. 3ff.: *De superficie conorum scalenorum aliorumque corporum conicorum.* — 1560 Nov. acta Petrop. ad annum 1785, Bd. III, gedr. 1788, S. 69ff.: *De superficie coni scaleni.* Vgl. auch eine Abhandlung von VARIGNON, Miscell. Berol., Bd. III, Berlin 1727, S. 280—284: *De dimensione superficiei coni ad basim circularem obliqui.* — 1561 *Opus geometricum quadraturae circuli et sectionum coni*, Antverpiae 1647, lib. IX, pars I, S. 957ff. — 1562 *Stereom.*, I, cap. 16, S. 157 Z. 16—23. — 1563 *Stereom.*, I, cap. 17, S. 157 Z. 24—S. 158 Z. 4. Genau lautet HERON's Formel, deren Ableitung sich in den *Μετρικά*, Buch II, § IX, ed. SCHÖNE, Leipzig 1903, S. 116—119, findet:

$$\text{Vol.} = \left[\left(\frac{d_1+d_2}{2}\right)^2 + \frac{1}{3}\left(\frac{d_1-d_2}{2}\right)^2\right] \cdot \frac{\pi}{4} \cdot H.$$

überhaupt nicht aufkommen lassen. Im Gegensatz dazu ist leider heute noch Kugelsegment üblich, wofür schon DÜRER (1525)[149] und KEPLER (1616)[1329] *Kugelschnitz*, J. STURM (1670, Archimedesübersetzung) *Kugelschnitt* vorschlug. Ebensowenig ließ sich Kugelsektor durch *Kugelteil* (J. STURM 1670) oder *Kugelzahn* (KEPLER 1616)[1329] ersetzen. Für Kalotte hatte KEPLER (1616) das *Hütlein*, für Zone *Gürtel* vorgeschlagen, ohne Nachahmung zu finden.[1545]

Die Geschichte der Kugellehre ist zum größten Teil in dem Kapitel über Sphärik und sphärische Trigonometrie vorgeführt. Wir haben es hier nur noch mit der Ausmessnng des Volumens und der Oberfläche der ganzen Kugel bezw. ihrer Teile zu thun.

Die Definition EUKLID's[1014] erfolgt wie bei dem Kegel und dem Cylinder durch Drehung. Die Kugel wird von einem Halbkreis beschrieben, der sich um seinen festen Durchmesser ringsum dreht (XI, def. 14). Es folgen in XI, def. 15, 16, 17 die Definitionen von Achse, Mittelpunkt und Durchmesser.

Der einzige Satz, den EUKLID, nach Erledigung dazu gehöriger Hilfssätze (XII, 16, 17), von der Kugel ausspricht, lautet:[1564] „Kugeln sind im dreifachen Verhältnis ihrer Durchmesser" (XII, 18); wir würden ihm heute die Form geben: „Kugeln verhalten sich wie die Kuben ihrer Durchmesser." Nach dem schon einmal erwähnten Bericht des ARCHIMEDES[1520] (vgl. S. 382) ist dieser Satz auf EUDOXUS von Knidos (408—355 v. Chr.) zurückzuführen. Da im euklidischen Beweis die Exhaustionsmethode, von der ARCHIMEDES dabei ausdrücklich redet, nicht benutzt ist, scheinen die Darlegungen EUKLID's in XII, 18 dessen Eigentum zu sein.

Die wirkliche Berechnung des Kugelvolumens ist mit diesem Satz noch nicht geleistet, zur Zeit EUKLID's auch noch nicht bekannt gewesen. Sie ist eine der vielen hervorragenden Leistungen, die ARCHIMEDES (287—212 v. Chr.) in der Mathematik zu verzeichnen hat. Sowohl den Volumensatz als auch den Oberflächensatz spricht ARCHIMEDES in zweifacher Form aus. Das eine Mal giebt er beide Sätze in der Zusammenfassung, daß sich der einer Kugel umgeschriebene Cylinder im Volumen und in der Oberfläche zur Kugel wie 3 : 2 verhält.[1565] Der Beweis wird in einem

1564 Ed. HEIBERG, IV, S. 242 Z. 14—15: „*Αἱ σφαῖραι πρὸς ἀλλήλας ἐν τριπλασίονι λόγῳ εἰσὶ τῶν ἰδιῶν διαμέτρων.*" — 1565 ARCHIMEDES, *περὶ σφαίρας καὶ κυλ.*, I, praef., ed. HEIBERG, I, S. 4 Z. 1—5: „*πᾶς κύλινδρος τὴν βάσιν ἔχων ἴσην τῷ μεγίστῳ κύκλῳ τῶν ἐν τῇ σφαίρᾳ ὕψος δὲ ἴσον τῇ διαμέτρῳ τῆς σφαίρας αὐτός τε ἡμιόλιός ἐστιν τῆς σφαίρας, καὶ ἡ ἐπιφάνεια αὐτοῦ τῆς ἐπιφανείας τῆς σφαίρας ...*"; NIZZE, S. 42.

späteren Teil der Abhandlung ausgeführt.[1566] Zweitens spricht er aus, daß das Kugelvolumen viermal so groß ist, wie das eines Kegels, der als Grundfläche einen größten Kreis der Kugel und als Höhe ihren Radius hat,[1567] und daß die Kugeloberfläche ebenfalls viermal so groß wie ein größter Kreis ist.[1568] Es ist bekannt, daß die Hauptfigur des archimedischen Beweises, eine Kugel mit dem umgeschriebenen Cylinder, auf dem Grabdenkmal des Archimedes eingemeißelt war. Cicero erkannte (75 v. Chr.) hieran die alte Grabstätte wieder und sorgte für seine Erneuerung.[1569] Auch Münzen der Stadt Syrakus gab es, denen dieselbe Figur zur Erinnerung an den großen Mitbürger aufgeprägt war.

Heron (erstes Jahrhundert v. Chr., Alexandria) kannte die Untersuchungen des Archimedes genau; wir finden sie in mehreren seiner Schriften verwertet. Für die Oberfläche der Kugel erscheint bei ihm die neue Vorschrift, daß man sie auch durch das Produkt des Umfanges und Durchmessers eines größten Kreises finden könne.[1570]

Im heutigen Schulunterricht wird ein Beweisgang gewählt, der die Vergleichung gleich hoher Schnitte einer Halbkugel, eines Cylinders und eines umgekehrten Kegels von derselben Grundfläche und Höhe verwertet. In seiner Anordnung ist er zurückzuführen auf ein Verfahren, das Segner 1747 zuerst entwickelt hat.[1571]

Die Größe der Oberfläche einer Kalotte nahm Archimedes so groß an wie die Fläche eines Kreises, der die Entfernung d des Scheitelpunktes der Kalotte bis zu einem Peripheriepunkte ihres Grundkreises zum Radius hat.[1572] Diese Angabe läßt sich leicht auf die heute übliche Form zurückführen, da $d^2 = h \cdot 2r$, also $\pi d^2 = 2r\pi h$ ist. Das Volumen eines Kugelsegmentes ist,

---

[1566] Daselbst I, 34, *πόρισμα*, ed. Heiberg, I, S. 146 Z. 13ff.; Nizze, S. 76. — [1567] Daselbst I, 34, ed. Heiberg, I, S. 140 Z. 14—16: „*Πᾶσα σφαῖρα τετραπλασία ἐστὶ κώνου τοῦ βάσιν μὲν ἔχοντες ἴσην τῷ μεγίστῳ κύκλῳ τῶν ἐν τῇ σφαίρᾳ, ὕψος δὲ τὴν ἐκ τοῦ κέντρου τῆς σφαίρας.*“ Nizze, S. 36. — [1568] *Περὶ σφ. κ. κ.*, praef., ed. Heiberg, I, S. 2 Z. 9—10: „*Πάσης σφαίρας ἡ ἐπιφάνεια τετραπλασία ἐστὶ τοῦ μεγίστου κύκλου.*“ Nizze, S. 42. Beweis: I, 33, ed. Heiberg, I, S. 136 Z. 6ff., Nizze, S. 73, Satz 35. — [1569] Cicero, *Tuscul. Disput.*, V, 23, § 64—66, ed. Klotz, Leipzig 1863, S. 391—392. — [1570] *Mensurae*, cap. 37, ed. Hultsch, S. 201 Z. 7—8; nach Archimedes verfährt Heron in den *Μετρικά*, I, 38, ed. Schöne, Leipzig 1903, S. 86—88. — [1571] Segner, *Vorlesungen über Rechenkunst und Geometrie*, 1747, Abschnitt XI, § 82ff., S. 561ff.; auch *Anfangsgründe*, 2. Aufl. 1773, S. 307, § 581 (Anm. 301). — [1572] Archimedes, *Περὶ σφαιρ. κ. κυλ.*, I, praef.; ed. Heiberg, I, S. 2 Z. 10—14; Nizze, S. 42. Beweis: I, 42, 43, ed. Heiberg, I, S. 176ff., Nizze, S. 83—84, Satz 48, 49. Danach verfährt Heron, *Μετρικά*, I, 39, ed. Schöne, S. 88.

wieder nach ARCHIMEDES,[1573] gleich dem eines Kegels von gleicher Grundfläche, dessen Höhe H der Proportion genügt

$$H : h = \big(r + (2r - h)\big) : (2r - h).$$

Unter Benutzung von $\varrho^2 = h \cdot (2r - h)$ liefert diese Volumenbestimmung in der That unsere bekannte Formel

$$\text{Segment} = \frac{1}{3}\pi \cdot \varrho^2 \cdot \frac{h \cdot (3r - h)}{2r - h} = \frac{1}{3}\pi \cdot h^2 \cdot (3r - h).$$

Auch die Berechnung des Kugelsektors kennt ARCHIMEDES; er

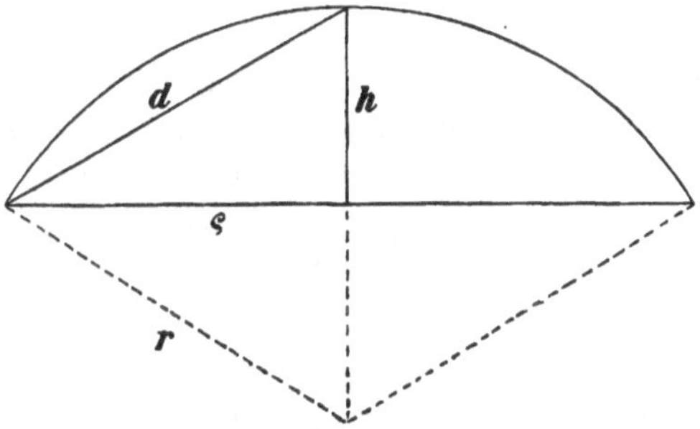

Fig. 28.

bestimmt dessen Volumen als das eines Kegels, dessen Grundfläche ebenso groß ist wie die Oberfläche der zugehörigen Kalotte und dessen Höhe der Radius ist:[1574]

$$\text{Sektor} = \frac{1}{3}(2r\pi h) \cdot r = \frac{2}{3} r^2 \pi h.$$

Das Haupttheorem, mit dem ARCHIMEDES die Verbindung zwischen den angeführten Volumen- und Oberflächensätzen herleitet, verdient hier angeführt zu werden. Es lautet in etwas modernisierter Fassung:[1575] Wenn ein Dreieck ABC um eine beliebig geneigte, durch A hindurchgehende feste Achse AE rotiert, so ist das Volumen des durch ABC gebildeten Rotationskörpers ebenso groß wie das Volumen eines Kegels, der die von BC beschriebenen Rotationsfläche als Grundfläche und das von A auf BC gefällte Lot als Höhe besitzt. —

1573 ARCHIMEDES, *Περὶ σφαιρ. κ. κυλ.*, II, 2; ed. HEIBERG, I, S. 194—205; NIZZE, Satz 3, S. 88—91. Der Satz: S. 194 Z. 12—17. Danach verfährt HERON in den *Μετρικά*, lib. II, § 12, ed. SCHÖNE, Leipzig 1903, S. 122—125; daselbst auch die Volumenbestimmung einer Kugelzone (λουτήρ = Badefaß) durch Subtraktion zweier Kugelsegmente. — 1574 ARCHIMEDES, *Περὶ σφαιρ. κ. κυλ.*, I, 44; ed. HEIBERG, S. 180ff.; NIZZE, S. 84—85, Satz 50. Der Satz: S. 180 Z. 24—27. — 1575 Daselbst I, 19; ed. HEIBERG, S. 88ff., NIZZE, Satz 20, S. 63ff.

Aus den Untersuchungen, die ARCHIMEDES über die Kugel anstellte, entsprangen eine Reihe von Betrachtungen über allgemeinere Rotationskörper, die er Konoide und Sphäroide nannte.[1576] Diese Körper, die durch Umdrehungen von Kegelschnitten entstanden, zerschnitt er, um ihr Volumen zu berechnen, senkrecht zur Rotationsachse in Scheiben gleicher Dicke. Für das einzelne Körperelement wurde nun der eingeschriebene und der umgeschriebene Cylinder konstruiert und berechnet. Die reihenweise Summierung dieser Cylinder gab eine untere und eine obere Grenze für das gesuchte Gesamtvolumen. Die erhaltenen Grenzwerte nähern sich, je enger die Schnitte vollzogen werden, um so mehr dem wirklichen Volumenwert. Auch hier ist es die Exhaustionsmethode, durch die ARCHIMEDES zum Ziele gelangt, und die sich gerade bei diesen Ableitungen auf der höchsten Stufe antiker Entwicklung befindet.

Erst 500 Jahre nach ARCHIMEDES wurde die Untersuchung von Rotationskörpern weiter fortgeführt.[1576a] Es gelingt PAPPUS (Ende des dritten Jahrhunderts n. Chr.; Alexandria)[1577] einen ganz allgemeinen Satz aufzustellen, der freilich das Schicksal hatte, sehr bald in Vergessenheit zu geraten, um erst im sechzehnten Jahrhundert von neuem entdeckt zu werden. Es ist die bekannte GULDIN'sche Regel, nach der das Volumen eines Rotationskörpers durch das Produkt aus dem Normalschnitt und dem von seinem Schwerpunkte beschriebenen Kreiswege berechnet werden kann.

Nach PAPPUS ruhte das Thema wiederum, und zwar diesmal mehr als ein Jahrtausend. Durch die Beschäftigung mit den archimedischen Schriften angeregt, wandte sich KEPLER (1571—1630) der

---

1576 ARCHIMEDES, *Περὶ κωνοειδέων καὶ σφαιροειδέων*; ed. HEIBERG, I, S. 274—499; NIZZE, S. 151—208. — 1576a Nachtrag: Die kürzlich veröffentlichten *Μετρικά* des HERON (1. Jahrh. v. Chr.) zeigen, daß das Thema während dieser Zeit nicht völlig geruht hat. Von HERON (ed. SCHÖNE, Leipzig 1903, S. 126—131) wird das Volumen eines ringförmigen Körpers berechnet, der durch Rotation eines Kreises um eine in seiner Ebene gelegene Achse entsteht. HERON beruft sich dabei auf eine Schrift des DIONYSODORUS (der, beiläufig bemerkt, auch seinen übrigen Leistungen nach ein unmittelbarer Schüler des ARCHIMEDES gewesen sein dürfte), in der die Kubatur dieses Ringkörpers, *σπεῖρα* genannt, vollzogen sei. Ein vereinfachender Zusatz von HERON selbst scheint zu sein, daß man diesen Rotationskörper zu einem Zylinder ausstrecken könne, dessen Grundfläche der erzeugende Kreis und dessen Höhe der Umfang desjenigen Kreises ist, den der Mittelpunkt des gegebenen Kreises bei seiner Rotation um die Achse beschreibt (ed. SCHÖNE, S. 130 Z. 3—11). Es stellt diese Vorschrift einen besonderen Fall des GULDIN'schen Theoremes dar. — 1577 PAPPUS, *Συναγωγή*, lib. VII, § 42 (bei Besprechung der *Conica* des APOLLONIUS), ed. HULTSCH, II, S. 682 Z. 7ff.

Volumenberechnung von Rotationskörpern zu. Sein Erfolg war bedeutend. Für eine große Reihe solcher Körper gelang ihm die Kubatur, darunter für einen Ring, der durch Umdrehung eines Kreises um eine außerhalb gelegene Achse entsteht. Einen anderen Körper, dessen Volumen er berechnete, nannte er „Apfel"; er bildete ihn durch Drehung eines Kreissegmentes, das größer als ein Halbkreis war, um die begrenzende Sehne. War das Kreissegment kleiner als der Halbkreis, so wählte er den Namen „Zitrone".[1578] Seine Berechnungsvorschriften sind sämtlich Unterfälle der von Pappus gefundenen Regel; spricht Kepler diese auch an keiner Stelle allgemein aus, so muß man bei ihm doch ihre Kenntnis annehmen. Es war ja vielfach im Mittelalter Sitte, allgemeine Sätze nur an Beispielen nachzuweisen und dem Leser die Übertragung auf andere Fälle zu überlassen. Von Pappus hat Kepler das Theorem nicht entlehnt. Die *Συναγωγή* des alten Alexandriners wurde allerdings gerade damals eingehender studiert und ist auch von Kepler an anderem Orte gelegentlich zitiert.[1579] Aber weder dieser noch Guldin noch andere, die bald darauf um das Prioritätsrecht solcher Volumenbestimmungen in Streit kamen,[1580] sind darauf aufmerksam geworden, daß Pappus das ältere Anrecht hatte. — Paul Guldin (1577—1643; Jesuit, Professor der Mathematik in Rom und Graz) ist demnach erst der dritte Erfinder der nach ihm benannten Regel. Er gelangte zu ihrer Aufstellung bei Berechnung von Schwerpunktsorten für die mannigfachsten Körper.[1581] Seine Begründung des neuen Satzes ruht auf recht schwachen Füßen; ein allgemeiner Beweis gelang ihm in einwandsfreier Weise nicht. Die angeführten Beispiele sind die bereits von Kepler betrachteten Rotationskörper.

Die Regel des Pappus ist von neueren Mathematikern weiter verallgemeinert worden. Leibniz (1646—1716) bemerkte, daß sie auch Gültigkeit habe, wenn die erzeugende ebene Figur längs irgend eines Weges, nur immer senkrecht zu ihm gestellt, bewegt wird.[1582] Euler nahm (1778) diesen Gedanken auf und stellte genauere analytische Untersuchungen darüber an.[1583] Für das Pensum der

---

[1578] Kepler, *Stereometria doliorum*, 1615 (Linz, 1616 volkstümliche Übersetzung: Auszug auff der vralten Messe-Kunst Archimedis), Zusatz zu Teil I, *Supplementum ad Archimedem*, Satz 18—22. Opera Kepleri, ed. Frisch, IV, Frankfurt und Erlangen 1863, S. 582ff. — [1579] Opera Kepleri, IV, S. 607. — [1580] Cantor, II^b, S. 843. — [1581] *Centrobaryca*, Buch II, 1640; vgl. Cantor, II^b, S. 841ff. — [1582] Acta Eruditorum, Leipzig 1695, S. 493—495: *De novo usu centri gravitatis ad dimensiones et speciatim pro areis inter curvas parallelas descriptas seu rectangulis curvilineis; ubi et de parallelis in universum.* Ges. Werke, ed. Gerhardt, 3. Folge, Bd. VII, Halle 1863, S. 337—339. — [1583] Nova acta Petrop.

heutigen Schule hat Meier Hirsch eine Reihe hierher gehöriger Aufgaben zusammengestellt.[1584]

f) Allgemeine Körper. Das Cavalieri'sche Prinzip. Die Simpson'sche Regel.

In der Verwendung dünner, durch eine Schar paralleler Ebenen erzeugter Schnitte, deren Volumina einzeln berechnet und dann summiert werden, um das Gesamtvolumen des untersuchten Körpers zu finden, muß man den ersten Keim der modernen Integralrechnung sehen. In diesem Sinne kann man Archimedes als Vorläufer eines Newton und Leibniz bezeichnen. Den Anschauungen des Archimedes folgte Kepler (vgl. S. 395), vor allem der italienische Mathematiker Bonaventura Cavalieri (1591?—1647, Bologna). Um den Flächeninhalt einer ebenen Figur zu erhalten, ließ Cavalieri eine Gerade, immer parallel der Anfangslage, durch die Figur hindurchgleiten (*fluere*); die Gesamtheit aller der Strecken, die innerhalb der gegebenen Umgrenzung liegen — der *Indivisibilien* — faßte er als Inhalt auf. Ähnlich verfuhr er bei einem Körper, indem er die Gerade durch eine Ebene ersetzte. „Ebene Figuren", so lautet sein Hauptsatz,[1585] „oder auch Körper stehen in demselben Verhältnis, wie die Gesamtheiten ihrer Geraden, bezw. ihrer Ebenen, die nach irgend einer festen Anfangslage genommen sind." Nach diesem neuen Prinzip rechnet Cavalieri eine ganze Reihe bekannter Beispiele vor; eine weitere Anzahl übersteigt bereits das Gebiet der Elementarmathematik. Eine andere, besondere Form giebt Cavalieri seinem Satze im siebenten Buche, dem letzten seines Werkes; sie ist es, die wir heute vorzugsweise als Cavalieri'sches Prinzip bezeichnen: „Raumgebilde der Ebene, wie des Raumes sind inhaltgleich, wenn die in gleicher Höhe geführten Schnitte gleiche Strecken bezw. Flächen ergeben."[1586]

Obgleich dieser neuartigen Methode anfangs heftige Gegner erwuchsen, wurde sie von der Mathematik nicht wieder verlassen,

ad annum 1794, Bd. XII (gedruckt 1801), S. 91—100: *De corporibus cylindricis incurvatis* (vorgelegt am 21. IX. 1778). — [1584] Meier Hirsch, *Geometrische Aufgaben*, Bd. II, Berlin 1807, S. 160ff., 192ff. — [1585] Cavalieri, *Geometria indivisibilibus continuorum nova quadam ratione promota*, Bononiae 1635 (erste Niederschrift 1626; verbesserte Auflage 1653), lib. II, prop. III, S. 20f.: *„Figurae planae habent inter se eandem rationem, quam eorum omnes lineae juxta quamvis regulam assumptae; et figurae solidae, quam eorum omnia plana juxta quamvis regulam assumpta."* — [1586] Lib. II, Theor. I, S. 4. Vgl. Cantor, II^b, S. 840.

sondern allmählich zu der Infinitesimalrechnung vervollkommnet. Das Genie LEIBNIZ' schuf eine wunderbar geeignete Symbolik und unterwarf der Analysis auch die Volumenbestimmung ganz allgemeiner Körper. —

Nicht zu jeder Flächen- oder Körperberechnung wird eine absolute Genauigkeit erfordert. Sind Annäherungen gestattet, so kann man sich in der Zahl der parallelen Schnitte beschränken und mit einer geringeren Anzahl von Rechtecken bezw. Cylindern allgemeiner Form auskommen. Diesen Weg betrat zuerst JAMES GREGORY (1638—1675, Edinburgh); in einem Kapitel seiner *Exercitationes geometricae* von 1668[1587] führte er seine Entwicklungen bis zur Aufstellung einer Formel, in der man bereits die SIMPSON'sche Formel (vgl. S. 398) erkennen kann. Das gleiche Verfahren schlug auch NEWTON ein; er deutete es zunächst in einem Briefe an LEIBNIZ (24. Oktober 1676) an, setzte seine Ideen aber erst in den *Principia*[1588] (1687) genauer auseinander. In der *Methodus differentialis* von 1711 vervollkommnete er sie zu der nach ihm benannten Interpolationsformel.[1589]

Für die Quadratur einer ebenen Kurve wählte NEWTON die Abstände der Schnittgeraden gleich groß; durch die erhaltenen Kurvenschnittpunkte legte er eine neue Kurve, eine Parabel höherer Ordnung, die sich der gegebenen Linie möglichst eng anschließt und eine leichtere Quadratur zuläßt. Sehr erheblich wurde diese Methode später von GAUSS (1814) durch zweckentsprechendere Wahl der in ungleichem Abstande angenommenen Schnittgeraden verfeinert.[1590]

Ist die vorliegende Kurve eine einfache Parabel, so genügt die Einschaltung einer einzigen Zwischengeraden. Soll z. B. ein parabolisches Flächenstück, das zwischen der Kurve, der Abscissenstrecke $(x_2 - x_1)$ und den beiden Ordinaten y_1 und y_2 liegt, berechnet werden, so verläuft die Zwischenordinate y' gerade in der Mitte. Mit ihrer Hilfe kann man den gesuchten Flächeninhalt genau bestimmen und findet für ihn die Formel

$$\frac{x_2 - x_1}{6}\,(y_1 + 4\,y' + y_2).$$

1587 Unter der Überschrift: „*Methodus componendi Tabulas Tangentium et Secantium Artificialium* . . .“ Vgl. HEINRICH, Bibl. math., 3. Folge, Bd. I, S. 90—92. — 1588 Liber III, Lemma V. Vgl. v. BRAUNMÜHL, Bibl. math., 3. Folge, Bd. II, S. 87. — 1589 Opuscula Newtoni, Lausannae et Genevae 1744, Bd. I, S. 273ff. Vgl. CANTOR, III, S. 358. — 1590 *Methodus nova integralium valores per approximationem inveniendi.* Gött. Comm., Bd. III, 1816 (16. 9. 1814); GAUSS' Werke, Bd. III, Göttingen 1876, S. 163—196.

Diese Rechenvorschrift ist von THOMAS SIMPSON (1710—1761, Woolwich)[1591] auf Volumenberechnungen übertragen worden. Sie nimmt, wenn H der Abstand zwischen den zwei parallelen Grenzflächen G_1 und G_2 und M der Mittelschnitt, parallel zu G_1 und G_2, ist, die Gestalt an

$$\frac{H}{6}(G_1 + 4M + G_2).$$

Körper, für die diese Formel genau zutrifft, sind von SIMPSON selbst, dann aber besonders von STEINER,[1592] dem auch eine geometrische Ableitung gelang, aufgesucht worden. Zu ihnen gehören die sogenannten Körperstumpfe (Prismoide, Obelisken);[1592a] das moderne Schulpensum hat diese aufgenommen und schließt sich dabei in den Beweisen an STEINER an.

g) Der Satz von EULER. Die regelmäßigen Polyëder.

Die unter dem Namen EULER'scher Polyëdersatz bekannte Beziehung zwischen der Anzahl der Ecken e, der Flächen f und der Kanten k

$$e + f = k + 2$$

ist vielleicht schon im Altertum, dem ARCHIMEDES, bekannt gewesen. Man kann sich kaum erklären, wie sonst von diesem großen Mathematiker die Reihe der halbregulären Polyëder so durchaus vollständig hat aufgezählt werden können. Ausgesprochen ist indes dieser Satz erst im Anfang des siebzehnten Jahrhunderts worden, und zwar von niemand geringerem als DESCARTES (1596—1650). Trotzdem blieb er noch geraume Zeit der Öffentlichkeit vorenthalten. DESCARTES hatte seine Entdeckung in einer Abhandlung niedergelegt, die nur durch eine fragmentarische Abschrift LEIBNIZ' erhalten ist; dieser Auszug wurde nicht vor 1860 durch den Druck bekannt.[1593] Daher kommt es, daß allgemein EULER als erster Ent-

---

1591 *Mathematical dissertations*, 1743, S. 109—113: *Of the Areas of Curves etc. by Approximations.* — 1592 CRELLE's Journal, Bd. 23, Berlin 1842, S. 275—284: *Über einige stereometrische Sätze.* — 1592a Nachtrag: Einen besonderen Körper dieser Art behandelte bereits HERON (1. Jahrhundert v. Chr.). In den *Μετρικά* (ed. SCHÖNE, Leipzig 1903), Buch II, § VIII, S. 112—117 wird das Volumen eines Körpers bestimmt, der begrenzt ist von zwei parallelen Rechtecken mit den parallellaufenden Seiten a, b bezw. a', b' und den entsprechenden Seitentrapezen. Die durch einfache Zerlegungen abgeleitete Formel HERON's lautet:

$$\text{Vol.} = H \cdot \left(\frac{a + a'}{2} \cdot \frac{b + b'}{2} + \frac{1}{3}\,\frac{a - a'}{2} \cdot \frac{b - b'}{2} \right). —$$

1593 Oeuvres inédites de Descartes, par M. le Comte Foucher de Careil, Paris 1860, S. 218.

decker gilt und die Formel seinen Namen trägt. Seiner eigenen Angabe nach hat EULER das Theorem durchaus selbständig gefunden;[1594] bei der ersten Veröffentlichung (1752) gestand er ohne weiteres ein, daß er nur auf dem Wege der Induktion zu ihm gelangt sei, ein wirklicher Beweis ihm aber noch fehle. Kurz darauf holte er indes das Versäumte nach.[1595] — Eine ganze Reihe weiterer Beweise wurden durch spätere Mathematiker geliefert, u. a. von LEGENDRE in seinen *Elementen* von 1794;[1596] durch besondere Einfachheit zeichnen sich die Darlegungen CAUCHY's (1813) aus.[1597] —

Für die Geschichte der regulären Polyëder können wir bis in die älteste Zeit mathematischer Wissenschaft zurückgreifen. Nach übereinstimmender Überlieferung hatte bereits die altpythagoreische Schule (sechstes Jahrhundert v. Chr.) Kenntnis von den fünf regelmäßigen Körpern.[1598] Wahrscheinlich hat PYTHAGORAS den Würfel, das Tetraëder und das Oktaëder aus Ägypten mitgebracht; das Ikosaëder und das Dodekaëder sind in seiner Schule entdeckt worden. Die Auffindung des letzten wird sogar mit einem bestimmten Namen, dem des HIPPASUS, eines unmittelbaren Schülers des PYTHAGORAS, in Verbindung gebracht; anekdotenhaft erzählt ein neupythagoreischer Schriftsteller, JAMBLICHUS (um 325 n. Ch.), HIPPASUS habe trotz des innerhalb der pythagoreischen Schule bestehenden Verbotes seine Entdeckung veröffentlicht und sei wegen dieser Gottlosigkeit im Meere umgekommen.[1599] Die pythagoreische Schule benutzte die regelmäßigen Körper zu metaphysischen Spekulationen. Den vier Polyëdern Hexaëder, Oktaëder, Tetraëder und Ikosaëder, die man ursprünglich allein kannte, ordnete man die vier Grundelemente

[1594] Novi comment. Ac. Petrop. 1752—1753, Bd. IV (gedruckt 1758), S. 109 bis 140; besonders S. 119: „*Fateri equidem cogor, me huius theorematis demonstrationem firmam adhuc eruere non potuisse, interim tamen eius veritas pro omnibus solidorum generibus, ad quae examinabitur, non difficulter cognoscetur.*“ — [1595] Novi comm. Ac. Petr., Bd. IV, S. 140—160: *Demonstratio nonnullarum insignium proprietatum, quibus solida hederis planis inclusa sunt praedita.* — [1596] Lib. VII, Satz 25; Übersetzung v. CRELLE, 1833, S. 226. — [1597] Journal de l'École polyt., cah. 16 (gedr. 1813), S. 77, Abh. vom Februar 1811, *Recherches sur les polyèdres.* Ferner: LHUILIER, GERGONNE's Annalen, Bd. III, 1812—1813, S. 169—189; STEINER, CRELLE's Journal, Bd. I, Berlin 1826, S. 364—367; GRUNERT, CRELLE's Journal, Bd. II, Berlin 1827, S. 367. Über Körper, für die das EULER'sche Theorem nicht gilt, handelt LHUILIER a. a. O. und HESSEL, CRELLE's Journal, Bd. VIII, Berlin 1832, S. 13—20. — [1598] Eudemi fragmenta, ed. SPENGEL, S. 114 Z. 10 (Anm. 4); PROKLUS, ed. FRIEDLEIN, S. 65 Z. 20 (Anm. 6): „*Πυθαγόρας . . . τὴν τῶν κοσμικῶν σχημάτων ἀνεῦρεν.*“ — [1599] JAMBLICHUS, *De vita Pythagorica*, ed. KIESSLING, Teil I, Leipzig 1815, Abschn. 88, S. 192.

Erde, Luft, Feuer und Wasser zu, deren Elementarteilchen von dieser Gestalt sein sollten.[1600] So gelangten die regulären Vielflächner zu dem Namen „kosmische Körper“. Als das Pentagondodekaëder entdeckt wurde, kam man mit der aufgestellten Hypothese in Schwierigkeit. Man behalf sich, wie PLATO im *Timäos* erzählt,[1601] schließlich mit der Annahme, daß das Weltganze die Gestalt eines Dodekaëders besitze.

Den Nachweis, daß es nicht mehr als diese fünf regelmäßigen Körper geben könne, wird man schwerlich der pythagoreischen Schule zuweisen können. Wahrscheinlich ist dieser neue Fortschritt erst in der platonischen Schule geleistet worden; nach einer Mitteilung des PAPPUS[1602] haben sich wenigstens die Platoniker auch mit Untersuchungen über die kosmischen Körper eingehend beschäftigt. Doch kann auch sein, daß die Bemerkung EUKLID's am Schluß des dreizehnten Buches: „Außer den erwähnten fünf Körpern giebt es keinen anderen, der von gleichen gleichseitigen und gleichwinkligen Figuren eingeschlossen würde“[1603] mit dem beigefügten Beweis EUKLID's geistiges Eigentum ist.

Der erste, der im Zusammenhang über die regelmäßigen Körper geschrieben hat, soll THEÄTET von Heraklea (um 390 v. Chr., Schüler des SOKRATES) gewesen sein.[1604] Dann habe ARISTAEOS der Ältere (um 320 v. Chr., Athen), ein Buch *Über die Vergleichung der fünf regelmäßigen Körper* geschrieben.[1605] Erhalten ist uns erst die Darstellung, die EUKLID im XIII. Buch Satz 13—18 gegeben hat. Wie weit er hierbei seine Vorgänger benutzt hat, ist nicht zu entscheiden. Die Lehre der regulären Polyëder bildet bei EUKLID gleichsam die Krönung seines großen elementar-geometrischen Systems; sie ist aber nicht, wie ein alter Kommentator, PROKLUS

1600 VITRUVIUS, *De architecturae libri decem*, ed. VAL. ROSE u. MÜLLER-STRÜBING, Leipzig 1867, lib. VIII, cap. 1, S. 184. — 1601 PLATO, *Timaeus*, 54, 55, cap. XX, ed. STALLBAUM, Bd. VII, Gotha u. Erfurt 1838, S. 225—234, bes. S. 55 C, S. 231 Z. 7—9: „*ἔτι δὲ οὔσης ξυστάσεως μιᾶς πέμπτης, ἐπὶ τὸ πᾶν ὁ ϑεὸς αὐτῇ κατεχρήσατο ἐκεῖνο διαζωγραφῶν*“ (da noch eine fünfte Zusammenfügung möglich ist, so benutzte die Gottheit diese zum Umriß des Weltganzen). Übersetzung v. H. MÜLLER, Bd. VI, Leipzig 1857, S. 176. Vgl. auch PLUTARCHUS, *De placitis philosophorum*, lib. II, cap. 6, § 5, ed. DIDOT-DÜBNER, Bd. IV, Moralia, Bd. II, Paris 1890, S. 1081 Z. 24 ff. — 1602 PAPPUS, *Συναγωγή*, lib. V, § 34, ed. HULTSCH, Bd. I, S. 352 Z. 11 (Anm. 14). — 1603 EUKLID, ed. HEIBERG, IV, S. 336 Z. 15 bis 18: „*λέγω δή, ὅτι παρὰ τὰ εἰρημένα πέντε σχήματα οὐ συσταϑήσεται ἕτερον σχῆμα περιεχόμενον ὑπὸ ἰσοπλεύρων τε καὶ ἰσογωνίων ἴσων ἀλλήλοις.*“ — 1604 SUIDAS, ed. BERNHARDY, Bd. I, Halle 1853, S. 1120 Z. 11. — 1605 Nach HYPSIKLES, Satz 2 des sogen. vierzehnten Buches der euklidischen Elemente.

(410—435 n. Chr., Byzanz), behauptet, das ausschließliche Ziel des ganzen Werkes.[1606]

EUKLID giebt in seinen Sätzen immer zuerst die Konstruktion des betreffenden Körpers, führt dann den Nachweis für die Richtigkeit seiner Zeichnung und zeigt schließlich, daß der erhaltene Körper einer Kugel eingeschrieben ist. Bezeichnen wir die Kanten mit k_4, k_8, k_6 u. s. w. und den Radius der umgeschriebenen Kugel mit r, so kennt EUKLID folgende Relationen

Buch XIII, Satz 13.: $(2r)^2 = \frac{3}{2} \cdot k_4{}^2$

Satz 14.: $(2r)^2 = 2 \cdot k_8{}^2$

Satz 15.: $(2r)^2 = 3 \cdot k_6{}^2$.

Satz 16. und 17. berechnen die Art der Irrationalität von k_{20} und k_{12}, und zwar in Bezeichnungen, die im sechsten Buche (Lehre von der Irrationalität) aufgestellt sind (vgl. Bd. I, S. 224—225). k_{20} wird als „kleinere Irrationale", k_{12} als „Apotome" gefunden. Setzt man diese Ausdrücke in die modernen Wurzelformen um, so ergeben sich die bekannten Formeln. Beim Dodekaëder fügt EUKLID hinzu, daß seine Seite (k_{12}) der größere Abschnitt der stetig geteilten Würfelkante (k_6) ist. Satz 18. enthält einfache Konstruktionen für die Seiten aller Polyëder aus dem Durchmesser der Kugel.

Von weiteren Abhandlungen griechischer Mathematiker ist eine Schrift des APOLLONIUS (zwischen 250 und 200 v. Chr. in Alexandria, dann in Pergamum) über das derselben Kugel eingeschriebene Dodekaëder und Ikosaëder, ferner eine Abhandlung des HYPSIKLES von Alexandria (um 190 v. Chr.) anzuführen. Die erste ist verloren gegangen; sie wird nur einmal von HYPSIKLES erwähnt.[1605] Die zweite hat die Ehre, schon in alten Handschriften als vierzehntes Buch den *Elementen* EUKLID's angehängt worden zu sein. Sie ist uns deshalb genau bekannt; ihr Inhalt besteht aus einigen Sätzen, die Beziehungen für die Oberflächen und Volumina der einzelnen Körper aussprechen. Nach einem Satze aus der Planimetrie

Buch XIV, Satz 1.: $\varrho_5 = \frac{1}{2}(r + s_{10})$

(s_{10} Seite des Zehneckes, ϱ_5 Abstand des Kreismittelpunktes von der Seite des regelmäßigen Fünfeckes) leitet HYPSIKLES ab, daß das Oberflächendreieck des Ikosaëders und das Fünfeck des Dodeka-

1606 PROKLUS, ed. FRIEDLEIN, Leipzig 1873, S. 8 Z. 21—23: „τῆς συμπάσης στοιχειώσεως τέλος προεστήσατο τὴν τῶν καλουμένων Πλατωνικῶν σχημάτων σύστασιν".

öders demselben Kreise eingeschrieben sind. Satz 3. enthält die Formeln

$$O_{12} = 30 \cdot k_{12} \cdot \varrho_{12}$$
$$O_{20} = 30 \cdot k_{20} \cdot \varrho_{20},$$

wo O die Oberfläche, ϱ der Abstand des Mittelpunktes einer Grenzfläche von der Kante k des Polyëders sind. Satz 4. beweist, daß

$$O_{12} : O_{20} = k_6 : k_{20}$$
$$V_{12} : V_{20} = k_6 : k_{20}$$

ist. Die Größe dieses Verhältnisses $k_6 : k_{20}$ wird in Satz 5. genauer untersucht.[1606a]

Noch ein fünfzehntes Buch ist EUKLID's *Elementen* seit altersher beigegeben; auch in ihm wird von regelmäßigen Körpern gehandelt. Man hat aber Anhaltepunkte, daß der Verfasser nicht HYPSIKLES, wie die Handschriften melden, sondern ein anderer unbekannter Mathematiker ist, der mehrere Jahrhunderte n. Chr. gelebt haben muß. Die im fünfzehnten Buch zusammengestellten Sätze betreffen Einzeichnungen der regelmäßigen Körper ineinander. Satz 1. schreibt ein Tetraëder in ein Hexaëder ein, Satz 2. ein Oktaëder in ein Tetraëder, Satz 3. ein Oktaëder in ein Hexaëder, Satz 4. ein Hexaëder in ein Oktaëder, Satz 5. ein Dodekaëder in ein Ikosaëder. Satz 6. bestimmt die Zahl der Seiten und Ecken der fünf Körper, Satz 7. die Neigungen der Grenzflächen zu einander.

Auch PAPPUS (um 295 v. Chr., Alexandria) beschäftigte sich in seiner *Sammlung* mit den regulären Polyëdern; er kommt in der vierten Abhandlung des dritten Buches auf ihre Konstruktion zu sprechen. Das Hauptgewicht legt er auf die Bestimmung der Parallelkreise der zu Grunde gelegten Kugel, in denen die Begrenzungsflächen der verschiedenen Körper liegen.[1607]

Bei den durch die Griechen gefundenen Resultaten blieb die Mathematik bis zur Mitte des zweiten Jahrtausend stehen. Von den Arabern wäre nur ABU'L WAFA (940—998, Bagdad) zu nennen, der in etwas selbständiger Weise das alte Thema von neuem behandelte; im wesentlichen schloß er sich an PAPPUS an und faßte nur seine Aufgabe so, daß er das vollständige Polygonnetz auf der Kugel zu konstruieren suchte, das den verschiedenen Körpern entspricht.[1608] —

1606a Die neuerdings herausgegebenen *Μετρικά* des HERON geben die Volumenbestimmungen sämtlicher fünf regelmäßigen Polyëder, deren Seitenkanten jedesmal gleich 10 angenommen werden (ed. SCHÖNE, Leipzig 1903, S. 132ff.). — 1607 PAPPUS, *Συναγωγή*, lib. III, prop. 43—58; ed. HULTSCH, I, S. 132—163. — 1608 CANTOR, I^b, S. 701.

Eine Erweiterung auf die halbregelmäßigen Polyëder hatte bereits ARCHIMEDES vorgenommen. Seine Resultate sind uns nur durch eine Mitteilung des PAPPUS bekannt.[1609] Danach hatte ARCHIMEDES 13 neue Körper aufgestellt, deren Grenzflächen zwar auch regelmäßige Polygone sind, aber nicht sämtlich von derselben Art. Bei drei seiner Polyëder treten drei verschiedene Arten von Vielecken auf, bei den übrigen nur zwei; die Anzahl der Begrenzungsflächen schwankt zwischen 8 und 92. Folgende Tafel giebt eine Übersicht über seine Formen:

		Dreiecke	Sechsecke	Quadrate	Achtecke	Fünfecke	Zehnecke
8-Flächner	1.	4	4				
14-Flächner	2.	8		6			
	3.		8	6			
	4.	8			6		
26-Flächner	5.	8		18			
	6.		8	12	6		
32-Flächner	7.	20				12	
	8.		20			12	
	9.	20					12
38-Flächner	10.	32		6			
62-Flächner	11.	20		30		12	
	12.		20		30		12
92-Flächner	13.	80				12	

In der Zeit bis 1500 fanden diese neuen Körper wenig Beachtung. Erst LUCA PACIUOLO (1509, *Divina proportione*) wendete den regelmäßigen und halbregelmäßigen Körpern wieder Aufmerksamkeit zu; er leitete durch Abschneiden von Ecken, bezw. Aufsetzen weiterer Körper auf die Seitenflächen auch neue, unregelmäßige Formen ab. Durch eine Sammlung von Glasmodellen veranschaulichte er seine Untersuchungen.[1610] ALBRECHT DÜRER suchte die Anfertigung dieser Körper durch die Konstruktion der zugehörigen Körpernetze zu erleichtern.[1611] Ein Fortschritt in der systematischen Aufstellung neuer Körper wurde durch JOH. KEPLER (1571—1630) erzielt, der die regelmäßigen Sternvielflächner dem

[1609] PAPPUS, *Συναγωγή*, lib. I, § 34—37; ed. HULTSCH, I, S. 352 ff. — [1610] CANTOR, II^b, S. 342. — [1611] Underweysung der messung mit dem zirckel und richtscheyt u. s. w., 1525, Buch 4, Figur 29—43 (fälschlich 34 gedruckt).

vorhandenen Bestande zufügte (in der *Harmonice mundi* von 1619[1612]). —

Der Elementargeometrie wurden die halbregelmäßigen Körper erst mit Beginn des neunzehnten Jahrhunderts durch MEIER HIRSCH zugeführt, der eine Volumen- und Oberflächenberechnung für sie vornahm.[1613]

1612 KEPLER, *Harmonice mundi,* Linz 1619, II, 29; Werke, ed. FRISCH, Bd. V, Frankfurt u. Erlangen 1864, S. 126. Abbildungen seiner neuen Sternvielflächner hinter S. 120, der 13 archimedischen Körper S. 123—126. — 1613 MEIER HIRSCH, *Geometrische Aufgaben,* Berlin 1807, II, S. 193ff. Vgl. J. H. T. MÜLLER, *Trigonometrie,* 1852, Abschnitt XII, 38—42, S. 345—347.

ZWÖLFTER TEIL

DIE ANALYTISCHE GEOMETRIE

A. Die analytische Geometrie der Ebene.

Zwei wichtige Prinzipien mußten zusammenwirken, um die analytische Geometrie, jenes feinste und vielseitigste Werkzeug der neueren Mathematik, zu schaffen; das eine liegt in der Verwendung von Koordinaten, das zweite in der wechselseitigen Verbindung von Algebra und Geometrie. Getrennt voneinander waren diese beiden Prinzipien bereits lange vor der Geburt der analytischen Geometrie in Geltung gewesen.

So kann man Koordinaten darin benutzt finden, wenn sich die *altägyptischen* Architekten die Wand, die sie mit einem Relief nach vorliegender Skizze versehen wollten, mit rechtwinklig gekreuzten Parallelen gleichen Abstandes überzogen, um sich die Vergrößerung des ebenfalls karrierten Entwurfes zu erleichtern.[1614] So handelt es sich um Koordinaten, wenn der *griechische* Astronom Hipparch die Punkte auf der Erdoberfläche durch Länge (*μῆκος*, von Ost nach West) und Breite (*πλάτος*, von Nord nach Süd) bestimmte,[1615] unter Bevorzugung des Meridians von Rhodus gleichsam als Ordinatenachse; es ist bekannt, daß diese Nulllage von Marinus von Tyrus (erstes Jahrhundert n. Chr.) und Ptolemaeus (beobachtet zwischen 125 und 151 n. Chr. in Alexandria)[1616] nach den Kanarischen Inseln, dem westlichsten Punkte der bekannten Erdoberfläche, verlegt wurde. Koordinaten waren jene Parallelen, die Heron (erstes Jahrhundert v. Chr.) bei seinen feldmesserischen Aufnahmen rechtwinklig zu einer beliebig gewählten Standlinie zog, um das zu vermessende Land in leicht zu berechnende Trapeze zu zerlegen.[1617]

1614 Cantor, I^b, S. 67. — 1615 H. Berger, *Die geographischen Fragmente des Hipparch*, Leipzig 1869, vgl. besonders S. 15, 29—30. Wolf, *Geschichte der Astronomie*, S. 153. — 1616 Ptolémée, *Traité de géographie*, ed. Halma, Paris 1828, ch. VI, S. 17 Z. 24: „*εἰκότως ἂν καλοῖμεν τῆς ἐκκειμένης ἐπιφανείας τὴν ἀπ' ἀνατολῶν ἐπὶ δυσμὰς διάστασιν, μῆκος, τὴν δ' ἀπ' ἄρκτων πρὸς μεσημβρίαν, πλάτος* (Wir wollen die Ausdehnung der Erdoberfläche vom Aufgang zum Untergang Länge nennen, diejenige von Norden nach Süden Breite)." Am Anfang des Kapitels bezieht sich Pt. auf Marinus. Im *Almagest*, Buch I, cap. 7, ed. Halma, S. 21 ff. überträgt Ptolemaeus die Hipparchischen Koordinaten auf das Himmelsgewölbe. — 1617 *Le Dioptre d'Héron*, ed. Vincent, in *Notices et extraits des manuscripts de la bibliothèque impériale,* Bd. XIX, Teil II, Paris 1858. Vgl.

Rechtwinklige Absteckungen bevorzugten auch die *Römer,*[1618] deren ganze, den Griechen mühsam abgelernte Mathematik sich fast nur auf Feldmeßkunst bezog. Bei Städtegründungen pflegten sie unter religiösen Feierlichkeiten zuerst eine Hauptlinie *(decimanus)* — gewöhnlich von Ost nach West — abzustecken und dazu eine senkrechte Achse *(cardo)* festzulegen. Diesen Hauptrichtungen hatten sich die Einzelanlagen anzupassen, wie Plätze, Straßen, Felder, Häuser, diese auch in ihrem Inneren. Die nach einem solchen Plane gebauten Gotteshäuser trugen den Namen *templum* (zusammenhängend mit τέμνειν = abschneiden). So war die ganze Stadtanlage ein rechtwinkliges Koordinatensystem, das freilich zuweilen durch die Terrainverhältnisse Veränderungen unterlag. Auch das römische Kriegslager wurde nach einem ähnlichen Plane aufgeschlagen.

Im vorstehenden sind eine Reihe praktisch-technischer Anwendungen zusammengestellt, in denen die Verwendung eines Koordinatensystemes erkannt werden kann. Indes auch in der Mathematik der Alten vermag man die Benutzung koordinatenähnlicher Streckenscharen nachzuweisen, so daß man beinahe von den ersten Anfängen einer analytischen Geometrie reden könnte. Apollonius (zwischen 250—200 v. Chr. in Alexandria), und vor ihm schon Archimedes (287—212 v. Chr., Syrakus), legte in der Theorie der Kegelschnitte seinen Betrachtungen ein Achsensystem zu Grunde, dessen eine Hauptgerade ein Durchmesser, z. B. in einer Ellipse, bildet, dessen andere eine konjugierte Tangente ist, d. h. eine Tangente, die dieselbe Richtung besitzt, wie die Schar der durch den gewählten Durchmesser halbierten, unter sich parallelen Sehnen. Gewisse Flächensätze und Proportionen, die zwischen den Längen dieser Sehnen und ihren Abständen von dem Tangentenberührungspunkt, dem Scheitel (κορυφή) des Schnittes, aufgestellt werden, sind durchaus inhaltsgleich denjenigen Gleichungen, mit denen in der modernen analytischen Geometrie die Kegelschnitte definiert werden.[1619] Und

auch Cantor, I^b, S. 357. — [1618] Cantor, I^b, S. 496 ff.; Cantor, *Die römischen Agrimensoren,* Leipzig 1875, S. 76 ff. — [1619] Ist x das am Berührungspunkt der Tangente beginnende Durchmesserstück, y die zu dem Endpunkte von x gehörende halbe Sehne, ist ferner l eine gewisse konstante Strecke (*latus rectum*), deren Hälfte wir heute Parameter nennen, und t (*latus transversum*) die Gesamtlänge des Durchmessers, so lauten die den Kegelschnitt definierenden Flächensätze, in algebraische Symbolik umgesetzt, wörtlich: 1. für die Parabel: $y^2 = l \cdot x$, 2. für die Ellipse: $y^2 = l \cdot x - x \cdot \frac{x \cdot l}{t}$, 3. für die Hyperbel: $y^2 = l \cdot x + x \cdot \frac{x \cdot l}{t}$; Apollonius, *Conica,* I, 11, 12, 13, ed. Heiberg, I, S. 36—53 (vgl. S. 437 ff.).

dennoch darf man die Methode des Apollonius nicht als analytische Geometrie auffassen; jene Strecken, die man als Koordinaten der Kegelschnitte auffassen könnte, sind organisch mit dem Kegelschnitt verbunden zu denken und ganz untrennbar von der gezeichneten Figur. Nicht als allgemeine Hilfslinien werden sie angesehen, mittels derer die einzelnen Lehrsätze abgeleitet werden, sondern sie haben nur den Charakter besonderer Hilfslinien, wie sie in der Elementargeometrie des öfteren, sei es zu einem Beweise, sei es zu einer Konstruktion, gezogen werden. Es ist dieselbe Art der Verwendung, die uns später bei Kepler (1571—1630) wiederum entgegentritt,[1620] die keine Universalmethode, sondern nur gelegentliche Benutzung eines handlichen Hilfsmittels in sich schließt.

Den Charakter eines solchen allgemeinen Hilfsmittels — freilich nun wiederum, im Gegensatz zu dem eben geschilderten Verfahren, ohne entsprechende Verbindung mit geometrischen Sätzen, die uns heute als Gleichungen erscheinen — nehmen die Koordinaten im zehnten bis dreizehnten Jahrhundert an. Es ist eine Zeichnung aus dem zehnten oder elften Jahrhundert mit begleitendem Texte gefunden worden,[1621] die eine graphische Darstellung der Planetenbewegung im Tierkreis liefern soll. Zu dem Zweck ist der Tierkreisgürtel aufgerollt, die *longitudines* sind als Abscissen, die *latitudines* als Ordinaten eingetragen; die Planetenbahnen ergeben sich als ebene Kurven, durch die sich die entsprechenden Maßverhältnisse dem Auge in leicht anschaulicher Weise darbieten. In der folgenden Zeit bis zum vierzehnten Jahrhundert scheint sich diese praktische Methode von der Astronomie losgelöst und zu einer selbständigen Theorie ausgebildet zu haben, die sogar an einzelnen Universitäten Gegenstand obligatorischer Vorlesungen (Cöln 1398) war.[1622] In vielverbreitet gewesenen Schriften des französischen Gelehrten Nicole Oresme (um 1323—1382, Lehrer und Vorsteher des Collège de Navarre in Paris, dann Bischof von Lisieux), wie z. B. im *tractatus de latitudinibus formarum* und im *tractatus de uniformitate et difformitate intensionum*[1623] werden die Beziehungen von Punktreihen untersucht, die bei gleichförmig anwachsenden *longitudines* und sich nach einem vorgeschriebenen Gesetze ändernden *latitudines* entstehen. Erste

1620 Kepler, 1609, *Ad Vitellionem Paralipomena*, cap. IV, 4; Opera Kepleri, ed. Frisch, Bd. II, Frankfurt u. Erlangen 1859, S. 187—188. — 1621 S. Günther, *Zur Geschichte des Koordinatenprinzipes*, Nürnberg 1877, im sechsten Band der Abhandlungen der natur-historischen Gesellschaft zu Nürnberg, S. 19—25. — 1622 Hankel, S. 351, Anm. 2 (Anm. 23). — 1623 Zeitschr. f. Math. u. Phys., Bd. 13, Leipzig 1868, S. 92—97. Vgl. auch Günther, S. 32 ff., Cantor, II^b, S. 129 ff.

sind von uns als Abscissen, letzte als Ordinaten aufzufassen. Die Punktreihe, die durch die Endpunkte der *latitudines* entsteht, heißt *forma*, der Unterschied zweier aufeinanderfolgenden *latitudines* wird *gradus* genannt. Sind die *latitudines* konstant, so ist die Punktreihe „gleichmäßig verlaufend“ *(uniformis eiusdem gradus)*; ändern sich die *latitudines*, so wird die Form der Punktreihe *difformis per oppositum*. Die Differenz der aufeinanderfolgenden *latitudines (excessus graduum)* kann konstant oder nicht sein — die *forma* ist dann eine *uniformiter difformis* bezw. eine *difformiter difformis*. Wachsen die *excessus* selbst wieder um konstante Größen, so ergiebt sich eine *forma uniformiter difformiter difformis* u. s. w. Zahlenbeispiele werden als Figuren hingezeichnet und dienen zur Veranschaulichung der allgemeinen Betrachtungen. Die vorgeführten *formae* sind geradlinige, kreisförmige, auch parabelförmige Punktreihen. Natürlich werden nur positive *latitudines* angenommen, da die Ausbildung des Begriffes negativer Größen noch in ferner Zukunft lag. Wir erkennen aber im ersten Keime den Begriff einer Funktion; ja der des Differentialquotienten schimmert ganz schwach hervor, wenn bei Betrachtung eines Halbkreises darauf aufmerksam gemacht wird, daß am obersten Punkt die Änderung der Geschwindigkeit des Wachsens und Fallens am langsamsten vor sich gehe. Es fehlt nur die moderne Formulierung, um in dieser Bemerkung den Satz zu haben, daß in der Nähe einer Maximalstelle sich der Differentialquotient der Null nähert.

Dennoch kann Oresme's Schrift nicht als eine Erstlingsarbeit für die analytische Geometrie aufgefaßt werden. Den durch ein bestimmtes Gesetz, etwa aus einer arithmetischen Reihe, erhaltenen *latitudines* entspricht nur eine Punktreihe, kein kontinuierliches Gebilde, und umgekehrt: wenn Oresme eine wirkliche Kurve betrachtet, fehlt wiederum der analytische Ausdruck, die Übersetzung in die Algebra.

Haben wir soeben den Koordinatenbegriff in seinem geschichtlichen Auftreten verfolgt, so ist nunmehr eine ähnliche Skizze für die Verbindung zwischen Algebra und Geometrie zu entwerfen. Erst bei gleichzeitiger Verwendung von Koordinaten und algebraisch-geometrischen Methoden kann dann von der Entstehung einer analytischen Geometrie die Rede sein.

Überblicken wir das griechische Altertum, so vermissen wir anscheinend bis zur Zeit Diophant's (drittes Jahrhundert n. Chr.) eine Algebra gänzlich. Bei genauerer Betrachtung fanden wir aber die merkwürdige Thatsache, daß lange vor Diophant eine griechische Algebra vorhanden war, allerdings unter angenommenem geometrischen Gewande verborgen, und daher nur schwer erkennbar (vgl. Bd. I, S. 177—180, 252—256). Wir sehen so in der That Algebra mit Geometrie vereint, wir sehen die erste sich aus der zweiten bilden und nur langsam aus ihren Fesseln sich lösen. Das zweite Buch der *Elemente* Euklid's enthält eine große Reihe von Sätzen, die uns auf den ersten Blick geometrisch erscheinen. Wir wurden aber in der Geschichte der Algebra darauf aufmerksam, daß in ihnen rein algebraische Sätze aufgedeckt werden können oder vielmehr, daß sie trotz ihrer geometrischen Symbolik geeignet sind, algebraische Operationen durchaus zu ersetzen. Dem altgriechischen Geiste, wie er uns in Euklid's *Elementen* in Vollendung entgegentritt, war die Schöpfung einer echten Algebra versagt. Ein fein gefügtes geometrisches System, das in der Lehre von den Proportionen sich am meisten dem Schwestergebiet näherte, in den geometrischen Konstruktionen am reinsten den ursprünglichen Charakter bewahrte, lieferte den griechischen Mathematikern jenes Werkzeug zur Vollführung ihrer großen mathematischen Thaten, das der heutigen Zeit im Vergleich zur modernen Analysis ungelenk erscheinen mag, das aber in der Hand eines Archimedes, eines Apollonius in vollendeter Sicherheit zum Ziele führte. Nur mit Mühe können wir uns in die sich mit spielender Gewandtheit abwickelnden Deduktionen hineinfinden, die uns Apollonius in seiner Kegelschnittslehre, allerdings dem schwierigsten Stoffe antiker Mathematik, vorführt. Eines aber fehlte diesem ihrem Werkzeuge, das ist der verallgemeinerungsfähige Charakter, der gerade unsere Algebra auszeichnet. Linien entsprechen algebraischen Gebilden erster Dimension, Flächen der zweiten Potenz oder den einfachen Produkten, Körper sind ein Symbol dreifach dimensionaler Ausdrücke; aber für höhere Dimensionen versagt die Vorstellungsform, und die Verwendbarkeit der geometrischen Methode hört auf. Der griechischen Mathematik war eine Grenze gesteckt! Über die Betrachtung von Kurven zweiter Ordnung hinaus erstreckten sich ihre Untersuchungen daher nur selten; thaten sie es, so waren die Erfolge fast stets minderwertig.

Daß sich zuweilen geometrische Verfahren auch zu einfachen rechnerischen Methoden abschliffen — entarteten, im Sinne der griechischen Geometer gesprochen —, haben wir öfters beobachtet, z. B. wenn technische Aufgaben die häufige Wiederholung solcher Operationen verlangten. Die Verfahren, nach denen Archimedes und Heron (vgl. Bd. I, S. 209) Wurzelextraktionen vornahmen, sind ein Ausfluß alter geometrischer Methoden; ähnlich bildeten sich auch abgekürzte

Verfahren, zahlenmäßig gegebene quadratische Gleichungen auf rechnerischem Wege aufzulösen (vgl. Bd. I, S. 253f.). Solche einzelnen Fälle gestatten uns einen Schluß auf die allmählich vor sich gehende Arithmetisierung der Geometrie zu ziehen und lassen uns das bisher unerklärbare plötzliche Einsetzen der diophantischen Algebra nicht mehr so ganz unvermittelt erscheinen (vgl. Bd. I, S. 242).[1623a]

Die geometrische Methode der Griechen nahmen die *Araber* auf und verbanden sie zum Teil mit echter Algebra, wie sie diese aus *indischen* Schriften entlehnen konnten. War den Griechen die Auffindung einer Lösung quadratischer Gleichungen gelungen, so wußten die Araber die geometrischen Hilfsmittel so zu verfeinern, daß sie das Gleiche für kubische Gleichungen zu leisten vermochten (vgl. Bd. I, S. 272—273). Andrerseits waren sie die ersten, die es verstanden, solche kubischen Probleme in algebraische Beziehungen zwischen den dritten, zweiten und ersten Potenzen einer Unbekannten und gewissen Konstanten umzuwandeln. Durch rein algebraische Betrachtungen aber zur Lösung von Aufgaben dritten Grades zu kommen, glückte ihnen so wenig, daß sie die Unlösbarkeit auf diesem Wege für ausgemacht hielten. Besonders hervorzuheben ist die große Fertigkeit der arabischen Mathematiker, vorgelegte geometrische Aufgaben, wie Konstruktionen u. s. w., auf die Lösung einfacher Gleichungen zurückzuführen. Auch hier hatten sie nach indischen Vorbildern mit Erfolg weitergebaut.[1624]

Aus dem Studium arabischer Werke lernten die abendländischen Gelehrten diese geometrisch-algebraische Behandlungsweise kennen. Leonardo von Pisa löste in seiner *Practica geometriae* von 1220 mehrere Konstruktionsaufgaben auf dem angegebenen Wege, so die Aufgabe, einem gleichseitigen Dreiecke ein Quadrat einzuschreiben, ferner die, einem Quadrat ein halbregelmäßiges, gleichseitiges Fünfeck, das mit dem Quadrat einen rechten Winkel gemeinsam hat, einzuzeichnen[1625] u. a. Aufgaben dieser Art bildeten einen festen Bestandteil der bedeutenderen mathematischen Lehrbücher des fünfzehnten Jahrhunderts. Wir wissen, daß sich Regiomontanus (1436—1476) auf Verwendung dieser geometrisch-algebraischen Methode sehr gut verstand.[1626] In Widman's Rechenbuch von 1489 wird der Radius

[1623a] Nachtrag: Das in den jüngst veröffentlichten *Μετρικά* Heron's bei gewissen Rechnungen (ed. Schöne, Leipzig 1903, S. 48 Z. 11, 19, 21) gebrauchte Wort *δυναμοδύναμις* für unser „vierte Potenz“, das man bisher nur bei Diophant kannte, ist ein fernerer Beweis, daß schon zu Heron's Zeit die Algebra ziemlich hoch ausgebildet war (vgl. Anm. 744a). — [1624] Bhaskara, *Vijagaṇita*, ed. Colebrooke, S. 198ff., 220ff. (Anm. 261). — [1625] Leonardo Pisano, ed. Boncompagni, II, S. 223—224 (Anm. 88). — [1626] Cantor, II^b, S. 284.

des einem Dreiecke umgeschriebenen Kreises gesucht, wenn die eine Dreieckshöhe und die Abschnitte der zugehörigen Seite gegeben sind;[1627] in einer anderen Aufgabe wird die Seite des einem Kreise eingeschriebenen regelmäßigen Dreiecks berechnet, dann wieder der Umfang eines Kreises, der einem gegebenen Dreiecke eingeschrieben ist.[1628] Vollständig algebraisch durchgeführt ist die Bestimmung eines Quadrates, das einem Halbkreis eingeschrieben ist (vgl. Bd. I, S. 317). In beträchtlichem Umfange finden sich solche Aufgaben in der *Summa* des Luca Paciuolo (1494),[1629] einem Buche, das fast ein Jahrhundert lang in der Mathematik eine herrschende Stellung einnahm.

Wurde so die Algebra benutzt, um die Lösung geometrischer Probleme zu erzwingen, so zogen umgekehrt Cardano (1501—1576, Mailand)[1630] und Tartaglia (1500—1557; Brescia, Venedig) geometrische Betrachtungen heran, um die Richtigkeit algebraischer Lösungsformeln in der Lehre von den kubischen Gleichungen darzulegen, wie es arabische Gelehrte (Muhammed ibn Musa Alchwarizmi)[1631] bei den Gleichungen zweiten Grades auch schon gethan hatten.

Diese Verwendung der Geometrie zur Unterstützung der Algebra wurde im Laufe der nächsten Zeit nachgerade zu einer Methode ausgebildet. Den Anfang machte der Italiener Giovanni Benedetti (1530—1590, Mathematiker des Herzogs von Savoyen) in seinen 1585 erschienenen *Speculationes diversae*;[1632] zu methodischer Vollendung drang der große französische Mathematiker Vieta (1540—1603, Paris) vor. Er ist als Schöpfer des Teiles unserer Elementarwissenschaft anzusehen, die wir als algebraische Geometrie zu bezeichnen gewohnt sind — insofern wenigstens, als er (1593) zum erstenmal eine systematische Zusammenstellung aller der geometrischen Konstruktionen gab, die im stande sind, die Fundamentaloperationen der Algebra zu ersetzen, so weit dies überhaupt möglich ist.[1633] Es sind dies, wie wir gesehen haben, altgriechische Ideen und Verfahren, die nunmehr neue Form und Gewandung angelegt haben; wir finden auch unter den Vorschriften Vieta's eine ganze

[1627] 210.—211. Blatt, an einem Zahlenbeispiel vorgerechnet. — [1628] 214. Blatt. — [1629] II. Teil, 8. Distinktion. — [1630] Cardano, *Ars magna*, cap. XI u. XII; Werke, Lugd. 1663, IV, S. 249—251. — [1631] *Algebra*, ed. Rosen, London 1831, S. 13—19. — [1632] Cantor, II^b, S. 566. — [1633] Vieta, *Effectionum geometricarum canonica recensio*, 1593? (Der Originalausgabe der *Isagoge*, 1591 Turonis, ohne weitere Jahresanzahl, aber mit besonderer Paginierung angebunden; Königl. Bibl. zu Berlin O b 2100). Vieta, Opera, ed. Schooten, Lugd. Bat. 1646, S. 229—239.

Anzahl, die Wiederholungen oder Ergänzungen euklidischer Sätze sind. Das erste Lehrbuch der algebraischen Geometrie verfaßte Marino Ghetaldi (1566—1627, Ragusa),[1634] der die Anregung dazu aus dem persönlichen Verkehr mit Vieta erhalten haben mag. Der noch jetzt vorbildliche Gang, den Ghetaldi bei der Behandlung der einzelnen Probleme einschlug, ist der, daß aus der geometrischen Aufgabe durch Einführung einer Unbekannten algebraische Beziehungen gesucht wurden, die sich zu einer Gleichung entwickeln lassen. Die aus der Behandlung der Gleichung sich ergebende Lösungsformel wird nunmehr umgekehrt wieder geometrisch konstruiert (Beispiele Ghetaldi's sind die Dreieckskonstruktionen h_a, $b + c$, $p_a - q_a$; $b - c$, $p_a - q_a$, $b - a$; $\alpha = 90^0$, $b - c$, $p_a - q_a$; $\alpha = 90^0$, b, $p_a - q_a$; $\alpha = 90^0$, b, q_a; $\alpha = 90^0$, $b \pm c$, h_a u. s. w., wo p_a und q_a die Projektionen von b und c auf a sind).

1630 erschien Ghetaldi's Buch, 1637 Descartes' *Géométrie*;[1635] die mathematischen Zeitgenossen erkannten nur langsam die hochbedeutenden Neuerungen, die der Geist Descartes' in ihre Wissenschaft einführte. Mit Descartes beginnt eine der ruhmreichsten Entwicklungsperioden für die Mathematik im allgemeinen, wie für die Ausbildung einer algebraischen Geometrie im besonderen. Seine Schrift ist das Erstlingswerk, das die analytische Geometrie aufzuweisen hat.

Die hochgespannten Erwartungen, mit denen ein moderner Leser die Abhandlung Descartes' in die Hand nimmt, werden beim ersten Durcharbeiten recht enttäuscht. Von einer theoretischen Behandlung der analytischen Geometrie ist durchaus nicht die Rede. Descartes beginnt mit Erörterungen, die wir von Vieta und Ghetaldi her kennen und die ihm ohne Zweifel auch von dort her bekannt waren; er zeigt die enge Wechselbeziehung zwischen den einfachen Operationen der Algebra und der Geometrie und leitet daraus die

---

[1634] Vgl. die Abhandlung von Gelcich: *Eine Studie über die Entdeckung der analytischen Geometrie mit Berücksichtigung eines Werkes des Marino Ghetaldi aus dem Jahre 1630.* Heft IV, Abhandlung zur Geschichte der Mathematik, Leipzig 1882; auch in Zeitschr. f. Math. u. Phys., 1882, Bd. 27, Supplement. — [1635] Leyden 1637 in französischer Sprache; 1649 ließ Franciscus v. Schooten eine lateinische Übersetzung erscheinen, die 1659 neu aufgelegt wurde (mit Zusätzen anderer Schriftsteller, wie Schooten selbst, Florimond de Beaune, Johannes Hudde, Heinrich v. Heuraet, Johannes de Witt). Ges. Werke, ed. Cousin, Paris 1824—1826 (11 Bände): Bd. V, S. 309—348. Neuere französische Ausgaben, Paris 1886, 1894. Deutsche Übersetzung von L. Schlesinger, Berlin 1894.

Berechtigung her, geometrische Probleme algebraisch zu behandeln. Zur Erläuterung stellt er eine kurze Übersicht an die Spitze seiner weiteren Untersuchungen, wie man die vier Spezies, die Wurzelausziehung und die Auflösung der quadratischen Gleichungen geometrisch ausführen kann. Scharf betont er im folgenden, daß bei ihm die Größen a, a^2, a^3 rein algebraische Gebilde seien, daß er nicht darunter Linien, Flächen und Rauminhalte verstehe, woran noch VIETA streng festgehalten hatte. Dies Fallenlassen des Dimensionsprinzipes begründet er damit, daß man ja in Ausdrücken, wie $a^2 \cdot b^2 - b$ stets durch Verwendung der Einheit gleichdimensionale Größen. wie $\frac{a^2 \cdot b^2}{1} - b \cdot 1 \cdot 1$, sich schaffen könne.[1635a]

Wie seine Vorgänger, stellt DESCARTES sich die Aufgabe, aus den vorliegenden geometrischen Problemen durch Einführung von Unbekannten Gleichungen zu bilden, deren Behandlung nun vorzunehmen ist. Er weiß dabei sehr wohl, daß die Anzahl der Gleichungen trotz erschöpfender Ausnutzung der Voraussetzungen kleiner sein kann, als die Anzahl der Unbekannten, und dadurch das Problem unbestimmt wird. Für die überschüssigen Unbekannten könnten alsdann beliebige Werte angenommen werden und mit ihnen die anderen Unbekannten bestimmt werden.[1636]

Über die Wahl der Variabeln bei solchen unbestimmten Aufgaben giebt er durchaus keine Vorschriften, sondern wendet sich sofort zu einem Beispiele, das er aus der Sammlung des PAPPUS entnommen hat[1637] und das bereits EUKLID und APOLLONIUS (vgl. S. 441) bearbeitet hatten. Es soll der geometrische Ort aller der Punkte gefunden werden, deren senkrechte (oder unter einem gegebenen Winkel erfolgende) Abstände d_i von einer Reihe gegebener Geraden g_i der Bedingung genügen, daß das Produkt der einen Hälfte der d_i dem der übrigen gleich (bezw. proportional) sei, also daß etwa bei vier Geraden

$$d_1 \cdot d_2 = d_3 \cdot d_4,$$

bei sechs Geraden

$$d_1 \cdot d_2 \cdot d_3 = d_4 \cdot d_5 \cdot d_6$$

sei, wobei, falls die Anzahl ungerade ist, noch eine beliebige Konstante zur Vervollständigung hinzugenommen werden muß, also bei fünf Geraden

1635a Werke, ed. COUSIN, V, S. 316. — 1636 *Géom.*, ed. COUSIN, V, S. 316—317. — 1637 PAPPUS, *Συναγωγή*, lib. VII, Bericht über die *Conica* des APOLLONIUS, ed. HULTSCH, II, S. 678 Z. 15ff. Vgl. auch die Vorrede des APOLLONIUS zu seinen Kegelschnitten, ed. HEIBERG, I, S. 4 Z. 13—16 (Anm. 1740).

sei.
$$d_1 \cdot d_2 \cdot d_3 = a \cdot d_4 \cdot d_5$$

Die Untersuchung dieser Aufgabe zieht sich bei DESCARTES wie ein roter Faden durch die ersten beiden Bücher seines Werkes hindurch und man muß aus ihrer besonderen Behandlung herauslesen, welches eigentlich DESCARTES' neue Methode ist. Es macht beinahe den Eindruck, als ob der Verfasser bei seiner Darstellung absichtlich dunkel geblieben ist, um dem Leser nicht so ohne weiteres den Einblick in seine Hilfsmittel zu gestatten. Analytische Geometrie ist aus seinen Betrachtungen nicht zu erlernen. Kommt doch sogar nirgends einmal die Gleichung einer geraden Linie vor! Und trotzdem verraten allgemein gehaltene Belehrungen, daß er sich der Identität zwischen einer unbestimmten Gleichung und einer Kurve völlig bewußt ist.

Die Wahl der Koordinaten, die DESCARTES in dem Beispiel von PAPPUS trifft, dürfte durch das Studium der griechischen Kegelschnittlehre, die, wie oben auseinandergesetzt (S. 408—409), sich einer Art schiefwinkliger Parallelkoordinaten bedient hatte, beeinflußt worden sein. Die Richtungen einer der bekannten Geraden g_i und eines der unbekannten Abstände d_i werden als Hauptachsen zu Grunde gelegt. Die Parallelabstände eines die Bedingung erfüllenden Punktes C nennt DESCARTES x und y, wobei auch die Wahl der Buchstaben eine Neuerung bildet (vgl. Bd. I, S. 150, 195). Die Abstände d_i werden nun durch die Größen x und y ausgedrückt, ihre Werte in der vorgeschriebenen Weise multipliziert und so eine unbestimmte Gleichung aufgestellt, deren Wertepaare x, y Punkte C der geforderten Art ergeben. „Indem man der Linie y der Reihe nach unendlich viele verschiedene Größen beilegt, erhält man auch unendlich viele für die Linie x, und auf diese Weise unendlich viele Punkte von der Beschaffenheit wie der mit C bezeichnete, mit Hilfe deren alsdann die gesuchte krumme Linie beschrieben werden kann."[1638]

Klarer kann das Prinzip der analytischen Geometrie nicht angedeutet werden. Man behauptet, daß APOLLONIUS bei seinen Kegelschnitten ebenfalls analytische Geometrie verwendet habe. Freilich hatte er Parallelkoordinaten, hatte auch Relationen in Flächensatzform aufgestellt, die seine Kurven charakterisierten;

[1638] *Géom.*, ed. COUSIN, V, S. 331 Z. 2ff.: „*Prenant successivement infinies diverses grandeurs pour la ligne y, ou en trouvera aussi infinies pour la ligne x, et ainsi on aura une infinité de divers points, tels que celui qui est marqué C, par le moyen desquels on décrira la ligne courbe demandée.*" SCHLESINGER, S. 17 (Anm. 1635).

aber — ganz abgesehen davon, daß ihm die Algebra fehlte, an deren Stelle er, wie wir wissen (vgl. S. 411), einen geometrischen Kalkül verwendete — seine Kurven waren nur Kegelschnitte, seine Koordinatenlinien waren fest bestimmte, von der Figur untrennbare Linien (vgl. S. 408—409). Bei DESCARTES ist die Wahl der Hauptrichtungen beliebig gelassen; denn er erkennt, daß Koordinatenverschiebungen den Grad der Gleichung und den durch sie festgelegten Charakter der Kurven nicht ändern.[1639] Bei DESCARTES ist auch sofort die Verallgemeinerung auf höhere Kurven da, die ihn sogar befähigt, eine Einteilung der Kurven in algebraische und transcendente oder, wie er sagt, in geometrische und mechanische[1640] vorzunehmen, die ihn auch in den Stand setzt, Untersuchungen über Durchmesser und Achsen, Mittelpunkte und Normalen für beliebige Kurven anzustellen. Ja noch mehr. Am Schluß des zweiten Buches vollzieht er die weiteste Konsequenz, die der Übertragung seiner Methode auf den Raum; in einem kurzen Ausblick weist er auf die Koordinatenbestimmung einer Raumkurve hin, die dadurch erfolgen könnte, daß man sie auf zwei senkrechte Fundamentalebenen projiziere und die erhaltenen ebenen Figuren nach seiner Art und Weise behandle.

Die Wichtigkeit des Inhaltes, den die verhältnismäßig kurzen, hierhergehörigen Abschnitte der kartesischen *Geometrie* bieten, läßt es berechtigt erscheinen, seiner Schilderung einen etwas breiteren Raum einzuräumen, als es in der vorliegenden Darstellung sonst zu geschehen pflegte. Die analytische Geometrie ist ein zu wichtiges Arbeitsmittel der Mathematik geworden, um ihrer Entstehungsgeschichte nicht besondere Berücksichtigung widmen zu müssen. Man kann getrost behaupten, daß durch DESCARTES' Methode nicht nur die Kurvenlehre geschaffen und der späteren Infinitesimalrechnung die nötige Grundlage bereitet, sondern auch die allgemeine Funktionenlehre erst ermöglicht und sogar angelegt wurde.

Die Priorität der Veröffentlichung hat DESCARTES durch den im Jahre 1637 erfolgten Druck seiner *Géométrie* für sich. Aber wie

---

1639 Ed. COUSIN, V, S. 341—342, SCHLESINGER, S. 24. — 1640 Ed. COUSIN, V, S. 313—335, SCHLESINGER, S. 19 (vgl. Bd. I, S. 162).

es so vielfach bei großen Entdeckungen, auf die die Zeit gleichsam hindrängt, der Fall ist, noch ein zweiter großer Mathematiker hatte selbständig dasselbe fruchtbare Feld in Arbeit genommen und war, wie es scheint, sogar vor DESCARTES zu einem erfolgreichen Abschluß gekommen, ohne aber durch eine Publikation seinen Fachgenossen sofort von seinen Arbeiten Kunde zu geben. Dieser Gelehrte ist FERMAT (1601—1665, Toulouse), dessen Leistungen auch auf anderen Gebieten der Mathematik, besonders in der Zahlentheorie, noch heute die größte Bewunderung erfordern, ja zum Teil noch nicht erreicht worden sind (vgl. Bd. I, S. 305—306). In einem Brief an ROBERVAL (1602—1675, Paris) vom 22. September 1636 — also bevor er Kenntnis der DESCARTES'schen *Géométrie* haben konnte — berührte er Fragen, deren Besprechung seine Vertrautheit mit analytisch-geometrischen Betrachtungen vollständig beweisen. Eine Bemerkung in diesem Schreiben,[1641] daß er eine Methode zur Auffindung der Maxima und Minima — die uns aus späteren Mitteilungen FERMAT's an DESCARTES, vom Jahre 1638, bekannt ist —[1655] bereits sieben Jahre vorher besessen und namhaft gemachten Bekannten, darunter mittelbar auch ROBERVAL selbst, mitgeteilt habe, führt seine erfolgreiche Beschäftigung mit analytischer Geometrie bis auf das Jahr 1629 zurück. In seinen nachgelassenen Schriften (veröffentlicht 1679) finden sich zusammenfassende Arbeiten vor; von seiner Abhandlung *Isagoge ad locos planos et solidos*[1642] behauptete sogar ein Nachruf bei FERMAT's Tod, daß sie vor dem Erscheinen des kartesischen Werkes vollendet gewesen sei.[1643] Diese Schrift hat dann aber noch den weiteren Vorzug vor der DESCARTES', daß sie in Klarheit der Darstellung, in systematischer Zusammenfassung des Stoffes und nicht zum wenigsten in der Aufstellung einer festen Symbolik einen viel höheren Grad der Vollendung erreicht hat.

FERMAT nimmt fast stets die Koordinatenachsen rechtwinklig an, ständig bezeichnet er den Nullpunkt mit *N*. Als Buchstaben

1641 FERMAT, Varia opera, Tolosae 1679, S. 136 Z. 15—13 v. u.: „*Sur le sujet de la methode de maximis et minimis, vous sçavez que puisque vous avez veu celle que Monsieur Despagnet vous a donnée, vous avés veu la mienne que je luy baillay il y a environ sept ans étant à Bourdeaux...*"; Oeuvres de Fermat, éd. TANNERY et HENRY, Bd. II, Paris 1894, S. 71. — 1642 Var. opera, S. 2—11; ed. TANNERY et HENRY, I, S. 91—110. — 1643 Journal des Sçavans, 1665, Febr. 9., abgedruckt in Oeuvres, éd. TANNERY et HENRY, I, S. 361 Z. 7ff.: „*Une introduction aux lieux plans et solides, qui est un traité analytique concernant la solution des problemes plans et solides, qui avait esté veu devantque M. Descartes eut rien publié sur ce sujet...*"

für die unbekannten Größen wählt er die großgeschriebenen Vokale A und E, für die bekannten die Konsonanten B, D, G... (vgl. Bd. I, S. 149; VIETA). Ein Kurvenpunkt trägt immer ein J, der Fußpunkt des Lotes, von J auf die Abscissenachsen gefällt, ein Z.

Die Gleichung einer Geraden, die man bei DESCARTES vermißt, lautet bei FERMAT

$$D \cdot A = B \cdot E^{1644} \; [\text{modern } a \cdot x = b \cdot y],$$

falls sie durch den Nullpunkt geht, und

$$D \cdot (R - A) = B \cdot E^{1645} \; [\text{modern } a \cdot (c - x) = b \cdot y],$$

falls sie die Abscissenachse an anderer Stelle schneidet.

$B^2 - A^2 = E^2$,[1646] d. i. $r^2 - x^2 = y^2$, ist FERMAT's Kreisgleichung; er weiß, daß allgemein jede quadratische Gleichung, in der die Koëffizienten der Quadrate der Unbekannten übereinstimmen, einen Kreis darstellen. Ist $B^2 - A^2$ dem E^2 proportional, so liefert diese Gleichung eine Ellipse,[1647] während sich eine Hyperbel ergiebt, wenn $B^2 + A^2$ in festem Verhältnis zu E^2 steht.[1648] Auch die Asymptotengleichung der Hyperbel tritt uns bei FERMAT entgegen:

$$A \cdot E = Z^{2\,1649} \; [\text{modern } x \cdot y = a^2];$$

seine Parabelgleichung lautet

$$A^2 = D \cdot E^{1650} \; [\text{modern } x^2 = ay].$$

Schon diese kurzen Andeutungen genügen, um uns die vortreffliche, systematische und methodische Darstellungsform FERMAT's zu zeigen, der gegenüber DESCARTES' Abhandlung beinahe nur wie ein geistreicher, freilich hochgenialer Essay aussieht.

Dürftig, trotz ihres Umfanges, ist im Vergleich dazu eine Schrift des englischen Mathematikers WALLIS (1616—1703, Oxford), die er im Jahre 1655 der Öffentlichkeit übergab.[1651] Sie beschränkt sich darauf, die archimedisch-apollonischen Definitionsgleichungen

1644 Oeuvres, éd. TANNERY et HENRY, I, S. 92: „*D in A aequetur B in E.*" — 1645 Daselbst S. 93: „*ut B ad D, ita R − A ad E*". — 1646 Daselbst S. 98: „*Bq. − Aq. aequetur Eq.*" — 1647 Daselbst S. 99: „*Bq. − Aq. ad Eq. habeat rationem datam, punctum I erit ad ellipsin.*" — 1648 Daselbst S. 99: „*Si Bq. + Aq. est ad Eq. in data ratione, punctum I est ad hyperbolen.*" — 1649 Daselbst S. 93: „*A in E aeq. Z pl., quo casu punctum I est ad hyperbolen.*" — 1650 Daselbst S. 96: „*Si Aq. aequatur D in E, punctum I est ad parabolen.*" — 1651 WALLIS, Opera, I, Oxford 1795, S. 291—354, Folio!

der Kegelschnitte in die neue Form, aber unter Beibehaltung der apollonischen Koordinaten zu bringen, dann diese Gleichungen als gegeben vorauszusetzen und nun zu beweisen, daß die durch sie definierten Kurven die Kegelschnitte der Alten sind. Hierzu kommen nur noch Betrachtungen über Durchmesser, Mittelpunkte, dann die Ableitung von Eigenschaften ihrer Tangenten, ohne daß die Tangentengleichungen indes aufgestellt werden. Das muß man aber der Wallis'schen Arbeit lassen, daß durch sie die neue Methode infolge der großen Beliebtheit der Schriften dieses Verfassers eine weite Verbreitung auch unter anderen, als den führenden Mathematikern erlangte.

Von anderem Standpunkte ging de Witt (1659?) in den *Elementa curvarum linearum* aus;[1652] in dem zweiten Teil dieser, ebenfalls umfangreichen Abhandlung bespricht der Verfasser die einzelnen Gleichungen

$$y = \frac{bx}{a} \qquad y = \frac{bx}{a} + c \qquad y = c - \frac{bx}{a}$$

$$y^2 = ax \qquad y^2 = ax + b^2 \qquad y^2 = ax - b^2 \qquad y = -ax + b^2$$

$$yx = f^2 \qquad \frac{ly^2}{g} = x^2 - f^2 \qquad y^2 - f^2 = \frac{lx^2}{g} \qquad \frac{ly^2}{g} = f^2 - x^2$$

und stellt jedesmal den Charakter der durch sie definierten Kurven fest, giebt auch Regeln, nach denen man zusammengesetztere Formen auf die angegebenen zurückführen kann.

In Kenntnis dieser Schrift, aber mit moderner Durchführung, unternahm de la Hire in seinen *Les Lieux Géométriques*, Paris 1679[1685] eine weitere Bearbeitung der Kegelschnittlehre nach den neuen Prinzipien. Als Grundgleichungen betrachtete er (daselbst S. 21)

1) $\frac{ax}{b} = y$ gerade Linie,

2) $ax = y^2$ Parabel,

3) $xy = a^2$ Hyperbel, auf die Asymptoten bezogen.

4) $\frac{ax^2}{b} = d^2 - y^2$ Ellipse; falls $a = b$, Kreis,

5) $\frac{ax^2}{b} = y^2 - d^2$ Hyperbel; falls $a = b$, gleichseitige Hyperbel,

1652 Angeschlossen der Descartesausgabe, die Franz v. Schooten besorgte (Anm. 1635); dem Verfasser lag nur die editio III, Amstelodami 1683, vor; daselbst Teil II, S. 243 ff.

auf die er allgemeinere Gleichungen zurückführte; doch gab er auch Vorschriften, nach denen man bei vorgelegten Gleichungen deren Charakter ohne diese Reduktion erkennen kann, Vorschriften, die selbstverständlich nicht erschöpfend waren. Die Behandlung der allgemeinen Gleichung zweiten Grades wurde bekanntlich erst von Euler endgültig durchgeführt (vgl. S. 443).

Der Mathematik waren neue scharfe Waffen gegeben worden; der Angriff auf höhere Probleme erfolgte unmittelbar hinterher.

Die elementare Kurvenlehre, die sich nur bis zur Theorie der Kegelschnitte erstreckt, war bereits von den Alten in ihren Hauptzügen erledigt worden. Es war ein leichtes, die bekannten Resultate auf dem neuen Wege bestätigt zu finden. Descartes und Fermat schwangen sich daher sofort zu Betrachtungen zusammengesetzterer Kurven auf. Der erste Erfolg bestand in der Lösung des Tangentenproblems, in der Angabe allgemeiner Methoden. um für vorliegende Kurven die Tangenten zu finden. Descartes[1653] erledigte die Aufgabe durch Aufsuchen einer Normale. Er schnitt die Kurve durch einen Kreis, dessen Schnittpunkte danach sowohl der Kurve, wie der Kreisgleichung genügen müssen; für ihre Koordinaten ergab sich eine quadratische Gleichung. Durch entsprechende Wahl der noch zur Verfügung stehenden Konstanten, des Radius des Kreises, konnte er bewirken, daß die beiden Wurzelwerte gleich werden. Die so berechnete Ordinate lieferte einen gewissen Kurvenpunkt, und dieser, mit dem fest angenommenen Kreismittelpunkt verbunden, die gesuchte Normale. Descartes[1654] ist auch der Erfinder der in den Elementen am häufigsten benutzten Methode der Tangentenkonstruktion, zunächst durch den Kurvenpunkt M eine Sekante zu legen, die für die Ordinaten des Punktes M wie für die des zweiten Schnittpunktes geltende quadratische Gleichung aufzustellen und in ihrer Lösungsformel den Radikanden der auftretenden Wurzel gleich Null zu setzen, damit beide Schnittpunkte der Sekante in M zusammenfallen und so die Sekante zur Tangente wird.

Fermat's Methode (1638 an Descartes geschickt)[1655] (vgl. S. 418) griff der späteren Methode, die die Differentialrechnung einschlägt, in bewunderungswürdiger Weise vor. Fermat nahm neben dem Berührungspunkt M der angenommenen Tangente auf

1653 Schlesinger, S. 42ff. (Anm. 1635). — 1654 Brief vom Mai 1638; Oeuvres, ed. Cousin, VII, S. 62—64. — 1655 Fermat, Varia opera, S. 63—73; éd. Tannery et Henry, S. 133—179 (Anm. 1641). Vgl. Cantor, II^b, S. 860.

der Kurve einen Nachbarpunkt M' an. Für diesen erhielt er zwei Gleichungen: einmal muß M' als Kurvenpunkt die Gleichung der Kurve befriedigen, zweitens aber muß, wenn M' nahe genug M liegt, M' auch der Tangentengleichung genügen. Bei der Kombination der beiden aufgestellten Gleichungen dividierte er durch die Abscissendifferenz zwischen M und M'; nun konnte der Übergang von M' in M vollzogen werden und die bis dahin noch unbestimmte Konstante in der Tangentengleichung bestimmt werden.

Ein dritter französischer Mathematiker, ROBERVAL (1602—1675, Paris),[1656] definierte die Tangente als jedesmalige Richtung eines sich auf der Kurve bewegenden Punktes (1644 Bekannten mitgeteilt, 1668 der Akademie vorgelegt); unabhängig von ROBERVAL, vielleicht sogar noch vor ihm ersann der Italiener TORRICELLI (1608—1647, Florenz), dessen Name in der Geschichte der Mathematik einen ebenso guten Klang hat, wie in der der Physik, eine nur unwesentlich abweichende Methode mit Anwendung des Kräfteparallelogrammes.[1657]

Es kann hier, bei der Schilderung der Elementarmathematik, nicht Aufgabe sein, näher auf den Ausbau der höheren Kurvenlehre, auf die Wiedergabe und Würdigung der Resultate, die sich in der nächsten Zeit Schlag auf Schlag einstellten, einzugehen. Wir weisen nur kurz auf die hohen Verdienste hin, die sich NEWTON (1643 bis 1727) in seinen *Philosophiae naturalis principia* von 1687, in seiner *Arithmetica universalis* von 1707,[864] in seiner *Enumeratio linearum tertii ordinis* von 1706[1658] um die neue Theorie erworben hat. Es könnte kaum einer der bedeutenderen Mathematiker genannt werden, der sich nicht als Mitarbeiter auf diesem Gebiete bewährt hätte. Besonders wichtig waren die zusammenfassenden, den erstaunlich angeschwollenen Stoff systematisch bearbeitenden Werke EULER's (1748)[1659] und G. CRAMER's (1750).[1660]

Die elementar-systematische Behandlung der analytischen Geometrie, die unsere modernen Schulbücher wählen, erfolgte erst im neunzehnten Jahrhundert. Sie wird durch MEIER HIRSCH eingeleitet, der in seiner Sammlung *geometrischer Aufgaben*[1661] (1807) die grundlegenden Aufgaben in einfacher Weise behandelt. Es sind die üblichen Aufgaben, die Schnittpunkte zweier Geraden, die Verbindungslinien zweier Punkte, die Winkel zweier Geraden zu finden,

1656 CANTOR, II^b, S. 880ff. — 1657 CANTOR, II^b, S. 883ff. — 1658 Opuscula Newtoni, Lausanne et Genevae 1744, I, S. 247ff. — 1659 *Introductio,* Bd. II. — 1660 *Introduction à l'analyse des lignes courbes algébriques,* Gen. 1750. — 1661 *Sammlung geometrischer Aufgaben,* Bd. II, Berlin 1807, S. 304, § 231ff.

ferner die Gleichungen für eine Parallele und für eine Senkrechte zu einer gegebenen Geraden aufzustellen. Auch die entsprechenden Aufgaben der Raumlehre werden behandelt. Für diese ist auch eine Abhandlung CRELLE's (1821) von Bedeutung.[1662]

B. Die analytische Geometrie des Raumes.

Prophetische Blicke in das sich ihm eröffnende, unbekannte Gebiet einer analytischen Geometrie des Raumes hatten wir DESCARTES (1637) werfen sehen (vgl. S. 417). Die Reichhaltigkeit der sich in der Ebene bietenden Resultate ließ jedoch zunächst die Mathematiker keine Veranlassung nehmen, dem Winke DESCARTES' zu folgen. Raumkoordinaten stellte zwar DE LA HIRE in den *Lieux géométriques* von 1679 auf,[1663] ging aber auf ihre Verwendung nicht weiter ein, da er nur die ebenen geometrischen Örter behandeln will.[1664] Bis zum Ende des siebzehnten Jahrhunderts ist keine Arbeit veröffentlicht worden, die die analytische Geometrie des Raumes betrifft. Es wird zwar behauptet, daß JOHANN BERNOULLI (1667—1748, Basel) bereits im Jahre 1698 Oberflächengleichungen unter Annahme von drei Raumkoordinaten betrachtet und in seinen Untersuchungen über die kürzesten Linien auf Oberflächen verwertet habe. Veröffentlichungen sind aber aus dieser Zeit nicht zu verzeichnen, und es ist zweifelhaft, ob die Abfassung einer Abhandlung, die JOHANN BERNOULLI 1728 einem Fachgenossen zugeschickt haben will, die aber erst 1742 in seinen gesammelten Werken in Druck kam,[1665] schon bis zu jener Zeit zurückreicht. Anzunehmen ist jedenfalls, daß dann auch JOH. BERNOULLI, seinen sonstigen Gepflogenheiten nach, entschieden sein Vorrecht verfochten hätte.

So bleibt der Ruhm, die erste Abhandlung über die analytische Geometrie des Raumes im Druck veröffentlicht zu haben, dem französischen Akademiker ANTOINE PARENT (1666—1716). Dieser trug 1700 seine Forschungen der Pariser Akademie in einer Schrift *des effections des superficies*[1666] vor. Sie enthält Betrachtungen über die

1662 *Sammlung mathematischer Aufsätze*, Bd. I, Berlin 1821, S. 1—95. — 1663 Daselbst chap. II, am Schluß der déf. I, S. 215. — 1664 Daselbst: „*mais ce n'est pas mon dessein de parler icy de ces sortes de Lieux*". — 1665 JOH. BERNOULLI, Opera, Lausannae 1742, IV, Nr. 166, S. 108—128; vgl. CANTOR, III², S. 235, 401—402. — 1666 CANTOR, III², S. 400.

Tangentialebene an einer Kugel, deren Gleichung durch drei rechtwinklige Koordinaten x, y, z in bekannter Form angegeben wird, und beschäftigte sich ferner noch mit höheren Flächen von der Form

$$\frac{y}{b+x} = \sqrt{\frac{z-x}{z}} \quad \text{und} \quad y = \frac{x^3}{x^2 + a z},$$

deren Verlauf an Parallelschnitten gezeigt wird. Weitere Arbeiten von PARENT aus der Raumgeometrie folgten 1702 über das einschalige Umdrehungshyperboloid,[1667] das er als Regelfläche erkannte, dann noch eine solche über die Schraubenlinie.[1667]

Es scheint, als ob PARENT's Abhandlungen wenig bekannt geworden sind. Im Briefwechsel zwischen LEIBNIZ und JOH. BERNOULLI aus dem Jahre 1715[1668] wird das Thema der Raumkoordinaten mehrfach berührt, ohne daß hierbei PARENT's Erwähnung gethan wird.[1669]

Die erste umfassende Schrift über **Raumkurven** hat CLAIRAUT (1713—1765) zum Verfasser, der sie in einem Alter von 16 Jahren, 1729, der Akademie von Paris einreichte[1670] und 1731 (Paris) unter dem Titel *Recherches sur les courbes à double courbure* dem Druck übergab. Die Einleitung nennt wohl DESCARTES, JOH. BERNOULLI, nicht aber PARENT als Vorgänger. In systematischer Weise erörtert CLAIRAUT die Gleichungen mit mehreren Unbekannten. Eine Gleichung mit drei Unbekannten bedeute eine Oberfläche, zwei solcher Gleichungen definieren eine Raumkurve; durch eine Gleichung ersten Grades in x, y, z entstehe eine Ebene. Auch die Gleichungen der anderen bekannten Oberflächen, Kugel, Kegel, Paraboloid, Rotationsflächen, allgemeine Kegelflächen, werden aufgestellt und untersucht. Die folgenden Abschnitte seines Buches betreffen höhere Kapitel der Raumkurvenlehre, die Untersuchung ihrer Tangenten und Normalen, ihrer Rektifikation und Komplanation u. s. w. — Betrachtungen, die heute noch durchaus maßgebend sind, indes hier übergangen werden müssen, da sie allzuweit über die Elementarmathematik hinausführen. Auch EULER beteiligte sich lebhaft an dem Ausbau der höheren Kurven- und Flächentheorie; besonders viel verdankt ihm die Lehre von den geodätischen Linien. Eine Reihe von Abhandlungen, die diesem Thema gewidmet waren, faßte EULER 1744 in ein größeres,

1667 CANTOR, III[a], S. 401. — 1668 JOH. BERNOULLI an LEIBNIZ am 6. Februar 1715, Antwort am 9. April 1715; LEIBNIZ, Ges. Werke, ed. GERHARDT, 3. Folge, Bd. III[b], Halle 1856, S. 938 Z. 3ff., bezw. S. 939 Z. 22ff. — 1669 CANTOR, III[a], S. 402. — 1670 CANTOR, III[a], S. 754.

selbständiges Werk[1671] zusammen, dem auch neue Untersuchungen beigefügt sind. Auch in der *Introductio* von 1748[1672] ist der Stoff eingehend behandelt.

Über die elementare Behandlung der Raumgeometrie vgl. S. 422 bis 423.

C. Die Fachausdrücke.

Zu den Fachwörtern, die die analytische Geometrie verwendet, gehört auch ihr eigener Name. Dieser hat hauptsächlich durch mehrere große Werke, in deren Titel er benutzt wird, allgemeinen Eingang gefunden. Hierzu gehören NEWTON's *Geometria analytica* (1779, Gesamtausgabe von HORSLEY; in früherer Ausgabe: *Methodus fluxionum* 1736), LAGRANGE's *Mécanique analytique* von 1788 und BIOT's *Essai de géométrie analytique* 1808.

Die Wörter Abscisse und Ordinate hängen mit den Bezeichnungen zusammen, die APOLLONIUS den in seiner Kegelschnittslehre benutzten Koordinaten (vgl. S. 408—409) gegeben hat. Die parallelen Sehnen heißen bei ihm: *τεταγμένως κατηγμέναι* d. i. die geordnet gezogenen Linien,[1673] die Strecken des Durchmessers zwischen ihrem Schnittpunkt mit einer der parallelen Sehnen und dem als Anfangspunkt angenommenen Berührungspunkt der Tangente, die den Sehnen parallel ist: *ἀποτεμνόμεναι ἀπὸ τῆς διαμέτρου ὑπὸ τῶν τεταγμένως κατηγμένων*[1674] d. i. die [Stücke], die von dem Durchmesser durch die geordnet gezogenen [Geraden] abgeschnitten werden. Die lateinischen Übersetzungen setzten dafür: *ordinatim applicatae*[1675] und *quae ab ipsis ex diametro ad verticem abscinduntur.*[1676] Der erste Ausdruck findet sich 1566 bei COMMANDINUS,[1675] dann 1615 bei

1671 *Methodus inveniendi lineas curvas maximi minimive proprietate gaudentes, sive solutio problematis isoperimetrici latissimo sensu accepti*, Lausannae 1744. — 1672 *Introductio*, Bd. II, Anhang von den Flächen, cap. 1—6. — 1673 APOLLONIUS, *Conica*, lib. I, def. 4; ed. HEIBERG, I, S. 6 Z. 29. — 1674 Daselbst, I, 20; ed. HEIBERG, I, S. 72 Z. 8—12. — 1675 APOLLONIUS, ed. COMMANDINUS, Bononiae 1566, S. 17ᵃ Z. 1 und öfters; auch bei PAPPUS, ed. COMMANDINUS, Pisauri 1588, z. B. S. 321 in lib. VIII, prop. XIV comment. — 1676 APOLLONIUS, ed. COMMANDINUS, 1566, S. 19ᵃ, prop. XX. Der Ausdruck *abscissa* ist nicht benutzt; das auf S. 10ᵇ Z. 28 daselbst vorkommende *abscissa* ist nicht Fachausdruck; vgl. auch Anm. 1683. Die neueste lateinische Ausgabe von HEIBERG gebraucht *abscisa*.

KEPLER;[1677] er wird in DESCARTES' *Géométrie* in der Form *appliquées par ordre* ständig benutzt,[1678] desgleichen bei WALLIS 1655, *De sectionibus conicis.*[1679] Hieraus leitet sich einerseits die heute nur noch seltene Bezeichnung Applikate, andrerseits das Wort Ordinate ab. Das letzte kommt in dem damit heute verbundenen Sinne zuerst im *Cursus mathematicus* (1644) des PIERRE HÉRIGONE vor;[1680] in der allgemeineren Bedeutung „Parallellinien" findet sich *lineae ordinatae* aber schon in den spätrömischen Schriften der Agrimensoren.[1681] Ganz geklärt ist der Gebrauch im achtzehnten Jahrhundert noch nicht, da WOLFF in seinen *Anfangsgründen* z. B. öfters das Wort *Semiordinatae*, in Hinsicht auf die Verwendung bei den Kegelschnitten verwendet.[1682] Auch Abscissa wird im Sinne der analytischen Geometrie erst im achtzehnten Jahrhundert ein anerkannter Fachausdruck; in dem WOLFF'schen Lehrbuch wird es durchgängig benutzt. Es erscheint in einer selbständigen Abhandlung zum erstenmal in dem *Miscellaneum hyperbolicum et parabolicum* (Venet. 1659), das der römische Mathematiker STEPHANUS DE ANGELIS verfaßt hat, immerhin nur gelegentlich und nicht im Sinne eines Fachwortes.[1683] DESCARTES kannte noch keinen besonderen Fachausdruck dafür; bei ihm heißt es ausführlich *les segments de ce diamètre.*[1684] WALLIS sagt (1655) *intercepta Diameter.* Das Bedürfnis nach kurzen technischen Bezeichnungen stellte sich jedoch sehr bald ein. Eigenartig waren DE LA HIRE's Vorschläge (1679): *La Tige* (= Stamm) für Abscisse, *les Rameaux* (= Zweige) für die Ordinaten, *Les Noeuds* (= Knotenpunkte) für die Fußpunkte der Ordinaten.[1685] DE L'HOSPITAL griff 1696 zu den alten Wörtern zurück, wenn er *Les appliquées* und *les coupées* (wörtlich = *abscissae*) empfiehlt.[1686]

1677 *Stereometriae Archimedeae Supplementum*, prop. 27; Opera, ed. FRISCH, Bd. IV, Frankf. u. Erl. 1863, S. 598 Z. 33. — 1678 DESCARTES, ed. SCHOOTEN, Lugd. Bat. 1649, S. 38; ed. COUSIN, V, Paris 1824, S. 355. — 1679 WALLIS, Opera, I, z. B. S. 310. — 1680 Bd. VI, S. 65 ff. (dem Verfasser nicht zugänglich gewesen); nach S. GÜNTHER, S. 44 Anm. (Anm. 1621). — 1681 *Die Schriften der römischen Feldmesser*, ed. BLUME-LACHMANN-RUDORFF, Berlin 1848, Bd. I, S. 98 Z. 16 und öfters. — 1682 *Anfangsgründe*, Ausgabe von 1717, Bd. I, S. 364 (Anm. 54). — 1683 Daselbst prop. 50, S. 179 Z. 7: „. . . *diameter ita producatur ut pars extra parabolen sit ad partem diametri abscissam ab ordinatim applicata versus verticem ut numerus parabolae unitate minutus ad unitatem.*" In dem Beweis dieses Satzes selbst wird *abscissa* nicht gebraucht, ebensowenig an anderen Stellen der ganzen Abhandlung. — 1684 DESCARTES, ed. COUSIN, V, S. 355, lateinisch *segmenta diametri*; so auch im *Opus Geometricum* des GREGORIUS VON ST. VINCENTIUS, 1647. — 1685 DE LA HIRE, *Nouveaux Elémens Des Sections coniques, Les lieux géométriques, La construction ou effection des Equations*, Paris 1679, S. 216. — 1686 De l'Hospital, *Analyse des infiniment petits*, Paris 1696, S. 1.

Eine gemeinsame Bezeichnung wurde durch PASCAL angebahnt, der *ordonnée à la base* und *ordonnée à l'axe* unterschied.[1687] LEIBNIZ sprach 1694 schon von *ordonnées* schlechtweg;[1688] auf ihn geht auch die heute allgemein anerkannte Bezeichnung *coordinatae* (1692) zurück.[1689]

Das Wort Achse läßt sich bis auf griechische Übung zurückverfolgen. APOLLONIUS hatte zwei senkrechte, konjugierte Durchmesser ἄξονες genannt (vgl. S. 446).[1690]

Das Wort Parameter wurde zuerst in der Lehre von den Kegelschnitten durch CLAUDE MYDORGE (1585—1647), einen Freund DESCARTES', in seinen Büchern über Kegelschnitte (1631 und 1639) an Stelle des alten griechischen ὀρθία = *latus rectum* eingeführt.[1691] Die bekannte Erweiterung auf beliebige Konstanten einer Gleichung geschah durch LEIBNIZ.[1692] Das Wort Konstante geht auch auf LEIBNIZ zurück.[1692]

Für das Wort Funktion vgl. Bd. I, S. 142—143.

Das Wort singulärer Punkt (*point singulier*) wird durch DE GUA's: *Usage de l'analyse de Descartes* etc. 1740 gebräuchlich.[1693]

Die Bezeichnung Kurven doppelter Krümmung erscheint zuerst in einer geometrischen Abhandlung des Physikers HENRI PITOT (1695—1771).[1694] Zu allgemeinerer Anerkennung kam der neue Ausdruck erst durch CLAIRAUT's wichtige Schrift von 1629 (1631 gedruckt zu Paris) *Recherches sur les courbes à double courbure.*[1695]

Polarkoordinaten benutzte zuerst JAKOB BERNOULLI (1691);[1696] auf Raumpolarkoordinaten wurde bereits in der eben angeführten

1687 PASCAL's Werke, ed. BOSSUT, la Haye 1779, Bd. V, S. 276 und öfters. — 1688 LEIBNIZ' Werke, ed. GERHARDT, 3. Folge, Bd. II, Berlin 1850, S. 260 mehrmals. — 1689 Acta Eruditorum, Lips. 1692; Ges. Werke, ed. GERHARDT, 3. Folge, Bd. V, Halle 1858, S. 268: „*quas et coordinatas appellare soleo, cum una sit ordinata ad unum, altera ad alterum latus anguli a duabus condirectionibus comprehensi*". — 1690 APOLLONIUS, *Conica,* I, def. 7, ed. HEIBERG, I, S. 8 Z. 14. — 1691 Nach WALLIS, Opera, I, Oxoniae 1695, S. 310. — 1692 LEIBNIZ, Werke, 3. Folge, Bd. V, Halle 1858, S. 103 Z. 19: „*Parameter est recta constans aequationem ingrediens*" (in dem handschriftlich erhaltenen *compendium quadraturae arithmeticae*); ferner Werke, V, S. 268: „. . . *parametri seu magnitudine constantes* . . . ." — 1693 CANTOR, III², S. 770. — 1694 Hist. de l'Acad. des Sc. 1724 (gedruckt Paris 1726), S. 113 Z. 20: „*Helice . . . est bien différente de la spirale ordinaire, étant une des courbes à double courbure.*" — 1695 Vgl. die Vorrede dieses Werkes. — 1696 Acta Eruditorum, Lips. 1691: *Specimen calculi differentialis in dimensione parabolae heliciodis,* S. 13 ff.

Schrift Clairaut's hingewiesen.[1697] Die Verallgemeinerung auf krummlinige Koordinaten ist ein Fortschritt, den man wiederum Leibniz verdankt.[1698]

1697 Clairaut's Vorrede (Anm. 1695) letzte Seite: „*A l'égard des courbes à double courbure, dont les coordonnées partent d'un point* ....“ — 1698 Leibniz, Werke, ed. Gerhardt, 3. Folge, Bd. V, Halle 1858, S. 266: „*Verum ego sub ordinatim ductis non tantum rectas, sed et curvas lineas qualescunque accipio, modo lex habeatur, secundum quam dato lineae cuiusdam datae* (*tamquam ordinatricis*) *puncto, respondens ei puncto linea duci possit, quae una erit ex ordinatim ducendis seu ordinatim positione datis.*“

DREIZEHNTER TEIL

DIE KEGELSCHNITTE

A. Geschichtlicher Überblick.

Die Theorie der Kegelschnitte bildet den Höhepunkt der antiken Mathematik. Der gewaltige Aufschwung, den diese Wissenschaft im vierten Jahrhundert v. Chr. genommen hatte, dessen Höhe EUKLID's großes Werk für die Elementargeometrie abschätzen läßt, hielt auch noch im dritten Jahrhundert an. Männer, wie ARCHIMEDES (287—212, Syrakus) und APOLLONIUS (zwischen 250 und 200 in Alexandria, später in Pergamum), waren mit erfolgreichem Eifer bemüht, auch höhere Teile der Mathematik zu erschließen. Auf Vorarbeiten des ersten gestützt, konnte APOLLONIUS für die Kegelschnittlehre ein Werk schaffen,[1699] das an Bedeutung den *Elementen* EUKLID's zum mindesten ebenbürtig ist, aber in der Schwierigkeit des Stoffes und der Methoden sie weit überragt.

Das Dunkel, das die Vorgeschichte der Kegelschnittlehre umhüllt, ist noch nicht völlig aufgeklärt. Die Entwicklung der griechischen Geometrie hatte frühzeitig zu Konstruktionsaufgaben und zur Aufstellung des Begriffes der geometrischen Örter geführt. Ein Teil dieser Aufgaben ergab als geometrische Örter Gerade und Kreise (*τόποι ἐπίπεδοι*, ebene Örter, nach PAPPUS[1700]). Bei einem anderen Teile versagte aber die elementare Mathematik; man stieß auf Kurven, über die man erst allmählich Klarheit gewann. Schon vor der Zeit PLATON's, besonders aber auf dessen Anregung hin begann man sich mehr mit räumlichen Untersuchungen zu befassen (vgl. S. 371—372). Von ARCHYTAS von Tarent (430—365 v. Chr.) ist bekannt, daß er bereits recht hohe stereometrische Kenntnisse besaß; er hatte z. B. richtige Vorstellungen von der gegenseitigen Durchdringung von Kegeln und Cylindern.[1701] Solche räumlichen Betrachtungen wurden schließlich bei der Behandlung jener schwierigeren

---

1699 *Apollonii Pergaei quae graece exstant cum commentariis antiquis*, ed. HEIBERG, Leipzig, Bd. I, 1891, Bd. II, 1893; deutsche Bearbeitung v. H. BALSAM, Berlin 1861. — 1700 PAPPUS, *Συναγωγή*, lib. VII, § 15, 22 und 29 und lib. IV, § 57—58; ed. HULTSCH, II, S. 652, 662, 672; I, S. 272. — 1701 Vgl. den Kommentar des EUTOKIUS (geb. 480 n. Chr. zu Askalon) zu den Werken des ARCHIMEDES; *Archimedes*, ed. HEIBERG, III, S. 98 ff.

geometrischen Örter zu Hilfe genommen und leisteten für die Untersuchung einer gewissen Gruppe unter ihnen — gerade der Kegelschnitte — wesentliche Dienste, so daß deren Eigenschaften klarer erkannt werden konnten. So erklärt sich schon die Bezeichnung *τόποι στερεοί* (räumliche Örter),[1700] die für die Kegelschnitte üblich wurde, eine Benennung, die auf den ersten Blick ihrer Eigenschaft, ebene Kurven zu sein, zu widersprechen scheint. Gewisse Probleme, deren Inhalt uns unbekannt ist, die sich vielleicht später einmal dem Geschichtsforscher durch rückwärts zu verfolgende Schlüsse wieder eröffnen lassen, müssen die griechischen Mathematiker darauf geführt haben, die erwähnte Gruppe geometrischer Örter als Schnitte eines geraden Kreiskegels zu erkennen und zwar — das muß auffallen und ist vielleicht für die untersuchten, uns unbekannten geometrischen Probleme charakteristisch — als Schnitte, die stets senkrecht zur Kegelkante genommen wurden. Hierdurch werden die umständlichen altertümlichen Benennungen der Kegelschnitte, die sich bis nach Archimedes hartnäckig erhalten haben, verständlich.[1702] Die Parabel hieß *ἡ τοῦ ὀρθογωνίου κώνου τομή*, Schnitt eines rechtwinkligen Kegels, d. h. eines Kegels, dessen Achsenschnitt an der Spitze rechtwinklig ist, die Hyperbel bezw. Ellipse *ἡ τοῦ ἀμβλυγωνίου* bezw. *ὀξυγωνίου τομή*, Schnitt eines stumpfwinkligen bezw. spitzwinkligen Kegels. Wären die griechischen Geometer von der Betrachtung des Kegels selbst ausgegangen, so läge gar kein Grund vor, die senkrechten Schnitte so zu bevorzugen, wie es die alten Definitionen thun, und die einzelnen Formen der Kegelschnitte stets nur in Verbindung mit einer bestimmten Kegelform zu untersuchen, während man doch an einem beliebigen Kegel durch verschieden geneigte Schnitte sämtliche drei Kurvenformen sich herstellen kann. Dabei ist noch zu beachten, daß man andrerseits schon in sehr früher Zeit wirklich räumliche Überlegungen am Kegel anstellte (vgl. Archytas, S. 372, 431), ja Schnitte ausführte, die nicht senkrecht zur Kante liefen, wie dies Demokritus (460 bis ca. 370 v. Chr.) that, als er die zur Grundfläche parallelen Schnittkreise untersuchte;[1703] sonderbarerweise aber blieben solche Untersuchungen auf den einmal eingeschlagenen Entwicklungsgang der

[1702] Vgl. den Bericht des Eutokius im Kommentar zu den 4 ersten Büchern der *Conica* des Apollonius, den er dem Geschichtsschreiber Geminus (um 77 v. Chr.) entlehnt hat. Apollonius, *Conica*, ed. Heiberg, II, S. 168 Z. 17 bis S. 170 Z. 18. Ferner Pappus, *Συναγωγή*, lib. VII, § 30, ed. Hultsch, II, S. 672 Z. 20ff. — [1703] Plutarchus, *De communibus notitiis adversus Stoicos*, cap. 39, § 3; ed. Didot-Dübner, *Moralia*, Bd. 2, Paris 1890, S. 1321 Z. 9ff.

Kegelschnittlehre, so weit wenigstens die Überlieferung reicht, ohne Einfluß.

Als Entdecker der Kegelschnitte wird MENÄCHMUS (um 350 v. Chr.), ein Schüler PLATON's, genannt. Berichterstatter hierfür ist PROKLUS (410—485 n. Chr., Byzanz, Leiter der Philosophenschule zu Athen), der in seinem Kommentar zum ersten Buche der *Elemente* EUKLID's[1704] die uns leider verloren gegangene Geschichte der Mathematik des GEMINUS (Rhodus 100 — Rom 40 v. Chr.) ausgiebig benutzt hatte. Was wir weiter von den Leistungen des MENÄCHMUS wissen, bestätigt die Vermutung, daß er von höheren Problemen ausgegangen ist. Dem MENÄCHMUS werden nämlich zwei Lösungen der damals von allen Seiten in Angriff genommenen Würfelverdoppelungsaufgabe (vgl. Bd. I, S. 208 f., 270 f.) zugeschrieben; EUTOKIUS teilt sie im Kommentar zu ARCHIMEDES' Schriften mit.[1705] Der Charakter dieser Aufgabe, die, wie wir jetzt sagen, auf eine kubische Gleichung führt, bedingt ihre Unlösbarkeit durch geometrische Örter, die Kreise oder gerade Linien sind. MENÄCHMUS war gezwungen, seine Untersuchungen auf höhere geometrische Örter auszudehnen, mit deren Hilfe er erst die Schwierigkeiten des Problemes zu zwingen vermochte. In der einen seiner Lösungen verband er eine Parabel mit einer Hyperbel, in der anderen zwei Parabeln miteinander. Aus den von ihm benutzten Eigenschaften dieser Kurven sehen wir, daß er eine punktweise Konstruktion der Parabel auf Grund eines Flächensatzes, den wir heute $y^2 = ax$ schreiben, gekannt hat und ferner eine solche für die Hyperbel mittels einer Beziehung, die mit $x \cdot y = b^2$ übereinstimmt. Die Versuche anderer Mathematiker, dasselbe Problem oder ähnliche geometrische Konstruktionsaufgaben (wie die Dreiteilung eines Winkels) zu lösen, führten übrigens auch noch zur Entdeckung weiterer höherer Kurven, bei denen sich freilich hinterher nicht so einfache räumliche Erklärungen, wie bei den Linien des MENÄCHMUS finden ließen; hierzu gehören die Quadratrix[1706] des HIPPIAS von Elis (um 420 v. Chr.), die Hippopede[1707] und die Bogenlinien[1708] (*καμπύλαι γραμμαί*) des EUDOXUS von Knidos (408—355 v. Chr.), die Schneckenlinien[1709] des ARCHIMEDES, die Conchoide[1710]

1704 PROKLUS, ed. FRIEDLEIN, S. 111 Z. 20—22 (Anm. 6). — 1705 ARCHIMEDES, ed. HEIBERG, III, S. 92—98. — 1706 PROKLUS, ed. FRIEDLEIN, S. 272 Z. 7—8, S. 356 Z. 11; PAPPUS, *Συναγωγή*, IV, § 45—50; ed. HULTSCH, I, S. 250—258. — 1707 PROKLUS, S. 112 Z. 5, S. 127 Z. 1, S. 128 Z. 5. — 1708 ARCHIMEDES, ed. HEIBERG, III, S. 66 Z. 11ff. u. S. 106 Z. 4—5. — 1709 ARCHIMEDES, *περὶ ἑλίκων*; ed. HEIBERG, II, S. 3—139; NIZZE S. 116—150. — 1710 ARCHIMEDES, ed. HEIBERG, III, S. 114—126; PROKLUS, ed. FRIEDLEIN, S. 111 Z. 8, 113 Z. 5, 177 Z. 5, 177 Z. 16, 272 Z. 3ff., 356 Z. 10; PAPPUS, IV, § 39—41, ed. HULTSCH, I, S. 242—246.

des NIKOMEDES (um 180 v. Chr.), die Cissoide[1711] des DIOKLES (um 180 v. Chr.) — Kurven, die im Gegensatz zu den Kegelschnitten unter dem Namen *τόποι γραμμικοί*[1700] zusammengefaßt wurden. Daß MENÄCHMUS den Zusammenhang seiner Kurven mit der Kegeloberfläche schon kannte, ist nicht anzunehmen, da die Aufstellung jener altertümlichen Namen, *Schnitt eines stumpf-, spitz- oder rechtwinkligen Kegels* (vgl. S. 388—389), mit der die Entdeckung jenes Zusammenhanges naturgemäß verbunden sein muß, nach dem Berichte des PAPPUS[1712] erst einem jüngeren Zeitgenossen des MENÄCHMUS, dem ARISTAEUS (um 320 v. Chr., Athen), zuzuschreiben ist. Aber auch ARISTAEUS wird bei seinen Untersuchungen von den geometrischen Örtern ausgegangen sein; er wird wenigstens von PAPPUS als Verfasser einer größeren Schrift, die fünf Bücher über *τόποι στερεοί* umfaßte und die damaligen Kenntnisse über die Kegelschnitte enthielt, genannt.

Der erste Verfasser von Elementen der Kegelschnittlehre soll EUKLID (um 300 v. Chr., Alexandria) gewesen sein. Den großen Erfolg, der ihm auf dem Gebiete der Elementarmathematik beschieden war, hatte er in diesem neuen Lehrbuche nicht. Wie seine *στοιχεῖα* alle gleichartigen Arbeiten seiner Vorgänger so verdrängten, daß nicht mehr als deren Name auf uns gekommen ist (vgl. S. 5 und 6), so geriet seine Kegelschnittlehre in die Vergessenheit, als das Werk des APOLLONIUS[1699] erschien. Würde PAPPUS[1713] uns nicht erzählen, daß EUKLID auch Elemente über die Kegelschnitte geschrieben und daß APOLLONIUS sich in seinen vier ersten Büchern im wesentlichen an EUKLID angeschlossen habe, so hätten wir gar keine Kenntnis dieser ältesten *Κωνικά* und ihres Inhaltes. Nur ganz gelegentlich beruft sich ARCHIMEDES in seinen Untersuchungen über die Parabel[1714] und über die Sphäroide und Konoide[1715] auf Sätze aus ihm vorliegenden Elementen, die, wenn auch EUKLID nicht genannt ist, von uns allein auf ihn bezogen werden können; gerade die von ARCHIMEDES angeführten Sätze befinden sich nämlich auch in den ersten Büchern des APOLLONIUS, die sich ja, nach PAPPUS, eng an EUKLID's Schrift anschließen.

Aus den erhaltenen Schriften EUKLID's giebt nur eine Stelle der *φαινόμενα*[1716] unmittelbare Auskunft über seine Kenntnisse in

1711 ARCHIMEDES, ed. HEIBERG, III, S. 78—83; PROKLUS, ed. FRIEDLEIN, S. 111 Z. 6, 15, S. 113 Z. 5, S. 126 Z. 24 u. ö. — 1712 PAPPUS, VII, 30, ed. HULTSCH, II, S. 672 Z. 20—21: „*Ἀρισταῖος δέ, ὃς γέγραφε τὰ μεχρὶ τοῦ νῦν ἀναδιδόμενα στερεῶν τόπων τεύχη ε' συνεχῆ τοῖς κωνικοῖς . . .*“ — 1713 Daselbst S. 672 Z. 18f.: „*Τὰ Εὐκλείδου βιβλία δ' κωνικῶν Ἀπολλώνιος ἀναπληρώσας καὶ προσθεὶς ἕτερα δ' παρέδωκεν ή κωνικῶν τεύχη.*“ — 1714 ARCHIMEDES, ed. HEIBERG, II, S. 300 Z. 10; NIZZE S. 13. — 1715 Daselbst I, S. 302 Z. 4; NIZZE S. 158. — 1716 EUKLID, ed.

der Kegelschnittslehre. Bei gewissen Herleitungen beruft sich Euklid darauf, daß, wenn ein gerader Kreiskegel von einer Ebene nicht parallel zur Basis geschnitten wird, dann eine Ellipse entstehe. Ein dabei gebrauchtes Wort *ϑυρεὸς* (länglicher Schild) wird von neueren Geschichtsforschern als ein altertümlicher Fachausdruck für Ellipse, der vielleicht vor Aristaeus im Gebrauch war, gedeutet.[1717]

Durch genaues Studium der archimedischen Schriften kann man aber noch eine Reihe von Sätzen zusammenstellen, die Archimedes als bekannt voraussetzt und die daher als euklidisch in Anspruch genommen werden könnten. Neben dem Flächensatz, den Menächmus für die Parabel kennt (vgl. S. 433), verwertet Archimedes zwei weitere, die bei ihm geradezu die Stelle von Definitionsbeziehungen, der eine für die Ellipse, der andere für die Hyperbel einzunehmen scheinen, daß nämlich das Quadrat eines auf der Hauptachse bis zum Kurvenschnittpunkt gezogenen Lotes in einem bestimmten, für jede Kurve konstanten Verhältnis zu dem Rechtecke steht, das aus den Entfernungen seines Fußpunktes von den beiden Scheitelpunkten (Endpunkten der Hauptachse) gebildet wird (vgl. S. 450, 455).[1718] Euklid oder seine Zeitgenossen müssen aus demselben Grunde auch in dem Besitz der für alle Kegelschnitte geltenden Sätze gewesen sein, daß die Mittelpunkte einer parallelen Sehnenschar eine gerade Linie bilden, die auch durch die Berührungspunkte der parallelen Tangenten geht.[1719] Ferner gehören einige Tangentensätze, die zu einer Konstruktion der Tangente, wenigstens für die Parabel, führen,[1720] der vorarchimedischen Periode an; ebenso die Ableitung von Sätzen über die Produkte der Abschnitte zweier sich schneidenden Sehnen eines Kegelschnittes.[1721] Da Archimedes häufig von ähnlichen Kegelschnitten und ähnlichen Kegelschnittsegmenten spricht, muß die Lehre von diesen auch bereits zu seiner Zeit in Angriff genommen worden sein.

Archimedes selbst hat nicht im Zusammenhange über die Kegelschnitte geschrieben, jedoch wertvolle Einzelbeiträge zu der

Gregorius, Oxoniae 1703, S. 561 Z. 9—12: „*ἐὰν γὰρ κῶνος ἢ κύλινδρος ἐπιπέδῳ τμηϑῇ μὴ παρὰ τὴν βάσιν, ἡ τομὴ γίγνεται ὀξυγωνίου κώνου τομή, ἥτις ἐστὶν ὁμοία ϑυρεῷ.*“ — 1717 Heiberg, *Euklidstudien*, S. 88 (Anm. 5). Übrigens gebraucht auch Heron einmal ein ähnliches Wort, *ϑυροειδές*, ed. Hultsch, S. 27 Z. 4—5: „*ὀξυγώνιος μὲν οὖν ἡ αὐτῇ συνάπτουσα καὶ ποιοῦσα σχῆμα ϑυροειδές· καλεῖται δὲ ὑπό τινων καὶ ἔλλειψις* ...“. — 1718 Archimedes, *περὶ κων. καὶ σφαιρ.* 8 u. an anderen Stellen (f. d. Ellipse), 31 (allgemein), ed. Heiberg, I, S. 328 Z. 6ff. bezw. S. 466 Z. 10ff.; vgl. Heiberg, Zeitschr. f. Math. u. Phys., Bd. 25, Leipzig 1882, litt.-hist. Abt., S. 48ff. — 1719 Archimedes, *περὶ κων. κ. σφ.* 3 (f. d. Parabel), 20 (f. d. Ellipse u. Hyperbel); ed. Heiberg, I, S. 304 Z. 5ff. bezw. S. 380 Z. 18ff. — 1720 Archimedes, *τετραγ. παραβ.*, prop. 2, ed. Heiberg, II, S. 298 Z. 15ff. — 1721 Archimedes, *περὶ κων. κ. σφ.* 3, ed. Heiberg, I, S. 300 Z. 19ff.

neuen Lehre geliefert. Sehen wir von kleinen Sätzen ab, die im Buche *von den Konoiden und Sphäroiden* nebenbei abgeleitet werden, so haben wir sein Hauptverdienst in der Quadratur der Parabel und der der Ellipse zu erkennen. Diese ist in einer Einschaltung der eben erwähnten Schrift enthalten,[1722] jener wird eine besondere Abhandlung gewidmet, der später die Überschrift τετραγωνισμὸς παραβολῆς gegeben wurde.[1723] Unter Anwendung der Exhaustionsmethode weist ARCHIMEDES nach, daß ein Parabelsegment $\frac{4}{3}$ von einem Dreiecke mit gleicher Grundlinie und Höhe beträgt; an der anderen Stelle zeigt er, daß sich die Fläche der Ellipse zu einem über ihrer großen Achse konstruierten Kreise wie die kleine Achse zur großen verhält[1724] und daß allgemein zwei Ellipsen im Verhältnis der Rechtecke aus ihren beiden Achsen stehen.[1725] Die Größe des Verhältnisses der Ellipsenfläche zu diesem Rechteck ergiebt sich ihm als dasselbe, wie das eines Kreises zum Quadrat eines Durchmessers.[1726]

Erheblich jünger als ARCHIMEDES, aber vielleicht noch zu seinen Lebzeiten schon ein bedeutender Mathematiker, war APOLLONIUS von Pergae (zwischen 250 und 200 in Alexandria, dann in Pergamum). Seine acht[1727] Bücher über die Kegelschnitte[1699] sind in Inhalt und Darstellung ein so vorzügliches Lehrbuch, daß es erklärlich ist, wenn die Schriften der Vorgänger verloren gegangen sind. — Diese Vorarbeiten liegen natürlich seinem Werke zu Grunde; vieles wird, soweit es wenigstens die Bücher I—IV betrifft, auf EUKLID's Konto zu setzen, erhebliches auf ARCHIMEDES zurückzuführen sein. Indes darf man nicht so weit gehen, wie es ein sonst unbekannter Biograph des ARCHIMEDES, HERAKLIDES,[1728] gethan hat, der den APOLLONIUS geradezu des Ausschreibens verloren gegangener archimedischer Schriften beschuldigt; im Gegenteil müßte den APOLLONIUS

1722 ARCHIMEDES, ed. HEIBERG, I, S. 306—317; NIZZE S. 160—162. — 1723 ARCHIMEDES, ed. HEIBERG, II, S. 294—353; NIZZE S. 12—25. — 1724 ARCHIMEDES, περὶ κων. κ. σφ., IV, ed. HEIBERG, I, S. 306 Z. 19ff.; NIZZE, Satz 5, S. 160. — 1725 Daselbst VI, S. 314 Z. 28ff.; NIZZE, Satz 7, S. 162. — 1726 Daselbst V, S. 312 Z. 19ff.; NIZZE S. 161. — 1727 Von den acht Büchern kannte man bis zur Mitte des siebzehnten Jahrhunderts nur vier (erste Ausgabe von MEMMIUS 1537, zweite von COMMANDINUS 1566). Buch 5—7 wurde aus nachträglich aufgefundenen arabischen Übersetzungen (erste Notiz über dieselben 1644 beim Pater MERSENNE) bekannt; 1661 veröffentlichte BORELLI diese sieben Bücher in lateinischer Übersetzung. 1710 besorgte HALLEY die erste griechische Ausgabe und versuchte, das achte Buch zu rekonstruieren. Dieses achte Buch der *Conica* scheint vollständig verloren zu sein, wenigstens ist seit EUTOKIUS (geb. 480 n. Chr.) niemand bekannt geworden, der es zu sehen bekommen hätte. (Nach BALSAM, Einleitung, vgl. Anm. 1699). — 1728 CANTOR, I[b], S. 319.

ein Vorwurf treffen, wenn er die Vorarbeiten nicht in gebührender Weise berücksichtigt hätte.

Die Originalität des APOLLONIUS tritt in der Behandlung des Stoffes nach großen Gesichtspunkten hervor, die von ihm zuerst erfaßt und allgemein durchgeführt sind. Er hat den vorhandenen Bestand an Sätzen vervollständigt; besonders kann der Inhalt des fünften bis achten Buches fast als sein ausschließliches Eigentum angesehen werden. Zum erstenmal ist bei ihm die Entstehung aller Kegelschnittgattungen an einem einzigen Kegel, der nicht einmal ein gerader Kegel zu sein braucht, gezeigt worden;[1729] dabei wird jene allgemeine Kegeldefinition zu Grunde gelegt,[1730] nach der eine Gerade in einem ihrer Punkte festgehalten und um einen Kreis herumgeführt wird. Hiermit war er weit über EUKLID[1716] und ARCHIMEDES[1731] hinausgegangen, die bei einem geraden Kegel durch schiefe Schnitte nur Ellipsen erhalten zu können glaubten. An die Spitze seiner Untersuchungen stellte APOLLONIUS für die einzelnen Kegelschnitte ganz neue Definitionen (*τὰ ἐν αὐταῖς ἀρχικὰ συμπτώματα*[1732]); diese Hauptsätze erscheinen bei ihm in Form von Flächenbeziehungen[1619] und natürlich in ausführlicher Wortdarstellung, stimmen jedoch inhaltlich ganz mit den sogenannten Scheitelgleichungen der modernen analytischen Geometrie überein (vgl. S. 440):

1) Parabel:	$y^2 = l \cdot x$	APOLLONIUS, *Conica*, I, 11
2) Ellipse:	$y^2 = l \cdot x - x \cdot \frac{x \cdot l}{t}$	„ „ I, 13
3) Hyperbel:	$y^2 = l \cdot x + x \cdot \frac{x \cdot l}{t}$	„ „ I, 12

(l = *latus rectum* = doppelter Parameter; t = *latus transversum* = große Achse). Die erste Gleichung entspricht der Definitionseigenschaft, die schon MENÄCHMUS für die Parabel kannte; die beiden letzten sind aber als definierende Sätze durchaus neu, wenn auch die in ihnen liegenden Beziehungen ARCHIMEDES nicht unbekannt waren.[1733]

Eng verbunden mit diesen Definitionen sind die neuen Namen, die nach übereinstimmender Überlieferung der alten Gewährs-

1729 Vgl. PAPPUS, *Συναγωγή*, VII, § 30, ed. HULTSCH, Bd. II, S. 672 Z. 24f.; auch in *Eutocii comment. in conica*, wo der Bericht des GEMINUS wiedergegeben wird, vgl. APOLLONIUS, ed. HEIBERG, II, S. 170 Z. 19—26. — 1730 APOLLONIUS, *Conica*, lib. I, def. 1, ed. HEIBERG, I, S. 6. — 1731 ARCHIMEDES, ed. HEIBERG, I, S. 288; NIZZE, S. 154. — 1732 APOLLONIUS, *Conica*, I, ed. HEIBERG, I, S. 4 Z. 3. — 1733 Vgl. ZEUTHEN, *Die Lehre von den Kegelschnitten im Altertum*, deutsch von R. v. FISCHER-BENZON, Kopenhagen 1886, S. 59.

männer[1734] ebenfalls Eigentum des Apollonius sind. Archimedes gebraucht noch jene alten Benennungen, *Schnitt des recht-, stumpf- oder spitzwinkligen Kegels* (vgl. S. 434); wo in seinen Schriften, wie im Titel der Abhandlung über die Parabelquadratur, die neuen Namen vorkommen,[1735] muß spätere Interpolation angenommen werden. Die von Apollonius gewählten neuen Worte *Parabel, Ellipse, Hyperbel* stehen im Zusammenhang mit alten geometrischen Flächenkonstruktionen der Pythagoreer, die Euklid, *Elemente* I, 44 und VI, 28, 29 (vgl. S. 80—81), überliefert, deren tiefere Bedeutung wir in ihrer Verwendung bei der Auflösung quadratischer Gleichungen erkannten (vgl. Bd. I, S. 254).

Fig. 29.

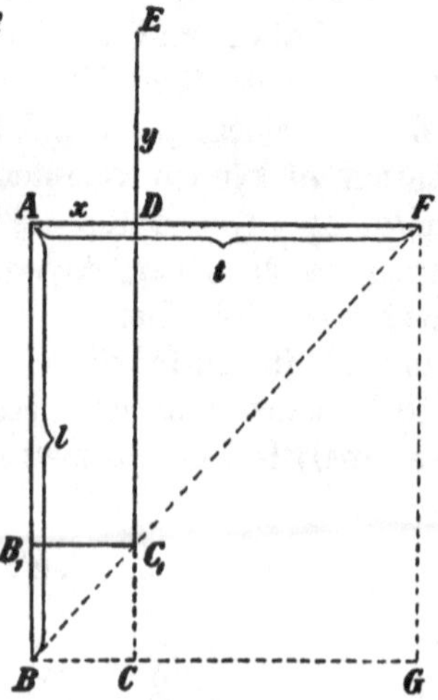

Fig. 30.

Ersetzen wir die Parallelogramme, mit denen Euklid die Aufgabe ausführt, durch Rechtecke, eine Sonderannahme, die, ohne Wesentliches zu ändern, die Wiedergabe vereinfacht, so verlangt Euklid I, 44 das Antragen (παραβολή, *aequalitas*) eines Rechteckes von vorgeschriebener Fläche an eine gegebene Strecke. Passen wir die Buchstaben unserem Zwecke an, so soll bei gegebenem $AB = l$ ein Rechteck $ABCD$ konstruiert werden (Fig. 29), das einer gegebenen Fläche, etwa dem Quadrat über ED, flächengleich ist, so daß

$$4) \qquad \overline{ED}^2 = AB \cdot AD.$$

Schwieriger ist die Aufgabe Euklid's in VI, 28 (Fig. 30). Wiederum

1734 Hauptstelle: Pappus, *Συναγωγή*, lib. VII, § 30, ed. Hultsch, Bd. II, S. 674 Z. 5ff. — 1735 Daß der Titel *τετραγωνισμὸς παραβολῆς* späterer Zusatz ist, geht schon daraus hervor, daß Eutokius, der sonst immer *παραβολή* gebraucht, in der Anführung dieser Schrift bei anderen Auseinandersetzungen sagt: „*δέδεικται γὰρ ὑπ' αὐτοῦ ἐν τῷ περὶ τῆς τοῦ ὀρθογωνίου κώνου τομῆς*“ (es ist von ihm in der Abhandlung über den Schnitt des rechtwinkligen Kegels bewiesen worden), Archimedes, ed. Heiberg, III, S. 342 Z. 2. Hierdurch wird auch die mit einer heronischen Stelle (*Μετρικά*) belegte Vermutung, der Titel hätte *ἐφοδικόν* geheißen, unwahrscheinlich gemacht (Bibl. math., 3. Folge, Bd. I, Leipzig 1900, S. 13—14). An der zweiten Stelle, die *παραβολή* aufweist, *περὶ κων. κ. σφαιρ.*, prop. 9, ed. Torelli, Oxford 1792, S. 270 letzte Zeile, nimmt Heiberg ohne weiteres späteren Zusatz an (ed. Heiberg, I, S. 325, Anm. 2).

ist eine Fläche, das Quadrat über ED, und eine Strecke AB gegeben; hinzu kommt noch die Strecke AF, die mit AB ein bestimmtes Rechteck $ABGF$ bildet. Es soll ein Rechteck $ABCD$ konstruiert werden, das erst um ein dem Rechteck $ABGF$ ähnliches Stück BCC_1B_1 vermindert werden muß, um ein dem Quadrat $\overline{DE}^2$ flächengleiches Stück ADC_1B_1 zu liefern. Beachtet man, daß die Ähnlichkeit von BCC_1B_1 und $BGFA$ darin besteht, daß C_1 auf der Diagonale BF liegt, so wird sein

$$CC_1 : BC = FG : BG$$

$$CC_1 = \frac{BC \cdot FG}{BG} = \frac{AD \cdot AB}{AF},$$

also

$$5) \qquad \overline{ED}^2 = AB \cdot AD - AD \cdot \frac{AD \cdot AB}{AF}.$$

Für dieses Zurückbleiben des Rechteckes ADC_1B_1 hinter der vorgeschriebenen Flächengröße um ein der Form nach bestimmtes Stück bestand der Fachausdruck ἔλλειψις (*defectus*), ein Wort, das bereits PLATON in seinem Dialog *Menon*[1736] verwendet.

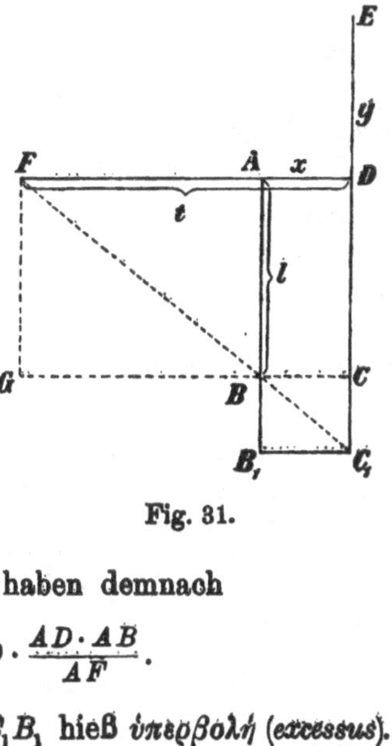

Fig. 31.

Muß zu dem Rechteck $ABCD$ (Fig. 31) erst ein dem gegebenen Rechteck $ABGF$ ähnliches Stück BCC_1B_1 hinzugefügt werden, um ein Rechteck AB_1C_1D von der vorgeschriebenen Größe ($= \overline{ED}^2$) zu erhalten — EUKLID, VI, 29 —, so ändert sich in der Gleichung 5) nur das Vorzeichen auf der rechten Seite. Wir haben demnach

$$6) \qquad \overline{ED}^2 = AB \cdot AD + AD \cdot \frac{AD \cdot AB}{AF}.$$

Dieses Überschießen des Rechteckes ADC_1B_1 hieß ὑπερβολή (*excessus*). Alle drei Wörter παραβολή, ἔλλειψις, ὑπερβολή sind von PROKLUS als pythagoreisch überliefert.[1737] Das Anlegen von Flächen (παραβάλλειν τοῦ χωρίου) führt PLUTARCH[1738] sogar auf PYTHAGORAS selbst zurück.

[1736] PLATON, *Menon* 87, ed. STALLBAUM, VI, sect. II, Göttingen u. Erfurt 1836, S. 83 Z. 2. — [1737] PROKLUS, ed. FRIEDLEIN, S. 419 Z. 15—18. — [1738] PLUTARCHUS, *Non posse suaviter vivi secundum Epicurum*, cap. 11, § 4, ed. DÜBNER-DIDOT, *Moralia*, II, Paris 1890, S. 1338 Z. 30—31.

Ersetzen wir in 4)—6) AB durch l, AD durch x, DE durch y, AF durch t, so gehen die vorgeschriebenen Beziehungen über in

$$4^{a}) \qquad y^2 = l \cdot x$$

$$5^{a}) \qquad y^2 = l \cdot x - x \cdot \frac{x \cdot l}{t}$$

$$6^{a}) \qquad y^2 = l \cdot x + x \cdot \frac{x \cdot l}{t},$$

und diese Formen stimmen mit 1)—3) genau überein.

Ist, wie bei Euklid, y bekannt und x gesucht, so liegt auf der Hand, daß die euklidischen Konstruktionen durch das Auffinden von AD die Lösung der quadratischen Gleichungen

$$x^2 + q \quad = p \cdot x$$

$$x^2 + p \cdot x = q$$

ermöglichen. Wir wissen, daß diese geometrische Auflösungsmethode frühzeitig in ein rechnerisches Verfahren umgesetzt wurde. — Läßt man y, das im Endpunkt der jedesmal bestimmbaren Strecke $AD = x$ senkrecht aufgetragen wird, sich verändern, so liefert Punkt E einen geometrischen Ort, der sich als Kegelschnitt herausstellt. Diese Erweiterung der euklidischen Aufgabe vorgenommen zu haben, oder besser, den Zusammenhang der schon Archimedes bekannten Flächenbeziehungen 1)—3) mit den euklidischen Aufgaben erkannt zu haben, ist das große Verdienst des Apollonius. Und in Verbindung hiermit steht die Wahl der neuen Namen Parabel, Ellipse, Hyperbel, die nunmehr vollständig charakteristisch erscheinen. Die Kürze und Klarheit dieser Bezeichnungen verschaffte ihnen sofortige Anerkennung; schon in Heron's Schriften erscheinen sie neben den älteren Ausdrücken.[1739]

[1739] *Geometrie,* def. 95, ed. Hultsch, S. 27 Z. 4 ff. Diese Zeilen als späteren Zusatz aufzufassen, wie es Hultsch thut, dürfte unnötig sein. Daß Heron die apollonische Schrift kennt, geht daraus hervor, daß bei ihm auch die allgemeine Kegeldefinition des Apollonius Aufnahme gefunden hat,[1553] und zwar an einer Stelle, die Hultsch nicht beanstandet. Wäre diese Kegeldefinition Eigentum Heron's, so ist nicht einzusehen, warum in seinen Definitionen nicht auch die entsprechende Cylinderdefinition (Bewegung einer Geraden parallel mit sich längs der Peripherie eines Kreises) aufgenommen ist. Daß diese bei ihm fehlt und jene vorhanden ist, verrät die enge Anlehnung an Apollonius, in dessen Kegelschnittslehre die Cylinderdefinition gänzlich überflüssig, die Kegeldefinition aber Hauptsache ist. Die älteren Bezeichnungen der Kegelschnitte scheinen jedoch Heron noch geläufiger gewesen zu sein; er benutzt sie def. 96, ed. Hultsch, S. 27 Z. 16: „*τομαὶ δὲ κυλίνδρου αἱ μὲν παραλληλόγραμμοι, αἱ δὲ ὀξυγωνίων κώνων* (sc. *τομαί*)“, ferner *Variae coll.* 14, 10, S. 252 Z. 15. Hieraus kann man schließen, daß die Abfassung der heronischen Schriften nicht allzu lange nach dem Erscheinen der *Κωνικά* des Apollonius erfolgte. Vgl. auch Anm. 744[a].

Einzelheiten aus der apollonischen Kegelschnittlehre werden später im besonderen Teil zu behandeln sein. Hier genügt es, eine kurze Übersicht über das große Werk zu geben, und dieses geschieht am besten mit den eigenen Worten des APOLLONIUS:[1740] „Von den acht Büchern enthalten die vier ersten die Elemente der Lehre; es umfaßt das erste die Entstehung der drei Kegelschnitte und der Gegenschnitte [d. i. der zweiten Hyperbeläste], ihre Haupteigenschaften, vollständiger und allgemeiner behandelt als in den Schriften der Vorgänger — das zweite die auf die Durchmesser, die Achsen der Schnitte, die Asymptoten bezügliche Sätze und andere, die für die Determination von Konstruktionsaufgaben von wesentlichem Nutzen sind, unter Benutzung neuer Definitionen für Durchmesser und Achsen. Das dritte enthält viele merkwürdige Theoreme, die bei Konstruktionen mittels der Kegelschnitte und ihren Determinationen nützlich sind. [Hieran schließt sich die Erörterung des von EUKLID bereits in Angriff genommenen Problemes des PAPPUS; vgl. S. 415]. Das vierte lehrt, auf wieviel Arten sich Kegelschnitte unter sich und mit einem Kreise schneiden und ferner, was beides von den Vorgängern außer acht gelassen war, in wieviel Punkten sich ein Kegelschnitt oder ein Kreis mit den Gegenschnitten trifft. Die übrigen vier Bücher gehen über die Elemente hinaus. Das fünfte giebt ausführliche Untersuchungen über Maxima und Minima, das sechste über kongruente und ähnliche Kegelschnitte, das siebente betrifft Determinationsbestimmungen, das letzte bringt bestimmte Aufgaben über Kegelschnitte."

Betrachten wir die Geschichte der Kegelschnitte weiter, so folgt nunmehr eine länger als ein Jahrtausend dauernde unfruchtbare

---

1740 Vorwort zu der *Κωνικά*, ed. HEIBERG, I, S. 4: „*Ἀπὸ δὲ τῶν ὀκτὼ βιβλίων τὰ πρῶτα τέσσαρα πέπτωκεν εἰς ἀγωγὴν στοιχειώδη· περιέχει δὲ τὸ μὲν πρῶτον τὰς γενέσεις τῶν τριῶν τομῶν καὶ τῶν ἀντικειμένων καὶ τὰ ἐν αὐταῖς ἀρχικὰ συμπτώματα ἐπὶ πλέον καὶ καθόλου μᾶλλον ἐξειργασμένα παρὰ τὰ ὑπὸ τῶν ἄλλων γεγραμμένα, τὸ δὲ δεύτερον τὰ περὶ τὰς διαμέτρους καὶ τοὺς ἄξονας τῶν τομῶν συμβαίνοντα καὶ τὰς ἀσυμπτώτους καὶ ἄλλα γενικὴν καὶ ἀναγκαίαν χρείαν παρεχόμενα πρὸς τοὺς διορισμούς· τίνας δὲ διαμέτρους καὶ τίνας ἄξονας καλῶ, εἰδήσεις ἐκ τούτου τοῦ βιβλίου. τό δὲ τρίτον πολλὰ καὶ παράδοξα θεωρήματα χρήσιμα πρός τε τὰς συνθέσεις τῶν στερεῶν τόπων καὶ τοὺς διορισμούς, ὧν τὰ πλεῖστα καὶ κάλλιστα ξένα .... τὸ δὲ τέταρτον, ποσαχῶς αἱ τῶν κώνων τομαὶ ἀλλήλαις τε καὶ τῇ τοῦ κύκλου περιφερείᾳ συμβάλλουσι, καὶ ἄλλα ἐκ περισσοῦ, ὧν οὐδέτερον ὑπὸ τῶν πρὸ ἡμῶν γέγραπται, κώνου τομὴ ἢ κύκλου περιφέρεια ταῖς ἀντικειμέναις κατὰ πόσα σημεῖα συμβάλλουσι. τὰ δὲ λοιπά ἐστι περιουσιαστικώτερα· ἔστι γὰς τὸ μὲν περὶ ἐλαχίστων καὶ μεγίστων ἐπὶ πλέον, τὸ δὲ περὶ ἴσων καὶ ὁμοίων κώνου τομῶν, τὸ δὲ περὶ διοριστικῶν θεωρημάτων, τὸ δὲ προβλημάτων κωνικῶν διωρισμένων.*"

Periode. Die späteren griechischen Mathematiker beschränken sich wie in allen Disziplinen lediglich auf die Kommentierung der vorhandenen klassischen Werke. PAPPUS (um 295 v. Chr., Alexandria) giebt in seiner *Συναγωγή* (*collectiones*, libr. VIII)[1741] einen Auszug aus dem apollonischen Werk; kleine erläuternde Beweise oder weiterführende Sätze, die APOLLONIUS als leicht auffindbar dem Leser überlassen hatte, werden von PAPPUS selbständig hinzugefügt, ebenso mehr oder weniger gut angebrachte Übungsbeispiele angegeben, von denen manche in nur sehr losem Zusammenhange mit dem gerade vorliegenden Thema stehen. Ferner ist SERENUS von Antinoeia (viertes Jahrhundert n. Chr.) zu erwähnen; seine Schrift *über den Cylinderschnitt*,[1742] der als Ellipse nachgewiesen wird, legt Zeugnis ab, wie schnell die Schriften des ARCHIMEDES, in der dasselbe stand,[1731] in Vergessenheit geraten waren. Die berühmte Mathematikerin HYPATIA (um 398 n. Chr., Tochter des THEON von Alexandria) soll einen Kommentar zu APOLLONIUS geschrieben haben.[1743] Erhalten ist uns ein solcher von EUTOKIOS (geb. zu Askalon 480 n. Chr.),[1744] der in Anmerkungen zu den einzelnen apollonischen Sätzen, teils Unterscheidungen verschiedener möglicher Fälle, teils anderen Beweisen, teils Hilfsaufgaben, besteht. Ihm verdanken wir auch manche wichtige historische Mitteilung.

Während bei den *Indern* keine Spur irgend einer Bekanntschaft mit den Kegelschnitten nachzuweisen ist, brachten die *arabischen* Mathematiker, angeregt durch aufgefundene griechische Manuskripte, den Kegelschnitten hohes Interesse entgegen. Nicht nur, daß sie das Werk des APOLLONIUS übersetzten, eifrig studierten und kommentierten — durch ihre Übertragungen sind wir überhaupt erst wieder in den Besitz des vierten bis siebenten Buches der *Κωνικά* gelangt[1727] —, sie benutzten auch die Kegelschnittlehre zu schwierigeren Konstruktionen von der Art, wie sie MENÄCHMUS, ARCHIMEDES, APOLLONIUS auch zu bearbeiten angefangen hatten, ja konnten mit ihrer Hilfe die Lösung der kubischen Gleichungen allgemein geometrisch durchführen (vgl. Bd. I, S. 272—273).

1741 Lib. VII, § 30—42, 233—311, ed. HULTSCH, II, S. 672—682, 918—1004; APOLLONIUS, ed. HEIBERG, II, S. 143—165. — 1742 Ed. lat. COMMANDINUS, Bononiae 1566 (speziell Theorema XVI, S. 7b), ed. HALLEY, Ausgabe der *Κωνικά*, Anhang (1710); neueste Ausgabe von HEIBERG, Leipzig 1896 (speziell Theorem XVII, S. 52—53), deutsch von NIZZE, 1860 Programm des Stralsunder Gymnasiums. — 1743 Nach SUIDAS, ed. BERNHARDY (Anm. 1604), S. 1313 Z. 3; APOLLONIUS, ed. HEIBERG, II, S. 167. — 1744 APOLLONIUS, ed. HEIBERG, II, S. 168—361.

Die erste *abendländische* Abhandlung über Kegelschnitte hat den italienischen Philologen und Mathematiker Georg Valla (aus Piacenza, um 1492) zum Verfasser; sie ist in seiner großen Encyklopädie *De rebus expetendis et fugiendis* (gedruckt 1501 nach seinem Tode) enthalten, stellt aber eine so dürftige Zusammenstellung zumeist aus Pappus und Proklus entlehnter Kenntnisse dar, daß man sicher ist, Valla hat die Originalschriften der Alten überhaupt nicht durchgearbeitet.[1745] Eine durchaus selbständige Behandlung muß an dem *Libellus super viginti duobus elementis conicis* des begabten Theologen Johannes Werner (1468—1528, Nürnberg)[1746] gerühmt werden. Während Apollonius nur eingangs sich mit stereometrischen Betrachtungen am Kegel abgiebt, dann aber, nachdem fundamentale Eigenschaften der Schnitte abgeleitet waren, diese als ebene Kurven weiter untersucht, führt Werner seine sämtlichen Untersuchungen räumlich am Kegel durch.

Wirklich neue Prinzipien brachte erst das siebzehnte Jahrhundert, und zwar sogleich auf zwei neuen, grundverschiedenen Bahnen.

Die Entdeckung der analytisch-geometrischen Behandlungsart durch Descartes und Fermat haben wir eingehend kennen gelernt (vgl. S. 414—419). Die erste umfassende und allseitige Erörterung der Kurven, die durch die allgemeine Gleichung zweiten Grades definiert werden, ist in Euler's *Introductio* von 1748 (Bd. II) zu finden.

Die zweite Methode ist von Desargues (1593—1662; Lyon, Kriegsbaumeister), einem Zeitgenossen Descartes' und Fermat's, begründet worden; das neue Hilfsmittel war die Centralprojektion, aus deren Verwendung sich allmählich die heutige projektivische Geometrie entwickelte. Der wesentliche Vorzug dieser Behandlungsart lag darin, daß die einzelnen Sätze von den Kegelschnitten nunmehr in allgemeinerer Zusammenfassung ausgesprochen werden konnten. Es war nicht mehr nötig, die Sätze für jede der vier Gattungen, Kreis, Parabel, Ellipse, Hyperbel gesondert zu beweisen, sondern es genügte der Nachweis am Kreise, von dem aus durch perspektivische Betrachtungen das erhaltene Theorem sofort als eine für alle Kegelschnitte gültige Wahrheit ausgesprochen werden konnte. Niedergelegt waren diese Gedanken in Desargues' *Brouillon project d'une atteinte aux événemens des rencontres d'un cone avec un*

1745 Lib. XIII, cap. 3. U. a. erklärt sich Valla das Wort Ellipse damit, *quod ellipsis sit circulus imminutus*, daß die Ellipse ein verminderter Kreis ist. — 1746 Sammelband Werner'scher Schriften, Nürnberg 1522. Vgl. Cantor, II^b, S. 456.

plan von 1639[1771] — einem Werke, dessen Verständnis seinen Zeitgenossen sehr viel Schwierigkeiten bereitete und daher bei ihnen so wenig Würdigung fand, daß die gedruckten Exemplare ohne Absatz blieben und schließlich als wertloses Papier wieder eingestampft wurden. Die Kenntnis seines Inhaltes ist uns sogar nur durch eine sorgsame Abschrift, die sich de la Hire (1614—1718, Paris) im Jahre 1679 von einem ihm zugänglich gewordenen Exemplar machte, übermittelt worden.[1747] Um so tiefer war die Wirkung auf Geistesgenossen, wie Fermat und Pascal. Eine der ersten Früchte der in Desargues' Sinne vorgenommenen Untersuchungen war z. B. jener Satz Pascal's, der für jedes einem Kegelschnitte eingeschriebenes Sechseck besteht und unter seinem Namen noch heute bekannt ist.[390]

Zu hoher Vollendung gelangte die perspektivische Geometrie mit dem Beginn des neunzehnten Jahrhunderts. Sehr bedeutenden Anteil hatte hieran Poncelet (1788—1867, Paris), der in seinem *Traité des propriétés projectives des figures* (1822) eine erste zusammenfassende Bearbeitung des neuen Stoffes vornahm.

Andrerseits fehlte es aber auch nicht an solchen Mathematikern, die mit den Mitteln der Alten weiterzuarbeiten suchten. Mit gutem Beispiele ging hier Newton voran, der im ersten Buche seiner *Principia*[1748] eine Reihe von Kegelschnittsätzen im unmittelbaren Anschluß an Apollonius ableitete; teils sind dies Sätze, die sich bei der mathematischen Untersuchung der Kepler'schen Gesetze gelegentlich ergaben, teils Konstruktionsaufgaben, die aus der gegebenen Lage eines Brennpunktes die parabolischen, elliptischen oder hyperbolischen Bahnen wiederherstellen wollen oder allgemeine Kegelschnitte mit vorgeschriebenen festen Punkten oder Tangenten zu zeichnen suchen. In der Neuzeit ist es besonders Chasles (1793 bis 1880, Paris), der das Studium der alten Methode mit Erfolg wieder aufgenommen hat.

B. Besonderer Teil.

Im Verhältnis zu dem vorangeschickten zusammenhängenden historischen Teil wird die Besprechung der Einzelheiten aus der Kegelschnittlehre zurücktreten, auch schon deshalb, weil das

---

[1747] Cantor, II^b, S. 674 ff. — [1748] *Principia philosophiae naturalis*, London 1687, lib. I, z. B. Lemma 14, S. 53, Probl. 19, S. 95 u. s. w.

moderne Schulpensum diese Lehre in recht enge Grenzen eingeschränkt hat.

Es sollen zunächst einige allgemeinere Begriffe behandelt und dann die einzelnen Kegelschnittarten betrachtet werden.

Unter Durchmesser (*διάμετρος*) verstand ARCHIMEDES bei der Ellipse die beiden Achsen und unterschied demnach *ἁ μείζων διάμετρος* und *ἁ ἐλάσσων διάμετρος*.[1749] Auch bei der Parabel war ihm *διάμετρος* bezw. *ἁ ἀρχικὰ διάμετρος* nur die Achse;[1750] die zu der Achse parallelen Geraden nannte er *αἱ παρὰ τὰν διάμετρον*.[1751] Bei der Hyperbel kannte ARCHIMEDES den Begriff Durchmesser überhaupt nicht, da er ihn sich immer nur innerhalb einer Kurve vorstellen konnte. Erst APOLLONIUS stellte die allgemeinere Definition des Durchmessers, die bis zur Gegenwart beibehalten ist, auf und bezeichnete demgemäß diejenigen Geraden als Durchmesser, die eine Schar paralleler Sehnen halbieren.[1752] Daß es solche Geraden überhaupt giebt, wußte freilich schon ARCHIMEDES, wahrscheinlich bereits EUKLID;[1718] aber sie hatten ihre Sonderstellung noch nicht beachtet. Daß APOLLONIUS die Richtungen zweier konjugierten Durchmesser zu einer Art Koordinatenbestimmung der Kurvenpunkte ausnutzte, haben wir an früherer Stelle (S. 408—409) erörtert. Der hierbei als Hauptrichtung auftretende Durchmesser führte den besonderen Namen *πλευρὰ πλαγία* (*latus transversum*).[1753]

Den Namen Mittelpunkt (*τὸ κέντρον*) kannte ARCHIMEDES, abgesehen vom Kreise, nur für die Ellipse. Er weiß, daß alle durch ihn hindurchgehenden Sehnen halbiert werden;[1754] die kürzeste dieser Sehnen ist eben *ἁ ἐλάσσων διάμετρος*. Für die Hyperbel wird derselbe Begriff erst durch APOLLONIUS eingeführt.[1755]

Das Wort Scheitel (*ἡ κορυφή*) geht auf ARCHIMEDES zurück.[1756]

An einer Stelle benutzte ARCHIMEDES auch gelegentlich das Wort *συζυγής* für konjugierte Durchmesser, aber er meinte damit nur zwei senkrechte Durchmesser.[1757] Wahrscheinlich begann dies Wort schon zu seiner Zeit einen erweiterten Sinn zu erhalten und

1749 ARCHIMEDES, ed. HEIBERG, I, S. 306 Z. 21—22 u. ö. — 1750 Daselbst II, S. 230 Z. 19, vgl. S. 231 Anm. 3 (ed. TORELLIUS, *ἁ ἀρχά διάμετρος*). — 1751 Daselbst II, S. 298 Z. 8. — 1752 APOLLONIUS, *Conica*, I, def. 4; ed. HEIBERG, I, S. 6 Z. 23—26. — 1753 Daselbst, ed. HEIBERG, I, S. 46 Z. 27, S. 52 Z. 18. — 1754 ARCHIMEDES, *περὶ κων. καὶ σφ.* 14; ed. HEIBERG, I, S. 354 Z. 15; vgl. S. 355 Anm. 2. — 1755 APOLLONIUS, *Conica*, I, ed. HEIBERG, I, S. 66 Z. 16—22. — 1756 ARCHIMEDES, *περὶ σφαιρ. κ. κυλ.*, ed. HEIBERG, I, S. 8 Z. 12. — 1757 ARCHIMEDES, *περὶ κων. κ. σφ.* 8; ed. HEIBERG, I, S. 324 Z. 24.

ein Fachausdruck für solche Geraden zu werden, von denen jede die zur anderen parallelen Sehnen halbiert. Der Begriff Durchmesser war zunächst hiermit noch nicht verbunden; die Zusammenstellung *συζυγεῖς διάμετροι* erhielt erst durch APOLLONIUS Bürgerrecht.[1758] Für die senkrechten konjugierten Durchmesser wurde von nun ab ausschließlich *ἄξονες* üblich.[1759]

Das Wort *ἀσύμπτωτος* kommt schon bei AUTOLYKUS (um 320 v. Chr.) vor,[1760] hat aber hier noch nicht den Wert eines *terminus technicus*. Als solcher kann es auch nicht bei MENÄCHMUS und ARISTAEOS Anerkennung gefunden haben, obgleich ihnen die Asymptoten bei der Hyperbel bekannt waren; denn ARCHIMEDES bediente sich noch der umständlichen Umschreibung *αἱ ἔγγιστα εὐθεῖαι τᾶς τοῦ ἀμβλυγωνίου κώνου* (die der Hyperbel am nächsten liegenden Geraden).[1761] Erst APOLLONIUS machte aus *ἀσύμπτωτοι* einen Fachausdruck.[1762]

Die Konstante l in den Gleichungen 1)—3) (S. 437), deren Hälfte wir jetzt Parameter nennen, trug sich APOLLONIUS als Strecke auf einem Lote ab, das in dem einen Eckpunkte des als Abscissenachse angenommenen Durchmessers, und zwar im Nullpunkt, senkrecht zur Kegelschnittfläche errichtet wurde. Hierdurch erklärt sich seine Bezeichnung *πλευρὰ ὀρθία*[1763] (*latus rectum*, eigentlich *erectum*). Über das Wort Parameter vgl. S. 427.

Die Brennpunkte kannte APOLLONIUS allein an der Ellipse und der vollständigen Hyperbel, und auch hier immer nur, wenn sie paarweis auftreten; für ihn existierte also noch nicht der Brennpunkt etwa eines Hyperbelastes oder einer halben Ellipse. Unklar ist der von ihm gewählte Name *τὰ ἐκ τῆς παραβολῆς γενόμενα σημεῖα*[1764] (*puncta ex comparatione*), sehr umständlich die von ihm angegebene Konstruktionsmethode: In den Endpunkten der großen Achse werden Lote errichtet, die auf einer beliebigen Tangente eine bestimmte Strecke begrenzen; der Kreis, der über dieser Strecke als Durchmesser errichtet werden kann, schneidet alsdann die große Achse in den Brennpunkten. — Den Brennpunkt einer Parabel kennt APOLLONIUS nicht, wenigstens findet sich in den *Κωνικά* nirgends dessen Erwähnung; möglich, daß in einer verloren ge-

1758 APOLLONIUS, *Conica*, I, ed. HEIBERG, I, S. 8 Z. 11—13. — 1759 Daselbst, S. 8 Z. 14—20. — 1760 AUTOLYKUS, *de sphaera*, ed. HULTSCH, S. 30 Z. 8 u. 5. — 1761 ARCHIMEDES, *περὶ κων. κ. σφ.*, ed. HEIBERG, I, S. 276 Z. 22, S. 278 Z. 2 u. 11; kurz *αἱ ἔγγιστα*, I, S. 278 Z. 4, S. 436 Z. 1. — 1762 *Conica*, II, prop. 2, ed. HEIBERG, I, S. 194 Z. 15. — 1763 Daselbst I, prop. 11, ed. HEIBERG, S. 42 Z. 3, ferner S. 46 Z. 27, S. 52 Z. 18. — 1764 APOLLONIUS, *Conica*, III, 45; ed. HEIBERG, S. 424 Z. 11.

gangenen Schrift *περὶ πυρίων* (über Brennspiegel)[1765] etwas von diesem nicht paarweis auftretenden Punkt gesagt ist. Erwähnt wird der Parabelbrennpunkt zum erstenmal bei PAPPUS (um 295 n. Chr.).[1766] Ob die optische Eigenschaft des Parabelbrennpunktes im Altertum bekannt gewesen ist, läßt sich nicht nachweisen; ihre Kenntnis erscheint in der erhaltenen Literatur nicht vor dem sechsten Jahrhundert n. Chr. Aus dieser Zeit ist ein Fragment eines byzantinischen Mechanikers ANTHEMIUS (an der Erbauung der Sophienkirche thätig) erhalten, das diese Eigenschaft behandelt.[1767] Im Abendland wird das katoptrische Gesetz eines parabolischen Spiegels zuerst von dem nürnberger Pfarrer JOHANNES WERNER (1468—1528) wieder aufgestellt, der darlegt, daß die parallel zur Erde kommenden Sonnenstrahlen durch einen parabolischen Spiegel nach einem Punkte der Achse reflektiert werden, der um den vierten Teil des Parameters vom Spiegel entfernt ist.[1768]

Bei KEPLER (1571—1630) erscheint zum erstenmal die Benennung *focus*;[1769] GREGORIUS VON ST. VINCENTIUS (1647, *Opus Geometricum*, S. 243) benutzte daneben auch noch *polus*. Andere nannten die Brennpunkte *nombrils* (*umbilici*,[1770] Nabelpunkte). DESARGUES (1593 bis 1662) sagte (1639) *points brûlants* oder auch *foyers*.[1771]

Die stereometrische Konstruktion der Brennpunkte eines beliebigen Kegelschnittes durch zwei Kugeln, die dem Rotationskegel eingeschrieben sind und die Schnittebene berühren, ist erst in der neuesten Zeit (1822) angegeben worden, und zwar von dem belgischen Mathematiker DANDELIN.[1772]

Die Leitlinie (*directrix*) eines Kegelschnittes wurde von PAPPUS im Zusammenhange mit den Brennpunkten eingeführt, indem er die bekannte Definition der Kegelschnitte aufstellte, nach der die Abstände ihrer Punkte von einem gegebenen Punkte (dem Brennpunkt) und einer gegebenen Geraden (eben der Leitlinie) in einem konstanten Verhältnis stehen.[1773] Der Name Directrix für diese Gerade

---

1765 CANTOR, I^b, S. 328. — 1766 PAPPUS, *Συναγωγή*, VII, § 318, prop. 238; ed. HULTSCH, Bd. II, S. 1012 Z. 24 — S. 1014 Z. 24, ohne besonderen Namen. — 1767 Vgl. HEIBERG, Zeitschr. f. Math. u. Phys., Bd. 28, Leipzig 1888, hist.-litt. Abt. S. 121. — 1768 KÄSTNER, *Geschichte der Mathematik*, Bd. II, Göttingen 1797, S. 56. — 1769 *Ad Vitellionem Paralipomena*, Frankfurt 1609, cap. IV, 4. De coni sectionibus; Opera Kepleri, ed. FRISCH, II, Frankfurt u. Erlangen 1859, S. 186 Z. 30—31. — 1770 So im *Mundus mathematicus* von DECHALES (1674 u. 1690), nach CANTOR, III^a, S. 17. — 1771 *Brouillon project.*, ed. POUDRA, Paris 1864, S. 210 (vgl. S. 443). — 1772 Nouv. mém. de Bruxelles, Bd. II, 1822, S. 171—172, Nr. I, *Détermination des Foyers dans une Section conique*. Vgl. dazu Chasles-Sohnke, Note IV, bes. S. 289 (Anm. 154). — 1773 PAPPUS, *Συναγωγή*, lib. VII, § 318, stammt von DE LA HIRE (1640—1718, Paris), der ihn in seinen *sectiones conicae* 1685 zuerst benutzte.[1774]

Die Bezeichnung Excentricität geht auf KEPLER zurück, der damit das Verhältnis des Abstandes der beiden Brennpunkte zur großen Achse bezeichnete.[1775] Er verwendete den Ausdruck zum erstenmal bei Betrachtung der Kegelschnitte in Polargleichungsform.[1776]

Die Parabel.

Von MENÄCHMUS, ARCHIMEDES und auch von APOLLONIUS wird die Parabel durch eine Flächenbeziehung definiert, die unserer Gleichung $y^2 = 2px$ durchaus entspricht (vgl. S. 433, 437). In der Zeit zwischen MENÄCHMUS und ARCHIMEDES entdeckte man die stereometrische Entstehung der Parabel am rechtwinkligen Kegel als Schnitt, der senkrecht zur Seitenkante zu verlaufen hat. Erst APOLLONIUS zeigte, daß man durch gewisse Schnitte die Parabel auch an jedem anderen Kegel erhalten könne. Bei APOLLONIUS findet man auch die erste Spur der neueren Erzeugungsart, nach der die Parabel durch eine Schar einhüllender Geraden, die an der erzeugten Kurve Tangenten sind, gebildet wird.[1777] PAPPUS[1778] erklärte die Parabel auch als die Kurve, deren Punkte von einem gegebenen Punkt und von einer gegebenen Geraden gleich weit entfernt sind.

Von den Tangenteneigenschaften an der Parabel setzte ARCHIMEDES einige schon als bekannt voraus; vielleicht sind sie in den verloren gegangenen Kegelschnittelementen EUKLID's (vgl. S. 435) bereits enthalten gewesen. So machte ARCHIMEDES ohne weiteren Beweis davon Gebrauch, daß die durch den Halbierungspunkt einer Sehne zur Achse gezogene Parallele alle anderen parallelen Sehnen halbiert und die Parabel im Berührungspunkt derjenigen Tangente trifft, die ebenfalls der Sehnenschar parallel ist,[1778] ferner, daß auf der Geraden, die durch den Schnittpunkt zweier Tangenten parallel zur Achse gezogen wird, die Strecken zwischen Schnittpunkt und Parabel einerseits und der Parabel und der Berührungssehne andrer-

prop. 238, ed. HULTSCH, Bd. II, S. 1012—1014: Beweis nur für die Parabel. — 1774 DE LA HIRE, *Sectiones conicae*, Paris 1685, lib. II, def. XI, S. 15. — 1775 *Epitomes Astronomiae*, Frankfurt 1621, lib. V, pars 2. Ges. Werke, ed. FRISCH, Bd. VI, Frankfurt u. Erlangen 1866, S. 417 Z. 3. — 1776 Vgl. BALTZER, *Analytische Geometrie*, Leipzig 1882, S. 118. — 1777 APOLLONIUS, *Conica*, lib. III, 41, ed. HEIBERG, I, S. 412—416. — 1778 ARCHIMEDES, *περὶ κων. κ. σφ.* 3, ed. HEIBERG, I, S. 304 Z. 5ff. APOLLONIUS, *Conica*, I, 46, ed. HEIBERG, S. 140.

seits gleich lang sind.[1779] Diese Sätze werden gewiß schon in sehr früher Zeit zu Tangentenkonstruktionen geführt haben.

Von den Normallinien weiß Apollonius, daß sie die kürzesten Linien sind, die von einem Punkte außerhalb zur Kurve gezogen werden können (*Conica,* V). Bei diesem Nachweis entdeckte er die Konstanz der Subnormalen.

Daß ein Brennstrahl und die in seinem Kurvenpunkt zur Achse gezogene Parallele mit der Normalen bezw. der Tangente gleiche Winkel bilden, scheint im Altertum nicht bekannt gewesen zu sein. Die älteste Überlieferung geht auf den Byzantiner Anthemius (sechstes Jahrhundert n. Chr.) zurück (vgl. S. 447).[1767]

Die Quadratur eines Parabelsegmentes löste Archimedes zuerst.[1723] Er beweist, daß es gleich vier Drittel eines Dreieckes von gleicher Grundlinie und Höhe ist (vgl. S. 436).

Daß die Parabel die Wurflinie ist, wußte weder das Altertum noch das Mittelalter bis zur Mitte des siebzehnten Jahrhunderts. Tartaglia hatte zwar 1537 versucht,[1780] eine Lehre des Wurfes theoretisch zu entwickeln; doch beschränkten sich seine Ergebnisse über die Bahn des Wurfes auf die Angabe, daß die Wurflinie in jedem Punkte gekrümmt wäre, während man bis dahin geglaubt hatte, daß sie wenigstens am Anfang und am Ende einen geradlinigen Verlauf nähme; ferner hatte Tartaglia beobachtet, daß sie bei einem Anfangswinkel von 45° die größte Höhe erreiche. Erst Galilei's (1564—1642, Padua, Florenz) Scharfsinn blieb die Lösung des Problemes vorbehalten;[1781] aus den Fallgesetzen vermochte er nachzuweisen, daß, wenn vom Luftwiderstand abgesehen wird, die Bahn eine Parabel darstelle, und konnte nun, unter Zugrundelegung der bekannten Parabeleigenschaften die üblichen Aufgaben über Wurfhöhe und Wurfweite behandeln.

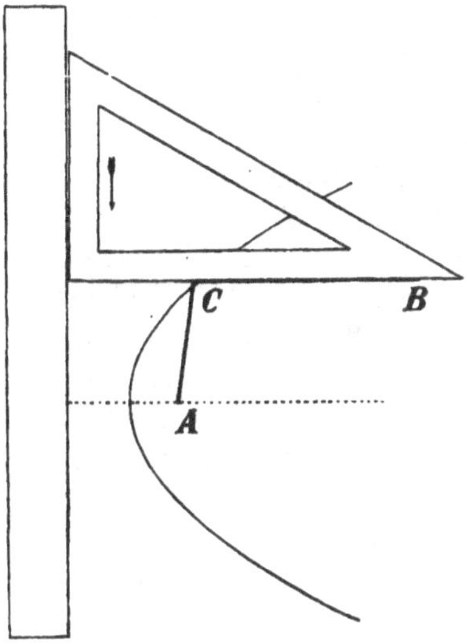

Fig. 32.

1779 Archimedes, *τετραγ. παραβ.*, prop. 2, ed. Heiberg, II, S. 298 Z. 15ff., Apollonius, I, 33, 35, S. 98, 104. — 1780 *Della Nova scientia,* abgedruckt in den Opera del famosissimo Nicolo Tartaglia, Venedig 1606; dritte Abhandlung. Vgl. Wolf, *Handbuch der Astronomie*, I, S. 268 (Anm. 187). — 1781 *Discorsi e dimostrazioni*

Eine Fadenkonstruktion der Parabel, die die umstehende Abbildung (*A*, *B* feste Punkte, *C* beweglicher Farbstift) erläutert, wird von FRANCISCUS VON SCHOOTEN in einer Abhandlung *De organica conicarum sectionum in plano descriptione tractatus* (1646) auseinandergesetzt;[1782] ohne Zuhilfenahme eines beweglichen Rechteckes, wodurch sie weniger zuverlässig wird, hatte sie KEPLER 1609 schon beschrieben.[1783]

Die Ellipse.

Wenn wir auch nur von der Parabel und Hyperbel genau wissen, daß sie um die Mitte des vierten Jahrhunderts (MENÄCHMUS vgl. S. 433) den griechischen Mathematikern bekannt waren, so liegt doch auf der Hand, daß dasselbe, von vornherein vielleicht mit noch größerem Rechte, auch von der Ellipse behauptet werden kann. Bei den griechischen Bauten, zu denen die runde Säule sehr häufig Verwendung fand, müssen den Technikern sich jene länglich geschlossenen Kurven an schrägen Schnitten schon in recht früher Zeit bemerkbar gemacht haben. Vielleicht hatte man für sie in dem schon einmal erwähnten θυρεός (vgl. S. 435) einen Fachausdruck gehabt.

Die älteste Literaturstelle, die von der Ellipse spricht, ist jene Bemerkung EUKLID's in den φαινόμενα[1716] (vgl. S. 434—435), daß man die Ellipse durch einen schrägen Schnitt eines geraden Kreiskegels oder Cylinders erhalten könne. Von späteren Berichterstattern erfahren wir, daß seit ARISTAEOS die Bezeichnung *Schnitt eines spitzwinkligen Kegels* (vgl. S. 434) üblich gewesen war. Daß die Neigung des Schnittes an einem beliebigen Kegel eine gewisse Grenze nicht überschreiten darf, ist weder in den Schriften des EUKLID noch in denen des ARCHIMEDES irgendwo erwähnt. Die genauere Bestimmung erfolgte erst durch APOLLONIUS.

Die Definition der Ellipse beruhte bei ARCHIMEDES auf dem Flächensatze[1718] (vgl. S. 435).

$$\frac{\overline{PQ}^2}{A_1Q\cdot QA} = \frac{\overline{P_1Q_1}^2}{A_1Q_1\cdot Q_1A} = \frac{\overline{MB}^2}{\overline{MA}^2};$$

bei APOLLONIUS tritt dafür eine andere Beziehung ein, die ihrem Inhalte nach mit der modernen Scheitelgleichung übereinstimmt,[1619]

matematiche intorno a due nuove scienze, Leiden 1638, viertes Gespräch; vgl. WOHLWILL, Zeitschr. f. Math. u. Phys., Leipzig 1899, Supplement, S. 579 ff. — [1782] Lugd. Bat. 1646, caput XIV, S. 78—79. — [1783] *Paralipomena in Vitellionem*, 1609; Opera Kepleri, ed. FRISCH, II, Frankfurt u. Erlangen 1859, S. 188.

$$\overline{PQ}^2 = AR \cdot AQ - AQ \cdot \frac{AQ \cdot AR}{AA_1}$$ (vgl. S. 437, Nr. 2 und S. 439, Nr. 5),

wo AR (der doppelte Parameter) eine konstante Strecke ist, die mit dem Durchmesser AA_1 und BB_1 durch die Beziehung

$$AA_1 \cdot AR = \overline{BB_1}^2$$

verbunden ist.

Pappus[1713] kannte die Ellipse als Ort der Punkte, deren Abstände von einem Brennpunkt und der Directrix in einem konstanten Verhältnis, das kleiner als eins ist, stehen (vgl. S. 447—448).

Die Brennpunktseigenschaft $PF_1 + PF = 2a$ giebt Apollonius in Satz 52. des dritten Buches der *Conica*. Die darauf gegründete

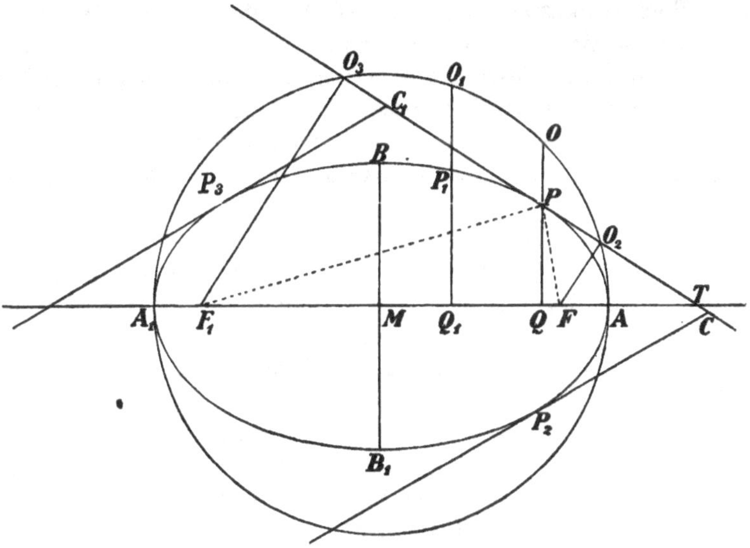

Fig. 33.

Fadenkonstruktion findet sich nicht vor der Zeit der Araber. Nach dem Bericht des Alsidschi (um 972 n. Chr.) ist sie den sogenannten „drei Brüdern" Muhammed, Ahmed und Alhasan, drei tüchtigen Mathematikern aus der Zeit des sich neigenden zehnten Jahrhunderts, zuzuschreiben.[1784] Im Mittelalter erscheint sie erst wieder bei Guidobaldo del Monte (1545—1607; *Theoria planisphaeriorum* 1579),[1791] dem sie Stevin (1548 Brügge — 1620 Leiden) entlehnt (1634).[1785] Kepler, der sie in den *Paralipomena in Vitellionem*

1784 Cantor, I[b], S. 690. — 1785 Les oeuvres math. de Simon Stevin, augmentées par Alb. Girard, Leyden 1634, II, S. 348, Livre I de la Géométrie.

1609[1786] ebenfalls beschreibt, scheint selbständig auf sie gekommen zu sein.

In der Neuzeit ist diese Brennstrahleneigenschaft der am meisten beliebte Ausgangspunkt für die Betrachtung der Ellipse geworden. DE LA HIRE (1640—1718, Paris) stellte sie (1679) zum erstenmal als Definition der Ellipse[1787] an die Spitze einer Behandlung der Kegelschnittlehre (ähnlich bei der Parabel[1788] und Hyperbel[1789]).

Die Erzeugung einer Ellipse durch den Endpunkt einer Strecke, von der zwei beliebige, fest gedachte Punkte auf den Schenkeln eines rechten Winkels entlang gleiten, tritt uns zum erstenmal bei PROKLUS (412—485 n. Chr.; Byzanz, Athen) in seinem Kommentar zum ersten Buch EUKLID's (*Elem.* I, def. 4) entgegen.[1790] Im Mittelalter brachte sie der oben genannte GUIDOBALDO DEL MONTE.[1791] Eine Erweiterung dieser Konstruktion gab im siebzehnten Jahrhundert FRANZISCUS VON SCHOOTEN (1615—1660, Prof. in Leiden); er nahm die drei festen Punkte nicht auf einer Geraden an, sondern dachte sie sich als Ecken eines starren Dreiecks und lehrte nun, daß, wenn zwei von diesen Punkten auf je einem Schenkel eines beliebigen Winkels entlang geführt werden, der dritte eine Ellipse beschreibt.[1792]

Die Lehre von den konjugierten Durchmessern ist zu ARCHIMEDES' Zeit, wenn nicht schon vorher, ausgebildet worden. Die Bezeichnung *διάμετροι συζυγεῖς* stammt erst von APOLLONIUS (vgl. S. 446). ARCHIMEDES weiß, daß die Mitten paralleler Sehnen auf einer durch den Mittelpunkt gehenden Geraden liegen, die die Berührungspunkte der beiden ebenfalls parallelen Tangenten verbindet (vgl. S. 436).[1793] Hieraus fließen andere Sätze, die ARCHIMEDES ebenfalls als bekannt voraussetzt: Zieht man durch die Endpunkte derjenigen der parallelen Sehnen, die durch den Mittelpunkt geht, Parallele zu der eben definierten Mittelpunktsgeraden, so sind dies Tangenten an der Ellipse;[1794] die Verbindungslinie der Berührungspunkte zweier parallelen Tangenten geht durch den Mittelpunkt der Ellipse.[1795] Eine Ergänzung durch APOLLONIUS ist jedoch der Satz, daß die in den Endpunkten einer dieser parallelen Sehnen konstruierten Tangenten sich auf der konjugierten Mittelpunktsgeraden schneiden.[1796]

1786 IV, 4, Opera Kepleri, II, S. 187 (Anm. 1783). — 1787 *Nouveaux Élémens des sections coniques*, Paris 1679, S. 36. — 1788 Daselbst S. 1. — 1789 Daselbst S. 95. — 1790 PROKLUS, ed. FRIEDLEIN, S. 106 Z. 12—15. — 1791 CHASLES-SOHNKE, S. 95 (Anm. 154). — 1792 *Organica conicorum descriptio*, Lugd. Bat. 1646, cap. 3, S. 14 ff. — 1793 ARCHIMEDES, *περὶ κων. κ. σφ.* 20, ed. HEIBERG, I, S. 380 Z. 18 ff. — 1794 Daselbst 17, S. 368 Z. 13 ff. — 1795 Daselbst 16, S. 366 Z. 12—15. — 1796 APOLLONIUS, *Conica*, II, 29, ed. HEIBERG, I, S. 242.

Von ARCHIMEDES war auch schon gefunden worden, daß, wenn eine Ellipse und ein Kreis auf demselben (großen) Durchmesser stehen, dann die auf diesem Durchmesser senkrecht errichteten Halbsehnen in konstantem Verhältnis

$$QP : PO = Q_1 P_1 : P_1 O_1$$

geschnitten sind.[1797] Hierauf gründete er die Quadratur der Ellipse (vgl. S. 436).[1797a] Eine Näherungsformel für die Berechnung des Ellipseninhaltes

$$J = \left(\frac{a+b}{2}\right)^2 \cdot \pi,$$

die in Schriften des zwölften Jahrhunderts auftaucht (SAVASORDA, *Liber embadorum*, 1116 von PLATO v. TIVOLI übersetzt),[1798] erinnert stark an ägyptisch-griechische Methoden (vgl. S. 371).

Die Tangente in einem Punkt P der Ellipse (Hyperbel) ist bei APOLLONIUS durch die Eigenschaft charakterisiert, daß der Fußpunkt Q des von P auf die große Achse gefällten Lotes und der Durchschnittspunkt T der Tangente auf dieser Achse mit den Scheitelpunkten A und A_1 eine harmonische Punktgruppe bilden.[1799] Zwei parallele Tangenten, z. B. in P_2 und P_3 schneiden — wieder nach APOLLONIUS, III, 42 — jede andere Tangente (z. B. in P) so, daß das Produkt

$$P_2 C \cdot P_3 C_1$$

gleich dem Quadrat desjenigen halben Durchmessers ist, der den beiden festen Tangenten parallel läuft. Dasselbe gilt für die Hyperbel. Mehr wie zweifelhaft ist, ob APOLLONIUS die tiefere Bedeutung dieses Satzes erkannt hat, in dem die Entstehungsart einer Ellipse aus einer Schar einhüllender Geraden $C C_1$, die der Bedingung

$$P_2 C \cdot P_3 C_1 = \text{const.}$$

genügen, verborgen liegt.

Das siebente Buch der *Conica* bringt auch den Satz von der Konstanz des Inhaltes desjenigen Parallelogrammes, das durch zwei Paar paralleler Tangenten einer Ellipse gebildet wird,[1800] ebenso auch den Satz von der konstanten Summe der Quadrate zweier konjugierten Durchmesser.[1801]

Über die Konstruktion der Brennpunkte einer Ellipse bezw.

1797 ARCHIMEDES, *περὶ κων. κ. σφ.* 4, ed. HEIBERG, I, S. 310 Z. 7 ff. — 1797a HERON (*Μετρικά*, I, 34, ed. SCHÖNE, S. 82) rechnet das Beispiel $2a = 16$, $2b = 12$ nach der richtigen Formel $\frac{11}{14}(2a) \cdot (2b)$. — 1798 CURTZE, Bibl. math., 3. Folge, Bd. I, Leipzig 1900, S. 329. — 1799 APOLLONIUS, *Conica*, I, 34 bezw. 36; ed. HEIBERG, I, S. 100 bezw. 106. — 1800 Daselbst VII, 31. — 1801 Daselbst VII, 30.

Hyperbel bei APOLLONIUS, vgl. S. 446. Mit ihren Eigenschaften beschäftigt sich APOLLONIUS merkwürdigerweise sehr wenig. Bekannt ist ihm jedoch, daß die Fußpunkte O_2 und O_3 der Lote, die von den Brennpunkten F und F_1 auf eine beliebige Tangente gefällt sind, immer auf dem Halbkreis über der großen Achse liegen,[1802] daß ferner die Brennstrahlen FP und F_1P mit der Tangente in P gleiche Winkel bilden.[1803]

Die Hyperbel.

Die alten Mathematiker bis APOLLONIUS kannten nur einen Hyperbelast; selbst APOLLONIUS benutzte für den zweiten Hyperbelast einen besonderen Namen ἡ τομὴ ἀντικειμένη (Gegenschnitt), so

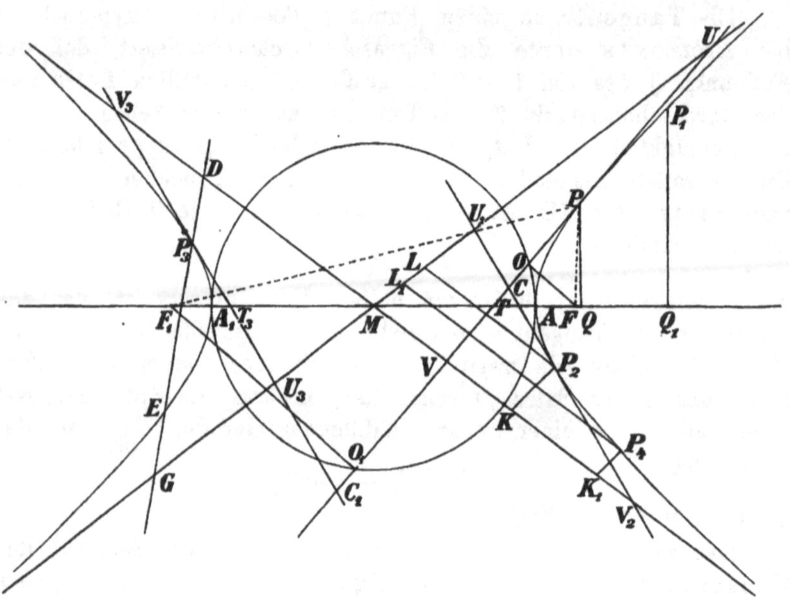

Fig. 34.

daß ihm die gemeinsame Auffassung der beiden Zweige als einer einzigen Kurve auch noch abging. Aus seiner ganzen Darstellungsart in den *Conica* geht hervor, daß er der erste ist, der die Aufmerksamkeit auf den zweiten Ast lenkt. Nachdem er seine Sätze für den Kreis, die Ellipse und einen Hyperbelzweig ausgesprochen hat, wird

1802 Daselbst III, Satz 49 u. 50, ed. HEIBERG, I, S. 430—432. — 1803 Daselbst III, Satz 48, ed. HEIBERG, I, S. 430.

stets ein Satz gleichen Inhaltes noch für den Gegenschnitt aufgestellt. Oft gelingt es ihm auch, alle vier Sätze in nur einen allgemeinen Kegelschnittsatz zusammenzufassen.

Eine sehr große Anzahl der für die Hyperbel gültigen Sätze deckt sich mit solchen für die Ellipse, so ist die vor APOLLONIUS verwertete Definitionsgleichung der Hyperbel ebenfalls durch die Formel[1718]

$$\frac{\overline{PQ}^2}{AQ \cdot A_1 Q} = \frac{\overline{P_1 Q_1}^2}{AQ_1 \cdot A_1 Q_1} \quad \text{(vgl. S. 435, 450)}$$

wiederzugeben, während die in den *Conica* zu Grunde gelegte Haupteigenschaft[1619]

$$\overline{PQ}^2 = AR \cdot AQ + AQ \cdot \frac{AQ \cdot AR}{AA_1} \quad \text{(vgl. S. 437 Nr. 3, S. 439 Nr. 6)}$$

sich nur durch das Vorzeichen unterscheidet. An die letzte schließt sich die Definition der *ἀντικείμεναι* an.[1804]

Die Definition mit Hilfe der Directrix und der Brennpunkte rührt von PAPPUS her[1773] (vgl. S. 447—448).

Bei APOLLONIUS findet sich zum erstenmal die Brennpunktseigenschaft $F_1P - FP = AA_1 = \text{const.}$, die heute meistens als Definitionsbeziehung den Ausgang bei den Hyperbeluntersuchungen bildet (zuerst 1685 DE LA HIRE).[1789] Vgl. S. 452.

Wie bei der Ellipse, kennt ARCHIMEDES auch bei der Hyperbel die Sätze von den konjugierten Geraden, die später APOLLONIUS konjugierte Durchmesser nannte (vgl. S. 452).

Die Tangente in einem Hyperbelpunkt (P) wird bei APOLLONIUS ebenfalls durch eine Proportion bestimmt, nach der die beiden Scheitelpunkte, der Fußpunkt der Ordinate Q und der Tangentenschnittpunkt auf der Achse T vier harmonische Punkte sind.[1799] Auch die übrigen für die Ellipse angeführten Sätze sind von APOLLONIUS zugleich für die Hyperbel ausgesprochen, daß nämlich, wenn die Tangenten in P_2 und P_3 parallel sind, dann die Schnittstrecken mit einer dritten Tangente CC_1 stets das konstante Produkt

$$P_2C \cdot P_3C_1$$

liefern, daß ferner ein Tangentenparallelogramm eine konstante Fläche besitzt und schließlich, daß die Differenz der Quadrate zweier konjugierten Durchmesser konstant ist (vgl. S. 453). Zu diesen Übereinstimmungen gehören auch die Brennpunktseigenschaften. Die Fußpunkte der von den Brennpunkten auf irgend eine Tangente gefällten Lote liegen wiederum auf einem Kreise, der die große

1804 Daselbst I, 14, ed. HEIBERG, I, S. 52.

Achse als Durchmesser hat ($FO \perp OO_1 \perp O_1F_1$); ebenso bilden auch die Brennstrahlen FP und F_1P mit der Tangente in P gleiche Winkel.

Charakteristisch für die Hyperbel sind die Sätze von den Asymptoten. Wenn auch die Asymptoten schon seit MENÄCHMUS (vgl. S. 446) bekannt waren, wußte doch ARCHIMEDES noch nicht, daß ihr Durchschnittspunkt mit dem Mittelpunkt der Hyperbel zusammenfällt;[1805] er benutzte aber schon den Satz, daß, wenn von zwei Hyperbelpunkten P_2, P_4 je zwei unter sich parallele Strecken nach den Asymptoten gezogen werden (P_2L, P_2K, P_4L_1, P_4K_1), dann deren Produkt immer konstant ist

$$P_2L \cdot P_2K = P_4L_1 \cdot P_4K_1\,,$$ [1806]

und daß auf jeder Tangente der Berührungspunkt von den Asymptoten gleich weit entfernt ist ($PU = PV$, $P_2U_2 = P_2V_2$, $P_3U_3 = P_3V_3$),[1807] ferner, daß die Verbindungslinie des Berührungspunktes mit dem Asymptotenschnittpunkt alle Sehnen, die zur Tangente parallel sind, halbiert.[1808] Auch das weiß ARCHIMEDES, daß eine Parallele zur Asymptote die Hyperbel nur in einem Punkte trifft, während für jede andere Schnittgerade sich immer deren zwei ergeben.[1809]

Durch APOLLONIUS kommen als neue Sätze, von deren früherem Auftreten wir jedenfalls nichts wissen, hinzu, daß auf jeder Sekante einer Hyperbel die Abschnitte zwischen Kurve und Asymptote stets einander gleich sind ($P_3D = EG$)[1810] und daß das Produkt der von einer Tangente auf den Asymptoten abgeschnittenen Strecken, vom Mittelpunkt aus genommen, eine konstante Größe hat ($MU \cdot MV = MU_2 \cdot MV_2 = MU_3 \cdot MV_3$).[1811]

APOLLONIUS führte auch zum erstenmal die Betrachtung konjugierter Hyperbeln (*ἀντικείμεναι κατὰ συζυγίαν*) ein.[1812]

Die Quadratur der Hyperbel konnte erst mit Hilfe der Infinitesimalrechnung gelöst werden; bei einer gleichseitigen Hyperbel wurde sie im siebzehnten Jahrhundert durch die Logarithmen geleistet (vgl. S. 181f.).

1805 Vgl. HEIBERG, Zeitschr. f. Math. u. Phys., Bd. 25, hist.-litt. Abt. S. 55. — 1806 ARCHIMEDES, *Fragmenta*, ed. HEIBERG, III, S. 162 Z. 29ff.; APOLLONIUS, II, 12, ed. HEIBERG, I, S. 212. — 1807 Daselbst III, S. 166 Z. 27; APOLLONIUS, II, 3, S. 196. — 1808 ARCHIMEDES, *περὶ κων. κ. σφ.* 20, ed. HEIBERG, I, S. 380 Z. 20ff. — 1809 ARCHIMEDES, *Fragmenta*, ed. HEIBERG, III, S. 177 Z. 17; APOLLONIUS, II, 13, ed. HEIBERG, S. 214. — 1810 APOLLONIUS, II, 8, ed. HEIBERG, I, S. 206. — 1811 Daselbst III, 43, ed. HEIBERG, I, S. 420. — 1812 Daselbst I, 60 und II, 17ff., ed. HEIBERG, I, S. 186ff. und S. 220ff.

VIERZEHNTER TEIL

DIE MAXIMA UND MINIMA

Die Ausführung geometrischer Konstruktionsaufgaben bildete ein hervorragendes Arbeitsfeld für die altgriechischen Mathematiker. Nirgends besser als bei der Durchführung solcher Aufgaben kann man die scharfgliedernde antike Methodik in der Behandlung mathematischer Probleme erkennen (vgl. S. 39—40). In der Analysis ging der Geometer von der Annahme aus, die richtige Figur schon gefunden zu haben, um mit Hilfe dieser Voraussetzung Beziehungen zu entdecken, die dann in der Ausführung der Konstruktion den Ausgangspunkt abgaben. Nach vollendeter Zeichnung wurde ein unantastbarer, synthetischer Beweis für die Richtigkeit der gefundenen Figur angeschlossen. Hiermit aber begnügte sich der strenge mathematische Geist der Alten noch nicht; es mußte nunmehr in einer Schlußbetrachtung, διορισμός (*determinatio*), untersucht werden, welche Bedingungen die gegebenen Stücke zu erfüllen haben, um die Aufgabe nicht unmöglich werden zu lassen.

Wahrscheinlich ist die Einführung eines solchen Diorismus mit dem für die Grundlegung der Mathematik so bedeutungsvollen Wirken PLATON's in Verbindung zu bringen. Untersuchungen dieser Art vor PLATON's Zeit sind nicht bekannt; die Überlieferung nennt einen seiner Schüler, LEON (um 370 v. Chr.), als den ersten, der die Forderung nach einem Diorismus als unerläßlich aufgestellt habe.[1813]

Der Diorismus einer Konstruktionsaufgabe besteht nun aber im wesentlichen in Maxima- und Minimabetrachtungen; es ist zu erörtern, bis zu welcher Größe ein gegebenes Stück wachsen bezw. abnehmen durfte, ohne die gestellte Aufgabe unmöglich zu machen. Das älteste der uns erhaltenen Beispiele eines Diorismus ist in EUKLID's *Elementen* VI, 27 enthalten. Ihrer geometrischen Form entkleidet, verlangt die Aufgabe VI, 28 die Lösung der Gleichung $x \cdot (a - x) = b^2$. Die in VI, 27 hierzu aufgestellte Untersuchung sagt aus, ebenfalls algebraisch ausgedrückt, daß das Produkt $x \cdot (a - x)$ für $x = \frac{a}{2}$ sein Maximum erreichte. Daher wird in

---

1813 PROKLUS, ed. FRIEDLEIN, S. 66 Z. 22.

VI, 28 die Beschränkung hinzugefügt, daß b^2 nicht größer als $\left(\frac{a}{2}\right)^2$ sein dürfe.[1814]

Derartige Betrachtungen werden uns vielfach überliefert; dem großen ARCHIMEDES gelang sogar ein Diorismus für eine Aufgabe, die unserer jetzigen Erkenntnis nach auf kubische Gleichungen führt (vgl. Bd. I, S. 271): Eine Kugel so durch eine Ebene zu zerschneiden, daß die Volumina der Kugelsegmente in gegebenem Verhältnis stehen. In algebraischer Form läßt sich die Aufgabe auf die Gleichung $x^3 - ax^2 + \frac{4}{9}a^2 b = 0$ bringen und diese ist — nach ARCHIMEDES — nur lösbar, d. h. sie hat nur dann eine reelle, positive Wurzel, wenn $b < \frac{a}{3}$ ist.

Daß in solchen Maxima- und Minimabestimmungen eine ganz neue, selbständige Aufgabengattung verborgen liegt, ist den Griechen bis zu ARCHIMEDES unbekannt geblieben. Der erste, dem sich diese Erkenntnis eröffnete, ist APOLLONIUS. Wir wissen, daß unter den geometrischen Örtern, mit denen die Konstruktionsaufgaben gelöst wurden, die Kegelschnitte, *τόποι στερεοί*, eine Hauptrolle spielten (vgl. S. 432). Sätze, die für den Diorismus dieser schwierigeren Konstruktionen von großem Nutzen waren, hatte APOLLONIUS in dem fünften Buche der *Conica* zusammengestellt. Er schließt die Vorrede dieses Buches mit der Bemerkung, daß „seine Sätze für diejenigen, die sich mit solchen Aufgaben abgeben, besonders notwendig sowohl für die Einteilung und den Diorismus, als auch für die Ausführung der Konstruktion und den Beweis seien; außerdem gehörten sie aber auch zu den Sachen, die an und für sich einer Betrachtung würdig erscheinen."[1815] Dieser Schluß läßt ersehen, welche besondere Bedeutung APOLLONIUS den Maxima- und Minimaaufgaben beimaß. Der Kern des fünften Buches selbst besteht in Sätzen über die kürzesten und längsten Linien, die von einem Punkte nach einem Kegelschnitte gezogen werden können; in ihnen ist daher auch die Konstruktion der Normallinien enthalten.

Eine zweite Gruppe von Maximalaufgaben, die das Altertum bearbeitete, waren die isoperimetrischen Aufgaben. Wenn

1814 Vgl. CANTOR, I[b], S. 294; MATTHIESSEN, *Grundzüge der Algebra der litteralen Gleichungen*, Leipzig 1878, S. 926—931. Eine ähnliche Aufgabe bei PAPPUS, *Συναγωγή*, VII, § 55, prop. 13, ed. HULTSCH, II, S. 694. — 1815 APOLLONIUS, *Conica*, Vorrede zu Buch V, ed. HALLEY, Oxoniae 1710, S. 1: „... *praeterquam quod haec ipsa res de earum numero sit, quae per se contemplatione non indignae videantur.*"

auch die Notiz des DIOGENES LAËRTIUS[1816] „Unter den körperlichen Gebilden, sagen die Pythagoreer, sei die Kugel, unter den ebenen der Kreis am schönsten" nicht dahin zu deuten ist, daß sich die Pythagoreer mit dem isoperimetrischen Problem beschäftigt haben, so dürften doch derartige Betrachtungen ziemlich weit hinaufreichen, wenn schon mit Beginn des zweiten Jahrhunderts v. Chr. eine umfangreiche Schrift, die ZENODORUS zum Verfasser hat, eine große Anzahl wichtiger Sätze dieser Lehre zusammenfaßt.[1817] Ist uns diese Abhandlung auch nicht selbst erhalten, so entwerfen doch Auszüge bei PAPPUS[1818] und THEON von Alexandria[1819] ein ziemlich übereinstimmendes und daher getreues Bild. Nach ZENODORUS hat bei gegebenem Umfang das regelmäßige Polygon einen größeren Flächeninhalt als ein unregelmäßiges von derselben Seitenanzahl (PAPPUS V, 10); das regelmäßige Polygon mit größerer Seitenanzahl übertrifft wieder das mit kleinerer Seitenanzahl (V, 1). Den größten Inhalt hat der Kreis (V, 2). Haben zwei isoperimetrische Dreiecke gleiche Grundlinie, so hat das Dreieck die kleinere Fläche, das an der Grundlinie den größten Winkel besitzt (V, 5). Unter den Kreissegmenten mit gleichem Bogen ist der Halbkreis inhaltlich am größten. Die dem letzten Satz entsprechende Aufgabe für den Raum (Halbkugel) hatte schon ARCHIMEDES bewiesen.[1820] ZENODORUS führte den Satz weiter und zeigte, daß bei gleicher Oberfläche die Kugel das größte Volumen besitzt.

Über die Resultate des ZENODORUS kommen spätere Mathematiker nicht hinaus, kaum daß einige seiner Sätze in jüngeren Schriften erwähnt werden (so von BRADWARDINUS, † 1349 zu Avignon).[1821]

1816 VIII, 35, ed. COBET, Paris 1850, S. 212 Z. 35—37. — 1817 Auch bei HERON kommen einzelne isoperimetrische Sätze vor, so def. 83, ed. HULTSCH, S. 25: „Ein Kreis ist größer als die ebenen Figuren gleichen Umfanges. Die Figur der Kugel ist von allen körperlichen Figuren, die mit ihr gleichen Umfang haben, d. h. welche die gleiche Oberfläche haben, am größten." Wichtig für die Vorgeschichte des isoperimetrischen Problems ist eine Stelle aus SIMPLICIUS' *In Aristoteles de coelo,* II, 412, ed. HEIBERG: „Sowohl vor ARISTOTELES ist im allgemeinen, wenngleich er selbst es als bewiesen mit verwendet, als von ARCHIMEDES und ZENODORUS ausführlicher gezeigt worden, daß bei den ebenen Figuren der Kreis, bei den körperlichen die Kugel einen größeren Inhalt hat, als die Figuren gleichen Inhalts." Nach W. SCHMIDT, Bibl. math., 3. Folge, Bd. II, Leipzig 1901, S. 5. — 1818 V, § 4—32, prop. 1—17, ed. HULTSCH, I, S. 308—351. — 1819 Commentaire de Théon d'Alexandrie, ed. HALMA, Paris 1821, S. 33—49, abgedruckt in Pappus, ed. HULTSCH, III, S. 1190—1211, deutsch durch NOKK, Programm des Freiburger Lyceums 1860, S. 3—16. — 1820 ARCHIMEDES, *περὶ σφ. καὶ κυλ.* II, Satz IX, ed. HEIBERG, I, S. 248ff.; NIZZE, Satz 10, S. 108. — 1821 CANTOR, II^b, S. 113ff.

Erst die Neuzeit nahm das alte Thema von neuem in Arbeit; so verdankt man LHUILIER 1782[1822] und STEINER 1841[1823] wesentliche Weiterführungen. —

Verfolgen wir nun die Geschichte der eigentlichen Maxima- und Minimaaufgaben weiter, so müssen wir uns zunächst an die Schriften des französichen Schriftstellers ORESME (1323—1382) erinnern (vgl. S. 409—410), der sich Kurven aufzeichnete und den Verlauf derselben studierte; unter anderem flocht er, was auch schon beachtet wurde (S. 410), an einer Stelle die Bemerkung ein, daß am höchsten Punkt eines Halbkreises die Geschwindigkeit des Wachsens und Fallens am langsamsten sei. Bedenken wir, welche analytische Bedeutung die Richtungsänderung einer Kurve, etwa vier Jahrhundert später, in dem Differentialquotienten erhielt, so sehen wir hier die allererste, freilich sehr dunkle Ahnung, daß an einer Maximalstelle der Differentialquotient verschwinden muß.

Im übrigen beschränkte sich in der Folgezeit die Maxima- und Minimarechnung auf die Durchführung einzelner Aufgaben, von deren strenger Behandlung man indessen auch nicht zu hohe Erwartungen hegen darf. Einige wenige Beispiele bietet JORDANUS NEMORARIUS († 1237) in seiner *Geometria vel de triangulis.*[1824] Dann sollen in einer anonymen Abhandlung des vierzehnten Jahrhunderts[1825] sich die Aufgaben finden: In einen Kreis, ein Dreieck oder ein Quadrat eine gegebene Anzahl von Kreisen, gleichseitigen Dreiecken oder Quadraten einzuzeichnen, so daß die Flächensumme der eingezeichneten Figuren ein Maximum ist; ferner in einen Würfel ein Maximaltetraëder zu beschreiben. Von einer neuartigen Aufgabe, die REGIOMONTANUS (1436—1476) gelegentlich in einem Briefe stellte,[1826] ist uns leider keine Lösung gegeben. Es handelt sich bei ihr darum festzustellen, von welchem Punkte des Erdbodens aus eine 10 Fuß lange Stange, die so aufgehängt ist, daß ihr unteres Ende noch 4 Fuß vom Boden entfernt ist, am größten erscheint. Auch bei TARTAGLIA (*General trattato*, 1556—60) finden wir eine vereinzelte Maximalaufgabe; es soll die Zahl 8 so in zwei Teile zerlegt werden,

[1822] *De relatione mutua capacitatis et terminorum figurarum geometrice considerata,* Varsoviae 1782. — [1823] CRELLE's Journal, Bd. 24, Berlin 1842, S. 93—152 und S. 189—250. STEINER's Ges. Werke, Bd. II, Berlin 1882, S. 179 ff. — [1824] Ed. CURTZE, IV, 2, 3, 18 (Anm. 34). Vgl. Bibl. math., 3. Folge, Bd. II, Leipzig 1901, S. 354, ENESTRÖM. — [1825] CANTOR, II^b, S. 163 u. — [1826] CANTOR, II^b, S. 283. Eine einfache geometrische Lösung, die vielleicht die REGIOMONTANS ist, giebt AD. LORSCH, Zeitschr. f. Math. u. Phys., Bd. 23, Leipzig 1878, hist.-litt. Abt. S. 120.

daß das Produkt dieser Teile, noch multipliziert mit ihrer Differenz, ein Maximum ergiebt;[1827] die von TARTAGLIA mitgeteilten Lösungswerte sind richtig, wir wissen aber nicht, auf welchem Wege sie abgeleitet worden sind. Tiefer ging KEPLER auf Aufgaben ein, in denen größte und kleinste Werte zu suchen sind. Im zweiten Hauptabschnitt seiner *Stereometria doliorum*[1578] bespricht er von den Rotationskörpern, deren Volumen er im ersten Teil bestimmt hatte, besonders das Faß und stellt fest, daß die damals in Österreich gebräuchliche Form der Fässer den Vorzug hat, bei gegebener Oberfläche, einen möglichst großen Inhalt zu besitzen. Um dies darzulegen, werden eine ganze Reihe von Maximalsätzen aufgestellt, bei denen er sich auch einmal auf die Sammlung von PAPPUS bezieht,[1579] auch werden aus Interesse zum Stoff eine Anzahl von Beispielen gegeben, die weniger zu dem eigentlichen Thema gehören. So weist er nach, daß der Würfel unter allen den Parallelepipeda, die einer Kugel eingeschrieben sind, das größte Volumen besitzt;[1828] an anderer Stelle untersucht er alle geraden Cylinder, deren Längsschnittdiagonale konstant ist,[1829] u. s. f. Bemerkenswert ist, daß KEPLER ebenfalls weiß (vgl. ORESME), wie schwach sich in der Nähe einer Maximalstelle die zu untersuchende Größe ändert. KEPLER's jüngerer Zeitgenosse CAVALIERI (1591?—1647, Bologna) beschäftigte sich desgleichen mit ähnlichen Aufgaben; er bestimmte z. B. den Punkt in einem gegebenen Dreiecke, dessen Entfernungen von den drei Ecken die größte Summe liefern.[1830]

Indes fehlte allen bisher genannten Mathematikern eine allgemeine Methode. Es ist nicht zu leugnen, daß die Behandlungsart einzelner sich durch großen Scharfsinn auszeichnete; aber fast von Aufgabe zu Aufgabe mußte die Art und Weise der Lösung gewechselt werden. Hier setzte FERMAT (1601—1665, Toulouse) ein und es gelang ihm, ein Verfahren zu finden, das sowohl allgemein gültig als auch so elementar war, daß es heute von dem Pensum aller höheren Schulen aufgenommen ist. Die Abhandlung, die seine Gedanken näher ausführte, *Methodus ad disquirendum maximum et minimum*,[1831] war vor 1637 (also vor Erscheinen der *Géométrie* DESCARTES') verfaßt

1827 Parte V, lib. III, S. 88^b Z. 36ff. Vgl. CANTOR, II^b, S. 529ff. — 1828 Opera Kepleri, ed. FRISCH, Bd. IV, Frankfurt u. Erlangen 1863, S. 607—609, Stereometria Dolii austriaci, Satz 4. — 1829 Daselbst Satz 1, 3. — 1830 CAVALIERI, *Exercitationes geometricae sex*, Bononiae 1647, Exercitatio VI, S. 504—510. — 1831 FERMAT, Varia opera, Tolosae 1679, S. 63—73; Oeuvres, éd. TANNERY et HENRY, Paris 1891, I, S. 133—179.

und 1638 an Descartes geschickt worden (vgl. S. 418). Fermat setzte in den Ausdruck, der ein Maximum oder Minimum werden sollte, statt der Unbekannten A — er wählte zur Bezeichnung der Unbekannten wie Vieta die großen Vokale — die neue Größe $A + E$ ein, wo er unter E eine nur wenig von Null verschiedene Variable verstanden wissen will. Die beiden Ausdrücke, mit A und $A + E$, werden einander gleichgesetzt, ausmultipliziert und geordnet, die erhaltene Gleichung nach Wegstreichen gleicher Glieder durch E dividiert. Nun vollzieht Fermat den Grenzübergang zu $E = 0$ und kann aus der sich dadurch ergebenden Beziehung das gesuchte A bestimmen. Vgl. ein Beispiel Fermat's, Bd. I, S. 331.

Diese Fermat'sche Methode ist im neunzehnten Jahrhundert von Schellbach[1832] in die Schulmathematik eingeführt worden. Sie ist nur insoweit verändert worden, daß die Differenz der beiden benachbarten Werte der Unbekannten (bei Fermat E) nicht mit einem besonderen Buchstaben bezeichnet wird. Ist $f(x)$ die zu untersuchende Funktion, so setzt Schellbach bekanntlich $f(x) = f(x_1)$ und faßt beim Ordnen dieser Gleichung immer je zwei einander entsprechende Glieder so zusammen, daß eine Division durch $(x - x_1)$ möglich ist. Nach Ausführung dieser Division wird $x = x_1$ gesetzt, und nun das gesuchte x bestimmt. Führt man eine Aufgabe nach Fermat's und nach Schellbach's Vorschrift durch, so wird man den Vorzug der letzten darin sehen, daß die mechanischen Rechnungen sich etwas einfacher gestalten.

Ein Mangel beider Methoden ist der, daß man nicht sofort erkennen kann, ob das erhaltene Resultat ein Maximum oder ein Minimum ist. Denselben Fehler besitzt auch eine Regel, die Hudde (1628—1704, Amsterdam) für Ausdrücke von der Form einer ganzen rationalen Funktion empfiehlt.[1833] Ist

1) $$a_0 + a_1 x + a_2 x^2 + a_3 x^3 + \ldots a_n x^n$$

der zu untersuchende Ausdruck, so multipliziert Hudde jeden Summanden einzeln mit den zugehörigen Exponenten der Unbekannten

2) $$0 \cdot a_0 + 1 \cdot a_1 x + 2 \cdot a_2 x^2 + 3 \cdot a_3 x^3 + \ldots n \cdot a_n x^n$$

[1832] *Mathematische Lehrstunden von K. H. Schellbach. Aufgaben aus der Lehre vom Größten und Kleinsten,* bearbeitet und herausgegeben von A. Bode und E. Fischer, Berlin 1860. Eine sehr gute Aufgabensammlung für die Schellbach'sche Methode ist Martus, *Maxima und Minima*, Berlin 1861. — [1833] Brief von Hudde, Januar 1658; *Cartesii Geometria,* III ed. Fr. v. Schooten, Amstelodami 1683, Teil I, S. 507—516.

und setzt die erhaltene Summe gleich Null. Die Wurzeln dieser Gleichung liefern die Maximal- bezw. Minimalstellen. Einen Beweis für seine Regel unterläßt HUDDE. Wahrscheinlich hat er gar keinen gehabt, sondern seine Regel induktiv beim Durchrechnen mehrerer Aufgaben nach der FERMAT'schen Methode gefunden. Wir würden den Ausdruck 2) durch einfaches Differenzieren erhalten; davon hatte HUDDE natürlich noch keine Kenntnis. Erst durch LEIBNIZ wird die Differentialrechnung auf Maximal- und Minimalbetrachtungen angewendet, und nun wird auch erkannt, daß für die Entscheidung, ob ein Maximum oder ein Minimum vorliegt, das Vorzeichen der zweiten Ableitung maßgebend ist.[1834]

Auf die höhere Entwicklung der Maximalrechnung, die Untersuchung des Falles, daß die zweite Ableitung auch verschwindet, ferner auf die Ausbildung einer Variationsrechnung u. a. näher einzugehen, läßt das unserer geschichtlichen Schilderung gesteckte Ziel nicht zu.

Als wichtig für die Geschichte der Maxima- und Minimatheorie sind noch zu nennen die *Elements of plane Geometry* (1747) von TH. SIMPSON (1710—1761), die eine Reihe elementarer Maxima-aufgaben geometrisch behandeln, so, daß das Quadrat das größte Rechteck mit gegebenem Umfang ist, daß das größte auf einer Dreiecksseite stehende eingeschriebene Rechteck halb so hoch ist, wie das Dreieck u. a.,[1835] und ferner die in gleichem Sinne zusammengestellte, sehr reichhaltige Sammlung in MEIER HIRSCH's *Geometrischen Aufgaben.*[1836]

[1834] Acta Eruditorum 1684, *Nova methodus pro maximis et minimis itemque tangentibus, quae nec fractas nec irrationales quantitates moratur, et singulare pro illis calculi genus;* LEIBNIZ, Werke, ed. GERHARDT, 3. Folge, Bd. V, Halle 1858, S. 220ff. — [1835] Daselbst S. 106—118; vgl. CANTOR, III[a], S. 513. — [1836] Bd. I, Berlin 1805, S. 215—235; Bd. II, Berlin 1807, S. 262—303.

Namen- und Sachregister.

(Die schräggedruckten Ziffern beziehen sich auf die Anmerkungen.)

Nachfolgende Zusätze und Verbesserungen zum ersten Bande hat der Verfasser teils unter Benutzung der jüngeren Forschungen, teils auf Grund privater Zuschriften oder fachwissenschaftlicher Besprechungen zusammengestellt.

Band I S. 6 Z. 8—9: *1 Tonne Gold* ist noch heute in Holland üblich. Ein Nachklingen dieser mittelalterlichen Bezeichnung ist auch in unserem „nicht um eine Tonne Gold", d. i. nicht um alles in der Welt, zu finden.

S. 7 Z. 15: 1. Auflage 1558.

„ 7 letzte Zeile: Neuausgabe von Curtze 1897.

„ 9 Z. 1: Die Doppelbedeutung ist noch heute im Englischen bei *cifre* vorhanden.

„ 24 Z. 17f.: Vgl. Bd. II, S. 162.

S. 34 Z. 5f.: Die Neunerprobe mit Hilfe der πυθμένες hat P. TANNERY beim Historiker HIPPOLYTUS (drittes Jahrhundert n. Chr.) nachgewiesen (vgl. Notice sur des fragments d'Onomatomancie arithmétique in den Notices et extraits des Manuscrits de la Bibl. nat. 1885, T. XXXI, 2e Partie).

„ 37 Z. 5: Nach CZUBER (Zeitschrift für Realschulwesen, Wien 1903, S. 122) ist die österreichische Subtraktionsmethode schon in der 3. Auflage des *Handbuchs der Mathematik* von ADAM BITTNER, Prag 1821, S. 26, als dritte Subtraktionsart gelehrt.

„ 48 Z. 9. v. u.: lies *Divisor* statt *Dividendus.*

„ 61 Z. 11 v. u.: WILSON lebte von 1741—1793 (Bibl. math., 3_3, 1902, S. 412).

„ 62 Z. 13 v. u.: LEIBNIZ hat den FERMAT'schen Satz spätestens 1683 selbständig entdeckt (Bibl. math., 3_3, 1902, S. 242).

„ 64 Z. 22—24: Nach SUTER ist die Vorlage des *Talchîs* des IBN ALBANNA von ABU ZAHARIJA EL-HASSAR verfaßt; der Titel *„Der kleine Sattel"* ist eine unrichtige Übersetzung (Bibl. math., 1_3, 1900, S. 500, 2_3, 1901, S. 12).

„ 69 Z. 9 v. u.: lies PRACHATITZ.

„ 72: Eine Primzahlen- und Faktorentabelle von 1—24000 enthält J. H. RAHN's *Algebra* von 1659 (Bibl. math. 3_3, 1902, S. 114—115).

„ 72 Anm. 272 Z. 3: lies S. 35 Z. 17—20 satt S. 17—20.

„ 73 Anm. 277 Z. 2: lies 1812 statt 1882.

„ 81 Z. 11 v. u.: Der Name *Bruch* ist wahrscheinlicher durch das mittelalterliche *numerus fractus, fractio* entstanden (ENESTRÖM, Bibl. math. 4_3, 1903, S. 215).

„ 89 Z. 16: Der *Canon* wurde nur einmal, aber das Titelblatt dreimal 1579, 1589, 1609 gedruckt (ENESTRÖM, Bibl. math. 4_3, 1903, S. 215).

„ 94: Periodische Sexagesimalbrüche kennt schon ein arabischer Mathematiker des fünfzehnten Jahrhunderts (DE VAUX, Bibl. math. 13_2, 1899, S. 33—34).

„ 101 Z. 22: Das Bamberger Rechenbuch v. 1483 ist das älteste erhaltene, vgl. CANTOR, II[b], S. 220—221.

„ 105: Die Zinsformeln treten schon in dem Handbuch von BITTNER, 1821, auf (vgl. oben zu S. 37).

„ 112 Z. 1: Vgl. M. CANTOR, *Politische Arithmetik,* 2. Aufl., Leipzig 1903, S. 37 f.

„ 125 Z. 11 v. u.: Das umgekehrte ψ ist eine Ligatur für λι (CANTOR).

„ 139 Anm. 506: In der Ausgabe von 1579 ist nur das Titelblatt neugedruckt.

„ 140 Z. 2f.: Die Klammern dienen bei GIRARD zuweilen auch als Multiplikationszeichen (ENESTRÖM, Bibl. math. 4_3, 1903, S. 216).

„ 141: Δ als Differenzenzeichen ist nicht vor EULER nachweisbar (ENESTRÖM, Bibl. math. 10_2, 1896, S. 21).

„ 153 Z. 15—16: Diese Bedeutung hat Binom noch bei den nächsten Nachfolgern DESCARTES'. OZANAM 1691 führt es, ebenso wie Polynom, in seinem Lexikon schon in moderner Bedeutung auf; auch LEIBNIZ benutzt die neuen Fachwörter wiederholt in seinen Briefen an JOH. BERNOULLI (ENESTRÖM).

„ 156 Z. 10 v. u. und S. 159 Z. 3: lies v. Chr. statt n. Chr.

„ 162 Z. 15: lies Zahlengruppen.

„ 162 Z. 27: Die α_i sind rationale Größen.

„ 163 Z. 25: Das Wort *surdus* ist schon von GERHARD v. CREMONA benutzt (Kommentar des ANARITIUS, ed. CURTZE, Leipzig 1899, S. 253).

„ 166 Z. 24: Erst HUDDE (1658) gab demselben Buchstaben positive und negative Werte (ZEUTHEN, Bibl. math. 4_3, 1903, S. 208).

S. 167: Das Wort negativ findet sich schon in einem Manuskript zwischen 1545 und 1548 (CANTOR, II^b, S. 612).

„ 173: Vgl. Bd. II, S. 335—336.

„ 174 Z. 6: WESSEL ist ein Norweger.

„ 176 Anm. 704: Das Wort Richtungskoëffizient hat M. CANTOR selbst 1855 (*Grundzüge der Elementarmathematik*) zuerst benutzt.

„ 178: Nach PROKLUS ist Formel 10) pythagoreisches Eigentum (HULTSCH, Bibl. math. 1_3, 1900, S. 9, Anm. 4).

„ 187 Anm. 744: Der angeführte Satz wird von M. CANTOR besser mit $x + 10 \cdot \sqrt{x} = 39$ übersetzt, so daß die Annahme, JOHANNES v. SEVILLA verstehe unter *res* die zweite Potenz der Unbekannten, unnötig ist.

„ 188 Z. 15: *Cosa* wird unmittelbar aus *causa*, das in diesem Sinne schon bei LEONARDO v. PISA nachweisbar ist, abzuleiten sein (ENESTRÖM, Bibl. math. 13_2, 1899, S. 50; 4_3, 1903, S. 217).

„ 195. Daß das Zeichen ꝛc in der That nur als *r* aufgefaßt wird, zeigt auch STIFEL's *Arithm. integra*, S. 233^a Z. 7, wo 2 Groschen mit 2 *g* ꝛc abgekürzt ist (CANTOR).

„ 201 Z. 16: Vgl. Bd. II, S. 335—336.

„ 201 Z. 27: LEIBNIZ griff schon vor JOHANN BERNOULLI, 1679, das Thema der Exponentialfunktion an (ENESTRÖM, Bibl. math. 4_3, 1903, S. 217).

„ 207 Z. 10 v. u.: Der Begriff der Quadratwurzel kommt bereits in dem Fragment von KAHUN (XII. Dynastie; etwa gleichaltrig mit den Vorlagen des AHMES) vor (M. CANTOR, Orientalistische Litteraturzeitung, 1898, Nr. 10, S. 4).

„ 228 Z. 12: Diese Formel ist schon bei AN-NAIRIZI (900 n. Chr.) anzutreffen (ENESTRÖM, Bibl. math., 3_3, 1902, S. 238).

„ 237 Z. 13: Diese Formel ist als Unterfall in EUKLID's *Elementen*, VI, prop. 19, Corollarium, bereits enthalten (ENESTRÖM, Bibl. math., 4_3, 1903, S. 217).

„ 237 Anm. 974: lies HUNRATH statt HULTSCH.

„ 239 Z. 3: Die Schreibart $a:b::c:d$ findet sich schon bei OUGHTRED 1657 (BEMAN, L'interméd. de mathém. 9, 1902, S. 220).

„ 245 Z. 2: Auch bei NEPER sind in dessen vielleicht vor 1594 verfaßten *Algebra* auf Null gebrachte Gleichungen zu finden (ENESTRÖM, Bibl. math., 3_3, 1902, S. 145).

„ 251 Z. 10 v. u.: lies 1685 statt 1585.

„ 259 Z. 6: lies 1237 statt 1737.

„ 275 Z. 13: lies 1558 statt 1560 (FAVARO, Bibl. math., 2_3, 1901, S. 354).

„ 292 Z. 6: HERMITE gest. 1901.

„ 303 Z. 13f.: In der *Algebra* RAHN's steht nichts von der PELL'schen Gleichung. Diese Benennung ist durch einen Irrtum EULER's entstanden. Vgl. ENESTRÖM, Bibl. math., 3_3, 1902, S. 204—207.

„ 306. Für $n = 3$ fand EULER 1755 einen Beweis, vgl. *Corresp.*, ed. FUSS, I, S. 623, *Anleitung zur Algebra*, II, 2, Nr. 15, § 243 (ENESTRÖM). Für $n = 4$ ist bereits durch FRENICLE DE BESSY in der Schrift *Traité des triangles rectangles en nombres*, Paris 1676, ein Beweis aufgestellt worden (ENESTRÖM, Bibl. math., 4_3, 1903, S. 88—89).

„ 325 Z. 12: lies Bologna statt Venedig. Vgl. oben zu S. 139.

FSC
www.fsc.org
MIX
Papier | Fördert gute Waldnutzung
FSC® C083411

Kolibri 360 GmbH
Ferdinand-Jühlke-Straße 7
99095 Erfurt, Deutschland
produktsicherheit@kolibri360.de